KB074162

과학사총설

과학사총설

오진곤 지음

전파과학사

과학사총설

초판 1996년 1월 10일
3 판 2017년 3월 10일

지은이 오진곤

펴낸이 손영일
펴낸곳 전파과학사
등록일자 1956. 7. 23 등록번호 제10-89호
주소 서울시 서대문구 증가로 18(연희빌딩) 204호
전화 (02) 333-8877 (8855)
팩스 (02) 334-8092
홈페이지 www.s-wave.co.kr
E-mail chonpa2@hanmail.net
공식블로그 http://blog.naver.com/siencia

ISBN 978-89-7044-499-4 (03400)

머리말

    과학사, 즉 과학의 역사는 인류가 자연현상을 이해하기 위하여 어떻게 노력했는가를 보여주는 과정과 결과의 집적이라 말할 수 있다. 근대적 의미로서의 과학은 17세기가 되어서야 형성되었기 때문에 학문으로서의 과학사도 다른 학문의 역사에 비해서 뒤늦게 그 연구가 시작되었다. 그나마 그 연구는 대개가 개별과학사였고, 과학적 발견의 연대기에 불과하였다. 그러나 19세기 초기부터 과학자와 철학자들이 함께 어루러져 본격적으로 과학사를 연구하기 시작하였고, 20세기에 접어들면서 과학사 연구는 빠른 속도로 다양하게 펼쳐지기 시작하였다. 특히 서구와 미국 등지의 대학에서는 과학사를 정규과목으로 설강하더니 1950년대부터 많은 대학에 과학사학과가 설치되어 과학사가 제도적인 학문으로 육성되어 나갔다.

    이와 같은 세계적인 과학사 연구와 교육의 흐름에 따라서 우리나라에서도 최근에 이르러 과학사의 연구와 교육에 관심이 높아지고 있다. 서울대학교 대학원의 "과학사 및 과학철학" 협동과정을 비롯하여, 과학사 중심의 "과학학과"가 대학원에 두 곳, 학부에 한 곳이 생겼다. 또한 교양으로서의 과학사 강좌가 전국 각 대학에 설강되어 그 강의가 실시되고 있으며, 이를 설강하는 대학의 수가 점차 늘어나고 있는 실정이다. 이제 우리나라의 과학사의 연구와 교육이 본격적으로 출범한 셈이다. 따라서 과학사에 대한 사회의 인식도 점차 높아지고 있다.

    이처럼 과학사에 대한 인식이 높아진 까닭은 자연과학의 발전과정을 분석하여 현대과학이 차지하고 있는 위치를 인식하고, 앞으로 전개될 과학세계를 전망하는 능력을 배양하며, 나아가 자연과학이 인간의 사상과 사회발전에 미친 영향과 그 의의를 똑바로 인식할 수 있기 때문이다. 또한 최근에 과학사 연구는 과학철학, 과학사회학, 과학정책학, 그리고 과학교육과의 밀접한 관계 위에서, 그 기초적인 기능을 하고 있으므로 과학사 교육과 연구는 매우 의의가 깊은 학문으로 인식되어 가고 있기 때문이다. 따라서 최근 우리나라에서도 과학사의 단행본과 번역서가 간간이 출판되어 서점에서 선을 보이고 있다.

    과학사 연구에는 두 가지 접근방법이 있다. 하나는 과학의 학설사적, 사상사적 측면을 강조하는 내적 접근방법이 있는데, 저자는 이 방법에 따라서 1972년 『科學史』(대흥출판사, 300쪽)를 출판하였다. 또 한 가지 방법은 과학의 제도사적, 사회사적 측면을 강조하는 외적 접근방법이 있는데, 이 방법에 따라서 1981년 『科學史序說』(우성문화사, 300쪽)을 출판하였다.

    그러나 최근에 들어서면서 이 두 가지 접근 방법은 상반되지 않고 상호보완적이라는 입장, 즉 과학의 발전과정을 제대로 이해하기 위해서는 과학의 내용이나, 사상적 배경만이 아니라 제도, 사회, 경제 등의 요소들도 중요시하는 추세이다. 또한 최근 과학사 연구의 대상이 고대 및 중세로부터 근대 과학혁명과 현대 과학으로 옮겨지는 추세이고, 의학사와 기술사도 함께 연구하는 경향을 보이고 있다. 이러한 흐름에 맞추고, 또한 그 동안 내놓은 저서를 보완하여 『과학사총설』을 출판하였다. 여기서 "과학사총설"이라고 했지만, 한국과학사와 동양과학사를 다루지 않았다. 매우 아쉽게 생각한다.

특히 이번에는 비중이 있는 과학자의 생애를 요약하여 소개하였다. 그것은 과학사에 나타난 과학자의 생애를 통하여, 우리는 과학자적 양심과 도덕적 교훈을 직관함으로써 인격도야를 기대할 수 있다고 생각했기 때문이다.

이번 출판은 저자의 한평생 중 매우 뜻깊고, 큰 일이라 생각한다. 그 까닭은 이번 출판이 지난 30년 동안 과학사를 강의하면서 모으고 정리했던 자료들의 총결산과 우리나라 최초로 학부과정에 과학사 중심의 과학학과의 탄생, 거기에다 내 생애 60년을 맞이하는 해와 때를 같이 하고 있기 때문이다. 앞으로 여건이 허락한다면, 이 책을 고치고 또 고쳐 10년 후에 새로운 모습으로 다시 내놓을 생각이다.

이 책이 우리나라 과학사 교육과 연구에 조금이나마 보탬이 된다면 더 이상 바람이 없다. 이번 출판에서 원고 정리를 끝까지 도맡아 보완해 준 성신대학 조정미 박사, 그리고 꼼꼼히 끝손 보아준 과학기술대학 김동원 박사에게 감사한다. 특히 靑山동아리 여러분께 진심으로 감사의 말을 전한다. 아울러 나의 출판이라면 항상 손익을 돌보지 않는 전파과학사 손영일 사장과 정성스럽게 책을 만들어 준 직원 여러분에게도 감사한다.

1996. 1. 1.
오진곤

차례

서문

과학사 형성과정

과학사는 과학의 역사이므로 과학이 무엇을 의미하는가에 따라서 그 뜻이 달라진다. 이 책에서는 과학을 좁은 뜻으로 보아 자연과학을 의미하는 것으로 정의한다. 따라서 과학사란 자연에 관한 인식의 발전을 밝히는 학문이다. 즉 여러 가지 실증적 사실을 객관적, 통일적으로 설명하고 이론체계의 발전과정을 분석하며, 또한 과학발전에 기여한 사람들의 생애와 그들이 사용한 지적 방법과 물질적 수단을 밝히는 학문이라 할 수 있다.

과학사에 대한 관심은 고대 아리스토텔레스에서부터 찾을 수 있다. 철학자들은 철학 문제를 당시의 과학사상과 관련시켜 연구하는 경우가 많았고 과학자들도 자신의 연구에 필요한 자료를 얻거나, 연구방법을 확립하기 위해서 과거의 과학적 성과를 재검토하였으므로, 철학자와 과학자 모두 과학의 역사적 발전에 관심을 모았다. 17세기 과학혁명 시기에 프란시스 베이컨과 사상가 볼테르는 일반 역사가들에게 역사의 일반적 연구와 함께 과학과 기술의 역사도 함께 연구할 것을 호소하였고, 18세기의 콩도르세와 19세기의 콩트 등도 이에 동조하였다. 이 같은 비연속적인 관심들은 19세기 중반 이후에 실제로 과학사의 연구로 이어지고, 과학철학자 휴얼[1], 뒤엠[2] 등의 방대한 업적들로 결실을 맺었다.

과학사가 보다 적극적으로 연구되기 시작한 것은 19세기에 과학사와 의학사 강좌가 프랑스와 독일의 대학에서 정규과목으로 개설된 때부터라고 할 수 있다. 1817년 베를린대학에 의학사 강좌가 개설된 것을 시발점으로, 1892년 빈대학의 물리학 교수인 마하[3]가 자연과학의 이론과 역사에 관한 강좌를 개설하였다.

20세기에 들어서면서 과학사의 교육과 연구에 적극적으로 나선 곳이 런던대학이다. 런던대학은 1920년부터 과학사의 권위자인 싱거[4]가 의학사 강의를 개설한 후, 1930년에 이르러서는 과학사학과를 설치하였다. 이 학과의 정식 명칭은 "과학사 및 과학철학과"로 12개 과목이 개설되었고, 자연계 대학에 소속되어 자연계 교수가 강의함으로써 근대 이후의 과학내용에 기운 경향을 보였다.

프랑스에 있어서 과학사의 형성은 콩트까지 소급된다. 그는 역사가는 아니지만 과학의 역사에 새로운 의미를 부여하고, 과학사 강좌를 신설할 것을 정부에

---

1) William Whewell, 1794~1866
2) Pierre-Maurice-Marie Duhem, 1861~1916
3) Ernst Mach, 1838~1916
4) Charles Joseph Singer, 1876~1960

강력하게 건의하였다. 이 건의는 그의 생존 중에 실현되지 못했지만, 1892년 일반 과학사와 과학철학의 교수자리가 프랑스 칼리지(College de France)에 만들어졌고 1932년 파리대학 문학부에도 교수자리가 생겼다. 또 프랑스의 고등학술실용학교(École practique des haute etudes)의 제4부에 의학사 강좌가 개설되고, 제6부는 사실상 과학기술사 연구센터의 기능을 하였다. 특히 프랑스의 과학사가 탄느리[5]는 의학적으로 추구한 과학사의 학문적 자립을 추진한 선구자였다. 그는 콩트의 실증주의 철학에 심취하여 과학사를 인류문화사의 중요한 요소로 인정하고, 실증적 방법을 도입하여 연구하였다. 그는 역사 연구에 있어서 고증은 항상 다른 고증에 의해서 입증되는 운명에 놓여 있는데, 그것은 보다 좋은 원전의 교정에 의해서만 가능하다고 주장하였다. 이러한 그의 주장은 지금도 과학사 연구의 핵심으로 되어 있다.

독일에서는 1905년 라이프니츠대학에 의학사연구소가 생겼고, 뒤를 이어서 하이델베르크, 마인츠, 프랑크푸르트 등의 대학에도 의학사연구소가 설립되었다. 과학사의 강좌 설치는 매우 늦어서 1943년 프랑크푸르트대학과 앙 마인대학에 자연과학사연구실이 설치되었다. 현재 함부르크대학은 가장 큰 규모의 과학사학과를 갖추고 있다. 그 외에 뮌헨과 슈투트가르트대학에서 과학사 강의가 실시되고 있다.

소련의 경우 사회주의 혁명을 치른 1921년, 소련 과학아카데미에 과학사 센터를 창립하고, 1953년에는 과학기술사연구소를 설립하여 이를 중심으로 많은 과학 고전의 복간, 대과학자에 대한 연구, 개별과학사의 단행본과 과학사 연구논문을 발행하고 있다.

과학사의 연구가 본 궤도에 오른 것은 제2차 세계대전 이후이다. 세계적인 여러 대학에 과학사학과가 설치되고, 강좌가 개설됨으로써 과학사 연구는 특정 지역의 특수연구가 아니라 세계적인 공동관심사가 되었다. 특히 과학사학과는 학부 뿐만 아니라 대학원 과정으로까지 확대되었다.

미국에서는 과학사가 사튼[6]이 과학사를 제도적인 학문으로 육성시켰다. 그는 1952년 『과학사 안내』[7]를 발간하였다. 여기에는 적극적인 사관과 방법, 과학사의 참고문헌, 핸드북, 국가별 과학사의 연구현황, 개별과학의 표준적 문헌, 과학사 관련 학회, 연구소, 박물관, 도서관, 국제회의 등이 기술되어 있다. 사튼은 미국, 특히 하버드대학에 과학사 강의를 뿌리 내린 사람이다. 그는 과학이 가져오는 물질적 진보 이외에 과학의 인문적, 인간적 측면에 주목하여 과학사를 강의하였다. 그는 과학을 그 실용적 효과뿐 아니라 문명사의 일익으로서 인간 정신의

---

5) Paul Tannery, 1843~1904
6) George Alfred Léon Sarton, 1884~1956
7) *A Guide to the History of Science*, 1952

발현으로 간주하였으며, 또한 전문화한 개별 과학의 역사가 아니라 종합적 과학사를 연구하였다.

사튼은 일생을 통해서 두 가지 큰 업적을 남겨 놓았다. 그 하나는 『과학사 입문』[8]의 저술이고, 또 하나는 1913년부터 발행한 『ISIS』[9]라는 국제적 학술잡지의 창간이다. 이러한 그의 업적 위에서, 미국에서도 1950년부터 과학사가 의미있는 학문 분야로 인식되기 시작하였고, 하버드대학을 비롯해서 위스콘신, 인디애나, 오클라호마, 캔자스 등 여러 대학의 학부에 정규과정으로 과학사 강좌가 개설되었다. 이것이 점차 확대되어 미국내의 40여 개 대학에 과학사 강좌가 설강되었고, 대부분 교수정원도 확보되어 과학사의 교육과 연구가 활발히 진행되고 있다.

하버드대학의 경우 처음에는 역사, 과학, 철학, 교육학 분야에서 선출된 대표로 구성된 위원회가

『ISIS』 최근호의 표지

과학사 학위 프로그램을 작성함으로써, 1960년대에는 독립된 학과로 성장하였다. 오클라호마대학에서는 자연과학 각 분과마다 각기 그와 관련된 개별과학사 강좌를 개설하였고, 1952년부터는 일반과학사 강좌도 아울러 마련하였다. 개설 당시에는 약 3백 명 정도의 학생이 과학사 강좌에 등록하였는데, 다음해에 정교수 4명이 확보되자, 수강생이 6백 명으로 급증하였고 또한 해마다 증가추세를 보였다. 그리고 최초로 이 분야의 박사과정도 설립되었다. 위스콘신대학에서는 1950년부터 과학사를 중심으로 화학사, 약학사, 의학사 등을 흡수하여 독립된 학과로 발전하였고, 코넬대학은 역사학과에 과학사를 포함시켜 강의를 실시하였다. 예일대학은 과학사·의학사과, 인디애나대학은 과학사·과학철학과, 펜실베이니아

---

8) *Introduction to the History of Science*, 3vols. 1927~48
9) 1912년 사튼이 벨기에에서 창간한 국제적 과학사 학술지로, 1913년의 창간호 이후 현재까지 계속 간행되고 있다. 이것은 1924년에 창설된 미국의 과학사학회의 기관지가 되어 현재는 매년 1권 5책씩 간행되고 있다. 잡지의 부제는 'An International Review devoted to the History of Science and Its Cultural Influence'이다. 연구논문, 기증서의 서평, 학계정보 등을 기재하는 외에, 창간 이후의 방침으로 넓은 범위에 걸쳐 과학사의 문헌목록을 Critical Bibliography로서 수집, 기재하고 있다. 이 학술잡지는 일찍이 1913년부터 지금까지 세계 과학사의 중심 간행물로서 과학사 연구의 추진과 교류에 큰 공헌을 하고 있다. 이 잡지의 문헌목록은 최근 『ISIS Cummulative Bibliography』(1971~)라는 여러 권의 단행본으로 정리되어 출판되었다.
　한편, 『ISIS』에 수록하기 어려운 긴 논문을 위하여 사튼이 창간한 『Osiris』가 있다. 이것은 과학사, 과학철학, 학문사, 문화사 등에 관한 연구를 출판하는 부정기 간행 학술지이다. 1936년의 창간호 이래 계속 간행되고 있다.

대학은 과학사·과학사회학과 등을 설치하여 교육과 연구에 정진하고 있다. 케이스공과대학과 같은 단과대학은 인문계열학과 또는 역사학과에 과학사 강좌를 개설하였다. 이런 추세에 힘입어 1950년 당시 미국내에 10명도 안되던 전문적 과학사가가 1970년에는 1백 명으로 늘어났다.

이처럼 과학사 연구에 대한 관심이 증가하고 그 연구가 진행됨에 따라서, 과학사의 연구는 지역성을 벗어나 국제적인 학문분야로 발돋움하였다. 이탈리아의 과학사가 미에리[10]는 과학사학회의 조직에 큰 공적을 남겼다. 그는 1928년 국제과학사위원회(다음해인 1929년에 국제과학사아카데미-Academie international d'histoire des science로 개칭)를 결성하고 그 초대회장으로 활약하였고, 이전부터 사재를 털어 간행해 오던 과학사 잡지 『Archeion』을 기관지로 삼았다. 이 잡지는 처음부터 각 국가의 언어로 논문을 게재하는 등 국제적 성격을 강하게 띠었다. 그는 1928년 파시즘의 압력에 못이겨 파리로 망명하고, 파리가 독일군에게 점령되자 다시 아르헨티나로 가서 산타페론 과학사·과학철학연구실을 열었다. 전후 『Archeion』은 유네스코의 지원하에 『Archives internationales d'histoiredes science』로 이름을 바꾸어 출간되었다.

전후 유럽에서는 미에리의 친구와 지지자들을 중심으로 전쟁 중에 활동이 중지된 국제과학사아카데미를 재건하기 위한 모임이 결성되었다. 1946년 12월, 장소는 파리의 유네스코회관이었다. 이 회의에서 후에 기술할 국제과학사유니온이 결성되어 이후 프로젝트의 집행은 유니온에서 시행하고, 국제과학사아카데미는 명예기관으로 남았다. 이 아카데미에서는 과학사 분야의 뛰어난 저서에 코이레상(Koyré Medal)을 수여하고, 또한 35세 이하의 젊은 과학사가들을 위한 논문콩쿨을 실시하고 있다.

유네스코의 후원하에 1947년 1월에 발족한 국제과학사유니온은 국제학술연합회(ICSU)의 하부기구로서 국제회의를 개최하거나 각국의 과학사 연구단체의 연락 등을 맡고 있다. 지금 이 기관은 '국제과학사·과학철학 유니온'의 한 분과로 몇몇 위원회를 밑에 두고 있다.

한편 전후 과학사 연구의 접근방법에 관한 토론이 활발히 일어났다. 1985년 2월, 버클리대학에서 개최된 국제과학사학회의 기초강연에서 쿤[11]은 과학사 연구의 동향을 분석하였다. 요점은 세 가지이다. 1) 참가자와 발표자의 수가 급격히 늘어난 점, 2) 연구시대의 중점이 고대 및 중세로부터 근대로 옮겨진 점, 3) 연구의 접근 방법이 내적 과학사(학설사, 사상사)로부터 외적 과학사(제도사, 사회사) 쪽으로 옮겨진 점이었다.

여기서 내적 접근(internal approach), 혹은 외적 접근(external approach)

---

10) Aldo Mieli, 1879~1950
11) Thomas Samuel Kuhn, 1922~

이라는 말은 설명이 필요하다. 내적 접근이라 부르는 과학사는 지식으로서의 과학의 내용에 관심을 가지며, 외적 접근이라 부르는 과학사는 보다 넓은 문화 속에서 사회적 그룹으로서의 과학자의 활동에 관심을 가진다. 다시 말해서 내적 접근이란 과학지식의 발전을 오로지 자기 전개적으로 서술, 분석하는 입장이고(학설사, 과학사상사), 외적 접근이란 과학지식과 사회의 접점(과학 지식의 사회에 대한 영향과 사회에 의한 과학 지식에의 영향)에 주목하는 입장이다(과학의 사회사, 과학의 제도사).

과학의 사회적 측면에 관심이 높았던 것은 1930년대에 소련의 게센[12]의 「뉴튼의 프린키피아의 사회적·경제적 의의」라는 논문과 미국의 사회학자 머튼[13]의 「17세기 영국에 있어서 과학·기술·사회」가 발표되었기 때문이다. 그래서 이 시기를 '과학사회학의 황금시대'라 부르기도 한다. 영국의 과학사가 버널[14]은 저서 『과학의 사회적 기능』[15]의 서문에서, 과학이 건설적임과 동시에 파괴적인 역할을 연출하고 있는 오늘날, 과학의 사회적 기능은 반드시 재검토되지 않으면 안된다고 주장하였다.

1940~50년대에는 외적 접근방법이 시들해지고, 과학사 연구는 오로지 내적 접근방법으로 시종일관하였다. 그 배경으로는 과학사 연구자가 대부분 자연과학자 출신으로 과학사의 전문적 자립을 지향했기 때문이다. 특히 1963년 영국의 과학기술사가인 알프레드 홀[16]은 「머튼 재고(再考)」라는 논문에서 사회형태가 정신을 지배하는 것이 아니라, 오히려 긴 안목으로 보면 정신이 사회형태를 결정하는 것이라고 주장하였다. 그는 과학과 기술은 서로 독립된 발전 경로를 밟는다는 여러 연구의 결론으로부터 과학사는 사회사의 일부가 될 수 없고, 그 사명은 과학 자체의 내부, 사상적 발전을 밝히는 데 있다는 독자적인 과학사관을 주장하였다.

그러나 60년대 후반부터 70년대에 걸쳐서 과학과 사회의 전반적인 동향과 과학사 연구의 전개는 홀의 주장을 뒤엎고 외적 접근방법, 즉 과학사회학, 과학의 사회사, 과학의 제도화의 연구로 그 방향을 바꿨다. 더욱이 과학사회학의 급속한 전개를 통해서 과학자집단(scientific community)의 의의와 역할이 밝혀짐으로써, 외적 접근방법은 30년대의 연구가 경험하지 못한 실증성과 설득력을 지니게 되었다. 즉 과학 지식과 사회를 직접 대립시키지 않고 양자를 매개하는 과학 지식의 생산의 장으로서의 과학자집단을 설정하였다. 이것은 최근 과학사 연구의 중요한 과제가 되었고, 과학사가도 이를 신중하게 다루기 시작하였다.

---

12) Boris Michaailovich Hessen(Gessen), 1883~1938
13) Robert King Merton, 1910~
14) John Desmond Bernal, 1901~71
15) *The Social Function of Science*, 1938
16) Alfred Rupert Hall, 1920~

1970년대에 들어서면서 내적 접근방법과 외적 접근방법은 상반되는 것이 아니고 상호보완적이라는 입장이 두드러지게 나타났다. 따라서 과학의 역사를 제대로 이해하기 위해서는 과학의 내용, 사상적 배경뿐 아니라 제도, 사회, 경제 등의 외적 요인들도 살펴보아야 한다는 입장이 받아들여지게 되고, 두 접근 방법들 사이의 논쟁이 사실상 무의미하다는 인식이 싹텄다.

과학사 연구에 있어서 70년대에 나타난 또 하나의 경향은 연구대상의 분야가 확대된 점이다. 연구대상이 고대나 중세로부터 과학혁명 이후의 현대과학으로 옮겨졌고, 물리학, 화학, 생물학 등의 전문과학 분야의 역사로 쏠린 점이다. 특히 생물학사의 연구자가 늘어나고 있으므로 학회에서 물리학사에 관한 발표자 수와 비중이 같아지고 있다. 동시에 의학사와 기술사에 대한 관심도 점차 나타나고 있다.

과학사 형성에 기여한 과학사가들

비록 과학사의 연구를 시작한 연륜이 짧기는 하지만 그 동안 많은 과학사가들이 꾸준한 노력과 비범한 방법으로 과학사 형성에 기여하였다. 과학사를 형성한 과학사가들을 유형별로 보면 대개 4가지 유형으로 나눌 수 있다. 1) 개별과학사 연구, 2) 종합과학사 연구, 3) 과학의 사상사와 사회사, 4) 비교과학사 등이다.

프랑스의 탄느리는 수학자 페르마를 깊이 연구하여, 과학사의 학문적 자립을 추진한 선구자이다. 과학사 연구의 국제적 조직은 1900년 그가 국제회의에서 비교사학의 과학사 부문을 제창한 데서 비롯되었다. 그는 학생시절부터 수학, 고전어, 콩트의 실증주의 철학 등에 뛰어났다. 원래 연초기술자였던 그는 대학에서 자리를 잡은 적이 없었지만 많은 석학과 교류하면서 훌륭한 과학사가들을 길러냈다.

덴마크의 하이베르그[17]는 고전문헌학자이자 과학사가로, 특히 아르키메데스를 연구하였다. 그는 코펜하겐고등학교 교장을 거쳐, 1896년 이후 코펜하겐대학의 고전학 교수가 되었다. 학위논문인 『아르키메데스의 문제』[18]가 유명하고 고대 그리스 과학원전의 비판적 연구에 전념하였다. 1880~81년에 『아르키메데스 전집』[19]을 라틴어역으로 출판하였다. 또 그때까지 이름만 알려져 있던 아르키메데스의 『소거법』[20]을 포함한 고사본을 콘스탄티노플에서 발견한 것은 유명하다. 그외에 제자와 공동으로 유클리드, 아리스토텔레스, 아폴로니오스, 프톨레마이오스

---

17) Johan L. Heiberg, 1854~1928
18) *Questiones Archmedeale*
19) *Archimedis' opera omnia,* I ~ III
20) *Methode Exhaution*

에 관한 저서를 출판하였다. 또한 저서로 『고대에 있어서 수학과 자연과학의 역사』[21]가 있다.

스위스의 캐조리[22]는 20세기 초기의 수학사와 물리학사를 연구하였다. 미국에서 교육받고 수학·물리학 교수를 역임한 후, 1918년 캘리포니아대학에 수학사 강좌가 개설되자 그곳에서 수학사를 강의하였다. 수학사와 물리학사의 논문 및 단행본을 합쳐 2백 편이 넘는데, 그 대부분은 미분학의 역사와 뉴튼의 연구이다.

영국의 히스[23]는 케임브리지대학을 졸업하고 공직에 근무하면서 그리스 수학사에 몰두하였다. 그의 『그리스 수학사』[24]는 이집트와 바빌로니아, 그리스 초기 수학사의 연구로서 몇 가지 문제가 노출되었지만, 풍부한 자료와 포괄적인 기술 때문에 지금도 그리스 수학사의 연구에 꼭 필요한 책이다.

프랑스의 듀엠은 물리학을 전공한 과학사가이자 과학철학자이다. 고등사범학교를 졸업한 뒤 박사학위를 받고, 1894년에 보르도대학에 정착하였다. 그는 물리학자라기보다는 과학사가로서 더 유명하다. 중세와 르네상스 과학사의 연구에 주된 업적을 남겼고, 특히 근대과학이 어떻게 중세에 그 기원을 두고 있는가를 보여주었고 중세과학사의 의의를 강조하였다.

영국의 싱거는 의학사 및 과학사가로, 런던의 유니버시티칼리지에서 의학을 전공한 후 병리학 연구를 계속하여, 1911년 옥스퍼드에서 의학박사 학위를 취득하였다. 이 무렵부터 의학사 연구를 시작하여, 1920년부터 유니버시티칼리지에서 의학사 강좌를 담당하였다. 또 『과학의 역사 및 방법의 여러 연구』[25]로 1922년에 옥스퍼드대학에서 문학박사 학위를 받았다. 1925년 『해부학의 발달』[26], 1928년 고대의 식물지에 관한 논문 및 『마법에서 과학으로』[27], 1931년 『소생물학사』[28], 1941년 『과학소사』[29]를 발간하였다. 제2차 세계대전 후에는 베살리우스와 갈레노스의 연구와 번역을 하였다. 1954~58년에는 싱거가 중심이 되어 편집한 『기술의 역사』[30]가 출판되었다. 왕립의학회 의학사 부문의 회장, 국제과학사아카데미 회장, 영국과학사학회 회장을 역임하였다.

이탈리아의 미에리는 원래 화학을 전공하였는데, 후에 과학사 연구로 전향

---

21) *Gesichichte der Mathematik und Naturwissenschaften im Altertum*, 1925
22) Florian Cajori, 1859~1930
23) Thomas Little Heath, 1861~1940
24) *A History of Greek Mathematics*, I ~ II, 1921
25) *Studies in the History and Method of Science*, 1917~21
26) *The Evolution of Anatomy*, 1925
27) *From Magic to Science*, 1928
28) *Short History of Biology*, 1931
29) *Short History of Science*, 1941
30) *History of Technology*, 5권, 1954~58

하고 과학사학회의 조직에 공헌하였다. 초기에는 화학사를 강의하였고, 저서로는 고대와 중세과학의 통사가 있다. 주저 『과학사의 길잡이 : 고대』[31] 및 『아랍과학과 세계의 과학발전에 있어서 그 역할』[32]이 있고, 후자에서 처음으로 아랍과학이 종합적으로 연구되었다.

프랑스의 여성 과학사가 메츠제[33]는 소르본에서 결정학을 전공하였는데, 결정학의 역사로부터 관심이 점차 과학사로 바뀌었다. 그녀는 인식론적 견지에서 과학의 역사를 보았다.

러시아의 코이레[34]는 과학사가이자 철학사가로서 부유한 유태인 집안에서 태어났다. 모국에서 중등교육을 마치고, 독일의 괴팅겐대학에 유학한 뒤 파리대학에 입학하였다. 그는 철학사 연구에 전념하면서 점차 과학사상에 관심을 가졌다. 1939년에는 치밀한 개념분석으로 획기적이라고 평가받은 『갈릴레오 연구』[35]를 발표하였다. 제2차 세계대전이 시작되자 미국으로 망명하고 전후에는 프린스턴고등연구소의 상임연구원과 과학기술사 중앙연구소의 소장을 지냈다. 그는 '내적 과학사'의 주창자로서, 코페르니쿠스부터 뉴턴까지의 근대과학 형성기에 관해서 서술한 『닫혀진 세계로부터 무한 우주로』[36], 『천문학 혁명』[37] 등의 저서가 있다. 과학사의 비약적인 발전과 형성에 있어서 빼놓을 수 없는 사람이다.

독일의 노이게바우어[38]는 고대와 중세의 정밀과학사를 연구하였다. 괴팅겐대학에서 수학박사 학위를 준비하면서 오리엔트학에 관심을 가지게 되었고, 이집트 수학에 관한 연구로 학위를 받았다. 1939년 미국 브라운대학 수학과에 초빙되어 『수학논문집』[39]을 편집하였다. 1947년 브라운대학이 그를 위해 창설한 수학사과의 초대 교수가 되었다. 1945년 『설형문자 수학 문헌』[40]을, 1952년 『설형문자 천문학 문헌』[41]을 출판하였다. 1951년에 출판된 『고대정밀과학』[42]은 불후의 명저이다. 1975년 『고대수리천문학사』[43]는 그의 연구의 결산서로서 천문학사의 연구자들에게는 주옥 같은 책이다.

러시아의 쓰보프[44]는 모스크바대학에서 역사와 철학을 전공하고, 중세 및 르

---

31) *Manuale di Storia della Scienza: Antichita*, 1925
32) *La Science Arahe et son Role dans l'evolution scientifique mondiale*, 1938
33) Héléne Metzger, 1889~1944
34) Alexandre Koyré, 1892~1964
35) *Études Gallilĕennes*
36) *From the Closed World to the Infinite Universe*, 1957
37) *La Révolution Astronomique*, 1961
38) Otto Neugebauer, 1899~
39) *Mathematical Review*
40) *Mathematical Cuneiform Texts*, 1954
41) *Astronomical Cuneiform Texts 3 vols.*, 1952
42) *Exact Sciences in Antiquity*, 1951
43) *A History of Ancient Mathematical Astronomy*, 1975
44) Vasily Pavlovich Zubov, 1899~1963

네상스의 예술사, 기술사, 건축사를 연구하였다. 특히 다 빈치의 사상을 설명하는 데 성공하였다. 1945년 이후 소련 과학기술사연구소에 소속되어 러시아 철학사, 중세 르네상스 수학사 등 2백 편 가까운 논문을 발표하였다. 그가 죽은 후 국제과학사학회로부터 "조지 사튼상"을 받았다. 그의 폭넓은 업적은 러시아 과학사를 세계적 수준으로 끌어올렸다. 저서로는 『레오나르도 다 빈치』[45]가 있다.

영국의 버터필드[46]는 역사학자로서 케임브리지대학에서 수학하고, 이 대학의 강사를 거쳐 근대사 교수가 되었다. 그리고 피터하우스칼리지 부학장(1959~61)을 지냈다. 많은 저서 가운데서 『근대과학의 기원』[47]은 근대과학의 탄생을 인류사상 기독교 출현 이래의 획기적인 사건으로 기술하고, 이를 "과학혁명"이라고 불렀다. 이 책은 일반역사 속에 과학사를 확실하게 자리잡게 하였고, 과학사에 있어서 과학혁명의 의의를 강조한 저서로 과학사 연구에 커다란 영향을 미쳤다.

영국의 버널은 물리학자로서 1923년 케임브리지대학을 졸업한 뒤, 1927년부터 캐번디시연구소에서 X선 결정학을 연구하다가, 1937년 런던대학 바그백칼리지로 옮겼다. 그는 물리학자로 유명하지만 과학과 사회의 문제에도 관심을 가졌다. 그가 이 분야에 남긴 파문은 대단하였다. 학생시절부터 마르크스주의자였고, 1930년 케임브리지에서 반전, 반파시즘 과학자 운동의 중심인물로 활약하였다. 1939년에는 주저 『과학의 사회적 기능』을 발표하였다. 이 책은 과학의 계획화를 둘러싼 격렬한 논쟁을 불러일으켰다. 또 과학자운동, 과학정책, 과학사회학에 있어서 전세계적으로 영향을 미쳤다. 그의 저서 『역사 속의 과학』[48]은 외적 과학사 연구의 모형이다. 제2차 세계대전 중에는 영국의 방공문제를 해결하는 데 공헌하였고, 전쟁 후에는 좌익의 진보적 과학자로서 과학과 사회의 접점에서 폭넓게 활약하였다. 세계과학노동자연맹이 1948년에 채택한 과학자헌장은 버널의 초안에 바탕하고 있다.

이탈리아의 산틸라나[49]는 로마대학에서 물리학을 공부한 다음 다시 밀라노대학에서 2년간 물리학을 연구한 후, 로마대학에 돌아와 과학사학과의 설립에 협력하고, 과학사와 과학철학을 강의하였다. 1936년 미국에 건너가 MIT대학의 교수가 되었다. 특히 갈릴레오에 관하여 조예가 깊어서 『갈릴레오의 '두 가지 우주구조에 대한 대화'』[50]의 영역을 개정·증보하였고, 『갈릴레오의 범죄』[51]를 출판하였다.

45) *Leonardo da Vinci*, 1961
46) Hebert Butterfield, 1900~79
47) *The Origins of Modern Science* 1300~1800, 1949
48) *Science in History*, 1954
49) Giorgio Diaz de Santillana, 1902~74
50) *Galileo's Dialogue on the Great World System*, 1953
51) *The Crime of Galileo*, 1955

러시아의 유스겟비치[52]는 현대 러시아를 대표하는 수학사가로 모스크바대학을 마치고, 모스크바 과학기술사연구소에서 지도적인 역할을 하였다. 또한 국제적으로도 활약하여 1965~68년에는 국제과학사학회 회장을 맡았고, 국제적 과학사잡지인 『정밀과학사문헌』[53]의 첫 간행부터 편집위원을 맡았다. 그의 전문분야는 중세와 근대의 수학사로 공저 『르네상스까지의 수학』[54]은 사적 유물론의 입장에서 본 수학사로, 이슬람과 서유럽 중세의 장이 특히 상세하다.

미국의 머튼은 동유럽에서 유태계 이민의 아들로 태어났다. 1935년 하버드대학에서 박사학위를 획득하고, 1941년부터 컬럼비아대학 교수로 재직하였다. 20세기를 대표하는 걸출한 사회학자의 한 사람으로 과학사에 대한 공헌도 크다. 1938년에 발표한 논문 「17세기 영국에 있어서 과학, 기술 및 사회」는 청년시절의 학위논문으로, 근대과학의 형성에 퓨리터니즘의 역할을 강조한 고전적 명저이다. 그는 근대과학의 사회적 측면에 관해서 많은 연구를 남겼고, 과학사회학의 창시자 중 한 사람이다. 그는 주로 과학자집단에 특유한 규범구조를 확정하고 연구업적의 생산과 평가의 메커니즘에 있어서 그 규범이 어떻게 작용하는가를 해명하는 데 주력하고 있다.

미국의 코엔[55]은 하버드대학 대학원에서 공부하였다. 하버드대학 물리학 강사와 과학사 강사를 거쳐서 교수가 되었다. 미국과학사학회 회장(1961~62), 국제과학사·과학기초론연합(IUHP) 부회장(1962~68) 및 회장(1968~71)을 지냈다. 그의 저서 『뉴튼의 프린키피아 입문』[56]은 뉴튼 사고의 형성 및 전개, 그리고 이 책의 성립 및 개정의 과정을 잘 밝히고 있다.

현대 프랑스의 대표적인 수학사가인 타통[57]은 1951년 몽주와 데자르그의 연구에서 출발하여, 그때까지 경시되어온 18세기 과학사를 중심으로 업적을 쌓았다. 과학자의 생애와 업적을 정확히 조사하고, 특히 사료 원전의 엄밀한 교정 위에 서서 연구를 진전시켰다. 그는 탄느리 이후의 실증적인 학풍을 따랐다. 1982년부터 오일러와 코시의 전집 편집에 노력하고 있다.

영국의 크롬비[58]는 오스트리아에서 태어났다. 멜버른대학과 케임브리지대학에서 생물학을 가르쳤고 1953년 옥스퍼드대학의 과학사 강사가 된 후 지금에 이르고 있다. 중세에서 근대초기에 걸쳐 서유럽 과학사를 상세하게 연구한 결과를 정리한 저서 『어거스틴에서 갈릴레오까지』[59]와 실험과학의 중세적 기원을 논한

52) Adolphe Andrei Pavlovich Youschkevitch, 1906~
53) *Archives for History of Exact Science*
54) *Matematika da epokhi voerozhdeniya*, 1961
55) Bernard I. Cohen, 1914~
56) *Introduction to Newton's "Principia"*, 1971
57) René Taton, 1915~
58) Alistair Cameron Crombie, 1915~
59) *Augustine to Galileo : the History of Science* A.D. 400~1650, 1952

저서 『로버트 그로스테스트와 실험과학의 기원』,[60] 그리고 편저서로 『과학에서의 변혁』[61]이 있다.

미국의 클라겟[62]은 중세과학사 연구의 일인자로서 위스콘신대학 과학사 교수를 거쳐 현재 프린스턴고등연구소 교수로 재직하고 있다. 중세의 물리학과 수학에 관심을 가져 원전 연구를 바탕으로 교과서를 출판하고, 영역 내용의 비판적 분석을 특색으로 하는 다수의 저서를 출판하였다. 대표적인 저서로는 『중세의 역학』(1959), 『니콜 오렘 및 성질과 운동의 기하학』(1968), 『중세에 있어서 아르키메데스』(전4권, 7분책, 1964~84)가 있고, 많은 후진을 양성하여 중세과학사 연구의 조직화에 노력하고 있다.

미국의 길리스피[63]는 프린스턴대학의 과학사 교수로 과학사상과 자연신학 및 지질학 등에 관해서 당시 사회의 반응을 상세히 연구하였다. 그는 갈릴레오로부터 아인슈타인에 이르기까지의 근대과학의 형성을 객관성 있는 진행으로 본 『과학사상의 역사』[64]를 출판하였다. 그의 『과학자 인명사전』[65]은 과학사에 대한 커다란 공적이다.

영국의 마리 홀[66]은 화학을 공부한 후에 과학사를 전공하였다. 당시 성행하던 과학과 사회의 관계론보다 오히려 코이레의 개념사적 과학사관에 공명하고, 과학자의 사상 형성의 기원을 주제로 삼아 연구하였다. 17세기의 화학자 보일을 중심으로 한 기계론적 물질관 형성의 연구가 그 좋은 예이다. 그후 알프레드 홀과 함께 뉴튼의 미발표 논문을 편집하는 등 르네상스의 과학 및 17세기의 런던의 왕립학회의 창설사의 연구에 공헌하였다. 왕립학회의 초대회장인 올덴버그의 서한집의 편집도 공동노작이다. 과학사가는 사상사의 규범에 따라야 하지만 과학자의 관점을 이해하여야 한다는 생각이 그의 저서를 통하여 흐르고 있다.

특히 알프레드 홀은 코이레와 함께 내적 접근법을 주장하였다. 그는 케임브리지대학에서 17세기 탄도학을 연구하면서 사료해석을 통하여 과학은 경제적 압력이나 기술적 요청과는 독립적으로 발전한다는 관념론적 역사관을 확립하였다. 그는 이러한 자신의 역사관을 『과학혁명』[67]에서 전개하였다. 그후에 중세 기술사와 뉴튼 연구를 구체적인 연구로 실증하였다. 그는 과학사는 사회과학의 한 분야가 아니며, 과학사의 사명은 과학 자체의 내적, 사상적 발전을 밝히는 것이라는

---

60) *Robert Grosseteste and the Origins of Experimental Science* 1100~1700, 1953
61) *Scientific Change*, 1963
62) Marshall Clagett, 1916~
63) Charles Coulston Gillispie, 1918~
64) *Edge of Objectivity*, 1960
65) *Dictionary of Scientific Biography*, 16 Vols., 1970~80
66) Marie Boas Hall, 1919~
67) *Scientific Revolution*, 1952

독자의 과학사관을 주장하였다. 그는 공동으로 올든버그와 뉴튼의 서한집을 편집하였는데, 이것이 자신의 사관형성에 있어서 사료해석의 중요성을 인식하는 기초가 되었다고 한다. 그의 저서들에는 과학사가는 사료해석을 통하여 과학의 전체성과 구조를 밝혀야 한다는 주장이 바닥에 깔려 있다.

미국의 쿤은 하버드대학에서 물리학을 전공하고 박사학위를 받았다. 그곳에서 과학사를 강의하고, 후에 캘리포니아, 프린스턴, MIT 대학 교수를 역임하였다. 저서 『코페르니쿠스 혁명』[68]과 『과학혁명의 구조』[69]는 유명하다. 후자는 패러다임(paradigm) 개념을 구사하여 과학이론 발전의 메커니즘을 밝히려 하였다. 이는 과학사를 비판적 학문으로 성립시키는 데 큰 영향을 미쳤다. 과학사와 과학철학에 관한 수준 높은 에세이 『본질적 긴장』[70]이 있다.

끝으로 니덤[71]은 영국의 케임브리지대학에서 생화학을 공부하고, 이 대학에서 생화학을 강의하였다. 특히 발생생화학에서 선구적 업적을 남겼다. 그는 유물사관을 받들고, 동시에 종교의 역할도 강조하는 비정통적 마르크스주의자이다. 그의 주된 관심은 중국과학사 연구에 있었고, 『중국의 과학과 문명』[72]을 저술하였다. 특히 과학에 대한 도교의 공헌을 평가한 것으로 유명하다. 그는 중국과학사의 선구적 개척자이다.

과학사와 과학교육

우리들은 과학의 역사를 공유하지 못한 채 급격히 발전해 가는 과학시대에 던져졌다. 이러한 시대에 적응하기 위해서는 우주를 지배하는 여러 법칙을 이해하고, 자연과학의 지식을 넓혀가는 도리밖에는 없다. 동시에 과학적인 사고방식을 터득하여 이를 여러 분야에서 활용할 수 있는 능력을 길러야 한다. 일찍이 미국의 저명한 과학자이자 과학교육가이며, 트루먼 행정부의 과학담당 고문이었던 제임스 코넌트[73]는 교양으로서의 과학의 이해에는 과학사 교육이 가장 적절하고 효과적이며, 학습효과를 높이는 바람직한 수단이라고 강조한 바 있다. 그는 과학문제를 이해하는 한 가지 방법으로 "사례의 역사"(事例의 歷史)를 들면서 과학사교육을 강조하였다. 그는 이런 생각하에서 과학을 이해시키는 방법으로 대학에서 과학사를 오랫동안 강의하였다.

그는 다음의 여섯 가지를 항상 염두에 두고 강의를 하였다. 첫째, 과학사는

---

68) *The Copernican Revolution*, 1957
69) *The Structure of Scientific Revolution*, 1962
70) *The Essential Tension*, 1977
71) Joseph Needham, 1900~95
72) *Science and Civilization in China*, 1961
73) James Bryant Conant, 1893~1978

과학의 본질을 쉽게 이해하는 한 가지 수단이다. 칸트는 과학의 역사는 곧 과학 그 자체라고 강조한 바 있다. 과학의 본질을 이해한다는 것은 과학자는 물론 과학의 혜택을 받고 있는 일반인에게도 매우 중요하다. 그러므로 과학사 교육을 통하여 과학의 뜻, 과학의 분류적 체계, 과학 상호간의 관계, 과학기술과 사회의 관계 등을 정확하게 이해함으로써 과학의 본질을 인식할 수 있다.

둘째, 과학사는 과학적 이상을 달성하는 데 필요한 과학적 방법의 지침, 즉 관찰방법, 자료수집 및 정리방법, 실험방법과 추리방법을 제시하고 있다. 과학의 연구방법은 고정불변이 아니다. 과학의 방법은 하나의 자연관에 기초를 두고 형성되는 것으로, 그 배후에는 과학사상이 내재되어 있다. 그리고 그 사상이 담겨져 있는 역사적 논문이나 저서, 그리고 연구보고서 안에는 그 당시 법칙을 발견하는 데 결정적인 역할을 한 연구방법의 예가 풍부하게 수록되어 있다. 다시 말해서 과거 과학자들 자신이 수행한 연구에서 그들이 사용한 과학연구 방법의 패턴을 이해한다면, 자신의 연구에 있어서 큰 도움이 될 것이다.

셋째, 과학사를 통해서 과학과 그 이외의 분야, 즉 사회사와 사상사의 상호관계를 인식함으로써 보다 비판적인 태도를 가질 수 있다. 최근 과학사 연구는 과학적 성과와 다른 분야, 즉 정치, 경제, 사회, 종교, 철학과의 상호작용에도 중점을 두고 있다. 영국의 과학사가 윌리엄 덤피어는 인간의 사상과 활동에 관한 분야의 상호관계를 이해하려면, 그에 앞서 반드시 과학이 발전해 온 역사를 조금이나마 알아야 한다고 강조하였다. 과학은 시대적 사상과 사회적 배경에 따라 크게 좌우된다. 따라서 과학의 발달을 촉진시키는 역사적 배경의 인식이 중요함은 말할 필요가 없다.

넷째, 머리말에서 특히 강조한 바 있지만, 과학사의 주인공인 과학자는 병마에 시달리면서, 때로는 종교적·정치적 압력하에서도 의지를 굽히지 않고, 과학적 성과의 탄생을 위해서 피나는 노력과 투쟁을 해왔다. 그들은 그 성과의 탄생을 위하여 스스로 자신의 인생을 포기하기도 하였으며, 때로는 어린아이처럼 순진하기도 하였다. 그리고 이런 과학적 원리와 법칙이 점차 응용되면서 인류사회의 번영과 복지향상에 크게 기여하였다. 그러나 그들은 결코 명예와 부를 꿈꾸었던 것은 아니다. 그들은 자연을 이해하고 정복하는 데에만 오직 전생애를 바쳤을 뿐이다. 과학사는 바로 이들의 숭고한 정신을 보여주는 증거이다.

다섯째, 과학사의 내용은 평면적이긴 하지만 현대과학 전반에 걸친 다양한 내용을 취급하고 있으므로, 각 분야 상호간의 관계를 계통적, 발생적으로 이해할 수 있고, 따라서 교양으로서의 과학교육에 가장 적합하다. 대체적으로 일반과학사의 내용은 수학, 천문학, 과학, 생물학, 지학, 의학 등 다양하며, 또 평이하기 때문에 전반적인 과학지식의 습득에 알맞다.

여섯째, 현대과학은 극도로 분화되어서 학문발전에 막대한 지장이 되고 있다. 이러한 장애를 극복하는 이상적인 방안이 바로 과학사 교육이다. 사튼은 과학의 각 분과 상호간의 관계를 역사적으로 연구 검토함으로써 학문 상호간의 관계를 훌륭하게 인식할 수 있다고 강조하였다.

한편 1960년대 후반부터 1970년대 전반에 걸쳐 세계 각지에서 산업공해와 자연파괴에 대한 강력한 반대운동이 일어났고, 공해는 곧 사회의 중대한 문제로 부각되었다. 그러나 그 책임 소재에 관해서는 세계 각국이 국내 형편에 따른 논쟁만을 거듭하고 있다. 이 책임이 기업 경영자에 있느냐, 아니면 행정당국에 있느냐에 관해서 논란이 거듭되고 있지만, 그 책임소지가 모호하고 불투명해서 그 책임을 서로 전가하며 회피하고 있다.

이러한 문제를 해결하려는 운동이 최근 영국을 중심으로 일어났다. 이 운동이 STS교육운동이다(혹은 SISCON운동 : 영국의 존 자이먼[74]을 중심으로 펼쳐지고 있는 새로운 과학교육 즉 과학, 기술, 사회를 한데 어우러지게 하는 교육). STS교육의 한 가지 방법과 수단으로 과학사적 접근 방법이 모색되고 있다. 영국의 브리스톨대학의 교수인 존 자이먼은 그의 저서 『과학과 사회를 잇는 교육』[75]에서 재래식 과학교육은 역사적 테마의 도입에 약점이 있다고 지적하였다. 이에 맞추어 급진적인 STS교육의 개혁자들도 모든 자연계 과정을 역사적 소재로 가득 채우자고 주장하였고, 자유주의적인 교사들도 이에 동조하고 있다. 과학사 교육을 통해서만 과학과 기술과 사회의 관계를 인식할 수 있다는 것이다.

물론 과학에 관해서 편파적인 기초만 지니고 있는 학생에게, 역사에 있어서 과학의 사회적 역할을 설명한다 하더라도 효과가 없을지도 모른다. 그럼에도 불구하고 STS연구의 역사적 방법에는 많은 교육상의 이점이 있다. 시간과 함께 변화하는 사회제도로서 과학의 역사는 전달해야 하는 메시지의 주요 부분이다. 원초적 형태의 제도, 개념, 경험, 물질적 자원을 보는 쪽이 현대의 사회형태를 보는 세련된 방법일지도 모른다. 과학사 교육은 하나의 방법, 혹은 STS교육을 확대하고 예시하는 일종의 양식이라 할 수 있다.

---

74) John Ziman, 1925~
75) *Teaching and Learning about Science and Society*, 오진곤·박충웅 옮김, 전파과학사, 1994

제 I 부
과학과 신화

"인간은 도구를 사용하는 동물이다.
도구를 갖지 않은 인간은 어느 곳에서도 찾아 볼
수 없다. 즉 도구 없는 인간은 무능하고,
도구를 지닌 인간은 만능이다."
— 토머스 카일 —

1. 인류와 과학의 기원

인류의 출현

인류의 기원은 세계 여러 곳에서 발굴된 화석을 통해서 연구되어 왔다. 그 연구에 의하면, 인류가 최초로 지구상에 나타난 것은 지금으로부터 약 50만 년 전이라는 학설이 학계의 통설이었다. 그러나 1924년 여름 고고학자 다트가 남아프리카의 다운구스에서 오스트랄로피테쿠스 아프리카누스(Australopithecus africanus)라 부르는 유인원의 두개골 화석을 발견하였다. 이것은 남방 원숭이로서 턱이 두텁고 키는 1~1.5m, 두개골의 용량은 500cm³ 내외로 현생인류의 1/3에 불과하다. 그는 이것이야말로 원숭이로부터 사람에 이르는 "잃어버린 고리"라고 주장함으로써 학계의 주목을 끌었다. 특히 인류의 진화는 직립보행에 의해서 시작되었고, 이에 병행하여 뇌가 발달하였다는 그의 주장은, 그 당시까지의 통설과는 다른 것이었다.

인류학자들은 이 직립보행을 인간을 특징짓게 한 중요한 요인으로 꼽았다. 우선 직립보행으로 해방된 앞발은 그 기능이 손으로 바뀌고, 이것은 도구의 사용으로 연결되었다. 도구의 사용은 당연히 먹이의 변화를 초래하였고, 또한 뇌의 발달을 부추기는 역할을 하였다. 이런 일련의 변화는 환경에 대한 적응 과정에서 상승효과를 나타냈고, 나아가 인간만이 문화 창조의 가능성을 획득할 수 있었다.

다트의 연구는 제2차 세계대전의 발발로 중단되었고 논쟁은 미해결인 채로 남아 있었다. 이후 35년이 지난 1959년, 루이스 리키 부부 및 부자를 비롯한 고생 인류학자들이 연구를 재개하였다. 그들은 동아프리카 탕카니카에서 새로운 화석을 발견함으로써, 지구상에 인류(Zinzanthropus boisei)가 최초로 등장한 시기를 지금으로부터 175만 년 전으로 추정하였다. 그리고 가장 오래된 석기도 발견하였다. 또 1972년 루이스 리키의 아들인 리처드 리키는 케냐의 투돌프 호수 변두리 동쪽에서 완전한 두개골의 화석을 발굴하였다. 이것은 약 200만 년 전의 것으로 호모 하빌리스(Homo habilis-손재주를 가진 인간)라는 또 다른 인류가 생존하고 있었다는 사실을 증명해 주었다. 이 호모 하빌리스는 두개골의 용량이 현생인류의 절반이 넘는 800cm³나 되었고, 두 발로 걸어다니는 것은 물론 연장을 사용하여 사냥도 하였다. 또 1975년에는 리키 박사의 부인인 메어리 리키에 의해서 오스트랄로피테쿠스 아파렌시스(Australopithecus afarensis)가 이디오피아에서 발견되었다. 이것은 350만 년 전의 것으로 추정되었다. 다시 1979년 일부 학자들은 400만 년 이전으로 생존연대를 추정하는 아파원인의 발견을 주장하

고 있다. 이것은 이디오피아의 아파(Afa)에서 발견
된 직립원인으로 추정되고 있다.

　이로써 중국의 북경인, 인도네시아의 자바인,
그리고 독일의 하이델베르크인 등은 호모 하빌리스
와 구별하여 호모 에렉투스(Homo erectus-직립 인
간)로 불리게 되었다. 이들이 생존하던 시기는 지
금으로부터 약 50만 년 전으로, 지질학적으로는 홍
적세 중기(빙하기)에 속한다. 호모 에렉투스는 호
모 하빌리스보다 더 진화한 인류로서 두 발로 서서
걷고, 도구를 만들었으며, 불도 사용할 줄 알았다.
그러나 생김새는 아직도 유인원과 비슷하였다. 그
후 진화를 거쳐 지금으로부터 약 20만 년 전 무렵
에 호모 사피엔스(Homo sapiens-지혜로운 인간),
즉 현생인류의 아종으로 분류되는 네안데르탈인이
유럽 일대에 나타났다. 그리고 약 4만 년 전에 진
정한 현생인류인 크로마뇽(Cromagnon-더욱 지혜
로운 인간)이 나타났다. 그들은 두뇌의 크기, 생김
새, 골격 등에 있어서 지금 지구상에 살고 있는 인
류와 크게 다를 바 없었다.

네안데르탈인의 복원의 한 가지 예

　이들은 흥망과 변천이라는 오랜 고난에 쌓인 진화의 과정을 밟으면서 점차
로 지구상 여러 곳으로 퍼져나갔다. 그후 이 원시인들은 점차로 집단을 이루어
살면서 인류의 역사를 창조하기 시작하였다. 이것은 지금으로부터 겨우 5천 년
전의 일이었다.

구석기 시대 – 불의 사용

　2백만 년에 달하는 긴 석기 시대는 구석기 시대와 신석기 시대로 구분된다.
구석기 시대가 끝나는 시기가 지금으로부터 약 1만 년 전이므로 구석기 시대가
압도적으로 길다. 이 시대는 타제 석기를 사용한 식량 채집의 시대였다. 인류는
날카로운 이빨이 없으므로 동물을 잡은 뒤, 껍질을 벗기고 고기를 나누는 일이
매우 어려운 작업이었다. 이때 예리한 돌이 문제를 해결하여 주었다. 이것이야말
로 분명히 도구제작 전통의 기원이라 할 수 있다. 석기는 인류가 처음으로 손에
쥔 도구의 하나로서, 야금술이 발달할 때까지 중요한 도구였다. 구석기 시대의
석기는 모두 깨뜨려서 만든 이른바 타제 석기였다.

　석기 시대는 인류역사의 대부분을 차지하는 오랜 기간으로, 그 사이에 인류

는 석기의 제작 기술을 서서히 발달시켜 나갔다. 이 시대의 유적에서는 각종 석기 외에 석기를 만들 때 부수적으로 생기는 파편이나 파편을 뜯어낸 석핵 등이 같이 발견된다. 타제 석기에는 돌칼, 돌창, 돌망치 등이 있고, 경우에 따라 골각기도 사용하였다. 이것들은 모두 인간이 소유한 기술의 기원이 되었다.

원시인들은 이런 도구를 이용하여 공동으로 사냥에 나섰다. 원래 인류는 잡식 동물이므로 동물의 포획 행위가 생존에 있어서 꼭 필요하였다. 약 1만 년 전 식량을 자기 손으로 생산할 수 있게 될 때까지, 인류는 모든 식량을 야생 동식물의 포획과 채집으로 충당하는 도리밖에 없었다. 그런데 식물과는 달리 움직이는 동물을 포획하는 데는 나름대로 그 방법을 연구해야만 하였다. 이같은 필요 때문에 인류는 여러 가지 수렵법을 발전시켜 나갔다. 그들은 원격 무기로서 돌과 부메랑, 창, 창던지는 기구, 입으로 화살을 불어내는 기구, 활 등을 발명하였다. 이처럼 사냥 도구의 발달은 기술적 진전 뿐만 아니라 동물의 생태에 관한 지식을 축적케 하였고, 이것이 동물의 가축화에 중요한 역할을 하였다.

수렵에 즈음해서 의식을 치르는 일도 있었다. 수렵하기 이전의 의식으로서는 피그미족이 하듯이, 흔히 잡아야 할 동물의 그림을 그려 놓고 그것에 화살을 쏘았다. 또는 북아시아에 널리 퍼져 있는 의식으로, 죽은 야수의 신체의 일부(두개골인 경우가 많다)를 죽은 뒤에 대지에 되돌려 보내는 의식이 있었다. 그것은 이렇게 함으로써 동물이 다시 환생한다고 생각했기 때문이었다. 이러한 수렵 의식은 동물영혼의 존재 혹은 야수를 지배하는 신의 존재를 배려하는 정신적인 발달 때문이라고 생각할 수 있다.

이처럼 사냥은 기술을 발전시켰을 뿐만 아니라, 인류 정신의 성숙에도 도움을 준 것이 틀림없다. 그러나 생산을 증대시키고 자연을 정복하며 사회를 크게 발전시킬 수준과는 동떨어져 있었다. 이들은 포획한 모든 것을 반드시 공동 분배하는 원시 공동 사회에 지나지 않았으므로, 계급의 분화나 사유재산 제도와 같은 사회현상은 보이지 않았다.

구석기 시대에 있어서 기술의 한 가지 큰 변혁은 불의 발견이다. 이 발견은 환경의 지배로부터 인류를 해방시킨 일대 전진이었다. 역사 시대 훨씬 이전에 부싯돌의 불꽃을 종교 의식에 사용한 일이 있었지만, 원시인들이 불을 얻는 가장 보편적인 방법은 나무를 마찰시키는 일이었다. 나무송곳으로 오목한 나무를 마찰 시키면 1분만에 발화한다. 이처럼 마찰에 의해서 불을 일으킨 일이야말로 인류 역사상 최초의 기술적 경험의 하나이며, 인류 문화의 향상과 발전에 유례없는 커다란 원동력이었다. 불의 사용 단계는 불에 접근, 접촉, 불놀이, 불의 일시적 이용, 불의 영구적 이용의 순서로 진전되었다.

불은 우선 인간을 일정한 곳에 모아 원시 공동사회를 형성케 하는 촉진제 역할을 하였다. 그리고 곧 음식물을 익혀 먹는 방법을 터득하였는데, 이는 가공법의 시초이며 그후 변화의 문제인 화학의 시발점이 되었다. 또 불에 의한 음식물의 조리는 토기의 제작을 이끌어 냈다. 즉 토기를 불에 구우면 단단해진다는 것을 알았다. 특히 그릇을 굽는 데 필요한 고온 처리의 기술은 그후 야금 기술에 연결되어 결국 야금술을 탄생시켰고, 나아가서 금속 시대의 문이 열리게 되었다.

신석기 시대 – 농경의 시작

신석기 시대는 농경과 목축이 시작된 1만 년 전부터 금속기를 사용하고, 국가가 발생하여, 문자가 사용된 기원전 3000년까지이다. 지금부터 약 1~2만 년 전 최후의 빙하기가 끝나고 빙하가 양극으로 후퇴하면서 유럽에 온화한 기후가 찾아왔다. 인류는 이 시기에 농업을 영위하고 동물을 길들이기 시작하면서 문명의 기틀을 세웠다. 이 시기는 도구 제작에 있어서도 새로운 기술이 도입되었다. 즉 도구가 타제 석기로부터 마제 석기로 바뀌었다. 돌을 가는 작업은 물체의 모양을 형상화하는 가공 작업으로, 구석기 시대보다 석가공 기술이 발달했음을 의미한다. 그리고 자연에만 의존하면서 생활하던 구석기 시대의 원시인과는 달리, 본능적인 생활 영역에서 벗어나 점차 수렵기술을 발달시켰다.

한편 인구의 증가로 인하여 수렵 대상인 동물 및 식용식물이 감소하자, 토지를 이용하는 경작법을 개발하였다. 그들은 경작으로 얻은 곡물에 의존하면서 이전의 수렵이나 채집 시대와는 달리 어떤 지적인 계획을 수립하였다. 즉 수확한 곡물을 이듬해 가을까지 1년 동안 계획적으로 소비해야 하였고, 또 비축한 곡물의 일부를 잘 보존하였다가 적당한 시기(파종기)에 종자로 충당하여야만 하였다. 따라서 인간의 사고가 논리적으로 되었다. 또한 산술이 필요하였다. 당시(6000년 전 이전)의 산술에 대한 사료는 없지만 산술의 기원이 시작되었음을 상상할 수 있다.

농경의 시작과 함께 1년에 대한 인식 방법도 달라졌다. 이전에는 더운 시기인 여름과 추운 시기인 겨울이 한번씩 지나가면 1년이라는 정도의 감각밖에 없었지만, 농사를 짓기 시작한 이후부터 파종기와 수확기 등을 알아야 할 필요 때문에 사계절에 대한 개념이 싹텄고 이 시기를 알기 위해서 별의 위치를 주의 깊게 관찰하였다. 또한 달의 차고 기움이 1년에 약 12회 일어나므로 1년을 12개월로 생각하였다. 이것이 천문학의 기원이 되었다.

한편 원시인들은 산 짐승의 우연한 생포로 기원전 12,000년 무렵부터 가축을 소유하게 되었다. 이때부터 동물과 식물을 주의 깊게 관찰하였고, 그 결과 동식물에 관한 지식이 넓어져 생물과학의 기원을 이룩하였다. 프랑스의 동물학자 모리스 꼴레리아[1]는 "인간은 이러한 활동을 통해서 관찰력을 길렀고, 이에 따라 생물의 체계적 지식을 얻게 되었으며, 후에는 실험적 방법이 더욱 이를 도왔다"

---

1) Maurice Callege, 1868~1958

라고 말했다.

농경생활로 원시인들이 경작지 부근의 장소에 정착하면서 생활이 안정되자 집이 들어 서고, 또 마을 사람들의 신앙심에서 마을 한가운데에는 반드시 사당이 들어섰다. 이때 건축 재료로는 흙벽돌이 흔히 사용되었다. 이 벽돌을 쌓아 올리는 일이 원시인에게는 힘든 일이기도 했지만, 특히 괄목할 만한 것은, 필요한 벽돌의 수를 계산하는 일에 산술을 적용한 사실이다. 또 원시적이긴 하지만 식물 섬유를 가늘게 뽑고 방적기나 직기를 고안하여 여러 가지 무늬를 넣은 천을 짰다. 이러한 작업은 인간에게 많은 기하학적 훈련을 부여하였다. 사실상 인류가 소유하고 있는 기계의 역사는 토지 경작법의 출현과 함께 시작되었다. 그러므로 이 시기는 인류의 역사에 있어서 최초의 산업혁명으로, 이른바 신석기 혁명이라 말할 수 있다. 앨빈 토플러는 저서 『제3의 물결』에서 이 시기를 "제1의 물결"이라 주장하고 있다.

원시인들이 농사를 짓기 시작하면서부터 새로운 형태의 집단인 씨족 공동체와 부락이 형성되기 시작하였다. 특히 농경과 같은 새로운 생산방법은, 낡은 분배 제도를 대신하여 물물 교환이라는 새로운 경제 체제를 낳았고, 개인 자신이 생산 하고 저축한 것에 대한 권리를 주장하면서부터 사유재산 제도가 필연적인 결과로 나타났다. 한편 경제적 기반이 농업이었던 관계로, 원시인들은 기후가 온화하고 관개가 편리한 큰강 유역으로 생활 토대를 서서히 옮겨 갔다. 이리하여 역사상 찬란한 강하 문명 시대의 문이 열렸다.

도구와 언어의 사용 – 기술의 시작

원시적인 도구의 사용이 대개 우연에 기인하였다는 사실은 틀림없다. 지금 알려진 바와 같이, 고등의 원숭이들도 나뭇가지나 돌을 사용하지만 이것은 손의 연장이거나 대용물이고, 자연에 존재하는 것을 주워서 사용할 뿐이다. 마찬가지로 열악한 신체조건과 운동성을 가진 인류의 선조가, 외적과 싸우고 자연의 여러 힘으로 부터 신체를 지키며 먹이를 획득하여 종족을 보존하기 위해서는, 약한 신체 기관 대신에 도구를 연장 확대하여 사용하는 것이 생존할 수 있는 유일한 길이었다.

처음에는 우연한 시작으로 이용된 원시적인 도구도 반복하고 습관화하는 과정에서, 경험으로 고정화되어 결국은 "목적에 적합한 것을 찾는" 단계에 이르게 바뀌었다. 즉 그것이 본능적 직관적인 것으로부터 다소나마 목적의식이 있는 것으로 바뀌었다. 이 단계에 도달하면 드디어 도구에 변형을 가하고 가공할 수 있게 되어 도구 제작의 길이 열린다.

더욱 중요한 사실은 도구의 사용과, 특히 제작과정에서 "원인과 결과"를 파악하게 된 점이다. 인과관계는 초보적이기는 하지만, 자연현상 속에 존재하는 법칙성을 인식시켰다. 도구를 사용하는 과정에서 인과관계가 지식으로서 의식 속에 정착하고, 가공된 도구로 생활하는 단계에서 인과관계가 한층 명확하게 드러났다. 도구의 사용은 이런 식으로 인간의 지혜를 낳고, 인류를 "생각하는 존재"가 되도록 하였다. 그리고 모든 사고의 기원은 대개 도구의 사용에서 시작되었다.

　　도구와 나란히 인간문명의 기원의 다른 측면은 "말"이다. 도구와는 달리 "말"의 흔적을 찾기란 매우 어렵다. 어느 때, 어떻게 시작되고 발달하였는가를 명확하게 파악하기 힘들다. 그러나 아무래도 초기의 언어는 인류가 자신을 환경에 적응시켜 생존하려는 단계에서 발생하였을 것이다. 협동하여 식량을 채집하거나, 외적으로부터 방위를 위해서 필요한 의사의 소통이 있고, 도구의 사용으로 지능의 발달이 촉진되는 단계에서, 점차 복잡하고 다양하게 되었을 것이다. 또 언어를 발달시킨 한 가지 기본적 요인은 말할 것도 없이, 인류의 "집단생활을 영위하는 동물"로서의 성격이다. 언어가 복잡화, 다양화하는 과정에서 언어가 개개의 구체적인 사물에서 떨어져 나가 보편화, 추상화되었다. 이런 종류의 언어를 감각적 상상과 결부시켜 조작하는 것이 인간의 사고이다.

　　도구의 발달은 이러한 언어의 발달에 도움을 받아 발전하였다. 이것이 학습을 매개하는 것으로서의 언어의 역할이다. 많은 경험을 축적하고 집약하는 것은 집단 속에서 의지를 교환하는 언어에 의한 것이며, 또 세대에서 세대로의 계승에 의한 지식의 풍요화도 언어의 역할이었다. 이처럼 말과 도구 두 가지를 무기로 삼아 문명은 상승세를 탔고, 그 배경의 역할을 한 것이 인간의 사회성이었다.

2. 고대 오리엔트의 과학

도시의 출현

인간은 생존을 위해서 지식을 구하고 자연을 끊임없이 관찰함으로써 과학과 기술의 기틀을 다져 놓았다. 그러나 그 길은 멀고도 험난하였다. 오늘날과 같은 의미의 과학은 분명히 르네상스 이후 근대의 산물이지만 갑자기 탄생한 것은 아니고, 결국 고대 오리엔트 시기까지 거슬러 올라간다. 다시 말해서 인간이 호모 사피엔스로서 지상에 출현했을 때부터, 인간은 소박하지만 과학적인 지식이나 생각하는 방법을 몸에 지니고 있었다. 따라서 인간이 큰강 주변에 정착할 무렵부터 과학의 참된 원형이 형성되었다고 하여도 그다지 무리는 아니다. 물론 그 무렵에는 과학이라는 정확한 개념이 없었고 주술적, 신화적 사상 속에 단편적인 과학지식이 혼합되어 있었을 뿐이다.

기원전 5000~3000년에 나일강 유역의 이집트와 티그리스-유프라테스 강 유역의 바빌로니아를 중심으로 이른바 고대 오리엔트에서 도시가 출현하면서 여러 분야에 걸쳐 문화가 급속하게 발전하였다. 청동기의 사용, 문자의 발명, 도시의 출현, 정치조직의 발생, 사회계급의 형성, 조직적인 종교의 발달, 신전 및 신관의 출현, 선박과 차륜의 발명 등 역사 시대의 문명단계로 접어든 것이다. 이른바 "도시혁명" 단계로 접어 들었다.

메소포타미아

개방된 사회   티그리스강과 유프라테스강 사이의 델타 지역에서 기원전 약 3200~560년경 메소포타미아(그리스어로 "두 강의 사이"라는 뜻)의 역사가 시작되었다. 이 지역에서는 이집트와 달리 여러 민족이 흥망의 역사를 반복하였다. 가장 오랜 문명은 페르시아만 근처에 살던 수메르인에 의해서 탄생되었다. 이것은 몇몇 도시국가로 형성되어 있었는데, 도시국가 상호간의 패권 다툼에서 아카드의 사르공 1세(B.C. 2371~16)가 승리를 거두고, 이들 도시국가를 합병하여 제국을 이루었다. 다음에는 바빌로니아 왕조가 뒤를 이었다. 이 왕조의 전성시대는 "함무라비 법전"으로 이름 높은 함무라비 왕(B.C. 1792~1686)의 통치시대였다. 후에는 군사국가 앗시리아가 메소포타미아를 통치하고 이집트까지 공략하였다. 앗시리아는 다시 카르데아인에게 정복됨으로써 카르데아 제국이 탄생하였다. 이들 국가는 일반적으로 종교적, 군사적인 전제국가였다. 이런 국가의 문화의 특색은 이집트의 경우처럼 무명문화(anonymous)였다. 즉 많은 문화적 유산의 대부분이 작자의 이름을 알 수 없는 문화이다.

메소포타미아는 지리적으로 고립되고 문화적으로 보수적인 이집트의 경우와 대조적이었다. 메소포타미아의 두 강 유역은 주위의 사막과 고원의 여러 민족들에게 지리적으로 개방되어 있었으므로 이주와 정복, 이에 따른 지배자의 교체가 계속되었다. 이러한 변혁과 혼란은 파괴를 수반하기도 했지만, 한편으로는 다양한 문화의 발전을 앞당기는 역할을 하였다.

수메르인은 설형문자를 발명하고 이를 점토판에 새겼다. 주된 산업은 이집트와 마찬가지로 관개 농업이었으나 수공업과 상업도 발달하였다. 수메르의 신전은 막대한 재산과 세력을 지니고 있었고, 승려 계급은 가장 유력한 사회 계급이었다. 한편 신전은 공업 활동의 중심이기도 하였다. 신전 안에 있는 일터는 오늘날의 공장과 흡사할 정도였다. 공인들은 대부분 예속적인 신분이었으나 임금을 받고 자유롭게 일하는 공인도 있었다. 또 이집트와는 달리 상업과 외국 무역이 발달하고, 정부와 법률, 그리고 군대의 보호를 받으면서 상인과 대상들이 자유롭게 활동하였다.

천문학과 점성술 메소포타미아인은 일찍부터 농업과 가장 관계 깊은 계절에 관한 지식의 중요성을 인식하고, 천문관측에 관심을 가졌다. 관측 대상은 잘 알려져 있었던 일곱 개의 행성(달, 태양, 수성, 금성, 화성, 목성, 토성)이었다. 신관들은 신전이나 바벨탑 같은 망루에서 천체를 관측하고, 이들 각 행성이 그 배후에 있는 항성에 대하여 각기 독자적인 도형과 주기를 가지고 운동하고 있다고 믿었다. 그리고 이 행성들이 모두 천구의 어느 일정한 띠 속에서 운행되고 있음을 발견하고, 이 띠를 큰 원으로 이상화하였다. 이것이 바로 수대(獸帶)이고, 이 수대를 12등분하여 궁(宮)이라 불렀다. 이와 같은 행성의 운행과 달과 태양에 대한 관측, 그 주기의 기록은 이후 그리스 천문학에 영향을 미쳤다.

메소포타미아에서 행해진 천문관측 중에서 가장 정밀한 것은 행성운동에 관한 것이다. 기원전 2000년에는 금성이 8년 동안에 같은 위치로 다섯 번 되돌아온다는 것에 주목하였고, 일식이 18년마다 일어난다는 이른바 "사로스 주기"를 예언하였다. 이런 천문관측은 달력의 제작이나 점성술의 필요에 의한 것이었다. 메소포타미아의 두 강은 이집트의 나일강처럼 매년 주기적으로 범람하지 않았다. 따라서 강의 범람을 의식하지 않고 달이 가득찰 때와 차지 않을 때를 기준으로 태음력을 고안하여 오랫동안 사용하였다. 그러나 태음력으로는 실제 1년 사이의 기간을 조정하는 데 문제가 있었으므로 1년은 12개월, 1개월은 29일이나 30일을 기본으로 하고, 윤년을 삽입하여 조절하였다. 또한 하루를 24시간, 1시간을 60분, 1분을 60초로 나눈 것도 그들이었다.

천문관측과 함께 점성술이 싹텄다. 바빌로니아는 지리적 관계로 국내 통일이 어려워 분열과 전쟁이 잇달아 일어나 항상 불안한 분위기에 휩싸여 있었다. 그러므로 안전을 구하려는 그들 마음의 한 구석에는 은연중 자신의 운명을 하늘의 운행과 관련시켜 보려는 생각이 가득 차 있었다. 즉 대우주인 하늘의 별들의 운행이 소우주인 지상의 운행을 지배한다는 생각에서, 인간의 운명을 하늘의 별로부터 예시받으려는 사상이 싹텄다. 이 사상이 곧 점성술이다.

이와 같은 사상은 바빌로니아와 중국에서 공통으로 생겼는데, 그 방법은 하늘의 변화로 지상의 미래를 점치는 것이었으므로 천변점성술(天變占星術)이라 부르기도 한다. 예를 들면, 국가의 성쇠나 군주의 운명, 전쟁, 기아, 폭풍, 홍수 등은 천변과 관계가 있는 것으로 생각하였다. 그러므로 특히 고대 전제군주는 세상을 다스리기 위하여 끊임없이 천변 현상에 신경을 쓰지 않을 수 없었다. 따라서 천변점성술은 정치 점성술이라고도 할 수 있다. 그러나 정치점성술은 점차 변질되어 개인의 운명을 점치는 숙명점성술(Horoscope)을 탄생시켰다.

점성술이 천문학 발전에 도움이 되었다고 단언할 수는 없다. 그러나 국가의 운명을 예언하려는 점성술사의 천체 현상에 대한 끈질긴 관측은 고대 천문학 발달에 어느 정도 도움을 준 것은 사실이다. 따라서 천문학과 점성술은 흡사 "이복형제"와 같은 관계에 있다고 말할 수 있다.

메소포타미아의 천문학 지식은 달력이나 점성술의 필요에서 탄생하였으므로, 기하학적이라기보다는 주기성의 계산 등 산술적이고 대수적인 측면이 강하였다. 따라서 현존하는 자료의 대부분은 달이나 행성의 위치 등을 기록한 수표뿐이며 천구의 운동이나 천구의 이론 등은 기록되어 있지 않다.

산술   고대 메소포타미아의 발전된 경제생활에서 직물의 양, 곡물용의 되, 은과 보석의 가치를 취급한 수학 문헌이 있는데 여기서 그들이 사용한 숫자는 설형문자이다. ∨와 <의 두 가지 기호를 기본으로 하고 이것을 조합하여 10진법과 60진법을 혼합한 수의 체계를 사용하였다. 60진법은 특이한 수의 체계인데, 왜 그들이 60진법을 사용했는가에 대해서 확실한 설명이 없다. 흔히 여러 민족이 사용해 온 도량형 단위를 통일할 필요에서 약수가 많은 "60"이란 수를 통일된 단위로서 선정한 듯싶다. 오늘날 시간이나 각도의 표시법은 바로 이것에 기원을 두고 있다.

점토판에 설형문자로 씌어진 현존하는 수학 문헌은, 앗키드기 이후의 것으로서, 특히 바빌로니아 시기(기원전 2000년~1600년)의 것이 많다. 수학 문헌은 계산표 텍스트와 문제 텍스트가 있다. 전자는 도량형과 관련되어 있는 듯하며, 후자는 구체적인 수치를 동반하는 문제의 해법 절차를 가르치기 위한 것이다. 이러한 문제의 대부분은 오늘날 초등 대수학이라 부르는 것들이다.

그 내용은 1) 산술적 문제, 2) 대수적 문제, 3) 기하학적인 문제로 나눌 수

있다. 산술적 문제에서는 4칙 연산, 역수표
를 이용한 나눗셈, 제곱근의 근사값, 급수
등이고, 대수적 문제에서는 2차방정식과 고차
방정식의 해법이, 기하학적 문제에서는 평면
도형의 면적, 입체도형의 부피 등을 구하는
방법이 있다. 이처럼 메소포타미아에서는 산
술이 한층 발달하였다.

　메소포타미아의 신전 창고에서는 문자
와 숫자를 새긴 많은 점토판이 발견되었다.
점토판에는 창고 내의 물품의 변화 상태가
매주 기록되어 있다. 이것으로 1주간에 어떤
물품이 얼마만큼 소비되었는가를 알 수 있
다. 그러므로 당시의 신전은 단순히 제사를
지내는 장소가 아니라, 도시의 정치 중심지
이며, 물품의 관리소이기도 하였다. 그러므
로 당시 서기는 신전 내의 창고의 물품의 변
동을 끊임없이 기록하였다. 발굴된 점토판은
신전의 물품관리 상태를 잘 보여주지만, 그
밖에도 당시 여러 방면에서 숫자가 사용되
었다는 점도 확실하게 보여준다. 신전을 건

이집트의 숫자 10진법

메소포타미아의 숫자. 60진법과 10진법이 혼합되었다.

고대 수의 표기

립하기 위해서는 얼마의 원자재가 필요한가, 이 건축에는 몇 일 걸리는가, 노동
자를 얼마나 동원할 것인가, 그리고 노동자에게 어느 정도의 식량을 제공할 것인
가를 계산해야만 하였다. 그 결과 바빌로니아에서는 일찍부터 산술이 발달 할 수
있는 동기가 부여되었다.

　현재 영국박물관에 보존되어 있는 진흙 조각에 기록된 점토판을 보면, 이미 그
당시에 2차방정식을 풀 수 있었던 것으로 추측된다. 메소포타미아의 산술은 이
집트에 비하여 매우 발달하였지만, 당시의 수학은 무엇보다도 실용을 위한 일련
의 방법이나 규칙이 중심이었으므로 일반적인 공식이나 정리, 증명 등은 전혀 보
이지 않는다.

　의학　메소포타미아에서는 질병이 악령의 저주나 죄의 대가로 생긴다고
믿었다. 따라서 의사는 구토제나 설사약 또는 병마를 물리칠 수 있도록 속이 뒤
집히는 약을 사용하여 환자로부터 그 악령을 몰아내려고 하였다. 그 때문에 질병
의 치료법은 현대적 관점에서 볼 때 합리적인 부분도 있었지만, 대부분은 동물의
간 등을 이용한 점치기나 주술로서 처리되었다. 주술적인 치료법 중에서 가장 널
리 보급된 것이 간장점(肝腸占)이다. 간장은 내장기관인 비장, 위, 신장, 심장,

폐 이상으로 중요하게 취급되었다. 물론 심장도 지성의 자리로서 중요하지만, 간장은 정서와 생명 자체의 자리라고 생각하였다. 점치기에 사용되는 동물은 대개 양이나 염소이다. 환자 옆에 양이나 염소 한 마리를 데려다 놓고 이를 죽인 후, 간장을 꺼내 보아 나타나는 변화로 환자의 병상을 점친다. 그리고 점술사는 점토로 만든 간장의 모형을 참조하여 주문을 외우면서 치료하였다.

함무라비 법전 중에 의학문서는 아니지만, 외과 치료에 관한 법령이 기재되어 있다. 이것은 당시 외과의사와 각 계층의 환자와의 관계를 잘 보여주고 있다. 예를 들면, 의사가 영주를 수술하여 생명을 구하거나 눈을 뜨게 한 경우 2~10 쉐켈(그 무렵 장인의 1년 수입은 10쉐켈), 평민의 경우는 5쉐켈, 노예의 경우는 노예의 주인으로부터 2쉐켈을 받는다. 만일 의사가 영주를 죽게 하거나 맹인이 되게 할 경우, 의사는 한 쪽 눈을 잃는 벌을 받게 되고, 평민의 노예를 죽게 하면 그 평민에게 노예로 배상해야 한다.

청동의 사용   역사상 또 하나의 획기적인 기술 변혁은 금속의 사용이다. 석기는 강한 물리적 작용에 약한 반면, 구리와 주석의 합금인 청동은 어지간히 단단하고 가공하기에도 편리하였다. 청동을 도구의 재료로 사용한 것은 기원전 3000년 무렵인데, 메소포타미아에서는 이미 기원전 5000년부터 순동으로 만든 그릇을 사용하였다. 이어서 정련법과 주조기술이 개발됨에 따라서 합금인 청동이 제조되었다. 청동기는 그때까지 사용되어 왔던 석기를 대신해서 도구의 재료로 이용되었고, 철기가 출현할 때까지 가장 주요한 소재였다. 물론 석기를 완전히 몰아낸 것은 아니다. 이 시대를 "청동기 시대"라 부르지만, 청동은 장식품이나 제사용품으로서만 이용되었다. 그러나 순수한 청동기 시대를 경험하지 않은 지역도 있었다.

석기 대신 금속 기구의 사용은, 그후 문화 향상에 크게 이바지하였고, 당시의 환경과 생활 양식에 근본적인 변화를 일으켰다. 인류는 금속을 뜻대로 처리하는 기술을 점차 획득하였을 뿐 아니라, 전문가 계급이 출현하여 사회적 분업이 촉진되었다. 동시에 청동기 제품의 유통, 교역의 체제가 형성된 점도 인류 역사상 커다란 의미를 지니는 일이었다. 또한 청동기 시대에 도시 국가가 출현하고 발전하였으며 계급사회가 발생한 것은 결코 우연이 아니다. 차일드[2]는 이 시기를 메소포타미아의 "도시혁명 시대"라 부르고, 그 중요한 계기의 하나로 청동기의 출현을 꼽고 있다.

메소포타미아의 기술로 관개와 신전의 건축을 들 수 있다. 티그리스강, 유프라테스강은 나일강과는 달리 범람의 시기가 정기적이 아니었지만, 당시 지배자의 최대 관심사는 홍수의 위험을 피하기 위한 저수지의 구축과 증수시의 수량을

---

2) G. Child, 1892~1957

조절하기 위한 그물처럼 생긴 운하나 수로망의 정비에 있었다. 따라서 거대한 토목공사가 필수적이었다.

또 각 도시국가의 종교 중심지에는 지배자의 권위를 상징하기 위하여, 벽돌과 역청으로 만든 계단식 성탑인 지구라트(ziggurat)를 축조하였다. 우루에 있는 가장 유명한 지구라트는 기원전 2000년 무렵에 축조된 것으로, 높이가 약 26m, 폭이 72m×54m로서, 그 규모에 있어서는 이집트의 피라미드에 필적할 만하다. 또 수메르인은 새로 고안해 낸 쟁기를 움직이는 데 가축을 이용함으로써 신석기 시대의 소구획의 밭경작이 대규모의 밭경작으로 바뀌었다. 또한 수메르인은 기원전 3000년 무렵에 최고의 야금술을 이미 확보하고 있었다.

이집트

폐쇄된 사회 메소포타미아와 함께 오랜 문명을 자랑하는 이집트(B.C. 3400~A.D. 600년)는 나일강 연안의 위아래로 분할되어 있던 두 국가를 메네스 왕이 통일하면서 제1왕조가 시작하였다. 그후 약 3000년 동안 단 한번 150여 년 간에 걸쳐서 힉소스인에게 지배당했던 때를 빼고는 이집트인 왕에 의해서 통치되었다. 이집트는 동양적 전제주의 국가였다. 이 전제국가의 지배자인 파라오(Pharaoh)는 신의 후손이요, 신적인 존재로서 절대적인 권력을 장악했으며, 그를 보좌하는 승려와 관료들이 있었다. 이집트의 경제력과 부는 주로 관개 농업에 의존하였고, 상업 활동과 무역은 파라오에 의해 엄격히 통제되었다. 고왕국의 전성기에는 이미 금속세공인, 목공인, 보석세공사, 또한 일반 승려와 서기를 비롯한 하급 관리가 중간 계층을 형성하였다. 그리고 인구의 대다수를 차지하는 농민과 노예는 최하위 계층이었다.

이집트 문화의 특색은 메소포타미아의 경우와 마찬가지로 종교적, 주술적 색채를 띠고 있었고, 동시에 이름이 없는 무명문화였다. 이집트 역사에서 이름을 알 수 있는 것은, 모두 파라오와 매우 소수의 상류계급에 속하는 사람으로서 그것도 역사연표에 남아 있는 데 불과하다. 이것은 거의 모든 문화 작업이 오로지 파라오를 위해서 일어난 것으로 풀이된다. 그러한 상황에서는 자유가 없는 경직된 문화만이 탄생된다.

의학 질병의 치료는 생사에 관계되는 일이었으므로 일찍부터 발달하였다. 물론 그 무렵의 치료법에는 불합리한 점이 많아 참된 의학과는 거리가 멀었다. 직업의 분화가 시작된 초기의 이집트 의사는 대부분이 신관 출신으로 신전에서 환자를 치료하였다. 그러므로 종교적, 주술적 흔적이 많이 남아 있다. 그러나 다른 고대사회나 오리엔트 여러 나라와 비교해 보면 경험적이고 합리적인 요소가 많이 들어 있고, 이것이 또한 이집트 의학의 특징이었다. 이집트 최초의 의사

에드윈 스미스 파피루스

에버스 파피루스의 일부

인 임호테프[3]는 그리스의 의학의 신인 아스클레피오스였다고 한다. 그는 제3왕조의 시조 조세르왕의 시의였다. 당시 의사는 치과의, 안과의, 궁정의사로 분화되어 있었다.

이 시기의 의학은 비교적 잘 알려져 있다. 현재 8종류 정도의 의학문서가 남아 있다. 그 중 가장 오래된 것은 제12왕조(기원전 2000년)의 단편 카푼 파피루스(Kafun papyrus)이고, 가장 유명한 문서는 기원전 16세기의 에버스 파피루스(Ebers papyrus)와 기원전 17세기의 에드윈 스미스 파피루스(Edwin Smith papyrus)이다.

카푼 파피루스는 현존하는 가장 오래된 자료로서 기원전 1950년 무렵에 씌어진 것으로 추정된다. 내용은 산부인과, 수의학에 관한 기술이 중심이다. 수의학이 중심이 된 까닭은 가축이 소중한 재산이었으므로 가축의 질병도 인간의 경우와 마찬가지로 중요시되었기 때문이다. 그러나 몇 가지를 제외하면 대부분의 치료가 주문에 의존하였다.

에버스 파피루스는 약 20m 정도인데, 여러 질병의 증상에 관해서 877가지의 처방이 실려 있다. 주술에 관해서도 언급되어 있으나 단지 두 가지에 불과하다. 질병에 대한 치료법은 불합리한 것으로는 생각되지 않지만, 알 수 없는 병명이나 약재가 많이 있다. 이러한 내용으로 보아 이것은 일종의 의학전서―내장, 안질, 피부, 손발, 뇌, 혀, 이, 코, 귀, 산부인과 질병, 생리, 병리, 용어해설―로서 의사가 필요로 하는 지식을 정리해 놓은 책으로 추측된다.

이에 반해서 에드윈 스미스 파피루스는 5m 정도로 매우 짧은데, 이 문서의

---

3) Imhotep, 활동기간 B.C. 1980~50

내용이 에버스 파피루스보다 합리적인 것은 당연하다. 왜냐하면 외과적인 상해는 원인이 명백하여 치료에 주술적 요소가 들어갈 여지가 없기 때문이다. 외과에 관한 48가지의 임상 치료의 예가 포함되어 있다. 이 파피루스의 특징은 명쾌한 진단에 있고, 모든 질병에 대한 제목, 증상, 진단, 의견, 처리방법이 각기 기술되어 있다. 특히 모든 상처에 관해서는 완전히 치료할 수 있는 것, 치료 가능한 것, 불가능한 것 등 세 가지 진단을 귀납적으로 적용시키고 있다.

이집트의 의술에서도 질병의 원인으로, 악령이 인간에 침투하여 발생한다는 병마론이 일반적이다. 내장질병이나 산부인과 증상 등 외부에서 직접 볼 수 없는 경우에는 이 경향이 더 심하고, 치료법으로서는 악령을 몰아내기 위한 주술에 의존하는 경향이 컸다. 또 약물을 사용할 때 효과를 높이기 위해서 주문을 외우는 경우가 많았다. 눈병이나 피부병 등 신체표면의 질병이나 외상에 관해서는 증상의 기술은 정확하다. 특히 외과술에서는 발굴된 사람뼈에서 골절의 정합, 부목의 사용과 개두술을 실시한 사실을 엿볼 수 있으며, 돌판에 그려진 그림에서 기관지 절개가 있었던 것도 추정된다.

이집트의 의학에서 가장 진보한 것은 외과술이다. 이집트 의학과 관련된 기술로서 미라의 제작이 있다. 미라를 제작한 이유는 건조한 기후적 조건과 죽은 사람의 영혼이 지상으로 돌아와 다시 육신에 머무른다는 종교적 생각 때문이었다. 미라를 만드는 대체적인 방법은 다음과 같다. 미라 제조사가 시체를 인도받으면, 끝이 뾰족하고 가느다란 열쇠처럼 생긴 쇠꼬챙이를 콧구멍에 집어 넣어 뇌수를 긁어낸 다음, 돌칼로 옆구리를 절개하여 심장 이외의 내장을 모두 꺼낸다. 이 내장은 가노프스라는 4개의 특별한 용기에 담아 보관된다. 다음 복부에 향료를 채우고 절개한 곳을 봉합한다. 그리고 시체를 소다(탄산나트륨, 당시 이집트에는 천연적으로 탄산나트륨이 산출되는 호수가 있었다) 위에 70일간 올려 놓고 탈수시킨다. 이런 과정을 마친 시체에 아마포를 칭칭 감고 수지를 바른 다음, 최후로 관에 넣어 묘소의 벽에 세워 놓는다. 미라의 제작 방법에는 세 등급이 있는데, 여기서 서술한 방법은 상급에 속한다[지금까지 가장 완전하게 남아 있는 미라의 머리는 세디 1세(19왕조, B.C. 1317~01)의 것으로 이 무렵이 미라 제작의 절정기였다. 도굴되어 처량한 모습이지만 아직 돌처럼 단단하다].

여기서 주의해야 할 것은 미라 제작의 풍습 때문에 이집트 의학이 매우 발달한 것처럼 생각되는 점인데 사실은 그렇지 않다. 왜냐하면 미라 제작은 복잡한 종교적 의식의 하나로서, 그에 종사하는 신관이나 직인은 의학적 연구와는 전혀 관계가 없고, 전통적인 종교의식일 뿐이었기 때문이다. 따라서 의사와 미라 제작자 사이에는 거의 접촉이 없었다. 그러므로 당시 해부학적 지식이란 인체에는 뼈와 근육, 기관과 혈관이 분포되어 있으며, 심장은 중심이라는 정도로서, 내장에 관한 상세한 기술은 찾아볼 수 없다.

수학   이집트의 수학이 문명사에서 흥미있는 것은, 역사의 발전을 예상하는 것이 불가능하다는 가설을 입증하는 예를 제공하고 있기 때문이다. 이집트와 메소포타미아는 유사한 조건이었음에도 불구하고, 수학적 업적과 수준에서 두 지역이 다르다는 점이다. 이집트의 수학책은 몇 권 남아 있지만 대부분 그 길이가 짧다. 그중에서 린드 파피루스(Rhinde papyrus)와 고레이체프 파피루스(Goleischev papyrus-일명 모스크바 파피루스)가 비교적 길고 완전하게 남아 있다. 린드 파피루스는 힉소스(기원전 7세기) 시대의 것인데, 실제로는 기원전 19세기 무렵에 필사되었다. 이 문서의 서문에 "자연을 탐구하고, 존재하는 일체의 것과 신비와…… 비밀을 알기 위한 지침"이라 씌어 있다.

이 문서는 실용수학을 가르치는 교재로 편집되었다. 그 내용은 87개의 예제로서 산수, 기하학, 잡제로 나뉘어져 있다. 처음 34번째의 예제까지는 분수표, 기수를 10으로 나눈 표 등 계산에 중점을 두고 있으며, 그 다음부터 해법을 붙인 응용문제가 있다. 응용문제로는 빵의 분배, 곡물 창고의 부피, 경작지의 면적, 피라미드의 경사, 귀금속의 무게, 동물기름의 사용량, 소떼의 수, 곡물의 운반량, 빵이나 맥주를 만들 때의 소맥분의 비율, 새와 가축의 사료 등 여러 가지 문제가 취급되어 있다.

현대수학의 관점에서 보면 비례와 급수, 1차방정식, 원주율, 기초 삼각법이 포함되어 있다. 여기서 특히 흥미로운 것은 원의 면적을 원과 거의 겹쳐지는 정사각형의 넓이로 계산했는데, 한 변의 길이를 원지름의 8/9로 계산한 점이다. 이 경우 원주율은 3.1605이다. 린드 파피루스를 비롯한 이집트 수학문서의 특징은 수식이 공식이나 정리로서 확립되지 않았다는 점이다. 이런 의미에서 이집트 수학의 본질은 산술이라 볼 수 있다. 다시 말해서 수학문서에 문제의 해답은 있지만, 추상적이고 보편적인 정리나 법칙은 하나도 없으며, 각종 산수표 이외에 모두 구체적 실용적인 응용문제뿐이라는 점이다.

한편 물건을 셈하고 이를 숫자로 기록하는 일은 인간의 실제 생활에서 중요한 일이었으므로, 기수법은 어느 문명국에서나 일찍부터 창안되었다. 이집트에서도 세계적으로 가장 널리 보급되어 있는 십진법을 사용하였다. 십진법은 양손의 손가락으로 물건을 셈하는 데서 생겨난 것이 분명하다. 그러나 이집트 기수법에는 영의 기호나 위치 취하기의 원리가 없었기 때문에, 각각의 단위마다 수의 기호를 지정하였다. 그리고 각 기호는 9회까지 되풀이된다. 또한 분수는 2/3와 3/4을 제외하고는 모두 단위 분수였다. 예를 들어, 오늘날의 2/5를 이집트 사람은 1/3+1/15로 표현하였다.

이집트 수학에서 주목할 부분은 기하학의 발달이다. 나일강의 범람으로 경작지가 매몰되어 토지 소유자 사이에 경작지의 경계 문제를 둘러싼 분쟁이 자주 일어났다. 따라서 범람 후 경작지를 재분배하기 위하여 정확한 측량이 필요하였

으므로 기하학이 발달하였다[기하학(geometry)은 땅(geo)을 측량(metry)한다
는 뜻에서 비롯되었다].

천문학과 달력 이집트에서는 신화적인 우주 생성론과 생활의 경험에서
유추한 우주관이 일찍부터 있었다. 오늘날 과학적 견지에서 보면, 모두가 비합리
적이지만 이 거대한 우주를 한 가지 패턴으로 통일하려 한 점은 가치가 있다.
이집트는 건조하고 쾌청한 날씨가 많아서 천체를 관측하는 습관이 일찍 싹텄다.
많은 천체(항성) 중에서 적도를 둘러싼 넓은 띠를 36등분하고, 각 띠마다의 특
출한 별에 관심을 가졌다. 또 이것과는 별도로 황도에 딸린 별들을 12등분하였
다. 이것은 태양과 항성의 상호 위치를 알고 계절을 정하기 위해서였다. 이것이
황도대(수대) 12궁으로, 각 궁은 30도씩 나뉘어졌다.

항성의 관측과 응용으로 두 가지 예를 들 수 있다. 하나는 기원전 2600년을
전후해서 세워진 피라미드의 구조가 천체관측에 바탕을 두었다는 학설이다. 예
를 들면 쿠후의 피라미드의 4개의 변이 거의 정확히 사방을 향하고 있다는 점이
다. 또 한 가지는 이집트의 역법과 관계가 있는 것으로, 고대의 역법이 대개 태
음력인데 반하여 이집트는 일종의 태양력을 채용하였다. 그들은 기원전 2700년
무렵, 태양이 떠오르기 직전에 시리우스별이 나타나면 한해의 시작으로서 반드
시 나일강이 범람한다는 사실을 체험으로 알았다. 그래서 시리우스는 "나일강의
동참자"가 되면서 농경기를 알려주었다. 여기에 바탕하여 이집트 사람은 1년을
365일로 정하고, 1년을 12개월, 1개월을 30일, 나머지 5~6일은 축제일로 부가하
였다. 그리고 1년을 범람의 계절, 씨뿌리는 계절, 수확의 계절 등 세 계절로 나
누었다.

건축·토목 기술과 역학 피라미드 중에서 카이로 교외의 가자 지역에 있
는 3기가 잘 알려져 있지만 다른 곳에도 많이 남아있다. 지금 남아 있는 약 80
기 중에서 당시의 위용을 지니고 있는 것은 10여 기에 불과하다. 피라미드의
기원은 신앙상으로는 태양이며, 형상의 관점에서는 헤리오폴리스의 성스러운 돌
"편편석"에서 유래하였다. 이 성스러운 돌은 대체로 원추형이었다. 피라미드의
최초의 원형은 걸상형의 평평한 마스타바(Mastaba)이고, 그 다음 마스타바를 몇
개 포개어 놓은 계단 모양의 형태이다. 최후로 피라미드형이 자리잡았고 그것이
점차 거대화되었다.

피라미드는 원래 왕의 묘소로서, 그처럼 거대한 분묘는 전제국가가 아니면
도저히 만들 수 없다. 피라미드 중에서 가장 거대한 것은 가자의 제4왕조의 쿠
후왕의 분묘로서, 아랫기변의 가로·세로가 230m(지금은 227m), 높이 146m(지
금은 137m), 기울기 51도 50분의 정사면체이다. 그리고 네 모서리는 동서남북
과 일치하고 있다. 사용된 석재는 화강암으로 평균 2.5t짜리 250만 개를 쌓아 올

린 것으로 추산된다. 헤로도투스에 의하면, 이 피라미드의 건설에는 10만 명의 노동자가 1년에 3개월씩 교대로 일하여 20년 걸렸다고 한다. 그러나 피라미드의 건축에 관해서는 아무런 문헌도 남아 있지 않으므로, 건축법에 관해서는 많은 추측만이 난무할 뿐이다. 그러나 이러한 거대한 건축 토목 공사의 과정에서 도르래와 지렛대, 경사면을 이용함으로써 역학의 기본원리를 터득한 것만은 사실이다.

또 토목·건축 이외의 이집트의 기술을 살펴보면 염색법이 있다. 이것은 색에 대한 신비성을 강조하기 위한 용도에서 발달하였다. 또 왕이나 귀족, 그리고 승려들은 높은 권위를 상징하기 위하여, 특별한 색의 의복을 입었으므로 염료에 관심을 가진 결과 염색술이 발달하였다. 또 다른 기술적 성과는 바퀴의 발명이다. 그 시기는 확실하지 않지만 대개 기원전 3500년쯤으로 본다. 바퀴가 운송 수단 뿐만 아니라 사회간의 교류를 촉진시킨 결과, 전쟁을 유발시켜 고대 국가 출현의 한 요인이 되었지만 교통수단으로 이용됨으로써 개방사회를 위한 기초를 닦아 놓았다. 또 바람의 힘을 이용한 돛단배가 만들어져 수송을 크게 도왔다. 한편 농민 이외에 신관, 서기, 병사 등의 신분과 직업이 생겨 사회 구조가 복잡해졌으므로, 필요에 의해서 해시계와 물시계도 고안되었다. 이집트에서는 기술자의 사회적 지위가 승려 계급 다음갈 정도로 높았다.

의사과학(擬似科學)

강하 문명 시대에 과학과 기술은 크게 진보하였다. 그러나 이 시대의 과학은 부분적으로 합리적인 면도 보이나, 미신과 주술적 요소가 혼합된 이른바 의사과학에 불과하였다. 자연과학이 구비해야 하는 여러 가지 요건을 충분하게 갖추고 있지 않은 영역을 의사과학(pseudo science)이라고 부르는데, 이의 대표적인 예는 점성술이다. 천문학 분야를 보면 천문학의 과제가 천체의 위치와 운동을 연구하는 정밀과학인데도, 그들은 점성술에 더욱 관심을 기울였고, 의학의 경우에도 마술이나 정령의 힘을 빌어 병을 치료하려고 하였다. 그러나 양자를 구분하기는 매우 어렵다.

더구나 그러한 지식이 성전에 기록되기만 하면 그 지식의 진리성을 신이 보증한다고 생각하였으므로, 구태여 설득, 해석, 증명하려고 하지 않았다. 다시 말해서 비판이 없었고 만약 비판할 경우 이단으로 몰렸다. 또한 기술이 대중화되지 못하고 소수의 귀족 계급인 승려들에게만 전승되어 비밀로 통제되었기 때문에 발전을 가로막았다. 그리고 그들은 지나치게 경험에만 의존하고 전통과 권위를 고수하였으므로 과학기술은 더욱 침체를 면치 못하였다.

3. 그리스의 과학

해상민족 – 자유롭고 풍요한 풍토

고대 그리스인은 오리엔트 여러 국가의 과학 지식을 받아들이고 거기에 참된 과학적 정신을 부가하였다. 이것을 흔히 "그리스의 기적"이라 부르는데, 그 원인에 대해서 정확한 해답을 내놓기란 매우 어렵다. 하지만 그리스 과학이 탄생될 수 있었던 몇 가지 배경을 검토한다.

기원전 1000년 무렵, 지중해의 해상민족은 페니키아인이었다. 그들은 원래 용감하고 민첩한 민족으로서, 자유롭게 지중해 연안을 항해하면서 상업과 중계 무역으로 부유한 생활을 영위하였다. 상인을 중심으로 쉴 새 없이 활동하는 페니키아 민족은 국가의 강압적인 지배로부터, 승려계급의 압박과 권위로부터, 또 씨족사회의 전통과 인습으로부터 벗어나, 자유를 구가하는 정신이 일찍부터 싹텄다. 이런 환경 속에서 그들은 바빌로니아와 이집트의 과학 문명을 흡수하는 한편, 그것에서 점차 탈피하여 새로운 과학과 기술의 토대를 다져 나갔다.

그러나 페니키아 민족보다 고대 문명에 대해서 더욱 민감했던 민족은 그리스인이었다. 그들은 일찍이 중앙 파미르 고원으로부터 이주하여 지금의 그리스에 정착하였다. 그리스는 산지가 많고 평지가 적은 관계로 농경이 적당치 않은데다가 인구가 증가함에 따라서 해외로 진출해야만 하였다. 이 해외 진출은 그리스인의 미지에 대한 탐구심과 모험심을 부추기고 지식욕과 기업욕을 부채질하였다. 이들은 해외에 식민지를 개척하고 그곳에서 세력을 잡아 새로운 계층을 형성하였다. 이로써 당시 토지를 소유한 지배계층이 쇠약해지고, 상업이나 무역에 종사하는 상공업층이 일찍이 발흥하여 중산층이 두텁게 형성되었다. 이처럼 식민지에서 출현한 신흥 상공업 계층은, 낡은 전통의 저항을 받지 않고 사색의 자유를 누릴 수 있었다. 최초로 과학이 발생한 곳도 사실은 그리스 본토가 아니라 식민지였다. 이런 사상의 자유야말로 과학 발달의 필요 조건이었다.

그리스의 역사를 보면 오리엔트와는 달리 전제군주 정치가 처음부터 없었다. 물론 초기에는 왕정이었지만 그 권력은 절대적인 것도 세습적인 것도 아니었다. 실권은 선거에 의해서 교체되었다. 또한 신들과 인간의 관계도 오리엔트처럼 절대적인 것은 아니었다. 결국 그리스 시민에게는 처음부터 민주적인 정신이 흐르고 있었다.

도시국가

거기에다 산이 많은 그리스의 지형 때문에 인구 10만 이하의 여러 폴리스

(도시국가)가 산재하였으므로, 고대에 있어서 민주정치를 실현하는 데 알맞은 정치단위를 이루고 있었다. 즉 시민 공동체로서의 폴리스라는 독특하고 자유로운 생활 환경이 오리엔트와는 본질적으로 다른 독창적인 문화를 발전시킨 결정적인 요인이었다. 폴리스는 공동체적인 성격을 강하게 지니고 있었으나 그것은 결코 시민의 개성을 억압하거나 개개인의 타고난 재능을 억제하는 성격의 것은 아니었다. 그러므로 폴리스의 시민들은 스파르타 같은 특수한 폴리스를 제외하고 타고난 개성을 마음껏 자유롭게 발휘할 수 있었다.

그리스의 도시에는 어디나 아고라(Agora)라는 광장 겸 시장이 있었다. 그곳은 공공 집회장소였다. 거기서 사회생활이나 상거래, 특히 정치활동과 제사 등 여러 가지 일에 관하여 토론을 벌였다. 토론은 동네 소식부터 철학 지식에 이르기까지 광범위하였다. 그리스 사람들이 토론하기를 좋아하는 것은 여기서 유래하였다. 여기서 개인의 주체성이 인정되고 동시에 논리적인 사고방식과 변론법도 길러졌다.

중산계층인 상공업자는 노예제도의 뒷받침으로 힘든 육체노동과 생계로부터 해방되어 한가로운 시간을 누리게 됨으로써, 문화 창조와 문화 활동에 직접 참여하였다. 이들은 선주민과 채무 불이행자를 노예로 삼고 이들로 하여금 농업과 수공업, 그리고 상업에 종사케 하였기 때문에, 노예를 소유한 계층은 이들 노예의 희생으로 여가를 갖게 되었고, 이 여가를 선용하여 학문과 예술을 발전시켰으며, 또 외국에 유학하여 지식을 연마하기도 하였다. 바로 이러한 사실 때문에 그리스 문화는 현대적인 의미에서 대중적이라거나 민중적이라기보다, 오히려 후세에 찾아보기 힘들 정도로 고도의 엘리트적인 성격을 지니고 있었다.

그리스 사람은 알파벳을 완성하였다. 고대 오리엔트의 복잡하고 수많은 표의문자는 일반 대중의 교육에 방해가 되었다. 이 때문에 전문적인 서기관이 있었다. 하지만 그리스에서는 알파벳이 보급되어 일반대중도 자유롭게 책을 읽고 쓸 수 있었으므로 대중의 지적 수준의 향상과 직결되었다.

그리스 사람은 지중해 연안에 살던 이집트인, 메소포타미아의 여러 민족, 페니키아, 헤브라이, 페르시아 사람들에 비해서 신참자였다. 그들은 선진 여러 국가의 갖가지 천지창조의 신화, 우주상, 자연관, 사생관, 제사방식, 경제활동, 일상생활, 습관 등 여러 사상이나 생활의 이질성에 직면하였는데, 그중에서 하나를 신중히 선택하여 자신들의 것으로 삼았다. 그들은 우선 그것들의 차이를 비교하여 어느 것이 사실이며, 어느 것이 허위인가 판단하고자 시도하였고, 또한 그 속까지 파고들어가 공통점을 구하려고 노력했다. 따라서 그리스인들은 가장 객관성이 있는 것을 선택하여 가능한 한 논리적으로 입증하려고 하였다. 물론 그들의 이러한 과학정신의 일부에는 생기론적이고 목적론적인 요소가 남아 있는 것을 부인하지 못한다.

　　그리스 민족은 다른 민족과 비교할 수 없는 독특한 성격을 가진 민족이었다. 공상적이고 명상을 즐기며, 환희를 구하고 자유를 열망하였으며, 개인주의적이고 비판적이었다. 전체적으로 보아서 규율, 질서, 조화, 미에 대하여 탁월한 감각을 지니고 있었다. 또 그리스 문화는 밝고 명랑하며, 인간적이고 현세적이며, 합리적이고 지적인 동시에 균형을 존중하는 것을 그 특징으로 삼고 있었다. 그리고 한편으로는 이와 대조적인 면, 즉 정열적이고 종교적이며 신비롭고 내세적인 면도 있었다.

　　사상가 밀은 "그리스 사람은 가장 눈부신 존재다. 그야말로 현대 세계가 자랑거리로 여기는 거의 모든 분야의 창시자들이다"라고 하여 그리스인들을 높이 평가하였다. 또 과학사회학자인 벤 데이비드[4]는 "명확한 모양을 갖춘 과학의 역할이라든가, 계속적인 과학활동이 출현하기 위해서는, 일정한 사회적 조건이 필요하다. 그런데 일반적으로는 대개의 경우 사회적 조건이 결여되어 있는데, 그렇지 않은 유일한 경우가 그리스이다. 그리스의 과학은 논리적 구조에서 볼 때, 분명히 근대과학의 정통한 선구자라 볼 수 있다"고 말하였다.

그리스의 자연관

　　밀레토스 학파　　기원전 7세기부터 그리스 사람은 자연 현상이 어떤 원인에서 일어나며, 우주의 근원이 무엇인가에 관하여 가능한 합리적인 해석을 시도하였다. 특히 우주의 생성과 변화, 그리고 운행의 원리가 무엇인가에 대하여 해답을 구하려고 하였다. 그리스에서 최초로 이 문제에 해답을 제시한 곳은 그리스의 식민지인 이오니아 지방, 더욱 상세히 말하자면 식민지 중 가장 번창했던 소아시아 연안의 밀레토스였다. 이곳에서 밀레토스 학파로 불리는 세 사람의 자연철학자가 나왔다.

　　탈레스[5]는 일반적으로 과학, 수학, 철학의 창시자라 불려진다. 그는 바빌로니아와 이집트를 여행하면서 동방의 전통적 지식을 받아들여서 학문의 바탕으로 삼았다. 그는 만물의 원질을 객관적 자연물의 하나인 "물"이라고 주장하여 당시의 자연관을 변혁하였다. 물은 가동성과 가변성이 크며 우리 주변에 풍부하게 있다. 그리고 대지는 원판 모양으로 되었는데, 그 위와 아래에 물이 있으며 비는 대지 위에 있는 물이 떨어지는 현상이라고 하였다. 그는 물이 흩어지면 안개와 구름으로, 뭉치면 얼음과 바위가 된다고 하였고, 물을 생명의 근원으로까지 보았다. 이것은 물이 원초의 혼돈이라는 천지창조의 신화를 가진 메소포타미아 사람이나 이집트 사람과 접촉했다는 증거이다.

---

4) Joseph Ben-David, 1910〜
5) Thales, B.C. 640〜546

탈레스는 태양의 일식도 예언하였다. 물론 탈레스보다 2세기 반 정도 앞서서 메소포타미아인이 예언한 기록이 있다. 그리고 그의 예언은 유명한 일화와 함께 전해 온다. 당시 메디아인과 리디아인이 전쟁중이었는데, 그들은 탈레스가 예언한 일식이 실현되는 것을 보고 평화의 조짐으로 생각한 나머지 전쟁을 중지하였다고 한다. 이 날이 기원전 585년 5월 28일로서 역사상 정확한 날짜가 기록된 최초의 일식이다.

탈레스는 자연에 관한 여러 문제를 사변과 논리와 추리에 의해서 해결하려고 하였다. 물론 이 방법은 아직 불완전하였지만 여기서 지성의 새로운 분야가 열렸다. 사유의 과정에서 실험이나 계산, 그리고 관찰이 경시되었기 때문에 자연과학과는 아직 동떨어져 있었지만, 예리한 직관력으로 자연을 추리하고 논리화한 것은 분명히 획기적인 사건이었다. 그는 "자연적"인 것과 "초자연적"인 것을 구분하였고, 초자연적인 것을 이용하여 자연현상을 설명하지 않았다. 그런 의미에서 그의 학문은 철학적인 자연과학, 즉 자연철학이이라 할 수 있다.

탈레스는 과학을 실제로 응용하는 것보다도 철학적 사색 쪽에다 한층 더 가치를 부여하였다. 물론 그에게 명확한 과학적 방법은 없었지만 그는 신의 개입 없이 세계를 논하였고, 같은 방법으로 지진과 같은 자연현상을 설명하려고 하였다. 그가 "과학의 아버지"라고 불리는 이유는 바로 여기에 있다. 그리고 발전적으로 전개된 그리스 과학의 첫번째 단계를 준비한 밀레토스 학파의 의의가 바로 여기에 있다. 아리스토텔레스도 사물의 원인에 관한 탐구가 기원전 6세기 밀레토스의 탈레스로부터 시작되었다고 지적하였다. 한마디로 오늘날 우리가 지니고 있는 것과 같은 과학은 모두 밀레토스 학파로부터 기원하였다.

아낙시만드로스[6]는 우주의 원질에 관해서 탈레스보다 더욱 진보적이었다. 우주가 생성된 것은 신의 힘에 의해서가 아니고, 물질 자신의 운동에 의한 것으로, 태초의 원질은 물처럼 가시적 형태가 아니라, 지각할 수 없는 추상물질인 "무제한자"(to apeiron-boundless)라 하였다. 다시 말해서 원질은 어떤 특정한 물질이 아니라 정해지지 않은 그 무엇이라고 주장하였다. 이것은 불생불멸인데, 그 자체가 원래 지니고 있는 소용돌이 때문에 찬 것과 뜨거운 것이 생기고, 찬 것은 소용돌이의 중심에, 뜨거운 것은 소용돌이의 주변에 모여 지구를 형성한다고 주장하였다. 또 천둥은 바람 때문에, 번개는 구름이 둘로 갈라지면서 발생한다고 하였다. 특히 여러 원소의 상호 전환과 그 생성은 침해와 보복의 과정이며, 이것이 변화의 원리라 하였다. 이런 견해는 정당한 수행과정에 앞서 복수가 행해지던 인간사회의 관습에서 유추하여 얻어진 것이다. 그는 지구 전체의 지도를 그린 최초의 인물이기도 하다.

---

6) Anaximandros, B.C. 611~547

아낙시메네스[7]는 만물의 원질을 "공기"라 주장하였다. 그는 공기의 희박과 농축이라는 물리적 과정을 바탕으로 모든 현상을 설명하였다. 이것은 양적 변화가 어떻게 해서 질적 변화를 초래하는가를 설명하는 데 기초를 제공하였다. 따라서 여러 원소 사이의 차이점은 원질의 양과 농축된 정도에 따른다. 그의 중요한 진전은 원질에서 사물이 "어떻게" 생겨났는가를 명확하게 제시했다는 점이다. 공기가 농축되어 물이 되고, 물이 다시 농축되어 고체인 얼음을 형성한다. 반대로 공기는 물이 증발하거나 끓을 때에 희박해져서 생기며, 공기가 희박해지면 불이 된다. 그는 물질의 변화란 상호가역 과정이라는 일반화에 근거를 제공하였다.

이상 밀레토스 학파인 세 사람의 사상은 현대과학의 지식으로 평가하자면 유치한 느낌이 든다. 그러나 이러한 사상은 인간 지식의 위대한 창조물인 근대과학의 기원이라 말할 수 있다. 왜냐하면 밀레토스 학파는 자연현상을 설명하는 데 있어서 신화적, 주술적, 초자연적 요소를 배제하고, 단일한 본질을 가지고 우주 현상을 통일적으로, 또 합리적으로 설명하려고 시도했기 때문이다. 따라서 밀레토스 학파에 의해서 과학의 역사가 시작되었다고 하는 데에는 충분한 근거가 있다. 한 가지 예로서, 탈레스의 지진에 대한 설명이 이를 잘 보여준다. 당시 그리스 사람은 지진을 바다의 신 포세이돈이 일으킨다고 믿고 있었다. 그러나 탈레스는 다른 어떤 신이나 포세이돈을 언급하지 않았다. 밀레토스 철학자들은 신의 의지, 사랑, 열정, 미움이나 다른 인간적인 동기를 제외시켰고, 구체적이고 우연적인 것보다도 보편적이고 본질적인 것을 탐구하였다.

밀레토스 학파와 직접 관련은 없지만 "탄식하는 철학자" 헤라클레이토스[8]는 만물의 원질은 불이라고 주장하면서, "만물은 불의 교환물이며, 불은 만물의 교환물이다. 이 원리는 흡사 상품이 황금과, 또 황금이 상품과 교환되는 것과 같다"라고 주장하였다. 그는 타고 있는 불꽃을 자연계의 보편적인 유동과 변화의 상징으로 보았는데, 이같은 그의 만물유전 사상(萬物流轉思想)은 세계의 본질을 변화 그 자체 속에서 찾으려는 생각 때문이었다. 그가 "같은 시냇물에 두 번 들어갈 수 없다"고 한 것은 이 사상을 잘 받쳐주고 있다. 이처럼 만물이 변화하는 원인이 불이므로, 불꽃 속에는 항상 대립, 갈등, 투쟁이 존재하고 있다. 어떤 것은 위로, 어떤 것은 아래로 운동하므로 여기에서 필연적으로 변화가 일어난다. 결국 헤라클레이토스의 사상은 대립물 사상을 도입시켰다. 이는 변증법 사상의 기원을 이루었다. 그의 철학은 바로 "변화의 철학"이다.

고대 원자론   원질의 항존성과 유동성의 대립을 통일하고, 자연에 대한 합리적인 해석 방법을 심화시키기 위해서 원자론이 탄생하였다. 당시 상업계에

---

7) Anaximenes, B.C. 약 611~약 546
8) Herakleitos, B.C. 약 588~약 540

서는 주조화폐가 통용되었는데, 화폐 단위가 상거래의 기초였던 것처럼, 과학사상 분야에서도 불연속적인 입자를 우주의 기본단위로 보려는 생각이 나타났다. 이 영향을 받은 원자론자들은 단위의 개념을 물질 세계에까지 넓혔다. 합리주의자였던 그리스의 철학자 아낙사고라스[9]는 우주는 신이 창조한 것이 아니며 무한히 존재하는 근원을 바탕으로 깊은 "이성"이 창조되었다고 말하고, 이 근원은 매우 작은 모양의 종자(sperma)로, 거의 같은 무렵 레우키포스[10]가 그 존재를 가정한 일종의 원자와 같은 것이다.

한편 "웃는 철학자"인 데모크리토스[11]는 소크라테스와 같은 시대 사람으로서, 우주는 더 이상 나눌 수 없는 미립자인 원자(atomos)로 되어 있다고 주장하였다. 나아가서 신이나 악마까지도 원자의 복합체라고 하였다. 원자란 여러 기하학적 모양을 하고 있는데 크기, 모양, 무게가 모두 다르며, 무게가 다르므로 낙하 운동할 때의 속도가 각 원자마다 달라서 원자끼리 부딪쳐 옆으로 튕기게 되는데, 이런 현상이 누적되면 소용돌이 운동으로 변한다고 하였다.

데모크리토스가 "존재하지 않는 것도 존재하는 것 못지 않게 존재한다"라고 한 말은 원자가 운동하기 위한 장소인 "공허(kenon)"이 존재한다는 것을 강조한 것이다. 무한한 수의 원자는 무한한 진공 속에서 아무 목적 없이 계속해서 기계적으로 운동하고 있으며, 이 운동 역시 영원한 것으로 새로 탄생하거나 소멸되지 않는다. 또 사물의 여러 성질은 이런 운동에 의한 집결방법의 차이에 따라서 결정되므로, 변화는 단지 원자의 재편성에 불과하다고 강조하였다. 나아가서 사물의 성질을 주관적인 것과 객관적인 것으로 분류하고, 색과 맛, 차갑고 뜨거운 성질은 사물의 객관적 성질이 아니라 우리들의 주관에 지나지 않으므로 진실한 것이 아닌 반면, 사물의 무겁고 가벼움과 단단하고 무름, 그리고 소멸은 원자들이 뭉치는 상태에 따라 나타나므로 객관적이라고 보았다.

고대 원자론은 본질적으로 정량적, 실험적 연구나 수학적인 추리의 산물이 아니라, 사색과 직관에 의한 것이므로 현대적 의미의 과학적 이론이라고는 할 수 없다. 사실상 원자론은 19세기가 되어서야 영국의 화학자 돌턴[12]에 의해서 실험적으로 확인되었다. 고대 원자론은 근대의 실증적인 원자설에 비할 바가 못되지만, 목적론적인 입장과 신을 배제하고, 우연을 인정치 않으며, 모든 운동을 필연적인 상태로 보는 기계적인 세계관을 채용한 것은 근대 물리학의 지표와 일치한다.

고대 4원소설   이상은 원질을 단 하나로 본 단원론이었다. 이어서 원질을

---

9) Anaxagoras, B.C. 약 500~약 428
10) Leukippos, 활동기간 B.C. 450년경
11) Demokritos, B.C. 약 470~약 380
12) John Dalton, 1766~1844

한 개로 보는 대신 여러 개로 보는 다원론이 나왔다. 피타고라스의 영향을 받은 엠페도클레스[13]는 탈레스의 물, 아낙시메네스의 공기, 헤라클레이토스의 불에다 자신의 흙을 추가시켜 4원소설을 주장하였다.

엠페도클레스는 이 4원소를 결합시키고 분리시키는 힘은 "사랑"과 "미움"으로 가정했는데, 사랑하는 원소끼리는 서로 결합하지만 미워하는 원소끼리는 분리된다고 하였다. 처음에는 4원소가 완전히 결합하여 구(球)를 이루어 구별할 수 없지만, 점차 미워하는 힘이 강해지면 네 개로 완전히 갈라지며, 사랑하는 힘이 압도하면 본래의 완전한 결합 상태로 되돌아간다. 우주에는 이와 같은 4원소의 결합과 분리가 영원히 반복되는데, 이 힘은 4원소에 선천적으로 갖추어진 동력인(動力因)이라고 주장하여 유물론의 핵심을 전개하였다.

엠페도클레스는 원질 자체는 소멸되거나 창조되지 않고 영원하다고 하였다. 원소로부터 생성되는 온갖 물질을 화가가 기본적인 안료로 만들어 내는 온갖 색깔에 비유하면서, 원소가 모든 물질의 구성 재료가 된다고 하였다. 그리고 원소는 각각의 비율로 결합하여 만물을 형성하는데, 그 예로 뼈는 불, 물, 흙으로 되어 있으며 그 비율이 4:2:2라 하였다. 물론 실험을 통해서가 아니라 직관으로 일반원리에 도달한 것이다. 특히 아리스토텔레스는 이 4원소설을 지지하고 발전시켰다.

자연철학의 성격   그리스의 과학을 참된 과학이라 할 수 있을까? 이에 대하여 영국의 과학철학자인 화이트헤드[14]는 그의 저서 『과학과 현대』[15]에서 "그들은 보편성에 관하여 커다란 관심을 기울여 왔다. 그들은 명석하고 대담한 이념과 그에 따르는 엄격한 추리를 추구하였다. 그리고 그것은 모두 훌륭하고 천재적이며, 그리고 이상적이었다. 그러나 그것은 오늘날 우리가 생각하는 것 같은 과학은 아니었다. 그들은 세밀한 관찰을 하는 일이 거의 없었고, 그들의 천재는 귀납적 개괄에 앞서는 복잡한 사실을 취급하기에 역부족이었다. 그들은 안일한 사상가요, 대담한 이상가들이었다"고 그리스 과학의 성격을 표현하였다.

그들은 인격적인 힘이나 신을 구하는 것이 아니라 비인격적인 원질(Arche)을 구하고, 이를 바탕으로 끊임없이 보편성을 추구하였다. 그들은 신화를 대신하여 자연을 그 자체의 원리로 설명하려는 자연관, 즉 자연과학의 사상적 전제를 탄생시켰다. 이 자연관은 세계 질서에 관한 설계와 구상에서 뛰어났으며 합리적이었다. 그리고 자연은 스스로 운동하는 존재라는 물활론(物活論)을 보여주고 있다.

---

13) Empedokles, B.C. 490~430
14) Alfred North Whitehead, 1861~1954
15) *Science and the Modern World*, 1925

이처럼 그들의 과학사상은 상당한 수준에 도달했음에도 불구하고 실험에 기초를 두지 않았고, 철학에 대한 보다 큰 공헌 때문에, 그들의 사상은 과학이라기보다 오히려 자연철학에 가까웠다. 그렇지만 다음에 나올 관념론과 대립되는 원자론적, 유물론적, 기계론적 사상을 탄생시키는 바탕이 되었고, 그후 사상 발전에 큰 도움을 주었다. 프랑스의 사회학자 콩트[16]는 인간정신 발달의 초기 단계인 신화적 또는 신학적 단계보다 그리스 과학 사상이 높은 차원에 있었다고 강조하였다.

천문학 – 지구중심 사상

그리스의 천문학 사상은 주변 지역, 특히 바빌로니아로부터 오랜 기간에 걸쳐서 많은 영향을 받아왔다. 그리스 천문학의 기본적 특징은 관찰된 사실의 정밀화에 있다기보다는, 신화에서 벗어나 기하학적인 우주상을 구성한 점에 있다. 기원전 6세기 아낙시만드로스는 하늘을 구형이라 하고, 그 중심에 원통형의 대지가 아무런 받침 없이 존재하며, 그 위에 사람이 살고 있다고 생각하였다. 이어서 아카데미에서 플라톤의 가르침을 받은 그리스의 천문학자 에우독소스[17]는 천구 운동을 설명하기 위해서 수량적인 천문학과 사변적인 우주론을 종합하려고 시도하였다. 그는 관측에 기초하여 천체의 위치를 정하였다. 우선 지구를 중심으로 한 원을 구체로 확장시키고, 모든 천구의 운동궤도는 지구를 중심으로 한 동심원(同心圓)으로 설정하였다.

당시 항성에 비해서 불규칙한 운동을 하므로 행성이라 부른 천구는 달, 태양, 수성, 금성, 화성, 목성, 토성 등 7개였고, 그는 이 7개의 행성과 항성에 각각 천구를 배정하였다. 즉 항성에는 1천구를, 태양과 달에는 3천구를, 이미 알려진 5개의 행성에는 각각 4천구를 할당하여 27천구를 사용하였다. 관측이 불어나 새로운 주기적 현상이 발견됨에 따라서 이 체계를 확장하지 않으면 안되게 되었다. 그의 문하생인 칼리푸스[18]는 기원전 325년 무렵, 각 천체에다 여분의 천구를 하나씩 더하여 총계 34천구로 하였다. 후에 아리스토텔레스는 이것에 22천구를 더 붙여 56개의 천구를 가상하였다. 한 개의 천구의 극은 다른 천구에 내접해 있고 나머지 천구도 마찬가지 형태이다. 그리고 각각의 천구는 나름대로의 일정한 속도로 회전하는데, 천구끼리의 극의 기울기와 회전 속도의 차이 때문에 행성들의 운동이 불규칙하게 된다고 생각하였다.

이 이론은 제출된 당시부터 곤란한 문제를 안고 있었다. 에우독소스의 주장

---

16) Auguste Comte, 1798~1857
17) Eudoxos, B.C. 약 408~약 355
18) Callipus, B.C. 325 무렵 활동

에 따르면, 지구와 천구 사이의 거리는 불변이
라고 하였지만, 행성의 광도 변화와 달이 보이
는 지름의 변화 등은 그 거리가 변화한다는 증
거였다. 그러나 신성한 천구가 정지하고 있는
지구를 중심으로 영원한 운동을 계속하고 있다
는 선입견 때문에 더 이상 발전하지 못하였다.
더욱이 계속된 천체관측으로 동심천구설의 약점
이 점점 드러나기 시작하였다.

　　한편 고대의 코페르니쿠스로 알려진 아리스
타르코스[19]는 태양은 정지해 있고 지구가 그 주
위를 회전하고 있다는 고대지동설을 제창하였
다. 행성도 역시 원을 그리면서 태양의 주위를
회전하고, 지구는 1년에 한번씩 공전하면서, 하
루에 한번씩 자전한다고 하였다. 그가 이처럼
시대를 앞서간 대담한 이론을 제출하게 된 것은
행성의 광도에 변화가 있다는 점과, 태양에 비
하여 극히 작은 지구가 커다란 물체를 회전시킨
다는 것이 부당하다는 이유에서였다. 하지만 신

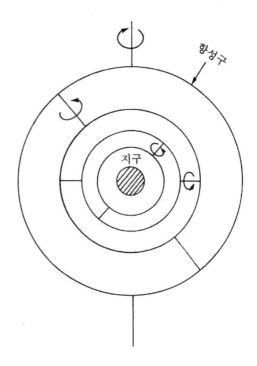

에우독소스의 동심천구설

성한 천체가 천한 지구와 동격으로 격하된다는 이유 때문에, 또 고대지동설은 당
시 대중의 종교적 감정과 사상에 거슬렸기 때문에, 그가 불경죄로 고발당함으로
써 고대지동설은 자취를 감추고 말았다. 만일 아르키메데스가 그의 저서 속에서
아리스타르코스의 이론을 언급하지 않았더라면, 이 이론은 영원히 사라졌을 것
이다. 이런 결과는 사실상 그리스 철학에 있어서 플라톤과 아리스토텔레스 철학
의 승리를 의미하며, 동시에 이오니아 학파와 원자론 철학의 패배로 볼 수 있다.

피타고라스 학파와 수리철학

　　페르시아의 침략을 피하여 이주해 온 그리스인이, 그들의 사상을 이탈리아
에 유입시킨 결과 이곳에서 그리스의 특징을 닮기 시작하였다. 사모스의 부잣집
에서 태어난 피타고라스[20]는 참주정치에 불만을 품고 남이탈리아의 식민도시인
크로튼으로 이주하여 종교적 정치단체의 성격을 띤 "피타고라스 학파"를 조직하
였다. 피타고라스는 신도에게 종교적 계율과 혼의 정화를 위하여 음악과 함께 수
학을 연구하도록 하였다. 즉 수 안에서 보이는 "조화"야말로 우주의 원리라고

19) Aristarchos, B.C. 약 320~약 230
20) Pythagoras, B.C. 약 582~약 497

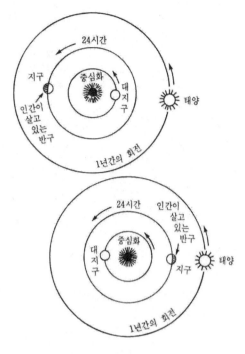

피타고라스 학파의 변칙적인 지동설

하였다.

피타고라스는 만물의 근원은 "수"라는 명제를 확장하여, 인식되는 모든 것은 수를 가졌으므로 수 없이는 아무것도 인식할 수 없다고 하였다. 즉 그는 수나 형체 같은 수학적 존재를 현실의 경험적 실재를 구성하는 궁극적 자료로 보았다. 그러므로 수는 영원히 불변하는 존재임과 동시에 변화와 생성의 원인이었다.

피타고라스는 우주론에 있어서 수의 비례 관계와 조화에 적극적인 관심을 두고 이것을 만물의 존재 형식이나 형성의 원리로 보았다. 그는 천체의 조화를 정수비라 해석하고 우주의 완전성을 위하여 완전한 수인 '10'을 우주의 수로 생각하였다(행성인 1+2+3+4가 10인 것처럼). 또한 피타고라스가 대지를 구체로 생각한 것은 구체가 정육면체 중에서 가장 완전한 형태이기 때문이며, 천구운동에 원운동을 도입한 것도 원이 가장 완전한 평면도형으로 그것이 신성한 운동이라고 생각했기 때문이었다. 결국 그는 천구가 신성하다는 사상을 탄생시켰고, 특히 천구에 대한 수학적 고찰을 진전시켜, 천문학 연구의 수학화를 촉진시킴으로써 수리철학 형성의 기틀을 마련하였다.

우주의 모양에 관해서는 피타고라스 학파의 한 사람인 필로라오스[21]가 변칙적인 지동설을 주장하였다. 우주의 중앙에는 중심화(中心火)가 있는데, 그 주위를 완전한 수인 10개의 천구가 돌고 있으며, 중심화로부터 여러 천구까지의 거리는 음악적인 음정의 관계에 비례하고 천체들은 귀에는 들리지 않는 화음을 내면서 운행한다고 하였다. 또 지구도 중심화의 주위를 하루에 한 번씩 서쪽에서 동쪽으로 돌고 있다고 함으로써, 지구중심의 사상을 버리고 어렴풋하나마 태양중심의 사상을 제시하였다. 그리고 지구는 둥글고 다른 천구와 마찬가지로 원운동을 하며, 중심화에 가까운 것일수록 빠르게 움직인다라고 한 점 등은 천문학사상 커다란 발전이다.

피타고라스의 업적에는 소리의 연구가 포함되는데 이것은 음의 높낮이가 매우 수학적이라는 점에 기인한다. 그는 악기의 현을 짧게 하면 높은 음이, 길게 하면 낮은 음이 나는 것에서 현의 길이와 음의 높이가 간단한 비례 관계에 있다

---

21) Philolaos, B.C. 480~?

는 사실을 발견하였다. 현의 길이를 2배로 하면 1옥타브 낮은 소리가 나오고, 현의 비를 3:2로 하면 소리의 높이가 5도, 4:3으로 하면 4도 간격이 된다. 이러한 정수의 비가 전 우주의 정합성의 원리라는 이념으로 발전하고, 여기서 여러 천구가 각각 운행속도 혹은 지구로부터 거리에 대응하는 높이의 소리를 내어, 우주전체와 조화를 이룬다는 생각이 성립되었다. 이것이 우리들이 귀가 아닌 지성으로 들을 수 있는 우주의 음악(musica mundana)이며, 여러 천구의 조화이다.

피타고라스 학파는 수와 그 관계를 바탕으로 너무 조급히 모든 현상을 설명하려고 시도하였으므로 무의미한 신비주의와 종교적인 흐름에 빠져 버렸다. 아리스토텔레스가 예리하게 비판하였듯이 사물과 수의 대응은 매우 공상적이었다. 그들은 짝수인 2는 여성, 1을 제외한 최소의 홀수인 3은 남성, 4는 정의, 5는 결혼, 6은 영혼, 7은 순결이라 생각하였다. 더구나 이 학파는 비밀 종교단체로서 관조(觀照)를 중시하고, 비밀과 신비주의와 금욕주의적 색채가 짙었으므로, 생산과 실천을 등한시하는 태도를 취하여 공허한 사변으로 빠져들었다.

그러나 수와 형상을 존중한 결과 자연현상이 모두 정량적, 수학적 관계에 의해서 일어난다는 과학적 방법의 기원을 이룩함으로써, 근대의 과학연구방법의 수립에 큰 영향을 주었다. 더욱이 수학적 법칙이 우주를 관통하고 있음을 주장하여, 수학을 실용수학의 영역에서 순수수학의 영역으로 끌어올린 점은 불멸의 업적이다. 철학자 러셀[22]은 "나는 사상 분야에서 이처럼 영향력이 큰 사람은 아직껏 보지 못하였다"고 하였다.

플라톤과 수학의 관념화

소크라테스의 궁극적인 연구는 인간과 인간사회를 질서 있게 하는 데 있었고, 자연계에 관한 것은 아니었다. 그는 자연철학을 낮게 평가하였고 윤리적, 정치적인 문제에 집중하였으므로 과학과 자연철학은 쇠퇴하였다. 그러나 그리스의 철학자인 플라톤[23]의 경우는 달랐다. 그는 아테네의 명문 출신이었다. 젊은 시절에 정치가를 지망하였지만 스승인 소크라테스가 사형당한 후(B.C. 399년), 이것을 계기로 점차 소크라테스적인 철학에서 독립하기 시작하였다. 그는 철학적 정신과 정치적 권력의 일체화를 추구하는 철인통치의 사상에 도달하였다. 철인정치가의 육성을 위해서 기원전 387년 무렵, 아테네의 북서 교외에 아카데미[이 이름은 그곳이 원래 트로이 전쟁 당시의 영웅 아카데모스(Akademos)가 소유하였기 때문에 나온 말이다. 이 교육기관은 약 900년 간 지속되다가 529년 유스티니아누스 황제에 의해 폐지되었다]를 세워 조직적인 교육을 실시하고 저작 활동

---

22) Bertrand Arthur William Russell, 1872~1970
23) Platon, B.C. 약 427~347

을 계속하였다.

플라톤의 철학은 소크라테스의 가르침을 발전시킨 것으로 이데아설이라 불리는 관념론이다. 이 설에 의하면, 이데아와 감각과 현상의 세계를 매개하는 것이 수학이다. 그의 학교 입구에는 "기하학을 알지 못하는 자는 이 문에 들어오지 말라"고 씌어 있었다는 전설이 있다. 그 까닭은 수학, 특히 기하학은 철학의 예비문이며, 철학의 주안점인 관념의 인식에 이르는 필수단계로서, 수학상의 추리가 논리적 사상을 훈련하는 수단의 역할을 한다고 생각했기 때문이다. 또한 수학은 확실성과 정밀성의 전형을 나타내는 것으로 신이 어떤 필요성을 느낀 나머지 인간에게 준 특수한 힘으로서 인간 지식의 기초라고 하였다. 따라서 국가의 장래를 맡을 청년에게 필수적으로 수학을 가르쳐야 한다고 강조하였다.

플라톤은 스승인 소크라테스의 예에 따라서 도덕철학을 중시하고 자연철학 특히 과학은 가치가 적은 학문이라고 무시하였고, 세계의 물질성을 확인하는 밀레토스 학파의 자연관을 배척하였다. 그에게 있어서 지식은 실용성의 문제가 아니라 관념적인 혼의 선(善)을 추구하는 것이었다. 그가 수학을 좋아한 것은 수학이 물질적인 것과 유리된 이상적 추상 개념이라는 이유에서였다. 물론 오늘날에는 순수수학도 과학에 응용되고 있지만 그 시대에는 그렇지 않았다.

플라톤의 수학은 피타고라스 학파의 전통을 이어받은 것으로, 새로운 발견이나 발명은 전혀 없었지만, 극도의 추리성과 논리성, 그리고 엄밀성을 추구하여 감각 세계로부터 수학을 완전히 분리시켰다. 크기가 없는 점이라든가, 폭이 없는 선, 두께가 없는 면이라는 수학적 정의도 "이데아설"로 보면 조금도 이상하지 않다. 그가 기하의 작도에 자(직선)와 컴퍼스(원)의 사용만을 인정하고 그 이상의 기구 사용을 배척한 것도, 그것이 감각적, 기계적이라는 이유와 특히 그러한 기구를 사용한 기하학적인 궤적은 논리적으로 해결되지 않는 문제를 노출시켰기 때문이다.

플라톤 수학의 특징은 수학의 관념화에 있다. 따라서 수와 도형은 이상화되고 수의 세계가 모든 자연계와 경험계로부터 유리되었으므로, 수학의 정리나 증명 등에는 아무런 공헌도 하지 않았다. 그러나 수학의 개념을 실용에서 탈피시켜 학문으로서 수립한 것은 그의 위대한 유산이다. 후에 그의 신봉자들은 순수수학의 발전에 공헌하였다.

플라톤은 기하학의 연장으로 우주의 구성도 생각하였다. 이 경우 천체와 그 운행을 영원한 것으로 생각하고, 도형 중에서 처음도 없고 끝도 없는 원과 구체를 관련시켜 천체는 구형이며 원운동을 한다고 생각하였다. 그런데 행성의 불규칙한 운행만은 원으로 설명할 수 없었으므로 이것은 원의 조합으로 해결될 것으로 보았다. 다시 말해서 천체가 완전한 기하학적인 모습을 갖추고 있다고 생각하였다. 『티마이오스』[24]라는 대화편 속에는 우주의 구성에 관한 설명이 있다. 그는 완전한 입체를 5개 들었다. 그것은 모든 면이 합동이고, 그 변이 이루는 각과 선이 모두 같은 입체인 정4면체(불), 정6면체(흙), 정8면체(공기), 정12면체(우주 전체), 정20면체(물)이다. 이들 중에서 4개는 4원소를 상징하고 12면체는 우주 전체를 상징한다.

천체는 수학을 가장 이상적이고 단순한 형태로 반영하고 있어야 한다는 플라톤의 주장은, 천문학 사상(思想)에 절대적인 자리를 차지하여 케플러 시대까지 이어졌다. 특히 이런 기하학적인 우주관은 16세기에 시작된 근대 천문학의 기초가 되었다. 플라톤주의는 주로 성 아우구스티누스를 통해서 그리스도교에 영향을 미쳤고, 12세기까지의 중세는 플라톤적이었다. 그리고 "신플라톤주의"로서 알려진 그후의 철학자 일파는 근대과학의 탄생기에 중요한 역할을 하였다.

히포크라테스와 합리적 의학

히포크라테스 학파   초기 그리스 의학의 흐름은 첫째 신전의학, 둘째 남이탈리아의 피타고라스 학파, 셋째 코스섬의 히포크라테스 학파 등이 거론된다. 신전의학은 대개 오리엔트에 기원을 둔 것으로 위의 흐름에서 가장 오래된 것이고, 피타고라스 학파는 독자적으로 의학교를 설립하는 등 의학분야에도 힘을 기울였다. 그 중심적 인물은 알크마이온[25]이다. 그러나 초기 그리스 의학 속에는 주술적이고 종교적인 색채가 남아 있다.

알크마이온은 피타고라스 학파의 의학자이다. 인체는 우주의 축소라는 신비주의적인 주장도 하였으나 주의 깊은 관찰자였다. 그는 동물을 해부하고 감각의 중추기관이 뇌에 있다는 사실을 발견하였고, 질병의 원인은 온, 냉, 건, 습 등 신체적 요소의 부조화나 불균형에 있다고 설명하였다. 그는 최초로 인체를 해부한 사람으로 알려져 있으며, 시신경과 귀와 입을 연결하는 "유스타키오관"을 발견하였다. 동맥과 정맥이 별개라는 것도 관찰하였는데, 시체에서는 동맥이 텅 비어 있었기 때문에 동맥이 혈관이라는 사실은 알지 못하였다.

한편 자연철학의 발생과 더불어 생명이나 질병에 관해서도 합리적으로 생각하기 시작하였다. 이 시기에 전통적인 오리엔트의 의술에서 주술적이고 종교적인 요소를 배제하여, 그리스 의학을 혁신적인 길로 들어서게 한 사람이 히포크라테스[26]이다. 그는 흔히 "의성"(醫聖) 혹은 "의학의 아버지"라 불린다. 그의 사생활에 관해서는 거의 알려져 있지 않다. 그의 집안은 대대로 코스섬의 의사 조합

---

24) *Timaios*
25) Alcmaion, 활동기간 B.C. 약 520
26) Hippokrates, B.C. 460~약 370

OEUVRES

COMPLÈTES

D'HIPPOCRATE,

TRADUCTION NOUVELLE

AVEC LE TEXTE GREC EN REGARD,

COLLATIONNÉ SUR LES MANUSCRITS ET TOUTES LES ÉDITIONS;

ACCOMPAGNÉE D'UNE INTRODUCTION,

DE COMMENTAIRES MÉDICAUX, DE VARIANTES ET DE NOTES PHILOLOGIQUES;

Suivie d'une table générale des matières.

Par É. LITTRÉ.

Τῆς τῶν εὐδαίμων ἀνθρώπων
ἀμφιβολίαν τῆς θαυμαστῆς.
Gal.

TOME PREMIER

A PARIS,

CHEZ J. B. BAILLIÈRE,

LIBRAIRE DE L'ACADÉMIE ROYALE DE MÉDECINE,

RUE DE L'ÉCOLE DE MÉDECINE, 17;

A LONDRES, CHEZ H. BAILLIÈRE, 219 REGENT-STREET.

1839.

『히포크라테스의 전집』 프랑스어역
제1권의 표지

원의 일원으로 그리스 의학의 신인 아스클레피오스의 자손이라고 전해져 온다. 그는 아테네와 각지를 돌아다니며, 의술을 펼치면서 실제로 질병 치료의 경험을 쌓았고 코스섬에 고대 최초의 의학교를 창립하였다. 이들을 코스 학파라 부른다. 그가 의학의 아버지로 인정받고 있는 것은 세계 최초의 의사여서가 아니라, 이 학교를 세웠기 때문이다. 실제로 히포크라테스 이전에도 인체에 대한 연구는 많이 전해져 왔다.

『히포크라테스 전집』   그리스 의학의 가장 중요한 문헌은 이 책[27]이다. 이 전집은 87권에 달하며 그 내용은 의학의 일반적인 기본문제, 해부학, 생리학, 양생학(養生學), 일반병리, 외과술, 안과 치료법, 조산술 등이다. 이 방대한 업적을 히포크라테스 한 사람의 저술로는 볼 수 없다. 이 전집의 가장 신빙성 있는 텍스트인 리트레판(프랑스의 의학자이며 언어학자인 M. P. Littrè는 그리스어와 프랑스어 대역판 10권을 출판하였다. 1839~60년)에는 59편의 논문이 실려 있는데, 내용이 잡다하고 상호 모순되는 기술이 있는 것으로 보아서 한 사람의 저술이 아닌 것 같다.

그러나 그가 과학적 의학의 창립자로서 그때까지의 의학 지식을 집대성하고 체계화한 것은 사실이다. 특히 그 중에서 이오니아 방언으로 씌어진 7편은 히포크라테스 자신이 직접 저술한 것으로 믿어진다. 이 전집은 비망록과 병상일지, 그리고 다수의 전문적인 논문집으로 구성되어 있는데, 그가 죽은 뒤 200년이 지나서 알렉산드리아의 프톨레마이오스 왕가의 명령으로 편집되었다.

그렇다면 어째서 여러 편의 논문이 한 사람의 이름으로 출판되었을까. 과학사가인 지슬[28]에 의하면, 그것은 자신이 학자라기보다는 직인이라는 의사들의 자각 때문이다. 학자에게는 개인의 지식을 과시하려는 동기가 작용하지만, 직인은 직인집단의 전통에 따라서, 그리고 집단의 영광을 위하여 논문을 집필한다. 따라서 개인의 이름은 묻혀져 버리고 대표자의 이름만이 남게 된다.

전집 중 히포크라테스의 논문의 내용을 살펴보면 1) "공기, 물 및 장소에 관하여"는 기후와 계절, 풍토가 인간의 신체와 건강에 미치는 영향을 기술하였

---

27) *Corpus Hippokraticum*
28) Edgar Ziesel, 1891~1944

다. 2) "유행병"은 모두 7부로 되어 있으며 1장과 3장은 히포크라테스가 직접 쓴 것이다. 그는 4년간 기후와 질병의 발생 상태에 대하여 관찰하고 42가지의 예를 기술하였다. 그 관찰력의 예리함이 히포크라테스 의학의 특징이다. 예로서 말라리아의 증상에 3일형, 4일형, 매일형이 있다는 것도 구별하였다. 3) "식사론"은 음식의 영양 및 체조에 관한 것으로 그의 치료법은 주로 이 두 가지이다. 4) "예후(豫後)"는 예후 판정에 관한 기술이다. 그는 병의 경과에 따라 진단하였고 질병의 세세한 분류와 진단(diagnosis)보다도 그 예후(prognosis)에 중점을 두었는데, 5) "신성병에 관하여"는 간질에 관한 것으로 이 병이 세상 사람들의 생각처럼 신이 내린 벌이 아니라 뇌질환이라고 하여 히포크라테스 의학의 합리적인 면을 보여준다. 6) "경구(警句)"는 짧은 문장으로 의학의 이모저모를 기술한 것이다. 유명한 경구인 "인생은 짧고 예술은 길다"도 여기에 들어 있다. 이 밖에도 그의 경험에서 이끌어낸 경구 중에는 유명한 것이 많다. 갑의 약도 을에게는 독, 살찐 사람이 야윈 사람보다 먼저 죽음, 건조하거나, 비가 많이 오는 지방의 사람은 병에 잘 걸리고 사망률이 높음, 자연은 최고의 의사, 피로는 질병의 원인이라는 등의 경구는 모두 이런 종류의 지식이다. 기타 식이요법, 질병 원인, 계절 및 나이의 영향 등 내용이 다채롭다. 7) "고의술(古醫術)"은 의료의 기원은 주술이 아니고 음식물의 조리법이라 하여 신비성을 배제하고 경험주의적 입장을 강조하였다.

특히 당시 사람들은 간질을 "신성병"이라 불렀다. 이에 대하여 히포크라테스는 "나의 의견으로는 이 질병은 다른 질병과 마찬가지로 아무런 신성한 것이 아니고 자연적인 원인에 의한 것이다. 이것이 신에 의한 것이라고 상상되는 이유는 인간의 경험이 부족한 것과, 이 질병의 성질이 기묘하게 느껴지기 때문이다. …… 이 질병을 신성하다는 무리들은 마법사, 기도사, 야바위꾼, 예언자 등으로 …… 그들은 질병이 이해되지 않고 적절한 치료법이 없을 때는 미신 속으로 도망치고, 자신들의 무지가 폭로되지 않도록 그것을 신의 질병이라 부른다"고 하였다. 히포크라테스는 신성병의 경우는 자연적인 요인인 더위, 추위, 바람, 태양 등이 원인으로 뇌의 결함에서 생긴 것이라 하였다. 이것이야말로 히포크라테스 의학의 본질로서 높이 평가할 수 있다.

이 전집은 고도의 합리성과 주의 깊은 관찰, 훌륭한 처치법 때문에 높이 평가되며, 경험에서 나온 법칙과도 같은 경구도 의미가 있다. "약으로 치료되지 않는 것은 쇠로써 치료된다. 쇠로 치료되지 않는 것은 물로 치료된다. 물로 치료되지 않는 것은 치료할 수 없는 것으로 보아야 한다." 쇠는 수술용 칼, 물은 온, 열일지도 모른다.

히포크라테스 의학의 특징　　의학의 실제적 측면을 중시한 히포크라테스

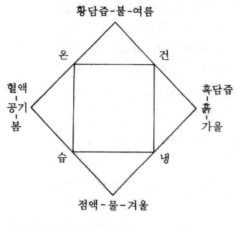

황담즙-불-여름

온   건

혈액   흑담즙
-공기   -흙
-봄   -가을

습   냉

점액-물-겨울

히포크라테스의 4체액설

학파는 밀레토스 학파의 자연철학 계열에 속하며, 피타고라스 학파와는 달리 의학을 이론적인 과학으로 보지 않고, 기예나 기술로 보았다. 히포크라테스는 미신과 무지에 대하여 도전하였고 사변과 가설을 거부하였다.

첫째, 그는 독특한 의학이론인 4체액설을 주장하였다. 그의 전집에는 체액과 그 병리에 관한 체액병리학설(humoural theory)에 관한 언급이 여러 곳에 있다. 특히 "인체의 본성"(자연성)이라는 논문 중에는, 4개의 체액(혈액＝새빨간 피, 점액＝섬유질, 황담즙＝혈청, 흑담즙＝응혈)에 관해서 기술하고 있다. 이것은 엠페도클레스의 4원소설의 영향이 없지 않지만, 소박한 관찰이 숨어 있는 것도 사실이다.

인체는 이 4원소가 적당하게 조화를 이룰 때 건강하며, 조화가 깨질 때 병이 생긴다고 하였다. 네 가지 체액의 부조화는 영양장애와 기후의 급격한 변화 등 자연적 원인에 있다고 생각하였으므로 그 치료에 있어서도 자연의 치유력이 중요시되었다. 따라서 자연의 치유력을 촉진시키는 방법으로 식이요법에 중점을 두었다. 또한 이 4체액은 각기 온, 냉, 건, 습의 정도가 다르며, 계절과 함께 변화한다고 하였다. 4원소, 4체액, 4계절의 상호관계는 도표와 같다.

둘째, 히포크라테스는 자연철학자들의 단순한 사변적 의학론을 공격하였다. 자연철학자는 열병 환자에게 찬 것을 주면 좋다는 이론을 주장하였는데, 실제로 환자를 치료하는 의사에게 이러한 공리공론은 통하지 않았다. 각각의 환자의 체질과 증상(눈, 피부, 체온, 식욕, 배설물 등)을 개인적으로 상세하게 관찰하고, 거기에 맞춰 적절한 의술을 펼쳐야만 한다고 주장하였다. 이처럼 개별적인 관찰과 경험을 중시함으로써 실험적인 의학을 건설하였다. 의술의 실천에 있어서 주의해야 할 것은 이론이 아니라 이성과 경험이라고 한 말은 그의 실증과학적 성격을 잘 보여주고 있다. 따라서 밀레토스의 자연철학자들이 연역적 논리의 성격을 띠었다면, 히포크라테스는 귀납적인 사고방식을 강조하여 과학과 철학을 분화시키는 계기를 마련하였다.

셋째, 히포크라테스는 자연요법과 정신요법을 중요시하였다. 자연은 체액의 정상적인 비율을 회복시키는 경향이 있으므로 가장 우수한 의사는 자연 그 자체라고 하여 자연적인 환경이 효과적인 예방법의 하나라고 강조하면서 음료수와 기후, 계절과 바람 등에 관한 주의를 환기시켰다. 또 정신요법으로 그는 절제와 근면, 그리고 음악을 위생학적으로 높이 평가하였다. 나아가 환자의 직업, 혈통, 생활환경 등이 인체에 미치는 영향을 밝혔으며, 그리스적인 자유와 이에 대비되는 동방의 전제정치에 의해서 인체가 받는 영향까지도 고려하였다. 그는 이른바 의학기후학의 창시자가 되었다.

이처럼 히포크라테스는 의학에 획기적인 업적을 올렸지만 해부학, 생리학, 병리학 등 기초의학의 분야에서는 자연철학적인 요소가 남아 있었다. 예를 들면 4체액설이 그렇다. 해부학도 인체 해부는 하지 않고 동물 해부에 의존하였기 때문에 오류가 많았다. 어쨌든 그에 의하여 의학은 합리적 과학의 궤도에 올랐으며, 과학이 자연철학으로부터 어느 정도 독립할 수 있게 되었다. 그의 의학은 고대와 중세에 걸쳐서 갈레노스와 함께 커다란 영향을 미쳤다.

그리스 의학과 관련하여 올림피아드에서 개최되는 운동경기가 그리스 의학의 발전에 크게 기여하였다. 육체의 훈련장으로서 공공의 김나지움이 있고, 거기에는 체조교사가 있어서 청소년의 신체 관리와 체조 뿐만이 아니라, 식사와 섭생을 포함한 폭넓은 생활양식 전반을 상담하였다. 또한 교사는 육체적인 상해도 치료함으로써 신전의학에 의지하던 경향에서 탈피하였다.

넷째, 히포크라테스는 인도주의적 입장에서의 의술을 강조하였다. 그의 선서는 예부터 히포크라테스의 걸작품으로 여겨져 왔다. 의사의 윤리를 간결하고도 정확하게 표현한 것으로, 처음 출발하는 의사의 선서로 이용되어 왔다. 그는 의술을 시행하는 데 있어서 항상 인도주의와 의사로서의 기술적, 실천적 견지에서 환자의 치료에 임하였다. 그러나 최근의 연구에 의하면 이것은 히포크라테스나 코스 학파에서 유래한 것이 아니고, 기원전 4세기 이후의 후기 피타고라스 학파의 의사들에 의해서 만들어졌다고 한다. 이것은 의사의 직업윤리(professional code)에 관한 흥미있는 자료로서, 이 흐름은 세계의사협회의 "제네바 선언"(1948, 1968)으로 이어졌다. 이 관습은 지금도 계속되고 있다. 그의 전집 속에는 이 선서 이외에 지침, 학칙, 예절 등 윤리적 성격을 띤 저서가 몇 가지 포함되어 있다.

히포크라테스의 정신을 받들어 1929년 "히포크라테스 선서"가 제정되었다. 내용은 다음과 같다. "나는 전생애를 통하여 청렴결백하고, 신의를 굳게 지키며 의술을 실행하겠다. 나의 직업적 업무에 있어서는 사람들의 생활에서 보고 들은 비밀은 무엇이든 누설하지 않겠다"

4. 아리스토텔레스와 지식의 체계화

부지런한 독서가

아리스토텔레스[29]는 그리스의 마케도니아에서 태어났다. 그의 집안은 대대로 명의를 배출하였고 그의 아버지는 마케도니아왕 아민토스 2세의 시의였다. 그는 어릴 때 양친을 여의고 친척집에서 자랐다. 17세에 전문교육을 받기 위해 아테네로 와서 플라톤의 아카데미에 입학하였다. 플라톤의 문하생 중에는 뛰어난 제자들이 많았지만 플라톤은 특히 그를 가리켜 '학원의 두뇌'라고 불렀고, 공부벌레였으므로 '부지런한 독서가'라는 별명도 붙였다. 플라톤이 "다른 제자들에게는 박차가 필요하지만 아리스토텔레스에게는 제동을 걸기 위한 고삐가 필요하다."고 말할 정도였다.

플라톤이 타계하자 아리스토텔레스는 아카데미를 떠났다. 아카데미에서는 이론과 수학에 중점을 두고 있었으므로 자연철학의 연구가 미진하였기 때문이다. 또 플라톤이 임종 직전에 아리스토텔레스의 업적을 무시하고, 능력이 훨씬 뒤처지는 자신의 사위를 후계자로 임명한 것도 아카데미를 떠난 이유의 하나였다. 또 당시 아테네와 마케도니아는 적대 관계에 있었으므로 마케도니아 출신인 아리스토텔레스가 불안을 느꼈을지도 모른다.

아리스토텔레스는 마케도니아왕의 초빙을 받아 당시 14세였던 소년 알렉산더의 스승이 되었다. 알렉산더의 부친인 필립 2세는 아리스토텔레스에게 "나는 당신과 같은 시대에 자식을 둔 것을 신에게 감사한다. 우수한 학자인 당신의 교육으로 내 자식이 왕위에 어울리는 인물이 될 것으로 확신한다."라고 말했다고 한다. 알렉산더가 성장하자 아리스토텔레스는 아테네로 다시 돌아와 아폴로 뤼케이오스(Apollo Lykeios) 신전 근처에 뤼케이온(Lykeion)이라는 학교를 설립하였다. 그는 제자들을 데리고 학교의 정원을 함께 거닐면서 대화식의 강의를 하였다. 이런 까닭에 페리파토스 학파(소요학파)라 불린다.

이 학교에는 도서관, 박물관, 동물원이 부설되어 있었다. 이런 설비를 위해서는 막대한 경비가 필요하였는데, 이 비용 중 상당한 부분을 당시 세계를 정복한 알렉산더 대왕이 부담하였다. 알렉산더 대왕이 갑자기 죽자 아리스토텔레스는 아테네의 시민들로부터 경원시되고 아테네의 고등법원은 그에게 사형선고를 내렸다. 그는 아테네를 빠져 나와 망명생활을 하다가 장티푸스에 걸려 62세로 일생을 마감하였다. 그가 죽은 뒤 뤼케이온은 아리스토텔레스의 친구이자 학생

---

29) Aristoteles, B.C. 384~322

이었던 테오프라스토스가 물려받아 이끌어 나갔
고, 다시 스트라톤에게 이어졌다.

아리스토텔레스의 강의는 당시의 학문과 지
식을 모두 망라한 것으로 마치 백과사전과 같았
다. 대부분은 자신의 독창적인 사상이나 주장이
었고, 내용도 형이상학, 자연학, 윤리학, 심리학,
정치학, 경제학, 논리학, 예술학, 생물학, 천문
학, 기상학 등 다방면에 걸쳐 있다. 그것은 내용
에 있어서나 방법에 있어서 아리스토텔레스가
플라톤의 철학으로부터 이탈한 것을 명확하게
보여주고 있다.

그가 집필한 책은 모두 400여 권에 달하는
데 그중 50여 권이 지금도 남아 있다. 이것은
양적으로 볼 때 플라톤 다음가며, 현존하는 과
학저작물 중에서 전집류로는 히포크라테스의 전
집이 최초이고, 이것이 두번째이다. 그중 가장
괄목할 만한 것은 자연과학에 관한 저서인데 물
질계의 보편적 조건과 우주구조로부터 동식물의

아리스토텔레스

생태 및 해부학 등 자연계 전반에 걸쳐 있다. 이 저서들은 18세기에 이르기까지
대부분의 학문 분야에 압도적인 영향을 끼쳤다.

생물학

아리스토텔레스의 저작 중에서 가장 뛰어난 것은 생물학 분야이다. 생물학
저술들은 그의 현존하는 업적 중에서 5분의 1이 넘는다. 그의 저서 『동물부분
론』[30] 제1권의 긴 귀절에서 동물학의 목적과 방법에 관한 그의 견해가 보인다.
그는 플라톤과는 달리 관찰의 가치와 생성의 세계에 속하는 것들의 연구에 깊은
관심을 보였다. 더욱이 그는 동물의 외부를 관찰하는 것만으로는 충분하지 않았
고 이를 해부하여 보완하여야 한다고 주장하였다. "피, 살, 뼈, 혈관 등과 같은
인간의 구성부분은 상당한 혐오감을 감수하지 않고서는 관찰할 수 없다"고 하면
서도, "충분한 어려움을 기꺼이 겪을 사람이라면 누구나 여러 종류의 동물과 식
물 각각에 대해서 많은 것을 배울 수 있다"고 하였다.

아리스토텔레스적 분류개념은 "자연의 사다리"(scala naturae)라는 것으로
자연계의 질서는 단순한 것에서 복잡한 것으로 하나의 계단을 이루고 있다고 하

---

30) *De partibus animaliun*

였다. 이때 단순, 복잡을 정하는 기준은 동물의 경우 자손이 어버이에게서 태어날 때의 모습을 비교하였다. 그리하여 태어날 때 난생보다 태생을 보다 복잡하고 높은 위치에 놓았다. 이 자연의 사다리는 플라톤 이래의 사상을 이어받은 것으로 생물을 완전성의 정도에 따라 12단계로 구분하였다. 이 완전성의 척도는 "영혼의 활동"과 "능력"이다. 모든 생물은 영혼을 지니고 있는데, 인간과 동물의 경우 영혼이 심장에 머물고, 이것이 생물과 무생물의 차이며 영혼의 활동에 따라서 완전성이 결정된다.

식물은 "영양영혼"을 지니고 있는데 영양을 섭취하여 번식한다. 이런 종류의 능력은 저급한 것이며 따라서 식물은 무생물과 접하여 있다. 식물중에서 고등식물은 그 윗자리를 차지하고, 고등식물 다음에는 식물과 닮은 고착성 동물이 위치하고 있으며, 다시 그 위에는 운동할 수 있는 동물이 자리한다. 동물은 영양영혼과 함께 "감각영혼"을 더불어 가지고 있어서 운동이나 쾌감 혹은 고통을 느낀다. 이렇게 해서 점차 단계를 높여가면 네발짐승 단계를 거쳐서 드디어 모든 생물의 정점에 인류가 있다. 인간은 두 가지 영혼 외에 "이성영혼"이 있어서 그것이 논리적 사고와 회화를 가능하게 한다. 이처럼 생물이 지니는 영혼의 능력에 따라서 하등생물과 고등생물로 나뉜다. 여기에는 그리스 사회의 신분제도가 반영되어 있다고 볼 수 있다.

한편 아리스토텔레스는 생물의 계통표를 만드는 과정에서 동물은 변화하면서 진보해 가며 결국 일종의 진화를 한다는 생각을 부정하지 않았다. 그러나 진화론자는 아니다. 그는 무생물에서 사람에 이르기까지 발전의 정도에 따라 늘어놓은 자연의 사다리를 생각하였지만, 낮은 단계에서 높은 단계로의 이동은 고려하지 않았기 때문이다. 그리스의 다른 철학자들도 이 방향으로 연구를 계속하였으나 이 이론은 결국 신비주의적인 것이 되어버렸다.

아리스토텔레스는 540여 종류의 동물(어류 120종, 곤충 60종을 포함)을 표로 정리하고 50여 종의 동물을 해부하여 각각을 몇 가지 부류로 정리하였다. 이 분류 방식은 매우 논리적이며 어떤 경우에는 놀랄 만큼 근대적이다. 우선 전체 동물을 유혈동물과 무혈동물로 나누었다. 그는 "피는 모두 붉다"라는 가정에서 출발하였으므로 이 분류는 오늘날의 척추동물과 무척추동물에 거의 대응된다. 그는 닭이나 곤충이 알에서 발생하는 것을 상세히 관찰하였고, 발생의 모양이 잘 알려져 있지 않은 하등동물은 "자연발생"한다고 생각하였다. 예로 진흙에서 지렁이가 저절로 생기고 지렁이가 뱀장어로 된다고 주장하였다.

아리스토텔레스는 바다의 생물 중 돌고래는 새끼를 낳으며 태반이라는 특별한 기관에서 자란다는 것도 발견하였다. 이것은 물고기의 경우에는 없고 다른 포유동물에서는 관찰되는 기관이므로 돌고래를 육상의 털 달린 동물중에 포함시켰다. 그후의 학자들은 이것을 인정하지 않았는데 이것이 사실로 밝혀지는 데는 2

천 년의 세월이 걸렸다. 그는 오징어의 양성생식을 기술하였고, 벌의 습관과 병아리의 배의 발전을 정확히 관찰하였는데 최초로 심장이 나타나고 점차 다른 기관이 생긴다고 기술하였다. 소의 위가 복잡하다는 것, 엄니와 뿔을 함께 지닌 동물이 없다는 것 등도 관찰하였다.

그렇지만 그의 직관력이 때로는 곁으로 빠져서 실수도 저질렀다. 심장은 생명의 중심이고 두뇌는 단지 혈액을 식히는 기관이라 하였으며, 악어, 사자 같은 외국 동물은 소문만 듣고 마치 본 것처럼 잘못 기술하였으며, 또 소화과정의 생리를 유치하게 기술한 점, 신경과 심줄의 혼동, 심장의 방을 셋으로 본 것 등은 그 몇 가지 보기이다.

아리스토텔레스는 생물학 분야를 생기론적, 목적론적 견지에서 연구하였다. 그는 어떤 생명 현상이든 그것이 나타나기 위해서는 특별한 원리가 존재하여야 하며, 이 원리는 현상을 완전히 살아 있는 개체로 출현시키는 데 큰 역할을 한다고 믿었다. 생물의 행위를, 그를 구성하는 원자의 상호작용이라는 데모크리토스 학파의 기계론적 입장과 분명히 구분되는 생리론이 이렇게 해서 후대에 계속 이어졌다. 그는 플라톤과는 달리 이상보다는 경험을 중요시하여 세밀한 관찰로부터 생물의 현상을 모델화하여 자연의 이해에 개념적 체계를 수립하였다.

천문학과 기상학

아리스토텔레스가 생각한 우주는 지구를 중심으로 하는 56개의 거대한 동심구체(同心球体)이다. 그리고 우선, 지구는 4원소가 구형의 4구층(四球層)을 형성하고 있다. 이 중에서 달은 가장 아래, 항성은 가장 위에서 항성천(恒星天)을 이룬다. 그곳에는 우주에 있어서 운동의 원동력인 제1기동자가 있고, 가장 외측의 항성구는 우주전체를 지배하는 제1기동자에 의해서 움직인다. 제1기동자는 정신적인 존재로서, 제1기동자와 각 구층과의 관계는 영혼과 육체 같으므로 모든 천구에 실제로 영혼을 배당하기도 하였다. 운동은 제1기동자로부터 그 안쪽의 천구, 즉 제1피동자에게 전해지고 이어서 안쪽에 있는 여러 천구에 파급된다. 행성의 발동자는 제1기동자에 저항하여 작용하므로 천체의 회전은 일주운동과는 역으로 서쪽에서 동쪽으로 움직인다. 맨 바깥의 토성은 제1기동자의 힘을 이기기에는 곤란하므로 가장 긴 공전주기를 가지며 가장 안쪽의 천체인 달은 제1기동자의 힘을 쉽게 극복하므로 가장 짧은 회전주기를 가진다. 그 천체의 배열은 중심에 위치하는 지구의 외측에 달, 금성, 수성, 태양, 화성, 목성, 토성으로 되어 있다.

이처럼 아리스토텔레스는 천문학 분야의 자연법칙을 신적 원리에 종속시켰으므로 그의 천문학은 "성스러운 신학"으로 통한다. 또 우주는 처음도 끝도 없다는 문제에 대하여 이성적인 비판을 시도하고, 지구가 구형이라는 것을 증명하는 근거를 열거하였다. "지구가 둥글다는 것은 감각기관의 지각으로 증명된다. 월식 때 지구 그림자의 경계선이 상당히 구부러져 있다"고 하면서, 우주도 역시 둥글다고 주장하였다. 한편 하늘과 지상의 소재는 완전히 다르며 월하계의 세계는 흙, 물, 공기, 불 등 4원소로 되어 있다고 하였다. 또한 그는 기상학에 관한 4권의 저서에서 유성의 출현, 구름의 모양과 크기, 서리와 얼음, 눈의 생성, 바람과 낙뢰 등에 대해서 설명하였다.

4가지 원인과 4원소

아리스토텔레스의 원인론은 유명하다. 그는 플라톤처럼 지적인 계획과 목적이 자연계가 운행되는 형상적 원리라고 생각하고 인과 관계에 대하여 4개의 원인을 제시하였다. 첫째, 질료인(質料因)은 이오니아 학파가 구했던 만물을 만드는 원질(근본물질), 둘째, 형상인(形相因)은 피타고라스 학파의 만물이 모양을 지닌다는 형성원리(계획, 모양), 셋째, 헤라클레이토스의 불이나 엠페도클레스의 사랑과 미움에 해당하는 동력인(動力因)으로서, 만물의 운동원리(수단, 과정), 그리고 넷째는 소크라테스와 플라톤이 구한 목적인(目的因)으로서, 이것은 모든 운동의 궁극적인 목적이요, 또한 아리스토텔레스의 제1기동자이기도 하다.

질료와 형상은 내적 원인으로서 유형적 실체에 내재하고 있는 데 반하여, 동력인과 목적인은 그것에 의해서 규정되는 사물에 외재한다. 그는 질료와 형상 사이의 상호작용으로 자연을 해명하려고 하였다. 질료란 아직 모습을 갖추지 않은 재료로서, 이것이 형상인에 의해 모습을 갖춤으로써 구체화되고 현실화되며, 개개의 사물은 이렇게 하여 실재가 된다고 하였다. 그 비유로서 그릇을 구워 만들 때 점토는 질료인, 질그릇을 만드는 사람의 착상은 형상인, 그릇을 굽는 사람의 손은 동력인, 그리고 그릇을 만들려는 의도는 목적인이 된다.

아리스토텔레스의 생물학상의 업적도 형상과 질료의 철학에서 이론화된 것으로 형상과 질료는 불가분이다. 예를 들면 생물이 생식에 의해서 각기 개체를 생성시킬 때, 암컷은 난자 등 재료(질료)를 주고, 수컷은 그것에 정액 등 계획(형상)을 주어 개체를 만든다. 신은 형상인인 동시에 궁극적인 목적인이 된다. 예를 들어 동물의 모친은 태아를 만드는 수동적인 물질을 부여하는 질료인이고, 어떠한 모양의 동물이 되는가를 규정하는 형상인은 부친으로부터 전하여지는 종자이다. 생물체가 성장하여 그 형상이 완성되기 위해서는 무엇인가가 방향을 잡지 않으면 않된다. 그는 이를 목적인에서 구하였다. 그는 "자연을 이해하기 위해서는 그 원인을 탐구하지 않으면 안된다"고 하는 원인론의 입장에 섰는데, 그 원인이란 목적과 운동이었다. 특히 목적을 중요시하였다. "자연이 만들어지는 데

는 모두 목적이 있다 ", "신체의 전체도 무엇인
가 종합적인 활동을 위하여 있다…… 신체도
결국은 영혼을 위하여 있다. 신체의 각 부분은
각각 목적하는 기능을 위하여 있다 " 신체의 기
관에 관해서도, "심장은 열의 근원이 되기 위해
서", "간장은 음식물의 조리를 위해서", "뇌는
심장내의 열을 조절하기 위해서" 존재한다고 하
였다.

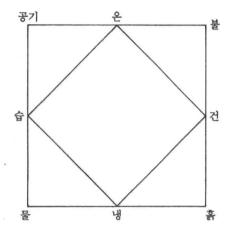

아리스토텔레스의 4성질과 4원소

아리스토텔레스는 물질(질료인)의 근본원인
이 되는 4개의 성질로서 온, 냉, 건, 습을 들고
있다. 그리고 그것의 조합으로 우주의 근본 물
질인 불(온+건), 물(냉+습), 공기(온+습),
흙(냉+건)이 생긴다고 하였다. 이들 4개의 원소의 혼합으로 지구상의 모든 물
질이 만들어진다. 단 온과 냉, 건과 습은 상대적인 성질이므로 이 경우에 아무것
도 생기지 않는다. 이에 대해서 천상계를 구성하고 있는 것은 제5원소인 에테르
인데 이것만이 영원성인 천체를 이룬다. 이것은 어느 경우에는 "최고의 장소"라
는 의미로 또 다른 경우에는 "불"과 같은 뜻으로 사용되며, 별을 운반하는 우주
영혼의 조성물질로도 생각된다. 이처럼 그가 생각하고 있는 원소는 근대적인 화
학원소와는 다르다. 지구상의 모든 물질이 4개의 원소로 이루어진다고 한다면,
인간의 신체도 예외가 될 수 없다고 하면서, 신체를 이루는 4원소의 불균형으로
질병이 생기며, 나이가 들면 폐 속에 흙의 성분이 잔류하고 불의 성분이 약화되
어 사람이 죽는다고 하였다.

자연운동과 강제운동

아리스토텔레스의 『자연학』[31]은 자연과 운동에 관한 풍요로운 사상으로 가
득차 있는 자연에 관한 주제로서 8권으로 되어 있다. 거기서 그는 자연, 운동,
원인, 우연, 무한, 연속, 시간, 장소, 공허 등을 논하였다. 그의 운동 이론의 기본
은 우주는 불생불멸의 완전한 천상계와 생성소멸이 끊임없이 반복되는 불완전한
지상계로 나뉜다는 것이다. 그리고 이 양쪽 영역은 서로 다른 질서에 의해 지배
된다. 천상계의 운동은 신성하고 영원하여 처음도 끝도 없이 한결같은 원운동인
데 반해서, 지상계의 운동은 천하고 유치하며 처음과 끝이 있다.

지상계의 모든 물체에는 그 본성에 알맞는 "자연의 장소"라는 것이 있다. 4
개의 원소에는 각각 고유한 장소가 있다. 공기와 불은 가벼우므로 지구의 중심에

---

31) *Physica*

서 먼 곳인 "위"에 있으며, 물과 흙은 무거우므로 지구의 중심으로 향하는 "아래"
에 위치한다. 이것을 힘으로 표현하자면 가벼운 것은 위로 향하는 "가벼운 힘",
무거운 것은 아래로 향하는 "무거운 힘"이 있다. 물체가 자연의 장소에 있으면
안정하여 정지 상태를 계속 유지한다. 하지만 다른 장소에 있으면 물체는 본성을
만족시키기 위해서 자연의 장소를 목표로 하여 직선으로 움직이는데, 이것이 자
연운동이다. 예를 들면 무거운 흙 원소의 장소는 우주의 중심이며, 그 때문에 흙
은 외력에 의해 방해받지 않는 한 우주의 중심을 향해 낙하한다. 또 가벼운 불
원소의 자연의 장소는 달 천구의 내측의 오목한 표면으로 그 장소를 목표로 불
은 자연적으로 상승한다.

따라서 자연운동 이외의 운동은, 물체의 본성에 거역하는 외적인 힘의 작용
으로 일어나는 것으로, 이것은 반자연적인 운동 혹은 강제운동이다. 곡선을 그리
면서 운동하는 투사체의 운동은 강제운동이며 부자연스러운 운동이다. 그리고
이 강제운동의 경우 물체에 가해진 힘은 주위의 매개체를 통하여 물체를 밀어서
나아가게 하는데, 그 힘이 점차로 약해져 모두 잃을 때, 강제운동은 자연운동으
로 변하여 직선으로 낙하한다고 하였다.

아리스토텔레스는 물체의 운동 속도는 운동하는 물체의 무게에 비례하고 매
질의 밀도에 반비례한다고 주장하였다. 따라서 무거운 물체일수록 낙하 속도가
빨라진다. 이 운동 이론에 따르면 진공의 존재가 부정된다. 왜냐하면 만약 매질
인 공기의 밀도가 0이 되면, 운동하는 물체는 무한한 속도를 지니게 된다. 그러
나 논리상 무한한 속도는 불가능하므로 매질인 공기의 밀도는 0이 될 수 없다.
즉 진공의 존재를 부정할 수밖에 없다. 여기서 "자연은 진공을 싫어한다"는 그
의 진공 부재 이론의 근거가 성립한다.

위계사상

아리스토텔레스의 과학사상과 관련해서 중요한 것은 그의 위계사상이다. 이
이론에 따르면 달밑 세계인 지상은 아래로부터 흙, 물, 공기, 불의 순서로 이루
어져 있는데, 천상계에서 제일 멀리 떨어진 흙이 가장 비천하고 불은 어느 정도
고상하다. 그리고 달 위의 세계에는 영원불변의 제5원소인 에테르가 존재한다.
따라서 각각의 세계에서는 운동 형태가 다르다. 지상계의 원소는 자신의 자연적
인 장소로 되돌아 가려는 직선운동을 하고 있는 데 반해서, 천상계의 원소인 에
테르는 한결같이 원운동을 한다. 따라서 천상과 지상에서의 운동법칙은 서로가
다르다.

나아가 항상 하위의 것은 상위의 것에 복종해야 하므로 식물은 동물에, 동물
은 인간에, 인간은 신에게 복종한다고 하였다. 이 생각은 중세 때 다음과 같이

확장, 적용되었다. 즉 신은 전지전능자로서 바로 하위의 천사에게 권력을 부여하고, 그 천사는 다시 하위의 천사에게 권력을 분양하므로 천사의 권력도 모두 질적으로나 양적으로 차이가 있다는 것이다. 사실상 중세 교회내의 계급제도나 중세사회의 계서제도는 아리스토텔레스의 위계사상에 근거를 두고 있다. 그러나 위계사상은 자연을 질적으로 보는 사상이므로 양적인 측면을 중시하는 자연과학에 대해서는 합당하지 못하다.

아리스토텔레스 사상과 그 영향

아리스토텔레스의 철학 체계는 그 당시 플라톤만큼 영향력은 없었다. 그의 저서는 그가 죽은 후 몇 세기가 지나서야 출판되었다. 로마가 멸망한 후 플라톤의 저서가 대부분 보존된 데 반하여 아리스토텔레스의 저서는 유럽에서 유실되어 버렸다. 다만 논리학에 관한 저서인 『기관』[32]만이 남아 있었다. 그러나 그의 사상을 높이 평가한 아랍 세계에서는 그의 저작이 많이 남아 있었다. 아랍에 보존된 저작은 12세기에서 13세기에 걸쳐 유럽에서 라틴어로 번역되었고, 그 무렵부터 플라톤을 대신하여 최고의 철학자로 추앙되었다. 그의 견해는 거의 신에 가까운 권위를 가졌고, 그가 기술한 것은 모두 진실로 받아들여졌다.

아리스토텔레스의 저술은 대부분 그의 스승인 플라톤과 공유한 기본적인 가정에서 출발하였다. 그러나 플라톤이 이성의 역할을 강조하면서 경험의 역할을 격하시켰던 반면에, 아리스토텔레스는 경험을 복권시켰다. 관찰을 수반하지 않는 이론은 공허하며 실제는 이론에 선행하여 존재한다고 생각하였다. 두 사람 모두 과학철학에 중대한 공헌을 하였지만 그들의 성격은 매우 달랐다. 플라톤이 기여한 바가 주로 현상의 이해에 수학을 응용한 것이라면, 아리스토텔레스는 경험적 연구의 가치를 이론으로 응용함과 동시에 실제 연구로서 보여주었다는 점이다. 소크라테스는 인류에게 철학을, 아리스토텔레스는 과학을 심었다는 평가도 있다. 하지만 아리스토텔레스는 엄밀한 의미에서 실험가는 아니었고, 정량적인 실험의 중요성도 인정하지 않았다. 물론 당시 실험 기구가 발달하지 않아서 정확한 측정을 할 수단이 거의 없었다는 점을 감안할 수는 있다.

아리스토텔레스는 자연물의 존재와 변화는 신의 목적을 실현하기 위한 것이라는 목적론을, 물리학과 생물학에까지 적용시켜 그후 과학 발전에 큰 지장을 초래하였다. 그리고 그의 위계사상과 관념론은 그후 기독교적 관념을 합리화하는 바탕이 되었다. 따라서 중세를 통하여 자연과학이 유물론적 요소를 잃어버리고 정상적인 발전을 못하게 된 구체적인 이유가 바로 여기에 있다. 더욱이 중세 말기에는 아리스토텔레스의 학설이 그리스도교의 권위하에서 의심 없는 진리로 존

---

32) *Organon*

중되었던 까닭에 근대 초기의 과학자들이 수난을 겪지 않으면 안되었다.

아리스토텔레스는 선인들의 단편적인 지식을 조직적으로 총망라하여 매우 많은 저작 활동으로 그것을 후세에 전하였고, 지식의 무비판적인 축적에 만족하지 않고 철학적 원리로부터 과학의 통일 체계를 전개하려고 하였다. 이것은 틀림없는 그의 업적이다. 더욱이 과학사에서 과학적 방법론은 아리스토텔레스에 의해서 최초로 시작되었다. 그에 의하면 과학적 설명이란 우선 사상(事象)으로부터 일반 원리로 나아가고, 그 다음 이 일반원리로부터 설명되는 사상에 이른다고 하였다. 따라서 그는 "귀납-연역"이라는 형식을 조립하였고, 귀납의 종점, 즉 연역의 출발점에 그의 과학의 제1원리가 놓여 있다.

그의 제자들

아리스토텔레스가 죽은 뒤, 뤼케이온의 학원장이 된 테오프라스토스[33]는 그를 이어받아 35년간 학원을 운영하였다. 그는 아리스토텔레스의 생물학 전통을 이어받아서 식물학의 연구에 주력하였다. 식물학 연구에서 그가 남긴 명명과 전문용어는 현대생물학에 많이 남아 있다. 그는 목적론을 배격하고, 과학자는 기술에서 관찰되는 과정에 의해 자연현상을 설명해야 한다고 하였다.

스트라톤[34]은 젊은 시절에 뤼케이온에서 학업을 마치고 그후 알렉산드리아에 초빙되어 프톨레마이오스 1세의 아들을 가르쳤다. 그후 아리스토텔레스의 후계자였던 테오프라스토스가 죽자 아테네로 돌아와 뤼케이온의 3대 교장이 되었다. 그가 동료 및 학생들과 함께 뤼케이온에서 수행한 연구는 그 이전의 것들 (예로서 피타고라스 학파, 히포크라테스 학파, 플라톤의 아카데미 등)을 훨씬 능가하였다.

스트라톤은 자연학의 방법으로써 실험을 중시하였고 사상적으로는 아리스토텔레스와 데모크리토스의 이론의 절충을 꾀하였다. 전자는 진공의 존재를 부정하고 후자는 연속적 진공의 존재를 주장하였는데, 스트라톤은 물체 내부의 극소 부분에는 진공이 존재하지만 외부의 자연 상태에서는 존재하지 않는다고 주장하였다. 또 실험에 의해서 공기에 모양이 있다는 것과 물체 내부에서 진공이 인위적으로 만들어진다는 것을 증명하였다.

스트라톤은 물체의 자연운동에 관해서는 아리스토텔레스의 생각을 일부 부정하였다. 그는 무거운 물체는 가벼운 것보다 빨리 떨어지기는 하지만, 낙하시 가속되며 특히 시간의 경과에 따라서 속도가 증가한다고 논한 최초의 사람이다. 또 소리에 관한 아리스토텔레스의 학설-소리는 공기의 충격에 의해 전달되므로

---

33) Theophrastos, B.C. 약 372~약 287
34) Straton, 활동기 B.C. 3세기

공기가 없으면 소리가 들리지 않는다―를 더 진전시켜 소리는 파동이라는 데까지 나아갔다.

또 모든 광물질은 대지의 내부로부터 생기며, 열과 건의 성질을 지닌 연기와 같은 발산물과 냉과 습의 성질을 지닌 증기와 같은 두 가지 발산물의 상호작용으로 형성되었다고 하였다. 스트라톤이 죽은 후 뤼케이온의 영향력은 쇠퇴하였다. 철학 연구에서 있어서 아카데미의 세력은 여전하였으나 과학연구의 중심은 점차 알렉산드리아로 옮겨졌다.

5. 알렉산드리아 시대의 과학

헬레니즘 세계 – 동서문화의 융합

알렉산드리아 과학의 시대는 기원전 약 300-30년 무렵이다. 알레산더 대왕은 반마케도니아파의 저항을 분쇄하고, 기원전 334년 마케도니아를 주축으로 한 그리스 연합군을 결성하여 페르시아 원정의 길에 나섰다. 페르시아와의 결전에서 승리한 알렉산더 대왕은 중앙아시아로 진출하고, 거기서 다시 인도를 정복하려다가 여론에 밀려 본국으로 돌아왔다. 그는 출정 때마다 언제나 공학자, 지리학자, 측량기사를 거느리고 갔다. 이들은 정복한 땅의 지도를 만들고, 자원을 기록해 두며 박물학이나 지리학에 관한 방대한 양의 관찰결과를 모았다. 그는 신적 권위를 지닌 지배자로서 오리엔트식으로 제국을 통치할 생각이었지만, 열병에 걸려 기원전 324년 33세로 세상을 떠났다. 그가 죽은 뒤 제국의 통치권을 둘러싸고 치열한 갈등과 분쟁이 계속되었는데, 결국 세 왕실이 가장 유력한 존재로 남았다.

알렉산더 대왕의 동방 원정은 지중해와 오리엔트 세계를 하나의 거대한 교역권과 동일한 경제권으로 결합시켜 단일한 시장을 형성하였다. 이처럼 시장의 거대화는 당연히 제조업의 발달을 부추겼고, 수공업자는 오리엔트의 기술을 흡수하고 상품 제조에 힘을 쏟았다. 더욱이 알렉산더 대왕이 획득한 전리품과 사치품의 구입, 그리고 새로운 도시의 건설 등으로 일시에 거대한 구매력이 생김으로써 상업의 발달이 더욱 촉진되었다. 또한 상공업의 급속한 발달은 경제활동의 중심지인 도시를 번영시켰다. 프톨레마이오스 왕가가 지배하고 있던 이집트의 알렉산드리아시에는 인구 50만이 넘는 대도시로 성장하여 당시 헬레니즘 세계의 경제적, 문화적 중심지가 되었다.

이런 상황 아래서 이 시기의 과학은 사변에만 치중하였던 그리스적인 학풍에서 벗어나, 실천과 응용을 중요시함으로써 일약 사변주의에서 경험주의로 연구 방향을 전환하였다. 다시 말해서 순수한 이론적인 과학보다는 현실에 적용되는 실용적 학문을 존중하는 방향으로 선회하였다. 이처럼 새로운 경험적, 실제적인 연구의 경향이 나타남으로써 알렉산드리아시에는 기사 양성소가 생겼고, 과학적 교양을 지닌 기술자들이 출현하였다. 따라서 헬레니즘 과학은 그리스 과학의 토대에서 유래하였지만 이런 배경 때문에 몇 가지는 근본적으로 그리스 과학과 달랐다. 또한 정치적, 경제적, 문화적 변화들이 과학의 발전에 여러 가지 형태로 영향을 미쳤다. 이 중 가장 뚜렷한 것은 과학은 이제 단순히 그리스 과학이 아니라 헬레니즘 세계 전체의 과학이 되었다는 점과 왕의 개인적인 후원이 있었다는 점이다.

과학진흥 정책과 무제이온

알렉산더 대왕이 죽은 뒤, 그 영토는 셋으로 분할되어 각각 통치되었다. 이 중에서 가장 중요한 것은 이집트의 프톨레마이오스 왕조이다. 이 왕조의 왕들은 예술, 문학, 학문 및 과학에 대한 열렬한 후원자들이었다. 그리고 이후의 과학사에 있어서 중요한 곳은 알렉산드리아시이다. 알렉산더 대왕의 이름을 딴 이 계획도시는 기원전 332년에 나일강 하구에 건설되었는데, 곧 헬레니즘 문화의 중심지가 되었다. 알렉산더 대왕의 대정복의 결과의 하나는 그리스인과 이민족 사이의 긴밀한 지적, 문화적 접촉이 가능해졌다는 사실로서, 기원전 3세기의 몇몇 학자로부터 우리는 이러한 지적 영역의 확대를 볼 수 있다.

프톨레마이오스 1세는 국립학술원의 성격을 지닌 기관인 무제이온(Museion -museum의 어원, 인간의 모든 지적 활동을 관장하는 여신 뮤즈에서 유래)을 알렉산드리아에 세우고 학문을 장려하였다. 무제이온 설립의 첫째 이념은 지식을 보존하는 일로서 이에 맞추어 대도서관을 건립하였다. 이 도서관의 전성기에는 75만 권의 장서가 수집되어 있었다고 한다. 장서 중 오리엔트와 관계된 서적으로는 종교와 역사서가 가장 많고, 고전 그리스 서적으로는 서사시, 서정시, 희곡, 법률, 철학, 역사, 웅변술, 의학, 수학, 천문학을 위시한 자연과학 분야가 압도적이었다. 둘째 이념은 지식을 증가시키는 일로서 이런 측면에서 100여 명의 능력 있는 연구생들을 초빙하여 좋은 시설 속에서 조직적으로 학문의 연구에 전념시켰다. 연구분야로는 수학, 천문학, 의학, 문학의 분과가 있었다. 이곳에는 식물원, 동물원, 천문대, 일종의 화학실험실, 해부실, 도서관 등이 부속되어 있었다. 부대시설로는 토론 및 강의를 위한 강의실(exedra-회랑), 제단, 공동식당, 나무를 심어 놓은 산책로(peripatos), 연구생을 위한 기숙사가 있었다. 셋째 이념은 지식을 전파하는 일로서 이곳에서 연구한 연구생을 각 지방으로 보내어 지식의 보급을 꾀하였다. 이곳 출신의 학자로서는 에라토스테네스, 아폴로니오스, 히파르코스, 소시게네스, 헤로필로스, 에라시스트라토스, 프톨레마이오스, 디오판토스 등이 유명하다.

무제이온은 프톨레마이오스 왕가의 보호와 지원으로 빠른 시일 내에 국제적인 지위를 확립하였다. 국왕은 공동 신탁기금을 출자하여 자치 단체를 구성하였고 필요한 경비는 그 기금에서 지출되었다. 관리직으로는 왕이 임명한 소장 자격의 신성관이 있었고, 그 밑에는 출납관과 회계관이 있었다. 이곳의 회원들에게는 식사가 무료로 지급되고 납세 의무가 면제되었다. 회원의 선임에는 국왕의 승인

이 필요하였지만 회원인 학자들에게는 학술 연구상 고도의 자유가 인정되었다. 또한 국왕이 직접 참가한 가운데 강의나 심포지엄 형태의 학술 대회가 열리기도 하였다. 물론 궁극적으로는 "국왕 폐하에게 봉사하는 존재"이므로 연구비와 연금의 지급은 국왕 자신의 마음에 달려 있었다.

프톨레마이오스 왕 이후에도 로마의 여러 왕은 무제이온을 지원하고 학자들을 양성하였다. 프톨레마이오스 왕조의 시대에 이곳에서 규칙적인 교육이 실시되었다는 기록은 없지만, 로마 시대가 시작되자 점차 교육기관으로서의 성격이 강화되었다. 무제이온이 갖는 큰 의의는 세계 최초로 과학을 제도화하여 국가가 의식적으로 과학연구를 지원하였다는 데 있다. 이 기관은 600년간 운영되었는데, 처음 200년간은 고대세계에 형성된 지적 결정체로 독보적인 존재였다.

유클리드와 기하학

알렉산드리아 시대에 수학 분야에서 지도적인 학자는 유클리드(에우클레이데스)[35]이다. 그가 저술한 『원론』[36] 13권은 그후 다소 수정은 되었지만 줄곧 기하학의 표준이 되었다. 그는 탈레스 시대부터 2세기 반에 걸쳐서 축적된 기하학의 성과에 자신의 연구를 덧붙여 하나의 저작으로 종합하였다. 그는 지식의 체계화 과정에서 점, 선, 면, 각, 원 등의 정의로부터 시작하여, 공준, 공리에 이어서 465개의 명제를 간단한 것부터 복잡한 것까지 증명하였다. 이 책은 그리스 수학사의 총체로서, 초등평면기하학, 수론, 비례론과 상사형, 에우독소스의 입체기하학 등을 포함하고 있다. 그는 낡은 증명법을 수정하거나 새로운 방법을 제시하고, 정리와 증명의 논리적 순서를 확립하였으며, 선구자들의 연구를 단순화하고 재정리하였다. 그의 논리적인 방식은 거의 개선의 여지가 없을 만큼 완벽하였다.

이 저서는 인쇄술이 발달된 이후 1,000판 이상 출판되었고, "기하학을 배운다"는 말 대신 "유클리드를 배운다"는 말로 통용될 정도였다. 사실상 유클리드는 지금까지의 저자들 중에서 가장 성공한 사람이라고 말할 수 있다. 특히 이 저서의 완벽하고 엄밀한 증명법은 모범시되어 거의 2천 년 동안 초보적이고 기본적인 교과서로 사용되었다. 기원전에 씌어진 책이지만 오늘날에도 형식과 내용으로 보아 학교 수학교육에서 부동의 위치를 차지하고 있다.

이 저서에 대하여 아인슈타인은 "젊었을 때 이 책을 읽고 황홀해 하지 않는 사람은 이론을 탐구할 자격이 없다"라고 말하였다. 이런 점에서, 이 저서는 단순한 기하학의 저서일 뿐만 아니라 연역적 추리방법의 모범이다. 유클리드는 우주의 공간을 어떻게 해명할 것인가를 이 책에서 제시하고 있다. 즉 무한의 세계를

---

35) Euclid(Eukleidés), 활동기 B.C. 약 300
36) *Stoicheia*

기본적인 수학의 유한적 술어로 변형시켰다. 그
는 단지 도형의 미와 조화만을 추구한 학자가
아니고 기하학을 광학, 음악이나 천문학과도 결
합시켰다. 그는 아르키메데스와 나란히 알렉산
드리아 시대의 전형적인 과학자의 한 사람이다.

　　유클리드는 신비에 싸인 인물이다. 어디서
낳고, 어떻게 죽었는지 알 길이 없다. 다만 그의
인간성을 전해 주는 한 마디 일화가 남아 있다.
그가 프톨레마이오스 1세에게 기하학을 가르칠
때, 왕이 쉬운 방법이 없겠느냐고 묻자, "이 나
라에는 두 종류의 도로가 있습니다. 하나는 평
민들이 다니는 울퉁불퉁한 길이고 다른 하나는
왕족들이 다니는 편한 길입니다. 그러나 기하학
에서는 모든 사람이 같은 길을 걸어 가야합니
다. 배움에는 왕도가 없습니다"라고 잘라 말했
다고 한다. 또 실리를 찾는 학생에게 "그 학생

유클리드 『원론』. 1482년의 라틴어 초판본

에게 몇 푼 주어라, 배우는 데서 실리를 찾겠다니!"라고 말했다고 한다.

아폴로니오스와 『원추곡선론』

　　유클리드의 전통에 따라서 무제이온에서 교육을 받은 사람 중에 『원추곡선
론』[37] (1-4권까지는 그리스어의 원문으로 남아 있고, 5-8권까지는 아라비아어
역이 있었는데 8권은 분실돼 현재 7권이 남아 있다) 8권을 쓴 아폴로니오스[38]가
있다. 그는 "위대한 기하학자"로 불린다. 그의 연구는 용어의 정의나 엄밀한 논
리적인 구성 등 유클리드의 전통에 따르고 있지만, 한편으로는 유클리드가 취급
하지 않은 타원, 포물선, 쌍곡선 등 세 가지 곡선을 논하고 있다. 이 곡선들은
원추를 어떤 특별한 각도에서 자를 경우에 얻어진다. 원추곡선의 이론은 당시 실
제로 응용되지는 않았지만, 17세기 이후 케플러나 뉴튼 시대에 접어들면서, 천체
의 궤도가 원이 아니고 원추곡선이라는 사실이 알려진 때부터 이 이론이 많이
응용되었다.

　　또 원추곡선보다 더 복잡한 여러 곡선에 대해서도 논하였는데 그중에서 가
장 유명한 것은 주전원이다. 이 밖에도 삼각법을 도입함으로써 해석기하학과 미
적분학을 사용하지 않고서도 풀 수 있는 방법을 거의 완성해 놓았다. 이런 점에

37) *Conica*
38) Apollonios, B.C. 약 250~220

아르키메데스

서 아폴로니우스는 유클리드와 쌍벽을 이룬다고 할 수 있다. 이 책은 17세기 데카르트가 해석기하학을 창안하기까지 1천 년간 권위서로 군림하였다.

디오판토스[39]는 기원 250년 무렵 알렉산드리아에서 생존했다는 것 이외에 그의 생애 대부분은 불분명하다. 그리스 수학 분야에서 기하학은 훌륭했지만 대수학은 열세였는데, 이 약점을 디오판토스가 보완하였다. 그의 저서 『수론』[40]은 그리스 원문 6권이 지금 남아 있다. 이 책의 내용은 우선 기본 계산의 정의를 내리고, 이어서 제 6권까지 모두 189개의 문제가 기술되어 있다. 그는 자신이 고안한 기호를 사용하여 오늘날의 대수방정식으로 문제를 풀었다. 이 책은 후기 헬레니즘기의 대표적인 수학서로서, 후에 아랍인에 의해서 보존되었다가 16세기에 다시 라틴어로 번역되어 당시 유럽에서 시작된 대수학의 발달에 큰 영향을 미쳤다.

아르키메데스와 수리물리학

부체의 연구　아르키메데스[41]는 창조적이고 합리적인 두뇌를 가진 고대 최대의 과학자로서 2천 년 후의 뉴튼에 비교할 만한 사람이다. 그는 알렉산드리아의 유클리드 문하에서 교육을 받았는데, 당시의 관습을 따르지 않고 고향인 시라쿠사로 돌아왔다. 이것은 시라쿠사의 왕인 히에론 2세와 연고가 있었기 때문이었다. 그는 역학과 수학, 그리고 기술 분야에서 큰 업적을 남겼다. 아르키메데스의 저서는 지금 3종류 정도 남아 있는데 역학적인 저서와 수학적인 저서로 나눌 수 있다.

히에론왕이 새로 만든 금관을 감식해 달라는 부탁을 받고서 발견하였다는 "아르키메데스의 원리"에 관한 유명한 에피소드가 전해 온다. 아르키메데스는 금관이 순금인지의 여부를 알아내기 위하여 고심하던 어느날 물이 가득찬 목욕탕으로 들어갔다. 그때 넘쳐 흐른 물의 양은 물속에 잠긴 신체의 부피와 같다는

---

39) Diophantos, 250년경
40) *Arithmetica*
41) Archimedes, B.C. 약 287~약 212

생각이 번개같이 스쳐갔다. 만일 왕관을 물속에 담그면 왕관의 부피만큼 물이 넘칠 것이다. 왕관과 같은 무게의 금덩이와 비교해서 넘친 물의 부피가 같으면 왕관은 순금일 것이고 은이 섞였다면 은은 금보다 가벼우므로 더 많은 양의 물이 넘칠 것이다. 이 원리의 발견으로 몹시 흥분한 아르키메데스는 벌거벗은 채 "유레카, 유레카"(Eureka-발견했다)라고 외치며 거리를 질주하였다고 한다. 이 실험으로 왕관에 은을 섞어 넣었다는 사실이 밝혀졌다. 그의 발견을 이론화해 보면, 액체 중에 잠긴 물체는 그것이 밀어낸 액체의 무게만큼 가벼워진다는 "부력의 원리"이다. 스트라톤은 이미 이 원리를 이용하고 있었지만 수학적으로 상세히 해명한 것은 아르키메데스였다.

지레와 중심(重心)　　아르키메데스는 지레의 발견자로서도 알려져 있다. 지렛대의 받침점을 지점(支点)이라 하는데, 그는 지점의 양쪽에 무게가 다른 추를 놓았을 때 지레가 평형을 유지하기 위해서는 어떤 조건이 필요한가를 해명하였다. 그는 무게와 거리가 반비례한다는 사실을 발견하였다. 이 원리는 정역학에 있어서 가장 중요한 원리로서 중심(重心)이라는 개념을 형성하였다. 이처럼 거리와 무게의 정량적인 측정을 기초로 했다는 점에서, 그는 당시 사람보다 2천년 앞서 있었다(1544년 라틴어로 번역된 그의 저서를 읽은 스테빈과 갈릴레오가 같은 원리를 이용하여 다시 실험하였다).

　이 원리를 이용하면 작은 힘으로 무거운 물체를 들어올릴 수 있다. 예로서 큰 돌을 들어 올리기 위해서는 이 돌을 지레의 지점에 가까운 곳에 놓고 지점에서 멀리 떨어진 곳에서 힘을 가하면 무거운 돌이 쉽게 들린다. 아르키메데스는 "나에게 디딤판과 지렛대를 달라. 그러면 지구라도 움직여 보이겠다"라고 선언하였다. 이 소문을 들은 히에론왕은 지구 대신 큰 물건을 움직여 보라고 명령을 내렸다. 그는 이 원리대로 복활차를 만들고 화물을 가득 실은 배를 항구에서 해안까지 끌어내었다. 또 그는 "아르키메데스의 나사"라는 양수기를 발명하였는데, 이집트에서는 지금도 물을 퍼올리는 데 이것을 사용한다.

π의 연구　　아르키메데스는 수학분야에서 π값(원의 둘레와 지름의 비)을 계산하여, 71/223과 70/223 사이의 값으로 구하였는데 당시로서는 가장 정확한 값이었다. 이것은 원에 내접하고 외접하는 96각형을 사용하여 구하였는데, 다각형의 변이 많으면 많을수록 원에 가까워진다는 원리를 이용하였다. 특히 포물선의 활모양의 조각이나 나선의 구적법 등도 이것을 이용하여 발견하였다. 그의 저서 『방법』[42]에 의해서, 그가 수학적 해명을 하기 이전에 물리적 방법으로 해명한 사실이 알려졌다. 이 계산 방법은 훨씬 후에 미적분법에 이용된 방법과 매우 비

---

42) *Ephodion*

숫한 것으로, 만일 수학적인 기호 체계를 갖추었더라면 미적분법은 뉴튼의 출현을 기다릴 필요도 없이 2천 년 전에 발견되었을 것이다. 또 우주를 모래로 가득 채우려면 얼마만큼의 모래가 필요한가를 계산한 논문은 유명하다. 이것은 유한의 것은 무한이 아니라는 이론을 강조하기 위한 것으로, 이 계산 중 큰 숫자를 나타내기 위해서 오늘날의 지수의 개념에 거의 가까운 계산방식을 사용하였다.

아르키메데스는 플라톤적인 수학을 극복하고 계량적인 요소를 대담하게 도입하여 수학의 실제적 응용을 고려하였다. 그는 고대 노예제 사회에서는 보기 드문 실험가로서, 40여 가지의 기기를 발명함으로써 이론과 실제의 결합이라는 독창적인 업적을 이루었다. 특히 그의 수력학과 기계학은 초기 그리스 철학자의 학풍을 벗어나 경험에서 얻은 실제적 기술에 바탕을 두고 있다.

군사기술　　당시 지중해의 패권을 둘러싸고 로마와 카르타고는 전쟁을 하고 있었다. 카르타고의 편을 들고 있던 시라쿠사는 로마의 장군 마르케루스가 이끄는 함대의 침공을 받았다. 이후 3년간에 걸친 싸움에서 아르키메데스는 갖가지 기묘한 무기를 발명하여 로마군에 대항하였다. 전설에 의하면 거대한 오목거울인 "태우는 거울"로 로마 함대에 불을 지르거나, 커다란 기중기로 배를 들어올려 전복시키고, 투석기를 사용하여 로마군이 성벽에 접근하는 것을 막았다고 한다. 그러나 역부족으로 마침내 성은 함락되고 말았다.

로마 병사의 약탈이 진행되는 동안 아르키메데스는 모래판에 도형을 그리며 연구에 몰두하고 있었다. 이때 로마 병사의 그림자가 비치자 "여보게 제발, 죽기 전에 이 원을 마저 완성시키게 해주게"라고 말하였으나 그 병사는 들은 체도 하지 않고 긴 칼로 그를 찔렀다. 점잖은 노과학자는 땅위에 쓰러져 숨을 거두면서 낮은 목소리로 마지막 말을 이어갔다. "아, 할 수 없구면. 내 몸은 그대들이 가져가겠지만, 내 마음만은 내가 가져가겠소……."

아르키메데스의 재능을 높이산 로마의 사령관은 "어느 누구도 감히 아르키메데스에게 손을 대지 말아라. 그 분을 개인적으로 우리의 손님으로 모실 것이다."라고 명령했다고 한다. 이 명령이 병사들에게 잘 하달되지 않은 탓에 이런 일이 일어났다. 마르케루스는 아르키메데스의 죽음을 애석해 하며 정중히 장례를 치러 주었고, 그의 가족들을 잘 돌보라고 지시하였다고 한다. 이것은 계급사회에서 국가와 과학기술의 관계를 짐작할 수 있는 하나의 예이다. 그가 죽은 후 약 150년이 지난 기원전 75년에 로마의 정치가인 키케로가 시라쿠사에서 폐허가 된 아르키메데스의 무덤을 발견하였다. 그의 묘비에는 "구체의 부피는 그것에 외접하는 원주의 2/3이다"라는 묘비명과 함께 도형이 새겨져 있었다.

히파르코스와 관측천문학

헬레니즘 시대에 수학자인 아르키메데스에 비할 만한 사람은 천문학자 히파르코스[43]이다. 그의 연구는 그리스의 이론천문학에서 한걸음 나아간 관측천문학으로서 혁명적인 코페르니쿠스의 천문학에 버금가는 업적이었다. 그는 바빌로니아에서 수집한 천문관측 자료를 바탕으로 로도스 섬에 관측소를 세우고 여러 장치를 창안하여 1,080개의 별을 관찰하였다. 그는 별의 위치를 위도와 경도로 표시하고 항성표를 작성하였다. 로마의 항성표에 실려 있는 1,022개의 항성중 850개는 그가 발견한 별들이다. 특히 그는 별을 밝기에 따라서 분류하였다. 가장 밝은 별을 1등별로 정하고 밝기가 흐려짐에 따라 2, 3, 4, 5등성, 육안으로 겨우 보이는 별을 6등성으로 정하였다. 이 분류법은 지금도 일부 사용되고 있다.

히파르코스는 많은 다른 과학자처럼 지구중심설을 지지하였고, 행성의 운행에 관해서는 이심원설을 주장하였다. 이심원설에는 고정된 이심원(離心圓)과 움직이는 이심원 두 종류가 있는데, 후자는 기하학적으로 주전원설과 같다. 그는 천동설을 고수하였지만 주전원과 이심원을 사용하여 관측된 현상과 모델의 일치에 합리적인 해석을 꾀하였다. 그리스 천문학이 단순히 기하학적 모델로 현상을 설명한 데 반하여 그는 천문학을 양적으로 취급하는 정밀과학으로 전환시켰다. 그는 하늘에 관해 신비적이고, 미신적인 생각은 결코 하지 않았다. 또 천문계산에 삼각법을 체계적으로 사용하였다.

히파르코스의 발견 중에서 가장 중요한 것은 옛날의 천문관측 기록을 조사하고 천체의 변화를 확인함으로써 춘분점과 추분점이 조금씩 이동하는 세차(歲差)운동이다. 이것은 지구의 지축이 기울어져 있기 때문에 일어나는 현상이다. 물론 이 운동의 주기(26,000년)는 알지 못했지만 항성년과 회귀년의 길이가 같지 않다는 것은 알고 있었다. 그는 회귀년의 길이를 365일 5시간 49분으로 잡았는데 이것을 현대의 값과 비교한다면 불과 12초가 길 뿐이다. 또 춘분점, 하지점, 추분점, 동지점을 관측에 의하여 결정하였다. 이에 따르면 태양이 춘분점에서 출발하여 동지점에 이르는 데 94.5일이 걸리고 하지점에서 추분점까지는 92.5일을 요한다. 그리고 태양은 187일간 적도 북쪽에 있고 나머지 178일간은 남쪽에 있다고 하였다. 또 그는 지구로부터 달까지의 거리를 측정하여 지구 지름의 30배라는 옳은 값을 산출해 내었다.

헤로필로스와 해부학

알렉산드리아 시대 초기에 물리학과 마찬가지로 생물학도 정점에 이르렀다.

43) Hipparchos, B.C. 약 190~120

그것은 프톨레마이오스 왕조가 인체의 해부를 허가하였기 때문이다. 더욱이 당시 그리스가 그리스도교 개교 이전이었으므로 인체해부에 대하여 심하게 반대하지 않은 데다가, 플라톤적 견해에 따르면 혼에 비하여 인간의 육체 자체는 그다지 중요하지 않았기 때문이다. 시체는 단지 고기덩이에 불과하며 이를 자르는 것은 신을 노엽게 하는 것이 아니라고 생각하였다. 단지 이집트 사람에게는 인체해부가 매우 불경한 행위였다. 수세기 후 그리스도교 초기의 교부들은 살아 있는 생물의 생체 해부가 신앙심이 없는 잔혹 행위의 견본이라고 질타하였지만, 이것은 과장된 표현으로 고의로 생체 해부를 하는 일은 없었다.

헤로필로스[44]는 무제이온에서 공부한 해부학자로서 공공연히 해부를 한 최초의 사람이다. 그는 인체조직과 동물조직의 비교연구에 열중하였다. 이 과정에서 많은 해부기구를 창안하였다. 그가 흥미를 가진 것은 뇌와 신경계의 관계인데, 신경을 지각신경과 운동신경으로 분류하고 지각신경은 뇌에 있다고 하였다. 또 그는 동맥과 정맥을 구별하는 등 해부학적, 생리학적 사실을 발견하였다. 동맥은 혈액을 운반하고 정맥과는 달리 맥을 뛰게 한다고 하였으나, 심장의 고동과는 연결시키지 못하였다.

헤로필로스는 신장과 비장에 관해서도 기록하고, 눈의 망막을 발견하였으며, 장에서 간장으로 연결되는 유마관을 발견하였다. 그는 인체의 여러 기관에 이름을 붙였다. "12지장", "제4뇌실 후각", "헤로필로스 제압기"라고 명명한 것도 헤로필로스이다. 또한 생식기를 연구하여 난소에서 자궁으로 연결되는 관을 관찰하여 기록하고 전립선을 발견하여 이를 명명하였다. 하지만 그는 히포크라테스의 4체액설을 부정하였다.

헤로필로스의 연구는 그의 제자 에라시스트라토스[45]에게 인계되었다. 그는 헤로필로스에게서 영향을 받았지만 주로 생리학의 연구에 힘을 쏟았다. 특히 대뇌와 소뇌, 척추의 지각신경과 운동신경을 구별하고 동물과 비교하여 인간의 뇌가 복잡한 것을 관찰하였다. 그는 신경이 동맥이나 정맥과 연결된 것에 주의를 기울이고 신체의 각 기관을 부양하고 있는 것은 신경, 동맥, 정맥 등 3개관이 운반하는 세 가지 액체라고 상상하였다. 그는 당시의 일반적 생각과 마찬가지로 신경은 가운데가 텅빈 것으로 신경액을 운반한다고 생각하였다. 동맥은 동물액을, 정맥은 혈액을 운반한다고 함으로써 동맥이 혈액의 통로라는 설을 부정하였다. 그런데 공기는 폐에서 심장으로 들어와 동물액으로 변하여 동맥에 의해 운반된다고 주장하였다. 그는 데모크리토스의 원자론을 받아들여 모든 신체기능은 기계적인 것이라 믿었다. 예를 들면 소화는 위가 음식물을 마찰시키는 것이라 하였다.

44) Herophilos, 활동기간 B.C. 300~250
45) Erasistratos, B.C. 약 304~약 250

특히 이후의 사상에 영향을 미친 것으로는 그의 프네우마(pneuma) 설이다. 그에 의하면 공기, 즉 프네우마는 폐로부터 심장으로 들어가 혈액과 섞여 생명정기로 변하고, 다시 동맥에 의해서 뇌로 운반되면 정신정기로 변한다. 인간의 정신을 세계의 정신의 일부로 생각한 그의 사상은 스토아 철학에 생리학적 기반을 제공하였다.

조시모스와 연금술

1세기 무렵의 증류기

화학과 관련된 특기할 만한 것은 연금술이다. 연금술이란 적당한 조작으로 천하고 값싼 금속을 귀금속으로 만들려는 사상에서 유래한 물질변화에 대한 연구이다. 연금술에 관한 최초의 기록은 기원전 3세기에 나타났다. 연금술은 알렉산드리아 시대에 가장 흥성하였는데 처음에는 모조 장식품의 제조에서 시작되었다. 다시 말해서 귀금속 대신 값싼 금속을 착색하거나 합금을 만들어 비싼 귀금속처럼 보이게 하는 방법을 모색하는 데에서 연금술이 시작되었다.

알렉산드리아의 연금술사들은 금을 만들기 위하여 여러 가지 장치를 고안하고 시약을 제조였다. 예로서 달걀을 증류하여 황을 포함한 증류물질을 얻어 이것을 황색화에 이용하였다. 또 놀랄 만큼 기묘한 노(爐), 중탕냄비, 비커, 여과기 등 지금도 사용되고 있는 화학실험기구를 발명하였다. 특히 증류기는 이 시대에 발명된 것으로 몇 세기에 걸쳐서 연금술의 조작에 이용되었다.

이집트나 그리스에서 실시된 연금술에 관한 저작은 거의 남아 있지 않다. 그러나 연금술 전반에 걸쳐 조시모스[46]가 요약한 지식이 300편 정리되어 28권의 백과전서로 남아 있다. 그중에는 가열, 용해, 여과, 증류, 승화 등에 관한 지식이 기술되어 있는데, 대부분 금속전환에 대한 신비로 가득 차 있다. 그 까닭은 연금술이 종교와 밀접한 관계가 있으므로 승려들이 관여하여 다른 사람들이 알 수 없도록 전문용어를 사용하여 토론하는 습관이 있었기 때문이다.

조시모스는 물질이 원소로 구성되어 있으며 상호전환한다는 그리스의 이론을 바탕으로 납과 같은 천한 금속으로 금을 만들려고 하였다. 그는 금, 은, 구리, 납 등의 금속을 인격화하고, 금속전환을 생명의 탄생, 죽음, 부활 혹은 혼의 정화로 묘사하였다. 그리고 작은 그릇 안에서 일어나는 화학상의 변화를 외계의 커다란 우주의 변화에 대응시켰다. 이러한 신비주의적 상징주의는 그의 저작을 난해하게 만들었다. 하지만 그 기술형식에는 이미 후의 연금술 사상의 기본적 방향

---

46) Zosimos, 활동기 약 30

이 나타나 있다.

에라토스테네스와 최초의 세계지도

에라토스테네스[47]는 아르키메데스와 같은 시대에 아테네의 아카데미와 뤼케이온에서 수학과 자연학을 배웠다. 그후 기원전 244년 무렵 그는 프톨레마이오스 3세의 초청을 받아 알렉산드리아로 와서 무제이온의 소장이 되었다. 그의 유명한 연구로는 지구둘레의 길이의 측정이 있다. 하지 정오에 이집트의 남쪽 시에네(지금의 애스완)에서 태양이 천정에 이르는데, 시에네보다 북쪽에 있는 알렉산드리아시에서는 태양이 천정에서 기울어지는 사실을 관측하였다. 이 차이는 지구의 표면이 둥글기 때문일 것으로 추측하였다. 이 기울어지는 각도는 시에네와 알렉산드리아 사이의 원호에 대응하는 지구의 중심각과 같으므로, 두 도시 사이의 거리 5,000스타디움(약 820km, 1스타디움은 약 178m이다)과 원호가 이루는 각도로부터 지구의 둘레를 계산하여 25,000스타디움이라는 값을 얻었다. 이 길이를 현재의 단위로 환산하면 44,500km인데 이것은 실제 길이 40,000km와 비교하면 10% 이내 오차이다. 관측기구와 방법이 불충분했던 시대라는 점을 감안하면 매우 훌륭한 결과이다.

에라토스테네스는 자신의 실제 조사와 전해 오는 기록을 합하여 유치하기는 하지만 세계 최초로 세계지도를 작성하였다. 이것은 종래의 공상적인 지도와는 달리 지중해 연안 여러 나라 사이의 무역활동에 따른 지리학적인 지식에 힘입은 정확한 지도였다. 그는 대서양과 인도양이 연결되어 있고 아프리카는 섬이며, 아프리카의 남단을 우회하면 스페인에서 인도까지 항해할 수 있다고 하였다. 또 지구를 두 개의 극과 하나의 적도로 구분하고 경위도선을 그어 한대와 온대, 열대 지방으로 나누었다. 지도상에 장소의 위치를 정확하게 나타내기 위하여 경도와 위도에 상당하는 평행선을 고안한 점은 그의 최대의 업적이다. 이 지도에는 지구 상에 인간이 살고 있는 지역을 평면화하여 그렸는데, 지구의 최북단(북극권)과 최남단 사이의 거리는 약 38,000스타디움, 서쪽과 동쪽 끝의 거리는 78,000스타디움으로 추산하였다. 또한 그는 자연적 지리학의 기초가 되는 물, 불, 화산활동에 의한 대륙과 토지의 형성작용을 논하였고, 여러 나라의 자연환경을 각각 기술하였다. 이처럼 그는 항상 이론과 실제의 결합을 고려하면서 연구하였다.

---

47) Eratosthenes, B.C. 약 276~약 196

6. 로마의 과학

기술편중주의 정책 – 기술의 시녀로서의 과학

로마제국(B. C. 약 500~A. D. 400년 무렵)은 이탈리아를 근거지로 발전한 국가이다. 그 기원은 기원전 8세기로 거슬러 올라가지만, 로마가 국가로서 통일되어 공화국으로 전환된 것은 기원전 6세기 말기였다. 이후 수백 년 동안 로마는 군사국가로서 많은 전쟁을 치르면서, 전유럽은 물론 주변의 아시아와 아프리카의 일부도 속국으로 삼았다. 로마는 그리스를 정복하였으나 과학에 관한 한 그리스인의 학생에 불과하였다. 그것도 재능이 썩 좋지 않은 학생이었다. 더욱이 수학을 위시해서 천문학, 물리학 등의 순수과학 분야에서는 거의 발전이 없었다.

로마의 원로원은 상업에 종사하는 것을 금지하였으므로 상인들은 농지 소유자가 되기를 간절히 바랐다. 그러므로 로마인에게는 무엇보다도 상업여행자가 갖는 계량적, 공간적인 사고가 결여되어 있었으며, 수학이 그들의 최대의 약점이었다. 또 로마인은 원래 보수적인 농민으로서 새로운 지식의 획득이나 연구에 대한 의욕이 그리스인만큼 강하지 못하였다.

로마는 알렉산드리아의 과학과 기술 문명을 이어받았지만 실용적인 면만을 받아들였고, 자연과학에서 배양된 탐구정신과 방법은 부수적인 문제로 취급하였다. 그들은 현실적이고 구체적인 것, 실용적이 아닌 것에는 관심조차 갖지 않았다. 반면에 국가 통치의 수단으로서의 응용과학이나 기술은 대규모로 발전시켰지만, 이것의 기초가 되는 이론의 연구가 빈약하였으므로 그 발전은 획기적인 것이 되지 못하였다.

이처럼 로마는 지나치게 실용적인 나머지 자연법칙의 탐구는 그들의 목표가 아니었고, 자연을 어떻게 이용하는 것인가가 목표였다. 따라서 이 시기의 과학서적은 체계화가 빈약한 나열식의 기술과 실용과학에 관한 것이 대부분이었다. 그 예로서 프론티누스[48]의 『로마시의 수도에 관하여』[49]를 들 수 있다. 이것은 로마시의 수도 사업에 관한 것으로 수도꼭지의 규격과 물의 유출량의 관계, 유동적인 물의 사용량의 교묘한 배분법, 수도관의 종류, 수질검사 등이 기술되어 있다. 또 카토[50]의 『농업에 관하여』[51]는 로마의 낡은 전통적 지식을 모은 것으로 과학성은 떨어지지만 농업, 의학을 연구하는 데 중요한 사료로서, 로마 사람의 과학관,

48) Sextus Julius Frontinus, 약 40~약 103
49) *De aquis urbis Romae*
50) Cato, B.C. 234~149
51) *De Agricultura*

과학지식에 대한 기본적 태도를 보여주고 있다. 그의 방법은 그후 백과사전적 저술가들에게 계승되었고, 로마 과학의 방향을 결정하는 데 중요한 역할을 하였다. 카토는 로마 공화정의 대표적인 정치가인데, 반그리스주의자로서 그리스 문화의 로마 침투를 반대하고, 로마 전통을 지키려는 보수주의자였다.

바로[52]도 『농업론』[53]을 위시해서 수백 권의 방대한 저술을 하였지만 자신이 관찰이나 실험을 하지 않고 앞 세대의 여러 저서에서 비판 없이 인용하였다. 이것은 독창성을 무시하고 박학다식을 과시하려는 로마인의 성격과 통한다. 결국 로마인들은 그리스인이 과학에서 이룩해 놓은 자연의 법칙성을 배우는 데 실패하였고, 그리스 과학의 방법을 익히지 못하였다. 로마의 철학자이며 정치가인 키케로[54]는 "그리스 수학자는 순수기하학 분야에서 뛰어났는데 우리들은 단지 계산과 측량이라는 한정된 작업에만 종사하고 있다"고 비판할 정도였다.

4세기 무렵 콘스탄틴 대제는 "우리는 기술자를 가장 많이 필요로 한다. 만약 기술자가 부족하거든 기술의 기초과목을 이수한 18세의 청년을 초청하여 기술을 가르쳐라"고 명령한 일이 있는데, 이것은 로마의 기술 편중주의 정책의 예가 된다. 사실 기술자 출신의 집안이나 우수한 교사, 두각을 나타낸 기술자에 대해서는 면세의 특혜가 베풀어졌다.

로마는 군사적 정복과 약탈이 국가경제의 기틀이 되었다. 전쟁에서 획득한 노예가 생산을 전담하는 노예제 사회였다. 노예들은 극도로 착취당했고 이따금 일어나는 노예의 반란은 무자비하게 진압되었다. 이로써 사회 유지의 바탕인 생산력이 소모되고, 사회 내부에서는 권력을 둘러싼 암투가 극심하였으므로 사회가 동요되어 문화활동은 더욱 위축되어 버렸다. 따라서 로마인은 과학 분야에서 발전적인 성과를 이루지 못하고 당시까지의 기술을 활용하고 조직화하는 데 그치고 말았다.

더구나 당시에 유행했던 신플라톤주의는 물질적인 측면을 경시하였고 반경험적 태도를 강조함으로써 로마인들에게서 과학의 번영을 기대할 수 없었다. 과학사가 싱거는 "알렉산드리아의 사상과 접촉에서 자극을 받았음에도 불구하고 로마는 창조적 과학자들을 배출하지 못하였다. …… 그리스인이 일반적으로 알고 있던 이론을 로마의 지식층은 거의 이해하지 못하였다"고 지적하였다.

비트루비우스와 건축공학

비트루비우스[55]는 저서 『건축』[56] 10권을 남겼다. 이 책은 건축술을 위시하

---

52) Marcus Terentinus Varro, B.C. 116~27
53) *De re rustica*
54) Marcus Tullius Cicero, B.C. 106~43
55) Pollio Marcus Vitruvius, 활동기 B.C. 26~75
56) *De architectura libridecem*

여 토목기술, 축성술, 무기와 기계기술 등도 기술되어 있다. 더욱이 이들 기술의 기초가 되는 원리적인 지식도 다루고 있는 이른바 건축공학전서이다. 이 책의 핵심을 이루고 있는 것은 신전의 조형적 구성, 극장, 욕탕 등 공공건물에 관한 기술이다. 이어서 건물의 강도, 내구성에 관한 공학적 사항으로 석재와 목재의 성질 및 채취방법, 연와나 콘크리트를 만드는 방법과 사용방법 등도 기술되어 있다. 그러므로 이 저서는 로마의 건축관을 보

로마의 수로교

여주는 것으로 건축사에 있어서 귀중한 가치를 지니고 있다. 이 책은 수세기 동안 건축학의 교과서로, 또 실무자의 지침서로 사용되었다. 물론 이론적인 부문이나 역사적인 부문은 그리스의 저서에서 인용되었지만, 실제적 부문은 다년간에 걸친 작업상의 경험에서 나왔다.

중세 사회가 전쟁과 흑사병으로 쇠퇴하고, 북이탈리아에서 르네상스 문화가 싹틀 무렵인 15세기 초기(1414년), 이 책은 스위스의 어느 수도원에서 낡은 사본으로 발견되었다. 유럽 건축사에서 이 책의 의의는 로마에 남아 있는 고대로마의 건축 유적과 함께 고전건축 부흥의 강력한 규범 혹은 동력원으로 된 점이다. 르네상스 전성기 및 후기의 건축가들은 비트루비우스가 기술한 건축양식과 장식, 각 부위를 상세하게 연구하고 실제로 응용하였다. 이 저서가 흔히 응용되는 한 가지 이유는, 비트루비우스가 첫권에서 건축의 3원칙으로서 강도(firmitas), 편리함(utilitas), 아름다움(venustas)을 들고 있기 때문이다. 따라서 이 저서가 건축형태론임과 동시에 건축기술론인 것이 분명하다.

로마의 토목, 건축기술 중 도로의 건설 기술은 뛰어났다. 유명한 아피아 가로는 기원전 312년에 로마로부터 카프아까지 총연장 360km에 이르는 군사용으로 건설되었다. 그후 로마를 중심으로 한 포장 도로망은 29만km에 이르렀고, 그중 8.6km는 폭 24m의 간선도로였다. 그리고 도로 곳곳마다 숙소와 막사, 그곳을 연결하는 여러 개의 중계소, 완벽한 이정표가 설치되었다. 이것이 로마의 길로서 이 길을 통한 정치적 통치와 군부대의 신속한 이동, 이것이 "로마의 평화"(Pax Romana)를 달성하였다. 특히 도로의 건설에서는 토목, 건축 기술이 필수인데, 특히 터널, 교량의 건설, 도로포장 기술아 뛰어났다. 건축 기술과 관련되어 특기할 만한 것은 측량기술의 발달이다. 측량시에는 수평기와 일정한 기호도 사용하였다.

로마는 기원전 312년 무렵부터 상하수도 시설을 갖추었는데, 하루에 10만m³

의 물을 공급하는 로마수로는 9개로서 그 총연장이 400km였다. 특히 16.5km에 이르는 석조 수로는 건설한 사람의 이름을 따서 "아피아 수로"라고 불렀다. 로마의 유명한 하수도는 기원전 615년에 축조된 것으로 19세기 말엽까지 사용되었다.

한편 건축물로서 대경기장은 25만 명을, 원형극장은 주위가 1/4마일로서 4만 5천 명을 수용할 수 있을 정도였다. 9m의 천장창이 있는 판테온 신전은 더욱 유명하다. 특히 로마 시대에 거대한 공공건물과 기념물을 아치형으로 건설하였다는 것도 건축상 상당한 진전이다. 건축 자재로는 주로 대리석을 사용하고 구조재로서는 벽돌을 사용하였으며, 모래를 섞은 콘크리트를 처음으로 사용하였다. 큰 돌이나 무거운 물체를 쌓아올릴 때는 활차를 부착한 기중기를 사용하였다.

비트루비우스는 기원전 1세기 무렵 종래의 수평형 수차를 노동력을 절감할 수 있는 수직형 수차로 개량하였다. 이 수차를 이용한 대제분소의 밀가루 생산량은 1일 10시간 가동시 2.4~3.5톤이었다. 그러나 당시 로마 제정 초기는 노예 노동력이 풍부한 시기라서 동력원으로 널리 보급되지 않았다. 이외에 실용 기계중에는 지금도 "로마천칭"이라 불리는 저울과 노정계를 실용화했는데, 이것은 로마의 독창적인 발명품이다. 군사기술로서 돌멩이를 발사하는 투석기를 개량하고, 대형화살을 발사할 수 있는 기계도 고안하였다. 또 군용배인 갤리선을 만들었다. 돛에 의존하지 않고 노예와 죄수들을 동원하여 노를 저어서 자유로이 움직이는 이 배는 500~1000톤에 이르렀다. 또한 조선기술의 수준이 높았으므로 지중해에는 로마 해군에 대항할 어떤 국가도 없었다.

토목, 건축 분야의 업적은 숙련공의 기술에 의한 것이므로 이론과 실제를 공부한 기술자의 존재를 전제로 한다. 그러나 기술자를 양성하는 학교가 없었다. 따라서 이 분야에 종사할 사람은 어릴 적부터 전문가의 제자로 들어가 공학의 예비교육인 수학, 광학, 천문학, 역사, 법률학 등의 일정한 수업을 마친 다음 소정의 시험에 합격하여야만 하였다.

고대천문학의 완성

천문학자 프톨레마이오스(톨레미)[57]가 남긴 중요한 저서로는 후에 『위대한 수학책』[58]이라 불려진 13권의 천문학책이 있다(이 책을 후세 사람들은 메가레 마테마티크 신타키스—위대한 수학책—라 불렀고, 때로는 메가레 대신 메기스테 —가장 위대한—라고 과장하여 불렀다. 로마 제국의 멸망 후에 아랍인에 의해서 보존되었기 때문에 "가장 위대한"이라는 그리스어는 그대로 두고 아랍의 정관사

57) Ptolemaios(Tolemy), 활동기간 127~151
58) *Almagest*

알(Al)을 붙여서 알마게스트—Almagest—라 부르게 되었다). 1175년 이 책의 아랍어판이 다시 라틴어로 번역되어 유럽으로 역수입된 이후 유럽의 절대적인 천문학 저서로 널리 사용하였다. 그는 이 저서 때문에, 천문학에서 고대 천동설의 완성자라는 지위를 점유하고, 17세기에 이르기까지 천문학의 권위자로서의 지배력을 지속하였다.

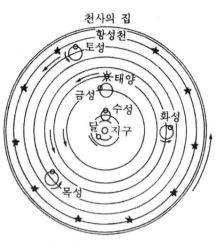

프톨레마이오스의 천동설의 우주 모델
(주전원설)

프톨레마이오스는 이 저서에서 당시 알려져 있던 5개의 행성의 불규칙 운동인 순행, 정지, 역행과 행성의 광도 변화를 설명할 수 있는 이론을 제시하였다. 그는 아리스타르코스의 태양중심설을 알고 있었지만, 몇 가지 이유에서 이 설을 부정하고 지구중심설을 지지하였다. 그러나 관측 결과와 자신의 설을 일치시키기 위하여 에우독소스나 아리스토텔레스의 동심천구설을 포기하고, 아폴로니오스가 고안하고 히파르코스가 발전시킨 주전원(epikyklos)과 이심원(ekkentros)을 채용하였다.

프톨레마이오스의 천문 체계에서 지구는 부동이며 우주의 중심으로부터 다소 떨어진 곳에 위치한다. 각 천체는 지구를 중심으로 달, 수성, 금성, 태양, 화성, 목성, 토성, 항성의 순서로 나열되어 있다. 행성은 우주의 기하학적 중심에서 그린 원(이심원) 위의 점을 중심으로 작은 원(주전원)의 위를 운행한다. 주전원과 이심원의 채용은 플라톤류의 천체 원운동론에 대한 고수와 관측된 결과의 타협의 소산으로, 아리스토텔레스의 천문학 사상의 핵심인 천구의 구형사상과 천구의 원운동 사상을 그대로 답습하고 있다.

프톨레마이오스는 이 저서에서 오로지 각각의 천체의 운행을 수학적으로 설명하는 이른바 수리천문학에 비중을 두었으므로, 우주의 전체상이나 물리학적 설명은 거의 찾아볼 수 없다. 다만 히파르코스의 관측 자료를 수집, 정리하여 1,022개의 항성의 위치와 광도를 표시한 항성표(톨레미 별표)는 지금도 귀중한 연구 자료로 쓰이고 있다.

프톨레마이오스는 지리학적 업적도 적지 않아서 150년경 『지리학 입문』[59]을 저술하였다. 이 저서는 과거의 자료와 여행자의 보고를 기초로 하고 있으므로 측정이 부정확하고 지구의 둘레를 짧게 계산하는 등 오류도 포함되어 있지만, 중세 말기까지 지리학 분야에서 확고한 위치를 차지하였다. 그는 경도와 위도를 수학적 방법으로 결정하려고 노력하였고, 위도를 정확히 측정하여 당시 알려진 세계

---

59) *Geōgraphikē hyphēgesis*

의 8천여 지점을 경위도상에 기입하였다. 특히 도읍, 하구, 산악 등의 이름난 장소를 표시하였고, 지구를 평면으로 나타내는 투영법을 응용하여 사용하였다. 그의 저서 중에서 마리노스의 저서에서 크게 도움을 받았다는 언급이 있다. 마리노스의 이 저서는 없어졌지만 수리지리학의 원리와 지도 표기의 투영도법, 나라별 장소의 표, 각 지역의 경위도, 국경이 기술되어 있었다고 한다. 그가 지리학서를 집필한 동기는 다분히 지리학을 천문학 연구에 부수적인 학문으로 보고 지리학에도 과학성을 부여하기 위한 것이었다, 지리학에서의 그의 업적은 지구의 구면을 평면으로 옮기는 투영도법의 개발이다.

스트라본과 지리학

로마의 지리학자 스트라본[60]은 어느 지리학자에게도 지지 않을 만큼 넓은 지역을 여행하였다고 자랑하였는데, 그는 에라토스테네스의 방법에 따라서 『지리학』[61] 17권을 저술하였다. 하지만 수학적 능력이 에라토스테네스보다 뒤져서 구면을 평면으로 환산하는 방법이 정확하지 않다. 그는 하천이 경작지를 형성하는 것을 논하기도 하였고, 현실의 세계가 지구상에서 점유하고 있는 면적은 매우 작으며 미지의 대륙이 있다고 주장하였다. 그의 서술 방법이나 세계 파악의 방법 등은 이론적으로도 흥미있다. 아시아에 관한 기술은 우리들에게 귀중한 자료이며, 특히 대지의 침식, 상승과 하강, 지진과 화산의 언급 등은 마치 지리학의 백과사전과도 같다.

이 저서는 정치적, 군사적인 목적으로 씌어졌기 때문에 수리지리학적인 면은 부족하나, 각 지역의 물리적인 상황과 주민, 역사, 고고학 분야의 기술이 상세하여 매우 실용적이다. 그렇지만 독창성이 뒤떨어진다는 점에서 로마인이 선호하던 교양서의 색채가 짙다. 이 저서는 지리학적 가치를 지니고 있을 뿐 아니라, 고대사 연구에도 매우 귀중한 사료이다.

이 시대에는 무엇보다 교통기관과 보도기관이 잘 정비되어 학자들이 먼 길을 여행하면서 광범위하게 실제 조사를 할 수 있었다. 특히 알렉산더 대왕의 정복 사업으로 동방 아시아에 대한 인식이 깊어졌을 뿐만 아니라, 이 전쟁을 통하여 수집된 자료에 의해서 아프리카 깊숙한 곳까지 답사가 이루어졌다. 당시 탐험가들의 지리적 한계는 북쪽으로는 브리타니카, 남쪽으로는 이디오피아였다.

로마 시대에 광대한 영토를 측량하여 지도를 제작하는 일은 군사적으로나, 행정적으로 필연적이었다. 시저는 전 로마제국의 측량을 계획하였고, 장군 아그리파[62]의 지휘 아래 30년 가까운 세월을 바쳐서 세계지도를 완성하였다. 이 지

---

60) Strabon, B.C. 약 63~A.D. 19
61) *Geographia*
62) Agripa, B.C. 62~12

도는 지리학보다는 전략 목적이 우선한 것으로, 정확한 위치를 나타낸 지도가 아니고 길 찾기용 지도였다.

메라[63]는 로마 대중을 위한 평이한 지리학 소책자를 저술하였다. 이 책은 라틴어로 씌어진 유일한 지리학 저서인데 13세기 후반부터 시작되는 탐험 시대까지 읽혀졌다. 그는 지구를 다섯 지대로 나누었는데 이 분할은 지금도 사용되고 있다. 북부의 한대와 온대, 열대, 남부의 온대와 한대가 그것으로 사람이 살고 있는 곳은 온대뿐이라 하였다. 당시 알려진 세계는 북부의 온대 지역으로 남부 온대 지역에도 똑같은 세계가 존재할 것이라고 하였다.

플리니우스와 박물학

자연에 관한 지식을 체계적으로 집대성한 사람은 플리니우스[64]이다. 그는 자연에 관한 백과사전인 『자연의 역사』[65] 37권을 저술하였다. 이 책은 농업기술을 중심으로 한 저서인데 로마 출신의 저자 146명과 그리스 출신 326명이 쓴 2천여 권에서 발췌한 것으로 34,707항목으로 구성되어 있다. 이 책은 넓은 범위와 상세함을 지닌 놀랄 만한 전집이다. 제1권에서는 이후 36권에 실린 제목들의 자세한 개요와 출전을 제시하였다. 거기에는 총 472명의 저자들이 수록되어 있는데 위에 언급된 저자들이 직접적인 출처였고 나머지 중 얼마는 간접 출처였거나, 단편적 지식을 위해 간단히 참조한 자료였다. 제2권은 우주지에 할애되어 있고, 3권에서 6권까지는 지역 지리학에 관하여 다루었다. 제7권은 인간의 출생, 생명, 죽음에 관하여 씌어졌으며, 8권에서 32권까지는 동물학과 식물학에 관한 것인데, 진기한 동물들이나 동식물의 약효에 관한 것도 포함되어 있다. 33권에서 37권까지는 금속과 광물학을 다루었다.

플리니우스가 집대성한 지식은 포괄적이고 해박하지만, 그 내용을 미처 소화하지 못하고 비판 없이 남의 지식을 받아들인 흔적이 곳곳에 보인다. 그러나 원래 과학자가 아니고 장군인 그의 철저한 의무감과 연구욕은 후세 사람을 놀라게 한다. 그가 나폴리 근처에서 근무하고 있을 당시였던 77년에 화산이 폭발하였다. 그는 그곳으로 급히 달려가 관찰하던 도중 불행히도 용암에 휩쓸려 사망하였다.

플리니우스의 저작을 관통하고 있는 것은 인간중심의 정신이다. 인간은 모든 사물의 중심이며 모든 것은 인간을 위해서 준비되어 있는 것으로, 식물은 식료와 약물의 기능을 가지며 동물은 식료와 사역에 이용되는 존재이다. 이 이론은

---

63) Pomponius Mela, 활동기간 약 40년
64) Pliny(정식으로는 Gauis Plinius Cecilius Secundus, the Elder), 23~79
65) *Naturalis Historiae*

초기 기독교도의 공감을 얻었기 때문에 이 저서는 후세에까지 유실되지 않고 남았다.

갈레노스와 생리학

의학은 실용적이기 때문에 로마인에게는 그 어느 것보다 중요하였다. 최초의 주목할 만한 의학교사는 아스클레피아데스[66]라는 그리스인이었다. 그는 로마에 의학교를 설립하였는데, 그의 제자중 한 사람인 켈수스[67]는 의학에 관한 저술을 하였다. 이것은 그리스의 자료를 요령 있게 조사한 편집물이다. 의학교육은 군외과의의 양성에 관련되어 확장되었다. 교사는 국비로 대우하고 의학의 중심기관이 여러 주에 설립되었다.

갈레노스의 의학에 대한 업적은 프톨레마이오스의 천문학 업적에 필적한다. 그의 부친이 꿈속에서 의신 아스클레피오스의 계시를 받고 아들을 의사로 키웠다는 전설이 있다. 그는 알렉산드리아 의학교를 거쳐서 로마에 정주하여 검투사를 관리하는 의사로 근무하였다. 한때 그는 마르쿠스 아우렐리우스 황제의 시의를 지내기도 하였다. 그의 의학서에는 표절이 꽤 많이 있다. 그러나 표절을 제외하더라도 그리스어로 된 의학 문헌이 절반을 차지하며, 그 내용을 보더라도 당시까지의 그리스 의학지식을 거의 담고 있다.

그는 히포크라테스의 의학을 바탕으로 한 학문적 기초 위에 견고한 의학체계를 구축하려 하였고, 해부학적 견해, 생리학적 관찰, 임상적 경험, 자연철학적 고찰을 종합하고 각 학파의 장점을 수용하여 그리스 전 의학을 집대성하였다. 그는 해부학에 뛰어난 연구업적을 남겼다. 당시에는 인체의 해부가 금지되어 있었기 때문에 개, 산양, 돼지, 원숭이 등의 동물을 해부하여 상세한 관찰 기록을 남기고 그것으로 인체를 유추하였다. 그 예로서 동물의 뇌 속에 있는 혈관망을 주의 깊게 관찰하고, 이것이 인체 내에서도 중요한 기능을 하고 있을 것이라 하였다.

갈레노스는 생리학의 중심개념으로서 정기의 개념을 정착시켰다. 그의 이론은 간장, 폐장과 심장, 뇌의 세 부분을 세 가지의 정기와 결부시켰다. 세 가지 정기는 자연정기(간장), 생명정기(심장), 정신 혹은 동물정기(뇌)이다. 갈레노스의 생리학에 의하면, 간장이 가장 중요한 기관으로 음식물은 처음에 이곳에서 동화되어 혈액으로 변한다. 자연의 정기를 흡입한 혈액은 간장에서 정맥계를 통하여 인체의 각 기관, 각 부분으로 흘러가고, 그곳에 흡수된다. 또 혈액의 일부는 우심실로 들어가 두 심실을 가로막고 있는 벽에 뚫려 있는 구멍을 통해서 좌심실로 들어간다는 이른바 혈액간만설을 주장하였다. 여기서 혈액은 폐에서 들어

---

66) Asclepiades of Bithynia, ?~B.C. 40
67) Celsus, 활동기 A.D. 약 30년

오는 공기와 만나 제2의 동화를 받는다. 이때
생긴 생명정기는 좌심실에서 나오는 동맥계를
통해서 몸 전체에 운반된다. 그리고 생명정기
의 일부는 뇌로 올라가 거기서 제3의 동화를 받
고, 정신정기로 변하여 신경을 통하여 각 부분
으로 분배된다. 이처럼 혈액운동에 관해서는
올바른 설명을 하지 못했지만 처음으로 맥박을
진단에 이용하고, 요관에서 방광으로 오줌이
흐른다고 기록하였다. 이 학설은 매우 유력하
여 거의 17세기까지 그 명맥을 유지하였다.

갈레노스의 의학사상은 목적론적이다.
그는 생명과정을 "어떻게"의 관점에서가 아
니라 항상 "무엇 때문에"라는 관점에서 해명
하였다. 즉 동력인이 아닌 목적인을 사용하
여, 모든 것은 신이 정한 특별한 목적하에서
만들어졌다는 것이다. 예를 들면 태양은 인간
을 살리기 위해 있으며 다리는 걷기 위해서

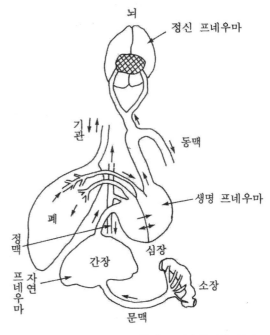

갈레노스의 생리학 체계

있다. 더욱이 이런 것들은 모두 신이 창조한 것이라고 하였다. 이런 목적과 의도
는 기독교도 사이에 평판이 좋았으므로 그의 저서는 중세를 통해서 살아 남았으
며, 근대 해부학과 생리학이 등장할 때까지 의학분야에서 절대적인 권위를 가졌
다. 그의 저작은 고대의 그 어느 저자의 것보다 많이 보존되어 있으며 131편의
학문서 중 83편이 오늘날까지 전해지고 있다. 그는 히포크라테스와 원자론을 부
정하였고, 자신의 주장을 편 저서를 많이 내어 다른 의사들과 논쟁이 잦았다. 그
는 인격적으로는 거만하고 공명심과 야망에 들떠서 주위 사람들의 미움을 샀다.

로마는 자연학 중에서 의학에 비교적 큰 관심을 보여 의학교와 공공의 의료
시설을 설립하는 등 의료행정을 확립하였다. 공중위생은 로마인의 특징이기도
하다. 1천여 명을 수용할 수 있는 공중 목욕탕을 비롯하여 지금도 일부 쓰이고
있는 상하수도 시설을 갖추었다. 이미 말했지만 상수도 시설은 당시에 벌써 하루
에 10만m³의 물을 로마시에 공급할 정도였다. 병원조직은 군사 조직과 맞물려
일찍부터 발달하였고 공의까지 배치하였다. 건축에서도 항상 건물의 방위와 위
치, 배수시설에 주의를 기울였다. 이러한 공중위생과 건강의 문제는 로마 정치인
의 주요 관심사였다.

한편 디스코리데스[68]는 기원 1세기 중엽 네로 황제의 시의로 활동한 사람이

---

68) Diskorides, 활동기 A.D. 60

다. 그는 약초를 연구하여 그는 본초에 관한 백과전서라 할 수 있는 『약물에 관하여』[69] 5권을 저술하였는데, 그 내용은 플라톤 시대부터 네로 황제 때까지 약초의 지식을 집성하였다. 이것은 약학과 응용식물학에 관한 연구로 최초의 약처방이다. 여기서는 약 6백 종의 식물을 다루고 그 약효를 설명하였는데, 식물 자체의 성질에 관한 해설이 아니라 화학적 견지에서 식물을 취급하였다. 예를 들면 진사에서 수은을 얻는 조제라든가 주석(酒石)에서 칼륨을 얻는 방법에 관한 기술이 있다. 그의 관찰은 현실적이고 정확하였다. 이 저서는 도중에 내용이 개작되기는 하였지만 15세기까지 지속적인 권위를 가졌다.

루크레티우스와 사물의 본성

로마의 시인이자 철학자인 루크레티우스[70]의 저서는 고대 원자론의 모든 것을 보여준다. 그는 7천 4백 행에 달하는 서사시로 원자론을 표현한 우주론시 『사물의 본성에 관하여』[71] 6권을 남겼다. 고대 그리스의 레우키포스에서 시작되고 데모크리토스가 완성한 고대 원자론은 원자물리학이나 물질구조론일 뿐만 아니라 우주 창조의 이야기이며, 사회 발전사이자 인식론이기도 한 유물론적 세계관이다. 그의 저서는 미완성이기는 하지만 거의 완전한 원자론을 전개하였으며, 그 이전의 저서가 단편으로 남아 있는 지금 이 책에서 고대 원자론을 모두 볼 수 있다.

그 내용은 물질의 불멸, 공간의 성질, 물질과 운동이 원자의 이합집산이라는 것, 생명과 마음을 원자론으로 설명할 수 있다는 것, 감각과 성질, 우주의 창조가 신의 뜻이 아니라는 것, 생명의 발생, 사회의 시작과 문명의 발달이 하나의 자연사로 전개된다는 것, 천문, 지질, 자석, 전염병 등의 현상이 자연적 원인을 가진다는 것 등이다. 루크레티우스는 원자론적 물질관의 전통을 훌륭한 표현과 진리에 대한 열의를 가지고 전개하였다.

그리스 철학자 에피큐로스[72]는 자연학에서는 불변의 원자와 공허를 참된 실재로 보고, 자연계의 사물을 원자의 조합으로 생각하였다. 루크레티우스의 기본적인 원리는 거의 에피큐로스에 의존하고 있으나, 그 구성이나 뛰어난 시인적인 유추는 자신의 것이었다. 단지 이 저서는 직접 관찰하거나 실험한 사실을 기록한 것이 아니라 어디까지나 시인, 철학자의 견지에서 당시의 미신이나 종교를 타파하기 위해 원자론을 선택한 것으로 생각된다. 다시 말해서 미신까지도 통치의 수단으로 삼은 로마 정부에 대한 저항으로 보여진다.

---

69) *Peri hylès iatrikès*
70) Lucretius(정식으로는 Titus Lucretius Carus), B.C. 약 99(95)~55(51)
71) *De rerum natura*
72) Epikuros, B.C. 341~270

율리우스력

이집트는 예부터 태양력에 의한 역법을 실시하여 1년의 길이를 365와 1/4일로 하였다. 알렉산드리아의 천문학자들도 역시 1년을 365와 1/4일로 하는 제안을 하였지만 실시되지 않았다. 시저는 이집트 원정에서 태양력에 관한 지식을 얻은 데다가 그리스의 천문학자 소시게네스[73]의 권고로 기원전 46년에 율리우스력을 제정하였다. 그 이유는 로마의 통일을 고려하여 정복지를 포함한 대지역을 단일화하는 가장 좋은 방법으로서 전주민에 공통되는 역법을 보급하려는 정치적 의도가 있었다. 이후 유럽에서도 1달의 날짜, 1년의 개월수가 법정화되었다. 이 달력의 제정시에 여러 방면에서 맹렬한 반대가 있었음에도 불구하고 태음 태양력을 버리고 순수한 태양력을 채용하였다. 이것이 평년을 365일로 하고 4년마다 366일의 윤년을 넣은 현대력의 원형이 된 역법이었다.

헤론과 고대기술

기원전 150년 이후 프톨레마이오스 왕가의 국위가 땅에 떨어지고 알렉산드리아의 영광은 막을 내렸다. 그러나 그후 수세기에 걸쳐서 산발적으로 몇몇 천재가 나타났다. 그중 한 사람이 근대적인 기술 능력을 지닌 기계학자이자 수학자인 헤론[74]이다. 그의 이름으로 전해 오는 많은 저작 중에 정역학과 동역학의 기초와 응용을 취급한 기계술에 관한 아랍 번역판이 남아 있다. 그리고 기체나 증기의 성질을 응용한 여러 가지 장치를 설명한 『기계학』[75] 등은 스트라톤 이후 발전한 헬레니즘 시대의 실험적 자연학의 전통을 유지해 주고 있다. 후자의 경우 유명한 그의 기력구, 즉 반동 터빈을 위시하여 기체나 증기를 이용한 흥미있는 기계류가 설명되어 있다. 그는 공기가 물질이며 압축될 수 있는 분산된 입자로 되어 있다고 주장하여 데모크리토스의 원자론을 재현하였다. 하지만 공기가 압축되는 것에 대하여 당시의 학자들은 관심을 보이지 않았다.

역학을 응용한 몇몇 장치에 대한 예를 들어 보면, 차바퀴의 회전으로 주행거리를 측정하는 노정계(hodometer), 실제측량에 사용할 정밀한 조준기(perioptras), 주화를 넣으면 물이 나오는 성수통, 불을 붙이면 저절로 문이 열리는 제단, 풍력으로 소리를 내는 올갠, 터널의 양끝 두 군데에서 파들어가 가운데서 만나는 방법 등이 있다. 이것들에는 기발한 아이디어가 번득이지만 이러한 장치는 실제적인 목적에서라기보다는 유희적인 것이었다. 예를 들어 가혹한 노예의 노동력 대신 무생물의 에너지인 증기를 적극적으로 사용하려는 시도는 전혀 없었

---

73) Socigenes, 활동기 B.C. 약 50
74) Heron, 활동기 A.D. 약 1세기
75) *Pneumatica*

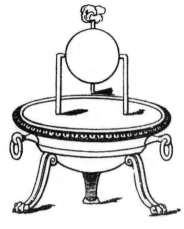

헤론의 반동 터빈

다. 이러한 시도가 나타난 것은 근대에 이르러서였으며, 노예가 없는 국가에서 노동자의 임금이 높아진 이후였다.

　헤론은 기술자이자 수학자인데 수학분야에서 독창적인 연구는 없었지만, 전 시대의 기하학과 역학의 지식을 소화하고 그것을 실용적으로 조직화하여 일련의 저서를 내놓았다. 삼각형의 세 변의 길이에서 삼각형의 면적을 구하는 방법은 흔히 "헤론의 공식"으로 알려져 있는데, 헤론 자신은 자신의 창안이라고는 하지 않았다. 또 수치해법을 다룬 기하학이 있는데 이것은 에우독소스나 아르키메데스가 엄밀하게 증명한 정리의 결과를 오리엔트의 전통에 따라서 실용적으로 편리하게 정리한 것이다.

로마 사회와 기술의 한계

　로마는 처음부터 기술편중주의 정책을 펴서 일반적으로 순수과학보다는 응용과 실제적인 기술이 발달하였다. 그 예로 헤론의 연구를 들 수 있는데, 어느 면에서는 거의 근대적인 수준에 도달하였다. 그러나 이 같은 발명은 사회에서 환영받지 못하여 실용적 단계까지는 도달하지 못한 것들이었다. 그것은 당시가 노예제 사회였으므로 구태여 기계의 힘을 필요로 하지 않았기 때문이었다. 따라서 기술의 발전은 그 사회의 요구에 따른다고 보겠다.

　한편 로마 사회는 권력과 부가 소수인에게 장악되어 상품의 수요가 격감하고 불경기가 찾아옴으로써 상인과 기술자는 의욕을 상실하였다. 또한 로마의 경제 체제는 지방의 농업에 기반을 두고 있어서 대토지 소유자들은 그들이 필요로 하는 것을 자급자족하는 형편이었다. 이러한 경제침체는 상업을 후퇴시키고 시장을 위축시켰으므로 과학의 발달을 촉진시키려는 자극이 없었고, 기술에 대한 사회의 요구도 빈약하였으므로 과학과 기술은 후퇴할 수 밖에 없었다.

　이처럼 과학의 침체는 인간의 지성을 어둡게 하여 필연적으로 암흑 시대를 몰고왔다. 이오니아 학파의 자연철학에서 발달한 유물론의 전통은 피타고라스의 신비적 사상과 플라톤적인 사변적 사상에 가려서 사라졌고, 에피큐로스의 사상에 대해서는 당시 권력자들이 의식적으로 플라톤적 사상을 대립시켰다. 한편 권력자들은 노예공급이 중단되고 노동력이 고갈되자 무자비한 착취로 이를 보충하려 하였고, 또한 노예의 반란을 유발시켰다. 이를 제압할 목적에서 그리고 치열한 권력 투쟁의 수단으로 야만족의 용병을 끌어들였는데, 이것이 로마의 정세를

일변시켰으며 나아가 과학과 기술을 더욱 단명케 하였다. 이어서 게르만족의 대
이동으로 476년 서로마 제국이 멸망하고, 세계의 수도라 불리던 로마의 영화는
파괴와 약탈의 혼란 속에서 사라졌다. 더욱이 박물관, 도서관, 학교가 불타 버림
으로써 수백 년 동안 과학자들이 쌓아올린 각고의 열매인 소중한 책들은 유실되
고 산산이 흩어져 버렸다.

제 II 부
과학과 종교

"중세가 과학적으로 불모였다고 말하는 것은
잉태한 부인이 아기를 낳지 않는다고 불모라
말하는 것과 마찬가지로 우스팡스러운 일이다."
- 조지 사튼 -

1. 서유럽 라틴 세계의 과학

봉건사회와 지적 욕구의 상실

서양사에서 중세는 대체로 로마제국의 멸망으로부터 르네상스가 시작될 때까지 약 1천 년(약 400~1400년 무렵) 동안의 시기이다. 고대 말기 로마제국은 내란이 잦았고 지중해를 장악하려고 남하한 게르만 민족의 대이동과 오랜 기간에 걸친 대혼란으로, 그리스와 로마에서 번창하던 도시의 문화 생활은 다시 촌락형태의 미개한 생활양식으로 되돌아갔고, 도시의 황폐와 교환의 감퇴로 자연경제로 후퇴함으로써 장원제도가 싹텄다.

장원제도란 봉건제도의 하부구조인 농촌의 사회구조이다. 장원은 큰 것은 5천 에이커에서 작은 것은 30에이커에 이르며, 대개는 3~4백 에이커 정도이다. 영주 없는 토지는 없다는 말처럼 모든 토지는 영주의 소유였으므로 봉건사회는 토지 소유자인 영주와 생산자인 농민으로 구성되었다. 농민은 지주로부터 땅을 대여받아 반독립적으로 경작하였으므로 점차 농노적인 존재로 전락되었다. 농노란 고대사회의 노예와 근대적인 시민의 중간에 위치한 반자유민으로, 봉건영주에 대하여 봉건지대(封建地貸)를 바칠 의무가 있었다. 따라서 그들은 영주의 토지, 즉 장원에 구속되어 완전한 자유를 누리지 못하였을 뿐 아니라 모든 부문에서 정신적, 물질적인 착취를 당하였다. 당시 상품교환이란 농업의 보충적 의의를 가졌을 뿐 사회전반은 전형적인 농업사회의 형태를 유지하고 있었다.

이처럼 중세에는 자급자족의 폐쇄적인 자연경제가 전형적이었으므로 전통과 권위가 중히 여겨지고, 비진취적이었으며 보수적이었다. 이런 상황 속에서 중세 사람은 개인의 창의력이나 지적 욕구, 자연에 관한 관심, 그리고 사회적 욕구를 점차 상실하여 갔다.

종교사회와 목적론적 유신론

그리스도교가 로마의 국교로 된 것은 4세기 끝 무렵이었지만 중세기 동안 그리스도교는 유럽에 있어서 문화형성의 지배적인 힘이었다. 황폐한 시기에 그리스도 교도들은 그리스어를 이해하는 문화운동의 최후의 기수들이었다. 이들은 게르만 민족의 기독교화와 문화적으로는 라틴화를 진행시켰으므로, 게르만 민족 여러 국가는 라틴 문화 속에서 숨을 쉬기 시작했다.

보에티우스[1]는 그리스 고전을 라틴어로 번역함으로써 그리스의 자연학을 소

---

1) Anicius Manlius Serverinus Boethius, 약 480~524(25)

개하고 그리스도교적 세계에 그리스 철학의 사고방법을 접목시켰다. 이것들은 초기 중세의 유럽 사람들에게 있어서 그리스 과학에 관한 단 하나의 자료였다. 그는 아리스토텔레스, 아르키메데스, 프톨레마이오스 등의 사상과 체계를 소개하 였지만, 자연학 그 자체의 연구로부터는 매우 떨어져 있었다. 그와 함께 카시오 도로스[2]도 같은 방향으로 그리스 과학의 연구를 추진하고 만년에 은퇴한 후에는 수도원을 열어서 학문을 장려하였다. 그는 그리스 고전의 집적과 연구, 백과사전 의 편집 등으로 문화의 중개자로서 공적을 쌓았다.

중세 때 수도원의 역할은 대단히 컸다. 로마 남쪽 카시노산에 수도원을 개설 한 베네딕투스는 하루 7시간의 노동이라는 수도사의 계율을 정하였다. 이 시간 에는 고전의 필사와 번역, 그리고 연구라는 학문적 활동도 포함되어 있었다. 이 렇게 해서 수도원은 교육과 학문연구의 장으로, 수도사들은 그곳에서 학문을 연 구하였다. 이런 상황에서 그리스도교적인 스콜라 철학을 형성하기에 이르렀다. 스콜라 철학은 '교회의 교리철학'으로서 중세철학과 학문의 절정을 이루고, 중세 의 종합적 세계관을 형성하였다.

한편, 로마의 백과전서파라 불려진 바로와 세네카 등에 의한 헬레니즘 학문 의 전승은 그리스도교 최대의 교부인 아우구스티누스[3]에 의해서 계승되었다. 그 는 이교도의 세속적 학문을 성서의 연구라는 보다 높은 목적하에서 재조직하는 방향으로 명문화하였다. 여러 변화를 거친 후 학문의 내용이 처음으로 7자유학 과로 확정되었다. 그 이후 이것이 학문의 표준이 되었다. 문법과 수사학, 변증술 의 3과(Trivium)와 수론(산술), 기하학, 음악, 천문학의 4과(Quadrivium)가 그 것이다. 이들 과목은 보다 고도의 학문을 배우기 위한 예비적 교육이라고 생각한 여러 학과의 총칭으로, 수도원 부속의 학교에서 성서 연구의 예비과정의 표준 교 과과정이었다. 이로써 7자유학과는 중세 지식인의 정신적 질서의 지주가 되었다.

과학사적으로 보다 중요한 것은 아우구스티누스가 종래의 그리스적 자연관 에 대해서 가한 기독교적 변용으로, 이것은 그후 서유럽 과학의 기본적 틀을 구 성하였다. 첫째, 그리스적인 영원한 제1질료라는 생각을 부정하고, 이 대신 신에 의한 무로부터의 창조라는 생각을 자연학 속에 심었다. 이것은 그후 서유럽 과학 의 성격에 큰 영향을 주었다. 둘째, 세계의 주기적 순환이라는 그리스적 생각을 부정하고, 세계를 종말로 향하는 직선적인 신의 섭리의 진행이라는 개념으로 대 신하였다. 셋째, 천체의 운동이 인간의 운명에 미치는 영향이라는 헬레니즘 점성 술의 생각을 부정하고, 인간의 자유의지를 옹호하였다.

스콜라 철학의 완성자인 토마스 아퀴나스[4]에 의하면, 진리에는 이성의 진리

---

2) Flavius Magnus Aurelius Cassiodorus, 약 480∼약 575
3) Augustinus, 354∼430
4) Thomas Aquinas, 1225∼74

와 신앙의 진리가 있는데 양자는 서로 대립하거나 모순되는 것이 아니었다. 그는 인간정신이 감각적인 경험을 통해서 자연의 세계에 관한 진리에 도달할 수 있다는 아리스토텔레스의 주장을 전면적으로 받아들였다. 그러나 그는 자연세계의 진리 이외에 또한 초자연의 진리가 있으며, 그것은 오직 신의 은총으로 인간에게 계시됨으로써, 인간이 이를 인지할 수 있는 것이라고 하였다. 그에게 이 초자연의 진리란 자연계에 관한 지식과 모순되는 일이 없을 뿐 아니라, 자연의 진리를 보완하고 완성시키는 것이었다. 그의 말대로 "은총은 자연을 파괴하는 것이 아니라 이를 완성시키는 것"이었다. 당시 그의 사상이 당시의 여러 신학 체계 중 하나에 불과했다고 하더라도, 그가 아리스토텔레스의 철학을 수용하면서 당시의 모든 중요한 문제를 과감하게 지적으로 검토하여 이성과 신앙을 조화시키려고 노력한 사실은 높이 평가되어야 한다. 그의 사상이 후에 가톨릭 교회의 공식 철학이 된 이유도 여기에 있다.

그러나 종교와 교회에 의하여 문화가 지배되고 통제되던 중세에 자연과학이 발달할 여지는 별로 없었다. 왜냐하면 물질계는 초월적인 영적 세계의 표현에 불과하며, 영적인 존재는 항상 조화와 공감 가운데 존재하므로, 교육의 목적은 이것에 도달하기 위하여 물질계로부터 멀리 이탈하는 데 있다고 생각했기 때문이다. 따라서 당시 철학은 이론적으로 교회의 권익을 강화하고 이를 철저히 하기 위해서 연구된 학문에 불과하였다. 그리고 스콜라 철학의 임무가 "신학의 시녀"라는 말처럼 가톨릭 교회의 이상인 목적론적 유신론을 입증하는 데 있었다. 이처럼 그리스도교의 신앙을 떠나서는 학문이 있을 수 없었으므로 중세 때 자연에 대한 연구가 후퇴하고 침체된 것은 당연하였다.

12세기의 르네상스와 지적회복 운동

395년 동서 로마제국의 분열 이후에 과학 또한 두 갈래로 나뉘어졌다. 즉 서구의 라틴 과학과 동구의 비잔틴 과학이다. 실제로 이 양자간에 과학 발전의 모습이나 성격은 매우 달랐다. 일반적으로 유럽 라틴 세계는 플라토니즘의 전통이나 라틴계 편집가에 의한 백과전서적 지식이 겨우 존재하였지만, 그 과학적 내용은 단편적이고 통속화하여 그리스 과학이 원래 지니고 있던 생생한 독창성이나 체계성을 잃고 있었다. 그러나 12세기부터 14세기에 걸쳐서 비잔틴과 이슬람 문화권에서 그리스 문화의 핵심을 받아들여, 그후의 과학과 철학의 독자적인 발전의 지적 기반을 형성하였다. 이를 "12세기의 르네상스"라 부른다. 실제로 이때까지 서유럽 라틴 세계는 유클리드, 아르키메데스, 아리스토텔레스의 자연학을 알지 못했고, 지중해 문명의 변경에 서 있었다. 그러나 12세기의 르네상스에 의해서 처음으로 그리스의 우수한 학문이 이슬람의 우수한 과학서와 함께 라틴어

로 번역되어 문화적 이륙을 가능케 한 지적
장비를 얻게 되었다.

　　이 지적 회복운동의 중심이 된 곳은 스
페인과 시칠리아, 그리고 북이탈리아 등 세
지역으로 크게 나뉜다. 스페인은 당시 라틴
세계와 이슬람 세계가 연결되는 곳으로 이슬
람 세계에서 라틴 세계로 문화를 전달하는
데 가장 알맞은 장소였다. 시칠리아는 6세기
에는 비잔틴제국의 일부였고, 8세기 후반부
터는 이슬람 영토였다. 그리고 1060년 이후
노르만의 지배를 받았으므로 그리스, 이슬람,
라틴의 세 문화의 교류에 적합한 곳이었다.
당시 노르만 왕조는 세 가지 언어를 공용어

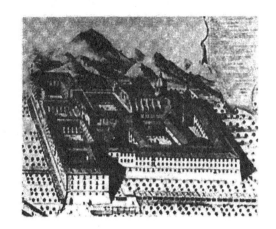

몬테 캇시노 수도원

로 인정하여 관대한 문화정책을 취하고 학술서의 교류를 추진하였다. 여기서 이
슬람과 그리스 원전이 직접 라틴어로 번역되었다. 끝으로 이탈리아에서는 베네
치아나 피사를 중심으로, 비잔틴 궁정에 보존되었던 그리스 문화와 계속 접촉하
였다.

　　8세기 후반부터 9세기에 걸쳐서 그리스 과학이 이슬람 세계에 유입된 데 반
하여, 12세기에는 이슬람의 그리스 과학이 도리어 서유럽 라틴 세계에 흘러들어
왔다. 따라서 12세기는 이슬람 문화권에서 서유럽 라틴 문화권으로 문화적인 주
도권의 전환이 이루어진 시기로서, 중세 최대의 지적회복 운동이 행하여진 르네
상스 시대였다. 서유럽 세계는 그리스와 이슬람의 과학문헌을 라틴어로 대량 번
역함으로써, 그후 "과학혁명"에 이르는 근대과학으로의 발전의 기반을 쌓아올리
고 동시에 스스로도 지적인 이륙을 개시하였다.

　　특히 대번역 운동은 그때까지의 서유럽 학문의 수준을 단번에 높이고 근대
과학의 형성을 가능케 하는 새로운 지식의 지평을 만들었다. 서유럽이 이웃으로
부터 새로운 학문을 찾으려는 생각을 하기 위해서는 먼저 과학과 자연에 관한
흥미가 생겨나야 하는데, 이 시발점에서 한 사람이 중요한 역할을 하였다.

　　10세기 말기에 프랑스인 제르베르[5]는 스페인 북부의 교회조직을 통하여 라
틴어로 번역된 이슬람의 저술을 몇 권 얻어내어 이 번역 운동에 불을 댕겼다. 뒤
이어 성당학교의 환경 속에서 세속적이고 과학적인 분야들에 대한 지적 흥미가
자라났다. 또한 지적인 연구에 대한 관심이 증대되는 것과 함께 고대의 업적들에
대한 관심이 커져갔다. 10세기 중반에는 스페인 북부의 피레네 산맥 기슭에 있

---

5) Gerbert, 약 946~1003

던 산타 마리아 수도원에서 이슬람어 책을 라틴어로 번역하는 사업이 이루어졌다. 이 위대한 번역의 시기는 11세기에 이슬람교도들이 스페인에서 후퇴하고 시칠리아에서 완전히 패배한 후에 찾아왔다. 12세기와 13세기 번역물은 과학적이거나 철학적인 저술이 압도적으로 많았다. 이러한 소수의 번역자들의 노력이 없었더라면 중세 대학에서의 과학의 발전은 없었을 것이며, 17세기 과학혁명이 일어났을 까닭도 없다. 방대한 규모와 넓은 범위에 걸쳐서 이 새로운 과학이 중세 사회에서 재발견되는 데는 13세기의 대부분이 소요되었다.

중세도시와 수공업

중세도시의 상인들은 궁정과 교회 혹은 교통의 요충지 주변에 정착하고 거기에 석공, 연와공, 목수, 대장장이, 유리공, 도자기공, 피혁공, 방적공, 자수공, 양조공 등 직인들이 흡수되면서 도시가 형성되었다. 예로서 케임브리지는 다리, 옥스퍼드는 나루터, 함부르크는 성을 중심으로 생겼다. 상인과 직인은 처음에 봉건영주의 비호 아래 영업하였으나, 동업자 사이에 영업권의 자유를 보장하는 조합을 조직하여 항구적인 신분상의 자유를 획득하고, 재산과 힘을 축적하면서 영주로부터 자치권을 획득하였다. 이로써 도시는 새로운 계급인 수공업자들의 근거지가 되었으며, 근대과학의 기술적 기초의 배경이 되었다.

도시의 발달은 상품경제를 촉진시키고 봉건지대를 금납화하였으며, 봉건영주와의 예속적 관계를 점차 약화시킴으로써 사람들은 비로소 인간적 자유를 얻게 되었다. 예를 들면 12~13세기에 걸쳐서 도시의 현실적인 요청이 받아들여져 대학이 출현하였는데, 이것은 한편으로는 도시의 정신적 자유의 구현이기도 하였다.

한편 10세기부터 11세기에 걸쳐서 이민족의 침입이 종식되고 유럽사회는 게르만족의 이동 후 처음으로 전반적인 안정을 찾게 되었다. 이러한 안정을 바탕으로 새로운 활기가 돌기 시작하였다. 11세기에서 13세기에 이르기까지 인구는 계속 증가하였고 전 유럽규모로 개간과 간척 사업이 진행되었다. 새로 개척된 지역에는 "신읍(新邑)"이라고 부르는 새로운 마을이 건설되고, 그곳의 농민은 종래의 장원의 농노와는 달리 신분이 자유로웠다.

이 기간에 상업의 부활도 진행되었다. 원격지 무역이라는 국제무역 부활은 11세기부터 시작되었다. 또한 이에 맞추어 초보적인 금융업도 발달하였다. 이처럼 지방 상업의 활성화와 특히 원격지 무역의 부활은 중세도시 발달의 원동력이었으며, 중세도시는 바로 이 "상업의 발자국" 위에서 생겨났다. 11세기 이후의 상공업과 도시의 발달은 중세 학문과 문화발달의 강력한 자극제가 되어 새로운 환경이 조성되었다. 이로써 문화적, 지적 활동의 중심지인 수도원은 주교성당의 부속학교에 자리를 양보하였고, 12세기 후반부터 13세기에 걸쳐서 대학이 학문 연구와 보급의 새로운 중심지가 되었다.

역학

고대 아리스토텔레스의 운동이론은 중세에 들어와서도 오랜 기간 통용되었다. 15, 6세기까지도 대부분의 포술가나 역학자들은 대포의 탄환이 발사방향으로 감속되면서 직선으로 날아가(강제운동의 단계), 속도가 0으로 되면 급히 수직으로 낙하한다(자연운동의 단계)고 생각하였다. 이처럼 자연운동과 강제운동의 구분이 오랫동안 지속될 수 있었던 것은, 두 종류의 운동을 일으키는 각기 다른 원인이 논리적으로 아주 적합했기 때문이었다. 아리스토텔레스의 추종자들은 위로 던져 올린 돌멩이가 손을 떠난 뒤에도 상승운동을 계속하는 것은, 손의 힘이 주위의 매질인 공기에 전달되고, 그 매질이 돌멩이의 상승운동을 계속 추진시키기 때문이라고 하였다. 또 낙체의 속도는 운동물체의 무게에 비례하고, 매질의 밀도에 반비례하므로 진공중에서의 낙하속도는 무한하게 된다고 하였다. 그런데 무한한 속도란 있을 수 없으므로 진공중에서의 운동은 불가능하며 따라서 우주에는 진공이 존재할 수 없다고 하였다.

사실상 아리스토텔레스의 운동이론은 자연운동과 강제운동이라는 운동의 질적인 구별이 앞서 있었고 양적으로 기술하려는 시도는 거의 없었다. 더욱이 자연운동과 강제운동은 각기 다른 운동방식으로 표현되고 있으므로, 이를 한 개의 수식으로 기술하려는 근대역학과는 거리가 멀었다. 하지만 아퀴나스도 우주에는 진공이 있을 수 없다고 하였지만, 진공중에서의 낙하운동은 이론적으로 가능하다고 생각하고 진공 속의 속도를 자연속도라 불렀다. 그리고 모든 물체가 진공 속에서 낙하할 때 자연속도는 항상 같다고 생각하였는데, 이 사상은 갈릴레오가 확립한 이론에 상당히 가까워진 것이다. 하지만 그는 아리스토텔레스의 운동이론에 너무 집착한 나머지 모처럼 도달한 수준에서 후퇴하고 말았다.

한편 기동력설(起動力說)을 바탕으로 최초로 역학을 발전시킨 사람은 14세기 중엽의 파리대학 교수인 뷔리당[6]이다. 그가 제창한 역학이론은 고대역학과 근대역학의 중간에 위치한 과도기적 이론으로서 대단히 흥미롭다. 그는 자연운동과 강제운동을 구별하지 않았다. 그리고 물체의 운동에 있어서 공기는 저항의 역할밖에 할 수 없다는 것을 구체적인 예를 들어 지적한 후 기동력, 즉 임페투스(Impetus)의 양은 원동자의 운동속도와 운동물체의 질량에 비례한다고 주장하였다. 그는 손을 떠난 돌멩이가 어느 시간 동안 상승을 계속하는 것은 손에서 돌멩이로 기동력이 전해졌기 때문이라고 하였다. 따라서 운동물체 주위의 매질이

---

6) Jean Buridan, 약 1300~약 1385

물체의 운동을 추진하는 것이 아니었다. 또 자유낙하의 가속성에 관해서 물체는 최초의 무게 그대로 낙하하지만 시간과 더불어 물체 안에서 기동력이 발생하고, 이 힘의 증가가 곧 속도의 증가를 가져온다고 하였다. 이것은 아리스토텔레스의 이론을 수정하고 발전시킨 것으로 생각된다.

뷔리당은 아리스토텔레스나 아퀴나스의 이론을 거부한 근본적인 이유를 원반의 회전이 외력의 작용 없이도 오랜 시간 지속되는 데서 찾았다. 원반의 회전 시에는 직선운동 때와 같은 부수적인 매질의 운동이 일체 필요없다. 그의 기동력 개념은 질적인 규정을 탈피하여 양적 개념으로 전환된 것처럼 보이지만, 자세히 보면 무의식적인 모색에 불과하다. 왜냐하면 동역학 연구의 경우에 아직 수학적 처리가 불충분하기 때문이다.

1362년 오렘[7]도 기동력설을 주장하였다. 그는 속도를 그래프로 표시하는 방법을 사용하여 수평선에는 움직이는 물체가 통과하는 거리를, 수평축과 직각을 이루는 수직선에는 주어진 점에 있어서의 속도를 나타내도록 고안하였다. 이때 수직선상의 상단을 연결하면 기하학적인 모양이 만들어진다. 직각삼각형은 등속운동을, 삼각형은 등가속운동을, 곡선은 불규칙적인 운동, 즉 부등한 가속운동을 나타낸다.

천문학

고대 천문학은 로마의 멸망과 함께 이슬람 문화권에 계승되었다가 십자군의 원정 이후 유럽에 되돌아왔지만, 중세 유럽의 천문학은 고대 알렉산드리아의 수준을 벗어나지 못한 채 교회의 의식일을 제정하는 데 필요한 지식을 제공하는 정도였다.

12세기 무렵 독일 태생의 수녀인 힐데가르트[8]는 『자연학』[9] 4권을 저술하였다. 그녀는 우주와 인체의 구조를 대우주와 소우주로 비유하고, 인간은 천체 12궁 중 어느 특정한 성좌에서 탄생하므로 인체의 각 부분은 그에 상응하는 성좌의 영향을 받는다고 하였다. 그리고 각 천체가 어느 성좌를 통과하느냐에 따라서 인간의 성격이나 건강이 좌우된다고 주장하였다. 이처럼 중세 천문학은 매우 점성술적이고 신비주의적인 경향이 짙었고, 중세의 점성술은 정통 과학으로까지 취급되었다. 고대로부터 전해 오는 천문표는 주로 점성술에 이용되었다. 따라서 당시에는 천문학 연구의 목표를 점성술과 천문학의 두 가지 측면에 두었다. 심지어 근대과학의 선구자인 로저 베이컨까지도 점성술을 믿었고, 근대 천문학자인

7) Nicols Osreme, 약 1325~약 1382
8) Hildegard von Bingen, 1098~1179
9) *Physica*, 약 1150~60

티코 브라헤도 별의 영향을 부정하는 사람은 신의 전지와 섭리에 항의하는 것으로 가장 명백한 경험을 부인하는 것이라고 말하였다.

한편 독일의 추기경인 니콜라우스는 우주는 무한하므로 중심도 주변도 없고, 따라서 지구는 우주의 중심에 있는 것이 아니라 다른 별들처럼 운동하고 있다고 하였다. 그리고 지구의 운동에 대해서는 태양의 주위를 공전하는 것도 아니며 반드시 일주운동을 하는 것도 아니라고 하였다. 우주에는 한계가 없으므로 정확한 지식의 대상도 될 수 없으며, 또 우리들의 합리적 사고를 초월하는 것이므로 객관적으로 기술하는 것은 불가능하다고 역설하였다.

13, 14세기에 접어들면서 유럽 사람들은 육지와 바다를 통해서 세계 여러 곳에 진출하기 시작하였다. 그들은 대양에서의 항해중 배의 위치를 파악하기 위해서 천문학에 관심을 가지고 항해력을 작성하려고 시도하였다. 한편, 1582년에는 교황 그레고리 13세[10]에 의해서 역법이 개정되어 그레고리력(Gregorian calendar)으로 반포되었다. 유럽에서 기원전 46년 이래 사용되어온 율리우스력으로는 1년의 길이가 365.25일로, 태양년의 실제길이 365.2422일에 비해서 0.0078일 길다. 이 오차는 130년에 하루가 되므로 16세기가 되자 11일의 차이가 생겼다. 여기서 교황청은 교황 그레고리의 명으로 1582년 10월 4일의 다음날을 10월 15일로 당기고 새로운 달력을 채용하였다.

수학

보에티우스는 논리학과 수학의 분야에서 활동하였고, 과학서적인 아리스토텔레스의 논리학서를 번역하고 주석을 달았다. 특히 그리스의 과학서에서 수학적 4과의 발췌서를 편집하여 그리스의 논리학과 수학적 과학의 요강을 중세에 전하였다. 중세 초기에 있어서 그리스의 논리학과 수학적 과학에 관해서는 보에티우스가 거의 유일한 지식의 원천이었다.

13세기 이탈리아의 최고 수학자이며, 피사의 레오나르도라 불리는 피보나키[11]가 저술한 『계산판의 책』[12]은 인도, 아라비아의 산술과 대수에 조직적인 설명을 붙여 유럽에 소개한 최초의 저서이다. 이것은 사실상 근대수학의 출발점이었다. 왜냐하면 당시 유럽에서는 여전히 로마숫자를 쓰고 있었는데, 기술(記述)과 계산이 대단히 번잡하고 어려웠다. 그의 저서는 인도 및 아라비아 숫자의 읽는 법, 정수의 4칙, 분수의 계산, 상품의 매매, 물품의 교환, 기타 상업상의 응용을 포함한 15장에 달하는 내용으로, 상업산술을 계통적으로 기술하였다. 그러나 아라비아 수학에 대한 당시 학자들의 태도가 냉담하여 아라비아 숫자는 15세기 무렵에

10) Gregorg XIII, 1502~85
11) Fibonacci, 약 1170~1240, Leonardo Pisano라고도 부른다.
12) *Calculas Liber Abaci*, 1202

LIBER ABBACI

LEONARDO PISANO

『계산판의 책』의 표지

이르러서야 사용되기 시작하였다.

편집가들

학식에 있어서는 보에티우스에 미치지 못하지만 그리스의 학문을 전하는 데에 많은 공헌을 한 사람은 카시오도루스이다. 그는 백과전서적 저작을 저술하였을 뿐 아니라, 이런 학문적 활동 뿐만 아니라 여러 곳에 수도원을 세우고 수도사들에게 신학이나 철학, 과학의 문헌을 필사시키고 정리하여 보존하도록 명령하였다. 이것은 과학사적으로 볼 때 중요한 업적이었다. 그의 사상의 영향으로 사본의 제작이나 보존의 습관이 중세에 제도로서 확립되어 그리스 학문의 전통의 유지에 크게 공헌하였다.

백과전서 중에서 가장 주목할 만한 책은 이시도루스[13]의 것이다. 그의 저서 『어원학』[14] 20권은 백과전서적 저작으로 7자유과목뿐 아니라 지리학, 법학, 의학, 건축, 박물학, 농업 등이 수록되었다. 특히 제3권에서는 수론, 기하학, 음악, 천문학도 다루고 있다. 그러나 이 사이에 중세 초기의 학문의 성격이 크게 변화된 것도 주목하지 않으면 안된다. 위 두 사람은 그리스의 학문에 직접 접촉하여 그 이해가 정확하였지만, 이시도루스에 이르러서는 그리스 과학을 플리니우스 등의 저작을 통하여 간접적으로 받아들였기 때문에 그 이해의 정도가 매우 피상적이었다. 그의 저서는 플리니우스를 대신하여 큰 인기를 끌었지만, 이것이 바로 당시 서유럽의 지적 수준이 얼마나 낮았는가를 대변하고 있다.

조직적인 의학교의 설립

유럽에서 최초로 대학다운 조직으로 발전된 공공기관은 남부 이탈리아의 나폴리 근방의 오래된 항구에 세워진 살레르노의학교이다. 이 시설은 9세기 무렵에는 의사조합이었으나 11~12세기에는 의학교로 성장하였다. 그 번영은 십자군의 원정이 시작될 무렵으로 항구를 출입하는 배가 많아졌던 시기와 일치하고 있다. 이 학교의 가장 큰 자랑거리는 외과수술로서 십자군 전쟁과 무관하지 않다.

---

13) Hispalensis Isidore, 약 560~636
14) *Etymologiae* 혹은 *Origines*

살레르노의 르제로(1170년경 활동)의 『외과학의 실제』[15]에는 그 성과가 요약되어 있다. 거기에는 이슬람 의학뿐 아니라 그 자신에 의한 헤르니아 절개술, 만성 피부병 및 기생충의 치료와 제거에 제2수은염을 사용한다는 것 등이 기술되어 있다. 그러나 살레르노의학교는 프리드리히 2세의 노력에도 불구하고 13세기에 쇠퇴하였다. 살레르노의학교의 전통은 북부 이탈리아의 볼로냐대학에 옮겨짐으로써 이 대학은 의학부문에서 두각을 나타냈고, 특히 마취약과 기타 약품의 사용에 새로운 사용방법을 채용하였다.

프랑스의 모페리에대학에서 의학연구가 활발하였다. 최절정기는 13세기 후반부터 14세기 초기까지로 거기에서 1303년에 저술된 『의학의 백합』[16]은 중세에 가장 널리 읽혀진 책이었다. 파리대학은 처음에는 신학과 7자유학과를 가르쳤고, 의학과를 신설한 것은 1180년 이후였다. 의학과는 처음에 7자유학과의 일부로 취급되었으나 1369년에 독립된 교사로 이전하고 독자적인 학과로서 정비되었다.

중세과학의 장애물

중세의 기술적 성과는 사회를 비롯한 여러 부문에 큰 충격을 주었지만 순수과학은 지나치게 침체되어 있었다. 그 까닭은 무엇일까. 당시 그리스도교의 지도자들은 오랜 세월이 흐르는 동안 본래의 사명과 뜻을 잊고, 세속적인 권력과 종교적 특권에 오염되어 온갖 사회적 이권을 탐내기 시작하였다. 그들은 교권과 제도를 이용하여 민중을 조종하고 자유를 구속하였을 뿐 아니라, 물질적 착취까지도 감행하였다. 특히 그들은 물질세계에 관해서 관심을 가지고 조직적인 관찰이나 실험을 하고자 하는 계획은 죄를 범하는 일이고, 반종교적인 쓸데없는 일로 생각함으로써 자연에 대한 호기심을 억제하였다. 그리고 당시 지식계급인 수도사들은 오직 초자연적 사실에만 몰두한 나머지, 누적되었던 고대 그리스의 과학적 성과를 분산시키거나 소멸시켜 버렸다. 그들은 자신이 보관하고 있던 과학적 연구결과의 진가를 정당하게 평가할 능력이 없었고, 형이상학적인 개념에만 사로잡혀 관찰이나 실험적 방법에는 애당초 흥미가 없었다. 그들은 인간의 정신적 행복의 숭고성을 창조하는 데 극히 충실하였을 뿐이었다.

더욱이 중세는 위계사상과 목적론사상의 지배를 절대적으로 받고 있었다. 중세사람이 생각하기를, 세계는 우주 밖에 있는 신으로부터 한층 불완전한 지상에 이르기까지 위계적으로 이루어져 있으므로, 어떤 한 가지 물질은 자신보다 밑에 있는 것을 지배하고 위에 있는 것에 봉사하며, 신은 천사들에게 권력을 부여하고 천사들은 천구를 움직이며, 지상에서 일어나는 일을 감시한다고 생각하였

---

15) *Pratica chirugiae*
16) *Lilium medicinae*

다. 이처럼 자연을 질적으로 차등 있게 보는 경향은 과학의 발전에 있어서 장애물이 되었다.

중세 사람들은 새로운 독창보다도 낡은 것의 완성에 목적을 두었고, 전통적이고 권위적이었다. 전통과 권위의 수호에는 봉건제도와 기독교, 그중에서 로마교회가 주동이 되었다. 그리고 인간계나 자연계의 모든 것을 신의 섭리로 설명하고, 나아가 모든 학문과 예술에도 기독교적 색채가 짙었다. 이런 사회에서 고전문화의 주지주의와 합리적 정신을 받아들이기는 지극히 어려웠다. 경제사가 포스턴은 중세과학, 특히 라틴 세계에서 과학의 정체요인으로, 지적 자극과 실질적 자극이 없었다는 점, 과학과 기술의 상호작용이 없었다는 점을 들고 있다.

동유럽 비잔틴 과학

한편 동로마의 비잔틴제국은 풍부한 그리스 과학의 지식을 직접 보유하였기 때문에 활발한 지적 운동이 지속되었다. 330년 콘스탄티누스 대제가 로마제국의 수도를 콘스탄티노플로 옮긴 후부터 1453년 터키제국에 의해서 수도가 함락되어 멸망할 때까지 약 1000년 동안 동로마제국에서는 독자적인 과학이 발달하였다. 395년 동서 로마제국의 분열 이후, 서유럽 여러 나라는 끊임 없는 게르만민족의 침입으로 혼란에 빠진 데 반하여, 동로마의 비잔틴제국은 직접 그리스 문화를 계승하고 그 과학적 전통을 보존하고 나아가 그리스적인 헬레니즘 과학과 동방적인 요소를 융합하였다.

비잔틴 과학은 대개 3기로 나눌 수 있다. 제1기(330~610)에는 그리스 정밀과학의 전통을 이었는데, 아폴로니오스의 『원추곡선론』의 해설서가 나왔고, 특히 프톨레마이오스의 『알마게스트』의 해설서와 아리스토텔레스의 해설서, 그리고 유클리드의 『원론』의 신판이 출간되었다. 제2기(610~1025)에는 그리스 문화 부흥의 기운이 싹텄고, 비잔틴 학문과 예술의 집대성이 이루어졌다. 그 예로서 의학백과사전이 편집되었다. 제3기(1025~1453)에는 수학적 과학이 출현함으로써 비잔틴 과학이 최후의 빛을 발하였다. 특히 인도수학이 소개되었고 계산술의 발달이 돋보였다.

동로마제국이 멸망한 뒤 비잔틴의 지적 유산은 이탈리아로 옮겨져 르네상스 운동의 시발점이 되었다. 6~7세기의 서유럽에 그리스 과학의 전통이 백과전서적인 편집서의 모습으로 전해졌을 무렵, 비잔틴제국은 보다 직접적으로 그리스 문화와 연결되어 지중해 문명의 직계 후계자로서 훨씬 풍부하고 활발한 과학적 활동을 계속하였다. 특히 527년에 즉위한 유스티니아누스 황제는 로마제국의 재현을 노리고 내외적으로 심혈을 기울였다. 그의 통치시대에 문화의 부흥에도 힘을 기울여 그리스 과학은 주목할 만큼 성장하였다. 그래서 비잔틴의 지적 수준은 서유럽의 수준을 훨씬 넘어 그리스 문화의 보존과 발전에 크게 공헌하였다.

유스티니아누스 황제는 여러 곳에 대건축 사업을 벌였는데, 이것과 관련하여 역학과 수학의 연구를 장려하였다. 실제로 그의 명령으로 콘스탄티노플의 산타소피아 사원을 재건한 두 사람의 건축가는 그 시대의 뛰어난 수학자였고, 그리스 수학의 최고 권위자였다. 아르키메데스나 아폴로니오스의 사본이 콘스탄티노플에 보존된 것은 이러한 수학자의 그리스 수학에 대한 관심에 힘입은 바가 컸다.

알렉산드리아의 필로포노스[17]는 매우 독창적인 사색가였다. 그는 아리스토텔레스의 저서 중 11권에 주석을 붙였는데, 그 중 과학사적으로 중요한 것은 『자연학』에 대한 주석으로, 거기서 아리스토텔레스에 대해 비판하였다. 우선 운동론에서 "부가적 시간"의 학설을 주장하고 진공 중에서의 운동을 생각하였는데 이것은 후에 갈릴레오의 운동개념으로 연결되었다. 그는 운동물체가 운동을 지속하는 것은 매체의 작용에 의한다는 아리스토텔레스의 생각을 부정하고, 이런 운동이 지속되는 것은 운동물체에 부여된 일종의 "비물체적 운동력"에 의한다고 하였다.

필로포노스는 천사가 천체를 움직인다는 사실을 부정하였다. 그의 주장에 따르면 애초에 신은 천체에 기동력을 주었다. 그는 일반적으로 운동하고 있는 물체는 기동자와 항상 물리적으로 접촉하고 있지 않아도 된다고 하였다. 어떤 힘이 물체에 기동력을 공급하게 되면 그 물체의 운동을 유지하는 것은 이 기동력이기 때문이다. 기동력설에 의하면 물리적인 접촉에 의해서 작용을 전달하기 위한 물질적인 연속이 필요하지 않고 진공이 존재해도 괜찮다. 이 이론은 그후 14세기의 라틴 세계에 나타난 "임페투스 역학"에 앞선 것이다.

신플라톤주의자인 심플리키오스[18]는 아리스토텔레스의 많은 저작에 주석을 붙였다. 독창성에 있어서는 필로포노스에 미치지 못하지만 갖가지 그리스의 과학이론을 후세에 전하였다. 그가 전한 그리스 과학의 학설 속에서는 에우독소스의 동심천구설의 체계, 스트라톤의 낙체의 실험 등이 들어 있다. 그러나 중세에 가장 영향을 미친 것은 아리스토텔레스의 『자연학』 및 『천체론』에 관한 그의 주석 중에 낙체의 가속도에 관한 설명이다. 그는 필로포노스와 마찬가지로 관찰과 실험을 중시하여 알렉산드리아의 실증적 과학정신을 수용하였다.

비잔틴에도 당시의 서유럽과 마찬가지로 그리스 과학의 편집서가 있는데, 가장 괄목할 만한 것은 의학서로, 히포크라테스나 갈레노스의 저작을 기본으로 하여 수많은 백과전서적 요약서가 출판되었다. 그러나 이 요약서의 경우에도 서구의 것과 비교하면 역시 독창성과 비판적 정신이 얼마간 수용되어 있다. 결론적으로 비잔틴 과학의 공헌은 그리스 고전의 보존이라 말할 수 있다.

---

17) Philoponos, 활동기 6세기
18) Simplicios, 활동기 6세기

2. 중세의 기술과 근대의 토대

말과 수레를 매는 기술—사회개방의 촉진제

동력을 효과적으로 이용하는 새로운 장치로 말과 수레를 매는 법이 개발되었다. 이 기술은 크게 세 가지가 있다. 말의 제어장치, 승마용 안전장치, 견인장치 등이다. 이것은 동력의 이용면에 직접적인 효과를 가져왔다. 종래의 것보다 5배의 힘을 낼 수 있는 이 새로운 착상은 7세기 중국에서 시작하여 11세기에 유럽으로 들어왔다. 그 결과 소 대신 말이 심경과 토지의 개간에 이용되어 경작면적과 생산량을 증가시켰다. 또 말은 교통수단으로도 이용되어 사회의 빈번한 접촉과 물물교환을 촉진하여 폐쇄되었던 중세 사회의 발전에 기여하였다.

풍차와 수차—새로운 동력

풍차는 수차보다 훨씬 늦게 나타났다. 그리스인이나 로마인이 풍차를 알고 있었다는 기록은 남아 있지 않다. 알렉산드리아의 헤론은 풍력오르간에 관한 기록을 남기고 있지만 참된 풍차는 아니다. 바람을 동력원으로 이용한 가장 오래된 기록은 7세기 이슬람의 기록에서 보인다. 따라서 최초의 풍차는 이 시기, 또는 이전의 이슬람권에서 생겼을 것이다. 이슬람 풍차의 기본형은 돛이 달린 회전축이 수직으로 세워진 수평형 풍차였다. 이 풍차는 돛의 일부만이 바람을 맞게 되어 효율이 낮고 내부기구도 단순하다. 이것은 관개용 양수와 제분에 이용되었다.

유럽에 풍차가 등장한 것은 이슬람권보다 훨씬 늦은 12세기 이후였다. 풍차는 십자군에 의해서 동방에서 도입되었다는 설이 있으나 유럽의 풍차는 처음부터 이슬람의 것과는 다르다. 유럽풍차의 기본형은 회전축이 지면과 수평으로 되어 있는 수직형 풍차이다. 바람을 동력원으로 이용하려고 한 착상은 동방에서 왔다고 하더라도, 유럽풍차는 독립적으로 발명된 것으로 추측된다. 중세 유럽의 전형적인 동력의 하나인 풍차에 관해서 지금까지 발견된 가장 오래된 기록은 1180년경에 작성된 한 증서 안에 있다. 이것은 노르망디의 한 수도원에서 풍차 부근의 토지를 양도한다는 기록문서이다. 연구가 진행됨에 따라서 그후 풍차에 관한 지식이 누적되었지만 그것보다 더 오랜 기록은 없다.

다음 세기인 1270년 무렵에 영국의 지오프리 쵸서의 켄터베리이야기에 나오는『풍차의 시편』의 머리글 속에 풍차의 삽화가 들어 있다. 이것은 분명히 상자형 구조의 풍차이다. 상자형 풍차는 나무로 만든 상자형 몸통에 돛이 달리고 그 상자에 기계류가 들어 있다. 그후 상자형 풍차에서 탑형 풍차로 개량되면서 풍차는 새로운 동력으로 각광을 받았다. 처음에는 풍차가 단지 제분을 위해서 이용되었지만 1430년에 네덜란드 사람이 또 다른 형태의 상자형 풍차를 배수에 이용하였다. 13세기 벨기에의 이프르 지방에만 120개의 풍차가 세워졌다고 한다.

한편 로마의 기술자들은 0.4~0.5마력의 원시적인 수차를 비트루비우스형 수차로 개량하였는데, 이것은 약 3마력까지 낼 수 있었다. 이 수차는 서유럽에서 중세 초기부터 원동기로서 매우 중요하였다. 수차를 제분기(연자)에 연결하여 연자를 매분 46회전시켜 1시간에 150kg의 곡물을 빻을 수 있었다. 만일 노예가 맷돌을 돌려 1시간 작업할 경우에는 겨우 7kg 빻을 수 있다. 따라서 비트루비우스형 수차는 제분작업의 혁명을 의미하고 있음을 알 수 있다. 이러한 에너지의 출력은 사람이나 동물보다 매우 뛰어났다. 그리고 기술의 급속한 발전과 보급으로 약 40~60마력의 수차가 나타났다.

1086년의 토지대장(Domesday book)에 따르면 영국 전역에는 5천여 개의 물레방앗간이 있었다는 기록이 남아 있다. 이것은 인구 4백 명당 대략 한 개의 물레방앗간이 있던 셈이다. 수차의 용도는 매우 다양하였다. 수차는 곡물을 빻는 데 쓰일 뿐 아니라 옷감을 두들겨 내구성을 지니게 하는 한편 제재, 광산의 양수와 광석의 분쇄, 용광로에의 송풍, 철의 압연, 제지용, 제혁용, 제포용, 양수 및 관개, 안료 분쇄, 맥아 제조, 연마에 이용되었다.

수차는 새로운 수준의 기술적 조작의 가능성을 제공하였다. 예를 들면 수차의 수평축의 회전을 제분기의 수직축으로 전달하기 위해서 톱니바퀴가 발명되었고, 수차의 축을 바치기 위해서 축수(軸受)도 연구되었다. 수차간은 기계공장의 원조라 볼 수 있다. 밀(mill, 제분소)이란 말에 공장이라는 의미가 있는 것은 이 때문이다.

한편 수차나 풍차의 제작공들은 풍차의 건설이나 날개의 교체와 수리 외에 다른 기계류의 수리도 맡았다. 따라서 수리공의 영향으로 풍차가 지방색을 띠게 되었다. 즉 풍차 기술자는 자신의 고향에서 자신의 방법대로, 또 그의 제자는 독립하여 친숙한 방법으로 물레방아를 제작하였다. 그러므로 획일적이고 국민적인 형이 사라지고 지역적인 형이 나타났다. 그들은 매우 창조적이었고 응용성이 풍부하였다. 그 후예들은 증기기관을 설계 제작하였고 자신들이 운전하는 기관 뿐만 아니라 다른 기계류도 설계하였다. 이것은 여러 유명한 기술회사의 역사에서 잘 볼 수 있다. 사실상 이들은 오늘날 기계기술의 선구자였다. 이로써 이들은 영주의 땅으로부터 해방되면서 영주의 지배권에서 벗어났다.

풍력과 수력은 생산력을 높일 뿐 아니라 집단적 생산력이라는 새로운 형태인 매뉴팩처의 형성을 촉진하였다. 또한 이에 참여한 수차 제작공들은 수차, 풍차의 제작법과 그 외에 기계적 메커니즘, 즉 기계와 수리기술을 연구개발하는 '기사'로 전환되었다. 여기서 도구로부터 기계로의 변혁이 싹텄다.

화약과 대포—봉건사회의 몰락

13세기 말 이전부터 유럽에서는 불꽃의 제조법이 알려져 있었다. 하지만 화약을 사용한 것은 14세기 초기였다. 일반적으로 화공술용의 혼합물(흑색화약—질산칼륨, 유황, 숯)에 관한 지식은 동양으로부터 전파되었는데 비잔틴이 이슬람권을 통해서 들여온 것이 분명하다. 유럽 사람들이 폴란드, 러시아, 페르시아 등지에서 몽고 세력과 직접 접촉했지만, 화약이 최초로 나타난 곳은 서유럽이었다. 이런 점으로 미루어볼 때 몽고인들이 지배하고 있던 중국의 화공술상의 여러 발명은 몽고인들에게 거의 이용되지 않았다고 볼 수 있다.

흑색화약 제조와 관련한 지식이 중국에서 이슬람을 거쳐서 어떤 경로로 전파되었는가는 확실히 증명할 길이 없다. 하지만 적당한 처방과 폭발력의 사용법 등을 유럽보다 중국이 훨씬 일찍 알고 있었던 것은 확실하다. 이에 관한 한 가지 처방은 『무경총요』(武經總要, 원전은 1044년)에 기록되어 있는데 원료의 상당한 부분이 탄화수소로 되어 있다. 따라서 이 처방은 폭약이라기보다는 "격렬하게 타는 불"이라고 보는 편이 어울린다. 그 당시 중국 사람은 기계장치로 발사하는 불화살과 기타 불 붙이는 방법을 잘 알고 있었다. 이처럼 불 붙이는 도구의 사용으로부터 폭약의 처방이 우연히 개량되고 그후 질산칼륨이 첨가되었다. 결국 화약이 든 죽통이 군사용으로 등장하였다. 이것은 수류탄의 초기형태로 손이나 기계장치로 멀리 던져서 효과를 얻었다.

그후 통에다 화약과 발사물을 장진하고, 한줄로 정렬된 장치에 차례로 불을 붙이는 방법이 나왔는데, 이 단계는 13세기 중엽 중국에서 시작되었다. 그후 금속제 총신을 이용하여 화약의 힘을 효과적으로 제어함으로써 총알을 발사하는 데 성공하였다. 이런 과정을 거쳐 결국 원시적인 총포가 발명된 것이다. 이후 총포는 유럽의 전쟁에서 제법 일반화되었다. 따라서 유럽인의 총포사용은 중국보다 훨씬 빨랐다고 할 수 있다.

대포가 사용된 확실한 최초의 연도는 1325년이다. 에드워드 3세는 1345년 프랑스 침공을 위해서 대포를 제작하라고 명하였고, 다음해 그것을 카레의 포위 공격시에 사용하였다. 초기의 대포는 아주 작아서 그 무게가 9~18kg을 넘지 못했다. 14세기 말에는 약 68kg짜리가 "거포"로 알려졌다. 재료는 구리의 합금인데 확실한 조성은 알 수 없다. 구리의 합금으로 만든 대포는 14세기 중엽에 선보였고, 뒤를 이어 이 세기 말엽에는 커다란 조립식 철포가 제작되었다.

최초의 대포는 구경에 비해서 사정거리가 짧았고 비용 때문에 1350년까지 쇠 대신 포탄으로 돌이 사용되었다. 그러나 14세기 중엽부터 대포의 크기가 급속히 커졌다. 리처드 2세 때 런던탑에 장착하기 위해서 구입한 대포는 각각 약 140kg, 180kg, 270kg짜리였다. 하지만 야금법이 그다지 발달하지 못했으므로 대포가 이따금 파열되기도 하였다. 1460년에 제임스 2세가 스코틀랜드의 한 전투에서 이런 사고로 죽기도 하였다.

이처럼 총포에 화약을 사용함으로써 이를 소유한 문명인은 미개인보다 우위에 설 수 있었고, 따라서 식민지 개척에 큰 도움이 되었다. 화약은 함포에도 이용되었다. 대포로 장비된 배는 식민지로부터 많은 재산을 본국으로 옮길 수 있었고, 그 자본은 산업혁명시 자본으로서의 구실을 하였다. 결국 화약과 대포는 중세사회를 정치적으로나 경제적으로 뒤흔들어 놓았을 뿐 아니라, 사상체계를 변혁시키는 데에도 적지 않은 영향을 끼쳤다. 그리고 문명인들 사이의 세력 균형에도 큰 변화가 일어났다.

그런데 대포의 제작에는 많은 철이 필요하여 막대한 비용이 소요되었다. 그래서 지방의 봉건영주들은 대포를 갖지 못한 데 반하여, 도시의 상공업자들의 지지를 받은 중앙의 왕은 손쉽게 대포를 소유할 수 있었다. 그 결과 중앙의 왕들은 봉건귀족과 영주들의 세력을 약화시킬 수 있었으므로 봉건사회 몰락의 한 계기를 마련하였고, 나아가서 근대국가 성립의 기초가 되었다.

한편 화약의 발명은 화약의 폭발현상, 탄환의 비행문제 등을 출현시키고, 실제상의 문제를 해결하기 위해서 새로운 연구방법과 다른 과학 분야의 연구를 유발시켰다. 다시 말해서 화약의 폭발을 설명하기 위해서 화학과 물리학이, 포신제작을 위해서 정밀기계의 발달이 촉진되었다. 더욱이 탄환의 운동연구는 새로운 동역학의 발달을 자극하였고, 이것이 수학 발달의 계기가 되었다.

나침반－항해술의 발달

12세기 언제부터인가 천연 자석이 남북을 가리키는 성질이 유럽에 알려졌다. 그리고 이 천연자석에 문지른 바늘이나 철선을 물에 띄우면 북극성 쪽으로 향한다는 사실도 발견되었다. 일찍이 페니키아인에까지 거슬러 올라가 미노스인들도 항해할 때 밤에는 북쪽의 성좌인 작은 곰자리를, 낮에는 태양의 진로를 따라서 배의 키를 조정하였다. 그러나 하늘에 구름이 끼었을 때는 방향을 잃게 되므로, 이들은 천연 자석에다 문지른 바늘을 한 조각의 코르크나 지푸라기에 얹어 물 위에 띄움으로써 방향을 찾았다고 한다.

초기의 항해자는 더 이상 개량된 항해기구를 갖지 못하였지만, 1180년 무렵부터 회전하는 축에 바늘을 얹어 놓은 장치가 개발되었고, 다음 세기의 전반에는 나침반 방위의 명칭을 32개로 분류하였다. 이로써 항해지도와 해도가 정확하게 만들어졌다. 이 발명으로 고대의 연안항해는 원양항해로 바뀌었고 나아가서 대양과 신대륙을 탐험하게 되었다. 그리고 그곳을 전쟁과 상업의 무대로 삼아 급속한 경제적, 정치적 변혁이 이루어졌다.

나침반의 발명에 의한 항해술의 발달은 여러 부문의 과학적 연구를 유발하는 원동력이 되었다. 원양항해는 연안항해의 경우와 달라서 천체관측과 해도(海圖)가 필수적이었으므로 정밀한 천문학적 지식을 요구하였고, 새롭고 정량적인 지리학과 배 위에서 사용하기 편리한 기구의 개발에 직접적인 자극을 주었다. 그리고 항해용 기구의 필요에서 정밀공업이 탄생하고 나아가서 정밀 측정의 표준이 높아지게 되었다.

지리상 발견의 영향은 매우 컸다. 지리상의 발견은 장기적으로 보면 유럽과 세계의 다른 지역의 모습을 바꾸어 놓을 정도로 컸다. 그렇기 때문에 아담 스미스는 이를 가리켜 '인류 역사상 가장 거대하고 가장 중요한 사건'이라고 평가하였다. 지리상의 발견으로 유럽의 물질생활이 풍요해지고 유럽의 경제는 비약하였다. 특히 막대한 양의 금과 은의 유입은 유럽 경제에 큰 영향을 미쳤고 16세기 초를 기준으로 1세기 동안 물가가 2~3배로 앙등하는 이른바 가격혁명이 일어났다. 그리고 이 가격 혁명은 고정된 지대수입으로 생활하는 지주와 임금노동자에게 타격을 주는 한편, 상인과 생산업자들 그리고 신흥자본가에게는 유리하였다.

또 장기적인 관점에서 유럽경제에 결정적인 영향을 준 것은 유럽의 상인과 제조업자에게 광대한 새로운 시장이 출현한 것이다. 아담 스미스는 이에 관하여 다음과 같이 지적하였다. 이러한 거대한 새로운 시장의 출현과 확대는 유럽의 상인과 제조업자에게 전례 없는 자극과 기회를 제공하였고, 유럽 경제를 비약적으로 발전시켰다. 새로운 부와 자본이 축적되고 새로운 근대적 기업형태인 주식회사가 나타났으며, 금융업은 보다 합리적인 체제를 갖추게 되었다. 그리하여 세계적인 규모의 자본주의 체제가 본격적으로 발전하고 시민계급(중산계급)이 무럭무럭 자라나게 되었다. 일부 역사가는 16세기 이후의 이러한 상업상의 큰 변혁과 이를 바탕으로 한 새로운 유럽 경제의 비약적인 발전을 가리켜 "상업혁명"이라고 부르기도 한다. 이리하여 유럽의 국가들은 이 새로 열린 세계시장의 확보를 목표로 치열한 경쟁에 나서게 되었으며, 식민지 획득에 열을 올리게 되었다.

이런 면에서 지리상의 발견은 세계사의 거대한 전환점이었다. 이로 말미암아 종전까지 비교적 서로 고립되어 독자적인 문화와 역사발전의 길을 걸어 오던 국가와 지역이 이제 직접적인 접촉을 통하여 밀접한 연관성을 가지게 되었다. 그것은 날이 갈수록 더욱 확대되어 우리가 오늘날 보는 바와 같은 세계사를 성립하는 계기가 되었다.

인쇄술과 제지술 — 지적 혁명의 유발

인쇄술이 발달하기 이전에는 사람이 손으로 원본을 일일이 베끼는 도리밖에 없었으므로, 책값이 매우 비싸고 수량도 적어서 부자와 수도원, 그리고 대학만이 책을 가질 수 있었다. 또 세심한 주의에도 불구하고 오자나 탈자가 자주 생겼다. 따라서 인쇄술 발달의 필요성은 매우 컸다. 초기의 인쇄술은 나무나 금속에 글자를 반대로 새겨서 잉크를 바르고 부드러운 물건이나 종이를 덮고 눌렀다.

그러나 독일의 기술자 구텐베르그[19]가 생각한 방법은 한번에 한 개의 인장을 누르는 것이 아니라, 작은 글자를 새긴 인장을 조합하여 한 페이지분을 인쇄하고, 다음에 이것을 해판하여 다시 다음 페이지분을 조합할 수 있으므로, 한정된 수의 활자로 몇 종류의 책을 짧은 시간 안에 많이 인쇄할 수 있었다. 그러나 실제적인 발전을 위해서는 부속물의 개발이 병행되어야 하였다. 예들 들어 인쇄에 적합한 잉크와 똑고른 활자를 만드는 주조기술이 개발되어야만 하였다. 특히 이때 다행히도 중국의 제지법이 유럽에 보급되었다.

인쇄술의 착상이 구텐베르그의 머리에 떠오른 것은 다분히 순간적이었으나 실질적인 진전이 이룩된 것은 20년 후였다. 1434년에 대사업의 준비를 완료한 구텐베르그는 성서의 출판을 시작하였다. 이것은 좌우 2열로 나누어진 1페이지 42행의 라틴어 성서였다. 이 성서는 1,282페이지의 큰 책으로서 처음 3백 권을 인쇄하였다. 이것이 곧 "구텐베르그 성서"이다. 이 성서는 최초의 인쇄본이었고 많은 사람으로부터 격찬을 받았다. 그는 성서의 출판에는 성공하였지만 불행하게도 빚 때문에 소송에 패하여 인쇄 시설을 모두 몰수당하였다. 그가 출판한 성서는 곧 유럽 전역에 보급되어 성서의 가르침을 널리 보급할 수 있었다. 종교개혁이 루터[20]에 의해 성공한 것도 루터가 예리한 문장을 실은 인쇄물을 인쇄기를 이용하여 많이 찍어 내어 공격했기 때문이다.

이처럼 15세기 후반 유럽에서 일어난 활판인쇄술의 발전은 서구 문명의 성격을 변화시켰다. 콘스탄티노플이 함락된 1453년에 태어난 사람이 50살이 되었을 때에는 8백만 권의 책자가 인쇄되었다. 구식 수법으로 양심적이고 노련한 필경사가 1년에 책 2권을 만들 수 있는 데 비하여, 16세기에는 1년에 에라스무스 판 2만 4천부를 한 인쇄소에서 출판할 수 있게 되었다. 이 영향으로 각 지방의 사투리가 표준어로 통일되었다. 더욱이 인쇄술의 발달이 유럽의 르네상스와 밀접하게 관련된 사실은 매우 의미있다. 이 시기의 지적 격동과 사회구조의 확대는 보다 용이한 전달 수단을 요구하였으므로 양피지 위에 쓰는 것보다 훨씬 빠른 기록과 사상 전달의 방안을 강구한 것은 당연한 일이었다.

고대부터 중세에 걸쳐서 종이가 없었던 때에는 고대 바빌로니아에서는 주로 말린 점토판을 이용하였고, 이집트에서는 갈대를 쪼개어 붙인 파피루스를 사용하였다. 양피지는 파피루스보다 진보된 종이로서 파피루스처럼 단면이 아니라

---

19) Johann Gutenberg, 약 1398~1468
20) Martin Luther, 1483~1546

양면을 사용할 수 있고 질겼다. 따라서 중세를 통하여 사본에는 주로 양피지가 사용되었으나, 양피지로 2백 페이지의 문서를 만드는 데는 25마리의 양이 필요할 정도였으므로 값이 비싸서, 중세까지 책은 사실상 대중화되지 못한 하나의 귀중품이었다.

인쇄술에 대한 최초의 자극은 13세기 초기 이슬람 제국으로부터 유럽에 유입된 제지술에 의한 것은 의심할 바 없다. 종이 같은 재료가 나왔을 때 모든 사람의 마음속에 그 위에 인쇄를 해보고자 하는 생각이 떠오른 것은 당연하였다. 초기 제지술의 중심지 부근에서 인쇄와 관련된 물건들이 발견된 것은 인쇄술과 제지술의 발달 사이에 밀접한 관계가 있음을 잘 보여주고 있다.

한편 지금과 같은 종이는 중국에서 유래하였다. 제지술은 105년 후한의 화제(和帝) 때 채륜[21]이 발명하였다. 제지 원료는 나무껍질이나 마(麻) 등의 식물성 섬유였다. 704년(혹은 715년) 이슬람인이 사마르칸드를 정복하였을 때에 포로가 된 중국인 중에 제지공이 있었다. 그에게서 제지술이 유럽에 전해졌고 "사마르칸드 종이"가 이슬람 영토 내에서 양피지를 몰아내기 시작하였다. 825년에 다마스커스에 제지공장이 세워졌고 이어서 제지술은 1150년경 이슬람인에 의해서 스페인으로, 1189년경 남프랑스에, 1276년경 이탈리아에, 그리고 1309년 영국에 제지술이 전해졌다. 이처럼 서유럽에 종이가 보급되었지만 양피지는 바로 사라지지 않았다. 오히려 처음에는 종이의 품질이 나빠서 보존할 수 없었고 잘 찢어져서 계속해서 양피지가 사용되었다. 종이의 질이 향상되고 그 진가가 인정된 것은 인쇄술이 완성된 뒤였다.

---

21) 蔡倫, ?∼107

3. 이슬람 세계의 과학

이슬람 과학의 배경

이슬람 과학의 시기는 약 750~1200년 무렵이다. 서유럽에서 봉건제도가 싹틀 무렵인 631년 마호메트[22]는 분열과 파탄으로 무너져가는 아라비아를 이슬람교라는 신앙의 불꽃으로 통일하였다. 그로부터 약 20년 사이에 시리아, 페르시아, 이집트가 그의 영향권으로 들어왔고, 이어서 카르타고가 점령하고 있던 북아프리카 일대가 그의 지배하에 들어왔다. 이어서 서고트제국(지금의 스페인), 중앙아시아, 북부 인도까지 그의 통치하에 들어왔다. 이슬람에 번영을 가져온 것은 상업으로서 바다를 넘고 사막을 건너 각지의 생산품을 교환하고, 또한 각지의 문물을 가지고 돌아온 것이 바탕이 되었다. 이것이 이슬람 문화 발전의 기초를 이루었다.

이슬람 세계는 이슬람교를 주축으로 한 사회였으므로 과학 분야에서 기독교 세계와는 본질적으로 다른 모습을 보였다. 정치와 종교의 전권자이자 마호메트의 후계자인 칼리프(Caliph)는 처음에는 이교도에게 도전적이었으나, 점차 안정기를 맞이하면서부터 종교적, 민족적인 차별을 버렸다. 역대 칼리프들은 여러 곳에서 저명한 학자와 기술자를 초빙하고 이들을 우대하여 고대 그리스 문헌의 번역과 연구에 힘을 기울임으로써 중세 유럽에서 볼 수 없는 큰 성과를 남겼다. 그들의 연구는 사변에 의한 것이 아니라 자연을 세밀히 관찰하고 완전하지는 않지만 실험을 통하여 자연의 여러 문제를 해결하려고 노력한 것이었다. 중세에 있어서 이슬람은 지적으로 우위에 놓여 있었다. 예언자 마호메트는 신도들에게 죽음의 묘지에 들어갈 때까지 지식을 탐구할 것을 소망하였고, 그런 소망이 중국처럼 먼 곳까지 가서 지식을 구하려는 동기를 이슬람교도들에게 부여하였다. 그들은 지식 탐구를 위한 여행을 천국의 길에 접하는 여행이라고 생각하였다. 특히 이같은 강력한 종교적 기초는 교육에 대한 강한 관심도 유발하였다.

마호메트가 죽은 이후의 칼리프들은 현명한 통치자였을 뿐 아니라 학문의 옹호자로서 자신의 궁정을 학문 연구의 중심지로 삼았다. 그들은 유명한 학자를 궁정에 초빙하고 그들로 하여금 인도와 그리스 수학의 많은 저작을 이슬람어로 번역하도록 하고 이를 완벽하게 보존함으로써, 그후 중세 유럽의 학자들은 이를 다시 라틴어와 다른 언어로 번역하여 르네상스 시대의 학문 발전의 활력소를 제공하였다. 과학사가 사튼은 "우리들의 언어와 문화 속에는 많은 이슬람의 요소

---

22) Mahomet, 약 570~632년

가 지금도 존재하고 있다"고 하였다.

이슬람 세계가 과학사에 있어서 세계사적 중요성을 지닌 시기는 중세이므로, 보통 이슬람 과학이란 중세의 이슬람 과학을 의미한다. 이것은 이슬람에 의해서 통일된 지역, 즉 동쪽으로는 중앙아시아로부터 서쪽으로는 스페인 남부, 남쪽으로는 이집트에서 북아프리카 지역에서, 8세기 후반부터 15세기에 걸쳐서 이슬람어로 문화활동을 한 사람들의 과학이다. 이 8세기부터 15세기에 해당되는 이슬람 과학은 세부적으로 몇 개의 시대로 구분된다.

8세기 후반부터 9세기에 걸쳐서 이슬람 문화의 중심은 바그다드였는데, 페르시아와 인도, 시리아, 이집트로부터 우수한 학자가 압바스 왕조의 도읍에 운집하고, 여기서 우수한 과학문헌이 이슬람어로 번역되면서 이슬람 과학은 활짝 피어났다. 이를 "압바스기의 과학"이라 부른다.

이후 10세기에 들어오면 압바스 왕가에 의해서 멸망한 우마야드 왕조의 왕족이 스페인으로 도망쳐 세운 서쪽의 우마야드 왕조의 문화가 부흥하였다. 또 이집트에서는 카이로를 중심으로 파디머 왕조가 영광을 누리고 여기에도 바그다드처럼 훌륭한 학술연구소가 세워지는 등 과학문화가 진흥되었다. 그러므로 10세기부터 11세기에 걸친 시기에 동에서는 바그다드, 서에서는 코르도바, 남에서는 카이로를 중심으로 이슬람 과학이 황금시대를 이루었다. 이 시대를 "전 이슬람기의 과학"이라 부른다.

12세기에 이르러 동이슬람권을 대신해서 안달루시아의 우마야드 왕조가 번성하고 전 시대부터 축적된 문화적 기틀을 완성하였다. 그리고 이 무렵에 남스페인 특히 톨레도를 중심으로 한 이슬람 과학은 서유럽 라틴 세계로 흘러들어갔고, 또한 점차 모로코를 위시하여 북아프리카의 마그레브로 거점을 옮겼다. 13세기 이후에는 동이슬람권은 몽골이나 티무르 지배하에서 그 최후의 빛을 발하였다. 이 시대를 "안달루시아, 몽골기의 과학"이라 부른다.

이처럼 이슬람 과학은 약 7백 년에 걸쳐서 중세 최고 수준의 과학을 발전시키고 유지하였다.

알 마문과 "지혜의 집"

서기 800년 무렵 바그다드는 학문의 중심지가 되었다. 철학자이며 신학자였던 4대 칼리프 알 마문은 합리적인 정신의 소유자로서 828년 도서관과 번역기관의 결합체인 지혜의 집(Bait al-Hikma)을 설립하였다. 지혜의 집은 기원전 3세기 전반 알렉산드리아의 국립연구기관인 무제이온의 설립 이래 가장 훌륭한 연구기관이었다. 그는 당시 비잔틴 제국의 허가를 얻어 그리스어 원전을 구하기 위하여 대상을 파견하고, 그리스의 중요한 원전을 얻어 모두 이슬람어로 번역하는 일을 학자들에게 위임하였다. 이슬람 문화권에서는 기독교도, 유태교도, 조로아스터교도 출신의 학자들이 차별을 받지 않고 등용되었다. 그들은 모두 종교적으로나 인종적으로 달랐지만 한 가지 공통점은 모두가 한결같이 이슬람의 언어로 번역하고 저술한 점이다. 그 결과 프톨레마이오스, 유클리드, 아리스토텔레스 외에 많은 학자들의 저서가 바그다드나 시리아와 스페인에 있는 이슬람 대학에까지 널리 보급되었다. 그리고 이곳을 통해서 과학지식의 암흑지역이었던 중세 유럽으로까지 흘러들어 갔다.

알 마문 시대의 대표적인 번역가인 후나인 이븐 이샤크[23]는 많은 협력자와 함께 갈레노스, 히포크라테스, 프톨레마이오스, 유클리드, 아리스토텔레스, 기타 1백 권 이상의 그리스 과학저서를 이슬람어로 번역하였다. 그는 시리아어 번역이 있을 때는 그것을 사용하였지만 그리스어와 엄밀하게 비교하였으므로 그 방법은 근대적인 문헌비판을 생각케 한다. 그와 견줄 만한 또 한 사람의 번역자는 타비트 이븐 쿠라[24]이다. 바그다드에 온 그는 번역학교를 세우고 많은 제자와 함께 그리스 과학서적의 번역과 연구에 전심하였다.

바그다드와 코르도바에는 많은 학교와 연구소, 도서관, 천문대 등이 있었고 코르도바 도서관의 장서는 60만 권이었다. 천문대는 829년 알 마문이 바그다드에 건설하였다. 과학사가 사튼은 "나는 다음과 같은 사실을 주장하지 않으면 안 된다. 이슬람 학자들의 주된 업무는 그리스 저작의 번역과 그의 동화에 있었으나, 그들은 그 이상의 것을 남겨 놓았다. 그들은 단지 고대의 지식을 전달하였을 뿐 아니라 새로운 것을 창조하였다……." 이처럼 이슬람 과학은 동서문명의 교류라는 토양 위에 만들어졌다.

아라비아 숫자의 발명과 보급

산술은 문자와 말이 발달하기 이전부터 존재하였다. 그러므로 산술에서 파생된 수학의 역사는 문명사의 일부분이다. 이슬람의 수학사는 세 시기로 나눌 수 있다. 수용과 동화의 시기(850년경까지), 창조의 시기(1200년경까지), 쇠퇴의 시기(1200년경 이후)이다.

초기의 이슬람의 문자는 이슬람인들 사이에서 숫자로 쓰여졌다. 그러므로 아라비아 숫자는 인도에서 고대에 사용한 9개의 산스크리트 문자와 관련이 있다고 믿어진다. 이것이 이슬람에 전해지고, 이슬람 자신도 이를 인도 숫자라 부르고 있지만, 숫자의 기원은 다소 불확실하고 애매하다. 몇몇 수학사가들은 인도라 부르는 것은 반드시 숫자가 인도에 기원한다는 의미는 아니라고 말하고 있다. 아라비

23) Hunain Ibn Ishag, 약 809년~877년
24) Thabit Ibn Qurra, 826~901

a) ١ ٢ ٣ ٤ ٤ ٤ ٦ ٦ ٥ ٥ ٥

b) ١ ٢ ٣ ٤ ٤ ٥ ٥ ٢ ٧ ٨ ٩ ٠

c) ١ ٢ ٣ ٩ ٤ ٤ ٥ ٢ ٣ ٩ ٠

d) ١ ٢ ٣ ٤ ٤ ٤ ٩ ٢ ٨ ٩ ٠
변형 : ٢ ٢ ٢ ٤ ٢ ٨

e) ١ ٢ ٣ ٤ ٤ ٥ ٦ ٢ ٨ ٩ ٠

f) ١ ٢ ٣ 4 5 6 7 8 9 0

아라비아 숫자의 변천

아 숫자가 사용된 최초의 아리비아 저서는 874년에 쓰여졌다.

이슬람 수학은 동양의 새로운 수 언어와 서양의 고전 수학의 결합이라 말할 수 있는데, 기수법의 발견이 인도 사람에 의해서였든 이슬람에 의해서였든 이슬람 수학자가 10진법을 세계에 보급한 것만은 의심할 여지가 없다. 위치에 바탕을 둔 아라비아 기수법은 인간 지성의 가장 가치 있는 결과의 하나이며, 찬사를 받을 가치가 있다. 만약 10진법을 인류에게서 잠시 빼앗고 다른 체계인 불편한 방법으로 계산을 한다면, 10진법의 발명이 인류에 던져준 이익이 보다 실감나게 이해될 것이다. 이 우수한 기수법이 산술에 이용되면서 인류문명에 크게 기여하였다.

이슬람은 0을 창안하였다. 아라비아 숫자에서 0만큼 큰 의미를 가진 숫자도 없다. 0을 이슬람인들은 'Sifr(호)'이라 불렀다. 0은 '없다'는 기호로 쓰이는 외에 많은 의미를 지닌다. 이 작은 원은 실제로 위대한 수학상 혁신의 하나였다. 0에다가 아홉 개의 기본 숫자를 조합하면 값이 무한히 변하는 많은 수가 만들어진다. 0이 없다면 어떤 수의 체계보다도 복잡하고 불편하다. 0에 관한 가장 오랜 기록은 876년의 한 비문에서 발견되었다. 중세 유럽이 이슬람으로부터 0을 받아들여 사용하는 데는 적어도 250년이 걸렸다. 이처럼 이슬람과 학자의 노력으로 10진법의 기수법에다 0이 사용됨으로써 과학을 촉진시키는 바탕이 주어졌고, 또한 산술의 기본 연산이 교묘하게 단순화되고 체계화되었다.

유럽의 경우 아라비아 숫자는 13세기나 되어 비로소 이슬람에서 도입되었다. 이러한 수 체계의 창안과 유럽에의 전달은 수학사상 가장 위대한 공헌의 하나이다. 아라비아 숫자를 사용하기 이전에 유럽은 불편한 로마 숫자를 사용하고 있었다. 10진법인 아라비아의 기수법은 "1843"이라는 수를 4개의 숫자로 쓸 수 있지만, 로마 숫자의 경우는 10개가 필요하다. 간단한 산술 문제의 답을 쓸 때에도 로마 숫자는 시간과 노력이 크게 낭비되었다. 그러나 아라비아 숫자는 복잡한 수학문제도 계산이 비교적 간단하다.

알 콰리즈미와 대수학

이슬람은 수학분야에서도 그리스의 많은 저작을 번역하였다. 그들은 여기서 만족하지 않고 대수의 연구분야에 창조적이고 진보적인 면을 보여주었다. 알 콰리즈미[25]는 이슬람 과학 전성기 때의 최고의 과학자로 수학, 천문학, 지리학, 역학(曆學) 등에 훌륭한 공헌을 하고, 후에 이슬람 세계뿐 아니라 라틴어역을 통해서 서유럽에도 알려졌다. 그의 저작의 원본은 없어졌지만 라틴 세계에 전해진 『알 콰리즈미의 책』[26]이라는 저서가 남아 있다[아랍수학에서 "이항"을 뜻하는 Al-jar는 라틴어로 aljebra(영어의 algebra, 대수학)가 되었다. 또 알 콰리즈미라는 이름은 algorism으로 바뀌었는데 이 말은 "계산의 기술", 즉 오늘날의 산수(arithmetic)를 의미하는 말이 되었다]. 여기에는 방정식의 해법뿐 아니라 실용 측량계산과 이슬람법에서 중요한 문제인 유산상속에 관한 계산이 들어 있다. 그는 기하학적인 방법으로 1원 1차 방정식과 1원 2차 방정식을 풀었고 방정식의 전통적인 해법 외에, 그래프에 의한 2차 방정식의 해법도 창안하였다. 이슬람 산술의 라틴어 번역본이 케임브리지대학 도서관에서 1857년에 발견되었는데, 이것은 12세기 영국학자에 의해서 번역된 알 콰리즈미의 산술에 관한 교과서의 사본이다.

알 콰리즈미는 대수의 전개에 있어서 수를 유한한 양으로 보는 산술에서 무한한 가능성의 원리로 전환시켰다. 산술로부터 대수로의 전환은 본질적으로는 존재로부터 생성으로, 또 그리스의 정적인 우주로부터 이슬람의 동적인 영생으로의 변화였다. 그는 "대수의 아버지"라 불릴 만한 자격이 있다. 그는 중세의 어떤 수학자보다 큰 업적을 남겼으며 당시 가장 위대한 수학자였다. 그의 연구에는 항상 독창적이고 과학적 천재성이 나타나 있다.

한편 삼각법은 이슬람의 독창적인 창조물로서 두 가지의 실용적인 요구, 즉 천문학과 기하학에 의해서 형성되었고 넓은 범위까지 발전하였다. 그들은 알렉산드리아와 인도의 유산을 체계화하고 특히 평면삼각법과 구면삼각법에 공헌하였다. 해석기하학과 대수도 그러하지만 삼각법의 사용으로 천문항해법이 발명되었다.

알 콰리즈미는 이슬람 세계를 상세하게 기술한 지도를 작성하였는데, 이것은 이슬람 지리학상 매우 중요하였지만 서유럽에는 알려져 있지 않다. 그의 천문표는 알 바타니의 천문표가 나온 뒤에도 보급되고 12세기에 라틴어로 번역되어 "톨레도 천문표"의 근거가 되었다.

이슬람 수학자 중에 큰 업적을 남긴 사람으로 알 킨디[27]가 있다. 그는 순수한 이슬람 혈통을 받은 이슬람 최초의 철학자로서, 이 시대에 가장 학식이 많은 학자이다. 그는 논리학, 철학, 기하학, 수학, 음악, 천문학 등 고대학문 전체의 지식에 특출하였고, 특히 산술분야에서 11종의 교과서를 남겼다.

---

25) al Khwarizmi, Muhammad Ibn~Musa, 약 780~약 850
26) *Liber Algorismi*
27) al-Kindi, 약 801~873

알 바타니와 천문학

알 바타니[28]는 이슬람의 왕자로서 시리아의 통치자이자 동시에 이슬람 최고의 천문학자이자 수학자였다. 여행이나 항해할 때 방향을 정하는 수단으로써 천체의 위치관측은 필수적인데, 이슬람인은 정확하게 천체관측을 하여 풍부한 자료를 후세에 남겼다. 다만 천문학의 체계화에는 별로 흥미가 없었다. 알 바타니는 이슬람 세계에 처음으로 프톨레마이오스의 천문학 체계를 도입하였다. 그는 관측가로서 뛰어나서 새로운 관측으로 프톨레마이오스의 관측치 몇 개를 수정하였다. 예를 들면 춘분점의 역행(세차운동)이 100년에 4번 있다고 한데 반하여 66년에 1번이라고 하였다(실제로는 72년에 1번).

알 바타니는 구면삼각법의 원리를 알고 있었다. 9세기경 그들은 신의 신비와 하늘과 땅 사이의 관계를 연구했는데, 이런 점에서 구면삼각법에 관심을 가졌다. 이것은 이슬람의 최대 공적이라 할 수 있는데, 그는 그 주요한 제안자였다. 그는 삼각함수와 삼각항등식의 근대적 개념과 기호를 발전시켰다. 이것은 기하학이 측량이나 천문학에 실제로 응용되고, 또한 대수와 물리학의 연구를 돕는 데 기여하였다. 또 산술과 대수의 기하학에 대한 응용과는 반대로, 기하학적 수단에 의한 대수 문제의 해명은 이슬람 쪽이 그리스나 인도를 훨씬 능가하였다.

천문학과 함께 점성술도 성행하였다. 당시는 물론 훨씬 후세까지 천문학과 점성술은 일체화되어 우수한 천문학자는 바로 뛰어난 점성술사였다. 고대 농업사회의 통치가 달력의 관리와 밀접한 관계가 있는 것은 말할 나위도 없으며, 이렇게 달력의 관리가 정치의 일환으로 맞물려진 이후, 공동체 사회의 운명은 달력과 밀접하게 관련되었다. 천체관측은 달력에서 가시화되며, 천체의 운행은 사회의 운행과 관련되었다. 이 관계가 완전한 대응관계, 혹은 인과성을 보일 때 거기서 점성술의 존재 의의가 확인되었다. 천체의 운행이 사회의 진행과 대응하며, 천체의 움직임으로부터 사회현상이 예견된다. 또 인체의 각 기관과 장기도 천체의 배치, 운행과 연결되어 있는 것으로 여겼으므로, 의사는 별을 보고 환자를 치료하였다. 별을 보는 것을 직업으로 하는 사람은 천문학자이자 동시에 점성술사이고 의사였다.

의학과 광학

이 지역은 동으로 페르시아, 중국과 인도, 서쪽으로는 이집트, 북으로는 시리아와 접하고 있기 때문에 옛날부터 인종, 문물, 종교가 교류되는 장소였다. 따라서 이슬람 의학은 이슬람인, 이슬람 교도, 이슬람 문헌에만 한정되지 않았다.

---

28) Abu-alliah Muhammad ibn-Jabir ibn Sinan al-Battani, 라틴 이름 Albategnius 약 858~929

이슬람 의학은 압바스 왕조의 수도인 바그다드나 그후 각지에 성립된 지방정권을 거점으로 번성한 여러 문화의 집대성적인 의의를 지녔다.

특히 히포크라테스, 갈레노스의 저서가 이슬람에 도입되어 지혜의 집을 중심으로 조직적으로 대량 번역된 것이 9세기였다. 이론적 체계나 지식뿐 아니라 헬레니즘 사회에서 이용되던 독사 등의 해독제가 이슬람에서 크게 환영받았고, 만병통치의 영약으로서 독자적인 조제법이 개발되었다. 여기에 전통적인 치료방법, 예언자의 의학, 다분히 종교적인 맥락에서의 정신적 의료(코란은 최고의 약)가 있었다. 고전기로부터 헬레니즘기에 이르기까지 그리스 의학을 위시해서 여러 외국의 의학을 소화하고, 독자의 의학으로 발돋움한 이슬람 의학은 이론과 실천을 융합한 점에서 특색이 있다. 그들은 기후, 위생, 식물의 영양, 요리의 실제적 문제를 광범위하게 연구하여 의학과 약제의 큰사전들을 출판하였다.

『의학경전』의 아라비아어 원문 표지

의학에 관한 독창적인 저술을 한 첫번째 사람은 바그다드의 중앙병원 원장인 알 라지[29]이다. 그는 1백여 권의 책을 썼는데 가장 유명한 것은 종합서로 인도, 그리스, 중국의 의학 전부를 포괄한 것이다. 그는 중국 의학과도 접촉한 것 같다. 이것은 사변적인 것을 배제하고 객관적인 관찰과 각각의 질병의 처방을 포함한 임상의학 책이다.

의학자 아비케나[30]가 쓴 『의학경전』[31]이 있다. 이 책은 이론체계의 최고봉으로 일반원리, 단일약물, 기관의 질병, 일반의 국소적 질병, 합성약물의 5권으로 되어 있다. 특히 눈, 코, 귀, 지혈의 외과문제와 해독, 천연두 등은 눈에 띈다. 이 책은 13세기 라틴어로 번역된 후 17세기까지 유럽에서 의학 교과서로 계속 사용되었다.

아비케나는 10세 때 코란을 암기했다는 신동으로 이슬람 최고의 교육을 받았다. 이 시기의 이슬람제국은 높은 수준의 문명을 지녔지만 불행히도 분열되어 싸웠으므로 이 위대한 의학자에게도 안전한 장소는 없었다. 여러 국왕에게 봉사하여 명예와 부를 얻었고, 또한 연구의 기회도 있었지만 정정이 불안하여 몇 차례 위험에 직면하였다고 한다. 그러나 알 라지와 아비케나가 쓴 책들은 모두 이

---

29) al-Razi, 라틴 이름 Rhazes, 865~925
30) Avicenna, 979~1037 , 아랍이름 Abu Ali al-Husayn Ibn Abdallah Ibn Sina
31) *Canon of medicine*

론과 실제가 유기적으로 결합된 명저이다. 더욱이 두 사람 모두 심리요법에 중점을 둔 것은 의학이 종교나 철학의 이해와 결부되어 있다는 사실을 보여준다.

특히 의학의 한 분과인 안과가 크게 진보하였다. 원래 사막이나 열대 지방에는 눈병이 많아서 눈의 생리적 문제에 관심을 가졌고, 빛과 색, 거리와 크기, 그리고 눈의 구조와 대응되는 렌즈의 연구도 하였다. 광학자인 알 하젠[32]의 『광학』[33] 7권의 광학지식은 서유럽에 큰 영향을 주었다. 광선은 대상으로부터 출발하여 눈에 들어온다는 이론하에서 빛의 굴절과 반사의 법칙이 보충되었다. 그리고 렌즈에 관한 연구는 그후 뉴튼의 광학연구로 이어졌다. 그는 수학적 엄밀성과 실험에 의한 증명을 중시한 근대적 형태의 과학자로서도 주목된다.

한편 철학자이며 의사인 마이모니데스[34]와 이븐 알 나피스[35]는 갈레노스를 비판하였다. 이븐 알 나피스는 갈레노스에 더욱 비판적이었다. 심장의 격막은 단단하고 구멍이 없으며, 피는 폐를 통해서 우심실에서 좌심실로 흘러간다고 하는 소순환을 발견하였다. 이 무렵 유럽에서는 외과치료에 주술이나 미신적 치료가 유행하였는데 그는 외과학의 항목으로 소작(燒灼)과 지혈제를 중시하였다. 또 산부인과, 눈, 귀, 치아의 외과적 치료가 있었고, 그 때문에 외과기구도 많이 개발되었다.

당시 의학은 사회적으로 큰 비중을 차지하고 있었으므로 수술실, 진찰실, 연구실, 목욕탕을 구비한 큰 병원이 설립되었고, 의사에게 자격증을 수여하기 위한 시험제도까지 있었다. 당시 질병의 치료는 일반적으로 병원이나 의원에서 실시되었다. 병원은 잘 정돈되고 새로운 설비와 기구가 갖추어져 있었다. 그 예로서 질병의 추이를 보기 위한 열의 도표 등이 있었다. 특히 정신병자에 대해서는 국가로부터의 인도적인 대우가 있었다. 그러나 이슬람 사람들은 해부학적 연구를 싫어하였으므로 인체 해부학은 고대지식의 범위를 벗어나지 못하였다. 대체적으로 이슬람 의학의 역할은 그리스 의학을 소화하여 새로운 맛을 더하였고, 유럽에 그 전통을 양도한 점에 있다.

이슬람 과학의 의의

이슬람제국의 위대한 종교적 추진력은 과학을 현저하고 급격하게 발달시켰다. 이슬람은 그리스, 인도, 이집트의 과학문화를 섭취하고 거기에다 자신의 새로운 지식을 더하여 독특한 과학체계, 특히 수학상의 업적을 이루었다. 여기에다 중세 유럽의 파괴와 피폐로부터 과학을 옹호하고 존속시킨 이른바 "냉장고적 역

---

32) Al-Hazen, 아랍이름 Abu Ali al-Hasan Ibn-al-Haytham, 965~1040
33) *Optical Thesaurs*, 1572
34) Maimonides, 1135~1204
35) Iben al-Nafis, 1210~1288

할"을 하였다. 그리고 그들의 성과는 유럽에 역수출되었다. 그 성과 중에서 이슬람의 수학은 그후 유럽의 과학발전에 불가결한 요소가 되었다. 근대 유럽의 과학은 수학의 유산 없이 번영할 수 없었다. 현대과학의 바탕이 근대 유럽에서 일어난 과학혁명의 성과라고 한다면, 이것은 바로 이슬람 과학, 특히 수학의 유산에서 얻어진 것이다.

그러나 이슬람제국은 국가의 기반이 생산력에 있지 않고 약탈경제에 있었고, 광대한 국가를 통치하는 데 필요한 조직을 상실하였기 때문에, 그 이상의 진보를 지속하지 못하였다. 왕이나 부유한 상인, 그리고 고급 관리들은 과학에 흥미를 지니고 독선적인 종교의 비난으로부터 과학자를 보호하고, 또한 후원을 아끼지 않았지만, 과학은 그 이상 발전하지 못했다. 그것은 과학자에 대한 그들의 후원이 생산과는 아무런 관계가 없는 안이한 취미상의 후원에 불과하였기 때문이었다. 사실상 당시 과학의 보호자격인 귀족과 부호, 그리고 관리의 몰락과 함께 과학도 운명을 함께 하였다. 다시 말해서 이슬람 과학은 제도상의 약점이 있었기 때문에 과학의 운명이 단축되어 버렸다.

4. 중세의 연금술

서유럽의 연금술

당시 서유럽은 그리스의 과학사상을 완벽하게 직접 받아들이지 못하고 있었지만, 이 시기에 이슬람인에 의해서 전해진 이론이 수용됨으로써 연금술의 전통은 끊이지 않았다. 그러나 중세 서유럽의 연금술사들의 이론에는 새로운 것이 그다지 많지 않았다. 그들은 모든 금속은 남성적인 황과 여성적인 수은의 결합에서 생성되며, 천한 금속은 죽음과 소생의 과정을 거쳐 고귀하게 된다고 생각하였다. 그리고 유황과 수은의 조합 비율에 따라서 금이 생기는데 이때 어떤 신비적인 요소가 필요하다고 하였다. 이 신비적인 요소가 "엘릭서"(elixir) 혹은 "현자의 돌"(philosopher's stone)이다.

한편 금속의 구성 요소는 열에 의해 분해되는데 이때 금속의 혼이 증기 형태로 도망치거나 경우에 따라서는 액체로 응축되고, 액체 속에는 금속을 구성하는 본질이 함유되어 있으므로 금속의 성질은, 그 액체 속에 함유된 혼에 의해서 결정된다고 믿었다. 이러한 액체는 극히 능동적이고 힘이 있는 것으로서 낡은 육체에 새로운 생명을 부여하며, 또한 천한 물질에 고상한 성질을 부여할 수 있다고 생각하였다. 중세 연금술사들은 금속까지도 유기체로 생각함으로써 금속은 항상 성장하고 변화한다고 생각하였다. 그러므로 황금의 형상이나 혼을 황금에서 분리시켜 이를 천한 금속에 옮겨 줌으로써 결국 황금과 같은 형상과 특징을 천한 금속에 인공적으로 부여할 수 있다고 믿었다. 그리고 그 혼이나 형상이 특히 금속의 색에 잘 나타난다고 생각한 나머지, 변색이나 착색에 관심을 가졌고, 이를 금속의 전환으로 생각하였다.

당시 교회도 신의 가호를 받아 다량의 황금을 얻을 수 있다고 굳게 믿고서 몰락되어가는 자신들의 사회적, 경제적 지위를 유지하려는 의도에서 연금술에 기대를 걸고 연금술사를 적극 후원하였다. 많은 사람들도 연금술에 광분하였다. 그래서 영국에서는 1403~4년에 금, 은을 증식하려는 사람에 대해서 사형이나 재산몰수의 극형을 내리는 금지령이 나왔다. 그러나 당시는 전쟁 중이었으므로 국왕이나 귀족들도 금이 필요하였고, 이면에는 갖가지 사기가 유행하였다.

한편 질병이 유행하여 좋은 약제를 구하려는 요구가 높아지자 연금술은 광물의 지식을 구사하여 영약을 만드는 데 주력하기도 하였다. 하지만 중세 대학에서의 학문의 주류는 연금술사들을 무시하였다. 이것은 아마도 연금술사들이 신비적인 종교에, 또 한편으로는 손을 사용하는 실제적인 활동에 관계하고 있었기 때문이었을 것이다.

이슬람의 연금술

이슬람 연금술의 기원이 그리스 사상에 있
는 것만은 의심할 여지가 없으며, 이것이 이집
트와 시리아, 페르시아를 거쳐 이슬람 사람들에
게 도달된 것도 분명하다. 10세기 무렵 이슬람
의 연금술 이론을 형성하는 데 중국의 연금술
사상의 영향도 있었던 것으로 믿어진다. 다시
말해서 서양과 동양 연금술의 두 가지의 흐름은
중간지점인 이슬람에서 만나 융합한 듯싶다. 중
요하다고 여길 만한 이슬람 최초의 연금술에 대
한 기록은 10세기 무렵 바그다드에서 이슬람 과
학이 크게 꽃필 무렵 나타났다. 물론 이 시기
이전에도 이슬람에 연금술사는 있었다.

중세 연금술사의 실험실

이슬람의 연금술 사상은 연금술사 게베르[36]
의 사상에 잘 나타나 있다. 그는 조시모스의 시
대에 도달했던 수준 이상으로 연금술을 고도로 발전시켰다. 그가 쓴 『완전한 전
서』[37]에 의하면, 그의 사상은 알렉산드리아의 그리스인 연금술 사상, 즉 아리스
토텔레스의 이론까지 거슬러 올라간다. 그의 물질에 관한 개념은 아리스토텔레
스의 원소의 전환사상에 기초를 두고 있다. 실제의 금속은 두 가지의 기본적인
성질로 결합되어져 있는데, 두 가지의 기본적인 성질이 금속에 여러 가지 성질을
부여한다. 금속의 두 가지 직접적인 성분은 보다 기본적인 네 가지의 성질(온·
냉·건·습)과는 별도로 황과 수은이라고 생각하였다. 이러한 사상은 그후 오랫
동안 화학 사상을 지배하였다. 후세의 연금술사는 게베르의 이름을 빌렸기 때문
에 "가짜 게베르"로 알려진 연금술사가 많이 있었다.

게베르에 의하면 연금술사의 임무중 첫째는, 기본적인 두 성질이 물질 속에
어떤 비율로 들어있는가를 결정하는 일, 순수한 성질을 제조하는 일, 그리고 원
하는 생성물을 만들기 위해 그것들의 적절한 양을 결합하는 일이다. 둘째는, 화
학조작과 직접적으로 연결되어 있다. 그의 연금술 이론은 그리스의 4원소설을
약간 수정하였다. 4원소가 조합하면 고체 원소인 황과 수은이 생성되는데, 황은
이상적인 가연성 성분, 수은은 이상적인 금속성 성분이므로, 두 금속을 적절하게

36) Geber, 약 721~815, 아랍어로는 Abu Musa Jabir Ibn-Hayyan라 불린다.
37) *Summa perfectionis*

조합하면 어떤 금속이든 생성된다고 한다. 또 납을 분해하면 황과 수은이 되는데 이를 다른 비율로 결합시키면 금으로 되지만, 그러나 변질을 일으키기 위해서는 어떤 신비스러운 물질인 "건조시킨 약용 분말"이 있어야 한다고 하였다.

게베르는 저서에서 대단히 많은 종류의 동물성 물질의 분해, 증류조작을 기술하였다. 이런 실험조작을 하는 데 있어서 성공의 비결은 실험을 반복하는 일로, 어떤 실험은 700번이나 반복하기도 하였다. 또 정확한 화학실험법도 기록하고 있는데 염, 질산의 제법, 식초를 증류하여 강한 아세트산을 만드는 법, 도료의 제법, 금속의 정련법 등이 있다. 그의 커다란 공적은 여러 가지 실험법을 주의깊게 기록한 점인데, 불행하게도 후세의 연금술사들은 게베르의 훌륭한 실험 지식을 계승하지 못하였다.

이슬람 연금술에서 제2의 위대한 인물은 10세기경의 알 라지이다. 그는 의사였으므로 대부분의 저서는 의학적인 내용이지만 화학적 문제에도 흥미를 가지고 있었다. 그는 이전에 거의 보이지 않았던 실제적인 과학적 방법을 화학연구에 도입하였다. 그는 많은 연금술서를 저술하였지만 그 중에서도 『비밀의 책』[38]이 가장 잘 알려져 있다. 이 책은 이름과는 달리 실제적인 처방에 관한 책이다. 이 책은 물질, 기구, 방법 등 세 부분으로 분류되어 있다. 그는 금속전환의 가능성을 믿고 있었지만 매우 뛰어난 실제적 화학자였다. 이것은 그가 신비적이고 우화적인 연금술에 흥미를 지니고 있지 않았다는 사실을 분명히 보여주고 있다.

게베르와 알 라지의 책은 신비주의나 우화적인 면이 없으므로 특히 주목할 가치가 있다. 특히 물질분류나 기구, 실험 방법에 관한 지식이 여러 곳에 나타나 있다. 금속변환이 진실이라는 것을 암시하고 있지만 신비주의 사상을 체계의 중심에 넣지는 않았다. 유명한 의사인 아비케나는 금속전환까지도 의심했는데, 그의 저서 『의학 경전』 중의 "치료의 서장"에 화학적 관찰결과가 포함되어 있다. 또 "자연에 관한 장"에서 광물의 생성에 관하여 논하였는데 광물을 석류, 가용물, 유황류, 염류로 나누었다. 수은은 가용물로서 금속과 함께 분류하였다. 그의 참된 독창성은 금속변환이 불가능하다는 것을 보인 점이다.

실제면에서 이슬람의 연금술사는 천칭을 사용하여 화학적 작용을 정량적으로 연구하였다는 점이 주목할 만하다. 지금까지 열거한 연금술사들은 이슬람 세계의 동쪽에 살던 사람들로서 대부분이 알 라지처럼 페르시아인이었다. 얼마 후 연금술을 포함한 이슬람의 문화는 주로 페르시아를 통하여 스페인의 코르도바에 도달함으로써 드디어 무어인 연금술사가 등장하기 시작하였다. 11~13세기 사이에 많은 연금술사들은 새로 책을 써내거나 옛날 책에 주석을 달았다. 그러나 그것들은 10세기의 위대한 화학자들의 업적에 거의 아무런 보탬도 주지 못하였다.

---

38) *Kitab al-asrar*

이 시기의 이슬람에서는 신비적인 사상이 번창하였으므로 화학은 쇠퇴하였고, 이슬람 과학도 한풀 꺾여 과학의 선도력은 다른 곳으로 넘어갔다.

동양의 연금술

중국 연금술에 관한 저술중 유명한 것은 갈홍[39]이 저술한 『포박자』(抱朴子)이다. 이것은 도교 혹은 신선도의 이론과 실천에 관한 내편 20권, 정치, 경제, 사회, 문화에 대한 비판서인 외편 50권으로 된 방대한 책이다. 이 저서의 내편 제4권의 제목은 "금단(金丹)"으로 단은 곧 신선이 되는 약이다. 단(丹)을 만드는 기본 물질은 수은과 금이다. 수은은 되돌아가는 성질과 힘을 지닌 금속이며 변화의 상징으로 생각한 데 반하여, 금은 강한 불에서도 소멸되지 않고 땅속에 묻혀 있어도 썩지 않으므로 불변의 상징이었다. 이처럼 변화와 불변이라는 두 작용과 성질을 교묘히 조합하여 불로장생의 약을 만들 수 있다는 생각이 중국 연금술의 근본사상이었다. 한편 『포박자』 제16권의 제목은 "황백(黃白)"인데, 여기서 황은 금을 가리키고, 백은 은을 가리키는 것으로, 즉 금은론(金銀論)이다. 여기서 논의하고 있는 내용은 서양의 연금술과 매우 흡사하여 그 목적이 금 또는 은을 만드는 것이다.

이처럼 중국의 연금술 사상에는 두 가지 측면이 있다. 하나는 불로장생하고 신선이 되기 위해 단을 만드는 사상이고, 다른 한 가지는 서양과 비슷하게 현실적인 금을 만들려는 것이다. 갈홍은 금을 만들어내는 데 성공한 예를 다음과 같이 기술하였다. 우선 납과 주석을 녹인 다음 거기에 콩알만한 약을 넣어 쇠젓가락으로 저으면 납과 주석이 곧 은으로 변하며, 또 철통을 빨갛게 달군 다음, 작은 약을 통 속에 넣고 뚜껑을 닫은 뒤 잠시 후 열어보니 수은이 금으로 변하여 있었다고 한다.

동서양 연금술과 그 부산물

중국의 연금술은 불로장생이나 신선이 되기 위하여 단을 얻는 데 주력한 것에 반하여, 서양의 연금술은 현실적인 금과 은을 얻는 데 주력하였다. 그러므로 전자에는 추상적인 성격이 부여되고 넓은 해석이 허용되지만, 후자에는 관념적인 해석이 끼여들 여지가 없다. 또한 동양에서는 현실에 등을 돌리고 있는 데 반하여 서양은 항상 현실과 밀착하였다. 이와 같은 목적의식의 차이 때문에 중국의 연금술은 마술로 전락하였지만, 서양의 연금술은 실험정신의 실마리가 되었다.

연금술의 실제상의 기법도 동서양 사이에 큰 차이가 있다. 서양에서는 건류

---

39) 渴洪, 283~343

와 증류, 특히 증기증류기를 이용하여 물질의 본질을 추출하는 방법이 성행하였지만, 중국에서는 물질의 본질을 추출하기 위한 것이 아니었다. 또 중국의 연금술사들이 사용한 기구는 특별한 경우를 제외하고 금속이나 도자기인 데 반하여, 서양에서는 유리기구를 사용하였고 그 종류도 다양하였다. 그러므로 서양의 연금술사는 실험과정을 관찰할 수 있었고, 세공된 섬세한 기구를 이용하여 정밀한 실험을 할 수 있었는 데 반하여, 금속기구나 도자기를 주로 사용했던 동양의 연금술사는 그러하지 못하였다. 이처럼 연금술에서 유리로 만든 실험기구의 사용 여부는 실로 동양과 서양에 있어서 화학과 화학공업 발전의 양상을 크게 달리하는 요인이 되었다.

중세의 연금술사는 금의 본질이며 금의 씨앗이라 믿었던 "현자의 돌"을 구하려고 거의 1000년 동안 고심하였지만, 이것은 꿈에 불과하였다. 그러나 1000년간에 걸친 연금술사의 꾸준한 노력은 두 가지 부산물을 안겨줌으로써 근대화학 발전의 토대를 이룩하였다. 그의 한 가지는 실험기구(솥, 도가니, 도가니 집게, 증류기, 플라스크, 시약병, 여과기 등) 및 실험기술(증발, 증류, 재결정, 침전, 연소 등)이다. 다른 한 가지는 화학약품(알코올, 에테르, 아세트산, 질산, 황산, 왕수, 백반, 염화암모늄, 아연과 수은의 염류, 질산은, 비누, 알칼리 등)의 개발이었다. 특히 증류기의 제작과 그 응용은 합리적 화학의 길을 개척하였고 화학 변화를 이해하는 데 크게 도움을 주었다. 증류기의 도움으로 꽃에서 향료를, 술에서 알코올을 다량 얻었는데, 이것은 근대 화학공업의 기초였다.

5. 실험과학의 선구자들

알버트 마그누스

12세기 과학지식의 현저한 확대를 배경으로, 13세기에 우선 "방법론의 혁명"이라 부르는 자연과학의 역사상 커다란 혁신이 있었다. 이는 서구 과학적 전통의 탁월한 특징인 수학적 합리성과 실험적 실증성의 교묘한 통합이었다. 이 방법론적 발상은 13세기에 나타났다. 이로써 과학은 본래 수학적임과 동시에 실험적이며, 양자는 방법론으로 결합될 수 있다는 근대과학의 이념적 실마리가 처음으로 형성되었다.

마그누스[40]는 신앙과 이성의 세계를 확실히 분리하여 신앙의 세계에는 플라톤주의를, 이성의 세계에는 아리스토텔레스주의를 선택한 사람이다. 그는 당시 출현한 그리스적, 아라비아적 철학과 과학의 유용성을 인정하고, 이것을 전폭적으로 수용하였다. 또한 아리스토텔레스를 독학으로 연구하여 라틴 세계에 알렸다. 그는 자연에 눈을 돌리고, 권위의 맹신에서 벗어나 경험을 중요시하여 자연의 사실 속에서 증거를 구하려 하였다. 생물학에 대한 과학사적 공헌도 크다. 그것은 중세의 사고에서의 탈출이고 근대과학의 징조였다.

그의 제자 토마스 아퀴나스는 그의 정신을 이어받아 신학을 체계화하였다. 새로운 자연학의 연구를 대폭적으로 끌어들여 스콜라 철학의 체계 속에 융합시키려는 것이 그의 의도였다. "자연은 신을 묘사하는 거울이다"라는 그의 말처럼 자연철학이 신학 속에 독자적인 위치를 점유하도록 하였다. 그는 편협한 중세적 신학에서 탈피하여 학문의 새로운 종합으로서의 신학을 수립하였다. 그리하여 신학과 스콜라 철학하에서 자연탐구의 길을 열어주었다.

그로스테스트

옥스퍼드대학의 학장인 그로스테스트[41]는 수학적이고 동시에 실험적이라는 과학의 개념을 사용하기 시작하였다. 그의 수학적, 실험적인 과학의 방법론은 당시 알려진 유클리드의 기하학과 이슬람 실험과학의 개념하에서 아리스토텔레스의 과학방법론을 다시 해석함으로써 시작되었다. 그는 과학에 있어서 경험적 사실을 원인으로부터 설명하는 것을, 기하학에 있어서 수학적 명제가 공리로부터 도출되는 것과 유기적으로 대응시켰다. 나아가 사실로부터 원인으로 거슬러 올

---

40) Albert Magnus, 약 1200~약 1280
41) Robert Grosseteste, 약 1168~1253

라오는 귀납을 "분해", 여러 원인에서 사실을 도출하는 연역을 "합성"이라 불렀다. 이는 전자가 결국 사실을 원인으로 분해하는 것이며, 후자는 원인을 조합·합성하여 사실을 도출하는 것이라 생각하였기 때문이다. 그런데 사실로부터 귀납에 바탕을 두고 직관의 비약으로 가설적인 원리와 원인을 제안하고, 그 원리를 조합하여 결론을 내린 경우, 그 결론은 실험적 검증을 통과하여야 한다. 왜냐하면 귀납을 토대로 하여, 직관의 비약에 의해 도달되는 가설적 원리는 결코 필연적인 원인이 아니라, 단지 가능한 원리, 원인에 불과하기 때문이다. 따라서 원리로부터 제안된 결론이 실험에 의해서 검증될 때 그 원리는 수용되고 반증될 때는 제외된다. 그로스테스트의 이 과학방법론은 수학적 연역체계와 실험적 검증을 결합시킨 것으로, 그 근본적인 착상은 갈릴레오의 방법론을 앞서고 있었다.

로저 베이컨

영국의 고전학자로서 그로스테스트의 제자인 로저 베이컨[42]은 13세기 서유럽의 학문연구에 전반적인 개혁을 시도한 백과사전적 정신의 소유자로, 그의 박식 때문에 "경이 박사"(Doctor miraclis)라 불렸다. 그는 옥스퍼드에서 공부하고, 1240년 잠시 파리에 유학한 후 다시 옥스퍼드로 돌아왔다. 그는 1267년까지 20년간 2천 파운드라는 많은 경비를 들여 과학연구에 헌신하였다.

교황 클레멘스 4세의 부탁으로 1266~68년에 걸쳐서 대표작인 『대저작』[43]을 비롯하여 여러 저서를 저술하여 교황에게 헌정하였다. 이 책은 7부로 되어 있고 그의 사상이 집약적으로 표현되어 있다. 그는 이 저서에서 마법의 공허함을 지적하고 미신의 타파를 주장하면서, 왜곡된 신앙의 신봉자들에게 신랄한 공격을 퍼부어 15년간 옥살이도 하였다. 그는 오류를 범하기 쉬운 권위를 근거로 의견을 말하거나 격식을 중요시하여 무지를 감추려는 학자에게 비판적인 태도를 취하였다. 그러나 교황의 서거로 그의 학문 개혁의 뜻은 좌절되었다.

로저 베이컨은 수학은 자연과학의 문이며 열쇠라 하여 자연의 해석에 있어서 수학의 중요성을 강조하고, 수학을 알지 못하면 진정한 진리에 도달할 수 없다고 하였다. 또 그는 과학 연구에 있어서 경험의 중요성도 주장하면서, 실험의 개념을 경험의 의미로 사용하고 실험의 중요성을 일찍부터 강조하였다. 특히 실험과학을 논하면서 "실험 없이는 무엇이든 깊이 인식할 수 없다. 실험은 모든 이론을 받들고, 그 이론을 새롭게 귀결짓는 가장 중요한 수단이다"라고 강조하고, 자연에 관한 올바른 지식을 "실험적 과학"이라 불렀다. 다시 말해서 자연의 진리에 도달하기 위해 명상과 추리를 한다든가, 성서나 아리스토텔레스의 문헌

---

42) Roger Bacon, 약 1219~약 1294
43) *Opus majus*

속에서 안주하려는 어리석음을 통렬하게 비난하였다. 물론 추리가 과학연구에 얼마간 유효하기는 하지만 그 결론을 검증하는 실험을 하지 않는 한 확실성을 보증하는 것은 불가능하다고 강조하였다. 이러한 사상은 그후 프란시스 베이컨과 갈릴레오에 의해 더욱 다져지고 실제로 과학 연구에 적용되어 방법론의 혁명을 가져왔다.

로저 베이컨은 대담한 착상과 자신감을 지닌 사람이었다. 지구는 둥글고 지구상을 일주할 수 있다고 장담하였고, 확대경, 망원경을 착상하였다. 또한 화약의 위력도 예견하였다.

오캄

마그누스와 아퀴나스는 아리스토텔레스의 자연관에서 완전히 벗어나지 못하였다. 그러나 14세기에 들어서면서 일부의 대학에서는 그의 자연관을 맹목적으로 추종하지 않는 중요하고도 비판적인 움직임이 옥스퍼드의 스콜라 철학자 오캄[44]과 더불어 시작되었다. 그는 유명론(唯名論)을 제창하였다. 이 사상은 중세에 있어서 보편의 실재를 부정하는 입장으로, 실재하는 것은 물(物)이며 보편은 물 뒤에 있는 이름에 불과하다고 말하였다. 그리고 물은 개체를 의미하는데, 개체는 나눌 수 없으므로 보편에서 연역되는 것을 거부한다고 하였다. 유명론은 감각적 자연을 신에게서 독립시켜 그 고유한 존재성으로 파악하려는 의도를 내포하고 있다. 따라서 감각적 자연을 파악하는 기초는 감각적 경험 외에는 없다고 주장함으로써, 그의 사상은 그후 영국 경험론의 탄생의 원동력이었다.

---

44) Ockham of William, 약 1285~1349

제 Ⅲ 부
근대의 과학혁명

"실험 없이는 어떤 것도 깊이 인식할 수 없다.
실험은 모든 이론을 받들고 또 그 이론을 새롭게
하는 가장 중요한 수단이다."
— 로저 베이컨 —

1. 17세기 과학혁명과 그 배경

르네상스와 자연에 대한 재조명

14세기에 들어와 중세 봉건사회가 무너지면서 중세 문화도 시들기 시작하였고, 이러한 변혁과 함께 르네상스가 일어났다. 르네상스는 14세기 이탈리아에서 시작된 운동으로, 15세기 이후부터 알프스 북쪽의 국가에까지 넓혀진 고대 그리스 문화의 부흥을 노린 문화운동이었다. 그리고 그에 따른 사회적, 경제적 여러 변화까지를 의미한다. 12세기 르네상스의 중요성이 최근에 인정됨에 따라서 14세기의 르네상스의 역사적 의미가 달라졌지만, 12세기의 르네상스가 아랍을 통한 운동인 데 반해서, 14세기의 르네상스는 직접 그리스의 원전을 통해서 고대 문화의 부흥을 노린 운동이었다.

르네상스에서 고려해야 할 점은 인문주의 운동의 영향이다. 르네상스는 처음에 인문주의자로 대표되는 대학 밖의 지식인이나 예술가들에 의해서 주도되었다. 그리고 인문주의자들의 활동은 대학 지식인의 참여를 초래하고 보수적인 대학에 비판적인 세력을 탄생시켰다. 그들은 15세기 후반에 비잔틴에서 대량 유입된 원전을 연구하여, 중세에 알지 못했던 고대 그리스, 헬레니즘, 로마 시대의 저서를 소개하면서 플라톤주의, 원자론, 회의론의 부활을 유도하였다. 더욱이 인문주의 운동의 융성과 보급으로 자연에 대해서도 새로운 인식이 싹트기 시작하였다. 즉 자연에 대해서 중세와는 다른 태도를 갖게 된 것이다. 그들은 자연 속에서 신의 섭리를 찾는 것이 아니라 자연을 있는 그대로 보았다. 페트라르크[1]와 같은 14세기 인문주의자들이 보여준 자연애호의 사상은 자연현상에 대한 새로운 관찰연구의 출현을 몰고 왔다.

한편 인문주의자들은 고대 그리스의 수학 저서를 재발견하여 수학에 대한 새로운 관심을 야기시켰고 근대수학의 발전에 큰 영향을 주었다. 또한 플라톤주의 및 신플라톤주의와 결합된 마술적 전통의 부흥은 중세 신학의 사변적 학풍에 대신하여 마술과 연금술처럼 자연에 직접 작용하는 실천적, 조직적인 학문을 제시하였다. 또 르네상스는 인간을 종교적 속박에서 해방시키고 인간이 타고난 개성을 마음껏 발휘할 수 있게 함으로써, 자유분방하고 개성적인 인간과 여러 면에 걸쳐 재능을 지닌 만능의 천재들이 어느 시대보다도 많이 배출되었다. 이처럼 르네상스의 왕성한 지적 호기심과 탐구정신은 근대과학의 초석이 되었다.

---

1) Petrarch, 1374년 무렵 사망

프로테스탄티즘과 과학

르네상스와 함께 일어난 종교개혁을 통해서 신 대신 인간이, 교회 대신 성경이, 중세 스콜라 철학 대신 고전이 중심 과제가 되었다. 또한 스콜라 철학이 퇴색하자 신학에 억압되었던 모든 학문이 일제히 그 굴레를 벗어나 학자들은 아무런 구속 없이 참된 학문연구를 시작하였다. 특히 종교개혁에 성공한 칼뱅파의 청교주의자들은 근대과학의 발전에 영향을 미쳤다. 당시 상인과 장인, 그리고 항해사 중 많은 사람들이 청교도였다. 그들의 지위는 사회적으로 점차 상승 중이었는데, 그들은 과학과 기술에 깊은 관심을 가졌다.

청교주의자들이 과학자들과 만나는 장소는 영국의 그레셤 칼리지였는데 그곳은 바로 청교주의의 온상이었다. 청교주의와 금욕적인 프로테스탄티즘은 과학에 대한 지속적인 관심을 불러일으키는 데 적지 않은 역할을 하였다. 청교도들은 근면하게 직업에 종사하고 사치와 낭비를 배격하며 생활전반을 합리적으로 운영할 것을 권고받았다. 뿐만 아니라 그 결과로서 초래되는 재화의 축적이 적극적으로 인정되고, 재화의 절약은 자본을 형성하고 금욕적인 소비억제로 재투자되어 생산력이 확대되었다.

17세기 영국의 청교주의가 근대과학의 발달에 많은 공헌을 했다는 사실이 1935년 이후 과학사회학자들에 의해서 지적되었다. 청교주의 정신과 이에 바탕을 둔 생활태도는 근대과학의 연구와 교육을 촉진하는 좋은 조건으로 작용하였으므로 그들은 전통이나 권위에 의존하지 않고 개인의 판단과 경험에 의해서 성서 혹은 신의 창조물인 자연을 이해하였다. 그리고 그 응용으로 인간의 복지와 사회의 번영에 대한 기여 등이 장려된 것이 과학의 발전을 촉진하였다는 주장이다. 당시 널리 퍼져 있던 베이컨주의는 이것과 공통되는 요인이 많았다. 이를 주장한 대표적인 사람이 미국의 과학사회학자 머튼[2]인데, 17세기 영국의 과학지도자 중에서 프로테스탄트가 점유하는 비율이 높다는 통계적 결과를 주장하였다. 그러나 이를 비판하는 학자도 많다.

한편 사상과 관련하여 스콜라 철학 대신 기계적 유물론이 서서히 대두되어, 여러 사실과 사상을 재정비하고 조직하여 한 개의 근본사상으로 체계화하려는 경향이 심화되었다. 근대철학은 단지 소극적으로 중세의 속박에서 벗어나는 것에만 목적을 두지 않고, 지식의 통일 원리를 얻으려는 의도에서 정신과 물질의 문제를 새로운 각도에서 추구하여 새로운 사상을 당시의 과학적 지식과 결합시키려 하였다.

2) Robert King Merton, 1910~

대항해와 지리적 발견 – 세계사의 전환점

이 시대에 자주 그려진 그림은 탐험가를 지구상의 미지의 장소에 데려다 주는 배의 그림이었다. 당시 이질적인 인간이 살고, 낯선 식물과 동물이 서식하는 신대륙의 발견이야말로 사람들을 놀라게 한 새로운 일이었다. 그러므로 탐험가의 배는 자연계의 탐색에 바탕을 둔 새로운 상징이 되었다. 따라서 흔히 전통적인 여행의 한계를 표시한 헤라클레스 기둥에 새겨진 "그 이상 앞이 없다"라는 말은 옛 학문의 한계를 의미하였다.

포르투갈의 엔리케 왕자(1394~1460)가 시작한 서아프리카 항해의 개척시대부터 1492년 콜럼버스의 대서양 횡단, 1498년 바스코 다 가마의 인도 도착, 마젤란의 세계일주 항해(1519~22) 등의 획기적인 항해를 통해서, 스페인과 포르투갈을 비롯하여 유럽의 각 국가는 세계 각지와 접하게 되었다. 대항해의 결과 세계 각지의 지형을 나타내는 지도 제작법이 크게 진보하여, 프톨레마이오스의 낡은 지리학에서 벗어날 가능성이 엿보였고, 또 상인이나 포교자가 정보를 모으는 길이 트여 세계적인 정보 교환의 싹이 튼 것도 이 시대가 지닌 의의이다. 한편 대항해를 통해서 유럽의 학문, 기술, 사상, 종교 등이 각지로 퍼져나간 것도 역사적으로 중요하며, 특히 무기의 보급은 아프리카, 아시아에 큰 충격을 주었다.

한편 대항해와 지리적 발견으로 사회체제와 경제체제가 큰 폭으로 변혁되자, 토지에 투자되던 자본이 항해와 외국무역을 비롯한 다른 부분으로 이동하였다. 부자들은 보다 많은 이윤을 추구하려는 의도에서 조선술과 항해술의 발전을 지원하였는데, 이것이 근대과학 탄생의 추진제가 되었다. 즉, 조선술에 필수적인 운하와 수문의 건설, 철, 석탄, 금, 은에 대한 새로운 수요로 인한 광석의 채굴, 배수방법의 개선, 갱내 통풍의 연구 및 개량, 항해에 편리한 정확하고 단순한 천문표의 작성, 항로를 기입한 지도의 작성 등에 과학자의 관심이 집중되고 아울러 크게 진전하였다. 또 지리적 발견을 이끈 조선공업은 당시 발전된 기술에 의해서 더욱 진보하였고, 선박과 대포의 제작에 따라 철의 수요가 급격히 늘어나자 제철공업, 그 중에서도 특히 용광로의 개량이 급속히 진행되었다. 그리고 제철공업의 발전은 목재 대신에 석탄의 이용을 부추겨 석탄의 채굴에도 관심이 모아졌다. 그 결과 석탄 채굴을 위한 연구에서 새로운 연구방법의 변혁이 재촉되었다.

근대국가와 자본주의의 탄생

이와 같은 변혁 속에서 중세 봉건영주의 정치적 지배와 로마교황의 종교적 지배는 동요하기 시작하였다. 동시에 봉건영주에 예속되었던 농민과 소시민의 반발은 봉건영주와 승려 계층에 점차 위협을 가했다. 그 위협은 곧 자치권을 획득한 신흥도시를 강화시켰고, 독립한 신흥도시의 핵심인 상공업자들은 근대 부

르주아 계층을 형성하였다. 이들은 정치적
으로는 왕권과 결합하여 16세기 이후의
절대주의적 근대국가 출현의 바탕을 마련
하였다.

먼저 네덜란드와 영국이 근대국가로
부상하였다. 부르주아 계급의 정치적 승리
와 더불어 이들 국가에서는 화폐의 유통
과 함께 대규모로 공업이 발전하였다. 이
공업발전의 기반인 상업자본의 축적에는
상행위 뿐만 아니라, 잔인한 식민지의 착
취까지 자행되었다. 영국과 네덜란드가 설
립한 특수 주식회사인 동인도회사가 바로
그 예이다. 그들은 이 조직을 통하여 통상

17세기 그레셤 칼리지

무역뿐 아니라 토지의 수용, 성벽의 건설을 꾀했고, 군대까지 주둔시켜 군사적
약탈과 불평등 무역, 그리고 강제 노동을 통한 극도의 착취를 감행함으로써 근대
국가와 자본주의의 기틀을 마련하였다.

한편 자본주의 체제의 번창은 실험과학의 발달을 필연적으로 이끌어냈고, 실
험과학은 또한 산업과 경제 발전에 큰 영향을 미쳤다. 더욱이 자연과학은 어느
한계를 벗어나면서 사회의 생산력의 한 요인으로 그 지위를 굳게 확보하였는데,
이런 변혁은 당시의 어떤 정치적 사건보다도 훨씬 중대한 사건이었다.

그레셤 칼리지와 과학교육

과학혁명의 시기와 때를 같이하여 영국에서는 새로운 형태의 근대적 과학교
육이 시작되었다. 런던의 상인 출신인 부호 그레셤[3]은 런던의 상인과 장인들에
게 실용적 과학을 가르치고 과학 지식의 확대와 보급을 위해서, 1575년 그의 많
은 재산을 런던시에 기증하여 과학교육기관을 세울 것을 유언하였다. 유언장에
는 자신과 부인이 죽은 뒤 수사학, 신학, 음악, 물리학, 기하학, 천문학, 법률학
분야의 교수를 초빙하여 자신의 저택에 거주시키면서 강의하라는 내용이 들어
있었다. 1598년부터 실제로 그레셤 칼리지(Gresham College)에서 강의가 시작
되었는데, 이 중 기하학과 천문학, 그리고 의학이 유명하였다. 특히 선원을 위한
항해기구와 항해술에 관한 강의도 있었다.

그레셤 칼리지는 과학자들이 서로 만나는 장소로 제공되었다는 점에서도 중
요하다. 다양한 관심을 가진 많은 과학자와 의사들이 강의 전후 이곳에 모였던

---

3) Sir Thomas Gresham, 1519~79

것이다. 이처럼 과학 교육을 받을 기회를 늘리고 의견을 교환하는 모임을 가지려는 과학자들의 희망은 어느 정도는 그들의 자신감―그들의 방법이야말로 자연을 이해하는 진정한 방법이다―에서 연유하였다. 이곳에서는 과학강의뿐 아니라 과학자와 상업 자본가의 결속도 촉진되었다. 그레셤 칼리지는 상인, 장인, 항해사와 같은 새로 부상한 계층의 지지를 받았는데, 이들은 과학과 기술에 깊은 관심을 나타내고 있었다.

이상과 같이 고정된 세습의 신분에 얽매였던 봉건사회 체제가 상품과 노동의 판매가 주가되는 사회체제로 바뀌게 됨으로써, 경제계에서는 자본주의가, 예술과 문학 부문에서는 고전주의가, 그리고 자연과학에서는 합리적인 새로운 연구방법이 탄생하였다.

과학혁명

과학혁명[4]이 어떻게 해서 일어날 수 있었던가는 매우 중요한 역사적 문제이다. 과학혁명에 관한 해석은 외적 및 내적 접근으로 나누는데, 전자의 경우는 이미 기술한 머튼의 『17세기 영국의 과학, 기술, 사회』(1938), 후자의 경우는 철학교수 코이레의 『갈릴레오 연구』(1939)에서 시작된다. 과학혁명이란 17세기를 중심으로 한 근대과학의 성립과 그로 인한 사상의 심각한 변혁을 뜻한다. 이 개념은 케임브리지 대학의 근대사 교수인 버터필드의 저서 『근대과학의 기원』에서 비롯된다. 그는 르네상스나 종교개혁보다 과학혁명을 고대와 근대를 결정적으로 구별해 주는 획기적인 사건으로 파악하고, 그 역사적 의의를 일반 역사에서 강조하였다. 왜냐하면 지금과 같은 과학의 막강한 기능은 17세기에 일어난 거대한 지적 전환에서 유래된 것으로서, 이 전환을 계기로 그후 인간은 급속한 지적 진보를 이룩했기 때문이다.

인류의 역사를 거시적으로 볼 때 거기에는 몇 개의 커다란 지적혁명 혹은 전환점이 있었다. 첫단계의 혁명은 기원전 3,000년경에 일어난 이른바 "도시혁명"으로 이것은 이집트, 메소포타미아, 인도, 중국에서 거의 동시에 개화한 인류 최초의 문명이다. 이를 통해서 강 유역의 원시적 촌락이 도시로 바뀌면서 문자가 발명되고, 인간이 야만에서 문명으로 첫발을 내디뎠다. 두번째 단계는 "그리스

---

4) 일반적으로 과학 이론이 급속하게 변혁된 것을 말하는데, 좁은 뜻으로는 16, 17에 근대과학이 성립된 역사적 사건을 의미한다. 이 경우에는 보통 두문자를 대문자로 하여 "The Scientific Revolution"이라 쓴다. 토머스 쿤의 『과학혁명의 구조』(*The Structure of Scientific Revolutions*, 1962)는 이 예이다. 또 스노우의 『두 개의 문화와 과학혁명』(*The Two Cultures and Scientific Revolution*, 1959)에서의 과학혁명은 현대 및 가까운 장래의 대약진을 의미하고 있다. 좁은 뜻의 사용 예가 일반화된 것은 코이레와 버터필드에 의해서였다. 최근에는 16, 17세기의 과학혁명을 제1의 과학혁명이라 부르고, 18세기의 개혁을 제2의 과학혁명이라 부르는 경우도 있다.

혁명"이라 불리는 것으로 기원전 6세기부터 시작된 그리스 과학의 형성을 의미
한다. 셋째 단계가 "17세기 과학혁명"으로 인간은 처음으로 합리적인 과학을 소
유하게 되었다.

　　과학혁명이 혁명적인 것은 1) 아리스텔레스의 자연관의 붕괴, 2) 자연인식
의 새로운 방법의 확립, 3) 과학과 기술의 결합, 4) 기계론의 승리, 5) 제도로서
과학이 확립되었기 때문이다. 더욱이 새로운 사회층의 실용주의적 관심이 프로
테스탄트의 종교관과 결합하여 자연은 관조하는 대상이 아니라 적극적으로 개발
하는 대상이 되었다. 그리고 전 학문 중에서 수학의 지위가 현저히 향상되고 학
문으로서 자율적 연구의 대상이 된 점 등이다. 그러므로 과학혁명의 궁극적인 의
의는 문명 그 자체의 발전을 가능케 했던 농경법의 발견보다도 더 비중이 컸다.

2. 르네상스의 과학과 다 빈치

다 빈치와 플로렌스

15세기 말엽은 유명한 레오나르도 다 빈치[5]가 활약한 시기이다. 레오나르도 다 빈치라는 이름은 그의 출생지인 "빈치촌의 레오나르도"라는 뜻이다. 그는 르네상스의 찬란한 모든 요소를 자신 속에 구현했다고 말하여도 지나치지 않다. 그가 역사상 최상급 예술가의 한 사람으로 평가받은 지 이미 오래지만, 5천 3백 매에 달하는 노트의 발견과 분석으로 과학사상가로서 재등장한 것은 최근의 일이다.[6] 다 빈치는 17세기 과학혁명에 공헌한 갈릴레오 이전에 살았던 한 과학자로서 근대과학 형성의 길을 닦고 준비한 만능인이다.

다 빈치는 플로렌스에서 태어났다. 당시 그곳은 르네상스의 꽃이었으며, 르네상스는 그곳을 중심으로 번성하였다. 플로렌스는 이전에는 특색이 없는 한 지방도시에 불과하였다. 그곳은 다른 도시와 떨어진 산속의 성곽도시로서 귀족들이 많이 모여 살고 있었지만 상인과 수공예의 직인들도 어울려 있던 촌락이었다. 그 당시 대귀족은 화폐를 제조하는 권한을 각기 소유하고 있었으므로 종류가 다른 화폐만 해도 1천여 가지에 달하고 있었다. 따라서 시장에는 여러 화폐가 유통되고 있어서 이를 구별하기 위해서 금속에 관한 숙련된 지식이 필요했다. 특히 플로렌스 지방은 광물자원이 모자랐으므로 금속연구에 관심을 기울이고 있었다. 1253년 그곳에서 제조된 플로린 금화는 여러 세기 동안 전 유럽 상업주화의 표준이 되었을 정도로 주조기술이 발달하였다.

미술사상 플로렌스가 두각을 나타낸 것은 14세기 무렵으로 그때에 이미 지도적 위치에 있었다. 그곳의 예술가들은 전 이탈리아 중 상위권에 속했으며 그후 2세기 반에 걸쳐서 그 지위를 유지하였다. 그렇다면 플로렌스의 예술가들은 어떤 길을 밟아 그런 지위까지 도달하게 되었는가. 그들은 거의 모두가 금은 세공사의 직인으로서의 수업을 마친 사람들이었다. 다 빈치 역시 공방(工房)에서 수업한 사람이다.

그런데 여기서 짚고 넘어가야 할 것은 플로렌스의 예술가들이 금은 세공사

---

5) Leonardo da Vinci, 1452~1519

6) 1967년에 스페인에서 발견된 『마드리드 수기』 700매는 다 빈치 연구의 귀중한 자료이다. 『마드리드 수기 I』은 응용역학과 기계공학의 이론적 연구로서 그가 체계적 공학자라는 것을 알 수 있다. 『수기 II』는 단편적이고 잡다한 메모와 스케치의 모음으로, 내용은 기하학, 운하, 축성학, 회화, 투시법, 광학, 주조물, 기타이다. 그의 저서로 『레오나르도 다 빈치의 수기』는 문학론, 회화론, 자연에 대한 인식, 수학, 역학, 천문학, 건축, 토목, 도시계획, 군사기술 등 모든 분야에 걸쳐 있다.

출신이라는 것이 중요한 의미를 지니고 있다는 점이다. 이 수련을 통해서 그들은 금, 은, 동, 대리석, 점토 등 여러 종류의 물질을 가공하고, 나아가서 형태, 색채, 구도, 원근법, 비례, 조화 그리고 세련된 미적 감각을 몸에 익혔다. 특히 과학혁명에 대한 예술의 공헌은 원근법의 발견에서도 찾을 수 있다. 이로 인해서 예술가는 3차원의 자연을 평면상에 표현할 수 있게 되었고 예전의 그림에서는 볼 수 없는 현실감을 덧붙여 묘사할 수 있었다. 따라서 그들이 여러 종류의 물질에 관한 지식과 가공기술을 습득하게 된 것은 당연한 일이다. 그들은 모두 디자인, 채화, 구도를 연구할 뿐만 아니라, 귀금속에서 값싼 금속에 이르기까지 재료에 관한 지식도 습득하였다. 그리고 그 재료에서 최선의 효과를 올리기 위해서 필요한 지식과 사용법까지 훈련받았다. 그들은 "영감에 의해서 창작하는 예술가가 아니고, 기술을 몸에 익힌 세속적 인간"

다 빈치

이었다. 다 빈치도 이런 의미에서 플로렌스의 정통한 예술가의 한 사람이다.

다 빈치는 과학자, 기술자이기도 한데 여기서 특히 주목할 것은 예술가와 과학자의 결합이 이례적인 것이 아니고 극히 상례적인 것이라는 점이다. 이것은 플로렌스 예술가의 특색이기도 하다. 따라서 예술은 근대과학의 온상이며, 그곳에서 근대과학이 수립되었다고 할 수 있다. 결국 다 빈치의 천재성의 비결은 실은 플로렌스 예술과 공방에 있다. 다 빈치가 수업한 공방은 이 지방의 예술적 전통과 과학적 관심의 집합장소였고 동시에 전국적으로도 가장 특색 있는 과학학교였다. 그러므로 이 공방에서 예술과 과학적, 기술적 연구가 깊게 결합된 것은 당연한 일이다. 그 까닭은 이 시대에는 기예(技藝)를 가르치는 고등교육기관이나 시설이 어디에도 없었기 때문이다.

과학과 공방

예술가들은 공방에서 수학적 지식과 경험을 쌓았고, 또 의학의 대가들은 예술가의 해부학적 연구에 조언을 하였다. 당시 대학은 중세의 전통적인 방식에 따라서 신학, 법학, 의학을 교육하는 곳으로 근대과학에 관한 기여는 적었다. 궁정은 인문학자나 문필가를 환영하는 교양인의 집합장소인 데 반하여, 예술가의 공방은 과학적, 경험적 지식이 집적된 장소였다. 그러므로 근대과학은 대학이나 교양사회가 아닌 바로 예술가의 공방에서 발생한 것이다. 과학적 분위기는 공방에서 싹튼 것이지 결코 도서관이 아니었다. 이런 점을 감안할 때, 다 빈치가 예술가이자 과학자인 것은 지극히 자연스럽고, 오히려 그가 예술가였기 때문에 훌륭한 과학자가 될 수 있었다. 그가 화가이며 동시에 과학자인 것은 우연한 일이거나 그가 천재여서가 아니라 오히려 당시 예술가들의 통례이다. 따라서 당시의 과학은 아직 예술에서 독립하지 않았다. 바꾸어 말하면 예술과 명확히 구별된 과학은 아직 없었다. 예를 들면 당시 예술가들은 해부학 연구를 시도하였지만, 그것은 순수한 해부학이 아니고 예술해부학이었다.

그러나 다 빈치는 그 한계를 넘어선 경지까지 도달하였다. 다 빈치의 경우는 단순한 예술해부학이 아니라 순수한 해부학, 과학 역시 단지 예술과학이 아니라 순수과학이 그 목표였다. 이런 성격은 어느 한 분야만이 아니라 모든 영역에 걸쳐 나타났고, 예술에 직접 관련되는 분야에만 국한된 것이 아니었다. 그러므로 플로렌스의 공방은 분명히 근대과학의 요람이지만 그것을 독립된 과학으로 발전시킨 사람은 바로 다 빈치이다. 그는 분명 최초의 근대과학자이다.

관찰과 풍경화

다 빈치가 근대 최초의 과학자로 등장한 것은 그가 화가라는 점과 내적인 관계를 가지고 있다. 그는 화가의 입장에 서서 모든 것을 묘사하려고 하였다. 더욱이 화가로서의 그의 독창성의 하나는 회화의 주제를 모든 자연에까지 확장시킨 점이다. 다 빈치의 풍경화는 서양회화사에서 중대한 사건의 하나이다. 그는 처음부터 끝까지 풍경화에 관심을 가졌다. 지금 남아 있는 최초의 작품이라 할 수 있는 소묘는 순수한 풍경화이고, 그후에도 풍경의 소묘들이 많이 있다. 그리고 거의 대부분의 회화는 정밀한 자연 관찰의 결과라 생각되는 정교한 풍경을 배경으로 하고 있다.

플로렌스 공방에서 습득한 여러 종류의 물질의 지식과 그 가공기술, 그리고 화가로서 세밀한 관찰과 숙련, 이런 모든 것이 과학연구와 과학적 관찰에의 통로가 되었다. 물론 웅대하고 체계적인 자연과학에는 미치지는 못하였지만, 당시의 스콜라 철학자나 인문학자들에게서 이것을 기대하는 것은 무리였다. 그들은 책만을 연구하는 학자였기 때문이다. 따라서 그들에게는 직접적 자연을 관찰할 동기가 없었다. 흔히 과학사에서 르네상스 시대의 과학자라 불리는 사람들도 사실은 고대 그리스 과학서의 번역자에 불과하였다. 그들은 자연철학자이기 이전에 고전학자였다. 그들에게는 자연 관찰에 대한 적극적인 전환이나 자연 연구에 대한 통로가 직접 열려져 있지 않았다. 그러나 다 빈치의 경우는 예외였다.

정밀과학으로서의 자연과학은 자연현상에 대한 화가의 눈을 필요로 하였다. 분명히 고대 이래 서양 회화의 주제는 한결같이 인간이었다. 그러므로 자연을 주제로 선택한 것은 확실히 적극적인 전환을 의미한다. 중세에서 자연을 묘사하긴 했지만 우화적이고 상징적이었다. 그러므로 자연의 세부에 걸쳐 면밀하고 정확한 관찰과 표현은 구할 수 없었다. 하지만 르네상스 시대의 화가는 인간을 묘사할 뿐 아니라 인체를 해부하기도 하였다. 나아가서 다 빈치의 경우는 자연의 풍경을 묘사하기 위해 먼저 풍경의 해부까지 시도하였다. 이것이 바로 역학적 연구였고 그 연구는 직접 회화제작에 연결되었다.

이처럼 다 빈치는 무엇보다도 화가임을 통해서 자연에 대한 정밀 관찰에 임하였다. 적어도 근대과학에 있어서 책에서 자연으로, 이론에서 관찰로 전환된 것은 결국 르네상스 시대의 예술에 그 근원을 두고 있다. 근대과학의 성립 과정에서 자연관찰로의 방향 전환이야말로 가장 중대한 계기이다. 르네상스의 예술은 자연으로의 전향뿐 아니라 관찰과 실험을 중요시함으로써 적극적으로 근대과학의 형성에 기여하고 참여하였다. 따라서 다 빈치는 분명히 근대적인 성격을 지닌 과학자이며, 근대 과학혁명의 선구자라 볼 수 있다. 물론 다 빈치는 자연법칙의 정식화를 충분히 높은 단계에까지 올려놓지는 못하였다. 그러나 그의 사상이 근대 과학혁명의 중심 인물인 갈릴레오와 직결되고 있다는 점에서 갈릴레오는 그의 계승자라 볼 수 있다.

경험과 실험

다 빈치는 "지혜는 경험의 애인이다", "이론이 경험에 의해서 확증되지 않는 사색가의 교훈을 피하라"고 노트에 기술하였다. 그는 사물 그 자체를 연구하지 않고 낡은 권위의 사변적 이론만을 연구하는 사람은 지성이 아니라 기억을 쓰는 데 불과한 사람이라고 하였다. 그리고 여러 서적이나 언어에 의존하는 것보다 사물 그 자체의 직접 경험에 의존하는 것이 자연 연구에 있어서 무엇보다도 중요한 핵심임을 강조하였다. 즉, 경험과 실험이야말로 모든 지식의 원천이라는 것이다.

그는 어떤 이론을 수립하기 위해서는 경험이나 실험에 호소해야 한다고 하였다. 그는 "명제가 실험에 의해서 확실해지며……", "경험에 의하면", "이것을 실험해 보자"라는 말을 자주 사용하였는데 이것은 경험과 실험이 과학연구의 방법이라고 생각하였기 때문이다. 그는 동일한 실험이나 반복된 경험의 가치를 알고 있었다. "이것을 일반법칙이라 부르기 전에 우선 2-3회의 실험을 반복한 다음, 실험 결과가 같은지 보자."라고 노트에 써 놓았다.

실험이 자연연구의 기초라는 사상은 오늘날 지극히 당연한 일로 받아들인다. 그러나 그 당시에는 일반적인 생각이 아니었다. 그런데 다 빈치가 이런 사상을 강하게 표현한 것은 그가 실험의 유용성에 관해서 확신을 갖고 있었다는 점을 보여준다. 또한 사회적으로 볼 때 실험을 자연연구의 기초로 한 이유는 그 배후에 노동 존중의 사상이 깔려 있는 까닭이기도 하다.

이성과 수학

다 빈치는 노트에서 "수학을 모르는 사람은 나의 저서를 읽을 수 없다", "수학적 과학이 적용되지 않는 곳, 또는 수학과 결합하지 않은 곳에는 아무런 확실성도 없다", "인간의 어떠한 연구도 그것이 수학적 증명에 의해 진행되지 않으면 참된 학문이라 말할 수 없다", "공학은 수학적 과학의 낙원이다. 왜냐하면 거기에는 수학의 열매가 익어가고 있기 때문이다. 수학적 관계는 모든 자연 속에서 볼 수 있다"라고 하였다. 이처럼 그는 이성과 수학의 중요성을 강조하였다.

다 빈치는 자연연구에서 경험이나 실험만으로 충분하다고 생각하지 않았다. 왜냐하면 경험과 실험은 이성에 의해서 인도되어야 하는데, 만약 그렇지 않을 경우 확실성이 있는 참된 지식의 획득을 기대할 수 없기 때문이다. 즉 이성을 신뢰할 수 있는 도구가 곧 수학이라고 생각하였고, 이러한 사고도구를 이용함으로써 확실한 지식이 얻어진다고 믿었다. 그는 이러한 확신과 함께 실제로 역학적 연구에 수학을 도입하고 수학을 도구로 삼아 연구를 시도하였다. 물론 그 대부분이 미완성이었지만, 자연 연구에서 수학을 도구로서 확신한 것은 의의가 크다고 하지 않을 수 없다.

이처럼 수학을 자연의 연구에서 지식을 획득하기 위한 도구로 도입한 데는 두 가지 이유가 있다. 그 하나는 수학을 도구로 사용하면 그것에 의해서 달성되는 지식에 확실성이 따르기 때문이고, 다른 하나는 수학적 증명에 의해서 원인으로부터 결과를 연역적으로 끌어낼 수 있으며, 이에 의해서 지식의 확장을 꾀할 수 있다는 점이다. 특히 수학의 여러 특징 중에서 증명의 확실성을 강조하였다. 수학이 사용되지 않거나 수학의 어느 부분과 손잡지 않으면 그곳에는 아무런 확실성도 없다고 하였다.

이상과 같이 자연 연구의 도구로서 실험과 더불어 수학을 도입하여 지식의 확장과 확실성을 가져온다고 생각하였다. 그러나 여기서 주목해야 할 점은 이 경우에 수학적 방법이 경험이나 실험적 방법과 항상 연결되지 않으면 안된다고 한 것이다. 그렇지 않으면 수학적 방법은 내용이 공허한 지식을 가져오는 데 불과하므로 정신 속에서 시작하여 끝나는 과학은 참된 과학이 아니라고 강조하였다. 그는 "경험에 의해서 확증되지 않은 추리를 내놓는 사변가들의 말을 우리는 피해야 한다 "고 주장하였다.

과학과 기술의 결합

다 빈치는 "먼저 과학을 연구하자. 그런 뒤에 과학에서 생긴 실제 문제를 추구하자", "과학은 장교요, 실천은 사병이다", "공부하는 일은 주인의 일, 실행하는 것은 사환의 일이다" 등의 내용을 노트에 적어 놓았다. 이 문구는 결국 이론과 실제, 즉 과학과 기술의 결합과 그 관계를 깊이 논의한 것으로 생각된다. 그러나 본질적으로는 과학의 연구와 응용은 아무런 관계가 없다. 따라서 과학자가 실제상의 응용을 고려하거나 그것에 좌우되어 연구대상을 선택하는 것은 본래의 사명이 아니며, 또한 과학자가 취할 태도가 아니다. 과학자는 그것이 인간생활에 직접적인 유용여부에 관계할 필요없이 오로지 진리의 탐구를 목표로 한다. 그러나 실제로는 과학적 원리의 대부분이 산업분야에 넓게 응용되고 또한 인간생활에 봉사하고 있으며, 문화발전에 공헌하고 있다. 다 빈치는 과학과 기술의 본질과 상호관계에 깊은 관심을 가지고 이를 해명하려 하였다.

과학과 기술의 성과

다 빈치는 거의 백과사전적으로 자연과학의 전영역에 걸쳐서 연구하였다. 그의 연구는 대개가 단편적이고 완성단계에 이르지 못하였다. 하지만 지침이 없는 무질서한 단편은 아니고 체계적인 구상이 그의 노트 곳곳에 나타나 있다.

광학　광학은 모든 과학연구의 기초였다. 광학은 그의 과학의 첫장일 뿐만 아니라, 사실상 그의 인식론의 바탕이다. 그리고 그것에 관련된 시각론(視覺論) 또한 예술론의 기초가 되었다. 그는 공간과 색의 원근법을 어떻게 취급할 것인가 하는 예술의 문제에서 출발하여 물리광학으로 돌입하였다. 예를 들어 단순 혹은 복잡한 광선의 영향하에 있는 그림자의 형성을 조직적으로 연구하여 빛의 강도를 측정하는 측광법을 처음으로 착안하였다. 화가인 그의 눈에 의한 광학적 관찰은 탁월하였으므로 빛의 반사와 굴절, 그리고 간섭현상까지도 연구하였다.

해부학　그가 37세가 되었을 때 계획한 해부학 연구는 인간의 수태에서 태아의 출산 및 성장에서 출발하여 인체비례론, 생리학, 골상학 그리고 심리학에까지 미쳤다. 특히 스케치에 의한 그의 표현 방법은 아주 특색이 있다. 이 방법은 해부학 연구의 지름길이었는데 나아가서 그의 특기이기도 하다. 그가 지식 전달의 형식으로 사용한 스케치는 문자를 보충하는 것이 아니라 오히려 대신하였다. 한편 그의 해부학 연구는 생물이나 생명현상의 기계론적 연구에 실마리를 제공하였다. 동물의 해부학적 연구는 대개 이러한 관점에서 이루어졌다. 예를 들면

다 빈치가 그린 인간의 태아

뼈와 관절과 근육의 구조를 지레의 원리로 대응하여 파악하였다. 비행기를 만들 목적으로 날아가는 새를 관찰하고 새의 모형을 만들어 실험하였다. 또 다 빈치는 각 연령층의 남녀 인체를 30여 구 이상이나 해부하였다. 당시 로마 교황 레오 10세가 시체실에 출입하는 것을 금지한 후, 그의 연구는 중단되었지만 그는 단념하지 않았다. 생애를 마칠 때까지 해부학 연구를 계속하였고, 또 출판까지도 시도하였다. 다 빈치의 물리학적 연구의 독창성을 부정하는 현대의 과학사가들도 해부학 방면의 독창적 공헌만은 높이 평가하고 있다.

역학 그에게 있어서 역학은 본질적으로 직관적인 과학이다. 처음에는 예술상의 실제 문제에서 출발하여 점차 과학으로 확장하였다. 역학의 경우에도 예술가와 과학자의 두 가지 성격이 분명히 나타난다. 여기서 중요한 것은 그의 기술자적 성격인데, 특히 기계의 발명자로서의 능력을 꼽을 수 있다. 그에게 있어서 기계의 제작은 예술적 제작과 불가분의 관계에 있는데 그의 과학적 해부도나 기계의 설계도가 예술적 소묘와 거의 구별하기 곤란할 정도로 아름다운 이유가 여기에 있다. 그리고 이것이 회화 제작과 과학적 연구, 혹은 기계적 고안이 거의 동시에 나타나는 이유이다. 우리는 흔히 다 빈치가 불가사의하고 기이한 재능을 지녔다고 말하지만, 이것이 다 빈치 사상의 본질이며 방법적 특색이다.

우주론 다 빈치의 전생애를 통한 자연 연구의 종합은 우주론이다. 그는 화가로서의 눈에 비친 자연의 세밀함과 자연의 웅대한 형태(산악, 평원, 강, 바다)에서 강한 인상을 받았다. 무제한으로 확대된 시간과 공간의 세계, 요원한 과거와 미래에 연결된 세계, 침묵을 지키고 있는 대지와 흐르는 물에서 세계의 근원적인 신비감을 느꼈다. 한편 서유럽의 회화사에서 풍경화의 출현은 중요한 역사적 사건의 하나이다. 그것은 "자연"에 대한 인간의 적극적 관심의 성립을 의미한다. 이것은 결국 근대적인 자연개념으로서 근대과학 형성의 큰 배경이 되었다. 따라서 다 빈치의 우주론은 그의 전생애를 통한 예술적, 과학적 성찰의 총화이다.

모나리자에 나타난 것처럼 그의 회화에는 자연풍경이 삽입되어 있는데 이것은 자연인식의 성과이다. 예를 들면 지리학과 지질학에도 관심을 가져서 암석에 관한 연구도 많았는데, 이 경우에도 풍경에서 시작하여 점차 과학적인 관심으로 흘러갔다. 암석의 형태를 전체 대지 구조의 일부분으로 보았다. 암석을 대지의 뼈대로 생각하여 인간 골격의 유사성에 비유하였다. 결국 자연 전반에 관한 관찰, 실험, 성찰을 통해서 얻어진 모든 인식의 종합적 통일이 바로 다빈치의 우주론이다.

기술적 성과　다 빈치의 역학 연구와 함께 더욱 중요한 것은 그가 기술자라는 점을 들 수 있다. 그는 많은 분야에 걸쳐 기술적인 발명과 창안을 하였다. 그 역사적 의의는 이것들 개개의 가치면에서보다 오히려 기계에 대한 일반적인 사실을 원리적으로 새롭게 생각한 점이라 하겠다. 다 빈치는 기구의 과학, 즉 기계학을 모든 학문 가운데서 가장 고귀하고 또 무엇보다도 가장 유용한 것이라고 말하였다. 그는 우선 군사 기술인 대포, 축성술, 기관총, 잠수정과 항공기술인 비행기, 낙하산과 헬리콥터, 공작기계 기술인 압연기와 연마기, 선반 등을 구상하였다. 그 외에 터빈 인쇄기, 방적기, 시계, 톱니바퀴 등도 구상하였다. 밀라노 사원에서 사용한 엘리베이터는 그가 처음 착상한 것이라 한다.

르네상스 시대의 과학과 예술

다 빈치의 과학적 연구는 회화의 영역까지 확대되고, 반대로 회화의 확장이 과학적 영역의 일부가 되었다. 이것은 그의 전생애를 통한 과제로서 경험과 사색을 통해 예술과 과학의 상호관계를 확립하려고 하였으며, 그의 과학은 마지막까지 예술과 내면적 연관을 지니고 있었다. 그의 회화는 대개 과학적 탐구를 기초로 하고 있으나, 그 결과는 어디까지나 미끈한 미술 작품이다. 거기에는 과학적 조작, 즉 비예술적 요소는 흔적도 보이지 않는다. 예를 들어 회화제작은 해부학적 지식을 바탕으로 하고 있지만, 그 작품 안에는 해부학적 연구의 흔적이 하나도 담겨 있지 않다.

이와 같이 근대의 과학은 예술을 매개로 하여 성립되었다. 예술가는 그들이 직면한 여러 가지 기술적 문제를 통하여 과학의 여러 분야와 접촉하였다. 해부는 생리학과 관계를 맺고, 안료는 화학에 관련되었다. 건축설계에 있어서 중요한 중량의 문제는 물리학과 관계되며, 하늘의 정확한 표현은 새로운 천문학과 우주론에 의거하였다. 특히 르네상스 시대 플로렌스 예술가의 공방의 성격에 주목하여야 한다. 다 빈치에게 과학과 예술은 단순히 결합하고 있는 것이 아니라 과학을 바탕으로 예술이 있고, 또한 예술을 전제로 한 과학이 있다.

결국 다 빈치는 과학자로서 위대한 사람이다. 그를 가리켜 근대의 수학적 자연과학의 창시자라 말하기에는 문제가 있지만, 넓은 의미에서 "근대과학"의 창시자로 보는 것은 의심할 바 없다. 근대의 과학혁명은 무엇보다도 방법의 전환에 의해서 성립되었다. 그것은 과학 이념의 변혁이다. 그리고 정밀과학의 이념은 새로운 실험적 방법에 의거한다. 그러므로 근대과학의 형성에 있어서 보다 근원적 문제는 이 방법의 전환, 변혁이 무엇에서 유래하며, 어디에서 어떻게 성립되었는가에 있다. 이런 점에서 볼 때 결국 다 빈치는 근대 과학혁명의 주인공인 갈릴레오의 길을 조금씩 닦아 놓은 과학혁명의 선구자라 볼 수 있으며, 과학자로서의 감각이 거의 근대적이었음을 알 수 있다.

3. 코페르니쿠스와 천문학 혁명

지동설 출현의 배경

근대 과학혁명의 초기, 가장 큰 변혁은 천문학에서 시작되었다. 고대의 천문학자들이 생각한 우주는 둔하고 무거우며 더럽고 움직이지 않는 지구 주위를 투명한 구체가 동심으로 겹겹이 싸여 있는 모양이었다. 그리고 투명한 각 구체는 달과 태양, 행성과 항성의 빛나는 군(群)을 안고 있으며, 안쪽의 회전운동은 가장 바깥쪽의 구체에 의존하고 있다. 이러한 우주관은 신학과 문학, 그리고 철학에까지 깊이 침투하여 당시 지식인의 확고한 우주상이 되었다.

이미 기술하였지만 고대 최대의 천문학자인 프톨레마이오스는 지구를 중심에 놓고 원의 조합으로 각 천체의 운동을 설명하였다. 지구가 중심인 까닭은 만물은 인간을 위해서 신이 만든 피조물이며, 그 피조물의 중심은 인간이기 때문이다. 따라서 우주의 중심은 당연히 인간이 살고 있는 세계이어야 하는 바, 여기에 지구중심설의 마지막 근거가 있다.

이러한 우주체계는 일주운동(日周運動)을 설명할 수 있지만, 황도상에서 행성의 가시적인 운동을 추적하고 예상해야 하는 천문학자에게는 아무런 의의가 없으므로 참다운 천문학을 논한다는 것은 어려운 실정이었다. 더구나 중세에 접어들면서 천문학은 종교와 밀접한 관계를 맺고 있어서 당시의 우주관에 더 이상의 새롭고 합리적인 연구가 나타나지 않았다.

코페르니쿠스[7]는 폴란드 학문 중심지인 크라코프대학에서 수학과 미술을 배웠다. 그가 미술을 공부한 이유는 지상의 풍경뿐 아니라 하늘의 성좌를 그리기 위함이었다. 1496년 그는 당시 유럽 문화의 중심지였던 이탈리아로 유학을 갔는데, 볼로냐대학에서는 교회법을 배우면서 천체 관측을 하였고 파두바대학에서는 의학공부도 하였다. 그가 유학할 당시 이탈리아는 르네상스의 절정기로 새로운 사고가 꽃피던 시기였다.

이러한 지적 분위기 속에서 코페르니쿠스는 기원전 300년 무렵에 그리스 천문학자 아리스타르코스가 쓴 책을 읽었다. 거기에는 태양이 지구의 주위를 도는 것이 아니라, 지구가 태양의 주위를 돈다고 쓰여 있었다. 이때 코페르니쿠스는 지구가 중심이냐, 태양이 중심이냐의 문제를 운동의 문제나 가치관의 문제로 다루지 않고, 어느 쪽의 생각이 보다 단순한가의 관점에서 생각하기 시작하였다. 그는 신이 이처럼 복잡한 우주를 만들어 낼 리가 없다는 생각에서, 아주 단순하

---

7) Nicholas Copernicus, 1473~1543

코페르니쿠스

고 아름다우며 조화로 가득찬 합리적인 원의 조합으로 우주체계를 설명하고자 하였다.

또 하나의 배경은 독일 천문학자 레기오몬타누스[8]가 『알마게스트』의 정확한 라틴어 번역인 『천문학 개요』[9]를 완성한 점이다. 그는 여기에서 지동설에 반대되는 이론을 제시하였지만, 한편 프톨레마이오스의 달의 이론을 비판한 점이 코페르니쿠스를 고무시켰다. 한편 코페르니쿠스 이전에도 이미 지구의 운동 가능성을 추론했던 철학자들이 있었다. 물체의 운동을 도형으로 해석하는 방법을 확립한 스코틀랜드의 스콜라 철학자 오렘[10]은 사변적이나마 지구의 자전을 시사하였고, 독일의 철학자이자 신학자인 니콜라스도 지구의 자전과 우주의 무한성을 주장하였다. 이것은 관념적인 근거에 바탕한 것에 불과하지만, 지동설을 탄생시키고 수용할 분위기가 점차로 익어가고 있었다.

코페르니쿠스의 천문학 연구의 또 다른 배경은, 로마 시대에 제정하여 당시까지 사용되던 율리우스력이 오랜 세월에 누적된 오차 때문에 개정할 필요성이 대두된 것과 관계가 있다. 그의 저서의 서문은 달력의 개정 문제에 관해서 다음과 같이 기술하고 있다. "1514년 레오 10세 때 란트란 종교회의에서 교회력의 개정이 논의되었지만, 1년과 1개월의 길이, 태양 및 달의 운동을 충분히 알지 못했으므로 이 문제의 해결을 보지 못했다. 그때부터 나는 당시 토의를 주재한 센브로니아의 승정인 파울의 격려로 이 문제를 정확한 방법으로 연구하려고 마음먹었다." 달력의 개정이라는 사회적 자극이 새로운 천문학 창조의 한 기초가 되었음을 알 수 있다.

지동설의 발표

코페르니쿠스가 1515년 5월 이전에 집필했을 것으로 추정되는 그의 학설의 요지인 『요령』[11](원제목은 '천체의 운동에 관한 가설의 짧은 개요')이라는 작은

---

8) Johannes Regiomontanus, 1436~76
9) *Epitome*, 1496
10) Nicole Oresme, 1325년 무렵 ~1382
11) *Commentariolus*

책자를 저술하여, 그는 몇몇 사람에게 회람시켰다. 처음에는 거의 반응이 없었지만 조금씩 그의 학설이 주목을 받기 시작하였다. 여기서 그는 "상세한 학설은 나중에 발표한다"고 예고하였다. 이 학설이 출현하는 과정에 한 사람의 추진자가 있었는데, 그는 코페르니쿠스의 첫 제자로 프러시아의 천문학자이며 수학자인 레티쿠스[12]이다. 그는 당시 최고 수준의 삼각함수표를 만든 사람인데, 1539년에 코페르니쿠스의 논문을 읽고 감격한 나머지 코페르니쿠스를 직접 방문하여 지동설에 관한 상세한 설명을 들었다. 그리고 다음해인 1540년에는 코페르니쿠스의 이론을 소개한 개설서를 출판하였다.

레티쿠스의 개설서를 읽은 교황은 그 가치를 인정하고 코페르니쿠스의 전 논문을 그대로 속히 출판하도록 후원하였다. 그러나 그는 이 획기적인 대저의 출판을 주저하였다. 왜냐하면 지구중심설을 부정하는 것은 성서의 내용에 위배되는 것으로 비난의 대상이 된다는 두려움이 있고, 사회에 대한 영향도 예상하였기 때문이다. 이러한 신학적, 사회적 문제 뿐만 아니라 물리학적, 천문학적, 수학적인 여러 문제도 내재되어 있었다. 그는 이 책을 출판하지 못한 채 코페르니쿠스의 곁을 떠남으로써, 이 일은 친구인 오시안더 신부에게 돌아갔다.

오시안더 신부는 지동설에 관한 논문의 전문을 실은 『천구의 회전에 관하여』[13]를 1543년에 출판하여 교황에게 올렸다. 여기서 짚고 넘어가야 할 것은 코페르니쿠스의 설에 대한 루터의 반대를 알고 있던 오시안더 신부는 코페르니쿠스의 허락을 받지 않고 멋대로 그 책에 서문을 붙인 점이다. 그 내용은 "이 책의 근본 원리는 단지 행성 운동의 계산을 단순하게 하기 위한 수학적이고 추상적인 가설에 불과하다"라는 것으로 지동설의 정당성을 왜곡하였다. 이 때문에 검열을 받지 않았다고 한다. 이것은 성서의 말을 인용하여 그를 비난하려던 사람들에 대한 방패막이였다. 이 서문을 오시안더가 썼다는 사실은 다음 세기가 되어서 케플러가 처음으로 밝혔다.

1542년에 뇌일혈로 쓰러진 코페르니쿠스는 1543년 봄, 이 책이 출판되었을 때는 이미 임종 직전이었다. 그가 죽기 4주일 전의 날짜가 쓰여진 책이 발견되었는데, 이것으로 보아 코페르니쿠스는 자신의 손에 이 책을 받아본 후 그해 5월 24일에 죽은 것으로 추측된다.

지동설과 그 의의

이 저서는 모두 6권으로 되어 있다. 제1권은 이 책의 도입과 총괄에 해당한다. 제2권 이후의 내용은 아주 전문적인 것으로 관측된 사실의 이론적 설명이다.

---

12) George Joachim Rheticus, 1514~74
13) *De Revolutionibus orbium coelestium*, 1543

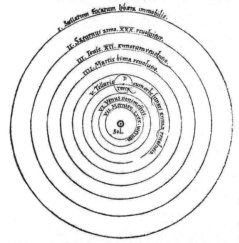

NICOLAI COPERNICI

net,in quo terram cum orbe lunari tanquam epicyclo contineri diximus . Quinto loco Venus nono menſe reducitur.,Sextum deniq locum Mercurius tenet,octuaginta dierum ſpacio circu currens,In medio uero omnium reſidet Sol. Quis enim in hoc

puſcherimo templo lampadem hanc in alio uel meliori loco po neret,quàm unde totum ſimul poſsit illuminare;Siquidem non inepte quidam lucernam mundi,alij mentem, alij rectorem uo= cant. Trimegiſtus uiſibilem Deum,Sophoclis Electra intuentē omnia. Ita profecto tanquam in ſolio re gali Sol reſidens circum agentem gubernat Aſtrorum familiam. Tellus quoq minime fraudatur lunari miniſterio ,ſed ut Ariſtoteles de animalibus ait,maximā Luna cū terra cognationē habet.Concipit interea à Sole terra , & impregnatur annuo partu. Inuenimus igitur ſub hac

우주의 중심으로서의 태양

내용을 요약하면, 별들과 그 궤도에는 단지 한 개의 중심이 있다. 동시에 지구의 중심은 세계의 중심이 아니고, 단지 달의 궤도와 중력의 중심인 것에 불과하다. 모든 행성은 그 궤도의 중심에 있는 태양의 주위를 운동한다. 따라서 태양이 우주의 중심이다. 지구와 태양 사이의 거리는 항성까지의 거리에 비하여 매우 짧다. 하늘이 운동하는 것처럼 보이는 것은 지구의 운동에서 오는 것이다. 그리고 우리들의 눈에 태양이 운동하는 것처럼 보이는 것은, 이 천체 때문이 아니고 지구와 그 궤도에서 나온 것이다. 지구는 그 궤도 위를 다른 행성과 똑같이 태양을 돌면서 운동한다. 행성의 순행이나 머무름은 그것들의 고유 운동이 아니라 지구가 움직이는 결과의 하나에 불과하다는 것이다.

프톨레마이오스의 천동설에서 가장 골칫거리는 수성, 금성의 한정된 운동과 화성, 목성, 토성의 역행이다. 이를 설명하기 위해서 매우 복잡한 가설이 도입되었다. 그러나 코페르니쿠스의 체계를 사용하면 행성의 기묘한 운동이 훨씬 간단히 설명된다. 그의 새로운 체계에서는 수성이나 금성의 궤도가 지구 궤도보다 태양에 접근하고 있으므로, 이러한 별을 지구에서 보면 태양에서 일정한 각도 이상 떨어지는 일이 없는 것이 설명되고, 또한 지구궤도가 화성, 목성, 토성의 궤도보다 작으므로 지구는 이러한 행성을 주기적으로 추월하게 되어 이것들이 하늘에서 머물러 있거나, 후퇴하는 것처럼 보이는(역행) 것을 훌륭하게 설명할 수 있다.

또한 코페르니쿠스의 체계로는 히파르코스가 발견한 세차운동도 천구를 왜곡하지 않고 지구 자전축의 흔들림으로 설명된다. 항성 천구에 관해서도 코페르니쿠스는 항성까지의 거리가 너무나 멀어서 지구가 운동하더라도 항성의 위치는 변하지 않는 것으로 생각하였다. 코페르니쿠스의 체계는 이처럼 많은 현상을 합당하게 설명할 수 있었다.

이 저서는 과학과 일반 사상사에서 혁명적인 것으로 각 분야에 큰 변혁을 가져왔다. 그러나 그의 이론 속에는 전통적인 요소가 다분히 들어 있다. 왜냐하면 코페르니쿠스가 애초에 뜻한 것은, 당시 유행하던 아리스토텔레스 과학체계의 테두리 안에서 행성의 운동에 관한 이론만을 수정하려고 했기 때문이다. 그의 우주는 고대인이 목표로 했던 기하학적인 우주였지 근대적인 역학적 우주가 아니었다. 그는 단지 고대의 프톨레마이오스가 지구중심설에 기초를 두고서 설명한 기하학적 우주를 태양중심설에 기초한 우주로 바꾼 것뿐이다. 거기서 묘사한 것은 동적인 역학이 아니라 정적인 수학적 자연에 불과하였다. 다시 말해서 그는 수학을 연구한 것이지 별의 운동을 연구한 것이 아니다. 그가 수학적인 가설을 일관성 있게 추구하고 있는 점으로 미루어 보아서 고대 그리스 천문학의 전통을 그대로 받아들였다.

또 하나는 코페르니쿠스가 시종일관 원운동을 고집한 점이다. 신이 창조한 천체는 완전한 것이므로 천체의 운동을 완전한 도형인 원으로 묘사해야 한다고 생각한 사실은 고대 그리스 이래의 사상과 조금도 다를 바 없다. 그의 설명 속에는 중세적인 우주관이 나타나 있으며, 때로는 생기론적이고 목적론적이기도 하다.

그럼에도 불구하고 그의 이론이 지니는 혁신성을 강조하지 않을 수 없다. 첫째, 아리스토텔레스의 달 위의 천상계와 달 밑의 지상계를 기하학적 공간으로 등질화했고, 둘째, 인간이 살고 있는 지구를 중심으로 하는 자기 중심의 기독교적 세계관으로부터 자연이 그 자체로서 존재한다는 세계관으로의 전환을 불러왔고, 무한 우주라는 커다란 우주상을 가능하게 했고, 셋째, 행성의 역행, 즉 행성이 뒷걸음치는 것처럼 보이는 것을 훌륭히 설명함으로써 운동의 불규칙성을 계산하기 위하여 도입한 주전원이나 이심(離心), 대심(對心)이라는 가설을 몰아냈다.

과학과 종교의 마찰

지동설의 확산은 쉽지 않았다. 그 이유는 그의 사상이 성서나 아리스토텔레스의 우주관에 대한 너무 갑작스러운 도전이었기 때문이었다. 독일의 종교개혁자 루터[14]는 "우리들이 믿고 있는 성서에 의하면, 여호수아가 정지하라고 명한 것은 지구가 아니고 태양이라고 확실히 하고 있는 것은 없다"라고 하면서 코페르니쿠스는 성서를 부정하는 어리석은 자라고 비난하였다. 또 루터의 후계자인 메란히튼[15]은 "이러한 의견을 공공연히 부르짖는 것은 정직과 예절의 결핍에서 오는 것으로, 정말로 위험천만하다. 신이 나타낸 진리를 인정하고 이것에 동의하는 것은 선한 사람의 본분이다"라고 지동설을 비난하였다.

그러나 코페르니쿠스는 "수학을 조금도 모르면서 이를 판단하려는 태만한

14) Martin Luther, 1483~1546
15) Philipp Melanchton, 1497~1560

자가 성서의 어느 문구를 가지고 그 의미를 왜곡하고 내 저서를 비난하고 공격하는 일이 있어도 나는 그것에 조금도 신경쓰지 않는다."고 반박하였다. 사실상 코페르니쿠스 자신도 그의 지동설이 기성 권위에 너무 급진적인 도전이라는 사실을 잘 알고 있었다. 앞에서 언급한 것처럼 오시안더도 그 서문에서 "추상적인 가설"이라고 강조함으로써 종교와의 충돌을 미연에 방지하려고 하였다.

한편 이탈리아의 근대 사상가인 브루노[16]는 이 서문을 읽고서, 이 서문이야말로 어느 바보가 자기와 똑같은 바보들을 위해서만 쓸 수 있는 것이라고 비난하였다. 이것이 화근이 되어 브루노는 종교재판을 받은 후 감금당하였다. 그리고 진실에 대한 그의 신념을 취소하거나 변경하라는 명령을 거부하자 1600년 화형에 처해지고 말았다. 브루노는 "아마 심문관이 겁에 질려서 선고한 것일 것이다"라는 말을 남겼는데 이것은 자신의 정당성을 의심하지 않는다는 태도를 보여준 것이다. 현대 사상가 화이트헤드는 그의 저서 『과학과 근대세계』에서 "브루노는 수난을 당했다. 그가 수난을 당한 것은 과학을 연구한 때문이 아니고, 사상적인 사색을 자유롭게 한 때문이다. 그가 죽은 1600년은 엄밀한 의미에서 근대 과학의 첫 세기를 연 해라고 말할 수 있다"라고 하였다.

코페르니쿠스의 지동설은 지구가 창조의 중심이고 인간이 사색하는 장소이기 때문에 지구를 우주의 중심에 놓으려는 고대인의 집념에 대해서, 지구를 한낱 행성으로 생각한 근대인의 사색이었다. 또한 지동설은 과학이 진보하는 과정에서 전통적인 관념을 타파하는 것이 얼마나 어려운가를 잘 보여주고 있다. 하지만 지동설은 다른 부문에서의 혁명에 자극제가 되었다. 엥겔스는 역사상 최대의 사상혁신이라 평가하였다. 칸트는 "코페르니쿠스적 전환으로 지구로부터 우주의 중심이라는 지위를 빼앗아 그것을 태양으로 옮겼다. 이것은 신이 창조한 유일무이한 지구라는 당시의 가치관에 대한 도전이었다. 따라서 그의 이론을 과학혁명의 기초라고 하는 것은 결코 과장이 아니다. 코페르니쿠스는 우주에 관한 수수께끼에서 새로운 해답을 찾아냈다"고 표현하였다.

영국의 수학자 디그스[17]는 코페르니쿠스의 지동설을 지지하고 이를 영국에 소개하였다. 그는 이 저서의 제1부를 부분적으로 번역하였는데 이것이 최초의 영역판으로서, 영국에서 코페르니쿠스의 이해와 보급에 크게 공헌하였다. 코페르니쿠스의 이론이 전면적인 혁명으로 확대된 것은 케플러와 갈릴레오의 업적에 의한 것이다. 과학사가 토머스 쿤은 코페르니쿠스를 최초의 근대 천문학자인 동시에 마지막 프톨레마이오스 천문학자라고 불렀다.

---

16) Giordano Bruno, 1548~1600
17) Thomas Digges, 1546~95

4. 근대천문학의 형성

티코 브라헤와 우라니보르그 천문대

아리스토텔레스의 자연과학은 종교적 권위를 배경삼아 절대적인 힘을 가지고 있었으므로 그의 천문학 체계를 무너뜨린다는 것은 매우 어려운 일이었다. 따라서 새로운 천문학 사상의 형성도 마찬가지로 매우 어려웠다. 그런데 근대에 접어들면서 이러한 기존의 견해를 비판하고 전통에 도전한 사람이 덴마크의 천재적인 관측 천문학자인 티코 브라헤[18]이다. 귀족 가문에서 쌍둥이로 태어난 그는 원래 정치가를 지망하였지만, 대학 1학년 때인 1560년 8월 부분일식이 일어나는 것을 보고 크게 감명을 받아 천문학의 길로 들어섰다.

티코 브라헤는 육안 관측 천문학자로는 고대의 히파르코스 이후 가장 위대한 사람이다. 그는 1576년 덴마크왕 프레데릭 2세의 후원으로 벤섬에 우라니보르그 천문대(Uraniborg Observatory—"하늘의 도시"라는 뜻)를 건설하고 여기서 천문관측의 업적을 쌓았다. 이 천문대는 티코 브라헤가 직접 설계하였는데 최고의 관측기구를 갖춘 외에도 연구실, 관측실, 기계 공작실, 침실, 식당 등의 시설이 완비된 역사상 최초의 근대적 천문대이다. 건설비도 약 40억 원 정도나 들었다. 하지만 망원경이 출현한 후에 이 천문대는 거의 사용되지 않았고 17세기 초기에 일어난 30년 전쟁 때 소실되었다.

1572년 11월 11일 카시오페이아 자리에 새로운 별이 나타났다. 지금은 신성의 출현이 그리 신기한 일이 아니지만, 당시로서는 서구에서 처음 관측된 신성이었다. 사실상 신성은 새로운 별이 아니라 어떤 별이 폭발하여 광도가 최고도로 증가한 것으로서, 폭발 전에는 빛이 약해서 육안으로는 보이지 않았으므로 망원경이 없던 당시에는 틀림없이 이 별은 새로 생긴 별처럼 보였다. 이 신성을 발견한 사람이 티코 브라헤이므로 이 별을 "티코의 신성"이라고 이름붙였다. 그는 이것에 관한 최초의 저서로 『신성에 대하여』[19]를 발표하였다. 새로 발견된 이 별은 발견 직후 금성 정도로 밝았으나 점차 빛을 잃고 1574년 사라졌다. 그는 처음에는 빛깔이 흰색이던 것이 노란색으로, 그리고 붉은 색으로 변하는 것을 관측하였고, 또 이 별이 토성보다 훨씬 먼 곳에 있다는 사실을 밝힘으로써 "천상계는 불변"이라는 아리스토텔레스의 우주관을 근본적으로 동요시켰다.

1577년 티코 브라헤는 혜성을 관찰하였다. 그는 혜성이 달 아래 세계에서의 현

18) Tycho Brache, 1546~1601
19) *De nova stelle*, 1572

티코 브라헤의 두번째 천문대

상이 아니라 천상계의 현상이고, 혜성의 운동이 원형이 아니라 타원형이라는 것도 알아냈다. 즉 천체가 원 이외의 궤도를 그리면서 운동한다는 놀라운 사실을 밝힌 것이다. 이것은 종래부터 고수되어 오던 원은 신성하고 고상하며 완전 무결하다는 아리스토텔레스의 위계사상에 큰 충격을 주었다.

티코 브라헤는 지구중심설을 주장하고 태양중심설에 반대한 최후의 천문학자였다. 그러나 혜성에 관한 저서 속에 절충안이 들어 있다. 그 내용은 행성이 태양 주위를 돌고 태양은 행성을 바짝 당기면서 우주의 중심인 지구의 주위를 돈다는 독자적인 우주체계였다. 그의 우주체계는 프톨레마이오스 체계에서 코페르니쿠스 체계로 넘어가는 가교역할을 함으로써 근대천문학 형성에 이바지한 셈이다.

티코 브라헤는 수년간에 걸쳐서 정확한 관측을 계속하였는데, 그 정확성은 육안으로 볼 수 있는 극한까지 이르렀고, 망원경을 사용하지 않은 관측으로는 가장 정밀하였다. 그는 당시까지의 천문관측의 기록을 대부분 수정하였고, 행성중에서도 특히 화성을 비할 바 없이 정확하게 관측하여 당시까지의 어느 행성 운행표보다 뛰어났다. 이처럼 천문관측이 정밀해져서 달력을 개정할 수 있는 자료가 충분해졌으므로, 마침내 달력의 개정이 그레고리 13세의 후원으로 실현되었다.

1601년 티코 브라헤는 "나의 생애가 헛되지 않았다면 그것으로 만족한다"는 말을 남기고 세상을 떠났다. 후계자인 케플러[20]에게 관측자료를 인계하고 행성 운행표를 만들게 하였는데, 케플러는 티코 브라헤의 자료를 계산하는 데 4년의 세월을 보내야만 하였다(1964년형 컴퓨터로는 8초만에 끝냈다). 케플러는 티코 브라헤에게 약속한 대로 그의 우주체계를 바탕으로 연구를 진행시켰으나 그의 절충형 우주체계를 그대로 이어받지는 않았다.

케플러와 우주의 조화

불행한 일생　남부 독일의 신교 집안에서 태어난 케플러는 천문학 사상 불후의 업적을 남겼다. 그러나 영광의 그날까지는 허다한 고난을 겪었다. 그는 허약

---

20) Johannes Kepler, 1571~1630

한 몸으로 빈곤한 가정에 태어났다. 아버지는
고용된 병사로서 행방불명되었고, 어머니는
마녀로 고발되어 감옥에 갇힌 일도 있었다. 케
플러는 다행히 장학금을 받아 튀빙겐대학에
서 공부할 수 있었지만 생활고에 시달렸다.
그가 1591년~1599년용의 천체 점성술을 저
술한 것도 호구지책 때문이었다. 그는 한 친
구에게 보내는 편지에서 "딸인 점성술이 도
움을 주지 않았더라면 어머니인 천문학은 굶
어 죽었을 것이다 "라고 썼다. 그는 가정의
불화, 경제적 불안, 전쟁의 연속, 종교적 불
안 속에 둘러싸여 있었고 게다가 어머니가 마
녀재판에 연루되었다. 그것은 케플러의『꿈』이
라는 저서 때문이었다. 이 책은 달세계에 관한
여행기인데 어머니가 불러낸 정령의 도움으로
달을 방문했다는 귀절이 들어 있었다.

케플러

케플러의 세 법칙　케플러는 신비적인
우주론을 다룬『우주의 신비』[21]라는 저서를
출판하면서 유럽의 천문학계에 알려지기 시
작하였다. 그는 이 책을 티코 브라헤에게 보냈는데 이 책을 읽고서 케플러의 재
능에 감탄하여 공동연구를 제의하였고, 케플러는 이를 수락하였다. 프라하에 온
케플러는 우선 티코 브라헤의 연구자료를 정리하여『신천문학』[22] 전2권을 편집,
출판하였다. 제1권에는 777개의 항성의 위치표와 태양과 달의 운동이 기술되어
있고, 제2권에는 1577년에 나타난 혜성과 태양의 관계가 기술되어 있다.

　1601년 티코 브라헤가 사망하자 케플러는 법정 상속자로서 관측자료를 인수
하였다. 그는 이 자료에 바탕해서 화성의 불규칙 운동을 발견하고, 이를 설명하
기 위해서 원운동 대신 타원운동을 행성운동의 형식으로 도입하였다. 이 결론에
도달하기 위하여 70번 이상 행성궤도를 계산하는 등의 노고가 뒤따랐다. 이에
심증을 굳힌 케플러는 다음의 결론에 도달하였다.

　1) 모든 행성은 태양을 초점으로 하는 고유한 타원궤도를 그리면서 회전한
다(타원운동 법칙-1605년 발표), 2) 행성이 궤도 위를 운동할 때 궤도상의 두
점과 태양을 맺어서 생긴 부채꼴의 면적은 같은 시간에 같은 면적을 나타낸다

---

21) *Mysterium cosmographicum*, 1596
22) *Astronomia nova*, 1609

(면적속도 일정의 법칙, 1602년 발표). 3) 각 행성주기의 제곱은 각 행성과 태양까지의 평균 거리의 3제곱에 비례한다(조화의 법칙, 1619년 발표). 케플러의 세 법칙 중 1, 2법칙은 1609년에 내놓은 저서 『신천문학』에, 제3법칙은 10년 후인 1619년 최후의 저서인 『우주의 조화』[23]에 실려 있다.

이 법칙을 발견한 데 대하여 케플러는 "이것을 발견한 뒤 내가 느낀 기쁨은 말로서 표현할 수 없을 정도였다. 그 동안 많은 시간을 낭비한 것을 유감스럽게 생각하지 않으며, 그 노고에 대해서 염증을 느끼지도 않는다"고 술회하였다. 케플러의 친필원고는 그가 죽은 1세기 후 러시아의 카테리나 2세가 구입하였고, 현재는 러시아의 풀코보천문대에 보관되어 있다.

세 법칙의 의의   케플러가 발견한 세 법칙은 여러 면에서 그 의의가 크다. 이에 따르면, 우주는 결국 아무 차별 없이 일률적으로 단순하게 움직이고 있으므로 전통적 위계사상에 동요를 일으켰다. 그리고 우주는 절대자의 의도나 섭리에서가 아니라 이 법칙에 의해서 질서가 잡힌다는 것이므로 목적론 사상을 후퇴시키는 대신 기계론 사상의 승리를 다짐하는 계기가 되었다. 이제 우주는 위계적인 것도 이질적인 것도 아닌 동질적인 것이 되었다. 이러한 사상은 점차 다른 분야에까지 침투하여 중세의 세계관을 근본부터 동요시켰다. 특히 지구가 우주의 중심이 아니라, 태양계 행성 중의 하나의 행성에 불과하다는 사상이 대두됨으로써 우주를 보는 인간의 시야가 넓어졌다. 특히 이 법칙을 발견하는 데 있어서 대수(對數)가 천문계산에 이용되고, 그 결과를 수식으로 표현한 점은 자연의 연구방법을 개선하는 데 일익을 담당하였다.

한편 1596년 케플러의 저서 『우주의 신비』는 신비의 베일에 싸인 저서이다. 수의 신비를 주장한 피타고라스 학파의 사상은 플라톤에게 전해지고, 15세기 무렵에는 다시 신플라톤주의를 통하여 부활하였다. 케플러는 바로 이 신플라톤주의의 열렬한 신봉자였다. 그는 자연은 더없이 조화로 가득차 있다고 보았는데, 그 예로서 "천구의 음악"을 내세웠다. 행성들은 서로 지나칠 때 그 각속도에 따라서 다른 소리를 낸다. 토성은 베이스, 수성은 소프라노, 화성은 도와 솔, 지구는 미(misery, 고통)와 파(famine, 굶주림)를 낸다. 이 소리가 화음을 이룬다고 하였다. 결국 천체의 운동이나 궤도를 나타내는 수식 사이에 간단한 관계가 존재한다는 사실을 굳게 믿었다. 그의 이러한 신비사상으로부터 나온 조화의 법칙은 뉴튼의 만유인력의 법칙을 끌어내는 바탕이 되었다.

루돌프 천문표   케플러는 1624년 루돌프 천문표를 완성하고 1627년에 출판하였다. 이는 태양중심설을 바탕으로 한 천문표이다. 이 표에는 1005개의 항성에 관한 자료가 정리되어 있고, 이후 약 1세기에 걸쳐서 행성의 위치를 계산

---

23) *Harmonice Mundi*, 1619

하는 데 널리 이용되었다. 동시에 천문표의 사용상의 여러 규칙에 관해서도 구체적인 예를 들었다. 이 천문표는 그가 1601년에 티코 브라헤의 뒤를 이어 독일 황제 루돌프 2세의 궁정천문학자로서 등용되었을 때, 그의 최대 임무로 완성을 약속한 것으로 "루돌프 표"라는 명칭은 여기서 유래한다. 그러므로 루돌프 표는 케플러의 수십 년에 걸친 천문학 연구의 총결산의 하나라고 볼 수 있다. 티코 브

건설 당시의 그리니치 천문대

라헤의 정밀한 관측자료와 케플러가 발견한 행성운동에 관한 세 법칙에 바탕하여 탄생된 이 천문표는 종래의 "알폰소 표"나 "프러시아 표"보다도 훨씬 정밀한 예측값을 얻을 수 있어서 출판 후 바로 지배적인 위치를 차지하였다.

케플러는 정치적 불안과 종교적 혼란 속에서 살았음에도 불구하고, 종교적 편견이나 정치적 압력에 좌우되지 않았다. 그의 경우처럼 잘못된 길을 헤매다가 올바른 결과에 도달하는 경우도 이따금 있다. 그의 후계자는 독일의 천문학자 헤베리우스[24]인데 17세기 후반 천문학의 일인자였다.

플램스티드와 그리니치 천문대

다른 나라보다 항해에 밝은 영국은 세계 여러 나라 중에서 최대의 상선대를 보유하고 있었다. 그러므로 해상에서의 정확한 경도의 측정법에 정부도 관심을 기울였다. 영국의 천문학자 플램스티드[25]는 이미 나와 있던 여러 경도 측정법에 대한 자문을 의뢰받았는데, 보다 정확한 항성표 없이는 어떤 측정법도 의미가 없으므로 새로운 항성표를 만들기 위한 국립천문대를 설립해야 한다고 제의하였다.

이 제안을 받아들여 찰스 2세는 런던 교외의 그리니치에 천문대를 건설하고 플램스티드를 천문대장으로 임명하였다. 천문대장의 연봉은 1백 파운드였는데 천문대의 장비와 조수의 임금 등의 비용은 개인 부담이었다. 그는 천문대의 운영과 장치의 개량에 노력하여 1676~89년까지 2만 번 관측하였고, 티코 브라헤의 관측보다도 15배 높은 정확도 10초를 실현하여 3000개의 별을 수록한 항성표를 제작하였다. 그 데이터를 정리한 것이 그가 죽은 뒤 발간된 『영국 천문지』[26]와 『플램스티드 천체도보』[27]이다. 이는 망원경 천문 시대에 나온 최초의 별표이다.

24) Johannes Hevelius, 1611~87
25) John Flamsteed, 1646~1719
26) *Historia Coelestis Britania*, 1725
27) *Atlas Coelestis*, 1729

플램스티드는 뉴튼과 사이가 좋지 않았다. 뉴튼은 플램스티드의 이론과 관측 결과를 이용하면서도 그를 관측가로서만 인정하였다. 또한 관측 정도에 관계없이 무리하게 그의 데이터를 인용하기도 했다. 또 뉴튼의 친구인 천문학자 핼리[28]가 플램스티드의 관측결과를 입수하여 발표했을 때 화가 난 플램스티드는 300부 정도의 책을 전부 태워 버렸다. 그후 2세기가 지나서 세계 각국이 경도를 국제적으로 통일키로 합의했을 때 그리니치를 통과하는 자오선을 기준으로 삼아 이를 0° 0′ 0″로 정하고, 초대 그리니치 천문대장이었던 플램스티드를 기념하였다.

핼리와 혜성

혜성에 대한 가장 오래된 기록은 기원전 467년의 중국까지 거슬러 올라간다. 옛날에는 혜성을 지상의 악령이 대기중으로 올라가 덩어리로 응집한 것이라고 생각하였고, 전쟁이나 질병, 왕의 죽음 등 불길한 징조로 보았다. 고대 그리스에서는 아리스토텔레스 등이 혜성을 대기현상으로 보았다. 또 티코 브라헤는 혜성까지의 거리를 측정하여 그것이 달보다 훨씬 멀리 있는 천체의 일종이라고 한 것이 지금부터 3백 년 전에 지나지 않는다. 1680년 뉴튼은 역학계산으로 혜성의 궤도를 결정하였다. 뉴튼의 만유인력의 법칙을 이용하면 행성이나 달의 운동을 쉽게 잘 설명할 수 있지만, 하늘의 무법자인 혜성의 운동을 설명하기는 어려웠다. 그리니치 천문대 창설 당시, 플램스티드를 도운 핼리는 많은 혜성의 기록을 조사하고 뉴튼의 힘을 빌어 그 궤도를 계산하였다.

핼리가 주로 연구한 혜성은 자신이 관측을 계속해 온 1682년에 나타난 혜성이었다. 그는 당시까지의 기록에 남아 있는 24개의 혜성의 궤도를 계산해 보았다. 그 결과 1682년에 나타난 혜성의 궤도가 1456년, 1531년, 1607년의 것과 비슷한 것에 놀랐다. 그는 이 4개의 혜성이 사실은 동일한 것으로, 약 76년의 주기로 태양을 중심으로 가늘고 긴 궤도를 그리면서 운행하고, 지구에 가까이 올 때만 보인다고 주장하였다. 보이지 않을 때는 가장 먼 행성인 토성(당시 알려진 것 중에서는 가장 멀리 있는 행성)보다 훨씬 멀리 갈 것으로 보았다(실제는 해왕성과 명왕성 사이까지 간다). 또한 다른 행성이 가지고 있는 인력의 영향을 받아서 궤도의 모양이 다소 변하며 출현의 시기가 조금 달라질지 모르지만, 이 혜성은 1758년 무렵 다시 나타날 것이라고 예언하였다. 그 예언은 정확히 적중하여 1758년의 크리스마스날 밤에 아름다운 모습을 나타내며 접근해 왔다. 이 연구로 혜성도 주기적으로 나타난다는 것을 알게 되었다. 그의 연구로 혜성은 불가사의한 것이 아니며 지구와 마찬가지로 태양계의 일원임이 증명되었다.

핼리는 플램스티드의 뒤를 이어 왕립 천문관, 그리고 그리니치 천문대의 제

---

28) Edmond Halley, 1656~1743

2대 대장이 되었다. 핼리 혜성과 관련하여 그는 고대의 일식이나 월식의 기록을 조사하고, 달의 공전운동이 시간이 지남에 따라 가속되는 것을 발견하였다. 이것은 시간과 함께 달이 서쪽에서 동쪽을 향하여 이동하는 현상으로 달의 가속은 100년에 10초였다. 그후 그는 목성과 토성도 마찬가지로 오랫동안 가속을 하고 있는 것을 발견하였다.

호이겐스와 토성

네덜란드의 물리학자이자 천문학자인 호이겐스[29]는 새로운 방법으로 렌즈를 연마하여 망원경을 만들고, 오리온 성운 같은 거대한 천체를 발견하여 이를 "타이탄"이라 불렀다. 나아가 개량된 망원경을 사용하여 1656년 토성의 둘레에 희미한 테가 있는 사실도 발견하였다. 또 그는 화성 표면을 처음 관측하고 항성의 거리도 비교 추정하였다. 그는 망원경에 의한 관측을 공간과 시간이라는 두 가지 매개변수를 가지고 정량화하려고 노력하였다.

핼리

한편 이탈리아계 프랑스 천문학자인 카시니[30]는 1665년과 1666년 목성과 토성의 자전주기를 측정하여 유명해졌다. 그는 목성의 자전주기를 9시간 50분으로 한 목성의 운행표를 작성함으로써 이름이 알려지기 시작하여 파리 천문대의 초청을 받았다. 이때부터 후반기에는 계속 프랑스에서 연구하였다. 그는 토성의 위성 4개를 새로이 발견하고, 호이겐스가 발견한 토성의 테를 상세히 관측하여 이것이 두 개로 구성되어 있음을 발견하였다. 가장 가치 있는 연구는 화성의 시차를 얻은 것으로 이것을 이용하여 화성까지의 거리를 계산하였다. 그리고 화성의 거리를 이용하여 태양은 지구에서 13,820만km의 거리에 있다고 계산했다. 이 값은 7% 정도 오차를 지니고 있지만 거의 정확한 최초의 값이다(아리스타르코스 800만km, 케플러 2,400만km).

카시니의 자손은 그후 5대에 걸쳐 1세기 이상 프랑스 천문학계에 군림하였다. 그러나 카시니는 독단적이고 보수적인 사람으로 코페르니쿠스의 태양중심설을 거부한 최후의 천문학자이다. 그러나 그의 자손들은 서서히 방향전환을 하였다.

---

29) Christiaan Huygens, 1629~95
30) Giann Domenico Cassini, 1625~1712

5. 갈릴레오와 근대과학

수학자로서 출발

갈릴레오[31]는 1564년 2월 15일 이탈리아의 피사에서 태어났다. 그의 정식 이름은 갈릴레이 갈릴레오이다. 그가 탄생한 날은 미켈란젤로가 죽기 3일 전인데, 이것은 마치 학문의 정점이 미술에서 과학으로 넘어간 것을 상징하는 것 같다. 갈릴레오의 아버지인 빈센치오 갈릴레오[32]는 음악가이며 수학자였는데, 아들에게 의학공부를 시키려고 수학을 멀리하게 하였다. 당시 의사가 되면 수학자의 30배의 수입을 얻을 수 있었기 때문이다. 그러나 그의 아버지의 뜻은 수포로 돌아갔다. 만일 갈릴레오 자신이 원했더라면 분명히 훌륭한 의사가 되었을 것이며 또한 훌륭한 화가나 음악가가 됐을지도 모른다. 그러나 갈릴레오는 수학자 리치[33] 한테서 유클리드 기하학과 아르키메데스의 역학을 배운 후부터 수학과 자연과학의 연구에 열중하게 되었고, 코페르니쿠스의 지동설을 듣고 감격한 나머지 부친을 설득하여 과학 연구에 몰두하였다. 이것은 인류를 위해서는 지극히 다행한 일이었다.

1589년 갈릴레오는 피사대학의 수학교수가 되었다. 하지만 그가 아리스토텔레스를 비판하자 아리스토텔레스를 옹립하는 학자들과 대립이 심해져서 1592년 피사를 떠나 가족이 살고 있는 고향 피렌체로 돌아왔다. 그해 말부터 파도바대학에서 수학교수로서 강의를 시작하여 18년간 근무하다가 다시 피렌체로 돌아와 토스카나공(公)의 궁정 수학자가 되었다. 경제적으로 어려웠던 그는 한때 하숙을 치면서 개인교수를 하고, 공방을 열어 직인들을 대상으로 각종 기계를 제조 판매하기도 하였다. 그후 지동설 문제로 두 차례의 홍역을 치른 뒤 1642년 79세로 세상을 떠났다.

망원경의 사용과 지동설의 실증

망원경은 네덜란드의 안경사인 리페르스하이[34]가 1608년 최초로 특허 출원을 하였다. 그가 제작한 구경 42mm, 초점거리 695mm의 망원경이 현재 류네부르그 박물관에 보관되어 있다. 그와 함께 얀센[35]도 망원경의 발명자로 전해지는데, 그

---

31) Galilei Galileo, 1564~1642
32) Vincenzio Galileo, 1520~91
33) Ostilio Ricci, 1540~1603
34) Hans Lippershey, 1587~1619
35) Zacharias Jansen, 약 1588~1628

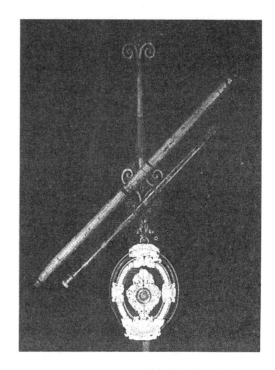

갈릴레오   갈릴레오의 초기 망원경

도 네덜란드 태생으로 안경사인 아버지의 직업을 이어받았다. 그는 자신이 망원
경을 처음으로 발명하였다고 주장하지 않았지만, 그가 죽은 후 자손들은 우선권
을 주장하였다. 당시는 망원경의 진짜 발명자가 누구인지는 그다지 문제가 아니
었는데, 미델부르그시의 조사 결과로 발명자는 그 시의 리페르스하이라고 하였
다. 한 조사에 의하면 얀센이 망원경을 제작한 것은 1610년 전후이고 리페르스
하이는 1608년에 이미 제작했다고 알려져 있다. 1609년에 갈릴레오도 리페르스하
이의 소문을 듣고 배율 30, 구경 3cm의 망원경을 1609년 8월 21일 제작하였다.

    갈릴레오는 망원경으로 금성을 관측하고 금성이 달처럼 보름달로부터 초생
달 모양으로 변하는 것을 발견하였다. 이것은 코페르니쿠스의 지동설이 옳다면
당연한 일이나, 프톨레마이오스의 이론에 의하면 금성은 기운 대로 있어야만 한
다. 또 금성도 지구와 달처럼 태양광을 반사시켜 빛나는 데 불과한 것이므로 이
것으로 지구와 행성이 같은 종류임이 알려졌다. 동시에 자신이 빛을 내는 태양과
항성이 같은 종류라는 것도 알았다. 또 달의 기운 부분이 지구로부터의 반사광에
의해서 희미하게 빛나는 것도 발견하였다. 즉 지구도 다른 행성과 마찬가지로 태
양광 때문에 빛난다고 할 수 있으므로, 지구와 다른 천체를 구별하는 또 하나의
근거가 무너졌다. 그러나 그는 케플러와는 달리 끝까지 천체의 원운동을 버리지

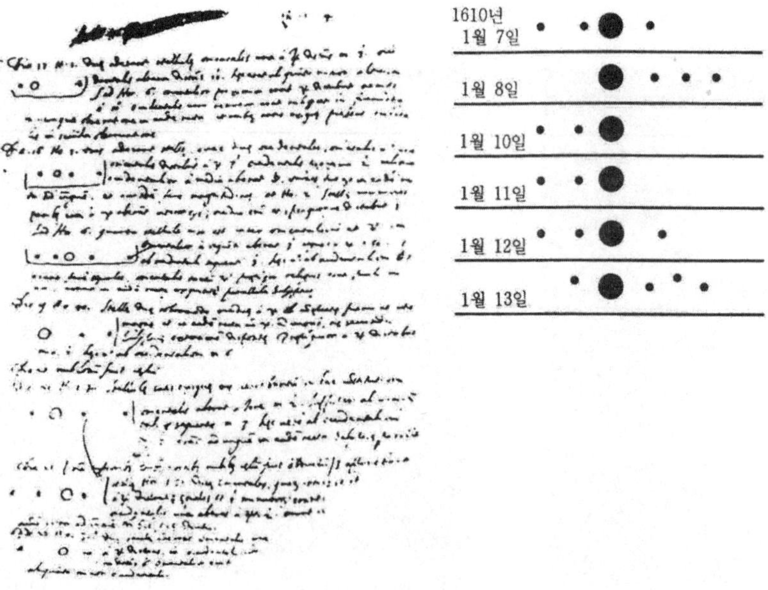

갈릴레오가 망원경으로 관측한 목성의 위성

못하였다.

이와 같은 관측 결과를 『성계로부터의 보고』[36]라 스스로 불러온 정기 잡지의 특별호에 실었다. 이 책의 내용은 1) 항성은 놀랄 만큼 많이 존재하며 그 거리는 무한할 정도로 멀다(무한 우주의 지지). 2) 행성은 크기가 다르지만 스스로는 빛을 내지 않는다(태양계의 존재). 3) 태양에는 흑점이 있으며 그것이 생성 소멸한다(태양의 자전). 4) 달표면이 울퉁불퉁하다(천체와 지구의 동등성), 5) 목성에 위성이 존재한다(태양계의 축도). 6) 금성에는 그림자가 있다(행성은 발광체가 아님).

이러한 주장은 열광적인 지지와 격한 분노를 동시에 자아냈다. 그는 망원경을 많이 만들어 케플러를 위시한 유럽의 과학자에게 보내고, 이 발견을 확인해 보라고 하였다. 특히 갈릴레오의 관측 중에서 가장 획기적인 것은 목성의 주위를 회전하고 있는 4개의 위성을 발견한 사실이다. 이 현상은 코페르니쿠스의 지동설을 지지해 주는 가장 좋은 간접 모델이며 태양계의 축도이다. 이 보고서 때문에 종교재판에 회부되었으나 경고처분 정도로 끝났다.

『천체에 관한 대화』와 종교재판

세 사람의 대화   당시의 교황 우르바누스 8세는 갈릴레오에게 우호적이었

---

36) *Sidereus Nuncins*, 1610

으므로 코페르니쿠스의 지동설을 어디까지나 가설을 전제로 할 것을 조건으로 『천체에 관한 대화』(세계의 2대 체계에 대한 대화)[37]의 출판을 허가하였다. 이 책은 대화형식으로 되어 있다. 등장인물은 세 사람으로 아리스토텔레스와 프톨레마이오스를 옹호하는 심플리치오(Simplicio), 갈릴레오의 대변자 살비아티(Salviati), 그리고 중립을 표방하나 사실은 살비아티의 편을 드는 사그레도(Sagredo)이다. 대화 장소는 사그레도의 별장이다. 또한 누구나 읽을 수 있도록 라틴어가 아닌 이탈리아어로 썼다. 4일간의 회합에서 프톨레마이오스와 코페르니쿠스의 체계에 관해서 논하면서, 각기 철학적, 자연학적 근거를 제시하였다. 첫째날에는 아리스토텔레스식의 천체론, 철학 일반에 관한 논리의 부족함을 지적하고 자연에 있어서 권위의 무효성을 논의하였

『천체에 관한 대화』의 표지 그림

고, 둘째날에는 지상에서 경험되는 여러 현상과 지동설의 가능성을 논하였고, 셋째날에는 신성의 출현, 목성의 위성의 공전, 금성의 참과 기움, 풍부한 현상을 열거, 지동설의 우월성을 설명하였다. 그리고 넷째날에는 조석현상을 가지고 지구운동의 증거로서 지동설의 필연성을 설명하였다.

완강한 저항　　갈릴레오가 망원경을 사용하여 천체를 관측한 결과에 대해서 종교계 및 아리스토텔레스의 신봉자들은 공격을 퍼부었다. 당시 로마의 수학자인 크라비우스[38]는 "나는 목성 주위에 위성이 있다는 사실에 대해서 처음부터 웃음을 참을 수 없었다. 이것은 망원경이라는 기계가 만들어낸 환상이기 때문이다. 갈릴레오는 마음대로 그러한 달(목성의 위성)이 있다고 생각하고 있다."고 조롱하였다. 한편 갈릴레오는 케플러에게 편지를 보냈는데, 다음은 그 편지의 일부분이다. "친애하는 케플러 씨, 저는 요즈음 창자가 끊어지도록 웃어야 할 일이 있습니다. 조금 전에 어느 선배 한 분에게 제가 만든 망원경으로 달이나 행성을 살펴봐 주십사 하고 여러번 간청해 보았지만, 그 선배님은 왜 그런지 보지 않으려고 합니다. 형께서도 이곳에 오셔서 선배님의 태도를 보고 같이 웃어봅시다"

한편 가톨릭 교회와 아리스토텔레스의 신봉자들은 1616년 2월에 지동설을 부정하는 통일된 견해를 발표하였다. 그들은 태양이 세계의 중심이며 부동이라는 학설은 철학적으로 어리석고 불합리하며, 지구가 세계의 중심이 아니고, 일주

---

37) *Dialogo sopra i due massini sistemi del mondo*, 1632
38) Christopher Clavius, 1537～1612

갈릴레오의 종교재판

운동을 하면서 운동하고 있다는 학설은 철학적으로 비난받아야 하며, 신학상의 진리에 대해서도 합당하다고 볼 수 없다고 주장하였다. 갈릴레오는 1616년 3월 26일 종교재판소에 출두하여 재판소의 명령에 복종하고 코페르니쿠스설을 공공연히 지지하지 않겠다는 서약을 한 바 있었다.

갈릴레오의 이론은 쉽게 진출할 수 없었다. 1613년 그의 한 반대자는 "갈릴레오의 새로운 발견은 사실이라 생각된다. 하지만 이를 근거로 해서 그가 지동설을 주장하는 것은 어쩐지 우습다고 생각한다. 왜냐하면 성서가 옳은 한에 있어서는 이런 견해는 옳지 않다."라고 비난하였다. 이에 대하여 갈릴레오는 "우리들이 새로운 사실을 논의하는 것은 정신을 혼란시키려는 것도, 실제로 없는 것을 있는 것처럼 하려는 것도, 과학을 파괴시키려는 것도 아니다. 단지 과학의 기초를 세우려는 것이다. 그런데 나의 반대자들은 자신들이 반박할 수 없을 경우에는, 으레 위선적인 종교적 편견을 내세우고 성서를 자신의 생각인 것처럼 위장하면서, 새로운 이론을 거짓이라 주장하여 이단자로 몰아세운다."라고 반박하기도 하였다. 그리고 『성계로부터의 보고』에서 그는 "이 작은 보고 속에서 나는 자연현상을 관찰하는 모든 관측자에게 매우 흥미있는 사실을 기술하려고 한다. 내가 왜 이 사실에 관해서 흥미를 가지고 있는가 하면, 첫째는 본질적인 탁월성, 둘째는 절대적인 신기함, 셋째는 그것을 나에게 보여준 기계 때문이다."라고 말하였다.

종교재판 갈릴레오의 사상은 종래의 천문학 사상과 정면으로 대립하고 더욱이 현상론이 아니라 실재론의 측면에 서 있었다. 그 때문에 결국 교황청으로부터 판매 금지를 당하고(1632년 8월) 역사상 유명한 종교재판을 받았다. 종교재판의 이유는 코페르니쿠스의 체계를 가설로 다루지 않고, 조석을 지구의 운동 탓으로 돌렸으며, 1616년의 교황령을 무시했기 때문이라는 것이다. 재판은 1633년 4월 12일부터 6월 22일까지 계속되었다. 그는 강제로 지구의 운행에 대한 그의 신념을 영구히 포기할 것을 선서하였다. "성스러운 성경에 두손을 얹고 맹세하노니 …… 과거에 지녔던 나의 이단적인 생각을 증오하고 배척할 것이며 …… 나의 과오가 허망한 야심과 무지몽매한 것임을 고백합니다 …… 이 자리에서 나는 지구가 태양의 주위를 돌지 않는다는 것을 공표하며 이를 서약합니다" 지칠 대로 지쳐 떨고 있는 그를 친구 몇 명이 부축하여 법정을 나섰을 때 "…… 그래도 지구는 돌고 있다네(Eppure si muove)"라고 갈릴레오는 꺼져가는 목소리로 중얼거렸다고 한다.

세 차례에 걸친 심문 후 1633년 6월 22일에 『천체에 관한 대화』는 금서목록[39]에 등록되었고 그 자신도 무기징역형을 받았다. "우리의 주 예수 그리스도와 성모 마리아의 성스러운 이름으로 명하노니 갈릴레오의 모든 저서는 금서임을 포고하노라(1632년 8월 판매금지 명령). 또한 본인은 해당 저서의 저자에게 본 재판소 감옥에서 재판관의 뜻에 의해 형기가 종결될 때까지 복역할 것을 선고하노라 "고 종교재판소의 추기경은 기록하였다. 그는 판결을 받을 때부터 3년간 매주 한번씩 7개의 참회하는 시편을 반복해서 암송해야 했다. 그러나 이것은 종교와 과학 사이의 싸움이라기보다는 마치 교황과 프랑스 왕가, 독일 왕가 사이의 세속 권력상의 싸움과 같은 정치적 사건으로 보는 학자도 있다.

갈릴레오가 죽은 것은 1642년 1월 8일이었다. 교황은 기념비를 엄금하고 종교재판소는 공적인 장례를 허락하지 않았다. 갈릴레오의 비문이 쓰여진 것은 40년 후이고, 그의 유골을 묘소로 옮기고 업적에 대한 화려한 묘비가 세워진 것은 1백 년 후의 일이다. 1757년에 교황청은 갈릴레오에 대한 유죄선고를 비밀리에 취소하였다. 그의 저서가 금서목록에서 해제된 것은 1835년이다.

화이트헤드는 그의 저서 『과학과 근대사회』에서 과학과 종교의 대립을 가리켜, "이 시대의 과학자들이 당한 불행한 사실 중에서 가장 불행한 일은 갈릴레오가 죽을 때까지 명예스러운 감금을 당하고, 또한 욕을 당하고 괴로움을 받은 사실이다. 그가 받은 박해는 인류가 받은 박해 중에서 가장 본질적인 변혁이 시작되는 것을 말한다. 이렇게 큰 사실이 발생할 일은 다시 없을 것이다"라고 하였다. 우르바누스 8세는 실의에 빠진 갈릴레오를 "교회는 이 체계를 규탄한 일이 없다. 그것은 이단이 아니라 다만 경솔했을 뿐이다 "라고 위로하였다.

갈릴레오와 거의 같은 시기에 활약한 예수회의 신학자인 벨라르미노[40]는 신학상의 논쟁에 있어서 가톨릭 교회측에 선 지도적인 신학자이다. 그는 갈릴레오의 제1차 재판(1616년) 때에 갈릴레오에게 판결을 전한 사람이다. 그는 태양중

---

39) 금서목록(Index prohibitorum)

금서목록이란 가톨릭교회가 신도에게 읽지 말라고 금지한 책의 목록이다. 교회는 이미 중세부터 이단적인 저작으로부터 신도들을 멀리 하려고 시도했지만 명백하게 제도화된 것은 16세기였다. 반종교개혁운동을 추진하는 트리엔트공회의(1545~63)중인 1557년 교황 파우루스 4세는 최초로 목록을 작성하였다. 1571년에는 이단심문회의(congregatio)에서 금서목록을 결정하였다. 이 회의는 1917년경까지 존속되고, 또 금서목록 자체는 1966년에 폐지될 때까지 400여 년간에 걸쳐서 효력을 지녔다. 금서조치는 가톨릭 신앙을 부인하고, 파괴할 위험이 있는 책에 내려졌다. 처음에는 루터파와 칼뱅파 등의 신교측의 저작이 주된 대상이었으나 결국 철학, 과학상의 저작이 목록에 등록되었다. 코페르니쿠스, 갈릴레오는 매우 이른 예이고, 18세기에는 볼테르, 루소 등 계몽주의 저서도 대상이 되었다. 또 19세기에는 다윈의 『종의 기원』 등의 자연과학 저서가 추가되는 등 새로운 세계관에 대한 가톨릭 교회의 강경한 태도가 엿보였다.

40) Robert Bellarmino, 1542~1621

심설에 관해서 성서의 우위를 주장하면서, 코페르니쿠스의 설은 엄밀하게 논증되어 있지 않기 때문에 가설에 지나지 않는다고 역설하였다. 그러면서도 만일 태양중심설이 엄밀하게 논증된다면 성서의 말은 재검토되어야 한다고 기술하여 유연한 자세를 보였다. 또 캄파넬라[41]는 17세기 전반기에 활약한 이탈리아의 철학자로서 코페르니쿠스의 지동설을 지지하였다. 갈릴레오의 재판에 즈음해서 『갈릴레오 변호』[42]를 저술하여 갈릴레오를 옹호하고, 신을 이해하는 두 길은 자연과 성서라고 주장하였다.

만년에 갈릴레오가 유폐당했을 때, 당시 30세였던 영국 시인 밀튼이 방문하였다. 밀튼도 그후 실명하였는데 그가 실명중에 쓴 장편의 신앙시 『실락원』 전 12권 속에는 갈릴레오와 그의 망원경에 대한 서술이 세 번이나 나온다. 또한 제 8권에서는 처음 수백 행에 지동설과 천동설 중 어느 것이 옳으냐에 관한 논쟁이 전개되었다. 이것은 시인인 밀튼이 갈릴레오의 『천체에 관한 대화』에 정통하고 있음을 나타낸다고 볼 수 있다.

갈릴레오의 명예회복　이전에는 기독교와 서구의 근대과학의 관계를 대립과 모순의 관계로 생각해 왔다. 갈릴레오의 종교재판, 진화론에 대한 기독교측의 반대 등이 그 사례로서 거론되었다. 그러나 서구의 세계관, 인간관, 자연관이 기본적으로 기독교에 의해서 형성된 것인 이상, 또한 그 기독교적인 서구 문화권 안에서 근대과학이 탄생된 것이 사실인 이상, 기독교와 서구의 과학을 단순히 대립과 모순의 관계로 취급하는 것은 너무나도 편협된 자세이다. 그러므로 1991년 11월 10일, 로마 가톨릭 역사상 455년 만에 비이탈리아인 교황인 요한 바오로 2세가 "갈릴레오의 위대성은 아인슈타인과 마찬가지로 모든 사람에게 잘 알려져 있다. 그러나 갈릴레오가 교회와 성직자들에게 커다란 박해를 받았음을 우리는 숨길 수 없다"고 선언하였다. 또 "본인은 신학자, 과학자, 역사가들이 갈릴레오 사건을 철저히 검토하여 솔직히 그 과오를 인정하고, 아직도 많은 사람들이 이에 관해 품고 있는 오해를 불식시킴으로써 과학과 신앙, 교회와 일반사회 사이의 가치 있는 조화를 이루기를 바란다"고 말함으로써 갈릴레오의 오랜 불명예는 마침내 벗겨지게 되었다.

태양흑점의 발견을 둘러싼 논쟁

독일의 천문학자인 슈나이너[43]는 1611년에 망원경을 제작하여 최초로 태양의 흑점을 발견하였다. 그러나 종교상의 이유로 관측 결과를 본명으로 발표하기

---

41) Tommaso Campanella, 1568~1639
42) *Apologia pro Galileo*, 1622
43) Christoph Schneiner, 1573~1650

를 꺼렸다. 그가 틀렸을 경우 예수회의 평판이 떨어질 것을 두려워하였던 것이다. 그는 그의 친구인 마르쿠스[44]에게 편지를 보냈고 그 편지를 아페레스라는 가명으로 인쇄하여 이를 갈릴레오와 케플러에게 보냈다. 그는 이 편지에서 흑점 각각의 운동, 회전주기, 태양표면에 나타나는 밝은 부분에 관해서 논하였다. 한편 갈릴레오는 슈나이너가 표절을 하였다고 비난하면서 자신이 태양의 흑점을 최초로 발견하였다고 주장하였다. 갈릴레오는 세 통의 답장을 써서 슈나이너를 비난하였다. 이 편지들은 갈릴레오의 『태양흑점론』[45]으로 출판되었다. 이 비난은 공평하지 않았다. 왜냐하면 당시 많은 사람들이 독립적으로 태양의 흑점을 관측했기 때문이다.

하지만 이 논쟁에서 흑점이 태양표면상에 있는 지상에서의 구름이나 연기와 같은 불안정한 물질이라는 것을 증명한 갈릴레오의 공적은 크다. 이 증명으로 불변하고 완전하다는 아리스토텔레스주의적인 천계의 이념에 충격을 주었을 뿐 아니라, 흑점의 이동으로부터 태양의 자전이 확인되었다. 결국 그것은 갈릴레오가 코페르니쿠스의 태양중심설을 역학적인 이미지로 해석해 가는 중요한 수단이 되었다.

『신과학 대화』와 근대역학의 수립

근대로 접어들면서 역학상의 여러 가지 문제가 제기되었다. 그 첫번째 이유는 수송의 영역에서 선박 적재량의 증대를 비롯하여 항해속도의 증가, 안전 항해, 내구력, 조타 성능의 향상, 운하망의 정비, 수문의 구축 등 기술적 과제가 산적해 있었고, 둘째는 광산업에서 점차 깊어지는 갱바닥의 광석을 끌어올리고, 갱내의 물을 퍼내며, 공기를 환기시키는 기계와 대량의 광석을 분쇄하는 기계가 필요하였고, 셋째는 군사적 영역으로서 탄도학이나 화기의 연구에서 시작된 작용 반작용의 문제, 물체의 자유낙하, 운동물체의 역학적 연구가 일어났고, 넷째는 자재의 문제로서 기계나 토목 건축용 자재의 재질강도, 내구성의 문제는 재료역학의 과제가 되었으며 충돌이론이나 진자이론 등 각종 기술적 과제가 제기되었기 때문이었다.

원래 역학은 처음에 도르래나 톱니바퀴와 같은 도구의 창안 및 사용이라는 실용적 가치에서 그 연구가 추진되었지만, 물체의 운동은 변화의 가장 기본적이고 보편적인 현상이므로 일찍부터 철학과 밀접한 관계를 맺으면서 발달하였다. 17세기 역학은 두 가지 주제가 구체화된 최초의 결과였다. 그 하나는 기계적 철학의 영향을 받아서 자연철학 전체로부터 신비적인 모든 것을 제거하려는

---

44) Welser Marcus, 1558~1614
45) *Tres Episotolae de Maculis Solaribus*, 1612

DISCORSI
E
DIMOSTRAZIONI
MATEMATICHE,

intorno à due nuoue ſcienze

Attenenti alla
MECANICA & i MOVIMENTI LOCALI;
del Signor
GALILEO GALILEI LINCEO,
Filoſofo e Matematico primario del Sereniſſimo
Grand Duca di Toſcana.

Con vna Appendice del centro di grauità d'alcuni Solidi.

IN LEIDA,
Appreſſo gli Elſevirii. M. D. C. XXXVIII.

『신과학 대화』의 표지 그림

움직임이고, 또 하나는 현상의 정확한 수학적 기술을 구하려는 움직임이었다. 이 점을 모두 깨닫고 역학을 연구한 과학자가 갈릴레오이다.

갈릴레오는 아리스토텔레스의 운동이론에 정면으로 도전하였다. 자유낙하하는 물체의 운동을 조사하기 위해서 가장 중요한 것은 시간을 측정하는 정밀한 방법인데, 당시로서는 매우 어렵고 부정확하였다. 그래서 그는 경사면에서 물체를 굴렸다. 기울기를 조절하면 물체의 낙하 속도를 여러 가지로 조작할 수 있다. 갈릴레오의 낙체운동 실험에서 피사의 사탑에 관한 일화는 잘 알려져 있지만 이는 전설일 뿐이다.

갈릴레오는 유명한 고전인 『신과학 대화』(두 가지 새 과학에 관한 논의와 수학적 논증)[46]를 저술하였다. 이 저서는 『천체에 관한 대화』처럼 세 사람이 4일간 나눈 대화의 내용으로, 첫째날은 교회와 기타 권위에 따르는 낡은 학자의 사고방식을 비판하고, 둘째날은 여러 가지 재료를 조사하는 과학적인 방법을 기술하고, 셋째날은 등속운동, 자연가속운동 특히 낙체의 운동을 분석하면서 자신의 새로운 연구방법을 기술하고, 넷째날은 그때까지 해결되지 않았던 동역학적인 운동, 격렬하게 물건을 던질 때의 운동, 특히 포물선 운동을 중심으로 논하였다.

갈릴레오는 수평면상에서는 일정한 속도를 지닌 물체가 그 속도를 잃지 않고 등속운동을 한다는 사실을 추리하여 이른바 관성의 법칙에 도달하였다. 또한 낙하현상에 있어서 속도의 변화, 즉 같은 시간간격에 얼마만큼 속도가 증가하느냐 하는 것을 연구하였다. 그리고 낙하운동은 등가속운동으로서 같은 시간간격 내에 같은 속도의 증가를 가져온다고 결론지었다. 나아가 등가속운동과 자연가속운동의 조합으로 이루어진 물체의 운동을 연구하여 물체의 운동은 등가속운동과 수직가속운동의 합성으로 이루어진다고 주장하였다.

그러므로 아리스토텔레스와 갈릴레오의 운동이론은 큰 차이가 있다. 그 차이점을 간추려 보면, 첫째 아리스토텔레스의 운동이론 속에 나타난 공간(a)을 갈릴레오는 시간(t)으로 대신했다는 점이다. 따라서 가속도의 정식화가 처음으로 가능하게 되었고, 또 이것이 낙하법칙에 도입되어 가속도의 원리를 제공하게 된 것이다. 또 역학의 근본을 항상 "정지와 조화"로서 문제삼아 왔던 고대 철학

---

46) *Discorsi e dimostrazioni mathematiche intornoẽ due nuove scienza*, 1638

에 대하여, 갈릴레오는 오히려 "변화와 운동"을 중요시하였는데, 이것은 근대 철학이 성립되는 바탕이 되었다.

둘째, 아리스토텔레스는 운동을 자연운동과 강제운동으로 분류하고, 천상운동과 지상운동을 지배하는 역학을 구별하여 이를 이질적인 것으로 보았다. 그러나 갈릴레오는 그러한 구별을 배격하는 방향으로 나아갔다. 그리고 그는 무엇보다도 저항이나 중력이 작용하는 경우와 작용하지 않는 경우의 구별에 중점을 두었다. 물론 그는 천체역학을 완성하는 단계까지는 도달하지 못했다. 하지만 그의 근본적인 견해는 하늘과 땅의 역학을 가로막고 있던 장벽을 철거하는 데 큰 힘이 되었다. 아리스토텔레스의 역학은 천동설과 불가분으로 결합되어 있던 데 반하여 갈릴레오의 역학은 지동설과 손을 잡고 있었다.

셋째, 아리스토텔레스와 갈릴레오는 운동을 바라보는 관점이 근본적으로 달랐다. 그는 포탄의 운동을 연구할 때, 아리스토텔레스식의 "왜"라는 관점을 배격하고, "어떻게"라는 관점에서 연구를 진행시켰다. 어떻게라는 관점에서 동역학을 연구한 것은 그의 연구 목표가 탄도학상의 문제를 해결하는 데 있었기 때문이라 생각된다. 만약 그가 아리스토텔레스처럼 "포탄이 왜 날아가나"라는 문제만을 연구했다면, 실제의 포격에서 명중률은 극히 저하됐을 뿐 아니라 그의 역학, 즉 탄도학은 성공하지 못했을 것이다.

하지만 아리스토텔레스의 운동이론은 쉽사리 후퇴하지 않았다. 갈릴레오는 그 이유를 다음과 같이 설명하였다. "아리스토텔레스의 이론이 진리인가 아닌가 보려는 사람은 하나도 없다. 그의 추종자들은 인용하는 원전이 많으면 많을수록 자신을 위대한 학자라고 스스로 생각하고 만족하기 때문이다."이라 말하면서, 아리스토텔레스의 신봉자를 공격하였다.

새로운 연구방법

경험적 방법　갈릴레오의 저서 『신과학 대화』의 제3일째에서 그의 연구방법이 곳곳에 나타나 있다. 아리스토텔레스의 물리학 특히 역학은 측정이 불가능하며, 상식에 의해서 얻어진 경험에서 출발하여 정의, 분류, 연역을 거쳐 이론적 증명을 하는 데 그치고 있었다. 따라서 그의 자연연구의 방법은 실험이나 방정식이 아니라 삼단논법이었다. 그러나 갈릴레오는 위의 저서에서 "나의 연구 목적은 낡은 대상에 대해서 분명히 새로운 과학을 수립하는 일이다. 자연계에 있어서 운동보다 오래되고 근본적인 것은 없다. 그리고 철학자들이 저술한 이 분야의 저서도 수에 있어서나 양에 있어서 결코 적지 않다. 그럼에도 불구하고 나는 지금까지 관찰도 증명도 시도되지 않은 자연의 몇 가지 특성을 실험에 의해서 발견하였다."라고 서술하였다. 이것은 바로 실험적 연구방법의 우수성을 가리키는 것으로 근대과학 연구의 열쇠가 되었다.

갈릴레오가 베네치아 공장 내의 풍경을 묘사한 가운데서, 그는 기술자의 경험이 자연의 연구자들에게 특히 귀중하다는 사실을 보여주었다. 사실상 자연을 연구하는 사람은 경험에서 배우는 바가 크다고 할 수 있다. 경험은 문제를 제기할 뿐 아니라 문제 해결의 실마리를 암시해 주므로 자연을 연구하는 사람은 경험에서 얻은 현상을 꼭 필요로 한다. 갈릴레오가 『천체에 관한 대화』에서 천체에 관한 전통적인 학설의 단점을 논할 때, 감각적 경험의 현상을 앞세우고 아리스토텔레스의 우주체계의 모순점을 지적하였다. 갈릴레오는 손수 제작한 망원경을 사용해서 당시까지 알려지지 않았던 많은 새로운 사실을 발견하여 종래의 우주체계를 분쇄하였다.

자연의 연구에 있어서는 아무리 논리적으로나 수리적으로 철저한 이론이라 할지라도 그것이 실증되지 않으면 안된다. 갈릴레오가 조병창의 기술자인 벗들과 친히 사귀고, 또 대화를 나눈 것은 그의 학문 연구의 성격을 잘 보여주고 있다. 그의 실험적 방법과 관련한 최초의 대발견은 1581년 피사 사원의 샹들리에가 흔들리는 것에서 힌트를 얻은 진자의 법칙에 관한 것이다. 즉 진동 시간이 진폭에 관계없다는 것을 발견하였다. 이 원리를 호이겐스가 발전시켜 진자시계가 만들어졌다. 또 갈릴레오는 1593년 온도를 측정하는 장치를 고안하였다. 이것은 기체온도계로서 기체의 팽창과 수축에 의해서 온도를 측정하는 것으로, 부정확하기는 하였지만 측정의 중요성을 일깨워 주었다. 갈릴레오는 자연인식의 근대적 연구방법을 수립하였다. 그는 우리의 지식은 마땅히 관찰과 경험에서 출발되어야 하며, 그 관찰은 서로 관계가 없는 각각의 사실이 아니라 법칙으로 연관될 수 있다고 믿었다.

수학적 방법　이처럼 갈릴레오는 자연을 연구하는 데 있어서 경험 및 실험적 방법의 중요성을 주장하는 한편, 과학연구에 있어서 수학의 중요성도 강조하였다. 그가 과학연구에 수학을 결합시킨 것은 플라톤주의와 밀접한 관계가 있다. 그는 "플라톤은 수학이 자연과학의 연구에 적합하다는 것을 분명히 믿었다. 그렇기 때문에 플라톤은 자연의 비밀을 밝히기 위해서 수학의 도움을 구하였다" 라고 하였다. 이러한 생각은 갈릴레오 자신뿐 아니라 그 당시의 통념이었다. 물론 그 당시 아리스토텔레스의 추종자들은 수학적 엄밀성에 따르지 않았고, 자연의 연구에 있어서 수학적 방법은 무력하다고 생각하였다. 하지만 갈릴레오는 수학을 교묘히 이용하여 그의 운동이론을 훌륭하게 성립시켰다. 그 한 가지 예로서 운동물체가 그리는 궤도가 포물선이라는 것을 수학을 이용하여 정밀하게 논증함으로써 수리물리학의 기초를 수립하였다. 그러므로 갈릴레오가 플라톤과 아르키메데스에게 경의를 표한 것은 당연한 일이다.

갈릴레오는 이론가이면서 또한 실험가였다. 그는 실험적, 실증적 정신으로 충만되어 있어서, 미술가나 기사들이 연구하고 있던 실용수학에 관심을 보였다. 그는 수학을 추상적 형태로서가 아니라 구체적인 응용의 형태로 취급하였고, 또 이것에 흥미를 가졌다. 이처럼 수학을 과학연구의 한 방법으로 생각하였던 갈릴레오는 결국 연역법을 누구보다도 즐겨 사용하였다. 이런 방법론적 특징은 그의 저서의 한 귀절에서 잘 나타난다. "매질의 저항에서 생기는 교란은 현저하지만, 그 영향이 다양하므로 어느 법칙일지라도 이를 정확하게 논하는 것은 불가능하다. 따라서 문제를 과학적인 방법으로 취급하기 위해서는 우선 이 문제를 갈라놓는 것이 필요하다. 다시 말해서 저항이 없는 것에서 그 정리를 발견하고, 이를 증명한 후에 그 법칙을 이용하여 경험의 제약에서 벗어나 그것을 응용하는 것이다. 그 이익은 결코 적지 않다." 여기서 사고실험의 모형을 볼 수 있다고 물리학자 마하는 지적하였다.

갈릴레오는 실험에 있어서 그 상태를 일단 이상화하여 가설을 설정할 필요가 있다고 강조하였다. 이것은 현대에 있어서 가설 설정을 암시한 것으로, 실험에 있어서 사고(思考)의 우위를 강조한 것이다. 따라서 그는 직인이나 기술자가 세워 놓은 실험적 방법과 학자들의 전통에 속해 있는 수학적 방법을 계획적으로 통합함으로써 "자연에 던지는 묻는 기술"로서의 가설 및 연역의 방법을 창안하였다. 물론 갈릴레오가 가설과 연역법을 방법론으로서 기술한 저서는 없지만, 자신이 실제로 연구한 등속운동과 가속운동, 그리고 포물선 운동의 연구과정에서 이러한 방법이 잘 나타나 있다.

갈릴레오는 방법론에 있어서 대체적으로 관찰을 통해서 문제를 제기하고(가설의 설정), 수학을 통해서 이를 이론화한 다음, 실험을 통해서 검증하였다. 이처럼 관찰과 실험을 통해서 자연현상이나 경험의 단순한 요소에 도달할 수 있는데, 이를 가리켜 갈릴레오는 "분석적 방법"이라 불렀다. 한편 이렇게 얻은 단순한 요소를 수학적으로 결합시켜 그 관계가 실험과 일치하는가를 확인하고 검증하였는데 그는 이를 가리켜 "합성적 방법"이라 하였다. 갈릴레오는 이러한 방법을 되풀이함으로써 명실공히 근대과학의 수립에 있어서 주인공이 된 것이다.

갈릴레오 혁명과 그 영향

갈릴레오는 상공업 시대를 맞이하여 권위와 전통에 맞서 과감히 싸웠다. 그는 천문학 분야에서는 천동설을 지동설로, 역학 분야에서는 공간을 시간으로, 방법론에 있어서는 직관적 방법을 실험적·수학적 방법으로 전환시켜 놓았다. 그러므로 많은 과학사가는 17세기의 과학혁명을 좁은 뜻으로 "갈릴레오 혁명"이라 부르기도 한다.

첫째, 갈릴레오는 역학적 세계상의 토대를 닦아 놓았다. 그는 천체의 회전이나 지상의 모든 변화의 기초를 운동, 즉 역학적 원리에 두고서 자연을 기술하였다. 이런 사상은 특히 사상가 홉스[47]의 기계적 철학에 크게 영향을 미쳤다. 그는 만일 물체가 정지하고 전혀 운동하지 않는다면 지각작용은 일체 일어나지 않을 것이라면서, 존재하는 것은 물체와 그 운동뿐이라고 주장하였다. 정신현상도 결국은 물체의 운동에 지나지 않으며, 철학연구의 과제는 물체의 운동을 생각하고 그것을 역학적으로 설명하는 데 있다고 강조하였다.

둘째, 갈릴레오는 당시 과학자나 철학자들이 흔히 사용한 제1성질과 제2성질의 개념을 분명히 밝혔다. 그는 『시금자』(試金者)[48]라는 저서에서 엄밀하게 수학적 평가가 되는 대상과 그렇지 못하는 대상의 성질을 구별하였다. 그는 감각의 안내 없이 이성과 상상력만으로는 맛, 색, 향기 등의 제2성질에 도달할 수 없으며 맛, 색, 향기 등이 그 속에 실재한다고 생각되는 대상편에서 보면 단지 명칭에 불과한 것이라고 하였다. 제2성질은 의식 속에서만 제거된다면 그 성질은 모두 사라진다고 보았다. 다만 우리들은 제2성질에 특별한 명칭을 주고 있으므로 그것들이 실제로 존재하는 것처럼 생각한다. 하지만 이런 제2성질은 외계에는 존재하지 않는다. 외계에 존재하는 것은 다만 제1성질인 크기, 모양, 양, 운동 등이다. 그러므로 만약 감각기관인 코, 귀, 혀를 제거하더라도 모양, 크기, 양, 운동은 남지만, 제2성질인 향기, 맛, 소리 등은 남지 않는다. 그리고 감각할 수 있는 기관을 떼어 버리면 제2성질은 언어에 불과하다고 하였다.

셋째, 갈릴레오는 감각을 연장시켜 놓았다. 그는 천문관측에서 망원경을 제작, 사용하였다. 그는 그와 같은 기구를 통해서 이전에는 전혀 불가능했던 사실을 정밀하고 정확하게 관찰할 수 있었다. 또한 망원경의 발명은 생물학 발달에 절대 불가결한 연구수단인 현미경 발명의 원동력이 되었다. 현미경의 발명으로 밝혀진 미소세계의 연구성과는 천체에 있어서의 새로운 발견에 필적할 만큼 큰 성과였다.

넷째, 수학적으로 무한한 우주를 주장하였다. 그의 역학과 케플러의 천문학의 등장으로 우주의 모든 부분이 역학적으로 서로 관계를 맺게 되었다. 이러한 원리로 말미암아 고대나 중세의 천문학에서 다루었던 천체의 위계 질서인 외측, 내측, 중심, 주변 등은 무의미하게 되었다. 그리고 우주 역시 한 개의 기계장치이며 따라서 어느 부분도 질적인 차이가 없다고 생각하였다.

다섯째, 갈릴레오의 역학이 수립된 이후 과학과 종교의 관계가 변질되기 시작하였다. 갈릴레오 이전에는 우주는 신으로부터 불완전한 지상에 이르기까지 연속적으로 이루어져 있다는 위계사상이 지배하고 있었다. 갈릴레오 이전 사람

---

47) Thomas Hobbes, 1588~1679
48) *Il Saggiatore*, 1624

들은 어떤 한 가지 물질은 자기보다 밑에 있는 것을 지배하고 위에 있는 것에 봉사한다고 여겼다. 따라서 신은 천사들에게 권력을 부여하고 천사들은 천구를 조종하여 지상에서 일어나는 일을 통제한다고 생각하였다. 이처럼 중세 교회와 신학의 기본이 되었던 위계사상과 목적론은 실험과 수학을 기본으로 한 역학의 출현으로 큰 상처를 받았다. 그러므로 위계사상과 목적론을 옹호하고 정당화하려던 스콜라 철학자와 교회측은 과학자들에게 압력을 가하였고, 급기야는 반동화되어 과학자를 탄압하기 시작하였다. 종교재판소는 과학에 대한 종교측의 반동화의 한 상징이기도 하다.

갈릴레오는 "나의 노작(勞作)은 그 단서에 불과하다. 곧 총명한 과학자가 나와서 언제든지 내가 닦아 놓은 빈곤한 길을 통해서 과학의 깊은 비밀을 열어가기 바란다."라고 말하였는데, 갈릴레오는 누구나 다 알고 있는 상식적인 문제로부터 출발하여 "새로운 과학"을 건설하려고 하였다. 그는 자신의 연구성과를 가리켜 "광대한 과학건설의 단서"에 불과하다고 말했다.

갈릴레오의 연구방법은 과학연구의 모범이 되었다. 그는 누구보다도 우리들의 사고방식에 큰 변혁을 가져다 주었고, 또한 이 변혁으로 고대와 중세의 과학이 무너지고 근대과학이 형성되었다. 물론 다른 과학자들도 근대의 과학혁명에 참여하였다. 그렇지만 갈릴레오의 연구성과가 보다 압도적이었기 때문에 "갈릴레오 혁명"이라고 불러도 무리는 아니다. 이 변혁은 단순한 지식의 증가 이상이었고, 또한 우주구조의 개념을 전환시킨 것 이상이었다.

6. 실험적 물리학

기체물리학

17세기에 들어와 유체역학의 한 분과인 공기에 관한 연구가 비로소 시작된 것은 공기, 그 자체가 지닌 특성 때문이었다. 공기는 잡기 어렵고 무게가 없는 것처럼 느껴지며, 눈에 보이지 않으면서도 경우에 따라서는 무서운 힘을 가지는 등 고대와 중세의 사람들에게는 신비의 대상이었다. 고대인들이 프네우마(pneuma)라든가 스피리투스(spiritus)라 말할 때, 그들은 안개나 이슬까지도 공기와 같은 종류의 개념 속에 포함시켰다. 이처럼 공기는 신비스러운 것으로 여겨졌으므로 과학적 해석은 전혀 기대할 수 없었다.

공기에 대한 본격적인 연구는 이탈리아의 물리학자 토리첼리[49]부터 비롯된다. 그는 갈릴레오의 요청으로 1641년 그의 제자가 되었고, 갈릴레오의 저서와 인간성에 감명을 받아 갈릴레오의 만년에는 비서로서 3년간 봉사하였다. 그는 갈릴레오가 제기한 문제를 연구하여 많은 성과를 올렸는데, 그중 가장 큰 성과가 대기에 관한 연구였다. 그는 진공의 실재와 대기압의 위력을 다음과 같이 실험적으로 연구하였다. 한쪽이 막힌 길고 두꺼운 유리관에 수은을 가득 채운 다음, 한쪽을 손가락으로 막아 수은이 담겨진 그릇에 세우고 손가락을 떼었을 때 유리관 속의 수은이 서서히 내려가기 시작하였다. 그러나 어느 지점에 이르러서는 더 이상 내려가지 않고 멈추었다. 이때 유리관 안에 남아 있는 수은의 높이는 76cm였다.

이 실험에서 두 가지 사실이 밝혀졌다. 첫째, 진공이 존재할 수 있다는 사실이다. 이것은 "토리첼리의 진공"이라 불리며 인류가 만든 최초의 진공이다. 아리스토텔레스의 이론에 의하면 자연에는 진공이 존재할 수 없다("자연은 진공을 싫어한다"라는 명제). 그러나 실험결과 수은주의 상단에 진공이 형성됨으로써 오랫동안 고수되던 권위가 사라졌다. 이것은 곧 실험과학의 승리를 의미한다. 둘째, 수은주가 일정한 점에서 더 이상 내려오지 않고 머물러 있는 것은 대기압의 작용 때문인데, 그 대기압은 수은주 76cm를 올릴 수 있는 힘을 가지고 있다는 사실이 증명되었다.

하지만 이와 같은 사실은 학계나 일반 사상계에 쉽사리 진출할 수 없었다. 거기에는 많은 장애물이 가로놓여 있었다. 토리첼리는 진공을 인정하지 않는 스콜라 철학에 반대되는 이 실험을 탄압을 두려워한 나머지 비밀로 했으나, 그의

---

49) Evangelista Torricelli, 1608~47

실험은 프랑스의 철학자이며 성직자인 메르센느[50]를 거쳐 파리로 전해졌다.

파스칼

토리첼리의 실험을 보강하고 더욱 자신 있게 결론을 내린 사람이 프랑스의 수학자이자 물리학자인 유명한 파스칼[51]이다. 그는 신동으로, 16세 때 아폴로니오스의 원추곡선론에 관한 논문을 남겼을 정도이다. 그의 논문에는 8개의 실험이 기술되어 있다. 그 중 한 예를 들면, 수은주가 공기의 압력에 의해서 멈추어졌다면, 대기압의 변화에 따라서 수은주의 높이가 변하지 않으면 안된다고 생각한 끝에 그는 토리첼리의 실험을 교회탑 밑과 꼭대기에서 반복하였다. 그러나 대기압의 차이가 너무 작았으므로 다시 높은 산과 깊은 계곡에서 실험하여 보았다. 1646년 파스칼은 의형제와 함께 기압계 두 개를 들고 산으로 올라갔다. 고도 1,600m가 되자 기압계의 수은주는 3cm 내려갔다. 이로써 토리첼리의 이론이 증명되었다. 한편 파스칼은 액체를 연구하여 파스칼의 원리인 수압기의 기초원리를 이론적으로 수립하기도 하였다.

독일 마그데부르크의 시장인 게리케[52]는 1654년 시청 광장에서 진공상태에서 두 개의 반구(半球)를 붙여 놓고, 이것을 떼내는 데 16마리의 말의 힘이 필요하다는 실험을 공개적으로 실시하였다. 이때 총을 쏘는 듯한 큰소리가 났다. 이 실험은 곧 대기의 위력을 구체적으로 과시한 실험이다. 시장인 게리케가 시민을 상대로 이렇게 공개실험을 한 것은 실험정신의 보급에 크게 기여하였다는 점에서 그 의의가 크다.

이로써 자연현상은 놀랄 만큼 단순하다는 사실이 일반인에게 인식되었다. 물론 이와 같은 법칙성은 그리스 시대부터 철학적으로 논의되어 왔으나, 실제로 실험에 의해서 밝혀진 것은 이때가 처음이다. 따라서 실험이 과학연구에 있어서 얼마나 큰 능력을 발휘하며, 자연 속에 숨어 있는 비밀을 발견하는 데 얼마나 중요한 역할을 하는가를 당시의 과학자는 물론 일반인까지도 인식하게 되었다. 결론적으로 근대초기에 사회에 가장 넓게, 그리고 깊게 영향을 끼친 것은 공기학

50) Marin Mersenne, 1588~1648
51) Blaise Pascal, 1623~62
52) Otto von Guericke, 1602~86

분야에서 행한 일련의 실험이라고 할 수 있다.

길버트와 자기학

당시 물리학의 진보는 수학과 천문학에 비해서 늦었다. 코페르니쿠스가 새로운 우주체계를 주장하여 그 분야에서 혁명적인 발전이 이루어졌음에도 불구하고 물리학 분야는 역학을 제외하고는 잠잠하였다. 더욱이 자기력(磁氣力)은 정령시되어 있었던 까닭에 자기에 관한 연구는 더욱 뒤늦었다. 당시 사람들은 "천연자석은 우울한 감정을 자아내게 하고, 애욕의 춘약을 제조하는 데 이용되며, 염소의 피로 적시면 자기력을 보유하나 다이아몬드가 가까이 있으면 쇠붙이를 끌어당기지 못한다"고 믿고 있었다.

이처럼 당시에는 자석과 자기력을 마술로 보았는데, 영국의 물리학자이며 엘리자베스 여왕의 시의였던 길버트[53]는 실증적인 관점에서 자석에 관한 지식을 모으고, 거기에 자신의 실험결과를 추가하여 『자석에 관하여』[54]를 저술하였다. 이 저서는 모두 6권으로 되어 있는데 자기력에 관한 최초의 기술서이다. 그는 서문에서 지식을 책이 아닌 사물 그 자체에서 얻고자 하는 새로운 전통을 위하여 이 책을 바친다고 하였다. 또 자연의 연구에서는 실험적 방법이 가장 중요하며, 지금까지의 권위자의 설명에 맹종해서는 안된다고 강조하였다. 예로서 마늘로 자석을 덮어 씌우면 자기력이 없어진다는 설에는 근거가 없다는 사실을 실험으로 밝혔다. 그는 자극과 자기장, 복각과 지향성, 회전 현상 등을 발견하였다.

길버트는 구상(球狀) 자석의 실험을 통해서 거대한 자석인 지구는, 표면에 흙이나 바위가 덮여 있더라도 떨어져 있는 쇳조각에 영향을 미치기 때문에, 결국 중력이란 지구가 주위의 물체에 미치는 자기력에 불과한 것이라 믿었다(중력자기설). 또 자석에 관한 실험에서 자석이 어떤 쇳조각에 미치는 힘은 그 크기와 더불어 증가하며, 자석의 질량이 크면 클수록 쇳조각에 대한 자기력도 커진다고 하였다. 이런 경우 그 작용은 항상 상호적이며, 자석이 쇠를 잡아당기는 만큼의 힘으로 쇳조각도 자석을 당긴다고 하였다. 그런데 특이한 점은 상호작용하고 있는 중심이 기하학적인 점이 아니라 물질의 실질적인 뭉치라는 것이다. 지구와 달, 태양과 행성은 모두 자기적 물질이므로 태양계의 모든 물체는 각기 자기력의 상호작용에 의해서 운동하고 있는 것이지, 외부에서 그것들을 움직이게 하는 제 1기동자 있는 것이 아니라고 주장하였다. 길버트는 "자연계의 모든 것은 그 자신의 힘과 다른 여러 물체와 일치한 약속에 의해서 자연적으로 운동한다. 행성의 운동도 이와 같은 것이며……."라고 강조하였다. 이러한 그의 사상은 이후 중력

---

53) William Gilbert, 1544~1603
54) *De Magnete*, 1600

문제에 커다란 영향을 끼쳤다.

사실상 그 당시 길버트와 같은 연구태도를 몸에 익히고 있던 사람들은 대학에서 활약하던 과학자가 아니라, 예술가와 공장의 숙련공들이었다. 따라서 실험적 방법은 위에서 말한 사람들의 고유한 연구방법이었다. 그는 새로운 실용적 지식과 경험적이고 실험적인 방법을 학자 계층과 일반사회에 이식하는 데 중요한 역할을 하였다. 갈릴레오도 사실상 길버트의 방법론을 몸에 익힌 사람 중의 하나이다. 길버트는 직인이나 실험적 방법에 대한 사회적 편견을 없애고, 나아가서 기술자와 과학자 및 지식인이 계층적 간격 없이 적극적으로 협력하여 실용적인 지식이 개발되도록 노력하였다.

스테빈과 유체정역학

이탈리아 이외에서 역학을 연구한 사람으로 네덜란드의 군사기술자인 스테빈[55]을 들 수 있다. 갈릴레오가 동역학을 창설한 데 반하여 스테빈은 유체정역학을 수립하였다. 그는 무거운 물체가 가벼운 물체보다 빨리 떨어진다는 아리스토텔레스의 사상이 잘못임을 실험으로 증명하였다. 그는 두 개의 납덩어리를 만들어(하나는 다른 것보다 10배 무겁게) 30피트 높이에서 떨어뜨렸다. 그 결과는 가벼운 것이 무거운 것에 비해 떨어지는 시간이 10배 걸리지도 않았고, 또 두 개 모두 땅에 닿는 소리가 각각 들리지도 않는다는 것을 밝혀냈다. 이로써 아리스토텔레스의 낙체운동 이론을 부정하였다.

스테빈은 평행하지 않은 두 개의 힘의 합성 결과는 평행사변형의 꼭지점에 해당한다고 직관적으로 해석하였다. 이것은 1687년에 뉴튼에 의해서 처음으로 정식화되었다. 또 그는 무게의 중심과 부력의 중심이 동일 수직선상에 있다는 명제를 부가하여 유체정역학을 발전시키기도 하였다.

영국의 물리학자 훅[56]은 용수철을 연구하여, 1678년 "훅의 법칙"으로 불리는 법칙을 발표하였다. 이 법칙에 의하면 용수철인 탄성체가 평형의 위치에 돌아오는 힘은 그 평형한 위치로부터 용수철이 이동한 거리에 비례한다. 훅의 발견 덕택으로 태엽이 만들어지고 커다란 진자 없이도 정확한 시간을 잴 수 있게 되어 손목시계나 크로노미터(chronometer)가 나오게 되었다. 또 프랑스의 물리학자 마리오트[57]는 물체의 탄성충돌, 비탄성충돌과 그것의 물리학적 여러 문제에 대한 응용을 연구하였다. 특히 물속에서 물과 공기의 기본 특성과 기상학상의 문제, 유체역학의 여러 원리를 논하였다.

---

55) Simon Stevin, 1548~1620
56) Robert Hooke, 1635~1703
57) Edamé Mariotte, 1620?~1784

　　네덜란드의 물리학자이자 수학자인 호이겐스는 일찍이 아버지로부터 "나의
어린 아르키메데스"라는 말을 들을 정도로 총명하였다. 그는 데카르트의 『철학
원리』[58]를 읽고 이것을 자신의 길잡이로 삼았으며, 데카르트의 기계론적 철학이
야말로 자연현상을 해석하는 유일하고 정확한 사상이라고 확신하기에 이르렀다.
또 호이겐스는 갈릴레오의 『신과학 대화』를 읽고 그의 낙하법칙을 중심으로 한
여러 연구에 큰 감명을 받았다. 그는 데카르트의 7개의 충돌규칙이 거의 모두
틀렸음을 알아내고 완전탄성충돌의 정확한 법칙을 도출하였다. 이 원리는 갈릴
레오에 의해서 주장되어 왔으나 충돌론에 응용한 것은 호이겐스의 독창적인 생
각이었다. 이러한 성과는 생전에 부분적으로만 발표되었고, 체계 전체는 그가 죽
은 후에 밝혀졌다.

---

58) *Principia Philosophica*, 1644

7. 보일과 근대화학

파라셀수스와 의화학

중세와 근대 사이, 화학분야에 개혁을 일으켜 근대화학의 징검다리 역할을 한 사람은 스위스 태생의 독일인 파라셀수스[59]이다. 파라셀수스라는 이름은 자신의 풍부한 지식이 로마 시대의 대학자 셀수스를 능가한다는 의미로 "더 훌륭하다"라는 의미인 "파라"를 덧붙인 별명이다. 그는 의학사와 화학사에서 독보적인 존재이다. 그는 루터에 공명한 종교개혁 시대의 전형적인 사람으로서 방랑시절에 자연을 관찰하고 경험을 넓히면서, 의학과 연금술을 연구하였다. 그는 시민들이 보는 앞에서 고대 의학자 갈레노스와 아랍의 아비센나의 연금술 저서를 불태워 고대의학을 철저하게 반박하였다. 흔히 그를 가리켜 "의학의 루터"라 부른다.

파라셀수스의 사상은 의학과 화학의 진로를 결정적으로 바꾸어 놓았다. 그는 화학의 참된 목적은 금을 만드는 데에 있는 것이 아니고 질병을 치료하는 약제를 만드는 것이라고 결론을 내림으로써, 이른바 의화학(Iatrochemistry, "Iatro"는 그리스어로 "의사")의 시대를 출현시켰다. 그는 인체생리학에서 육체의 건강이 4개의 체액에 의존한다는 히포크라테스의 견해와, 동식물의 약제가 체액의 균형을 회복시킨다는 견해에 반대하고, 그 대신 광물질로 된 약제의 유용성을 주장하였다. 왜냐하면 그는 한 가지 유용한 요소는 그 기능이 고도로 특성적이므로 질병에 대하여 각기 특유한 화학적 치료력이 있다고 생각하였기 때문이다. 따라서 예부터 전해 내려온 다수의 성분으로 만들어진 동식물의 만병통치약 대신에, 단일 물질의 복용을 추천하였다. 수은, 납, 구리 등 중금속의 독작용에 관해서도 풍부한 지식이 있었으므로 독물학의 창시자로 인정받고 있다.

파라셀수스는 실용적 화학에서 뿐만 아니라 이론적 화학에도 공헌하였다. 그는 인체를 하나의 화학체계로 보면서, 이 체계를 조절하는 원소로서 수은과 황, 그리고 소금 세 가지를 들었다. 이것을 고대의 4원소설에 대비시켜 중세 3원소설이라 한다. 수은은 액체와 휘발성, 황은 가연성과 변화, 소금은 인체를 보존하는 본질이라는 이론이다.

파라셀수스의 의화학이 당시 의사보다 약제사에게 크게 영향을 미친 것은 특기할 만한 점이다. 의화학은 제약기술에 대한 이론을 밝힘으로써 약제사들이 독자적으로 의료사업에 종사할 근거를 마련해 주었다. 17세기 영국의 약제사들

---

59) Paracelsus, 1493~1541, 그의 본명은 매우 길다. Aureolus Philippus Theophrastus Bomvastus von Hohenheim.

은 독립하여 1606년에 약제사 조합을 설립하고 의료사업에 실제로 참여하였다. 1665년 런던의 대역병 당시 그곳에 살고 있던 갈레노스 학파의 의사들은 거의 시 가지에서 도망쳤지만, 약제사들은 그들의 부서를 지키면서 시민에게 봉사하였다.

파라셀수스의 의화학의 새로운 견해는 오늘날 화학요법의 기초가 되었다. 동시에 그것은 의약의 탐구를 자극하여 새로운 화학물질의 발견을 촉진시켰다. 이처럼 그는 화학의 진로를 변화시켰지만, 그의 저서 속에는 많은 공상과 신비적 사상이 남아 있었다. 초기의 의화학파는 파라셀수스의 이론에 덧붙여진 공상도 그대로 받아들였으나, 점차 과학적 정신을 지닌 사람들이 그의 화학적 성과를 선 별함으로써, 후기의 의화학파는 파라셀수스의 생각을 모두 받아들이지는 않았다.

의화학파의 후예들

의화학파의 한 사람으로 독일의 리바비우스[60]를 들 수 있다. 이 이름은 그의 본명인 리바우의 라틴어 이름이다. 그는 중세 연금술의 성과를 요약한 『연금술』[61] 을 발간하였다. 이는 최초의 화학교과서라 할 수 있는데 그후 판을 거듭하면서 우수한 화학교과서로 더욱 빛을 냈다. 그는 연금술을 의학에 응용할 것과 약품의 올바른 취급방법을 강조한 점에서 파라셀수스의 신봉자라 할 수 있다. 그러나 파 라셀수스와는 달리 신비주의를 배격하고 미신을 철저하게 공격하였다. 그는 분 명히 반세기 이전의 파라셀수스보다 근대화학을 향하고 있었음에도 불구하고 연 금술에 대한 미련을 완전히 버리지는 못하였다. 하지만 그의 책은 실용성을 강조 하면서 화학을 독자적으로 연구할 가치가 있는 과학으로서 확립시키는 데 공헌 하였다. 특히 2백 매 이상의 실험기구 그림과 실험실의 설계도까지 정리되어 있다.

또 다른 의화학파의 인물로 벨지움의 반 헬몬트[62]를 꼽을 수 있다. 그는 모 든 화학물질의 기본적 성분은 물이라고 강조하고 아리스토텔레스의 4원소설을 부정하였다. 당시 정량적인 방법이 지지를 받고 있었으므로 반 헬몬트는 실험을 통해서 자신의 이론을 증명해 보려고 하였다. 그는 무게를 측정한 흙에 한 그루 의 버드나무를 심고 물을 주면서 5년 동안 길렀다. 나무의 무게는 73kg 늘어난 데 반하여, 흙의 무게는 1kg 정도만 줄었으므로 그는 물이 나무로 변한 것이라 생각하였다. 이것이 유명한 "브랏셀의 버드나무 실험"으로 그가 죽은 뒤 출판된 『새로운 의학의 문』[63]에 기술되어 있다. 물론 그 해석은 틀렸지만 실험 자체는 매우 중요한 의의를 지니고 있다. 왜냐하면 그는 생물학의 문제를 처음으로 정량 적으로 처리하였고, 또한 적어도 식물의 중요한 영양분이 고체인 토양에서 얻어

---

60) Andreas Libavius(Libau), 약 1546~1616
61) *Alchemi*, 1597
62) Johannes Baptista Van Helmont, 1579~1644
63) *Ortus medicinae*, 1648

지는 것이 아니라는 점을 증명하였기 때문이다.

반 헬몬트는 다른 면에서도 선진적인 생각을 하였다. 그는 공기와 비슷한 물질이 별도로 몇 가지 있다고 하였다. 그가 실험중에 얻은 기체는 보통 공기와 성질이 다른 공기였다. 기체는 액체나 고체와 달리 일정한 부피를 지니지 않고 어떤 그릇도 가득 채우므로, "혼란"(chaos)상태에 있는 물질이라고 생각하고 이를 "가스"(그의 고향인 플랜더스식으로는 카오스를 이렇게 발음한다)라 불렀다. 이 말은 당시에는 주목을 끌지 못했지만 라부아지에가 후에 다시 사용함으로써 지금까지 통용되고 있다. 그는 특히 나무가 탈 때 나오는 기체를 연구하여 이를 "나무 기체"(gas sylvestre)라 불렀는데, 이 기체가 바로 이산화탄소이다.

영국의 의사이자 화학자인 메이요[64]는 호흡과 연소의 유사성에 흥미를 가졌다. 물 위에 거꾸로 세운 그릇 속에서 촛불을 태우면, 물은 그릇 속으로 올라가고 공기의 부피가 감소하고, 밀폐시킨 그릇 속에 작은 동물을 넣어두면 얼마 후 죽는다는 사실을 실험으로 입증하였다. 또 연소와 호흡에 공기가 필요하다는 것을 공기펌프를 사용하여 증명하였고, 가연성 물질과 작은 동물을 병 속에 같이 넣으면 물질이 잘 연소되지 않는다는 것도 알았다. 여기서 호흡과 연소시에 공기 중의 같은 물질이 필요하다는 결론을 얻었다.

의화학파와 약제사들

의화학파가 화학의 목표를 약의 제조에 둠으로써 의사와 약제사도 화학에 깊은 관심을 갖게 되어 점차 화학을 연구하고 책까지 쓰기 시작하였다. 약제사들은 제약소를 운영하고 있었으므로 화학의 연구에 안성맞춤이었다. 그래서 이후 2백 년 동안 중요한 화학적 발견의 대부분이 약제사나 약학의 훈련을 받은 사람들에 의해서 이루어졌다. 한편 의사들은 약품제조의 작업장에서 손을 더럽히는 일은 하지 않았으므로 화학에 대한 그들의 관심은 이론 쪽으로 기울어졌다. 그러나 리바비우스로부터 시작된 실용적인 화학의 전통은 17세기에 충분히 받아들여졌고 이 전통에 따른 사람들이 많았다. 이것은 화학자가 독립된 과학자로서 인정된 것을 말해 주고 있다.

16세기 이전의 화학은 아직 자립하지 못하고 의술이나 광산기술, 기타 분야의 시녀였다. 그러나 실용적인 화학자에 의해서 화학이 여러 분야에 점차로 적용되기 시작하고, 화학적 방법을 이용해서 얻을 수 있는 유효성에 관한 인식이 학자들 사이에 널리 보급되어 갔다. 특히 16세기로 접어들면서 이런 상황이 현저해졌다. 또 17세기 전반은 실용적 화학에 정확성을 부여한 시기로 정량적 실험의 중요성이 인정되었다. 그리고 산, 염기, 염과 그외 여러 반응의 본성이 이해

64) John Mayow, 1640~79

되기 시작하였다. 그러나 화학의 이론은 아직 정돈되지 않은 상태였다.

글라우버와 화학기술

17세기 최대의 화학기술자는 "17세기의 파라셀수스"라 불려온 독일의 산업화학자 글라우버[65]이다. 그는 네덜란드에 정착하여 암스테르담에 큰 공장을 세워 실험실에서 산업에 응용할 수 있는 여러 반응을 연구하고 개발하였다. 그는 실험의 대부분을 비밀리에 실시함으로써 생성물질을 독점하여 판매할 수 있었다. 그는 야금술이나 산, 염기, 염의 제조법에 흥미를 지니고 있었다. 그리고 명반이나 기타 황산염을 건류하거나 황을 태워서 황산을 만들고, 또 여러 가지 방법으로 염산(소금에 황산을 가하는 등)과 발연염산을 만들기도 하였다.

더욱 유명한 처방은 소금에 황산을 가하여 계속해서 이를 증류하는 방법이다. 이 반응물질의 찌꺼기 속에는 아름다운 황산나트륨이 포함되어 있었는데, 글라우버는 그것에 불가사의한 힘이 있다고 해서 이를 "기적의 염(sal mirabile)"이라 불렀다[망초(芒硝), 글라우버염으로도 알려져 있다]. 이것은 지금도 여러 의약품의 성분으로 이용된다.

글라우버의 실험 목적의 하나는 화학기술의 개선이었다. 이 방면의 연구는 『화학대전』[66]에 잘 정리되어 있다. 따라서 그를 화학공업의 창시자라 해도 과언이 아니다. 1648년 암스테르담의 연금술사에게 양도받은 집에 자신이 설계한 실험기구와 장치를 설치하여 당시로는 최신의 화학실험실로 개조하였다. 이 개조는 연금술에서 화학으로의 이행을 상징하는 것이었다. 이곳에서 비밀리에 약품을 제조하는 데 성공하여 사업은 순조롭게 확장되었고, 만년에는 5, 6명의 조수까지 채용하였다.

글라우버의 관심은 화학실험과 그 응용에 그치지 않고, 국민경제의 문제까지 이르렀다. 그는 이 문제를 암스테르담에서 발행한 6권의 『독일의 복지』[67]라는 저서에서 다루었다. 그는 전쟁으로 황폐해진 조국을 재건하기 위하여 농업이나 기타 원료를 국외로 내보내지 말고, 국내에서 가공하여 독일의 공업을 발전시켜야 한다고 강조하였다. "독일은 신에 의해 특히 광산에서 축복받고 있다. 단지 이를 처리하는 경험이 부족할 뿐이다. 어째서 우리들은 프랑스나 스페인에 동광을 내다 팔고 네덜란드나 베네치아에서 구리를 수입하는 이상한 짓을 하고 있는가. 어째서 그곳에서 만들어진 것을 비싼 값에 사들이지 않으면 안되는가. 투명한 유리제조용 독일산 목재와 석회가 베네치아나 프랑스산보다 나쁜 때문일까"

---

65) Johann Rudolf Glauber, 1604~70
66) *Opera Omnia Chymica*
67) *Deutschlands wohlfahrt*, 1656~61

글라우버는 조국애로 불타고 있었다.

글라우버의 화학에 대한 열정은 대단하여 건강을 돌보지 않고 몰두하였으므로 건강이 매우 악화되었다. 글라우버처럼 자신의 연구 때문에 수명을 재축한 사람은 의외로 많다. 그중 가장 유명한 사람은 퀴리 부인이다. 글라우버의 근대 화학기술에 대한 기여는 르네상스 이후 가장 눈에 띌 만하다.

보일과 근대화학

유복한 과학자 다음 1세기 반 사이, 대륙에서 화학에 공헌한 사람은 약제사나 화학적 훈련을 받은 사람이었지만, 영국에서는 취미로 과학을 추구한 사람들이 주로 화학을 발전시켰다. 그들은 자유스럽고 유복한 사람들이었으므로 학문을 연구하고 새로운 이론을 전개할 여가가 충분하였다. 그 때문에 영국의 과학은 이론적 측면을 진보시키는 경향이 강하였고, 대륙의 약제사들은 새로운 물질이나 반응을 발견하는 데 주력하였다.

17세기 화학분야에서 기계론적 화학을 주장한 대표적인 사람은 영국의 보일[68]이다. 보일은 아일랜드 귀족의 14번째 아들로 태어났다. 그는 신동으로 8세 때 유명한 이튼학교에 입학하였고, 13세 때 가정교사와 함께 유럽 대륙에 유학하였다. 그리고 14세 때 이탈리아로 건너가 갈릴레오의 연구성과를 공부하려 했으나 갈릴레오가 이미 사망한 후였다. 그는 유럽 여행 중 법률, 철학, 신학, 수학, 자연과학을 공부하였다. 옥스퍼드로 돌아온 보일은 혹, 메이요와 함께 옥스퍼드의 화학자로 불렸다. 그는 1662년 왕립학회 설립에 주역을 담당하였고, 1680년에는 왕립학회의 회장으로 선출되었지만 선서의 형식이 마음에 들지 않아 이를 받아들이지 않았다. 그가 제네바에 체류할 당시 심한 벼락을 만나 놀란 후부터 신앙에 깊이 빠졌고, 일생 동안 신앙의 길을 떠난 적이 없었다. 그는 종교에 관한 평론도 썼고, 동양에 대한 전도를 위해서 지원금을 내놓기도 하였다. 그는 평생 독신으로 살았다.

원자론과 원소개념 보일의 최초의 중요한 실험적 연구는 공기의 성질에 관한 것으로, 공기펌프를 이용하여 진공을 만들어(보일의 진공), 공기의 물리적 성질을 연구하였다. 이 연구로 그는 "보일의 법칙"을 발견하였다. 이 연구는 동료 과학자들에게 큰 영향을 주었다. 보일의 법칙을 연구한 또 한명의 과학자는 프랑스의 마리오트이다. 그는 보일보다 17년 늦게 기체의 압력과 부피에 관한 법칙(프랑스에서는 흔히 "마리오트의 법칙"이라 부른다)을 발표하였다. 또한 그는 이법칙을 사용하여 기압과 고도의 상관 관계를 밝히려 하였다.

---

68) Robert Boyle, 1627~91

보일

보일은 1650년대에 그리스 원자론의 지식을 바탕으로 데카르트의 입자론과 가상디의 원자론을 절충하여 입자철학을 형성하였다. 그의 철학의 바탕이 되어 있는 입자가설은 우주가 운동과 감지할 수 없는 미립자로 구성되어 있고, 입자들이 계층적으로 결합하여 생긴 입자의 크기, 모양, 배열, 운동에서 감지 가능한 물체의 특성과 변화가 생긴다고 하였다. 그는 이 가설을 복잡한 자연현상을 통일적으로 파악하는 원리로서 이용하고, 동시에 이 가설의 유효성을 확인하는 실험을 하였다. 이처럼 그는 입자철학과 실험을 결합시켜 실용기술에 지나지 않던 화학을 참된 근대과학으로 확립시켰다. 입자가설의 개요를 기술한 1661년의 『자연학 논집』(*The certain philosophical essay*)에서는 질산칼륨의 분해와 복원의 과정, 물질의 고체성과, 유동성, 그리고 상태의 변화 등에 입자가설을 적용시켜 그의 유용성을 강조하였다.

보일은 원자론에 바탕을 두고 새로운 원소관을 수립하였다. 전통적인 화학사상에 의하면 물질을 구성하고 있는 4원소는 나무가 탈 때 생성된다. 나무가 타면 불꽃이 일어나고(불), 나뭇가지 끝에서 수분이 생기고(물), 연기가 올라가며(공기), 그리고 타고난 뒤에는 재(흙)가 남는다는 생각이다. 그는 이런 현상을 어느 정도 인정했지만 불, 공기, 물, 흙이 타기 전부터 실제로 나무 그 자체에 존재한다는 확실한 증거가 없으며, 또 4원소가 타기 이전의 목재보다 단순한 물질이라는 증거도 없다고 반박하였다. 그리고 의화학파의 3원소설이나 판 헬몬트의 원소관도 이런 점에서 모순이 있다고 주장하였다. 나아가 그는 어떤 물질이 몇 개의 물질로 다시 분해된다면 이것은 참된 원소가 아니라고 역설하였다. 이런 사상은 낡은 원소관을 추방하고 근대화학에 원자론을 도입하는 실마리가 되었다.

보일은 새로운 원소도 발견하였다. 1680년에 그는 오줌에서 인을 분리하였다. 하지만 인은 5년에서 10년 전에 이미 독일의 화학자 브란트[69]가 발견하였고 또 쿤켈[70]도 인의 제법을 발견하여 1678년에 발표하였다. 인의 발견자가 누구냐를 둘러싸고 격렬한 논쟁이 벌어졌는데(보일은 관여하지 않았다). 이처럼 논쟁

69) Hennig Brand, 활동기 약 1670년
70) Johann Kunckel, 1630~1702

이 일어나는 것은 당시의 연구자들이 자신의 발견을 비밀에 붙인 것이 그 원인 중의 하나이다.

보일에게 영향을 미친 사람은 프랑스의 철학자 가상디[71]이다. 그는 1624년 『아리스토텔레스주의자에 대한 역설적 연구』[72]를 출간하였다. 이것은 아리스토텔레스의 체계를 전면적으로 반박한 저서인데, 이와 더불어 회의주의적 입장에 대한 불신도 표명되었다. 특히 자연적 세계를 해명하기 위한 가설로서 원자론을 수립하여 근대원자론을 계승하였다.

『회의적인 화학자』   보일은 유명한 저서 『회의적인 화학자』[73]를 출관하였다. 이 책은 6부로 나뉘어져 있는데, 전후에 서문과 결론이 붙어 있다. 그는 서문에서 아리스토텔레스의 4원소설을, 1-4부에서는 주로 파라셀수스파의 3원소설을 비판하였다. 그리고 제 5-6부에서는 산업 현장에서의 이론은 입자론 이외에는 없다고 결론을 맺었다. 특히 물체의 성질을 운동, 모양, 배열에 의해서 설명하고 있다. 이 저서는 보일의 입장을 지지하는 카르네아데스, 그의 양식 있는 친구 에레우데리스, 아리스토텔레스의 4원소설을 지지하는 디미스티우스, 파라셀수스의 3원소설을 주장하는 필로브수스가 대화하는 형식으로 내용을 전개한 책이다.

17세기에 이루어진 화학 분야에서의 사상적인 전환은 이 책에 출발점을 두고 있다. 그 까닭은 화학 변화를 기계론적으로 설명하려는 경향 때문이었다. 보일은 기계론 사상을 몸에 익히고 있었으며, 입자론 이상으로 포괄적이고 명쾌한 이론은 없다고 자신의 입장을 밝힘으로써 전통적인 물질이론을 배격하였다. 그는 갈릴레오가 운동이론에서 그랬던 것처럼, 실험적이고 기계론적인 방법을 화학분야에 도입하려고 하였다. 보일을 "화학의 아버지"라 부르는 까닭은 여기에 있다.

보일은 또한 화학의 역할을 새롭게 정의하고자 시도하였다. 그는 지금까지의 화학이 낮은 원리에 의해 이끌려 왔으며, 과거의 연구과제가 의약의 조제라든

THE
SCEPTICAL CHYMIST:
OR
CHYMICO-PHYSICAL
Doubts & Paradoxes,
Touching the
SPAGYRIST'S PRINCIPLES
Commonly call'd
HYPOSTATICAL,
As they are wont to be Propos'd and
Defended by the Generality of
ALCHYMISTS.

Whereunto is præmis'd Part of another Difcourfe
relating to the fame Subject.

BY
The Honourable *ROBERT BOYLE*, Efq;

LONDON,
Printed by *J. Cadwell* for *J. Crooke*, and are to be
Sold at the *Ship* in St. *Paul's* Church-Yard.
MDCLXI.

『회의적인 화학자』의 표지

---

71) Pierre Gassendi, 1592~1655
72) *Exercitationum paradoxicae adversus Aristotelos*, 1624. 제2부는 1658
73) *The Sceptical Chymist*, 1661

가, 금속의 추출 및 변성에 그쳤다고 지적하면서, 화학의 진정한 임무는 다름 아닌 물질의 성분과 조성을 알아내는 것이라고 강조하였다. 그는 화학을 의학에서 분리하여 그 자체로 가치가 있는 학문으로, 또한 실험과학으로 발전시킴으로써 화학을 과학의 한 분과로 성립시켰다. 즉 화학을 갈릴레오의 "신과학", 베이컨의 "실험철학"의 일부로 자리매김하려고 시도하였다.

보일은 화학의 참된 연구방법을 모색하였다. 그는 관찰과 실험을 통해서만 과학적 성과를 기대할 수 있고, 이를 위해서 미리 충분한 계획을 수립해야 한다고 하였다. 한 예로서, 유리로 만든 종 속에 열을 가한 철판을 넣은 다음, 종에서 공기를 뽑아낸 뒤에 가열된 철판 위에 가연성 물질을 올려 놓았다. 이때 그 물질이 타지 않는다는 것을 발견하였다. 보일은 이 실험을 통해서 공기(사실은 산소)가 없을 경우에는 물질이 연소하지 않는다는 사실을 알아냈다.

저명한 과학사가인 캐조리 교수는 "화학의 발전에 미친 보일의 영향은 아무리 높이 평가하더라도 지나치지 않다. 그의 연구 업적은 물질의 연구를 과학의 영역에까지 한 차원을 높였다."라고 보일의 업적을 높이 평가하였다.

"보이지 않는 대학"　　보일이 활약하던 시대의 영국은 동란에 휘말려 있었다. 찰스 1세는 내정과 외교상의 실책이 많은데다, 청교도를 탄압하였다. 게다가 스코틀랜드에서 반란이 일어나자 그 진압을 위한 경비 문제로 소집한 의회에서 분규가 일어났고 급기야 청교도 혁명으로 비화하였다. 크롬웰의 등장으로 왕당파가 무너지고 찰스 1세는 처형당하였다. 프랑스로 망명한 찰스 2세는 크롬웰이 죽은 후에야 고국에 돌아올 수 있었다.

이러한 동란 시대에 보일은 정치적 문제에는 관여하지 않고 오로지 학문 연구를 위한 모임의 결성에 앞장섰다. 1645년 런던에서 최초로 회합을 가진 이 모임을 사람들은 "보이지 않는 대학"(Invisible College)이라 불렀다. 보일은 회합을 위하여 아일랜드에서 런던까지 왕복해야만 하였다. 그는 이 회의에 참석하는 일이 너무 불편해서 1654년 옥스퍼드로 이사하였다. 그리고 자택에 실험실을 만들고, 훅을 조수로 채용하여 본격적인 과학실험을 시작하였다. 이 대학의 회원 중에는 런던을 떠나 옥스퍼드로 옮긴 사람이 많았고, 이 회합은 거의 보일의 집에서 열렸다.

이 모임에서 많은 문제가 논의되었다. 토리첼리의 실험, 보일의 법칙, 행성의 운동에 관해서는 물론, 하비의 혈액순환설, 연금술의 문제까지도 포함되었다. 현미경을 사용하여 최초로 미생물을 관찰한 레벤후크를 최초로 소개한 것도 이 모임이다. 보일은 과학자로서도 훌륭하였지만 또한 인격과 덕망을 지닌 과학자였다.

8. 현미경학파의 생물학자들

현미경의 발명

17세기에 들어와 과학이 급속히 발전하였다. 이것은 물리과학에 국한되지 않았다. 물론 가장 자랑스러운 업적이 물리과학의 분야에서 달성되었지만 생물학(이러한 명칭은 아직 존재하지 않았지만)의 분야에도 많은 관심이 쏠리고, 상당한 발견이 이루어졌다. 과학혁명의 개념은 비생물과학과 마찬가지로 생물과학에도 유효하였다. 17세기에는 생물과학 분야에도 새로운 지식이 홍수처럼 밀어닥쳤다. 특히 해외의 탐험은 새로운 동식물에 관한 많은 지식을 가져왔다. 물리학에 있어서 혁명은 새로운 사실에 관한 문제가 아니라, 기존의 사실을 새로운 관점에서 본 데 반해서, 생물과학에서는 새로운 사실에 관한 정보량이 놀랄 만큼 증대하였다.

17세기 생물학 분야에 가장 큰 영향을 끼친 사건은 현미경의 발명이다. 현미경의 발명에 대해서는 누구나 최상급의 형용사를 구사하여 이를 높이 평가하며, 사실상 그 발명은 과학 전반의 발전에 새로운 기원을 가져왔다. 그러나 현미경의 발명자가 누구인가에 대해서는 망원경의 경우처럼 정확하게 말하기는 곤란하다. 물론 이 발명이 17세기 과학혁명기에 안경 제조공업의 영향을 받은 것만은 의심할 바가 없다.

16세기에 이미 다 빈치는 미세한 것을 볼 때 렌즈를 사용할 것을 장려하였고, 네덜란드의 안경 제조업자인 얀센 형제가 1590년 대물렌즈와 대안렌즈로서 두 개의 볼록렌즈를 조합하여 미세한 물체를 확대해 보는 장치를 고안하였다. 이것에 "현미경"이라는 이름을 붙인 사람은 우르반 7세라고 한다. 그러나 이것도 확실하지 않다. 처음에는 영상을 2단계로 확대하여 점차로 배율을 높여왔다. 그런데 복합현미경의 확대능력이 커짐에 따라서 해상능력은 오히려 감소하였다. 따라서 17,18세기의 현미경을 이용한 연구의 대부분은 단식 현미경, 즉 확대력이 큰 한 개의 렌즈로 만든 현미경으로 성취되었다. 현미경은 망원경과 함께 광학기계의 2대 발명이며, 이때부터 광학기계의 역사가 시작되었다.

훅과 세포

현미경을 개량하여 식물의 세포구조를 처음으로 발견한 사람은 훅이다. 그는 1662년 왕립학회가 창립되자 실험기기 관리자(curator)로 선임되어 1677～1683년까지 근무하였다. 매주 회합 때 실시하는 실험을 생각하고 준비하는 것이 그의 임무였다. 그래서 그는 직무상 항상 새로운 착상을 하고 그것을 회원들 앞에서 연출하는데 쫓겼다. 그 때문에 그는 실험과학의 모든 분야에 눈을 돌렸지만 어느 한 분야만을 철저하고 깊게 연구할 수 없었다.

생물학 분야에서 혹은 생물의 현미경적 구조를 연구하여 저서 『현미경 관찰』[74]을 남겼다. 그는 죽었거나 살아 있는 여러 생물을 현미경으로 관찰하여 기술하고, 또 그림으로 남겼다. 특히 코르크의 작은 조각을 현미경으로 관찰하여 무수한 칸막이를 발견하고, 이것을 동식물 조직의 가장 기본적인 요소가 되는 단위인 "세포"라고 처음 불렀다. 이러한 세포는 12억 개 모여야 1cm^{3}의 코르크가 된다고 하였다. 세포는 길게 늘어서 있고, 신선한 세포는 즙액으로 가득차 있다고 지적하였다. 또 식물의 목질부에서 도관(導管)을 발견하고 식물내부에 결정(結晶)의 존재를 증명하기도 하였다. 그러나 그가 사용한 현미경의 기능에는 한계가 있었으므로 세포학은 19

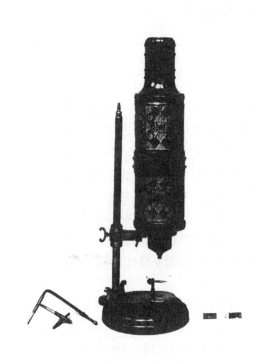

혹이 사용한 복합 현미경

세기에 이르러서야 꽃을 피웠다.

현미경학파의 또 한 사람인 영국의 의사 그루[75]는 독립적으로 식물해부학의 확립에 기여하였다. 그는 현미경으로 식물의 줄기나 뿌리를 관찰하여 식물조직의 기능을 밝히려 하였다. 그는 식물의 도관, 수피의 섬유, 유조직, 방사조직 및 기공을 발견하였다. 식물의 절편을 만들어 관찰하는 그의 방법은 지금도 쓰이고 있다. 또한 그는 여러 기관에 이름을 붙였고, 최초로 "비교해부학"이라는 말을 사용하였다.

이탈리아의 의사이자 해부학자인 말피기[76]는 현미경학파의 한 사람으로서 왕립학회의 회원으로 피선되었다. 그는 현미경을 이용하여 생체의 미세구조를 정확하게 관찰하였고 1661년에 출판한 『폐의 구조에 관한 서한』[77]에서 모세혈관을 처음으로 기술하였다. 모세혈관은 눈에 보이지 않지만 현미경으로는 확실히

---

74) *Micrographia or physiological descriptions of minute bodies*, 1665
75) Nehemiah Grew, 1641~1712
76) Marcello Malpighi, 1628~94
77) *De pulmonibus epistola altera*, 1661

보였다. 이것은 눈으로 보이는 가장 가느다란 동맥과 정맥을 연결하고 있다. 이 발견으로 하비가 30년 전에 발표한 혈액순환의 결점을 완전히 보완하였고, 그 외에 혀, 뇌를 비롯하여 내장기관인 간장, 신장, 췌장 등에 관한 조직학적 연구와 혈액을 붉게 하는 요소인 적혈구의 존재를 기록하였다. 또 곤충의 기관(말피기관) 등의 배출기관, 식물의 기공 등을 발견하였다. 그는 기계론적으로 생명현상의 이해를 추구하였다.

레벤후크와 현미경의 보급

레벤후크

90세까지 장수한 네덜란드의 현미경학자 레벤후크[78]는 죽을 때까지 약 70년 간 현미경으로 생물 세계의 개척에 앞장섰다. 그는 현미경을 최초로 만든 사람도, 최초로 사용한 사람도 아니지만, 이 기구를 어떻게 유용하게 사용할 수 있는지를 최초로 밝힌 사람이다. "현미경학파의 아버지"라 불리는 그는 일생 동안 419대의 현미경을 만들었는데, 그 중에는 5백 배의 배율인 것도 있었다.

그는 무명의 과학자였다. 왕립학회 회원인 친구의 소개로 왕립학회와 인연을 맺었다. 그후 50년 동안 375편의 논문을 왕립학회에 보냈고, 1680년에는 왕립학회의 외국회원이 되었다. 감격한 그는 보답으로 다음과 같은 편지를 왕립학회에 보냈다. "여생 동안 나는 충실히 여러분에게 봉사하겠습니다." 레벤후크는 제대로 교육을 받아본 적이 없었다. 더욱이 어학 능력이 모자라서 당시 학자들의 공용어인 라틴어와 영어도 쓸 줄 몰랐다. 그는 논문을 대화체의 네덜란드어로 써서 왕립학회에 보고했기 때문에, 모두 영어로 번역하여 읽었다. 파리의 과학아카데미에도 27편의 논문을 보냈다.

레벤후크의 주목할 만한 발견은 1638년 박테리아의 구조를 기록한 것인데, 그것은 그의 현미경으로 볼 수 있는 극한의 작은 동물이었다. 사실 그후 1세기 동안 박테리아를 본 사람은 없다. 그는 1688년에는 올챙이와 개구리 다리의 모세혈관을 확인함으로써 혈액순환설을 입증하였고 현미경적인 동물인 원생동물, 강장동물, 선충, 윤충을 발견하였다. 이처럼 물속에 많은 미생물이 살고 있다는

---

78) Antoni van Leeuwenhoek, 1632～1723

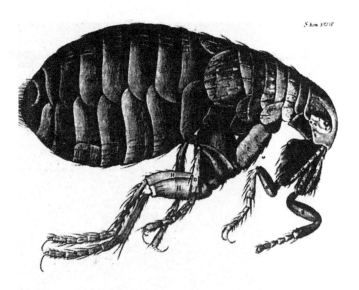

현미경으로 본 벼룩

발견은 당시 사람들에게 큰 충격을 주었다. 또 횡경근의 조직, 피부, 모발, 그리고 여러 식물조직을 관찰함으로써 말피기와 함께 식물조직학의 선구자가 되었다. 또한 그는 사람의 정자를 관찰하고, 피 속의 혈구(맑은 액체 속을 헤엄치고 있는 납작하고 달걀모양인 입자들)를 발견하였다.

레벤후크의 정열은 계속되었다. 현미경에 대한 애착은 90년의 긴 생애 동안 전혀 줄지 않고, 관찰과 그 결과를 그리는 것만을 즐거움으로 삼았다. 현미경을 일반화시킨 사람이 바로 레벤후크였다. 그가 벼룩에 기생하는 생물을 발견하였을 때 영국의 시인 스위프트는 한편의 시[79]를 지을 정도였다. 이처럼 많은 발견으로 그의 이름은 세계적으로 유명해졌다. 네덜란드의 동인도회사는 아시아에서 채집한 곤충을 보내어 그의 연구를 도왔고, 영국 여왕과 러시아의 피터 대제도 그를 방문하였다.

그와 나란히 또 한 사람의 현미경학자인 스밤머덤[80]은 네덜란드의 해부학자로 라이든대학에서 의학을 전공하였지만 개업하지 않고, 현미경적 연구에만 열중하였다. 그는 인체와 동물의 기관내에 색소를 주사하여 연구, 관찰함으로써 정밀해부학의 기술을 개척하였고, 또한 하루살이, 벌 따위의 곤충을 해부하여 곤충학의 창시자가 되었다. 그의 이름이 특히 알려진 계기는 적혈구의 발견 때문이었다.

린네의 선구자들

르네상스와 대항해의 시대를 맞이하여 식물학과 동물학도 새롭게 싹트기 시작하였다. 탐험가들에 의한 지리적 발견과, 거기서 수집된 많은 자료는 당시까지 박물학을 연구하고 있던 학자들의 연구방향을 식물학과 동물학의 연구로 전향시킴으로써 16세기 초기부터 의학의 부수적인 연구 영역을 벗어나 독자적인 발전

---

79) 박물학자가 관찰하였다.
　　벼룩에 기생하는 작은 벼룩이 있다.
　　벼룩의 벼룩에 기생하는 더 작은 벼룩이 있다.
　　이것은 어디까지 가도 마지막이 없다.
80) Jan Swammerdam, 1637~80

을 시작하였다. 이런 상황하에서 필연적으로
분류학이 중요성을 띠게 되었다.

더구나 새로운 세계의 진기한 생물들을
수입해서 자신들의 세계를 새롭게 인식하려
는 태도가 촉구되어 향토생물의 연구가 성행
한 결과, 독일에서는 식물학의 선구자들이 배
출되었다. 그들은 삽화가 들어 있는 특수 식
물군지(植物群誌)인 식물학서를 발간하였다.
주목할 만한 사실은 이후 급격히 식물에 관
한 지식이 증가하여, 그것들을 분류하고 정리
하는 데 있어서 최소단위인 "종"과 종을 모
은 "속"이라는 단위를 사용한 점이다.

근대 식물학 연구의 선두에 선 사람은
독일의 식물학자 브룬펠스[81]이다. 린네는 이
사람을 "식물학의 아버지"라 불렀다. 그는
교직에 있으면서 식물을 연구하였는데 어느
미술가의 도움을 얻어 사실적이고 예술적인
최초의 식물생태도를 출판하였다. 거기에는
약 3백 종의 식물에 관한 그림이 들어 있는

린네

데, 그 그림솜씨가 매우 정확하여 원식물과 틀린 곳이 하나도 없었으므로 식물묘
사의 모범이 되었다.

또 독일의 보크[82]는 여가를 틈내 동료들과 스위스의 알프스 등을 답사하면
서 오늘날 "자연적 분류법"이라 불리는 식물의 분류방법을 새로 창안하였다. 또
스위스의 의사인 보앙[83]은 식물학의 명명이나 분류법을 개선하고, 자연사적 관점
에서 체계적인 표를 만들려고 하였다. 그는 약 6천 종의 식물을 열매와 꽃에 따
라 기술하고 이를 몇 개의 부류로 나누었는데, 죽은 뒤 『식물지』[84]로 출판되었
다. 한편 그는 베살리우스의 해부학 보급자로서 널리 알려졌다.

영국의 식물학자인 레이[85]는 젊은 시절에 친구와 함께 전 생물계를 계통적
으로 기술하려는 계획을 세웠다. 친구의 죽음으로 모든 일이 레이에게 맡겨지고,
친구의 재산을 상속받아서 연구에 전념한 결과, 식물에 관한 백과사전인 『식물

81) Otto Brunfels, 1489~1534
82) Hierorymus Bock, 1495~1554
83) Gaspard Bauchin, 1560~1624
84) *Theatri botanici sive historiae plantarum*, 1658
85) John Ray, 1627~1705

의 일반적 역사』[86]를 출판하였다. 이것은 종의 개념을 전제로 하여 쓴 것이다. 이 저서에는 18,600종류의 식물이 체계적으로 기술되어 있는데 이것은 린네의 분류법의 기초가 되었다. 떡잎의 수에 따라 피자식물을 쌍자엽류와 단자엽류의 두 가지로 나눈 것은 바로 레이다. 또 발에 발가락 혹은 발굽이 있느냐의 여부에 따라서 포유류를 두 가지로 나누었고, 특히 발굽의 수, 손톱, 뿔, 이빨 등의 특징에 따라서 각각을 다시 작게 나누었다. 한편 자연에 관한 지식은 신에 대한 신앙의 증거가 된다는 그의 관점은 당시의 자연신학에도 큰 영향을 주었다.

린네와 식물 분류

이전의 식물 연구가 각각의 식물의 기재에 한정된 데 반하여 자연의 관찰방법의 변혁과 그 기술의 발달로 과학자들이 점차 식물 형태의 유사점에 주목하고, 그 유사성에 의해 식물을 배열하는 연구가 시작되었다. 그것은 르네상스 이래 유럽과 유럽 이외의 신대륙에서 새로운 식물이 계속 발견됨에 따라 수가 증가하였기 때문이었다. 그러나 새로운 식물의 명명에 통일된 규칙이 없어서 무질서하게 식물의 이름을 붙였을 뿐 아니라, 학자에 따라서 같은 종류의 식물에 다른 이름을 붙이기 일쑤였다. 이러한 혼란은 식물학 연구에 큰 장애가 되었다. 이러한 혼란을 정리하고 통일하기 위해 식물을 계통적으로 배열하려는 시도가 일어났다. 이미 린네 이전에 25가지 이상의 체계가 제안되어 있었다. 그러나 대부분은 식물학자 나름의 인위적인 분류였다. 즉 자의적으로 한 가지 특징에 착안하여 분류하였으므로 식물전체의 자연스러운 유사성을 기초로 한 체계가 이룩된 것은 아니었다.

스웨덴의 린네[87]는 스칸디나비아 반도를 7천 9백km나 누비면서 새로운 동식물을 면밀히 관찰하였고, 영국과 서유럽을 일주한 후 분류학의 모범인 『자연의 체계』[88]를 발표하였다. 이 책은 린네의 분류학적 연구의 성과를 압축하여 기술한 단 14페이지의 소책자에 불과하였지만, 객관성과 명석함에서 선풍을 일으켰다. 이것은 동식물의 조직에 관한 저서가 아니고 방법적으로 배열된 자연생성물의 목록으로서 식물의 배열방법을 연구하는 데 그 목적이 있었다. 그는 레이의 분류법보다 훨씬 우수하고 정연한 생물분류법을 확립하였다. 또한 그는 동물과 광물의 분류도 시도하였다.

린네의 인위적 분류 방법은 식물의 유사성이나 상이점에 주안점을 둔 것으로서 자연분류법에 뒤진 감이 있지만, 다른 분류법에 비해서는 월등하였다. 한편

---

86) *Historia plantarum generalis*, 3vols, 1686~1704
87) Carl von Linné, 1707~78
88) *Systema Naturae*, 1735

그는 식물의 생식기관을 토대로 분류를 시도하였다. 그러나 그러한 분류가 자연적인 유사성, 근사성을 반영하고 있지 않다는 비판도 있었다. 왜냐하면 생식기관이라는 식물체의 극히 일부에만 집착한 것은 부자연스러우며, 인위적이라는 이유 때문이다(인위분류법). 린네 자신도 이를 어느 정도 인정하였다. 이에 대하여 생물체가 지닌 여러 특징의 하나하나를 모두 비교 검토하여 종합적으로 보는 견해도 있다(자연분류법).

물론 린네의 분류 방법에는 불합리한 점도 있지만 린네는 "속명"과 "종명"을 명기하는 2명법을 채용하여 식물에 이름을 붙였다. 그는 인간에도 2명법에 의한 이름을 붙였다. 호모 사피엔스가 그것으로, 인간은 호모속 사피엔스종으로 분류했다. 특히 사람과 고등원류를 합쳐서 영장목으로 묶었다. 물론 수술의 수에 의한 기계적인 분류의 결점에 대해서 린네 자신도 알고 있었으므로 그는 자연의 논의에 적합한 분류의 길을 모색하였다. 만년에 자

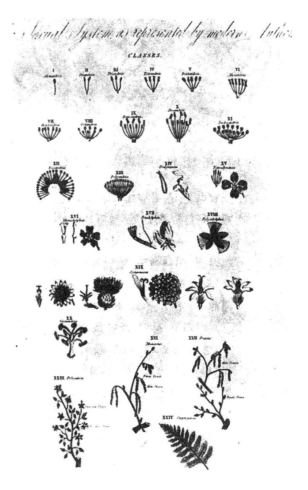

린네의 분류체계에 있어서 24종의 식물

연분류법에 대한 단편을 쓴 것만 보아도 이를 알 수 있다. 그의 저서 『자연의 체계』는 되풀이해서 개정·증보되고 1758년에는 제10판(2천 5백 페이지, 10권)이 발행되었다. 그의 기본적 관점은 신의 작품인 자연은 질서와 체계가 잡혀 있으며, 식물학자의 임무는 이를 발견하는 데 있다는 것이다.

린네의 식물분류법을 비판하는 사람도 있었다. 린네의 분류는 식물의 자웅설에 바탕을 두고 있다. 그는 남성과 여성을 나타내는 기호인 '♂'과 '♀'과 같은 기호를 처음 사용하기도 하였는데 어떤 사람은 식물의 자웅설이 풍속을 문란케 한다고 비난하였다. "많은 수술이 한 개의 암술과 관계를 갖는 불결한 간음을 신은 허락하지 않는다. 그렇게 난잡한 분류법을 학생에게 가르쳐서는 안된다."고 한 사람도 있었다. 이에 대해서 린네는 "나는 순결한 사람은 모두 순결하다고 믿는다. 자신의 변호는 하지 않을 작정이다. 후세가 나를 판결할 것이기 때문이

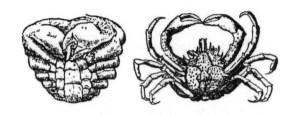

게스너에 의한 화석의 게 (왼쪽)와 지금의 게 (오른쪽)

다 "라고 응수하였다.

분류는 과학의 최고 목표는 아니지만, 연구 대상이 잡다하고 혼란된 상태에 놓여 있을 때는 꼭 필요한 것이다. 커다란 군(群)에서 시작하여 점차 작은 군으로 분할하고, 최종적으로는 각각의 생물에 도달하는 분류법에 의해서 생물체계가 한 그루의 나무와 비슷한 양상을 나타내게 되었다. 이러한 생명의 나무에서 생물은 단순한 것부터 시작하여 현재의 복잡한 것으로 진화한 것이라는 정연한 개념이 분명해졌다. 이러한 진화사상은 멀리 그리스 시대에도 있었지만, 린네의 분류법이 생긴 뒤부터 진화사상이 체계적으로 연구되기 시작하였다. 그의 또 하나의 주저는 『식물의 종』[89]으로 여기에는 전 세계 약 8백 종의 식물이 기술되어 있다.

린네는 종의 개념을 깊이 연구하였다. 그는 종들 사이에 유사점이 충분한 경우 모두 동일한 속에 묶어 놓는 철저한 종의 불변론자였다. 따라서 어떤 종이 다른 종에서 생길 수 있다는 것은 생각할 수 없다. 성서의 전통에 충실한 린네는 종은 이 세상 창조 이후 모두 변함없이 똑같은 모습을 유지하고 있다고 생각하였다. 그러나 그가 1742년 어떤 식물에서 변이를 관찰하게 되자, 부득이 그의 초기 사상을 수정하고 완강한 불변론 대신에 일종의 제한된 가변론으로 대신할 수밖에 없었다. 종은 교잡과 환경의 영향으로 변할 수 있으나 속은 불변이라는 결론을 내렸다.

린네가 죽은 후 그의 수집품과 문헌이 영국의 부유한 박물학자의 손에 들어가 영국으로 운반되어 생물학회인 린네협회를 설립하기에 이르렀다. 이때 스웨덴의 보물이 영국으로 넘어가는 것을 막기 위해서 스웨덴 해군이 군함을 파견했다는 유명한 일화가 있다. 그럴듯하지만 사실은 아니다.

게스너와 동물학

프랑스의 동식물학자인 브롱[90]은 약종상으로 각지를 돌아다니며 동물을 관찰하였다. 그는 어류를 계통적으로 분류한 점으로 미루어 보아 비교해부학의 창시자라 할 수 있다. 또한 작은 고래의 태생을 기술하여 발생학의 개념을 처음으로 명확하게 하였다. 그는 식물의 경험과학적 기재보다는 실용적 가치에 눈을 돌

---

89) *Species plantarum*, 1753
90) Pierre Belon, 1517~64

렸다. 그는 47세 때 숲속에서 채집 중에 강도에게 살해되었다.

동물학 발달사상 스위스의 박물학자 게스너[91]의 영향은 매우 크다. 그는 당시 알려진 동물형태를 기술하였다. 1551년에 첫 출판된 그의 저서 『동물학지』[92]는 자연과학자의 관점에서 처음으로 기술한 동물학서이다. 여기서 그의 관찰중시의 태도가 엿보이며, 동물의 외부체제 뿐 아니라 소재, 습성, 이용 등도 취급하였다. 그는 동물들을 알파벳순으로 배열하였는데 분류법의 관점에서 볼 때는 아리스토텔레스의 자연분류보다 퇴보한 감이 없지 않다. 그러나 그의 동물학서는 근대까지 귀중히 여겨져 왔으며, 특히 당시 동물 우화집에 보이는 도덕적인 교훈도 이 저서의 영향이 아닌가 싶다. 1565년 취리히에 페스트가 유행하였을 때 열성적으로 환자를 치료하다가 자신도 감염되어 사망하였다.

---

91) Konrad Gesner, 1516~65
92) *Historia animalium*, 1551~58

9. 해부학과 실험생리학

베살리우스와 근대해부학

의학의 여러 분과 중에서 가장 기본적인 것은 해부학이다. 그 동안 해부학은 별다른 진전을 이루지 못하고, 고대의 수준에 머물러 있었다. 그런데 르네상스와 함께 사실주의 사상이 대두하자 의학자들은 편견에서 벗어나 정직한 눈으로 인체의 구조를 밝히려 했고, 화가들도 새로운 수법인 원근화법을 이용하여 인체의 사실적인 묘사를 즐겼다. 그러나 이 시대에는 아직 효과적인 방부제가 없었고, 제공되는 시체도 많지 않았으므로 해부도를 작성하는 것이 그렇게 쉬운 일이 아니었다.

이런 시기에 브뤼셀 출신의 베살리우스[93]가 파리대학의 의학부에 입학하였고, 이탈리아의 파도바대학에 유학하여 학위시험에 우수한 성적으로 합격하자, 그 다음날 겨우 23세로 해부학, 외과 교수로 임명되었다. 예부터 인체와 동물의 해부는 신분이 낮은 이발외과의 일이었고, 교수는 높은 의자에 앉아서 교과서를 설명하는 데 그쳤다. 하지만 베살리우스는 스스로 집도하여 자신의 이론을 가르치고, 또 강당에 인체해부도를 게시하여 학생들의 이해를 도왔다. 그는 학생으로부터 대환영을 받았다.

베살리우스는 『인체의 구조』[94] 7권을 저술하여 당시 해부학 연구에 혁신을 가하였다. 그는 이 책의 서문에서 당시 의학계의 퇴폐를 지적하고, 그 원인은 갈레노스 숭배의 피해 때문이라고 통렬하게 비판하였다. 이 저서는 대상의 예민한 관찰과 명확한 표현, 그리고 내용의 독창성과 문체의 아름다움으로 후세의 절찬을 받는다. 더욱이 이 책에는 같은 고향사람으로 르네상스 시대의 이탈리아의 대표적인 화가의 한 사람인 티치아노[95]의 수제자 카루카르의 목판화가 3백여 장이나 삽입되어 있다. 세심한 과학자의 눈과 예술가의 눈이 결합되어 본문과 회화를 연결하였고 또한 배경으로 여러 가지 풍경이 그려져 있어서 예술성이 풍부하다. 이것은 당시 베살리우스의 방법과 새로운 지식의 보급에 크게 기여함으로써 근대해부학의 기초를 세웠다.

베살리우스는 인체의 해부를 통하여 흉골은 7개가 아니고 3개이며, 하악골은 둘로 나뉘어져 있지 않으며 하나로 되어 있다는 등 2백여 군데를 대폭 수정

---

93) Andreas Vesalius, 1514~64
94) *De humani corpolis fabrica libri septem*, 약칭 Fabrica, 1543
95) Vecellio Tiziano, 1490~1576

베살리우스의 『인체의 구조』 중에서 골격, 근육, 신경계의 삽화

하였다. 또 신은 아담의 늑골 한 개로 이브를 만들었으므로 남녀의 늑골의 수가
다르다는 통념을 부정하였다.

베살리우스가 제시한 최대의 의문점은 갈레노스의 의학 체계에 있어서 심장
의 격막에 있는 구멍이다. 갈레노스는 혈액은 심장의 우심실에서 좌심실로 격막
의 구멍을 통하여 흐른다고 하였다. 그러나 베살리우스는 심장의 격막이 대단히
두텁고 근육질임을 지적하여 혈액이 그 막을 통과한다는 것은 무리라고 하였다.
그러나 혈액이 어떻게 해서 심장의 우심실에서 좌심실로 이동하는가, 또 어떻게
정맥에서 동맥으로 혈액이 이행되는가에 관해서는 대안을 내놓지 못하였다.

이 저서는 해부학을 정당한 자리까지 높였고 근대 해부학의 기초를 쌓았다.
동시에 갈레노스의 의학체계를 붕괴시킴으로써 사람들을 낡은 의학관에서 해방
시켜 새로운 의학관을 갖게 하는 데 큰 역할을 하였다. 더욱이 베살리우스가 절
대적인 권위에 의존하지 않고 자신의 손과 눈으로 직접 관찰한 결과를 자신의
판단에 의하여 표현했다는 점에서 큰 의의가 있다. 그러나 내용이 너무 혁신적이
었던 까닭에 교회와 충돌을 일으켜 결국 이단자로 선고되었다. 그는 성지순례를
마치고 귀국하던 중에 배가 침몰하여 사망하였다.

한편 이탈리아의 해부학자인 에우스타키오[96]는 베살리우스의 연구를 보완하
려고 노력하였다. 그의 해부학 연구는 세심하고 정밀한 관찰태도로 베살리우스
와 유사하였다. 그러나 그는 자신이 발견한 많은 새로운 사실이 갈레노스설과 다

---

96) Bartolommeo Eustachio, 1520~74

르다는 사실을 알았음에도 불구하고 공인된 고대의 권위를 부정하지 않았다. 영국의 의학사가인 싱거는 "그의 저서가 만일 생전에 공표되었더라면 베살리우스와 나란히 근대해부학 건설자의 한 사람이 되었을 것이다"라고 말하였다. 대표적인 업적으로는 이관(에우스타키오관)과 심장의 에우스타키오막을 발견한 것, 교감신경계를 정밀하게 묘사한 것, 그리고 신장과 치아의 구조를 상세하게 기재한 것 등을 들 수 있다.

이탈리아의 해부학자 모르가니[97]는 파도바대학의 해부학 교수로 60년간 재직하는 동안에 640여 구의 시체를 해부하고 이 결과를 저서로 출판하였다. 특히 질병의 원인과 진행를 해부학적으로 설명하였다. 이런 점에서 모르가니는 "병리학의 아버지"로 볼 수 있다.

파레와 과학적 외과학

해부학과 관련하여 외과학 분야에서도 새로운 전기가 마련되었다. 프랑스의 외과의사인 파레[98]는 이발외과의를 지망하여 외과술을 배운 후 파리에서 외과의원을 개업하고 동시에 파리대학의 해부조수로 근무하였다. 그는 때때로 종군하여 전상외과 치료의 경험을 쌓았다. 당시 중요한 과제는 총포류에 의한 상처의 치료였다. 당시에 총포류에 의한 상처는 화약중독설이 정설이었으므로, 의사들은 빨갛게 달군 쇠인두로 상처를 지지거나 상처부위에 끓인 기름을 부어 소독하는 방법을 사용하였다. 파레는 부상자 치료중에 기름이 모두 떨어져 할 수 없이 달걀 노른자와 장미유, 테레핀유를 섞은 고약을 상처에 발랐는데, 종래의 잔혹한 처리에 비하여 매우 양호한 결과를 얻었다. 이어서 지혈법으로 널리 사용되는 달군 인두에 의한 소작법(燒灼法) 대신 동맥을 이중의 실로 묶는 혈관결찰법을 채용하여 수술방식을 획기적으로 개량하였다.

파레는 『총창 요법』[99]을 정리하고 고통 없는 온화한 요법을 발표해서 외과학에 새로운 바람을 일으켰다. 그는 종래의 조잡한 수술을 개선하고 해부학을 기초로 한 과학적 외과학의 발달을 촉진시켰다. 그가 유명해지자 앙리 2세가 초빙하여 궁정 의사가 되었다. 고결하고 겸허한 의사로서 "내가 그에게 붕대를 감았다. 신이 그를 치료하였다"라는 말이 전해 온다.

영국의 히포크라테스로 불리는 시드넘[100]은 의사로서 경험을 제일로 삼고 철학적 편견을 배격하였다. 그는 임상관찰에 바탕을 둔 증상과 경과의 기록을 모아서 질병의 유형을 나누었다. 그는 천연두, 홍역, 매독, 적리 등의 유행성 질병과

97) Giovanni Battista Morgagni, 1682~1771
98) Ambroise Paré , 1510~90
99) *La méthode de traicter les playes faites par les arquebuses et aultres bâtons à feu*, 1545
100) Thomas Sydenham, 1624~89

통풍, 수종, 히스테리의 증상에 관하여 상세히 기록하였다. 올바른 치료 방법은 확실한 원인을 모르고서는 알 수 없다고 하여 원인요법과 대증요법을 구별하였다. 또 철제, 수은제 등 화학약품에 관심을 가졌으며 페루산 키나 껍질을 말라리아의 특효약으로 보급하였다. 그는 17세기에 일어난 새로운 해부학과 생리학에는 흥미를 보이지 않았다. 그러나 그는 편견 없는 관찰을 핵심으로 스콜라 철학의 미로에서 의술을 올바른 길로 되돌린 훌륭한 임상의사이다.

혈액순환설의 싹틈

생리학 분야에서 가장 핵심적인 문제는 고대의 의학자 갈레노스가 주장한 혈액의 운동에 관한 것이었다. 당시까지 혈액의 운동에 관한 대표적인 학설은 인간에게는 직선 운동만이 부여되어서 혈액은 밀물과 썰물처럼 직선운동을 하고 있다는 생각이었다. 다시 말해서 신성한 원운동을 인간에게 부여할 수 없다는 위계사상 때문에 혈액순환설은 생각조차 할 수 없었다.

소르본느 의과대학에서 연구하고 있던 스페인의 의학자 세르베토[101]는 의학적 연구에 흥미가 있어서 특히 심장과 혈관을 연구하였다. 그는 유니테리언적인 급진사상을 익명으로 발표했는데, 거기에 혈액순환설이 들어 있다. 신학상의 저서에서 생리학설이 논의된 것은 그가 혈액이야말로 생명이라 생각했기 때문이다. 혈액은 우심실에서 폐동맥을 통해서 폐로 가고, 거기서 흡입된 공기와 혼합되어 선홍색으로 변하여 생명정기를 받아서 폐정맥을 통하여 좌심실로 들어온다는 것이다. 즉 근대 사람으로는 처음 혈액간만설의 대안으로 혈액은 우심실에서 폐를 거쳐 좌심실로 이동한다는 소순환설을 발표함으로써 혈액이 심장의 격벽을 통해서 흐르는 것이 아니라고 주장하였다. 이로써 혈액순환설의 길을 어느 수준까지 올려 놓았다. 그러나 세르베투스의 학설은 이단시되어 1553년 칼뱅에 의해서 화형에 처해졌고 그의 신간서적도 대부분 소각되었다.

이탈리아의 해부학자인 콜롬보[102]는 파도바대학의 교수인 베살리우스의 해부조수였다. 그는 주저 『해부학에 관하여』[103]에서 심실의 가운데 근육의 폐쇄성과 좌우 심실 사이에 혈액의 폐순환이 있다는 사실을 제시하였다. 심실격막은 단단하므로 혈액은 종래의 갈레노스의 설과는 다른 경로로 우심실에서 좌심실로 이동한다고 생각하였다. 우심실에서 나오는 폐동맥은 크며, 폐의 영양에 필요한 것 이상의 혈액을 운반한다. 심장판막은 폐순환을 일방통행시켜서 역류를 방지한다. 그리고 사실은 폐 자체가 혈액을 활성화하는 기관으로 심장과 폐 사이에 혈액의

101) Miguel Serveto, 1511~53
102) Matteo Realdo Colombo, 1516~59
103) *De re anatomica libli*, 1559

통로가 있을 것이라고 생각하였다.

이것은 그의 창조적 이론인지 아니면 세르베투스의 생각을 참고했는지는 확실하지 않다. 또 그보다도 3세기나 앞서 폐순환설을 명시한 아랍의 의학자와 콜롬보가 간접적으로 접촉했다는 설도 있다. 어느 쪽이건 해부학적 관찰과 실험의 정확성은 콜롬보 쪽이 우수하며, 하비도 혈액순환설의 확립에 즈음해서 콜롬보의 이론을 인용하였다. 그는 소순환을 재발견한 것이다.

한편 이탈리아의 체살피노[104]는 혈액순환을 연구하면서 정맥혈이 심장으로 향하여 흐르는 것을 확인하여 순환의 중심을 심장으로 보았다. 그러나 그는 혈류를 어떤 종류의 관개라 생각했기 때문에 흔히 받아들여지고 있는 의미에서의 혈액순환과는 달랐다.

하비와 혈액순환

영국의 의사이며 생리학자인 하비[105]는 개업에 성공한 의사였다. 환자 중에는 프랜시스 베이컨, 제임스 1세와 찰스 1세가 있다. 하비가 문제로 삼고 연구한 것은 고대와 중세를 통해서 전해 오던 혈액운동이었다. 그래서 그는 80여 종의 동물, 특히 냉혈동물을 해부하여 심장의 운동과 특징을 분석하였다. 그 결과를 토대로 동물의 혈액운동의 해부학적 연구인 『혈액순환』(동물의 심장과 혈액의 운동에 관한 해부학적 연구)[106]를 저술하여 종래의 사상과 전혀 다르게 혈액이 순환한다는 새로운 형태의 이론을 수립하였다.

그 저서의 내용은 단순한 해부의 기록이 아니라, 한층 적극적인 연구, 즉 실험에 의한 결과였다. 그는 "나는 해부학을 책에서가 아니고 해부로부터, 철학자의 교의에서가 아니라 자연의 구조에서 배우고 가르치겠다."고 한 바 있다. 마치 갈릴레오와 케플러가 플라톤이나 아리스토텔레스의 천문학에 철퇴를 가한 것처럼, 하비는 고대 생리학자인 갈레노스의 생리학 체계를 무너뜨린 것이다. 이런 의미에서 하비는 갈릴레오의 사상을 지지하는 공적을 세웠다.

하비는 혈액이 대정맥, 심장, 대동맥, 동맥의 순으로 일방통행한다는 사실을 발견하였다. 혈액이 특히 정맥에 의해서 일방통행으로 심장에 환류하는 사실에서 인체순환의 착상이 탄생되었다. 다시 말해서 만년에 하비가 보일의 질문에 대답한 것처럼, 정맥에 있는 많은 판막이 혈액을 심장의 방향으로 흐르게 하고 그역류를 방지한다는 발견이 인체순환을 착상하게 했다고 하였다.

하지만 가장 중요한 발견은 혈액 운동을 직선운동에서 원운동으로 바꾼 일

---

104) Andreas Cesalpino, 1519~1603
105) William Harvey, 1578~1657
106) *Exercitatio anatomica de motu cordis et sanguinis in animalibus*, 1628

이다. 이로써 위계사상, 즉 원운동은 신성하고 직선운동은 천박하기 때문에 인간에게 원운동을 부여할 수 없다는 사상에 종지부를 찍었다. 그런데 이 심장 중심의 혈액순환설은 태양계의 중심이 태양이며 그 주위를 행성이 돌고 있다는 사상과 맥락을 같이하고 있다.

하비는 생리학에 수량적인 계산을 처음으로 도입하여 혈액의 양을 측정해 냄으로써 생리학을 정밀과학으로 변모시켰다. 그는 심장에서 밀려나가는 혈액의 양이 1시간에 체중의 3배에 달한다는 사실을 계산해 냈다. 따라서 이와 같은 양의 혈액은 한 시간내에 정맥의 말단에서 만들어져서 같은 시간내에 말단에서 파괴되는 것이 아니라, 같은 혈액이 신체내를 순환할 뿐이라고 생각하였다. 그는 혈액순환을 연구하는 과정에서 수학을 도입하여 심실이 함유하는 양을 2온스로 보고, 1분간의 박동수를 72회로 잡아 1시간에 밀려나가는 혈액량을 계산하였다.

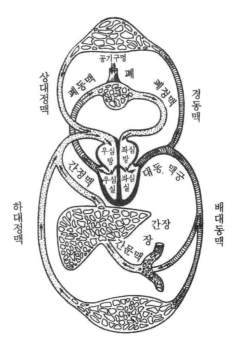

혈액순환

하비는 혈액의 순환은 혈액의 힘에 의한 것도 아니고, 정신력에 의한 것도 아니며, 단지 심장의 수축작용에 의한다는 기계론적인 설명을 제시하였다. 그는 곤충과 물고기 등을 포함하여 40여 종의 동물 혈관을 조사하여 혈액순환을 밝히고, 심장의 수축시에는 근육이 수축할 때처럼 굳어지며 심장은 속이 빈 근육으로, 근육의 수축이 혈액의 운동을 일으킨다고 하였다. 그는 혈액의 운동을 역학적 원인으로 설명한 최초의 사람이다. 1616년에는 심장을 펌프에 비교하여 혈액은 폐를 지나 끊임없이 동맥으로 통한다는 것을 확인하고 심장, 정맥, 동맥이 혈액운반의 역학적인 체계를 구성하고 있음을 밝힘으로써 기계론적 철학의 보급에 크게 기여하였다. 다만 현미경을 쓰지 않았기 때문에 동맥과 정맥의 연결부분인 모세혈관은 찾지 못했다.

하비가 혈액순환을 논한 노트에는 심장이 하는 일을 "생명의 시작"이라고 적어 놓았다. "심장은 소우주의 태양이며, 태양은 또한 세계의 심장이라 할 수 있다. 혈액은 심장의 힘과 운동으로 움직이고, 영양이 되며, 부패와 응결로부터 보호받는다. 심장은 그 기능을 발휘하여 전신에 영향을 미치고, 이것을 운반하며 활기차게 한다. 한 집안을 지키는 신으로 실로 생명의 기초이고 활동의 원천이다." 혈액순환에 대한 하비의 증명의 핵심은 조직의 기계론적 필연성에 관심을 쏟은 데에 있다. 17세기의 기계론적 사고가 생물과학의 전진에 큰 기여를 한 것이다.

하비는 이런 학설을 처음 발표하였을 때 조롱을 받았다. 그래서 갈레노스의 이론에 반박하는 것은 쉽지 않았다. 학식 있는 의사가 그에게 반론을 제기하는 큰 책자를 발표하였다. 그 책자는 실험에 의해서가 아니라 갈레노스의 설을 인용한 데 불과하였다. 그런데도 하비를 "순환기"라고 불렀는데 이것은 라틴어의 속어로 "돌팔이 의사"라는 의미로, 길거리에서 소리쳐 약을 파는 행상인으로 취급한 것이다. 그러나 그는 논쟁에는 참가하지 않고 사실이 밝혀질 때까지 기다렸다.

하비는 1620~30년에 학문적 활동에서나 사회적 지위에서나 절정에 이르렀다. 그러나 하비가 찰스 1세의 시의로 왕의 측근이었으므로 1640년대부터 역경에 빠졌다. 하비는 내전 중에 왕의 곁을 떠나지 않았고, 왕이 처형당한 후에 런던에 돌아왔지만, 크롬웰의 혁명이 마무리된 뒤에 하비는 사회적 특권을 박탈당하고, 이를 전후하여 부인을 위시한 많은 친인척과 친구를 잃었다. 특히 그 자신도 풍으로 암울한 나날을 보냈고 한때는 자살을 시도하기도 하였다. 하비를 절망의 늪에서 구한 것은 젊은 의사와 과학자들이 베푼 따뜻한 위로의 손길이었다.

역학적 생리학

이탈리아의 의학자이자 물리학자인 보렐리[107]는 그의 저서 『동물의 운동에 관하여』[108]에서 생물의 운동을 역학적으로 설명하였다. 그는 갈릴레오가 역학적 현상에 수학적 표현을 적용시켜 성공한 것에 자극을 받아, 동물계에서도 동일할 것이라고 단정하고, 역학적 원리를 기초로 근육운동을 연구하여 기계론 사상의 기초를 튼튼히 하였다. 그는 동물의 보행, 주행, 도약, 활주, 물체를 들어올릴 때의 작용을 연구하고, 특히 새가 날아가는 모습과 물고기가 헤엄치는 모습을 관찰하였다. 또 인간의 내부기관의 역학적인 작용에 관해서 만일 심장이 실린더 내의 피스톤처럼 작용하는 것이라면 1회의 맥동(脈動) 사이에 135,000파운드의 질량과 동일한 압력을 미친다고 계산하였다. 그는 인간의 심장을 펌프, 폐는 풀무, 위는 분쇄기로 취급하였다.

이탈리아의 대표적인 의료물리학파(Iatromechanists)의 한 사람인 벨리니[109]는 25세 때에 피사대학의 해부학 교수가 되었다. 그는 스승인 볼레리의 영향을 받아 인체 기능의 기계론적 설명에 일찍부터 관심을 가졌다. 그가 19세 때 출관한 『신장의 효용의 해부학적 연구』[110]에서 렌즈를 사용하여 발견한 섬유, 소관(벨리니관) 등으로 이루어진 신장의 복잡한 구조를 소개하여, 신장은 미분화의

107) Giovanni Alfonso Borelli, 1608~79
108) De motu animalium, 1680~81
109) Lorenzo Bellini, 1643~1704
110) Exercitatio anatomica de usu rerum, 1622

실질조직으로 되었다는 갈레노스의 설을 부정하였다. 그리고 오줌 분비의 완전한 기계적 메커니즘을 발표하여 말피기에게 자극을 주었다. 그는 17세기부터 18세기 초까지 의료물리학파의 유행에 일익을 맡았다.

레오뮤르의 소화에 관한 실험

프랑스의 생리학자인 레오뮤르[111]의 최대의 업적은 소화기능에 관한 것이다. 1세기 동안 소화에 관한 견해로는 볼레리가 주장한 것처럼 기계적 분쇄작용과, 네덜란드의 의사인 실비우스[112]가 생각한 일종의 화학작용이라는 두 가지 의견이 있었다. 그는 1752년 매를 이용한 결정적인 실험방법을 고안하였다. 양쪽 끝이 철망으로 된 금속통 속에 고기를 넣고 매에게 먹였다. 원래 매는 음식물을 먹고 소화되는 것만 흡수하고 나머지는 토해 내는 습관이 있다. 매가 토해 낸 금속통을 조사해 보았더니 고기의 일부가 녹은 흔적이 있었다. 그 통 속에 들어 있는 고기는 분쇄할 수 없으므로 고기를 녹인 것은 위 속의 소화액이라는 결론을 내렸다. 또 매에게 해면을 주면 곧 토해 내는 데 해면에 묻어 있는 토해 낸 위액을 고기에 섞으면 고기가 서서히 녹는다는 사실을 관찰하였다. 개를 이용한 실험도 같은 결과가 나왔다. 따라서 소화는 화학작용에 의한다는 것이 확실해졌다.

자연발생설을 부정한 레디의 실험

이탈리아의 생물학자인 레디[113]는 자연발생설을 부정하는 실험을 하였다. 그는 플라스크 8개를 준비하여 각각의 플라스크에 고기를 넣고, 4개는 뚜껑을 닫고 나머지 4개는 그대로 열어 두었다. 뚜껑이 없는 플라스크 안의 고기에는 구더기가 생기고, 뚜껑이 있는 플라스크에서는 고기 썩는 냄새가 날 정도이지만, 구더기는 생기지 않았다. 이것은 공기가 부족한 데 그 원인이 있지 않을까 생각하고, 거즈를 사용하여 공기를 차단하고 파리는 들어가지 못하도록 하였다. 이때 그 거즈 위에 구더기가 생긴 것을 알았다. 이것은 엄밀한 조건을 붙여 실시한 첫번째 생리학 실험이다. 그는 구더기는 자연발생하는 것이 아니라 파리가 깐 알로부터 생긴다는 결론을 내렸다. 이것은 자연발생설을 부정하는 최초의 실험으로 그 의의가 크다.

네덜란드의 의사인 부르하베[114]는 라이든대학을 한때 유럽 의학의 가장 유명한 중심지로 만들었다. 그는 학생들을 환자의 침대로 끌고 가서 가르치는 임상교

---

111) René Antoine Ferchault de Réaumur, 1683~1757
112) Franciscus de le Boë Sylvius, 1614~72
113) Francesco Redi, 1629~97
114) Hermann Boerhaave, 1668~1738

수법을 창시하여 유럽 각지에서 학생들이 모여들었다. 그는 경험과 관찰, 그리고 실험을 도입하여 종합적인 과학성을 구비한 근대의학의 길을 열었다. 특히 체온계를 이용한 엄밀한 체온측정, 맥박수의 측정 등 임상에 계량적 진단방법을 도입하였다. 그는 1708년에는 생리학 교과서를, 1724년에는 화학 교과서를 출판하였다. 이 책을 보면 그는 철저한 기계론자의 입장에 서 있었다.

데카르트와 생리학

데카르트는 "심장에는 신체의 어느 장소보다 열이 많이 있다"고 하였다. 이 열은 신이 인간을 창조할 때 "인체의 심장 안에 빛이 없는 한 종류의 불을 일으켰다"고 하는 것으로, 포도주가 발효할 때 생기는 열과 같은 종류의 것이라 하였다. 그는 혈액 몇 방울이 심실에 들어가면 심장의 열에 의해서 그 방울은 급격하게 팽창하고 희박해진다고 하였다. 이 팽창으로 심장전체가 부풀면서 혈액 유입구의 밸브가 열려 그 이상의 혈액은 들어오지 않으며, 점차 희박해진 혈액은 대동맥, 폐동맥의 막을 밀어 열고 나가면 심장은 수축한다고 하였다.

한편 운동은 동물정기가 근육으로 들어옴으로써 생긴다고 주장하였는데, 뇌를 향한 혈액의 미세한 부분이 뇌의 가느다란 혈관에 의해서 분리되어 동물정기가 된다고 하였다. 시각, 청각 등의 여러 기관에 관해서도 동물정기로 설명하고 있다. 이에 의하면 신경의 가느다란 실이 뇌로부터 신체의 말단까지 뻗쳐 있으며, 이런 실을 둘러싼 막이 가느다란 관을 만들고 동물정기는 이 관에 의해서 뇌로부터 근육으로 운반된다고 하였다.

10. 광물학과 지질학

아그리콜라와 광물학

르네상스 시대에 경제를 지탱하는 산업은 광업이었다. 산업과 군사용 철, 구리, 금, 은, 수은, 특히 질산칼륨과 무기산에 대한 수요의 증가에 맞추어 광업은 새로운 광산개발이나 대형화, 그리고 기계화로 대응하였다. 한편 광물학은 화학과 밀접한 관계가 있으므로 화학의 발전과 함께 광물학도 서서히 발전하기 시작하였다.

아그리콜라[115]는 독일의 의사로서 본명은 "게오르그 바우어(농부라는 뜻)"이며 아그리콜라는 그의 라틴어 이름이다. 그는 요하임스타르 광산의 중심지에 정착하면서 채광과 야금에 흥미를 가졌다. 그곳에서의 경험을 집대성하여 20년에 걸쳐 『광물학』[116] 12권을 저술하였다. 이 책은 그가 죽은 후 4개월 뒤에 출판되었다. 서론에서 그는 당시 광산에서 노동이 천시되고 있는 것을 지적하였다. 그리고 당시의 광물학 연구의 틀에서 완전히 벗어나 자신의 풍부한 경험을 바탕으로 292장의 목판화를 붙여 내용을 명확하게 표현하였다. 또한 그는 광산의 여러 가지 작업과 채광, 그리고 야금을 하는 데 필요한 조건을 하나의 통일된 견해로 정리하였다. 이 책은 문체가 평이한 데다가 광산기계의 그림까지 실려 있어서 곧바로 유명해졌다. 특히 야금기술에서 수은을 이용한 아말감법을 제시하였는데 이것은 새로운 야금법으로 금과 은의 광석 정련에 매우 효과적이었다. 이 저서는 금속에 관한 기술과 노동을 과학적으로 기술한 최초의 저서이다.

아그리콜라의 저서는 실제 광부들의 관찰을 중심으로 쓰여졌다는 점에서 중요하다. 대개 광부는 연금술사의 어떤 이론보다도 자신이 본 것을 믿는 사람이다. 예를 들어서 연금술사는 7개의 천체에 대응하는 7가지의 금속밖에 없다고 굳게 믿고 있었으나, 광부들은 그 외의 금속을 확인하여 아연, 코발트, 비스무트를 알고 있었다. 의사로서 아그리콜라는 이미 광산에 여러 직업병이 있으므로 광산업자는 의학에 밝아야 한다고 설득하였다. 그는 명실상부한 광물학의 아버지이다.

그후 이 책은 1세기 동안 이 분야의 표준적인 지침서가 되었다. 시인 괴테도 이 저서를 "전인류에 대한 선물"이라고 극구 칭찬하였다. 독일어판과 이탈리아판이 곧 나왔고, 영어판은 1912년 미국 제13대 대통령 후버의 손으로 출판되

---

115) Georgius Agricola, 1494~1555
116) *De re metallica*, 1556

었다. 이 저서는 16세기 광산기술의 고전이지만 지금도 실제로 이용되고 있다. 정확성과 정량적 방법의 필요성을 강조한 점, 화학의 연구방법과 기구, 그리고 제조법을 누구나 읽을 수 있도록 상세하고 명확하게 기술하여 화학의 발전에도 공헌하였다.

이탈리아의 야금학자 비링구치오[117]는 『화공술』[118]을 출판하였다. 이 책은 아그리콜라의 저서와 함께 당시 야금술의 체계적인 저작으로서 모두 영어로 번역되어 유명해졌다. 이 책은 주로 청동대포의 주조에 관한 저술인데, 이로 인해서 명중률이 높은 대포의 제작이 가능하게 되었고, 중세의 기사도적 전쟁과는 아주 다른 전쟁 상황을 몰고왔다.

스테노와 지질학

아그리콜라의 광물학 연구의 뒤를 이어 17세기에 지질학 분야의 연구에 박차를 가한 사람은 덴마크의 지질학자 스테노[119]이다. 그의 최초의 연구성과는 지질학의 기초가 되는 지질 단면도였다. 이 내용은 층위학(層位學)과 산악형성 등 구조 지질학의 기초적인 지식이다. 그 예로서 산악의 형성은 두 가지 힘에 기인한다는 학설이 나왔다. 하나는 지구 내부로부터 작용하는 화산의 힘이고, 다른 하나는 물의 작용이라는 것이다. 또한 그는 결정학(結晶學)을 연구하였는데 특히 수정에 대한 연구가 깊었다.

스테노의 화석에 관한 연구도 대단하다. 당시에 화석은 아직 지질학적으로 미지의 것이었다. 화석은 형태가 생물과 유사하므로 그 이유를 설명할 필요가 있었다. 그러나 종교 중심의 중세인들에게 가장 쉬운 설명은 악마가 사람을 속이기 위해 만든 것이라든가, 신이 본격적으로 생물을 창조하기 이전에 사전연습을 한 것이라든가, 노아의 홍수 때 물에 빠진 생물의 시체라는 것이었다. 그는 화석은 고대의 생물이 죽어서 돌이 된 것이라 과감하게 주장하고, 화석의 생성에 있어서 초자연적인 힘을 배제하였다. 그는 화석을 상세히 조사하면 지구의 역사가 밝혀질 것으로 생각하였다. 창조에 관한 성서의 설명이 문자 그대로 믿어지고 있을 당시에 이것은 대담한 주장이었다.

플랜더스의 유명한 지도학자 메르카토르[120]는 지리학에 관심이 깊었다. 당시는 탐험 시대로 대항해가 자주 행해졌으나, 먼곳을 탐험하는 네덜란드의 배가 행방불명이 되는 일이 종종 있었다. 항해를 확실하게 성공시키려면 좋은 지도가 필요하였으므로 그는 지리연구소를 설립하고 자신이 설계한 기구를 이용하여 약간

117) Vannoceio Biringuccio, 1480~1538(39)
118) *Pirotechnia*, 1540
119) Nicolaus Steno, 1638~86
120) Gerhardus Mercator, 1512~94

의 수학적 지식을 넣어 지도서를 작성하였다.

그런데 지도작성에 있어서 문제가 된 것은 구면을 평면으로 묘사하는 일이었다. 여기서 그는 원통투영법(정각원통도법)을 창안하여 24도폭(132cm×198cm)의 유명한 세계지도를 완성하였다. 그의 도법은 정각이므로 지금도 해도의 도법으로 이용되고 있다. 그가 죽은 다음해에는 "아틀라스(Atlas)"라 이름붙여진 107도폭의 세계지도첩이 발행되었고, 이후부터 지도첩을 일반적으로 아틀라스라 불렀다. 메르카토르에 의해서 고대 그리스의 지리학의 영향은 사라지고 근대 지리학의 시대가 열렸다.

11. 매뉴팩처 시대의 수학

상업수학

근대 초기, 새로운 자연인식 방법의 출현과 상공업의 발달은 수학발달의 자극제가 되었다. 특히 물리학과 천문학의 여러 문제를 해결하기 위해서 갈릴레오와 케플러가 취한 태도는 수학 발전에 크게 공헌하였다. 이처럼 수학과 자연과학이 밀접한 관계를 맺음으로써 대수학, 소수와 기호의 사용, 해석기하학 등이 전례없이 발전하였다. 또 항해술의 발달로 새로운 세계가 속속 발견되면서 새로운 시장이 개척되고 상업이 부흥하자, 이탈리아에서는 상공업 도시가 발흥하고, 상품교역이 촉진됨으로써 상업수학에 대한 필요성이 현저해졌다.

당시 수학은 매우 상업적이고 실제적인 것으로서 계산을 직업으로 하는 계산사도 출현하였다. 이 시대의 최고 계산사는 독일의 리스[121]이다. 그는 필산의 보급에 공헌하였는데 그의 실용수학 저서는 증명이 생략되었지만 풍부한 예제와 많은 삽화로 당시 상인계층을 매료시켰고, 16세기 독일에서 잘 알려진 교과서로서 약 100판을 거듭하였다.

한편 2차 방정식은 물론 3, 4차 방정식의 해법은 16세기 이탈리아에서 중요한 수학적 과제였다. 3차 방정식을 주로 연구한 사람은 이탈리아의 수학자 카르다노[122]이다. 카르다노는 허수를 처음으로 취급하였는데 그가 이 문제와 대면한 것은 방정식을 풀 때 자주 나왔기 때문이었다. 이때부터 무의미하게 취급되었던 허수가 수학의 연구 영역으로 들어가, 오늘날에는 응용수학과 파동이론에서 중요시되고 있다.

카르다노는 어떤 사람한테서 3차 방정식의 해법을 배우고 이것을 비밀로 하겠다는 약속을 했음에도 불구하고 자신이 창안한 것으로 발표하여 자신의 인격을 손상시켰다. 그는 신의 섭리를 수학적으로 이해할 수 있다고 주장하여 1570년 이단으로 체포 투옥되었는데, 고위성직자의 노력으로 석방되고 오히려 교황의 연금으로 여생을 보냈다. 그는 베살리우스의 친구였고 마키아벨리의 주장에 대해서는 반대하였다.

카르다노의 맞수로 이탈리아 사람 타르탈리아[123]가 있다. 그의 수학적 업적으로는 3차 방정식의 해법이 있다. 그의 관심은 대수적 계산, 근의 해법, 분모의

---

121) Adam Ries, 1492~1559
122) Girolamo Cardano, 1501~76, 라틴명은 Hieronymus Cardanus
123) Niccolò Tartaglia(Tartalea, Tartalia), 1499(1500)~1557

유리화, 조합론까지 다다랐고, 기하학에 관해서는 4면체의 구적과 3각형 안에 3개의 상접하는 원을 내접시키는 문제를 연구한 선구자였다. 또한 고대 그리스 수학적 저서의 보급에 있어서 그의 역할은 중요하다. 예를 들면 유클리드의 『원론』의 최초의 이탈리아어역(1543년), 아르키메데스의 저작의 라틴어역(1543년)과 이탈리아어역(1565년)들이 그의 손에 의해서 이루어졌다.

소수와 대수

터키의 콘스탄티노플 점령으로 동방과의 교역의 통로가 육상에서 해상으로 바뀌자 항해술의 발달이 불가피하였다. 따라서 삼각법의 계산, 천체관측, 항해력의 개량, 큰 수의 곱셈과 나눗셈에 관한 간편한 계산법의 필요성이 절실해졌다. 또한 복리계산 등 단위 이하의 수를 취급하는 기회가 빈번해졌다. 따라서 네덜란드의 스테빈은 1585년 처음으로 10진법 소수의 기술 방법을 창안하였고, 그후 스코틀랜드의 수학자 네피아[124]는 소수점을 사용하여 오늘과 같은 기법을 창안하였다. 그는 1614년에 자연대수(自然對數)에 관한 놀랄 만한 저술을 하였다. 그는 삼각함수의 계산에서 직선상을 등차수열적으로 운동하는 점과 등비수열적으로 운동하는 점이 대등하다는 근거에서 대수의 개념에 이르렀다.

그러나 대수의 밑에 관한 표의 사용이 매우 불편하였다. 그후 영국의 수학자 브리그스[125]는 네피아와 맞서서 이 문제를 토의한 결과, 1624년에 10을 밑으로 하는 상용대수표를 만들어 행성의 정확한 위치를 계산할 수 있었다. 한편 독일의 계산가인 뷔르기[126]는 독립적으로 복리 계산으로부터 대수의 개념에 도달하고, 케플러는 이를 천문표에 이용하였다. 결국 대수의 발달로 복잡한 수식의 계산이 훨씬 간편해졌다. 천문학자 라플라스는 대수의 발명은 천문학자의 수명을 두 배로 늘렸다고 말하였다.

대수학과 기호

수학의 발달과 함께 자연과학의 수학적 처리에 대해서 유례없이 크게 영향을 미친 것은 대수학적 기호의 사용이다. 전에는 수학에서 기호를 사용하지 않고 여러 계산과 관계식을 언어로 표시하였으나, 이 시기에 접어들면서 점차 특수한 기호와 술어를 사용하게 되었다. 이 분야에서 업적을 남긴 사람은 프랑스의 뷔타[127]이다. 그가 숫자 대신 알파벳을 대수학에 사용한 것은 획기적인 전환이었고, 그

---

124) John Napier, 1550~1617
125) Henry Briggs, 1561~1631
126) Joost Bürgi, 1552~1632
127) FranÇiscus Viéte(라틴명으로 Vieta), 1540~1603

때문에 식의 변형을 일목요연하게 정연한 형식을 가진 이론으로 전개시킬 수 있게 되었다. 그를 흔히 근대 대수학의 아버지라 부른다. 뷔타는 암호해독에도 능력을 발휘하였는데, 프랑스에서 고위관직을 지낼 때 스페인의 필립 2세가 사용하는 암호를 해독하여 당시 프랑스와 전쟁중인 스페인군에 타격을 가하였다. 필립 2세는 이 암호를 절대 자신하고 있었는데 암호가 누설된 것은 프랑스가 마법을 사용한 때문이라고 프랑스를 교황에게 제소하였다.

영국의 수학자인 월리스[128]는 종래의 기하학적인 발견방법에 의한 구적(求積)문제를 수치해석, 즉 기호대수학으로 정리하고 전개하였다. 그는 통일적인 학문으로서의 미적분학의 형성에 중요한 역할을 하였다. 그의 저서 『역학』[129]은 뉴튼 이전에 역학의 수학화에 커다란 역할을 하여 주목을 끌었다. 그는 많은 수학서를 저술하였는데 특히 지수의 개념을 확장하고 역사상 처음으로 분수와 음수를 지수로서 사용하여 기술하였다. 또 무한대의 기호(∞)를 사용하고 허수의 기하학적 설명을 시도하였는데 완전하게 성공하지는 못하였다. 그는 퓨리턴 혁명 초기 암호해독으로 의회파에 공헌하였고, 또한 왕립학회의 설립에도 참여하였다.

해석기하학

새로이 발달된 기호대수학과 오랜 전통을 지닌 기하학을 어떻게 결합시키느냐 하는 문제가 대두하였다. 기하학과 대수학은 이미 그리스 시대에 기하학적 대수의 형태로 결합되어 있었다. 근대에 들어와서도 기호대수학이 지닌 특질을 십분 살리면서 이것을 기하학에 결합시키고, 또 반대로 기하학이 지닌 직관성을 대수에 넣어 수학의 대상을 일정한 방법하에서 취급하려는 착상이 있었다. 이것이 곧 데카르트의 해석기하학이다.

데카르트는 기본적으로 철학을 연구하고 이를 기초로 수학을 연구하였다. 그는 해석기하학의 원리를 설명하여 기하학에 새로운 시대를 열어 놓았다. 그의 저서는 대수적 기하학에 관한 것으로서, 유력한 무기인 대수가 기하문제의 해법에 이용되고, 반대로 기하학적 설명에 의해서 대수가 가시적으로 되었다. 한편 프랑스의 수학자 데사르[130]는 회화에서의 투시화법을 수학에 적용시켜 근대 사영기하학(射影幾何學)의 선구자가 되었다.

프랑스의 수학자 페르마[131]의 업적은 기하학에 의한 미적분법의 준비, 해석기하학과 정수론의 창시, 확률론의 개척 등 다방면에 걸쳐 있다. 그는 지오판터스의 책의 여백에, 방정식($x^n+y^n=z^n$, $n>2$)에 있어서 0이 아닌 정수해를 얻을

128) John Wallis, 1616~1703
129) *Mechanica*, 1669~1671
130) Girard Desargues, 1591~1661
131) Pierre de Fermat, 1601~65

수 없다는 사실을 머리속에 담고 있었는데, 그 책의 여백이 충분치 않아서 그 증명법을 기록하지 않았다. 이것이 그의 이름을 유명하게 하였다. 그후 3세기 동안 많은 일류 수학자가 이 "페르마의 마지막 정리"(Fermat's last theorem)를 증명하려고 했지만 무위로 끝났다. 1908년 어느 독일의 교수는 이 증명에 10만 마르크의 상금을 걸기도 했다. 하여간 지금까지도 이 상금의 임자가 나타나지 않았다. 그러나 1993년 5월 케임브리지의 한 수학회의에서 미국의 프린스턴대학에 있는 와일즈(A. Wiles)가 350년 이상 끌어왔던 문제를 해결했다고 주장하였다.

프랑스의 수학자이자 물리학자인 파스칼은 일찍이 16세에 원추곡선에 관한 책을 펴냈으나, 데카르트는 16세의 소년이 이런 책을 쓸 수 있을까 하고 믿지 않았다. 파스칼은 도박사인 아마추어 철학연구가와 3개의 주사위의 조합에 관한 연구를 하는 과정에서 오늘날의 확률론의 기초를 세우기도 하였고, 19세에는 톱니바퀴를 이용하여 덧셈과 뺄셈을 할 수 있는 세계최초의 계산기를 발명하였다.

과학혁명기에 수학을 경제학에 응용한 사람이 있다. 그는 영국의 경제학자인 페티[132]이다. 그는 사회과학적 분석에 수량적 방법을 최초로 도입한 점에서 통계학과 계량경제학의 아버지라 할 수 있다. 그는 의학을 공부하고 해부학 교수가 되었는데, 정치적으로는 크롬웰을 지지하였다. 그는 사회현상을 수와 양과 척도로 표현하여 분석하는 방법을 주장하여, 당시 유럽 여러 나라의 국력의 비교에 이를 응용하였다. 이를 바탕으로 『정치산술』[133]을 출판하였다. 같은 방법으로 그는 『아일랜드의 정치적 해부』[134]를 출판하였다. 그가 창시한 방법은 "정치산술"이라 불리는 학문으로 발돋움하여 영국을 중심으로 연구가 전개되고, 그후에 성립된 근대적 통계학의 주류의 하나가 되었다.

---

132) Sir William Petty, 1623~1687
133) *Political Arithmetik*, 1690
134) *The Political Anatomy of Ireland*

12. 뉴튼과 고전물리학의 완성

농부의 아들

아이작 뉴튼[135]은 갈릴레오가 죽은 해인 1642년 12월 25일, 영국 랭카셔주의 시골 울스돕에서 태어났다. 그의 집안은 대대로 농사를 지어왔다. 지주였던 그의 아버지는 뉴튼이 태어나기 3개월 전에 이미 세상을 떠났고, 어머니는 뉴튼이 3살 되던 해 재혼하였으므로 그후 할머니 밑에서 자라났다. 울스돕에서 초등교육을 마친 후 킹 스쿨에 진학하였는데, 그때 다시 남편과 사별한 어머니가 울스돕으로 돌아옴으로써 학교를 그만두고 집안일을 돌보았다. 그가 15세가 되던 해였다.

뉴튼은 지적 호기심을 가지고 관찰과 자연의 묘사에 몰두하고, 수학 등 책읽기를 좋아하여 농부로서는 매우 부적합하였다. 1660년 9월 킹 스쿨에 복학하였는데, 학교에 돌아간 그는 재능을 발휘하였다. 그리고 교장과 큰아버지의 권고로 18세 때 케임브리지대학의 트리니티 칼리지에 입학하였다. 케임브리지대학에 들어간 뉴튼은 갈릴레오뿐 아니라 케플러와 데카르트의 저서를 애독하였다. 당시 대학교육은 일반적으로 신학과 철학 중심이어서 자연과학 분야의 강의는 거의 없었다. 뉴튼에게는 다행한 일로서 그 무렵 수학자 루카스에 의해서 창설된 "루카스 수학 교수직"의 초대교수인 수학자 배로우[136]가 재직하고 있었다. 뉴튼은 배로우에게 재능을 인정받아 수학과 광학을 공부하고, 1665년 학사 학위를 받았다.

그 무렵(1665~67년) 런던에는 페스트가 유행하여 많은 사람이 죽었다. 대학은 폐쇄되고 뉴튼은 고향으로 내려왔다. 1년 반 가량 고향에 머무른 사이에 그의 전생애를 통해서 최고도의 창조력이 발휘되었다. 이때 뉴튼은 흔히 전해지는 사과나무의 에피소드와 함께 만유인력의 법칙의 기본 골격과 운동의 법칙을 착상하였으며, 프리즘을 사용한 광학의 실험, 이항정리의 발견, 미적분학의 발견 등을 착상하였다 한다. 그가 22세 때였다.

1667년 케임브리지에 돌아와 그는 트리니티 칼리지의 마이너펠로우(초급연구원)가 되었다. 초급연구원이 되자 연금이 지급되었다. "연금은 너 혼자서 사용해도 좋다."는 어머니의 말에 따라서 100파운드의 연금을 모두 실험기구를 구입하는 데 썼다. 1669년 27세 때 지도교수 배로우의 뒤를 이어 교수로 취임하였다. 그는 반사망원경을 만들어 런던의 왕립학회에 보냈고, 이것이 높은 평가를 받아

---

135) Sir Issac Newton, 1642~1727
136) Issac Barrow, 1630~77

그는 왕립학회의 회원이 되었다.

만년에 뉴튼은 자신의 창조력이 쇠퇴해 가는 것이 불안하였으므로 학문연구에서 행정 분야로 잠시 길을 바꾸었다. 1696년 런던의 조폐국 감사로 임명되었고, 3년 후에는 장관직에 올랐다. 1687년에는 하원의원으로 선임되어 수년간 그 자리를 지켰지만 연설은 한번도 하지 않았다. 그가 한번 일어났을 때 의회는 이 위대한 과학자의 연설을 들으려고 조용해졌지만, 뉴튼은 "바람이 들어오는데 창문을 닫아 주시오"라고 말했다고 한다. 영국 화폐의 개조라는 중대한 임무도 수행하였다. 그후 트리니티 칼리지의 교수로 다시 돌아와 1703년 왕립학회의 회장이 되었으며, 앤 여왕으로부터 기사의 칭호를 받았다. 뉴튼의 연구로는 역학과 광학, 수학 이외에 출판되지 않은 연금술과 화학의 연구가 있다. 또 성서와 신학에 관한 꽤 많은 분량의 원고도 남아 있다. 경제학자 케인즈는 뉴튼을 "최초

뉴튼

의 근대 과학자"가 아니라 사실은 "최후의 마술사"라고 평하였다.

뉴튼이 남긴 말 중에서 유명한 것으로는 두 가지가 있다. "내가 다른 사람보다 멀리 보았다면 그것은 내가 거인의 어깨 위에 서 있었기 때문이다.", "내가 세상 사람들 눈에는 어떻게 보일지 모르지만 나는 바닷가에서 아름다운 조개나 매끄러운 조약돌을 찾아 헤매는 소년과 같다. 내 눈앞에는 미지의 진리가 가득찬 바다가 펼쳐져 있다"라고 하였다. 그는 영국 이외의 곳은 여행한 일이 없고, 영국내에서의 활동범위도 케임브리지나 런던 주변의 가까운 지역에 한정되어 있었다.

뉴튼만큼 자신의 생존중에 존경을 받은 과학자도 없다. 영국을 방문한 프랑스의 볼테르는 영국 사람이 과학자를 왕족처럼 모시는 것을 보고 감탄하였다. 고금을 통하여 세계 최고의 지능의 소유자인 뉴튼은 인간적으로는 불행하였다. 일생 동안 독신으로 지냈고, 소년시절의 로맨스를 제외하고는 여성에 대해서 무관심하였다. 또 이상할 정도로 다른 사람의 비판에 민감하여 몇 차례의 논쟁에 휘말린 후에는 자신의 연구결과를 발표하지 않고 숨겨두기도 하였다. 1727년 3월 20일 런던 교외의 자택에서 85세로 일생을 마친 그는 웨스트민스터 사원에 안장되었다. 뉴튼의 묘비에는 라틴어로 "사람들이여 이처럼 위대한 인류의 보물을

얻은 것을 기뻐하라"고 씌어 있다. 영국의 시인 포프[137]의 "아이작 뉴튼 경을 위한 묘비명"이라는 시[138]가 있다.

세 운동 법칙

뉴튼의 운동법칙은 흔히 세 가지 법칙으로 기술된다. 제1법칙에 따르면 외부에서 힘이 작용하지 않는 물체는 정지 또는 등가속 상태를 계속한다. 즉 힘이 0이면, 가속도 역시 0이다. 제2법칙은 물체에 힘이 작용하여 운동상태가 변할 때 가속도의 크기는 작용한 힘의 크기에 비례하고 질량에 반비례한다. 이때 가속도는 단위시간 내에 변한 속도의 크기를 나타내는 양이므로 운동상태의 변화 정도를 나타낸다. 이 법칙의 특별한 경우가 제1법칙이다. 제3법칙은 두 물체가 서로 작용할 때 두 물체 사이에 작용하는 힘은 크기는 같고 방향은 반대이다.

이 법칙들은 관성기준계에서 운동을 기술할 때 적용된다. 즉 정지상태에 있든가 그렇지 않으면 일정한 속도로 움직이는 기준계에서 물체의 운동상태를 기술할 때 뉴튼의 운동방정식이 성립된다. 이처럼 뉴튼의 제1, 제2법칙이 성립되는 기준계를 관성기준계 또는 관성계라 한다. 뉴튼의 운동법칙은 과학에 있어서 인과법칙의 유력한 모형이 되었다. 자연에 있어서 합법칙성, 자연법칙의 객관적인 타당성은 뉴튼의 법칙이 수립되어 한층 확실한 근거를 얻었다. 물론 양자역학과 상대성 이론이 나와서 뉴튼의 사고가 근본적으로 변혁을 받지 않으면 안되었지만 계속 광범한 영역에서 유효성을 잃지 않고 있다.

만유인력의 법칙

고대와 근대에서의 중력의 개념에는 큰 차이가 있다. 아리스토텔레스의 우주에서는 모든 물질이 그 위치가 정해져 있으므로 물체가 운동한 후에는 반드시 제자리로 되돌아온다. 따라서 돌멩이가 떨어지는 것은 그 물체가 자신의 고유한 장소에 도달하려고 하기 때문이다. 이와 같은 고대의 중력개념은 코페르니쿠스의 이론 성립에 곤란을 야기시켰다. 돌이 땅에 떨어지는 것은 분명한데, 지구가 태양의 주위를 돌고 있다면 지구가 우주의 중심이 될 수 없으므로 아리스토텔레스의 중력개념이 존재하는 동안 지동설의 진출이 쉽지 않았다.

따라서 코페르니쿠스는 지구, 태양, 달, 그리고 행성은 그 스스로가 모두 중력계를 지니고 있으며, 공간에 있는 돌은 가장 가까운 천체를 향해서 낙하한다는 이론을 제안하였다. 그러나 그는 천체 상호간에 영향을 미치고 있다는 생각까지

---

137) Alexander Pope, 1688~1744
138) 자연과 그 법칙이 어두움 속에 가려져 있도다. 하느님이 가라사대, "뉴튼을 태어나게 하라" 하시매 모든 것이 명명 백백해졌도다.

미처 도달하지 못하였다. 케플러는 행성의 운동을 설명하기 위해서 태양은 자기적(磁氣的) 발산물을 방사하고 있으며, 이것이 차바퀴의 살처럼 태양의 선회에 따라 행성 회전면의 안에서 회전한다고 생각하였다. 이 자기적 발산물의 접선 방향의 힘이 행성을 그 궤도 위에서 이탈하지 않게 하며, 가장 외측의 행성은 태양에 가까이 있는 행성보다 훨씬 느리게 회전한다. 그것은 태양으로부터 멀리 떨어져 있을수록 무겁고 또 자기적 발산물이 그곳까지 미치는 동안 점차 약화되기 때문이다.

중력의 문제는 뉴튼에 의해서 결정적인 해결의 단계로 접어들었다. 그는 지상에서 일어나는 운동 현상과, 달은 왜 떨어지지 않고 지구의 주위를 돌고 있는가라는 문제를 동일하게 다루고자 하였다. "1666년 나는 지구의 중력이 달에 미치고 있다고 생각하고, 그것을 어떻게 계산할 것인가를 발견하였다. 그리고 행성의 주기에 관한 케플러의 법칙으로부터 행성을 궤도 위에 머무르게 하는 힘은 행성의 회전 중심으로부터 거리의 제곱에 반비례하지 않으면 안된다는 결론에 도달하였다. 나아가 달을 궤도 위에 머무르게 하는 데 필요한 힘과 지구 표면의 중력을 비교하여 그것이 거의 일치한다는 사실을 알게 되었다"라고 술회하였다.

결국 뉴튼은 케플러의 제3법칙을 일반화시켜 모든 물체와 물체 사이에는 두 물체의 질량의 곱에 비례하고 거리의 제곱에 반비례하는 힘, 즉 만유인력의 존재를 가시화하였다. 이렇게 해서 만유인력의 법칙은 우주의 근본법칙이 되었다.

한 가지 짚고 넘어가야 할 것은 만유인력의 발견으로 유발된 업적들이다. 첫째, 핼리 혜성의 발견이다. 1682년 밤 하늘에 갑자기 한 개의 밝은 혜성이 나타나 사람을 놀라게 하였다. 당시 혜성이란 한번 나타나면 두 번 다시 나타나지 않는 것이라고 생각하였다. 그런데 『프린키피아』 제3권에서 "혜성 또한 만유인력의 법칙에 따라 타원궤도를 그리며 태양을 돈다"고 하였다. 이에 핼리는 뉴튼의 생각에 바탕하여 1682년에 대혜성의 궤도를 계산해 보았다. 그 결과 이 혜성은 대개 76년에 한번 꼴로 태양을 돌고 있다는 결론에 도달하였다. 이는 뉴튼 역학이 옳다는 사실을 증명한 셈이다.

둘째, 지구는 완전한 구가 아니라 그 적도 반지름이 극반지름보다 길다고 하였는데 후에 정밀한 측량으로 뉴튼이 옳았음이 확인되었다.

셋째는 천왕성의 발견이다. 1781년 영국의 천문학자 허셜이 토성의 바깥쪽을 도는 새로운 행성을 발견하였는데 이것이 천왕성이다. 그 밖에 또 다른 행성이 있다는 것이 계산상 예측되었다. 이를 바탕으로 1846년 9월 23일 밤에 새로운 별이 발견되었는데 이 별이 바로 해왕성이고, 명왕성도 이렇게 해서 발견되었다. 이것들은 뉴튼 역학의 빛나는 성과의 하나이다.

반사망원경

반사망원경

스코틀랜드의 수학자이며 천문학자인 그레고리[139]가 처음으로 반사망원경의 설계도를 발표하였는데, 실제 제작에는 실패하였다. 뉴튼은 이것을 약간 개량하여 제작에 성공하였다. 그는 빛이 프리즘이나 렌즈를 통과할 때, 스펙트럼이 생기지 않도록 하는 것은 불가능하다고 생각하였다. 당시의 굴절망원경이 한계에 이른 것은 이 현상 때문으로 배율을 크게 하면 망원경의 상에 색을 띤 테두리가 생긴다. 이것을 색수차(色收差)라 부른다.

뉴튼은 1668년에 렌즈 대신에 오목거울로 빛을 모아서 색수차를 없앤 반사망원경을 만들었다. 반사망원경은 굴절망원경에 비하여 두 가지 장점이 있다. 첫째 빛이 렌즈를 통하지 않고 거울에 반사하므로 유리에 의한 빛의 흡수가 없으며, 둘째 색수차가 없어져 반사망원경은 매우 뛰어났다. 뉴튼이 처음에 만든 것은 구경 약 20mm, 길이 15cm로 장난감처럼 생겼지만 30~40배율의 성능을 가졌다. 1671년에 만든 것은 이것보다 큰 것으로 찰스 2세에게 보인 후 왕립학회에 기증하였는데 지금도 남아 있다. 현재의 망원경 중에서 가장 큰 것은 반사망원경이지만, 그후 뉴튼의 생각과는 달리 색수차 없는 굴절망원경을 만드는 것도 가능하였다.

색과 빛의 이론

뉴튼은 색의 원인을 탐구하기 위하여 많은 실험을 하였다. 그중 프리즘을 중심으로 한 연구는 색의 이론에 큰 성과를 남겼다. 그는 색이란 물체의 형상에 따른 반사의 차이로서, 모든 물체가 색을 나타내는 것은 자기의 고유한 색을 다른 색보다 더 많이 반사하는 까닭이라고 결론지었다. 이 색의 이론과 함께 프리즘에 의한 분광의 연구로 신비스러운 무지개의 비밀을 밝혔다. 당시 프리즘에 대하여 아는 사람은 많았으나, 이것을 체계적으로 연구한 사람은 뉴튼뿐이다. 그의 프리즘 실험은 간단하지만, 빛의 본질을 연구하기에 충분하였다. 즉 프리즘을 통과하여 일곱 색으로 나뉜 빛을 거꾸로 놓은 두번째의 프리즘에 다시 통과시키면, 일

---

139) James Gregory, 1638~75

곱 색깔로 분산되었던 빛이 합쳐져서 백색광으로 된다. 그리고 프리즘의 위치가 변하여도 항상 같은 일곱 색이 같은 순서로 나타나므로 태양의 백색광은 일곱 가지 색으로 구성되고 그 이상 분해되지 않는다는 사실을 확증하였다.

뉴튼은 『광학』[140]에서 빛의 여러 성질을 실험과 계산으로 증명하려고 시도하였다. 빛은 미세한 입자로 구성되어 있고 그것은 발광체에서 입자형식으로 방사된다는 자신의 이론을 입자설이라고 불렀다. 입자설은 19세기까지 지배적인 학설로 자리잡았지만 뉴튼은 파동설을 전적으로 부정하지는 않았다. 입자설과 파동설 사이에 문제가 된 것은 빛의 전달형식이다. 뉴튼은 빛은 빠른 속도로 직선운동하는 미립자로서 광원에서 알갱이처럼 쏟아져 나온다고 하였다. 그리고 입자설로 빛의 직진, 굴절, 반사 등 여러 현상을 무난히 설명하였다. 그러나 뉴튼은 유리판 위에 평볼록 렌즈를 겹쳐 놓은 실험결과를 보고 자신의 학설에 모순이 있음을 시인하고, 빛을 굴절시키는 물체에 빛의 입자가 항상 똑같이 작용한다고 말할 수는 없다고 하였다. 뉴튼의 입자설은 "영국의 국가적인 이론"이 되었기 때문에 영국의 과학자가 이것에 반대하기에는 심리적인 저항감이 있었다.

이처럼 일부 모순이 있는 입자설을 보충한 학설이 파동설이다. 이 학설은 이탈리아 사람 그리말디[141]가 처음 주장하였다. 그는 빛은 직선으로 진행하는 것이 아니라 물결처럼 운동하며, 소리의 진동처럼 주기가 다르면 색이 달라진다고 하였다. 그리고 빛은 끊임없이 진동하면서 빠른 속도로 움직일 것이라고 상상하였다. 이어서 호이겐스는 모든 공간이 에테르라는 희박하고 탄성이 있는 매질로 충만되어 있는데, 빛은 이 매질 속을 운동하는 종파라고 하였다. 이것은 마치 돌멩이를 물 위에 던졌을 때 둥근 파문이 생겨 원점으로부터 규칙적으로 퍼지는 것과 같다고 하였다. 따라서 파동설로도 반사, 굴절, 복굴절 등의 현상을 무난히 설명할 수 있다.

뉴튼과 호이겐스의 광학연구 이외에 몇몇 과학자의 빛에 대한 연구가 있다. 네덜란드의 물리학자인 스넬[142]은 빛의 굴절 법칙을 발견하였다. 이것은 입사광선과 굴절광선의 법선에 대한 각도의 정현의 비가 일정하다는 법칙이다. 이 정수를 오늘날 빛이 통과하는 두 매질 사이의 굴절률이라 부른다. 그는 1621년 많은 실험 끝에 이 법칙을 발견하였다. 그러나 그는 각도의 정현에 의해서가 아니라 광선이 통과하는 경로의 길이에 따라 정식화하였다.

덴마크의 바소리누스[143]는 복굴절 현상을 발견하였는데, 이것은 종래의 광학이론에 심각한 영향을 미치게 되었다. 왜냐하면 이것은 단순한 기하학적 방법으

140) *Opticks*, 1704
141) Francesco Maria Grimaldi, 1618~93
142) Willebrord Snell, 1580~1626
143) Erasmus Bartholinus, 1625~98

로는 설명이 불가능하기 때문이다. 뉴튼과 호이겐스도 그들의 광학서에서 이 현상의 설명에 악전고투하였다. 덴마크의 천문학자인 레머[144]는 빛의 속도를 측정하여 초속 227,000km라고 하였다(현재의 값은 299,792km). 최초의 측정값으로는 나쁘지 않다.

미적분학

근대 수학에서 미적분학은 가장 큰 발견의 하나로서 물리학 연구에 큰 도움을 주었다. 미적분학의 공적은 뉴튼과 라이프니츠[145]에게 돌려야 하는데, 무한소수 계산 등의 연구가 바로 그것이다. 뉴튼의 연구는 1736년에 저술한 『플럭션법』[146]에 잘 나타나 있다. 그는 여기서 유율법(流率法)이라는 방법을 기술하고 있는데, 그것은 역학의 연구에서 비롯된 것이다. 등속도운동에서 속도는 이동한 거리 l과 경과한 시간 t의 비 l/t로 표시된다. 그런데 등속도운동이 아닌 경우, 점 x의 속도는 미소시간에 있어서의 관계 dl/dt의 극한 l/t로 구하지 않으면 안 된다. 뉴튼은 이 점을 흐름이라고 생각하고 그 속도를 유율(流率), 흘러간 거리를 유량(流量)이라 하였다. 유율은 유량에 있어서의 속도이고 오늘날의 dx/dt에 상당한다.

독일의 라이프니츠는 뉴튼과 별도로 독자적인 방법으로 미적분법을 창안하였다. 그는 신동으로 15세 때 라이프치히대학에 입학하고 21세에 교수의 직위를 부여받았지만 이를 거절하고 외교관으로서 활약하였다. 그는 『극대 극소를 위한 새로운 방법』[147](1684년)을 저술하였다. 라이프니츠의 방법이 뉴튼의 방법보다 우수한 것은 기호를 최초로 사용하였다는 점이다. 그후 뉴튼과 라이프니츠 두 사람 사이에 미적분 창안의 우선권을 둘러싸고 오랫동안 논쟁이 있었는데 뉴튼의 발견이 시간상으로 이른 것은 분명하다. 하지만 라이프니츠의 방법이 뉴튼의 플럭션법과 전혀 독립적인 것도 사실이다. 라이프니츠의 미적분법은 그의 철학의 근본인 연속률(連續律)의 사상에 기초를 두고 있다.

미적분학은 처음에는 주로 역학분야에 응용되었지만 19세기에는 광학, 열역학, 전자기학 등 여러 분야에 응용되어 수학적 자연과학의 기초를 확립시켜 주었고, 자연법칙을 수학화하는 데 기여하였다. 과학사가 버널은 "뉴튼은 이 계산법을 여러 역학과 유체역학의 문제를 해결하는 데 이용하였다. 미적분학은 즉시 모든 변화량과 운동, 그리고 모든 기계공학의 문제를 풀어주는 수학적 도구가 되었고, 특히 오늘날까지도 기계공학을 위한 유일한 도구가 되었다. 분명 문자 그대

---

144) Ole Christensen Roemer, 1644~1710
145) Gottfried Wilhelm Leibniz, 1646~1716
146) *Fluxion method*, 1736
147) *Nova Methodus proMaximis et Minimis*, 1684

로 새로운 과학의 도구로서 망원경의 발명과 그 사용에 결코 뒤지지 않는 것이다 "라고 미적분학 창안의 의의를 기술하였다.

수학적, 실험적 방법

천체의 역학 문제를 연구하는 데 있어서, 훅과 뉴튼은 그 방법에 있어서 큰 차이를 보였다. 훅은 공화정의 성숙기에 활약한 영국 과학자로 당시 영국 사상계는 프란시스 베이컨의 경험적이고 실리적인 입장이 강하게 반영되어 있었다. 그러나 뉴튼이 활약한 시기는 왕정복고 시대의 성숙기에 가까운 시대였다. 따라서 뉴튼은 갈릴레오나 데카르트에 가까운 연역적인 방법을 택하였다.

훅은 물체의 무게를 땅 위와 아래의 여러 곳에서 측정하여 두 물체 사이의 인력이 그것들의 거리에 따라서 어떻게 변화하는가를 실험을 통해 해결하려고 하였다. 그러나 뉴튼은 오히려 중력의 역제곱의 법칙을 구심력과 케플러의 제3법칙으로부터 수학적으로 끌어냈다. 또 훅은 착실한 착상, 새로운 실험방법, 독창적인 발명을 항상 염두에 두고 끊임없이 문제를 추구하였다. 하지만 훅은 수학자가 아니었으므로 수학적으로 정식화하여 체계를 수립하는 능력이 부족하였다. 그러나 뉴튼은 숙련된 실험 기술과 탁월한 수학적 능력을 소유하고 있었다.

뉴튼이 "나는 가설은 세우지 않는다"라고 말한 참뜻은 단지 경험 편중만을 고집한 것이 아니다. 다시 말하면 경험과 실험, 그리고 기술의 공교로움에서만 운동의 기초법칙을 반드시 얻을 수 있다는 뜻이 아니다라는 말이다. 그는 경험, 실험, 관측을 중요시하면서 한편으로 탁월한 이론적 사고를 구사하여 천체와 지상의 물체의 운동에 관한 일반법칙을 가설로 제출하였다. 따라서 수학을 충분히 활용하여 연역적으로 거대한 이론을 구축하려는 뜻을 그의 연구방법에서 분명히 찾을 수 있다. 그는 형이상학적인 가설만을 싫어했을 뿐, 근대적 이론 형성의 전제수단인 가설을 부정한 것은 결코 아니다. 다만 가설을 적극적으로 사용하기를 꺼려했을 뿐이다. 그가 제출한 명제와는 달리 그는 실제로 가설을 사용하였다. 지구상에서 발견한 중력의 원리를 달의 운동에 응용한 것은 그 좋은 예가 된다. 그리고 달에 적용된다는 가설을 기초로 다시 행성계의 여러 천체에 적용시켜 성공을 거두었다. 특히 그의 광학연구에서는 전형적인 실험적 방법을 잘 나타내고 있다.

당시 서유럽은 연구 방법을 둘러싸고 두 파로 나뉘어져 있었다. 그 한 부류는 가설의 설정에서 출발하여 연역적 추리로 향하는 데카르트의 "사고파(思考派)"요, 다른 한 부류는 우선 경험적 사실에서 출발하여 다시 그곳에 되돌아오는 베이컨의 "실험파"였다. 그러나 두 파의 대립을 지양하고 종합적인 방법의 확립에 성공한 과학자가 바로 뉴튼이다. 그는 현상→이론→검증의 방법적 순환을 완성하여 자신의 연구는 물론 후세 연구방법의 한 모형을 이루었다.

기계론적 자연관

뉴튼의 기계론적 사상은 그의 빛에 관한 연구에서 잘 나타난다. 그는 1666년 빛의 실험에서 빛이 다른 매질을 통과할 때, 기계론적 법칙에 따른다는 것을 확인하였다. 따라서 무지개는 신비로운 존재가 아니라 백색광의 분산에 의해서 생기는 단순한 결과라고 생각함으로써 백색광을 영적인 상징으로 보던 신비주의적인 생각을 흔들어 놓았다. 그리고 빛은 미소한 입자의 흐름이라는 입자론으로 자연의 기계론적 해석을 강조하였다.

뉴튼의 기계론적 해석은 그의 중력연구에서도 잘 나타난다. 그는 태양 둘레의 행성운동, 행성 주위의 위성의 운동, 지구상의 낙하운동, 그리고 조석운동 등을 모두 다음과 같은 일반적인 관점에서 고찰하였다. "그것이 어떤 것일지라도 모든 물체는 중력의 원리에 따른다. 그리고 모든 두 물체는 질량에 비례하고, 거리의 제곱에 반비례하는 힘으로 서로 잡아당긴다." 이 법칙은 우주의 근본법칙으로서 모든 물리법칙의 원형이라 생각하였다. 그는 빛이나 복사열의 강도 역시 원천으로부터의 거리의 제곱에 반비례한다고 생각하였다.

뉴튼은 이 우주가 기계적인 힘의 법칙으로 지배되고 있다는 이른바 기계적 자연관을 수립하였다. 자연 속에는 수리적이며 기계적인 필연적 법칙이 있으므로 우리의 세계도 자연법칙과 더불어 움직이고 변화한다고 보았다. 이런 사상은 사회사상과 종교사상에 큰 변혁을 안겨주었다. 계몽운동은 이 사상의 영향을 크게 받았다. 사실상 계몽운동의 핵심은 바로 뉴튼의 사상이었다. 특히 그의 사상은 로크[148]와 흄[149] 등에까지 영향을 주었다. 그들은 권위에 대한 일반적인 회의와 자유방임의 신념을 불러일으켰고, 나아가서 프랑스혁명의 사상을 고취케 하는 데도 적지 않은 영향을 주었다.

콩트[150]의 실증철학도 이런 풍조의 산물이었다. 그는 물리학을 여러 과학의 모형으로 생각한 나머지 과학을 "무기체물리학"과 "유기체물리학"으로 분류하였고, 나아가서 사회학을 "사회물리학"으로서 후자에 귀속시켰다. 이런 사상의 영향을 받은 라 메트리[151]는 『인간기계론』[152]이라는 저서에서 인간을 기계로까지 보았다. 그는 데카르트가 동물은 일종의 자연기계라고 한 것을 인간에게까지 확대시키고, 다만 인간과 동물은 약간의 차이가 있을 뿐이며, 결국 인간도 기계에 불과하다고 하였다.

---

148) John Locke, 1632~1704
149) David Hume, 1711~76
150) Auguste Comte, 1798~1857
151) Julien Offray de La Mettrie, 1709~51
152) *L'homme-machine*, 1747

종교적 세계관

뉴튼이 수립한 기계적 자연관으로 신과 인간과 자연 3자 사이의 관계가 크게 달라졌다. 아리스토텔레스의 사상이나 스콜라철학에서는 목적인을 기본삼아 신의 관념을 형성하였다. 목적론적 위계의 정상에는 신 혹은 순수형상이 있고, 그 아래에는 자연, 그리고 중간에는 인간이 존재한다. 곧 신이 연출자가 되는 것이다. 그러나 기계론적 사상의 경우에는 사정이 다르다. 모든 물질은 수학적 자연법칙에 따라 움직이므로 목적인이 들어갈 여지가 없고 인과성은 물질 그 자체 안에 있으며, 일체의 현상은 입자의 이합집산의 결과에 불과하다. 따라서 아리스토텔레스나 스콜라철학식의 신은 자취를 감추게 되었다.

뉴튼은 기계론적 원리에 의하여 모든 자연현상을 밝힐 수 있을 것이라고 희망하였다. 그럼에도 불구하고 뉴튼은 완전한 기계론적 설명에서 후퇴한 점이 보인다. 그는 단순한 기계론적 원리에 의하여 여러 개의 기본 행성과 위성들이 규칙적이고 기계적인 운동을 한다고 결론짓는 것을 거부하였다. "이 아름다운 태양과 행성, 그리고 혜성의 체계는 지성 있는 강력한 존재자의 조언과 지배에 의해서만 생길 수 있지 않겠는가?"라고 주장하였다. 이러한 점을 감안하면 그를 철저한 기계론자라고 말하기 곤란하다. 다시 말해서 뉴튼의 사상 속에는 전통적인 사고와 근대적 사고가 양립하고 있다.

뉴튼은 자연법칙에 나타난 완전한 기발함과 지혜를 신의 작용으로 귀착시켰다. "신은 창조한 세계를 지속시킨다. 신은 영원하고 어디든지 존재한다. 항상 어디에나 존재함으로 신은 지속과 공간을 구성한다. 그리고 신이 신적인 이유는 세계의 지배자이기 때문이다. 신의 존재는 모든 사물을 지배한다. 아무리 완전할지라도 지배하지 않는 존재는 신이라고 말할 수 없다. 모든 사물은 신에 의해서 싸여 있고 신에 의해서 움직인다."라고 뉴튼은 자신의 종교사상을 피력하였다.

뉴튼이 왜 절대시간과 절대공간의 개념을 도입했는가를 이해할 수 있다. 외적인 것과 관계없이 한결같이 흐르고 지속되는 절대시간과 무한한 공간은 말하자면 신의 감각중추이므로 신은 모든 사물을 지각하고 완전히 이해한다고 밝혔다. 특히 뉴튼이 사용한 "정신"이라는 언어를 "에테르"로 바꾸어보면, 그는 에테르설에 의해서 통일적인 역학관을 구상하려 했다고 볼 수 있다. 그러므로 에테르설은 그의 신의 관념과 밀접한 관련이 있다.

뉴튼의 역학적, 기계적 자연관은 우주를 지배하는 지성 있는 신의 관념이 뒷받침하고 있다. 다시 말해서 그는 물질계가 순전히 기계적으로 운행된다는 생각과 우주체계가 조물주의 조화라고 보는 견해를 완전히 융합할 수 있을 것으로 생각하였다. 신은 거대한 우주기계의 발명자이며 창조주이다. 만일 신이 세계를 지배하고 이를 유지시키지 않으면 우주는 붕괴되어 운동을 멈춘다. 천체는 서로 충돌하고 궤도를 이탈하고, 그 운동으로 에너지는 소모되어 버린다. 다만 신의 끊임없는 간섭이 우주기계를 창조한 당시 그대로 보존한다고 생각하였다.

뉴튼의 자연은 신의 끊임없는 지배로 창조된 이래 질서와 미를 유지하고 있는 체계이다. 만약 이 우주에 최초로 동력을 부여하지 않았다면 행성은 인력에 의해서 태양과 합쳐졌을 것이다. 그리고 혜성과 행성 사이의 관계로 인하여 불규칙적인 운동이 일어나, 천체와 천체가 충돌하여 파괴될 가능성이 없지 않으므로 신은 때때로 이에 간섭하여 교정할 필요가 있다고 생각하였다. 그는 우주를 외부로부터 부단한 에너지를 공급받아 역학의 원리에 따라서 운동하는 기계라고 보았다. 다시 말해서 잃은 운동을 끊임없이 보충하며, 행성이나 혜성 등이 서로의 궤도를 침범하는 일에서 야기되는 혼란을 신이 바로 잡아주고 있다는 사상을 내놓았다. 뉴튼에 따르면 신은 언제, 어디서나 존재하므로 우주 어느 곳에서 혼란이 일어나도 곧 발견되어 바로 질서가 잡아지는 것이다.

뉴튼은 제2의 케플러이다. 그의 사상은 결코 고립된 연구의 결과는 아니다. 그것은 종교적, 역사적인 총합의 작품이며 위대한 체계수립의 결과이다. 특히 뉴튼이 지닌 주요한 의의는 그가 마술적 전통과 기계론적 전통을 통일한 점에 있다. 마술적 전통에 의한 그의 한쪽 세계는 예술작품이며 신은 예술가인 반면에, 기계론적 세계에서의 그의 세계는 기계이며 신은 기술자다. 이러한 두 세계상은 분명히 모순된다. 그러나 뉴튼은 예술적 열의와 기술적 기교를 함께 지닌 신을 만들어 냄으로써 이 모순에 대처하려 하였다. 그의 신은 영원히 생각을 계속하는 깊이 있는 기계공이다.

『프린키피아』 — 새로운 과학의 성서

1687년 뉴튼은 19개월 동안 총력을 기울인 끝에 방대한 이 저서를 출판하였다. 이 책은 1665~66년에 뉴튼이 고향에서 지낼 때 일기장에 비망록으로 남겨 놓은 구상에 기초를 두었다. 1686년 4월 왕립학회에 원고를 제출하려 하였으나 왕립학회의 자금부족과 혹의 반대로 취소되었다. 다행히 천문학자이자 친구인 핼리가 사재를 털어 이 책의 출판을 도왔다. 이 책의 이름은『자연철학의 수학적 원리』[153] 3권으로, 보통『프린키피아』(*Principia*)라고 부른다. 그리고 "우주체계의 틀"이라는 부제가 붙어 있다.

이 책에서 뉴튼은 코페르니쿠스 이후 150년 만에 근대 과학의 중요한 역사적 과제를 해결하였다. 케플러의 천문학과 갈릴레오의 역학을 종합하여 통일하고, 거기에다 자신의 견해를 보충하여 차원 높은 단계로 올려 놓았다. 그 내용은 서문에서 질량, 운동량, 힘, 시간, 공간, 운동 등 기초적 개념을 정의하고, 이것을

---

153) *Philosophiae Naturalis Principia Mathematica*, 1687

사용하여 운동의 기초적인 3가지 법칙과 거기서 유도된 정리들을 기술하였다. 그리고 그것을 전제로 하여 셋으로 나누어 자세히 기술하였다.

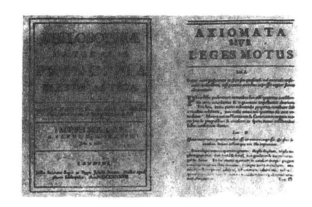

『프린키피아』의 표지

제1, 2권은 "물체의 운동에 관해서"이다. 수학을 사용하여 여러 가지 운동을 분석하고, 힘이 작용할 경우의 운동을 비롯하여 만유인력, 저항을 받는 물체의 운동, 유체역학의 여러 문제, 진동, 파동, 음향, 조석 등의 현상을 설명하고, 당시까지의 학설, 특히 데카르트의 설명을 비판하였다. 그러나 탄성에 관한 언급은 없다. 제3권은 "우주의 구조에 관해서"로 우주의 조직, 달의 불균형, 운동의 크기, 조석의 크기, 혜성에 관해서 기술하였고, 특히 목성과 토성의 위성과 달이 각각 중력의 원리에 따라서 운동하고 있다는 사실을 밝혔다.

이 저서에 대해서 과학사가 버널은 "……물리적 논증을 교묘히 전개함에 있어서는 과학의 역사 전체를 통해서 이것에 필적할 만한 것이 없다. 수학에서 이것에 필적할 만한 것으로는 유클리드의 『원론』, 통찰력과 사상에 미친 영향에 있어서는 다윈의 『종의 기원』에 버금간다. 이것은 곧 신과학의 성서가 되었다."라고 평가하였다. 이 책으로 사람들은 물리적 세계를 수학이라는 공통의 언어로 이해하게 되었다. 프린키피아는 인류공통의 보물이며 과학의 성서라고 할 수 있다.

1687년이라는 해는 문명사상 가장 중요한 연대로 보지 않으면 안된다. 뉴튼은 분명 새로운 한 길을 개척하였다. 그도 그럴 것이, 그는 사색가일 뿐만 아니라 공상가요 수학자이면서 시인이기 때문이다. 그는 학문을 다루는 데 있어서 무심한 관찰자의 방법이 아니라, 상상력이 풍부한 창작자의 방법을 사용하였다. 뉴튼의 훌륭한 업적은 과학적 원리의 보편성을 증명한 것이다. 그는 『프린키피아』에서 수학적 여러 전제와 실험, 그리고 관찰로부터 얻은 증거에 바탕하여 논리적, 분석적으로 이론을 전개함으로써 지금에도 대개 통용되는 우주모델을 구성하였다.

과학사에 있어서 뉴튼의 위상

과학사 일반에 있어서, 특히 17세기 과학사에 있어서 뉴튼이 차지한 지위는 모든 사람이 인정한다. 뉴튼의 업적은 인간 지성이 성취한 최고의 것들 중의 하나로서 영원하며, 그것은 과학혁명에 있어서 미해결인 채 남아 있는 문제를 해결함으로써, 18세기 과학의 주된 여러 요소를 하나로 정리해 놓았다. 그의 연구로 문제가 해결되었다 하더라도, 그것으로 과학연구에 종지부나 쉼표를 찍은 것은 아니다. 그의 업적은 17세기 과학혁명을 총괄함과 동시에 18세기 물리학을 가동시켰다. 기계론적 자연철학은 뉴튼에 의해서 근본적으로 수정되었고, 그 때문에 그후 특히 2백 년 간에 걸쳐서 서양 세계에서 과학사상의 골격을 확립하였다.

뉴튼은 다른 의미에서도 특이한 자리를 점유한다. 그는 한 장의 편지도 버리지 않았다. 계산에 사용한 종이도 그대로 남겨 놓았다. 그는 독서 후에 많은 양의 메모를 하였고, 이것으로 그에게 영향을 미친 것이 주로 무엇인가를 명확히 알아낼 수 있다. 그의 학생시절까지 거슬러 올라가 그의 노트에 의해서 그 자신의 자연탐구를 추적할 수 있다. 그 결과 위대한 지성이 발전해 가는 모습을 상세하게 감지할 수 있다. 그 덕분으로 우리들은 뉴튼이 생각한 대로 그의 연구를 이해하고, 그것을 17세기 과학의 상황 속에 자리잡게 하는 것이 가능하게 되었다.

뉴튼은 선구자들이 이룬 여러 지식을 훌륭하게 결합하여 하나의 체계를 구축하는 데 성공하였다. 뉴튼의 시대는 고대 그리스 이후 단속적으로 진전한 과학적 방법이 처음으로 크게 개화한 시대이다. 뉴튼은 과학적 방법을 확립하여 코페르니쿠스에 의해서 개시된 과학혁명을 완성한 위대한 과학자였다.

13. 과학과 기술의 결합

학자적 전통과 직인적 전통

레오나르도 다 빈치에서 보이는 이론적이면서 실천적인 기술적 지성은 그 이전의 학자들에게는 없었던 새로운 것임에 주목해야 한다. 이러한 다 빈치적인 기술적 지성은 그 후에 계속 이어져서 근대과학을 수립한 스테빈, 갈릴레오, 길버트, 하비, 보일 등에서 공통으로 나타난 중요한 특징이었다. 그들은 모두 직인의 실천적 기술, 실험적 조작에 관심을 가지고 현실의 문제를 직시하고 이론적으로 처리하려고 했던 지식인들이었다.

학자의 이론적 지식과 기술자의 실천적 지식은 역사상 오랫동안 분리되어 왔다. 고대 그리스에서 전자는 철학자의 독점물이었고, 후자는 오로지 노예의 손안에 들어 있어서 전혀 교류가 없었다. 중세에서는 전자는 승려의 사변에 속하였고, 후자는 학식이 없는 직인의 일이었으므로 역시 이 두 전통의 결합은 없었다. 그러나 르네상스 시대에 들어서면서 시민사회에서 성장한 예술가, 기술자에 의해 장벽이 허물어지기 시작하였다. 직인의 실증적, 실험적인 지식과 학자의 이론에 모두 통달한 "고급 직인"들이 등장하였다. 이들에 의하여 합리성과 실증성을 겸한 근대의 과학적 태도라고 할 만한 것이 익어갔다. 근대과학의 중요한 방법론인 수학적 방법과 실험적 방법의 결합도 이러한 사태와 깊이 연결되어 있다.

근대과학의 특색은 이론과 실제가 접근하여 산업과 의식적으로 관계를 맺으면서 발전한 점이다. 한 예로서 항해술을 들 수 있다. 이 문제는 당시 사회가 요구한 문제 중의 하나이다. 항해술의 발달은 조선기술을 전제로 하는데, 여기에는 선박의 적재중량, 항해속도, 안정도, 대규모의 운하 및 수문의 건설과 같은 문제가 있었다. 따라서 필연적으로 유체역학, 재료역학, 관측천문학, 조석시간의 측정, 지자기와 시계 등의 문제에 관한 정확하고 과학적인 해답이 절실히 요구되었다.

이러한 문제 중에서도, 군사 활동과 연결되어 항해할 때에 선박의 위치를 결정하는 문제가 가장 중요하였다. 선박의 위치를 결정하려면 우선 그 지점의 경도를 측정해야만 한다. 따라서 경도측정의 문제는 선원과 천문학자, 그리고 정치가나 군인들 모두의 관심사였다. 1672년에 파리 국립천문대가, 1675년에는 그리니치 천문대가 각각 설립되고, 이 천문대를 중심으로 항해에 관한 연구가 강화되었는데, 이처럼 천문대를 중심으로 전문가들이 모임으로써 과학자와 기술자가 빈번하게 접촉하게 되었다.

한편 항해술의 발달과 함께 선박이 많이 건조되자 철의 수요가 급증하고, 따라서 광산기술의 발달이 촉구되었다. 여기서 갱내 통풍과 배수펌프, 그리고 광물을 찾는 기술의 개선이 시급하였고, 역학과 화학의 기초적 지식이 필연적으로 요구되었다. 또 내란의 진압과 식민지의 약탈을 위한 군사기술의 필요 때문에 탄도학에 주목하였고, 이에 자극을 받아 탄도역학이 발달되기도 하였다. 또한 탐험과 항로의 연장으로 유럽인의 시야가 넓어져 다수의 새로운 동물과 식물이 발견됨으로써 생물학 연구가 활성화되었고, 다시 생물학이 동물과 식물의 사육과 재배, 그리고 품종개량에 응용되었다.

이런 현상은 결국 과학과 기술 사이의 상호협조를 의미하고, 과학과 기술 그 자체가 산업과 밀접한 관계를 맺기 시작하였음을 암시하고 있다. 그러므로 고대와 중세에 각기 분리되었던 학자적 전통과 직인적 전통이 이러한 사회적 요구로 결합되었다. 이러한 결합은 훌륭한 성과를 사회에 제공하였고, 또한 과학과 기술이 산업화되어 사회를 더욱 빠른 속도로 발전시켰다. 한편 발전된 사회는 또 다른 형태의 과학기술적 성과를 요구했다. 이 시대에 있어서 "학자적 전통과 직인적 전통이 결혼하였다"는 말은 프랜시스 베이컨의 명언이다. 길버트는 복각의 발견자로서 영국의 항해기기 제작자인 노먼[154]을 높이 평가하고 있는데, 이것은 오스트리아의 과학사가 지슬이 말하는 학자적 전통과 고급직인의 전통이 결합한 전형적인 예로서 흔히 언급된다.

과학기구의 발명

과학과 기술, 그리고 이론과 실제의 결합과 관련하여 과학기구의 개발을 들수 있다. 과학기구는 연구상의 도움 뿐만 아니라 과학혁명의 진행에 윤활유 역할을 하였다.

17세기에 들어서면서 학회를 중심으로 과학 연구 수단인 과학기구의 발명과 제작이 활발해졌다. 과학기구는 당시 새로운 과학의 연구에 불가결한 요소이고, 특히 실험할 때 과학기구의 역할은 무엇보다도 중요하였다. 원래 실험은 자연현상을 인위적으로 변경시키거나 인위적인 상황하에서 자연현상을 일으켜서 이를 관찰하는 조작이다. 그리고 실험을 할 경우, 기계의 힘을 빌리거나 특별한 장치를 사용하게 된다. 따라서 실험을 위한 과학기구의 발명이 뒤따랐다. 천문학과 생물학 분야에서 망원경과 현미경의 위력에 대해서는 이미 말하였고, 이외에도 시계, 경선의(經線儀), 온도계가 발명되었다.

시계　　일상 생활에서는 말할 것 없이 천문학을 비롯한 자연과학 연구에서

---

154) Robert Norman, 활동기 1570년 무렵

정확한 시계는 필수적으로 이용되는 기기이다. 고대부터 물시계나 해시계가 사용되었지만, 정밀한 시계가 나온 것은 갈릴레오가 진자의 등시성을 이용하여 천체의 관측이나 운동문제를 연구한 이후부터다. 1657년 네덜란드의 호이겐스는 처음으로 진자시계를 완성하여 시계의 역사에 신기원을 이룩하였고, 또한 태엽을 동력으로 하거나 풍력을 이용한 시계도 제작되고 개량을 거듭하였다.

경도 측정의 한 가지 방법은, 지구상 어느 곳에서라도 그리니치의 시간을 정확히 알고 그리니치 시간과 천문학적으로 관측한 현지의 시간차를 구하는 일이다. 이를 위해서는 정확한 시계가 꼭 필요하지만 진자시계는 배가 흔들려서 항해 중에는 사용할 수 없다. 1707년 영국 함대가 위치 측정을 잘못해서 콘월 부근의 암초에 부딪쳐 침몰한 사건이 있었다. 여기서 영국 정부는 1713년에 2만 파운드에 달하는 상금을 걸고 정확한 선박용 시계를 공모하였다. 1세기 전에도 같은 문제로 스페인의 필립 3세가 상금을 내걸었지만 아무도 당선되지 못했다.

이에 응모한 사람이 영국의 기술자 해리슨[155]이다. 그는 목수의 아들로 교육도 받지 못하였고 도구도 변변치 않았지만 불가사의한 기술을 지녔다. 그가 개발한 선박용 시계는 5개월에 1분의 오차가 있을 뿐이었다. 그중에서 가장 나중에 완성된 것은 커다란 회중시계 정도의 크기로서 성능이 매우 우수하였다.

그런데 영국의회는 지나치게 까탈을 부리고 상금의 지불을 미루었다. 의회는 더 좋은 것을 요구하였고 해리슨은 성의를 다했지만 약간의 돈만을 받았을 뿐이었다. 아마도 해리슨이 왕립학회의 회원이 아닌 데다가, 지방의 한갓 직공에 불과했기 때문이었을지도 모른다. 결국 젊은 왕 조지 3세가 개인적으로 관심을 보이고 그를 고문으로 위촉하였다. 몇 년 후에야 비로소 해리슨은 상금을 받을 수 있었다. 그의 시계로 항해의 새로운 시대가 열렸고, 시계가 어디서나 누구에게나 이용되었다.

온도계　온도계 역시 17세기의 산물이다. 1614년에는 알코올 온도계를 만들어 이탈리아의 실험과학연구소에서 사용하였다. 이것은 유리관의 윗부분을 밀폐하고 밑부분의 밸브에 알코올을 넣은 것으로 눈금의 표준이 확실하지 않았는데, 스웨덴 웁살라대학의 천문학자인 셀시우스[156]가 물의 빙점과 비등점 사이를 100등분 하는 방법을 생각해냈다. 이것이 지금 일반적으로 사용되고 있는 섭씨 온도계이다.

이보다 먼저 네덜란드의 물리학자 파렌하이트[157]는 알코올 대신(알코올은 비등점이 낮아서 높은 온도는 측정할 수가 없다) 수은을 사용하고, 물의 빙점을

155) John Harrison, 1693~1776
156) Anders Celsius, 1701~44
157) Gabriel Daniel Fahrenheit, 1686~1736

섭씨 32도, 비점을 섭씨 212도로 하고 그 사이를 180등분한 화씨 온도계를 만들었다. 이것이 역사상 최초의 정확한 온도계이다. 이 성과로 그는 왕립학회 회원이 되었고 이 온도계는 곧 영국과 네덜란드에서 채용되었다. 그는 이것을 사용하여 물의 비점이 일정하다는 설을 확인하고, 다른 물질도 측정한 결과 보통의 상태에서는 모두 각기의 일정한 비점을 가지고 있다는 사실을 확인하였다. 또 비점이 압력에 의해서 변하는 것도 발견하였다.

화씨 온도계는 지금도 미국, 캐나다, 뉴질랜드, 남아프리카 공화국에서 일상생활에 쓰고 있다. 이와 같은 온도계의 발명으로 당시까지 확실하지 않았던 열과 온도의 관계, 그리고 온도의 측정에 큰 진보를 하였다.

실험기구 제작자로서 혹은 몇 가지 중요한 발명과 개량을 하였다. 보일의 조수로 일할 때 진공펌프를 제작하였는데, 1662년 발표한 보일의 법칙은 이 장치를 이용한 성과이다. 그는 현미경을 개량하였다. 또 기압과 기온을 회전하는 원통의 측면에 자동으로 기록하는 기상계를 발명하였다.

14. 자연인식의 새로운 방법

프란시스 베이컨과 실험철학

과학의 발달은 연구방법에 따른다. 근대초기 철학과 과학의 부흥과 함께 가장 먼저 부과된 과제는 어떻게 하여 올바른 지식에 도달하느냐 하는 과학의 방법에 관한 것이었다. 아리스토텔레스의 자연의 연구방법은 시종 사변적일 뿐 아니라 삼단논법에 의한 논리적 방법이었다. 더구나 자연계의 만물은 최고의 신, 즉 순형상을 향하고 있다는 목적론이 지배적이었으므로, 아리스토텔레스적인 자연의 연구방법이 학계에서 떨어져 나가지 않는 한 진정한 학문의 발전은 기대할 수 없었다. 더구나 독선적인 신학자와 오만한 철학자들은 실험적 방법을 무참히 유린하여, 이 방법은 마치 돌 사이에 긴 연약한 풀과도 같았다.

이런 상황 아래 과학계와 철학계로부터 종래의 방법을 비판하고 새로운 방법을 찾으려는 개척자들이 등장하였다. 프란시스 베이컨은 근대 과학사상을 확립한 영국의 사상가로서 갈릴레오와는 다른 각도에서 자연과학의 연구방법의 개혁에 참여하였다. 갈릴레오의 활동이 실제적인 데 반하여 베이컨은 철학을 바탕으로 활동하였다. 그는 먼저 중세적인 학문을 "죽은 학문"이라 전제하고, 생활전체를 개혁할 수 있는 지식이 바로 학문 연구의 최고 목표여야 한다고 주장하였다. 이어서 그는 철학의 목적은 심오한 지식을 사람들에게 알려주는 것이 아니고, 자연을 지배하여 인간과 사회를 개혁할 수 있는 살아 있는 지식을 발견하는 데 있다고 주장하였다.

그러므로 프란시스 베이컨은 스콜라 철학자들을 철저하게 경멸하였다. 이들을 공격하기 위하여 그는 우상론에서 "극장의 우상"을 들었다. 그는 종래의 사상가의 교리는 실제의 사물과는 전혀 다른 것을 가르치고 있으므로 그것은 일종의 요술이며, 극장의 무대 위에서 사실처럼 보여지는 요술과 같은 것을 믿어서는 안된다고 주장하였다. 이것은 자신의 사색에 의하지 않고 전통, 유행, 권위 등을 반성없이 맹목적으로 받아들이는 데서 생기는 속견으로서, 그중 가장 해로운 것은 철학적 전통이라 하였다. 이처럼 기성의 철학체계는 공허한 것이므로 이것은 처음부터 아주 포기하는 것이 당연하다고 그는 생각하였다. 이어서 그는 "낡은 것에 새로운 것을 첨가하고 이식하여 과학의 진보를 기대하는 것은 태만이며, 우리들이 영원히 원을 그리면서 빙글빙글 돌지 않으려면 기초부터 다시 시작하지 않으면 안된다 "고 강조하였다.

나아가서 프란시스 베이컨은 적극적이며 새롭고 확실한 지식을 획득하는 방

과학은 한계가 없다. 프란시스 베이컨의 『대혁신』 (1620) 의 타이틀 페이지. 파도 밑을 보면 라틴어로 "많은 사람이 여기를 넘어가고, 지식은 증가한다"

법으로 귀납법을 주장하였다. 우리의 지식은 경험에 의거해야 하고 학문의 연구는 실제 경험에서 출발해야 하는데, 이러한 방법을 귀납적 추리, 즉 귀납법이라 하였다. 그는 감추어진 원인과 법칙을 발견하는 방법으로서 종래의 수동적이고 맹목적인 경험의 수집을 비판하였다. 그 대신 관찰과 실험에 의해서 현상의 사례를 수집한 후 이것을 계통적으로 분류하여 비교 검토하여 본질적인 요소가 아닌 것을 배제하고 자연의 일반법칙(현대적 의미의 법칙은 아님)을 발견하는 방법인 귀납법을 주장하였다. 그리고 실험을 중요시한다는 점에서 이 방법을 "실험철학"이라 불렀다.

따라서 아리스토텔레스에서 시작되어 스콜라 철학자들이 중요시하던 형식논리학은 새로운 지식을 개발하는 데 아무런 소용이 없으므로 아리스토텔레스의 방법론적 저서인 『기관』은 낡은 것이고, 자기의 방법이 새로운 것이라는 의미에서 자신의 저서이름을 『신기관』[158]이라 하였다. 즉 새로운 논리학이라는 자신감의 표현이다.

『신기관』의 부제는 "과학의 혁명을 향한 과정을 진행하는 새로운 인식방법의 수립"으로 모두 6부로 되어 있다. 1부는 학문의 완전한 분류와 그 개요, 2부는 인식방법, 3부는 인식방법이 적용되는 인식재료로서의 우주의 모든 현상, 4부는 3부의 방법과 운용 및 그 실례, 5부는 새로운 철학의 선구적 업적, 6부는 장래의 새로운 철학과 그 결과이다. 특히 2부의 인식방법에서 자연 그대로 방치된 인간의 이성이 얼마만큼 오류에 빠지기 쉬운가를 논하고 아리스토텔레스적인 논증의 방법에 반대하면서 당시까지의 여러 학설의 약점을 지적하였다.

그러나 이 방법은 가설과 수학적 연역방법을 무시한다는 결함 때문에 근대 과학의 방법으로는 불충분하였다. 그것은 갈릴레오가 성공한 방법, 즉 현상을 분

---

158) *Novum Organum*, 1620

석하여 본질적 요소를 수학적 기호로 대치하고, 가설을 세워 수학적 연역법으로 귀결을 유도한 다음, 이것을 실험으로 검증하는 순서를 밟고 있기 때문이다. 이 실험철학의 이념은 뉴튼에게 계승되었고 18, 19세기의 생물학과 지질학 등에 유효적절하게 적용되었다.

프란시스 베이컨은 연구 방법으로 실험을 택하고, 이것을 "새로운 도구"라고 불렀다. 그가 실험에 관해서 강조함으로써 새로운 과학의 스타일을 형성하였다. 사실상 이후 "실험과학"과 "근대과학"은 실제로 같은 뜻으로 사용되었다. 따라서 실험의 역할만큼 17세기 후기의 과학과 그리스 과학을 명확히 구별지은 것도 없다.

프란시스 베이컨은 실험할 때는 실험의 회수가 많아야 하며, 이론적인 배경 없이 실험만을 하는 것과 실험 없이 이론만 연구하는 것은 모두 무의미한 일이라고 강조하였다. 그리고 계획이 없는 실험은 단지 암중모색에 지나지 않으며, 그것은 혼란만을 초래하므로 확고한 원칙과 질서 밑에서 수행하여야만 비로소 과학이 향상된다고 덧붙였다.

프란시스 베이컨은 진리에 관한 사색이 인간이 열중할 만한 최고의 활동이며, 나아가 인간의 목적은 활동이고 지식의 목적은 효용이라 주장하였다. 이 관념을 흔히 베이컨적 공리주의라 부른다. "세상이 인간을 위해서 만들어졌지, 인간이 세상을 위해서 만들어진 것은 아니다"라고 말하였다. 그는 자신의 견해를 "인간의 왕국"이라는 말로 요약하였다. 인간의 왕국은 자연 세계이며 신이 인간을 위해 만든 영역이고, 자연과학을 통해서만 가져올 수 있는 유산이다. 그에게 있어서 지식은 힘, 즉 자연을 인간의 의지에 복종시키고 인간의 필요를 위해서 봉사케 하는 힘이다. "지혜의 집"(『새로운 아틀란티스』[159])에서 나오는 "지혜의 집"(Salomon's House)에서 그가 묘사한 거의 모든 연구―품종이 개량된 과수원, 동물, 의약품 등―은 실용적인 것이다. 그는 실용적인 결과는 진실된 이론에서만 나온다고 믿었으므로, 순수연구에 대하여 반대하지 않았다. 그러나 "지혜의 집"의 묘사에서 나타난 것은 지식의 목적이 인간에 대한 물질적 원조로서 인간생활의 안락함과 편리함을 위한 것이라는 점이다.

요컨대 베이컨은 하나하나의 경험적 실제에서 전체의 원리를 찾는 귀납법에 의해서 인과법칙을 구하고, 나아가서 학문적 전통과 기술적 전통의 결합을 굳건히 하는 것이 인간을 자연의 통제자로 만드는 길이라고 생각하였다. 그는 철학자로서 근대 과학의 연구 방법론의 기초를 수립한 사람이므로 근대 과학혁명의 대열에 참여했다고 볼 수 있다.

---

159) *New Atlantis*, 1627

데카르트

데카르트와 기계론

프란시스 베이컨의 인식방법은 개별적인 경험에 의한 지식의 확립에서 시작하여 점진적으로 보편적인 인식으로의 접근을 강조하였다. 그러나 데카르트는 사고의 중심에서 시작하여 우주 전체에 대한 인식을 완성하고자 하는 방법을 주장하였다. 그는 종래의 사상체계인 스콜라 철학의 형식적 기반인 아리스토텔레스의 논리학에 반대하여 수학적 방법을 토대로 한 연역적 방법을 주장하였다. 그는 사람들이 우연성과 타성에 의하여 살며, 진정한 자기를 깨닫지 못하고 아리스토텔레스의 논리학을 발판으로 한 개연적 지식에 의존하고 있다고 비난하였다.

데카르트는 학문의 확실성은 지식의 통일에 있어서만 수립되고, 지식의 체계는 가장 확실한 최고의 원리에 의해서 성립된다고 전제하여, 새로운 방법론을 내용으로 한 저서 『방법서설』[160]을 저술하였다. 이 저서의 내용은 1) 자신이 받은 학문의 장단점과 그것을 초월해야 한다는 점, 2) 자신의 새로운 학문에 관한 여러 규칙, 3) 새로운 방법을 이용하는 데 필요한 일상 생활의 규칙, 4) 신과 인간정신의 존재를 증명하는 두세 가지 근거의 설명, 5) 자신이 탐구한 물리학의 예를 들어 자연의 본질에 관한 물질적 기계적인 설명, 6) 자연탐구에 있어서 지금보다 전진하기 위해서 필요한 것 등이다. 또 자신이 왜 저술을 했는가를 덧붙였다.

데카르트는 방법론으로 다음과 같은 네 가지 원리를 들었다. 수학처럼 명확하게 인식되는 것 외에는 진리로 인정하지 않으며(明證의 원리), 어려운 점은 가능한 한 세밀한 부분으로 분석하여 생각하고(分析의 원리), 간단한 것에서 시작하여 차츰 질서 있게 정리하면서 복잡한 것으로 나가며(總合의 원리), 연구할 문제와 관련된 사실은 빠짐없이 망라하여 종합 검토할 것(枚擧의 원리) 등이다. 그중 명확하게 인식하기 위해서 수학을 과학연구의 무기로 삼았다. 직관으로 인식되는 수학상의 공리를 의심할 여지가 없는 명석한 진리라고 생각하고, 이것을 연역적으로 구성하려 한 것이다. 따라서 물체는 전적으로 수리적인 고찰이 가능

---

160) *Discours de la méthode*, 1637

하며 또 그래야 한다고 보았다.

데카르트는 물체의 운동을 수학적으로 고찰할 수 있다면, 그 운동에는 어떠한 목적도 있을 수 없다고 결론지음으로써 목적론 대신 기계론 사상을 강력히 주장하였다. 종래에는 운동의 궁극적 원인은 신이라고 했는 데 반하여 그는 세계를 하나의 기계로 보았다. 흔히 사람들은 사상사에서 "유물론적 세계관"이라는 말을 쓰고 있는데, 이 용어는 뉴튼보다 오히려 데카르트적인 것이라 보는 것이 적절하다. 왜냐하면 뉴튼의 경우는 유물론적 세계관의 역학에 국한하였기 때문이다.

그러나 데카르트는 물리학 뿐 아니라 생물학까지 그의 기계론 사상을 확대하여 적용시켰다. 그는 베살리우스와 하비 등의 업적을 인용하여 동물 신체의 운동을 기계장치로 표현하였는데, 정신은 신체 밖에 독립되어 있지만 뇌에 붙어 있는 송과선을 통하여 접촉한다고 하였다. 또 생물의 운동과 성장 등 공간적인 현상까지도 순전히 기계적으로 설명되어야 하며, 팔이나 다리는 도르래로서 움직이는 지레라고까지 그는 주장하였다. 이어서 동물은 정교한 일종의 자동기계에 불과하지만 인간은 정신을 소유하고 있으므로 동물과 구별된다고 보았다. 그는 기계를 구성하는 부품으로 세 종류의 눈에 보이지 않는 미립자를 제시하고, 이 미립자의 운동으로 모든 자연의 현상을 설명하는 역학적 미립자론을 전개하였다. 여기서 고대 원자론의 발전적 계승을 엿볼 수 있다.

15. 17세기 과학연구 단체

"지혜의 집"

과학혁명은 단지 과학내용의 혁명만으로 이루어진 것은 아니다. 조직된 사회 활동으로서의 과학이 또한 과학혁명기를 통해서 나타났다. 미국 프린스턴대학의 과학사 교수인 길리스피가 "과학은 협력, 정보교환, 후원의 필요성에서 그 사회적 성격을 발전시켜 왔다"라고 말한 것처럼, 근대에 들어 전례 없이 눈부시게 과학이 발달한 요인 중의 하나는 각 개인의 연구가 사회적으로 조직된 데 있었다. 근대적인 과학의 학회는 17세기 이탈리아와 영국, 그리고 프랑스에서 탄생되었고, 그후 독일과 러시아, 그리고 미국으로 퍼져나갔다.

프란시스 베이컨은 유용한 과학기술을 장려하는 것은 국가가 해야 할 일이지만, 이러한 과학학회는 민간주도라야 하며 나아가서 자치관리하에 두어야 한다고 강조하였다. 그리고 다수의 사람들을 모으고 우대하면서 이들을 결속시키는 일이 중요하다고 역설하였다. 나아가 그들로 하여금 기술과 산업의 발전을 촉진시키면서, 또 한편으로는 그들의 재능이 교류되도록 해야 한다고 피력하였다. 이리하여 과학분야에서 "진리탐구에 있어서 상호협조"라는 경향이 짙어져 갔다. 당시 대학에서는 낡은 스콜라 철학이 지배적이었으므로 새로운 과학의 연구를 희망하는 사람들은 대학 이외의 연구단체를 조직하려는 움직임이 활발해졌다.

베이컨의 정신은 1627년에 쓴 『새로운 아틀란티스』라는 유토피아 이야기에 잘 나타나 있다. 태평양의 외딴 섬 새로운 아틀란티스에는 베이컨의 사상을 이해하는 과학자와 기술자, 직인이 협력하는 대연구소 "지혜의 집"이 있다. 그는 이 연구소의 목적을 "인류의 복지 증진을 위한 자연 연구"에 두었다. 이러한 새로운 과학은 그의 귀납법에 의해서 달성된다. 이 연구소에는 동서고금의 문헌을 모은 도서관, 세계의 동식물을 모은 자연공원, 인간이 탄생시킨 기술의 진열관, 여러 기구나 도구를 갖춘 실험공장이 있다. 따라서 회원의 일도 프란시스 베이컨적 방법에 의해서 분류되었다.[161] 이와 같은 베이컨적 정신, 방법, 회원조직이 영국 왕립학회를 탄생시킨 사

---

161) 외국에 나가서 자료를 모으는 사람, 빛의 상인 12명
여러 책에서 실험을 모으는 사람, 약탈자 3명
기계기술, 숙련 행위의 실험을 모으는 사람, 기술자 3명
합당한 실험을 하는 사람, 선구자 3명
위의 4가지의 실험을 분류 정리하는 사람, 편집자 3명
여러 실험을 조사하여 인간생활 그 지식이 유용한가를 결정하는 사람, 은혜 부여자 3명
전 회원의 토론 뒤 새로운 실험을 지시하는 사람, 광원 3명
그것을 행하고 보고하는 사람, 발아자 3명
이상의 실험에서 원리를 끌어내는 사람, 자연의 해명자 3명

상적 배경이 되었다.

이탈리아 — 실험과학연구소

이탈리아에서 르네상스 이후 인문주의 학자들이 살롱에서 모임을 갖는 전통이 싹트고 이와 함께 과학의 연구집단이 나타났는데, 그 하나는 로마의 비밀학원(Accademia dei segreti)이었다. 이 학회는 1560년대 나폴리에 온 자연학자 포르타[162]가 자연의 비밀을 탐구할 목적으로 자연과학상의 미지 사실의 발견에 흥미가 있는 학자들을 자기 집에 초청하여 만든 모임이었다. 그러나 그는 "마녀가 칠하는 약"을 만들었다는 혐의로 교황청으로부터 징계를 받고 연구활동은 중지되었다. 1601년 과학 애호가로 유명한 페데리고 제치 대공은 궁정에 3사람의 학자를 모아서 정기적인 회합을 가졌다. 그들은 암호에 의한 정보교환과 마법, 그리고 독살의 혐의를 받아 해산되었으나 1609년 포르타와 갈릴레오가 입회함으로써 재건되었다. 이처럼 당시의 정치적, 종교적 분위기는 자유스러운 자연의 연구를 허락하지 않고 직접, 간접으로 과학 연구를 방해하였다.

이러한 풍조에 반기를 들고 탄생한 학회가 린체이 아카데미(Academia dei Lincei)이다. 이 학회의 슬로건은 무지와 싸우는 일이었다. 무지란 스콜라적인 낡은 학문이나 그리스도적 교의를 말하며, 또 교의에 사로잡혀 넓은 세계를 보지 못하는 것을 의미하였다. "자연 속에서 신을 발견한다"라는 르네상스적인 넓은 관찰이 이 학회의 기본정신이었다.

갈릴레오는 이 학회의 회원이었다. 그가 『천계에 대한 대화』에서 자신의 대변자인 살비아티에게 "학사원 회원"이라고 하였는데 이는 린체이 학회의 회원인 갈릴레오 자신이다. 1615년 포르타가 사망하였으나 그의 정신은 갈릴레오의 실험정신에 깊게 뿌리 박혔다. 그러나 1616년 코페르니쿠스의 이단의 포고령, 갈릴레오의 종교재판, 1630년 후원자인 페데리고 제치 대공의 사망으로 이 학회는 목적을 달성하지 못한 채 문을 닫고 말았다.

1657년에는 부호 메디치(Medici) 집안의 후원 아래 실험과학연구소(Academia dei Cimento)가 설립되었다. 이 학회의 기본 이념은 "실험 또 실험"이었다. 당시 갈릴레오는 이미 사망하였으나, 이 학회는 주로 갈릴레오의 제자들로서 구성되었고, 갈릴레오와 토리첼리가 연구한 실험을 보충하고 완성시키는 것이 그들의 목표였다. 회원은 10명 정도로 중심인물은 비비아니[163]였는데, 그는 갈릴레오의 제자로서 갈릴레오가 죽은 뒤 그의 전기를 집필하였다.

그들의 연구과제는 주로 전기와 자석의 기초적 연구, 온도와 대기압의 측정,

---

162) Giambattista della Porta, 1535~1615
163) Vincenzo Viviani, 1622~1703

고체와 액체의 열팽창, 운동물체의 실험, 렌즈와 망원경의 개량 등이다. 이 학회는 유럽 최초의 조직적인 연구소로서 오늘날 물리실험실의 모체가 되었다. 그리고 연구의 상호 교환을 위해서 『자연에 관한 실험 논집』(*Saggi di naturali esperienzi*, 1667)이라는 책을 출판한 것은 그 의의가 크다. 이 학회는 레오폴드가 1667년 로마의 추기경이 된 후 폐쇄되었다.

영국 - 왕립학회

1644~45년경 청교도 혁명 진행중 런던에는 베이컨적 정신과 새로운 실험과학을 표방하는 두 개의 자주적 모임이 생겼다. 그 하나는 수학자 윌킨스[164]와 옥스퍼드대학의 자연철학자로서 실험철학자들의 중심인물인 윌리스, 그리고 옥스퍼드대학에서 천문학을 강의하는 렌[165]을 중심으로 한 "철학협회"이고, 다른 하나는 명확한 조직이 없는 "보이지 않는 대학"이라 불리는 단체이다. 유명한 보일은 바로 1646년경 이 단체에 들어왔다. 1660년 찰스 2세의 왕정 복고와 더불어 옥스퍼드를 떠난 과학자들은 다시 런던에 모여, 1662년 1월 15일 찰스 2세의 칙령으로 "자연의 지식을 증진하기 위한 왕립학회"(The Royal Society of London Improving Natural Knowledge)를 정식으로 발족시켰다. 그리고 수년 후 "보이지 않는 대학"도 이에 흡수되었다.

1662년 11월 학회의 간사 겸 실험 담당자인 혹은 1663년 학회의 사업계획 초안을 기초하였다. 이에 의하면 학회의 목적은 베이컨적 정신과 기술에 관한 유용한 지식의 개선과 수집, 이에 따른 합리적인 철학 체계의 건설, 이미 잃어버린 기술의 재발견, 고대와 근대의 저작에 기록되어 있는 자연적, 수학적, 기계학적인 여러 사실에 관한 모든 체계, 원리, 가설, 설명, 실험 등을 조사하는 일이다. 다시 말하면 당시 인간이 소유하고 있는 자연과 기술에 관한 지식을 개선함과 동시에 과거의 지식을 복원하고 나아가서 지금까지 달성한 모든 과학의 이론과 실험을 재검토하려 하였다.

이 학회는 두 가지 특징이 있다. 첫째, 신학, 형이상학, 도덕, 정치, 문법, 수사, 논리학 등에는 관여하지 않는다는 입장으로 스콜라적, 르네상스적인 전통에 속하는 분야는 되도록 피하였다. 둘째, 최종 목표를 자연과 기술에 관한 현상을 기술하는 데 두었다는 점이다. 이를 위하여 합리적이고 분석적인 논술을 시도하고, 완전한 철학적 체계를 쌓는 것에 중점을 두었다. 또 과학이론만을 형성하는 것이 아니라 이것이 완전한가 실험을 통해 증명하고 그 위에서 지식을 모으는 것도 시도하였다. 더욱 주목할 점은 이런 베이컨식의 과학연구에는 천재가 필요

---

164) John Wilkins, 1614~72
165) Christopher Wren, 1632~1723

없으며, 단지 연구자의 조직과 공적인 재정적 원조만이 문제라고 주장하였다. "공적인 운동으로서의 과학"이라는 이런 과학관은 베이컨 이전에는 없었다. 이 점이야말로 후세에 있어서 그 영향은 매우 크다.

영국의 혹은 학회의 실험 담당으로 회합시 실험을 해보이고 기구의 개량과 발명의 선두에 섰다. 망원경과 현미경의 개량, 소동물의 관찰, 갈릴레오의 낙체 법칙을 보여주는 기구, 색의 본질, 박막실험, 보일과 협력한 호흡과 연소의 실험 뿐만이 아니라 그 외에 직물, 야금, 도자기, 감자, 담배, 인공부화기 등의 실용적 인 연구도 하였다. 혹은 과학사상 특이한 위치를 차지한 인물이다. 단독으로 큰 발견을 완수하지는 못했지만, 광범한 분야에 걸쳐서 날카로운 직감과 우수한 실험적 역량으로 다른 과학자들, 특히 뉴튼과 호이겐스를 촉발하고 그들이 위대한 업적을 달성하도록 하는 역할을 하였다.

각 회원은 공동의 목적을 위해서 사업을 분담하고, 실험을 하며, 때때로 공장, 광산, 농촌 그리고 외국에 나가서 조사하여 보고서를 제출하였다. 또 협회의 이름으로 외국과 식민지에 있는 친지 그리고 여행중인 친구, 원양항해를 하는 선장에게 조사와 관측 실험을 의뢰하기도 하였다. 또 국내와 세계 각지에서 모아들인 보고서는 주당 한 번 정도 학회에서 검토하여 이를 발표, 기록 보존하였다. 이 학회는 순수한 이론보다 경험을 중요시하였으므로 연구방법도 강연이 아니라 실험이었다. 새로운 사실이나 법칙을 발견한 사람은 회원들 앞에서 실험을 통해서 증명하는 것이 관례로 되어 있다. 이리하여 많은 실험과 관찰, 그리고 관측 결과가 누적되었다.

이 무렵의 회원들은 아직 직업적인 과학자는 아니었다. 대부분은 귀족, 의사, 목사, 대상인 등이었으며 그 주위에 직인, 무역상, 농민 그리고 과학애호가들이 모여들었다. 그들은 별도의 직업을 가진 사람들이었다. 그리고 왕립학회의 "왕립"은 형식적인 것으로 협회의 경비 대부분은 거의 입회금과 회비에 의존하고 있었으므로, 이 학회는 자연과학의 발전을 위하여 뜻을 같이하는 자유스럽고 순수한 민간 자치단체의 성격이 뚜렷하였다. 또 이 학회의 회원이 되기 위해서는 회원들 앞에서 직접 실험을 해 보여야 한다. 그리고 외국인도 회원의 자격이 있다. 미국의 프랭클린은 바로 이 학회의 외국인 회원이었다.

뱅크스[166]는 왕립학회와 관련하여 독재자로 평이 나 있다. 그는 42년간 (1778 ~1820) 회장직을 맡았고, 이 시기의 영국의 과학에 커다란 영향력을 행사하였다. 국왕 조지 3세의 과학고문으로서 큐 식물원을 육성한 이외에 린네학회의 설립(1788년), 왕립연구소의 설립(1799년)을 후원하였으나 천문학회의 설립에는 반대하였다. 이 때문에 수리과학의 전문화를 지연시켰다는 후세의 비판을 받고

---

166) Sir Joseph Banks, 1743~1820

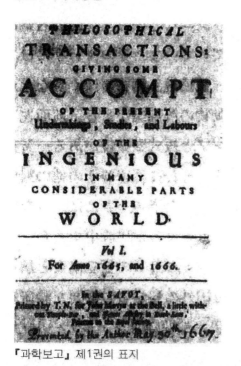

『과학보고』 제1권의 표지

있다.

왕립학회가 왕성하게 활동한 것은 초기의 10년간이다. 1670년대 후반부터 학회의 활동은 점차 정체하고 쇠퇴의 기색이 보였다. 회원수는 초창기의 96명에서 1670년대에는 약 2백 명으로 증가하였고, 1700년대에는 대체로 125명 정도였다. 1800년대에는 5백 명을 상회하였으나 그 반수가 비과학자인 명예회원이었다. 이러한 현황은 뉴튼의 『프린키피아』의 출판으로 자연의 연구가 수학적 원리에 기반한 체계적 연구로 전환된 점, 진취의 기상을 지닌 무역상들의 시대가 지나가고, 돈은 있지만 진취적 기상이 없는 귀족 계급의 출현이라는 점을 들 수 있다.

스프라트[167]는 영국 국교의 성직자로서 왕립학회의 요청으로 윌킨스의 감독하에 『왕립학회의 역사』[168] 3부(고대와 근대의 철학, 왕립학회의 조직과 활동, 왕립학회와 실험철학의 변호)를 집필하였다. 그의 목적은 왕립학회의 사회기반을 확립시키기 위하여 왕립학회의 목적과 활동에 대한 관심과 지지를 얻기 위함이었다. 또한 퓨리턴 혁명 후의 상황을 반영하고, 실험철학과 종교의 일치를 강조하면서 종래의 독단주의, 회의주의, 무신론 대신 실험철학이야말로 왕정복고기의 정치적, 경제적, 종교적 안정 및 발전에 공헌하였다고 주장하였다.

왕립학회와 관련되어 활동한 사람으로 독일인 올덴버그[169]가 있다. 그는 서신교환 담당자로서 서신 교환을 통해서 영국의 과학자 사회 뿐만 아니라, 광범위한 국제과학자 사회와도 학술정보 교환을 하였다. 그는 1665년 3월 현존하는 가장 오래된 과학잡지인 『과학보고』(*Philosophical Transaction*)를 발간하여 당시의 과학기술에 관한 정보의 교환, 지식의 공개 및 비판, 그리고 상호자극을 도모하였다.

프랑스 - 왕립과학아카데미

왕립학회와 마찬가지로 프랑스에서 설립된 왕립과학아카데미(Academie Royale des Science)도 처음에는 자주적인 모임으로 시작되었다. 프랑스의 몽모

---

167) Thomas Sprat, 1635~1713
168) *History of the Society*, 1667
169) Henry Oldenburg, 1618 무렵~1677

르가에서 자주 만났던 과학자들 사이에는 공적인 과학연구 기관을 만들려는 움직임이 점차 나타나기 시작하였고, 파스칼을 중심으로 한 비공식, 비정기적인 모임이 학회의 설립을 촉발시켰다. 몽모르학회의 회합은 과학의 학회로서 성장해 가는 초기의 비공식적인 집단의 기능을 잘 보여주고 있다. 1658년 토성의 고리에 관한 호이겐스의 논문이 여기서 발표되었다. 많은 정부인사, 귀족 출신의 승원장, 소르본 대학의 박사들이 이 모임에 함께 출석하였다. 과학자들은 뒷좌석을 차지한 것만으로도 행운이었다. 초기의 비공식 학회는 연구의 추진과 함께 선전에도 노력했기 때문이었다.

1671년 왕립과학아카데미를 방문한 루이 14세

　이러한 움직임을 자극한 또 하나의 이유는 영국의 왕립학회의 활동이었고, 다른 하나는 자금난이었다. 이전에는 과학자가 한 개인의 재정적 원조에 의존하였으나, 과학연구가 한 개인의 재정적 원조로 지탱하기 어려울 정도로 비대해졌고, 또 과학연구 그 자체가 사회성을 강하게 띠기 시작한 때문이었다.

　17세기 초기 자연의 연구에 종사하고 있던 사람들을 서로 엮어준 것은 다름 아닌 편지였다. 그들은 편지를 통해서 학술정보를 서로 교환하였다. 당시 귀족이나 대부호 중에는 과학에 관심이 있어서 과학자들과 서로 연락하고, 나아가서 그들에게 재정적인 뒷받침을 하거나 과학자 상호간의 연락을 위해서 최대한의 편의를 제공하는 사람들이 있었다.

　그중 프랑스의 부호 메르센느는 유럽의 중앙우체국 같았다. 그는 프랑스의 성직자로서 과학사상가이며 과학의 조직자이다. 그를 중심으로 그의 저택에 있는 지하실에서 유명한 프랑스 과학자와 철학자가 모였다. 이 중에는 페르마, 가상디, 파스칼도 있었다. 그는 초인적인 통신가로 쉴새없이 서신을 교환하여 프랑스 과학 뿐만 아니라 유럽 과학의 정보교류의 중심이 되었는데, 예를 들어 갈릴레오의 업적은 그를 통하여 북유럽에 소개되었다. 자택에 감금되었던 갈릴레오가 자신의 『신과학 대화』를 출판하려 하였을 때 메르센느는 이 책의 초판이 네덜란드에서 출판되도록 주선하였다. 그는 진공에 관한 토리첼리의 실험 소식을 퍼뜨렸고, 파스칼의 시험을 격려하였으며 그의 수학 연구도 도왔다. 그는 또한 데카르트와 다른 학자들과의 의견교환에서도 주된 통로의 역할을 하였다. 이런 점에서 메르센느 개인이 하나의 과학단체였다고 하여도 지나치지 않다.

프랑스의 카르카비[170]도 과학정보의 전달자로서 유명하다. 그는 1634년에 갈릴레오를 방문한 이래, 그와 편지 왕래를 하였다. 또 메르센느를 비롯하여 페르마, 파스칼, 호이겐스 사이의 중요한 정보를 매개하고, 또한 메르센느가 죽은 뒤에는 그를 대신하여 데카르트와도 교류하였다. 한편 메르센느가 죽은 얼마 후에는 부유한 귀족 몽모르[171]가 프랑스 과학의 후원자가 되었고, 그 집에 학자들이 모였다. 가상디가 이 모임을 주재하였는데, 이곳이 1650년대 프랑스 과학의 구심점이 되었다.

과학연구소의 설립 움직임은 당시 과학의 사회적 기능에 관해서 얼마나 기대가 컸는가를 암시하기도 한다. 과학이 눈에 띌 정도로 크게 사회적 기능을 다하기 위해서는 과학과 기술의 수준이 일정한 단계에 도달하여야 하는데, 그 발전의 온상이 곧 과학연구소일 것임을 그들은 모두 확신하고 있었다. 이 학회에 다수의 상인이 참여했던 것도 바로 그러한 이유에서였다.

이러한 상황에서 당시 과학자들은 재상이자 실력자인 콜베르[172]에게 협력을 구하였다. 그도 역시 과학 연구 그 자체가 산업발전에 크게 기여할 것을 확신하고, "왕립"의 연구기관 설립의 결의를 굳게 함으로써 1666년 파리 왕립과학아카데미가 설립되었다. 창립 당시의 회원은 외국인 호이겐스를 포함하여 16명이었다. 왕립과학아카데미는 수학(정밀과학) 부문과 자연지(自然志) 부문으로 구성되었는데, 전자는 기하학, 천문학, 역학으로 다시 나뉘어지고, 후자는 해부학, 화학, 식물학 분야로 나뉘어졌다.

1699년의 규정에 의하면 회원은 정회원, 준회원, 학생회원 등 단계적으로 되어 있고, 아카데미 회원으로 선출되면 그후부터는 연순으로 승진한다. 또 자유회원과 외국회원, 명예회원이 있다. 학회의 조직에는 신분적 차별이 적용되었다. 또한 1716년 변경된 규정에 의하면 귀족계급에서 선출한 12명의 명예회원이 있고, 그 회원 중에서 회장과 부회장을 선출한다. 다음 18명의 원내 회원이 있고 기하학, 천문학, 기계학, 화학 부문마다 3인의 전문위원이 있다. 그 외에 12명의 준회원이 있다.

영국의 왕립학회의 "왕립"은 이름뿐으로 전 회원의 회비로 운영된 데 반하여 프랑스의 왕립과학아카데미는 순수한 국립연구소이다. 이 아카데미의 운영은 대부분 왕실의 출자에 의존했고 20명 정도의 회원은 모두 국가로부터 급료를 받

---

170) Pierre de Carcavy, 약 1600~84
171) Habert de Montmor, 약 1600~79
172) Jean Baptiste Colbert, 1619~83

는 직업적인 과학자였다. 왕립학회에서는 개인의 연구가 대부분이었으나, 왕립과학아카데미는 완전한 공동 연구체제가 취해졌다. 따라서 국가에서 요구하는 문제를 공동으로 연구하는 경향이 짙었다. 이 아카데미는 연구를 수행하기 위한 과학의 대가들을 초빙하였다. 그것은 국내 과학자에만 국한된 것이 아니었다. 네덜란드의 호이겐스, 덴마크의 천문학자 뢰머, 이탈리아의 카시니 등을 파리로 초빙하였다.

이 학회의 연구과제는 자연과 기술의 수집, 동식물의 자연지의 작성, 프랑스의 지도작성, 망원경의 개량, 파광의 화약 동력기관, 인체해부, 혈액수혈, 수질검사, 자유낙하, 기압의 측정, 혜성의 관측, 광속도의 계산, 호이겐스의 파동론 등이었다. 여기서도 영국처럼 1665년부터 정기적으로 과학잡지인 『학자의 잡지』(*Journal des Savants*)를 발간하였다.

18세기에는 과학의 전문가 이외에 고위 성직자, 귀족, 정부고관 중에서 명예회원이 선출되었고, 회원 사이에도 구별이 생겨 당시 프랑스 사회에서 볼 수 있는 연공서열, 출신 계층에 의한 종적 서열이 아카데미 안으로 침투하여 구체제와 유착되었다. 이에 과학아카데미는 과학논문, 서적 출판의 검열과 새로운 기술의 심사권마저 갖게 되어 구체제하의 과학기술을 지배하였다. 이 학회는 1793년 일단 폐지되었다가 1795년에 국립학사원(l'Institut National)의 일부로 재건되었다.

독일, 러시아, 미국

독일에서는 1700년 7월 11일 베를린 과학아카데미(Akademie der Wissenschaften zu Berlin)가 설립되었다. 철학자이며 과학자인 라이프니츠가 학회창립의 중심인물이었다. 작은 국가로 분열된 당시 독일의 일반적인 과학수준은 아직 근대적인 과학의 수준에 미치지 못했을 뿐 아니라, 정치적으로 안정되지 않았기 때문에 다른 나라에 비하여 그 설립이 늦었다. 그래서 이 학회는 영국과 프랑스에 비해서 별다른 성과를 내놓지 못하였다. 이 아카데미에서도 잡지를 편집 발간하여 학술정보 교환에 기여하였다.

러시아 과학아카데미는 라이프니츠의 충고와 1711년 피터 대제의 군국주의적인 공업화 정책을 배경으로 하여 1725년 창립되었다. 이것은 곧 실험과학과 수학 연구의 중심이 되고 러시아의 자원탐험의 후원자가 되었다. 활동한 중심인물은 스위스 출신의 수학자 오일러[173)]와 러시아의 화학자인 로마노소프[174)]였다. 1764년 말 로마노소프가 기초한 학회 규약을 보면 회원의 의무는 전공 뿐만 아

---

173) Leonhard Euler, 1707~83
174) Mikhail Vasilievich Lomonosov, 1711~65

니라 관련 과학의 통달에 있었다. 예를 들어 물리학자는 화학, 해부학, 식물학도 알아야 하는데, 그것은 여러 현상의 물리적 원인을 증명하는 데 도움이 되기 때문이라고 하였다. 그는 1755년 모스크바대학을 창립하였는데, 그후 러시아의 과학 연구의 중심은 주로 각 대학들이었다.

미국에 있어서 학회설립은 더 늦었다. 프랭클린은 1743년 미국 최초의 학회인 "유용한 지식을 촉진하기 위한 미국 철학협회"를 설립하였다. 이 학회는 1774~83년의 미국 독립전쟁 때에 과학적 활동, 특히 전기학을 활발히 연구하였다.

사실상 문화의 한 요소인 과학은 이러한 과학 단체 안에서 성장, 발달하였다. 당시 과학자들은 이러한 학회를 중심으로 각자의 탈선을 배제하면서 진실된 노력을 배양하고, 그 성과를 보다 효율적으로 발전시켜 나아갔다. 더욱이 국가와 지배계층도 상업과 항해의 발달, 그리고 농업의 개량을 위해서 학회에 관심을 갖고 후원하게 되었다. 천문학자 라플라스는 학회의 근본 역할을 "학자 개개인은 쉽게 독단에 빠지나 과학학회 안에서는 의견을 조정해야 하므로 신속하게 독단으로부터 빠져나갈 수 있다"라고 말하여 과학의 조직화의 중요성을 강조하였다.

제 IV 부
과학과 산업

"실제로 과학혁명과 산업혁명 사이에서 과학은
수동적인 역할에서 능동적인 역할로, 자연의
연구로부터 모든 것을 실현시킬 수 있는 것으로
그 모습이 바뀌었다."
— 버널 —

1. 두 혁명과 과학

영국의 산업혁명

18,19세기는 과학이 크게 발전하여 번영과 진보의 길을 개척한 시대로서, 과학이 새로운 물질문명에 있어서 필수불가결한 요소로 등장하였다. 더구나 이 시대에 접어들면서 계몽운동과 영국의 산업혁명, 프랑스의 정치혁명은 사회 전반에 걸쳐 커다란 변혁을 몰고왔다.

산업혁명이란 18세기 말부터 19세기 초기에 걸쳐서 유럽, 특히 영국에서 일어난 사회적 변동을 가리키는 용어이다. 산업혁명을 좁은 뜻에서 본다면 제조 부문에 있어서 수공업적 생산양식이 기계적 생산양식으로 전환된 것을 뜻하지만, 넓은 뜻으로 본다면 그 전환으로 인한 결과까지를 말한다. 즉 인구의 도시 유입, 농업 부문에서 제조업 부문으로의 인구의 급격한 전환, 개선된 운송수단에 의한 세계 인류의 새롭고 밀접한 교류, 자본의 양과 그 사용의 대규모화, 자본가의 정치권력에의 참여 등을 말한다.

산업혁명은 직접적으로는 기계의 발명에 의한 것이지만, 기계의 발명이 18세기 중엽에 집중된 것은 결코 우연한 일이 아니다. 이 시대는 이미 자연과학의 수준이 일정한 단계에 도달해 있었고, 또 과학적 탐구와 실험정신이 충만해 있었다. 물론 이러한 발명이 모두 순수한 과학적 발견의 영향을 받은 것은 아니다. 사실상 당시의 발명가들은 과학자가 아니고 실제의 문제에 부딪치면서 그 문제를 해결하려고 노력한 기술자나 직인이었다. 한편 산업과 무역의 발흥에 따른 세계시장의 확대와 산업자본의 축적 등이 점차로 수공업 이상의 생산력을 요구하였으나 당시 수공업은 그 자신이 내포한 기술상의 취약 때문에 세계시장의 수요에 응할 수 없었으므로 필연적으로 생산방법의 변혁이 뒤따라야만 했다.

당시에는 영국의 기술자 뉴커맨[1]이 발명한 대기압 기관이 이미 보급되어 있었으나, 효율이 매우 나빠서 이용률이 저조하였다. 한편 글래스고대학으로부터 뉴커맨 기관의 수리를 의뢰받은 스코틀랜드의 기술자 와트[2]는, 이 장치의 결함을 찾아냈을 뿐만 아니라, 분리응축기를 발명(1769년 특허)함으로써 효율이 좋은 증기기관 제작의 실마리를 찾았다. 이렇게 해서 시작된 증기기관의 실용화는 버밍엄의 소호(Soho) 공장주이자 기업가이며 기술자인 볼턴[3]과의 공동사업으로

---

1) Thomas Newcomen, 1663~1729
2) James Watt, 1736~1819
3) Matthew Boulton, 1728~1809

이루어졌다. 1800년에 이르기까지 "볼턴-와트 상회"는 5백 대 이상의 증기기관을 제작하였다. 그중 40% 가까이는 양수펌프에 사용되었고, 나머지는 대개 방적공장, 압연공장, 용광로, 제분공장 등의 동력원으로 사용되었다. 와트가 황혼기를 맞이했을 즈음에는 증기기관의 도입으로 공업생산이 비약적으로 늘어나고, 영국의 산업혁명은 절정기를 맞이하였다.

한편 영국의 기술자 아크라이트[4]는 사람의 힘에 의존했던 방적기를 기계적으로 운전할 수 있도록 설계하여 특허를 얻었다. 이 기계의 동력으로는 처음에 축력이, 다음에는 수력이, 1790년부터 증기기관이 사용되었다. 또 카트라이트[5]는 방사된 면사를 짤 수 있는 역직기를 제작하고 계속 개량하여 특허를 얻었다. 그의 특허는 방직에 증기동력을 이용하는 것이 가능하다는 사실을 보여주었는데, 드

와트

디어 맨체스터에 증기동력을 이용한 역직기 4백 대를 갖춘 공장이 건설되었다. 그러나 그가 발명한 기계 때문에 직장을 잃은 사람들의 수가 늘어나고, 이에 격분한 군중에 의해서 공장이 습격당하고 때로는 불태워졌다. 그러나 일반적으로 기계화는 사회에 이익을 가져 왔으며, 특히 자본가에게는 더욱 유리하였다.

이상과 같은 발명으로 공장은 기계로 설비된 새로운 모습으로 변모하고, 생산능률은 전에 비할 바가 아니었다. 더구나 기계의 생산성이 섬유공업 부문에서 인정받게 되자, 다른 부문에까지 기계화가 촉진되어 산업혁명이 더 급속하게 진행되었고, 마침내 기계문명의 시대가 찾아왔다. 한편 이전의 봉건적인 가내공업은 대개가 여러 지방에 분산되어 있었으나, 공업의 기계화 때문에 공장들이 한 곳에 집중되기 시작하자, 가내공업은 점차 붕괴되고 공업지대와 농촌지대의 구분이 뚜렷해지기 시작하였다.

영국의 산업혁명과 루너협회

산업혁명의 진전은 과학과 기술이 "유용한 지식"이라는 사실을 인식케 하였

---

4) Sir Richard Arkwright, 1732~92
5) Edmund Cartwright, 1743~1823

으므로 과학기술교육 운동과 과학의 제도화를 촉진하였다. 예를 들어 미국의 정
치가이자 과학자인 프랭클린[6]이 발명한 피뢰침에서 알 수 있듯이, 여러 과학적
응용이 두드러진 성과를 거두자 실제적인 일에 종사하는 사람들은 과학 속에 유
용하고 막대한 힘이 존재하고 있다는 사실을 깊이 인식하게 되었다. 따라서 산업
혁명기 중 영국의 과학 중심지는 옥스퍼드나 케임브리지, 그리고 런던이 아니라
오히려 맨체스터, 버밍엄, 글래스고와 같은 곳이었고, 과학연구에 종사하는 사람
들과 후원자들도 귀족이나 은행가가 아니라 그 지방의 공업 경영자들이었다.

이처럼 영국에서는 지방의 과학연구활동이 두드러져서, 맨체스터의 철학문
학회(1781년), 리버풀의 문학회(1812년), 버밍엄의 루너협회(Lunar Society)
등 아마추어 과학자 집단이 탄생하여 활동을 시작하였다. 그들은 과학 지식의 흡
수와 그 응용에 열을 올렸고, 일반적으로 그들이 위치하고 있는 지방의 산업발전
과 문화향상에 이바지하였다. 그 중 루너협회는 대표적이다.

미국의 버지니아주에 있는 윌리엄 메어리대학에서 제퍼슨에게 자연철학을 가
르친 영국 사람 스몰[7]이 1764년 고국인 영국으로 돌아왔다. 그는 의사로서 개업
할 곳을 물색하고 있던 중, 마침 영국에 체류중이던 프랭클린이 버밍엄에서 공장
을 경영하고 있는 친구 볼턴에게 스몰을 소개하였다. 프랭클린은 이 소개장에서
스몰을 "창의력이 가득찬 학자로 뜻이 매우 높고 정직한 인물"이라고 추천하였
다. 이 추천장이 그후 과학사 및 기술사상 중요한 인물들이 모인 루너협회 탄생
의 실마리가 되었다.

루너협회의 회원은 각기 다른 분야에서 뛰어난 일을 하였다. 회원들이 명명
한 "루너협회"라는 명칭은, 그들이 만월에 제일 가까운 월요일 저녁에 회의를
개최했던 관습에서 유래하고 있다. 그들이 달밤에 모이는 것은 밤길을 밝혀주므
로 귀가에 편리했기 때문이다. 그리고 누구나 달밤을 좋아한 까닭도 있었을 것이
다. 창립 당시의 회원은 스몰과 볼턴, 그리고 에라스무스 다윈[8]이다. 그들은 루
너협회를 결성하는 데 큰 역할을 하였다. 그리고 볼턴은 최초로 황산공장과 제철
공장을 세운 로벅[9]과 글래스고대학의 과학기구 제작자인 와트를 알게 되었다.
이러한 인연으로 볼턴과 와트는 역사적인 공동작업, 즉 증기기관을 제작하기 시작
하였다. 루너협회는 어떤 규칙하에 결속된 집단이라기보다는 자유로이 참여하는
모임이었다. 루너협회의 회원들은 과학과 기술 이외에도 시, 종교, 미술, 정치,
음악 등의 분야에서 열성적으로 활동하였다.

산업혁명에 있어서 루너협회 회원들의 역할은 매우 컸다. 순수화학, 전기학,

6) Benjamin Franklin, 1706~90
7) William Small, 1734~75
8) Erasmus Darwin, 1731~1802
9) John Roebuck, 1718~94

금속화학, 식물학, 수차동력과 증기동력, 화학공업(산·알칼리·표백제), 도자기 제조 분야에서 큰 업적을 남겼다.

한편 프랭클린은 그의 친구인 화학자 프리스틀리를 이 협회에 소개하였다. 프리스틀리는 비국교파 교회의 목사였다. 그는 프랭클린의 전기 연구에 흥미를 느끼고 마차를 타고 런던까지 와서 프랭클린을 만났다. 그는 과학 뿐만 아니라 정치에 관해서도 프랭클린과 공감하였다. 그는 산소를 발견하였는데, 이를 발견하는 데 물심양면으로 도왔던 사람들은 모두 루너협회 회원들이었다. 그러나 정치 상황은 그들을 복잡한 일에 말려들게 하였다. 프랑스혁명이 진행되던 무렵, 루너협회의 회원들은 미국 독립전쟁시에 식민지 국민에 대해 관대했던 것처럼, 프랑스의 혁명가들에게도 공감하였다. 더욱이 프리스틀리는 국민의회의 열렬한 지지자였다. 국민의회는 그에게 프랑스 시민권을 주었고, 그를 국민의회의 일원으로 추대했지만 이 명예는 사양하였다.

1791년 7월 14인, 바스티유 함락 2주년을 경축하기 위해서 루너협회 회원은 버밍엄의 한 호텔에서 만찬회를 가졌다. 이 만찬회에는 약 80명의 찬동자가 모였다. 이에 항의하는 군중이 호텔을 포위하고 "교회와 국왕"을 외치며 창문을 부수었다. 그들의 목표는 프리스틀리였는데 마침 그는 자기 집에 있었다. 성난 군중은 프리스틀리의 집으로 몰려갔다. 급히 연락을 받은 프리스틀리는 사전에 가족을 피신시켜 위기를 모면하였다. 군중은 프리스틀리의 실험기구를 파괴하고 집에 불을 질렀다. 그의 20년에 걸친 연구결과는 잿더미가 되었다. 루너협회의 다른 사람들도 군중의 공격 목표가 되어 버렸다. 볼턴과 와트는 공격에 대비하여 종업원을 무장시켰다. 그러나 군중은 좋은 술을 저장한 집을 발견하고 그쪽으로 가버렸다.

루너협회는 18세기 중엽 내리막길을 계속 달리던 영국의 과학을 재건시켰다. 시대가 변하면서 루너협회는 그 활동이 약간 후퇴하였지만 그 영향은 계속되었다. 휘그당의 정치가 호너는 1809년에 다음과 같이 말하였다. "그들이 준 그 인상은 아직 사라지지 않았다. 그들의 과학에 대한 호기심과 자유스러운 탐구심은 제2, 3세대의 모습에서 찾아 볼 수 있다"

프랑스혁명과 과학

1789년 프랑스에서 역사상 가장 유명한 정치혁명이 발발하였다. 이 혁명으로 국내의 귀족적인 특권층이 일소되고 국민국가가 형성되어 국가는 비로소 전 국민의 것이 되었다. 이 혁명은 중산 시민층이 선두에 서서 반봉건적 세력을 규합하여 근대 시민사회를 형성한 것이다. 따라서 이 혁명은 정치적으로나 사회적으로 중대한 의의를 지니고 있다. 특히 이 혁명으로 실험과학과 기술이 크게 발전하였다. 전제군주 시대 말기 프랑스의 과학자는 계몽학자의 개혁 정신에 깊은 감명을 받아 새로운 연구를 시작하였고, 더구나 혁명정부는 공식적으로 과학의 중요성을 인정하여 과학 연구에 원조를 아끼지 않았다. 프랑스 혁명정부는 과학자인 몽주와 카르노 같은 열렬한 공화주의자로 하여금 과학정책을 수립케 하고 그 운영을 직접 담당케 하였다. 실제로 그들은 과학기술 분야에서 매우 과감한 정책을 실시하였다.

가장 유명한 예로 혁명정부가 새로이 제정한 도량형 제도를 꼽을 수 있다. 당시 국외는 물론 국내에서도 여러 종류의 단위가 사용되고 있었다. 이를 개혁하기 위해서 혁명정부는 프랑스 아카데미로 하여금 불변의 도량형 모델을 정할 것을 명령하였고, 아카데미는 위원회를 구성하여 1793년 "십진 미터법"의 기초를 수립하였다. 프랑스의 기술자이자 물리학자인 보르다[10]는 혁명정부가 실시한 대규모적인 자오선의 측량을 위해서 정밀한 진자시계를 만들었고 이를 미터법의 제정에 이용하였다. 결국 자오선의 원호를 정확하게 측정하고, 이를 바탕으로 천문학자인 들랑브르[11]와 메생[12]은 백금제의 미터원기를 제작하여 국립문서 보관소에 제출하였다. 하지만 구식 단위에 익숙한 상인과 농부들의 관습을 타파하는 데는 몇 년이 걸렸다. 미터법은 우선 프랑스에서, 그리고 이어 여러 나라에서 성공을 거두었다.

17, 18세기의 프랑스의 대학은 학문연구의 광장으로서 활력을 잃고 있었다. 정부는 이를 보충하는 의미에서 각지에 군사학교나 기술학교를 설립하였고, 이곳에 근무하는 과학자에게 생계수단을 제공하였다. 물론 프랑스에서는 혁명 이전에도 어느 정도 과학의 제도화가 진전되었지만, 프랑스혁명과 함께 치뤄진 전란 속에서 과학기술의 중요성이 더욱 넓게 인식되어 과학의 제도화가 크게 진전되었다.

1792년부터 1794년까지 자코뱅 지배하의 공화국 체제에 있어서 과학의 두 조직은 서로 다른 운명에 놓였다. 왕립과학아카데미는 1793년 8월 8일에 폐쇄된 데 반하여, 자연사의 연구기관이었던 왕립식물원은 자연사박물관으로 이름을 바꾸고 보다 커다란 조직으로 성장하였다. 왕립과학아카데미의 폐쇄에는 제도적, 사상적인 두 측면이 있다. 이 조직은 루이 14세 때 콜베르에 의해서 설립된 이후 구체제의 엘리트 조직으로 50명을 넘지 않는 소수의 핵심적 회원이 운영을 독점하고 있었다. 1793년 폐쇄 결정 직전에 아카데미 안에서 지도적인 지위에 있던 화학자 라부아지에는 모든 수단을 동원하여 폐쇄에 반대하는 운동을 폈다. 그는 아카데미 회원들이 당시까지 수행한 과학형태가 엘리트적인 것이 아니고,

---

10) Jean Charles Borda, 1733~99
11) Jean Delambre, 1747~1822
12) Pierre Méchain, 1744~1804

앞으로는 실용적인 기술에 중점을 둘 것이라고 주장함으로써 자코뱅파와 타협하려고 하였다. 하지만 공안위원회의 이름으로 아카데미 폐쇄안이 1793년 8월 8일 제출되었다. 그 제1항에는 국가의 모든 학회를 폐쇄한다고 명기되어 있는데, 제2항에서는 당분간 왕립과학아카데미만은 국민공회가 부여한 임무(신도량형제도의 완성 등)를 수행하기 위해서 존속시킨다고 되어 있고, 제3항에서는 국민공회가 과학기술 진흥을 위한 새로운 학회를 창설할 계획을 신속하게 수립해야 한다고 명시되어 있었다.

왕립과학아카데미가 폐쇄된 동안 활동의 터전을 잃은 소수의 엘리트 과학자들이 활동한 곳은 직인적이고 실용성을 중요시하는 학술애호단체였다. 이것은 기술의 발전을 중요시하는 디드로적 과학조직이었다. 이런 흐름은 장차 실험물리학을 장려하게 되는 실마리였다. 한편 루이 16세를 처형한 과격파의 몰락과 함께 프랑스 공화국은 안정을 열망하였으므로, 1794년 이후 혁명은 대부르주아지를 중심으로 진행되었고, 과학 자체도 공화국의 안정과 건설을 지향하는 쪽으로 흘러갔다. 이 전환기에 과학이 제도화되었고, 학문적 내용이 새로워졌다.

혁명정부하에서 과학의 제도화가 더욱 촉진된 것은 유럽 각국이 일으킨 반혁명 전쟁 때문이었다. 1792년 전쟁이 시작되자 프랑스는 화약, 총포, 식량이 절대적으로 부족하였다. 정부는 이것을 급히 증산하기 위해서 과학자를 동원하여 포신의 주조법과 질산칼륨의 제법 등을 연구케 하는 한편, 그것들의 제조에 종사할 사람들에 대한 긴급 임시교육 과정도 조직하였다. 그 결과 다량의 무기와 탄약의 제조가 궤도에 올랐고, 카르노에 의한 근대적인 국민병 제도의 실시 등이 성공을 거두면서 1794년 외국군을 물리치고 위기를 모면하였다.

사상의 변혁

18세기부터 프랑스에서는 유물론 사상이 조직적으로 전개되었다. 프랑스 유물론의 가장 빛나는 성과는 백과전서파의 활동이었다. 그 대표자 디드로는 백과사전의 편집에 자유스럽고, 해박하고 회의적인 사상을 주입하였는데, 특히 과학과 기술에 관한 항목이 많았다. 그리고 종래의 형이상학적 사변을 버리고 모든 인식의 대상을 자연현상만으로 한정하여 자연을 초월하는 모든 것, 즉 신, 기적, 영혼 등을 모두 부인함으로써 과거의 인간관계를 뜯어 고치려 하였다. 다시 말해서 인간의 능력을 물질적으로 일원화하는 체계를 수립하려 하였고, 인간을 극히 미묘하고 정교하고 복잡한 기계로 보았다.

프랑스의 실증주의 철학자이자 사회학의 건설자인 콩트[13]는 형이상학에 반대하고 역사와 사회의 본질을 수학 및 물리학과 동일한 방법으로 설명하려고 시

---

13) Isidore Auguste Marie François-Xavier Comte, 1798~1857

도하였다. 그는 관념적 방법을 배척하고 자연과학의 경험적 방법이 모든 학문에 필요하다고 주장하였고 사회과학을 실증주의적으로 재조직하려고 노력하였다. 그리고 "사회학"이라는 이름을 지어내어 사회적 이론의 총합화를 시도하였다. 그는 신학적 → 형이상학적 → 실증적이라는 지식의 역사적 발전과 이에 대응하는 사회체제의 진보에 관한 3단계의 법칙을 주장하여, 그후 많은 영향을 미쳤다. 한편 프랑스의 사상가 생시몽[14]은 인간정신의 발전과 함께, 당시를 이신론(理神論)으로부터 물리주의로의 이행기간이라 규정하고, 사회 재편성을 위한 실증과학을 완성하여 과학을 통합할 필요가 있다고 주장하였다.

프랑스의 계몽주의자 디드로[15]는 뉴튼역학의 특징인 자연현상의 계량화, 수학화를 오만하다고 비판하고, 인간과 자연의 융화를 설명하는 등 낭만주의적 경향이 짙었으므로, 18세기 후반에는 이론적 기반을 굳힌 역학 이외의 여러 과학에서 낭만주의적 징조가 보였다. 낭만주의 과학에서는 인간정신이란 자연의 일부인 까닭에 자연을 반영하고 있다고 생각하고, 이성의 법칙과 자연법칙의 유연성을 설명하였다. 특히 자연세계를 물질과 그 운동으로 설명하기보다는 근원적인 힘이 극성을 나타내는 여러 종류의 발현형태(전기, 자기, 화학친화력, 빛, 열)를 취하는 것으로 보았다. 영국의 과학자 데이비는 호반시인의 한 사람인 콜리즈에게서 낭만파적 영향을 받았다. 그가 전기를 전기화학의 탐구로 활용한 배후에는 힘의 실제성, 근원성에 대한 신념이 있었다.

프랑스의 철학자 라 메트리[16]는 유물론적 일원론을 지지하였다. 인간이란 복잡한 기계 이상의 아무것도 아니며 영혼이란 없다고 주장하였다. 그는 이를 자신의 전공인 의학과 생리학에 적용하였는데, 이 생각은 생기론적 생물학과 대립하는 것이었다. 또한 심리학에 있어서도 생리학적 방법을 적극적으로 사용할 것을 지지하였다. 특히 그의 『인간기계론』[17]은 이론적으로 기계론적 세계관을 기술한 고전이다.

독일의 관념론자 헤겔[18]은 변증법적 유물론을 주장하고 이것을 유일한 과학적 진리로 보았다. 그는 우주의 온갖 사물은 생성, 유전(流轉)하는 것으로 규정하여 유물사관의 공식을 수립하고, 이를 정치, 경제, 사회, 과학 등 여러 분야에 적용시켰다. 한편 마르크스[19]는 사회의 구체적인 형태를 결정하는 한 가지 요인으로 생산력을 규정하는 기술의 수준으로 보았다. 그는 고도로 발달한 과학기술과 그것을 기초로 하는 기계제 대공업을 자본주의적 생산양식과 나란히 완성된

---

14) Claude Henri Saint-Simon, 1760~1825
15) Denis Diderot, 1713~84
16) Julien Offray de La Mettrie, 1709~51
17) *L'homme machin*, 1747
18) Georg Wilhelm Friedlich Hegel, 1770~1831
19) Karl Heinrich Marx, 1818~83

근대사회의 기본적 골격이라 규정하고, 이 고도화한 과학, 기술은 그 자체가 사
회에 있어서 여러 모순을 내포하지만, 그 반면에 다가오는 새로운 사회의 물질적
기초를 가져오는 것이라 평가하였다.

독일의 생리학자 듀 보아 레이먼드[20]는 몇 가지 과학사상에 관해서 탁월한
강연을 하였다. 그중에서도 『자연인식의 한계』[21]는 역학적 자연관의 내부에서
"알 수 있는 것"의 한계를 확정한 것으로 당시 광범위한 논쟁을 야기시켰다. 한
편 뷔흐너[22]는 19세기 후반의 독일 과학계, 사상계에서 유물론을 강력히 주장한
과학적 유물론자이다. 그의 많은 저서 중에서 『힘과 물질』[23]은 유물론의 지침서
로 주목되었다. 에너지 보존법칙과 진화론을 이끌어낸 물질 일원론의 자연관이
거기서 전개되었으며, 의식을 물질에 귀속시키고 생명력을 부정한 것이 특징이
다.

이처럼 사상적 변화와 함께, 18세기의 유럽에서 계몽주의와 과학의 관계가
세 가지 측면에서 논해졌다. 첫째, 이 시기에 과학은 "신으로부터 이탈"을 달성
하였다. 17세기 말기에 영국과 프랑스 등에서 자리잡은 이신론, 범신론의 경향은
자연에 있어서 신의 불가피한 역할(창조의 책임자, 계획의 입안자, 질서의 원천
으로서의 신)에 대해서 의문을 품기 시작하였다. 둘째, 이처럼 "신으로부터 이
탈" 현상이 학문과 과학의 성격을 변화시켰다. 17세기까지의 자연철학자들이 다
같이 자연탐구를 최종적으로 신의 계획의 이해를 목적으로 한 데에 반해서, 계몽
주의는 무엇보다도 인간의 행복을 우선하였으므로 기술로서의 성격을 강하게 지
니게 되었다. 계몽주의의 결과의 하나인 프랑스 혁명에 있어서 세계 최초라 할
만한 고등과학기술자의 양성기관이 생긴 것도 그러한 시대적 배경을 전제로 하
고 있다. 셋째, 계몽주의는 과학을 매개로 한 역사의 진보주의를 제창하였다. 계
몽주의자들은 17세기의 자연철학자들을 반종교적 투쟁의 선두에 선 영웅들로 평
가하고, 이성의 해방과 과학의 증대야말로 인류의 진보이며, 근대에 들어와 역사
는 그러한 진보의 길을 걷기 시작했다는 역사관과 낙관주의가 나타났다.

『백과전서』와 과학기술

18세기 후반부터 프랑스 구체제의 사회는 모순이 표출되고, 왕권에 의한 지
배도 붕괴될 조짐이 보였다. 무엇보다도 신흥계급, 즉 부르주아지의 대두는 전통
적인 지배의 형태를 근본부터 흔들었고, 부르주아지의 힘을 배경으로 『백과전

---

20) Emil Du Bois Reymond, 1818~96
21) *Über die Grenzen des Naturerkenntnis*, 1881
22) Friedrich Karl Christian Ludwig Büchner, 1824~99
23) *Kraft und Stoff*, 1855

서」[24] 간행 운동이 지속되었다. 이른바 프랑스혁명을 사상적으로 준비하는 활동이 시작되었다.

이 전집의 간행의 주인공인 디드로의 주변에는 루소, 콩디악, 달랑베르 등이 모였다. 이 전집은 원래 영국 쳄버스의 백과사전의 번역 출판의 기획이지만, 결국 그 이상의 독자적인 것을 출판하기로 계획을 바꾸었다. 제1권은 1751년에 나왔고, 본책 17권, 도판 11권과 마르몽틸에 의한 보권(본책 4권, 도판 1권, 색인 12권)을 더하여 1780년에 완간되었다. 그리고 이를 "백과전서" 혹은 "과학, 기술, 직업의 체계적 사전"이라고 선언하였다. 그리고 이 출판 운동에 관련된 프랑스의 계몽주의자들을 백과전서파라 부른다.

이들의 공통점은 반종교적, 유물론적이며 뉴튼역학에 기울어져 있었다는 점이다. 이 책은 "이성의 세기"의 모든 과학지식을 일반대중의 손안에 집약시킨 것이었다. 달랑베르에 의하면 이 책은 간단한 참고도서가 아니라 '인간의 지식을 시간과 혁명으로부터 보호하는 성역'이었다. 즉 수동적인 지식의 나열에 그치지 않고, 인간 생활의 개선에 관한 진보적이고 능동적인 철학을 담고 있다. 그리고 사회의 진보를 거울에 비춰진 과학적 진보의 또 다른 모습으로 보았다. 그러므로 18세기 프랑스에 있어서 이것은 위험한 정치적 이단이었다. 그러나 디드로와 협력자들은 이 책이 포함한 기술적 정보의 중요성에 힘입어 검열을 피할 수 있었다. 과학사가 길리피스는 "이 책은 기술을 이데올로기와 함께 운반하였다"고 표현하였다. 그러나 결국 반동적 신학자와 보수적 정치권력자의 압력이 거세져서 마지막 책에서는 검열관을 만족시키기 위해서 알맹이가 빠졌다.

이 책은 프랑스 국민의 의식에 자극을 주었고, 1784년의 폭동이나 그 이후의 혁명을 일으키는 데 큰 동기가 되었다. 그러므로 프랑스의 국왕이 이 정력적인 작가를 무서워했던 것도 당연하였다. 하지만 미래 지향적인 상공업 부르주아지는 누구보다도 생산기술을 중요시하였으므로, 이 책에 기술된 내용을 중요하게 여겼다. 이 책은 생산 현장에서 집필자가 직접 수집한 사실을 많이 수록하였다. 이 책의 간행을 지도한 디드로는 숙련된 직인의 일터로 나가서 그들과 대화를 나누어, 직업 특유의 술어를 뽑아서 어휘표를 만들어 정의하고, 여러 번의 대화를 통하여 수정하였다. 즉 시계가 어떻게 만들어지는가, 무기는 어떻게 주조되는가, 육해군이 전투를 위하여 어떻게 조직되어 있는가, 화학실험은 어떻게 시행되는가, 인간과 동물이 어떻게 형성되어 있는가를 자세하게 기록하였다. 또 운동의 법칙, 생명과학의 기본원리, 기계의 구조를 설명하였다. 그리고 예술과 미를 논의하고, 역사·철학·기술에 관한 의문에 답하였다.

디드로가 생산기술의 문제를 객관적으로 기술한 것은 당시 프랑스의 뒤늦은

---

24) *Encyclopédie*, 1751~80

상황에 선행한 행위이다. 그는 지식인과 학자의 대부분이 생산기술에 무관심하다고 지적하고, 직인들이 사용하는 도구나 제품에 관해서 어느 정도 명석하게 자신의 생각을 표현할 수 있는 사람은 1천 명 중에 12사람 정도라고 하였다.

따라서 이 책은 당시 지식의 총체로서, 보다 좋은 세계에 대한 인간의 희망을 나타내었다. 이 희망은 진리─계시의 진리가 아니라 관찰, 실험, 경험에 이성을 적용한 과학에 의해서 밝혀지는 진리─의 힘에 대한 신념에 바탕을 두었다. 이 희망은 진리란 위대하고 강력한 것으로 진보를 확대시키고 보증하는 데 틀림이 없다는 확신에서 비롯된 것이다. 하지만 오늘날 이 책은 계몽주의 시대의 과학적, 지적 조류의 기념비로 남아 있을 뿐, 이제 역사를 연구하는 학자를 제외하고는 거의 읽혀지지 않고 있다.

과학과 기술과 산업의 융합

18, 19세기는 과학과 기술과 산업이 한데 뭉쳐 하나의 문화혁명을 일으킨 시기로서 과학과 기술, 산업의 관계가 종래에 비해서 크게 변혁되었다. 원래 순수한 지식을 연구하기 위해서 수행되었던 과학연구가 실제적인 일에 응용됨으로써 발명을 촉진시켰고, 또 그 발명이 이루어졌을 때 그것은 과학적 연구와 산업발달의 양 부문에 큰 도움이 되었다. 처음에 과학이 산업 분야로부터 많은 도움을 받은 것은 사실이나, 그후 이와는 반대로 과학이 산업 분야에 미친 영향이 막대하여 결국에 가서는 산업의 존립 그 자체가 과학과 떨어질 수 없게 되었다. 더욱이 과학은 산업에 기술적 변혁을 가하여 자본주의 발달에 크게 기여하였다.

이 시기에는 기계, 동력, 운수, 화학약품, 군수품 등 전영역을 그 연구대상으로 삼았다. 이전에는 과학의 연구대상이 주로 자연계의 지식을 모으기 위한 새로운 기구의 발명과 그것을 이용하여 연구결과를 해석하는 데 불과하였으나, 이때부터 기구나 기계가 물질적 생산수단으로서 생산을 증강시켰다. 다시 말해서 증기기관, 터빈, 전동기, 발전기 등 새로운 기계는 자연계에서 무엇을 발견하기 위한 기구가 아니라, 자연을 변화시키기 위해서 고안된 것으로서 18, 19세기의 특이한 산물이며, 그 결과이다.

후술하겠지만 자연과학은 염료의 합성기술이나 전력기술 등 새로운 기술 개발의 영역에서 불가결한 요소였다. 질량작용의 법칙을 무수황산의 제조기술에 적용한 것, 공작기계 공구에 사용되는 특수강의 제조에 합금학을 응용한 것, 내연기관 등 새로운 열기관과 냉동기술에 열역학을 응용한 것이 이를 증명하는 사례이다. 특히 19세기 말기부터 20세기 초기에 걸쳐 무선통신 기술의 발달에는 맥스웰에 의한 전자기학, 전자기파 이론의 확립이 전제되었다. 또한 발전기의 개발은 전자기 유도의 발견 후에 처음으로 가능하였다.

이러한 특징은 과학이 기술에 선행하고 그 발달을 규정하며, 기술은 자연과
학의 의식적 응용이라는 견해를 지지한다. 이 시대의 과학과 산업의 관련에 나타
난 특징은 신기술의 개발을 위한 자연과학적, 기술학적 연구의 조직화, 즉 기술
개발에의 투자, 기업내 연구기관, 실험실의 설립, 기술연구자의 고용 등 구체적
인 형태를 지니고 나타났다. 이러한 경향은 1880년 이후 염료회사인 BASF, 바
이어사 등의 대기업에서 전형적으로 나타났다. 예를 들면 이들 회사에는 1900년
무렵 148명의 화학자와 145명의 기술자가 고용되어 기술개발에 종사하였다. 이
런 경향을 촉진한 것은 독일의 국가적 정책—공과대학의 신설에 의한 연구자 양
성기관의 정비, 산업보호정책 등—이었다. 또 독일에서는 국립물리공학연구소(초
대소장은 물리학자 헬름홀츠)가 창설되어 자연과학, 공학의 국가적 조직화가 적
극적으로 추진되었다. 이러한 움직임은 드디어 미국과, 조금 늦게 영국에도 파급
되었고, 나아가 20세기에 있어서 과학의 비약적인 발전을 가능케 하는 기본 조
건의 하나가 되었다.

2. 열역학과 에너지 상호전환 사상

열소설과 열운동설

운동의 입장에서 자연현상을 이해하려는 분야가 역학이다. 그런데 자연현상을 모두 운동으로 설명하는 데는 무리가 있다. 같은 그릇에 들어 있는 같은 종류, 같은 양의 기체가 온도가 달라질 때 이것을 물리학에서 어떻게 처리해야 하는가? 물론 물리학의 목표가 자연현상을 해명하는 데 있지만 역학은 이런 경우에 무능한 것이 되어 버린다. 위의 두 경우는 분명히 구별되어야 한다. 온도의 차이가 바로 그것이다. 이 차이를 우리들이 의식적으로 취급할 때 문제가 되는 것은 기체의 온도, 압력과 부피이다. 따라서 온도와 관계가 있는 현상은 역학과 다른 관점에서 연구하지 않으면 안된다. 이것이 바로 물리학의 한 분과인 열에 관한 역학, 즉 열역학이다.

기계적 운동으로부터 열을 발생시키고, 반대로 열을 기계적 운동으로 변환시키려는 노력은 고대에도 있었다. 그러나 19세기에 들어서까지 열은 역학과 관계가 없는 것으로 여겨졌고, 또 열의 본질이 열소(熱素)라고 생각하였다. 즉 열은 열소의 기계적 운동으로 열소의 속도는 온도의 상승과 함께 증가한다고 생각하였다. 더구나 18세기에는 이런 해석이 화학분야에까지 적용되었다. 고체의 용해와 액체의 증발은 열소와 고체 및 액체의 화학적 작용이고, 마찰열은 화학적으로 혹은 기계적으로 물질에 결합하고 있던 열소가 물질로부터 빠져나오는 현상으로, 그때 발생하는 열량과 마찰의 양은 서로 비례한다고 생각하였다.

열을 물질이라고 전제하고 이론을 전개한 사람은 스코틀랜드의 화학자 블랙[25]이다. 열소는 무게가 없고 탄력성이 있는 유체로 한 가지 원소이다. 따라서 원소처럼 물질과 분리되거나 결합하고 이때 열이 발생한다고 하였다. 이처럼 열의 본성에 관해서 연구를 하고 있던 블랙을 비롯한 소수의 과학자들은, 열은 뜨거운 물체에서 차가운 물체로 흐르는 물질, 즉 "열소(칼로릭)"라는 가상적인 물질의 한 형태라고 생각하고 있었다.

이러한 잘못을 부정하고 열의 역학적 이론에 기초를 제공한 최초의 실험이 19세기 중엽 미국계 영국 물리학자인 럼퍼드[26]에 의하여 실시되었다. 그는 무기 제조창에서 포신을 뚫을 때 다량의 열이 발생하는 사실을 목격하였다. 이러한 사실에서 그는 열이 열소에 의해서 발생하는 것이 아니라, 두 물체의 상호 마찰에

---

25) Joseph Black, 1728~99
26) Benjamin Thompson, Count Rumford, 1753~1814

의해서 생긴다는 사실을 실증하였다. 그러므로 그는 운동이 계속되는 한 열원은 고갈되지 않는다는 확신을 갖게 되었다. 이로써 열은 에너지의 한 가지 형태이며 모든 에너지는 서로 전환한다는 사실이 인식되기 시작한 것이다.

한편 영국의 화학자 데이비[27]는 두 개의 얼음 덩어리를 서로 마찰시키면 얼음 덩어리가 녹아 버리는 것을 관찰하였다. 이런 현상은 열소가 온도가 높은 물체에서 낮은 물체로 옮겨갔다고 해석할 수도 없고, 열소라는 새로운 물질이 생겨났다고 할 수도 없다. 이로써 점차 열소설은 학계에서 사라지기 시작하였다. 그러나 열소가 존재하지 않는다는 사실이 실제로 증명되기까지는 수십 년이 걸렸다. 열소설의 타파는 과학에 있어서 중대한 의의를 지닌다.

럼퍼드는 영국에 건너가 사회사업으로 명성을 쌓고, 독일의 뮌헨에서는 무기를 만들었다. 그가 시행한 위의 실험은 그 무렵이었다. 그는 바이에른 왕국의 육군 장관이 되었고, 그때 백작의 작위를 받았기 때문에 흔히 럼퍼드 백작이라 부른다. 다시 영국으로 돌아와 왕립연구소의 창설에 기여하였다. 이후 프랑스에서 황제 나폴레옹에게 봉사하였고, 유명한 프랑스 화학자인 라부아지에의 미망인과 결혼하였다. 그는 일생을 통하여 화제를 뿌렸고 또한 비난도 받았으나, 과학의 연구와 과학의 일상생활에의 응용과 보급에 관심을 갖고 여러 연구와 실험을 하였다. 그의 논문은 4권의 저서[28]로 출판되었는데, 그중에는 난로의 개량, 연료의 절약, 조명방법, 부엌 설비의 개선 등 열을 중심으로 한 실제적인 여러 연구가 포함되어 있다.

19세기에 열역학이 등장한 것은 증기기관과 밀접한 관계가 있다. 그것은 어떻게 하면 석탄을 절약하고 충분한 동력을 얻느냐 하는 문제 해결의 열쇠가 바로 열역학이었기 때문이었다. 석탄의 연소열이 동력을 발생시키는 것을 수량적으로 연구하는 과정에서 열역학이 탄생되었다. 따라서 이 분야는 순수한 학문적 입장에서 출발한 것이 아니고, 실용화된 열기관을 가장 경제적으로 사용하려는 데서 시작되었다. 즉 효율이 좋은 기관을 만들자는 요구에서 출발하였다. 그리고 이것은 물리학의 역사에서 기술상의 요구가, 물리학의 기초 이론의 발달을 촉진하고, 반대로 그 성과가 기술의 발달에 크게 공헌한 최초의 경우가 되었다.

카르노와 열역학 제1법칙

카르노[29]는 프랑스의 명문 집안에서 태어났다. 부친은 제1공화국과 나폴레옹 1세 때 정부의 중심인물이었다. 그는 주변의 적국에 대항하기 위하여 미숙한

---

27) Sir Humphry Davy, 1778~1829
28) *The Compleat Works of Count Rumford*, 1870~75
29) Nicolas Léonard Sadi Carnot, 1796~1832

신병을 훈련시켜 강력한 군대로 만들었기 때문에 "승리의 조직자"로 불렸다. 형은 자유주의적인 사상을 가져 나폴레옹 3세에 반대하였고, 형의 아들은 후에 프랑스 제3공화국의 대통령이 되었다. 이러한 정치가 집안에서 과학자 카르노가 탄생하였다.

카르노는 「불의 동력에 관한 고찰」[30]이라는 논문에서 증기기관의 산업적, 정치적, 경제적 중요성을 개관하였다. 와트에 의해서 발명된 증기기관은 매우 유용함에도 불구하고, 단지 6%의 효율을 가질 뿐으로 나머지 94%의 열은 손실되어 버렸다. 그는 다음과 같은 문제를 깊이 생각하였다. 1) 증기기관이 만들어내는 일에는 일정한 한계가 있는가? 증기기관의 개량에는 한도가 있는가? 2) 일을 얻기 위해 증기보다 더 좋은 것은 없는가?

당시 기술자들은 이미 이러한 문제에 관해서 연구하고 있었다. 그러나 문제점에 대한 카르노의 접근은 새로웠다. 그는 모든 종류의 열기관에 적용되는 이론을 구하였다. 일로 바꾸어질 수 있는 열에너지의 최대량은 카르노의 방정식 $(t_1 - t_2)/t_2$로 나타낼 수 있다. 여기서 t_1은 가열기의 온도, t_2는 냉각기의 온도이다. 이것은 기관이 한 일의 최대량이 기관 중의 온도 차이에만 의존한다는 사실을 보여준다. 이 방정식은 증기기관의 설계를 과학적 기초 위에 올려 놓았다. 실험 데이터와 자신의 결론에서 증기기관의 효율은 큰 온도 차이에 있으므로, 열의 전도와 마찰에 의한 손실이 없는 곳에서 기관을 사용해야 한다고 권고하였다.

카르노 이론의 특징은 일을 최대로 하려 할 때, 최고와 최저의 온도만이 문제가 되므로 온도의 변화가 빠르고, 느리고, 단계적인 것에는 관계가 없다는 점을 밝힌 것이다. 즉 열역학적 함수에는 처음과 나중의 양적 값만이 문제이며, 그 도중의 경로에는 관계가 없다는 것이다. 그 결과 증기기관 특히 일반적인 열기관은 같은 온도차에서 작동시키면 같은 효율을 가진다는 것이 판명되었다. 이것이 옳지 않다면 영구기관이란 것이 가능하다는 것을 지적함으로써 "카르노의 정리"에 도달하였다. 이런 현상은 물체가 지니는 에너지의 형태가 각기 다를지라도 그것들의 총계는 모두 같다는 뜻이다. 이것은 자연현상의 양적 관계를 밝힌 것으로 "에너지 보존의 법칙"이라고 볼 수 있다. 에너지는 하나의 형태로부터 다른 형태로 그 질은 바꾸어지지만 양적으로는 불변이라는 점이다.

열역학 제1법칙에 의하면 무에서 유가 생기지 않으며, 자연계에서 에너지의 총량은 증감이 없다. 즉 모든 자연현상을 통해서 에너지는 그 형태가 변할지라도 그 총화는 불변이다. 물론 자연계에 "불변"의 양이 있다는 것은 고대로부터 생각되어 왔으나 그 원인이 밝혀지지 않았다.

열은 또 다른 특징을 지니고 있다. 열은 온도가 높은 물체로부터 온도가 낮

---

30) *Réflecxions on the Motive Power of Heat*, 1824

은 물체 쪽으로 이동하는 성질을 가지고 있다. 고무공이 낮은 곳으로 떨어질 때, 속도를 지니고 있으면 되돌아와 높은 위치의 에너지를 가질 수 있으나, 열의 경우는 다르다. 자연현상 중에는 항상 한쪽 방향으로만 변화가 진행되는 것이 있다. 그 예로 열의 전도, 물에 떨어진 잉크의 확산, 금속의 산화, 생물의 노화현상은 역방향으로는 일어나지 않는다. 열 역시 항상 고온에서 저온으로 흐르며 반대의 경우는 없다. 따라서 자연적으로 열은 원상태로 되돌아갈 수 없다. 이러한 현상을 비가역적 현상 또는 비가역 변화라 부른다.

카르노는 1824년에 발표한 논문으로 열역학의 기초를 건설하였다. 그리고 그가 죽은 지 40년이 지난 후인 1878년에 발표된 유고(遺稿) 안에 "…… 열은 동력(에너지)에 불과하다. 열은 형태를 바꾸는 운동이며 운동의 한 형태이다. 물체의 여러 입자의 동력이 파괴되는 경우에는 반드시 그와 동시에 열이 발생하고, 그 열은 파괴되는 동력의 양에 비례하여 발생한다. 반대로 열이 파괴되는 곳에는 반드시 동력이 발생한다"라고 기술되어 있다. 이것은 바로 에너지 보존의 원리를 명쾌하게 설명한 것이다.

카르노는 콜레라에 감염되어 사망하였다. 당시의 예방조치에 따라서 그의 개인적 소지품은 노트류를 포함하여 모두 태워버렸다. 다행히 하나의 초고와 2~3권의 노트만이 남았다. 이리하여 그의 연구는 사실상 망각 속에 묻혀 버렸는데, 이것을 영국의 켈빈[31]이 재발견하였다. 그는 카르노의 결론을 1849년 "카르노 정리의 설명"으로 확증하였다. 켈빈과 클라우지우스[32]는 카르노의 연구로부터 열역학 제2법칙을 유도하였다. 카르노는 열역학 제2법칙이 있음을 처음으로 시사한 과학자이다.

클라우지우스와 열역학 제2법칙

클라우지우스의 공적은 카르노의 이론과 켈빈의 에너지의 연속감소에 관한 연구에서 찾을 수 있다. 그는 닫힌 계―외부로부터의 열의 출입이 없는 계―내의 열량과 절대온도의 비는 그 계에 어떤 변화가 일어나더라도 항상 증가한다는 것을 발견하였다. 그는 최종적으로 이 식을 정확하게 이끌어내고, 이 새롭게 정의된 함수를 "엔트로피(Entropy)"라고 명명하였다. 그리고 우주의 엔트로피는 항상 증가한다는 개념을 베를린 과학아카데미에 보고하였다.

비가역 현상은 엔트로피의 증가라는 표현으로 대신할 수 있다. 전에 기술한 잉크의 확산, 금속의 산화현상 등도 새로운 물리적 함수인 엔트로피의 변화로서 생각할 수 있다. 이것이 열역학 제2법칙의 출발점이다. 이 법칙에 의하면 우주의

---

31) Sir William Thomson, Baron Kelvin of Largs, 1824~1907
32) Rudolf Clausius, 1822~88

총 엔트로피는 최대값을 향하여 증가한다고 주장함으로써 그는 열역학 제2법칙의 발견자가 되었다. 그런데 그의 공적은 실험기술이 아니라 다른 과학자의 결론을 수학적으로 재해석한 데 있다. 엔트로피의 증가가 불가피하다는 일반법칙은 에너지의 상호변환을 다루는 분야에서 에너지 보존의 법칙인 제1법칙 다음으로 중요한 법칙이다.

실제로 존재하는 완전히 닫힌 계는 우주 전체이다. 따라서 우주에 대하여 열역학 제1법칙과 제2법칙을 종합하여 적용시키면, 우주의 엔트로피는 최대값을 향하여 서서히 증가하고 있으며, 우주전체의 에너지량은 불변이지만 인간이 사용할 수 있는 에너지량은 최소값을 향하여 감소한다. 그러므로 제2법칙은 에너지의 형태가 전환될 때 한계가 있다는 것이다. 우주의 엔트로피가 최대로 되었을 때를 상상해 보면, 우주는 완전히 열적 평형상태에 도달하여 일정한 온도가 되면 열이 흐르지 않는다. 즉 아무런 운동의 변화도 없다. 모든 사물의 종말을 묘사하는 이런 극적인 모습은 "우주의 열적인 죽음"이라 불려진다. "최후의 심판"에 대한 과학적인 유추인 셈이다.

이로써 그때까지 뉴튼 역학계에 있어서 결여되어 있던 시간의 경과에 대한 물리적인 의미와 방향에 새로운 해석이 부여되었다. 뉴튼의 세계에서의 역학은 원리적으로 가역적이다. 이론적으로는 포탄이 그 목표물에 맞은 후 정확히 탄도를 거슬러 다시 포신 속에 되돌아올 수 있다. 그러나 제2법칙에 의하면 이러한 일은 불가능하다. 물체가 발사되면 공기나 포탄의 분자는 제멋대로 불규칙한 운동을 하고, 발사체가 그 표적에 충돌하면 발사체와 그 표적 물질 분자는 열운동으로 변한다. 그리고 우주의 기계적 에너지는 열로 변화하고 그 열도 분산되어 버린다.

클라우지우스가 유명해진 것은 제2법칙의 연구뿐 아니라, 다른 사람의 관찰과 실험결과를 설명할 수 있는 수학적 이론을 수립하였기 때문이다. 그는 1870년 프러시아가 프랑스와 전쟁을 시작하자 학생들을 모아서 의용군을 편성하였다. 과학자들이 국제적인 감각을 잃고 유럽에서 일어나고 있던 국가주의에 관여하기 시작한 예의 하나이다.

열역학 법칙의 실험적 증명

열역학 제1법칙은 에너지 보존의 원리를 열효과에 적용한 것에 불과하나, 19세기의 물리학은 이 원리를 일반화시켰다. 열역학은 기계적 일과 열에너지와의 관계를 양적으로 정밀하게 측정하고, 일과 열의 상호관계를 명확히 하는 것을 목표로 하였다. 이를 증명하기 위하여 정확한 실험을 하기 시작하였다.

줄

줄　　영국의 물리학자 줄[33]은 당시 발명된 전동기를 이용하여 실험을 하였다. 전지로 전동기를 돌려 전지의 소모량과 전동기가 한 일의 양을 측정하여 전동기가 증기기관보다 훨씬 경제적이라는 결과를 얻었다. 이 실험에서 전류에 의해서 열이 발생하는 것에 관심을 갖고, 전류의 열효과로 연구의 방향을 바꾸었다. 그는 전류가 바늘을 통하여 흐를 때 발생한 열을 측정하였는데, 이때 발생한 열량은 최초의 저항과 바늘에 흐른 전류의 제곱에 비례한다는 사실을 발견하였다. 이것이 "줄의 법칙"이다. 여기서 전기에너지는 저항에 의해서 열에너지로 변할 수 있다는 가능성도 발견하였다. 그가 "기계적 힘을 소비한 곳에는 어디에나 정확한 열의 당량이 보존되고 있다는 것을 의심하지 않는다."라고 기술함으로써 실험적으로 에너지 보존의 법칙을 확립하였다. 그는 에너지는 무에서 발생하지도 않고, 무로 되돌아가지도 않으며, 그 모습을 바꾸는 데 지나지 않는다고 주장하였다. 그리고 일정량의 열이 변화한 여러 형태의 에너지량을 계통적으로 측정함으로써 열을 물질분자의 운동으로 귀착시켰다. 즉, 열은 칼로릭이라는 실체가 아니라, 일종의 작용이라고 생각하였다. 현대적인 의미로 열은 에너지의 일종이다. 에너지라는 말은 "일"을 의미하는 그리스어에서 유래하였고, "일할 수 있는 능력"을 의미한다.

　　이에 관한 줄의 논문이 발표된 것은 그가 29세 때였다. 그러나 이 논문은 학회지에 발표된 것이 아니고, 맨체스터의 신문에 실렸다. 그 까닭은 줄이 대학교수가 아니고 양조업자였기 때문이었다. 그는 평생 정식교육을 받아본 적이 없고, 가정교사들에게 배웠는데, 가정교사 중 한 사람이 원자론으로 유명한 돌턴이다. 또 그의 논문이 사소한 온도변화를 문제로 삼은 순수한 것이라는 점도 이런 대접을 받게 한 이유 중 하나이다.

　　줄의 논문이 신문에 발표된 지 몇 달 후에, 마침 과학자들의 집회에서 줄에게 발표할 기회가 주어졌다. 역시 과학자들 중에서 그의 실험에 흥미를 보인 사람은 거의 없었다. 단지 한 사람, 당시 23세였던 물리학자 윌리엄 톰슨

---

33) James Prescott Joule, 1818~89

(후의 켈빈 경)만이 줄의 열의 일당량에 관한 연구를 칭찬하였고, 그 덕택으로 줄의 실험이 사람들의 관심을 끌게 됨으로써 드디어 진가를 인정받게 되었다. 이로써 줄과 톰슨은 공동으로 "줄-톰슨 효과"를 발견하여 1862년에 이를 발표하였다. 이것은 기체를 단열팽창시킬 때, 온도가 낮아지는 현상으로 이것을 이용하여 19세기 말에 극저온을 얻을 수 있었다.

줄은 일생 동안 양조업자로 지냈다. 그러나 그것은 민주주의적인 영국 과학계에서는 별로 문제가 되지 않았다. 그의 업적이 학자들 사이에서 인정됨으로써 왕립학회 회원이 되었다. 당시 영국은 산업혁명의 절정기에 있었고, 국가 전체가 활기로 휩싸여 있었다. 이런 시대에는 대학교수가 된다는 형식적인 것보다도 과학적 업적 그 자체가 문제였다. 이것이 또한 당시 영국을 크게 발전시킨 원동력이기도 하다.

마이어 독일의 물리학자이며 임상의인 마이어[34]는 매우 대담한 사색가였다. 그는 실험 능력이 뒤진 점에서, 과학계의 밖에서 연구활동을 한 점에서, 또 확실한 증거의 확보에 뒤진 점에서, 당연히 받아야 할 인정을 받지 못하였다. 그는 우리의 체온은 식물의 화학에너지에서 보급된다는 가설을 세우고, 근육의 에너지도 같은 원리로 설명될 수 있다고 보았다. 따라서 기계적 에너지나 화학에너지는 모두 동등한 것으로 상호전환된다는 생각에서 에너지 보존의 법칙을 착상하였다.

마이어는 그의 편지에서, "운동은 열로 변한다. 물체의 낙하운동, 열, 전기, 화학에너지의 차이는 모두 동일한 대상이 여러 가지 현상과 형태를 취한 것이다. …… 운동은 대부분의 경우 열을 생성시키는 이외에 아무런 효과도 가지지 않는다. 그러므로 열의 원인으로 운동 이외의 것은 없다"고 주장하였다. 그는 열의 일당량의 크기를 발표함과 동시에 에너지 보존에 관한 이론을 발표하려 하였으나, 발표할 마땅한 잡지가 없어서 계속 지연되었다. 그래서 열의 일당량에 대해서는 줄에게, 에너지 보존의 법칙에 대해서는 헬름홀츠에게 우선권을 빼앗겼다.

마이어는 다른 사람보다 대상을 넓혀서 생물의 세계에 에너지 보존이 성립된다고 하였다. 이 같은 착상은 생기론이 그 당시의 일반적인 생각이었으므로 당시로서는 대담한 해석이었다. 그는 연구에서 패배감과 열등감에 사로잡혀 투신자살을 시도했지만 이것도 실패하였고 결국 정신병원에 수용되었다.

톰슨 스코틀랜드의 물리학자인 톰슨은 섭씨 영하 273도를 절대영도라 부르고, 그 이하의 온도는 존재하지 않는다고 주장함으로써, 절대영도를 영점으로 하는 새로운 절대온도를 제안하였다. 톰슨을 기념하기 위하여 이 온도를 "절대

---

34) Julius Robert von Mayer, 1814~78

온도" 혹은 "켈빈온도"라 부르고, K라는 기호를 붙인다(℃나 °F와는 달리 °K
라고는 하지 않음). 그는 클라우지우스와는 다른 원리를 기초로 하여 열역학 제
2법칙을 정식화하는 데 성공하였다.

그는 유명한 수학자의 아들로 태어났다. 8세 때 아버지의 강의를 들을 정도
로 천재였다. 11세 때 글래스고대학 수학과를 차석으로 졸업하였다. 최초로 수학
논문을 쓴 것이 10대 무렵이었고, 이것을 에든버러 왕립협회에서 발표하려고 했
지만, 열성적인 청중에게 소년이 강의한다는 것은 위엄이 없었으므로 연배의 교
수가 대신 발표하였다.

헬름홀츠 독일의 생리학자이며 물리학자인 헬름홀츠[35]는 다방면에 걸쳐
업적을 남겼다. 그의 이름이 가장 잘 알려진 것은 열역학, 특히 근육운동의 연구
로 이르게 된 에너지 보존의 법칙이다. 1847년 독특한 방법으로 상세히 발표한
까닭에 헬름홀츠에게 이 법칙을 발견한 명예가 돌아갔다. 그러나 지금은 마이어,
줄, 헬름홀츠 세 사람에게 공동으로 그 명예를 돌리고 있다.

헬름홀츠는 모든 에너지는 서로 다른 형태를 지니면서 그 양을 보존하고 있
으며, 서로가 전환된다는 생각에 도달하였다. 만약 유기체가 식물로부터 얻은 에
너지 이상으로 특수한 생명력에 의해서 작용한다면 그것은 유기체가 곧 영구기
관이 되어 버리는 것이라고 생각하고, 여기서 영구운동은 불가능하다는 사실을
주장하였다. 또 동물은 에너지를 식물로부터 얻으며 동물의 에너지는 등가의 열
과 기계적 에너지로 변한다고 주장하였다. 그는 '전체로서의 자연은 어떤 방법에
의해서도 감소되거나 손실되지 않는 힘을 소유하고 있다는 결론에 도달하였다.
―그는 "자연에서 힘의 양은 불멸이며 불변이다. 이러한 형식으로 기술된 일반
법칙을 나는 '힘의 보존의 법칙'이라고 부른다 "고 하였다.

헬름홀츠는 에너지 보존의 법칙이 지니는 의의를 강조하고, 과학의 한 분과
로서 열역학을 응용할 것을 당시 사람들에게 주지시켰다. 이 원리는 새로운 시대
의 자연과학적 법칙으로서 모든 분야에 적용되는 원리라고 강조하였다. 사실상
오늘날 이 원리는 물리학의 각 분과를 통일시키는 토대로서 생리학, 화학 등의
분야와 기술의 근본법칙이 되었다. 따라서 이 법칙은 자연철학적 관점에서 보더
라도 중대한 인식의 전진이었고, 더구나 이 법칙은 경험법칙이므로 인식론이나
철학에서 논할 수 없었던 분야이다.

볼츠만과 기체분자운동론

열 현상을 거시적으로 취급하는 열역학과는 달리, 물질을 구성하는 분자를

---

35) Hermann von Helmholtz, 1821~94

가정하고 그의 운동을 바탕으로 열현상을 미시적으로 설명하려는 시도가 있었다. 이 시도는 주로 기체를 대상으로 연구하였기 때문에 기체분자운동론이라 부른다. 이것은 열운동설을 역학의 입장에서 취급한 점에서 역학적 세계상과 관계된다. 특히 각각의 입자의 운동과 전체로서의 열현상은 '통계적' 처리에 의해서 가교가 놓였다.

　오스트리아의 물리학자 볼츠만[36]은 통계역학의 분야에 있어서 선구적인 연구를 하였다. 그는 에너지 등분배의 연구를 시작으로 그것을 맥스웰-볼츠만 법칙으로 결실을 맺었다. 그는 이 법칙에서 모든 방향의 원자운동에서 요구되는 평균 에너지량은 같다고 증명하고, 충돌에 의한 원자의 분포를 나타내는 방정식을 정식화하였다. 이것은 통계역학의 창시였다. 통계역학은 전도도나 점성과 같은 물질의 거시적 성질을, 물질을 구성하는 원자의 누적적 성질로 이해한다. 그는 열역학 제2법칙이 이 관점에서 고찰될 수 있다고 생각하고, 기체분자운동론의 입장에서 제2법칙을 끌어냈다.

　볼츠만은 현상이 일어날 수 있는 확률을 도입하였다. 이것은 열 현상을 지배하는 통계적 법칙성을 밝히는 뛰어난 업적이었지만, 한편으로는 역학의 고전적 입장, 즉 물리법칙의 결정론적 성격을 폐기시키는 결과를 가져왔다. 그의 착상은 드디어 미국의 물리학자인 기브스[37]에 의해서 통계역학의 형태로 정리되었다. 그의 연구는 20세기의 원자론자에 의해서 그 정당성이 입증되었지만, 눈부시게 발전하는 모습을 미처 보지 못하고 세상을 떠났다. 그는 자살하였는데 이전에도 한 차례 자살기도를 한 적이 있었다.

에너지 일원론

　이러한 과정을 거쳐 에너지 보존의 원리가 수립되었으나, 이것이 학계에 널리 보급되기까지는 많은 시일을 요구하였다. 줄의 법칙을 가장 먼저 평가한 사람은 독일의 사회주의자이자 유물론자인 엥겔스[38]이다. 그는 에너지 원리에 극히 중요한 의의를 덧붙였다. 그는 이 원리가 중세나 근대 초기와 같은 고정적이고 정적인 "보존"의 원리가 아니고, "상호전환"의 계기를 갖추었다고 하였다. 따라서 거기에는 뉴튼의 자연관에 있어서의 약점인 "신의 최초의 충격"이 들어갈 여지가 전혀 없어졌다. 뉴튼은 열의 보급원으로 신이 필요하다고 생각하였으나, 줄은 "신이 물질에 준 힘이 파괴된다고 생각하는 것은 힘이 또한 인공의 장치에 의해서 창조된다고 하는 것처럼 우둔한 일이다"라고 말하였다. 따라서 신의 보호하에

36) Ludwig Boltzmann, 1844~1906
37) Josiah Willard Gibbs, 1839~1903
38) Friedlich Engels, 1820~95

있는 뉴튼의 자연관과 달리 에너지 원리의 확립자들의 자연은 자급자율의 자연이다.

러시아계 독일의 물리학자인 오스트발트[39]는 자연현상을 지배하는 근본적인 양을 에너지라고 주장하고, 물리학, 화학 그리고 생물학 등의 모든 기본법칙까지도 에너지 원리에 바탕을 두고 일반적으로 설명할 수 있을 것이라는 에너지 일원론을 주장하였다. 이 원리는 우주적이고 보편 타당성을 지니고 있다고 생각되어 한때 지배적인 이론이 되기도 하였다.

오스트발트는 과학교육 면에서도 업적을 남겼다. 『화학의 학교』[40]는 우리에게도 잘 알려진 명저이다. 그는 또한 과학사 연구의 중요성을 설명하였다. 그의 저서 『정밀과학의 고전』은[41] 1938년까지 243권이 발행되어 이 분야의 기념비적인 업적으로 평가되고 있다.

---

39) Friedrich Wilhelm Ostwald, 1853~1932
40) *Die Schule der Chemie*, 1903~04
41) *Ostwalts Klassiker der Exakten Wissenschaften*, 1938

3. 천체물리학과 우주진화론

분광술과 사진술

분광학의 연구는 뉴튼의 스펙트럼 연구에서 비롯되었다. 이 연구는 주로 알코올 램프의 불꽃 속에 질산칼륨이나 소금 등을 집어 넣었을 때, 거기서 방출되는 분광을 관찰하는 일이었다. 특히 나트륨선의 밝은 노란색은 관심의 대상이었다. 분광학에 대한 공헌은 독일의 물리학자이자 광학장치 제작자인 프라운호퍼[42]의 업적을 들 수 있다. 그는 원래 유리세공업자로 자신이 만든 프리즘을 시험하는 도중에 1814년 태양 스펙트럼 속에 많은 흑선이 있는 것을 발견하였다. 이 흑선은 12년 전에 이미 발견되었지만 겨우 7개로서 프라운호퍼의 6백 개(지금은 1만 개)에 비하면 너무 적었다.

프라운호퍼는 단지 관찰에 그치지 않고 두드러진 흑선의 위치를 측정하고, 흑선이 항상 정해진 위치에 나타난다는 것을 관찰하였다. 그는 파장을 측정하여 A부터 K까지 기호를 붙였다. 지금도 이 기호를 쓰고 있다. 그는 태양광선의 경우 뿐만 아니라 달이나 다른 행성에서 오는 빛이라도 똑같다는 사실을 밝히고, 마침내 7백 개 선의 위치를 정확하게 그림으로 그렸다. 이를 "프라운호퍼선"이라 부른다. 그는 폐결핵에 걸려 40세에 사망하였는데 그의 묘비에는 "그는 별을 가깝게 하였다"라고 씌어 있다. 사실상 그는 분광학의 선구자이다.

스웨덴의 물리학자 옹스트룀[43]은 기체가 고온 상태에서 방사하는 빛이 저온 상태에서는 흡수되는 것을 독일의 물리학자 키르히호프[44]보다 먼저 발견하였다. 키르히호프가 이를 상세하게 연구하여 분광학을 확립하였을 때, 옹스트룀은 지체 없이 이를 천체에 응용하였다. 그는 1861년에 새로운 방법으로 태양 스펙트럼을 연구하고, 태양에 수소가 존재한다는 것을 보고하였다. 또 주의 깊게 각각의 선의 파장을 계산하여 태양 스펙트럼의 상세한 그림을 그렸다. 그는 정밀한 측정치를 얻었는데 10^{-8}cm까지 산출하였다. 이 값을 1옹스트룀($\overset{\circ}{A}$)이라 한다.

미국의 천문학자 피커링[45]은 1882년 스펙트럼 연구를 신속하게 하는 방법을 연구하였다. 그의 업적은 주로 사실을 집적하는 계획이었다. 그는 작은 프리즘을 사용하여 한 번에 한 개의 별을 관측하는 대신, 사진건판 앞에 커다란 프리즘을 놓고, 시야에 들어오는 모든 별을 한 점으로서가 아니라 작은 스펙트럼으로서 잡

---

42) Joseph von Fraunhofer, 1787~1826
43) Anders Jonas Ångström, 1814~74
44) Gustav Robert Kirchhoff, 1824~87
45) Edward Charles Pickering, 1846~1919

다게르

왔다. 이로써 분광학의 연구를 통계적으로 신속하게 처리하였다. 그후 그는 태양계로 눈을 돌려 1899년 토성의 8번째 위성인 훼페를 발견하였다. 한편 태양분광의 각 부분의 색에 따라 열효과가 모두 다르다는 연구결과도 나왔다. 빨간색 부분으로 갈수록 온도가 점점 높아지고, 빨간색 바깥 부분에서는 온도가 더욱 높아졌다(적외선). 이와 반대로 열효과는 작지만 사진효과가 강한 부분도 발견되었다 (자외선).

이상과 같은 연구를 기초로 독일의 화학자인 분젠[46]은 같은 원소에서는 같은 스펙트럼이 방사되므로, 스펙트럼은 원소 자신의 특징을 그대로 나타내고 있다는 사실을 발견하였다. 이러한 성질을 이용하여 물질 중 특정원소의 존재를 확인하는 가장 정확한 방법을 창안하였다. 또 무색에 가까운 불꽃을 내는 분젠버너를 고안하였고, 각각의 원소가 방사하는 특징적인 선을 연구하여 원소를 발견하고 또 식별하는 데 성공하였다.

한편 1829년 화가이자 발명가인 다게르[47]는 닙스[48]와 공동으로 사진술을 개량하였고, 드레퍼[49]는 사진술의 실용화를 이루어 이후 천문학 연구에 이를 이용하는 바탕을 수립하였다. 1839년 8월 19일 파리의 프랑스학사원 앞에는 흥분한 군중이 모여 들었다. 과학아카데미의 상임서기로 파리 천문기상대장인 아라고[50]를 보좌하던 다게르와 닙스 두 사람이, 그들이 개발한 사진건판과 3장의 은판사진을 공개했기 때문이다. 은판사진법을 개발한 다게르 등은 세계 사람이 그것을 자유로이 사용할 수 있도록 프랑스 정부가 자신들의 개발권을 사들이고, 그 대가로 연금을 지급하라고 주장하였다. 그해 1월에 과학아카데미 정례회의에서 아라고는 은판사진 기술에 관하여 상세하게 보고하고, 이어서 의회를 설득하였다. 그 결과 다게르와 닙스에 대해서 각각 연금 6천 프랑과 4천 프랑을 지급하고 은판사진에 대한 권리를 프랑스 정부가 갖는 결의안이 찬성 237표, 반대 3표로 가결

46) Robert William von Bunsen, 1811~99
47) Louis Jacqes Maudé Daguerre, 1789~1851
48) Joseph William Nippce, 1765~1833
49) John William Drapper, 1811~82
50) Dominique François Jean Arago, 1786~1853

되었다.

한편 당시 천문학의 주요연구과제는 태양계의 구조였는데, 영국의 과학자이자 사진기술자인 털보트[51]는 1840년 감광된 할로겐화은이 잔상을 만들고, 이것을 현상할 수 있다는 사실을 발견하였다. 그리고 요오드화은을 이용한 인화법을 고안하여 최초의 실용적인 사진제판법의 특허를 받았다.

태양계의 완성

영국의 천문학자 허셜[52]은 시야를 더욱 넓혀 천체의 일반적 구조를 확인하기 위하여 40피트의 대형망원경을 조립하였다. 그는 관측을 통하여 5천 개 이상의 성단의 목록과 이중성의 목록을 만들었고, 이를 바탕으로 성운의 분류와 우주의 진화가설을 제시하였다. 그의 천체관측 중에서 가장 유명한 것은 1781년 당시 혜성이라고 생각했던 별이, 그 운동과 외관상으로 보아서 토성의 바깥쪽을 돌고 있는 행성이 분명하다는 사실을 밝힌 것이다. 이 별이 바로 천왕성(허셜은 영국왕 존 3세의 이름을 따서 '존 별'이라 명명하려 하였으나, 친구들의 제안에 따라 '허셜'이라 하였다가 결국 그리스 신의 이름을 따서 명명하였다)이다. 또 자신이 발견한 천왕성의 운동을 다시 엄밀하게 관찰한 결과 천왕성이 만약 만유인력의 법칙에 따른다면, 천왕성의 비정상적인 운동은 결국 천왕성의 바깥쪽에 있는 또 다른 커다란 천체로부터 영향을 받고 있는 것이라고 생각하였다. 한편 독일의 천문학자 갈레[53]는 1846년 9월 23일 관측 첫날, 프랑스의 천문학자 르베리에[54]가 예언한 위치 근처에서 새로운 행성을 발견하고, 이 별을 해왕성이라 명명하였다. 영국의 천문학자 아담스[55]도 해왕성 발견자의 한 사람이다.

해왕성을 발견한 지 1백 년이 지난 후 해왕성의 궤도를 다시 관측한 결과, 해왕성 발견의 경우처럼, 해왕성도 만유인력의 법칙상 비정상적인 운동을 하고 있음을 발견함으로써 또 하나의 천체가 존재하고 있음이 예측되었다. 미국의 천문학자 톰보[56]가 이를 발견하고, 1930년에 명왕성이라 명명하였다. 이로써 태양계의 온가족이 발견되었다. 이러한 발견은 모두 뉴튼의 만유인력의 법칙에 기초를 둔 천체의 역학적 연구의 덕택이다.

한편 허셜의 관측에 의하면, 어떤 한쌍의 별은 그 이동의 상태로 보아서 두 개의 별이 외관상 뿐만 아니라 실제로 접근하고 있다는 결론에 도달하고, 1793

---

51) William Henry Fox Talbot, 1800~77
52) Sir William Herschel, 1738~1822
53) Johann Gottfried Galle, 1812~1910
54) Urbain Jean Leverrier, 1811~77
55) John Couch Adames, 1819~92
56) Clyde William Tombaugh, 1906~

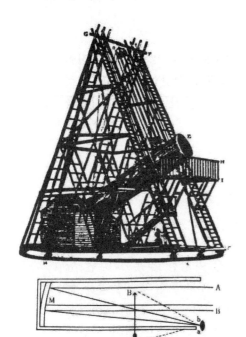

당시 (1785~89) 세계 최대의 반사망원경

년에는 이 두 개의 별이 서로 회전하고 있다는 사실을 확인하였다. 그 결과 그는 거의 8백 개에 이르는 이런 종류의 별, 즉 연성을 발견하였다. 연성에 관한 이런 견해는 이것이 처음이었는데, 연성의 운동도 만유인력의 법칙에 따르고 있다는 사실이 알려졌다. 태양계에서만 실증된 법칙이 1백 년 후 매우 먼 곳에 있는 별에 적용됨으로써 뉴튼의 법칙은 이때 처음으로 "만유"라 불려지게 되었다. 또 허셜은 토성의 위성인 미어스와 엥겔러더스를 추가로 발견하였다. 그는 1801년 전쟁이 잠잠한 틈을 타서 파리를 방문하여 라플라스와 함께 나폴레옹을 만났는데, 나폴레옹에 대한 인상은 좋지 않았다고 한다.

허셜과 함께 연구한 동생 캐롤린 허셜[57]은 최초의 여성 천문학자로 8개의 혜성을 발견하였다. 또 허셜의 아들인 존 허셜[58]은 희망봉에 천문대를 창설하고, 아버지의 연구를 남쪽 하늘까지 확대하였다. 원래 허셜은 오르간 연주자이고, 여동생인 캐롤린은 가수가 될 작정으로 정진하여 두 사람 모두 음악가로서도 성공하였는데, 천문학에 정열을 쏟은 뒤부터는 음악을 단념하였다.

천문학의 한 가지 연구과제는 태양계 안의 소행성을 발견하는 일이었다. 베를린의 천문대장인 보데[59]가 발견한 보데 법칙(각 행성의 태양으로부터의 거리가 일정한 수학적 상관관계 $A=4+3 \times 2^n$가 있다)에 따라 화성과 목성 사이에 행성이 확실히 존재할 수 있다는 전제하에 유럽 천문학계는 이 미지의 행성을 찾기 위해 노력하였다. 독일에서는 이를 위한 연구단체를 조직하였다. 그들은 황도 전체를 24등분하고 이를 분담하여 찾아보았으나 아무 성과 없이 18세기를 보냈다. 그후 보데는 두 종류의 성표를 발표하였다. 특히 1만 7천 개 이상의 별을 기재한 『우라노그라피아』[60]는 처음으로 성운과 이중성을 수록한 획기적인 것이다.

그런데 19세기의 첫날인 1801년 1월 1일, 이탈리아 시칠리아 섬의 서북 해안에 있는 팔레르모 천문대장인 피아치[61]는 예측했던 위치에서 새로운 별을 발

57) Caroline Lucretia Herschel, 1750~1848
58) John Frederic William Herschel, 1792~1871
59) Johann Elert Bode, 1747~1826
60) *Uranographia*, 1801
61) Giuseppe Piazzi, 1746~1826

견하였다. 이것이 소행성의 제1호로서, 이 별은 로마의 신의 이름을 따서 게레스라 명명되었다. 지름이 8km밖에 안되는 작은 행성이다. 그뒤 소행성이 계속 발견됨으로써 과학자들은 소행성의 생성과정을 연구하였다. 이 별들은 큰 행성이 폭발하여 붕괴될 때에 생긴 작은 파편으로서, 현재까지 1천 8백 개의 소행성이 발견되었고, 미발견된 것이 3~4만 개 있을 것으로 추정하고 있다.

이탈리아의 천문학자 스캬파렐리[62]는 혜성의 모양, 혜성과 유성우(流星雨)의 관계를 연구하였다. 그는 화성으로 연구대상을 옮겨 이후 1890년까지 화성의 대접근 때마다 표면의 모습을 관측하고, 화성의 바다와 대륙의 특징을 조사하여 운하처럼 보이는 줄무늬의 변화에 주목하였다.

스위스의 물리학자인 피카르[63]는 우주선과 이온으로 가득찬 상공의 대기에 관심을 가지고 고공에 도달하려는 열망으로 가득차 있었다. 그는 동료 두 사람과 기구를 타고서 18시간 상승하여 1만 6천m까지 올라가 인류 최초로 성층권에 도달하는 데 성공하였다. 그러나 기구 고장으로 17시간 표류 후 무사히 귀환하였다. 이듬해인 1932년 고도 1만 6천 2백m에 달하는 두번째 비행을 하고 우주선의 실험에 성공하였다. 또한 그는 마리아너 해구의 1만m 수심에까지 잠수하였다. 그는 암흑의 하늘과 바다에 빛을 던져준 국제적인 과학자이다.

천체역학과 태양계 형성이론

천문학을 역학적으로 연구 발전시킨 사람은 프랑스의 천문학자이자 수학자인 라플라스[64]이다. 그는 1799년의 한 논문에서 행성의 궤도가 섭동으로 서서히 변화하는 데도 불구하고, 이심률과 경사가 어느 한도 이상 증가하지 않고, 행성의 평균거리도 불변이며, 다만 미소한 주기성의 변화가 일어난다는 사실을 증명하였다. 이 이론이 바로 태양계 안정이론이다. 이처럼 만유인력의 이론을 기초로 천체의 운동을 수학적으로 연구하는 천체역학이 수립되었는데, 라플라스는 명실공히 이 분야의 선구자가 되었다. 그의 저서인 『천체역학』 5권[65]은 19세기의 "알마게스트"라 불린다.

라플라스의 명성이 높아진 것은 일반대상의 천문학서의 책끝에 붙인 주석 때문인데 라플라스 자신은 그다지 무게를 두지 않았던 한 가설이다. 그는 모든 행성이 태양의 둘레를 같은 방향, 같은 평면 안에서 공전한다는 사실에서, 태양이 처음에는 회전하고 있는 거대한 기체의 성운이었을지도 모른다고 주장하였다. 그리고 바깥에 있는 기체는 원심력에 의해서 떨어져 나가 한 개의 행성이 되

62) Giovanni Virginie Schiaparelli, 1835~1910
63) Auguste Piccard, 1884~1962
64) Pierre Simon, Marquis de Laplace, 1749~1827
65) Traité de mécanique céleste, 1799~1825

오리온자리의 대성운

었고, 같은 일이 몇 번이고 반복되면서 점차 행성의 수가 늘어났으며, 따라서 모두 처음의 운동방향으로 공전하게 되었으며 성운의 중심부가 농축된 부분이 지금의 태양이라고 주장하였다.

라플라스의 학설은 태양계의 여러 특성을 설명하는 데 대단히 유리하기 때문에 매우 오랫동안 존속되었다. 물론 몇 가지 결점도 있다. 각운동량의 분포에 대한 설명은 불가능하였지만 그것은 현대 우주진화설의 기초를 이룩하였다. 이 이론은 우주의 형성사에서 태양과 여러 별 사이의 안정성을 초자연적인 작용으로 귀착시키려는 태도를 타파하고 신의 역할을 일소한 점에서 볼 때, 근대적 합리주의와 계몽정신이 이룩한 또 하나의 승리라 할 수 있다.

라플라스의 연구는 당시 프랑스를 휘몰아쳤던 정치혁명에도, 나폴레옹의 흥망에도 방해받지 않았다. 그는 정치에 관여했음에도 불구하고 무사하였다. 그는 주위의 상황에 따라 재빨리 정치적인 변신을 하였다. 나폴레옹 치하에서는 내무부 장관, 궁중고문관이 되었고, 나폴레옹이 실각하고 루이 18세가 왕위에 오른 후에는 후작의 작위를 받았다.

프랑스의 천문학자 르베리에는 라플라스의 천체역학에 관한 연구를 이어받아 보다 정확하게 태양계가 안정하다는 사실을 보여주었다. 그는 태양계의 모든 행성에 관해서 그 운동을 만유인력의 법칙에 의해서 지금까지보다 훨씬 더 정확하게 계산하였다.

라플라스에 앞서 우주형성의 과정과 태양계 생성과정을 연역적인 방법으로 구상한 사람은 철학자 칸트[66]이다. 1775년 자신의 저서 『천체의 일반자연사 및 이론』[67]에서 "현재 태양계를 형성하고 있는 물질은 원래 태양계 전역에 구름과 같이 퍼져 있었다. 이러한 물질이 만유인력에 의해서 중심부로 낙하하는 도중에 서로 충돌하면서 옆으로 튀어 회전하는 입자들이 생기고, 계속 옆으로 충돌한 결과 전체 물질의 공통 중심을 회전하는 궤도를 이루게 되었다. 이러한 것들이 행

66) Immanuel Kant, 1724~1804
67) *Allgemeine Naturgeschichte und Theorie des Himmels*, 1755

성이 되고 중심에 모인 것이 태양이다 "라고 기술하였다. 이 내용은 우주의 원시 상태가 극히 작은 원소적 상태의 물질로서 우주 공간에 산재하고 또 가득차 있으며, 그것들이 인력에 의해서 중심체를 형성한다는 것이다. 주변의 물질도 같은 모양으로 특별한 형성핵을 중심으로 응결하고, 만유인력의 작용을 받아서 중심체 가까이 모인다. 그리고 다른 곳에서 생긴 척력의 영향을 받아서 낙하하던 덩어리가 운동방향을 바꾸어 소용돌이 운동으로 변하고, 이 소용돌이 운동 때문에 모든 행성이 태양을 중심으로 거의 같은 평면상에서 회전 운행한다는 것이다.

한편 라플라스는 태양계의 기원설로서, 칸트가 제창한 성운설을 기초로 1796년 신성운설을 발표하였다. 그의 이론은 태양계는 천천히 자전하고 있는 고온의 기체덩어리로부터 출발하였다. 태양계의 원시상태는 성운과 같은 것이다. 이와 같은 원시성운은 냉각되어 수축하지만 성운이 지니고 있던 원래의 각운동량의 총화는 불변이므로, 수축하면 할수록 자전 속도가 빨라진다. 적도면 부분에는 원심력이 점점 크게 작용하여 중력과 원심력이 같아질 수 있다. 이때 적도 부분에서 물질이 고리모양으로 분리되고, 몇 개의 고리모양으로 분리된 성운은 계속 축소되는 한편, 대단히 빠르게 회전하기 때문에 드디어는 한 개의 물체로 뭉쳐서 회전하기에 이른다. 수축된 중심이 태양이며, 여러 개의 고리모양으로 분리되어 수축된 것이 각각의 행성이다. 그리고 행성의 자전에 의해서 또 다시 위성이 분리되어 나왔다고 주장하였다.

대우주의 발견

이 시대의 천문학의 한 가지 과제는 대우주의 발견이다. 당시 천문학자들은 먼 곳에 있는 항성의 세계까지 관찰의 눈을 돌려, 성운의 정체는 물론 태양계와 은하계, 그리고 은하계 바깥의 대우주에 관한 연구를 본격적으로 시도하였다. 대우주의 구조를 연구하기 위해서는 무엇보다도 항성까지의 거리를 측정하는 것이 급선무였다. 이전에는 연주시차의 측정으로 그 문제를 해결하였으나, 이것은 겨우 1백 광년 정도의 거리에 있는 항성의 연구에만 국한되었다. 따라서 더 멀리 있는 대다수의 항성에는 이런 방법이 적용되지 않아서 거리의 측정이 불가능하였다.

한편 광도는 일정치 않으나 주기적으로 변하는 많은 별 중에서 세페우스형 변광성이 변광주기와 진짜 광도 사이에 일정한 관계가 있다는 사실을 알았다. 즉 광도는 거리의 제곱에 반비례하여 어두워진다는 이론을 바탕으로 항성의 거리를 계산할 수 있었다. 더구나 모든 성단과 성운 속에는 세페우스형 변광성이 존재하므로 원거리 천체의 거리를 측정하는 귀중한 수단이 되었다.

특히 독일의 천문학자 베셀[68]은 1838년 3세기에 걸쳐서 천문학자의 꿈이었

---

68) Friedrich William Bessel, 1784~1846

던 항성의 연주시차의 측정에 성공하였다. 그가 연주시차를 발견함으로써 코페르니쿠스의 지동설이 최종적으로 증명되었다. 영국의 천문학자 브래드리[69]가 발견한 광행차(光行差)와 마찬가지로 연주시차는 지구가 우주공간을 운동한다는 것을 명확하게 증명하였다.

한편 허셜은 대다수의 항성을 관측한 결과, 항성우주에 관해서 선배들이 상상조차 하지 못했던 전체적인 체계를 묘사하였다. 그는 태양계 등은 우주공간에서는 작은 점에 불과하다고 주장함으로써 커다란 우주의 존재를 제안하였다. 태양은 은하의 중심에서 3만 광년 떨어져 있는 한 개의 항성이며, 우리들의 시야에 보이는 모든 항성은 결코 공간에 제멋대로 분포되어 있는 것이 아니라, 두툼하고 평평한 원반 모양으로 되어 있는 은하계 안에 있다. 허셜은 이 부분적인 우주를 은하우주라 불렀는데, 이를 대우주에 비한다면 큰 바다의 물 한방울에 불과한 정도이다.

아일랜드의 천문학자 로즈[70]는 금속거울을 연마하는 방법을 혼자서 연구하여 1827년부터 4년간에 걸쳐 90cm의 망원경을 제작하고, 이어서 180cm의 대망원경의 제작에 성공하였다. 3만 파운드의 비용이 들어간 이 제작은 사실 기후가 나쁜 아일랜드에서의 관측용으로는 너무 과분하였다. 그는 은하계에 필적할 정도의 독립된 항성 집단으로 수백 만 광년 먼곳에 있는 와상성운을 발견하였다.

천체물리학과 우주진화론

17, 18세기의 천문학이 주로 망원경에 의해서 발달한 데 반하여, 이미 기술한 대로 19세기 후반 이후에는 사진술과 분광학의 발달로 천체물리학이 크게 진보하였다. 더구나 일단 촬영해 둔 사진은 그후 비교 연구를 할 수 있었으므로 천문학 연구에 매우 유용하였다.

영국의 천문학자 허긴스[71]는 천체의 스펙트럼을 통해서 쉽게 비교관측하여 천문학의 새로운 분야인 천체물리학을 탄생시켰다. 천체역학은 단지 천체의 운동만을 취급한 데 불과하였지만, 천체물리학은 천체의 성질, 상태, 구조 뿐만 아니라 화학조성과 온도까지 확인한다. 그는 천체연구의 수단으로 사진술을 처음 이용한 사람인데, 1875년 스펙트럼 촬영법을 고안하였다. 스펙트럼 사진은 항성이나 빛이 약한 천체도 노출시간을 길게 하면, 빛을 모을 수 있으므로 육안으로 보이지 않는 흐린 별이라도 관측할 수 있다는 이점이 있다.

이탈리아의 천문학자 세키[72]는 새로운 분광기술을 익혀 이를 계통적으로 천

69) James Bradley, 1693~1762
70) 3rd Earl of William Parsons Rosse, 1800~67
71) Sir William Huggins, 1824~1910
72) Pietro Angelo Secchi, 1818~78

문학에 응용하였다. 그는 4천 개 이상의 별의 스펙트럼을 조사하고 분류하였다. 분광에 의한 항성의 분류는 별의 표면온도에 관계가 있으므로, 이것은 당연히 고온의 별과 저온의 별의 존재를 뜻하며 또한 별의 성쇠와 진화의 일면을 보여준다. 그후 세키의 분류법을 기초로 백색광은 고온 청년기의 별, 태양과 같은 황색광은 진화과정을 거친 중년기의 별, 적색광은 노년기에 속하는 별이라고 생각하였다. 이 연구로 세키는 명성을 얻었는데, 이 때문에 1870년 이탈리아 왕국이 통일되었을 때에 매우 유리한 처지에 서게 되었다. 그것은 이탈리아 신정부가 예수파의 사람들을 추방하였기 때문인데, 그는 예수파의 사제였지만 천문학자로 더 유명하였으므로 무사하였고, 로마대학의 천문대장직에 머물렀다.

프랑스의 천체물리학자 얀센[73]은 태양 중의 나트륨의 존재를 확인하고, 특히 코로나는 수소를 주성분으로 한 백열상태의 가스상의 기둥이라고 밝혔다. 나아가 지구상에 존재하는 대부분의 원소가 태양에도 존재한다는 사실을 발견함으로써, 고대 이래의 위계사상에 최후의 결정타를 가하였다. 한편 영국의 천문학자인 로키어[74]는 태양의 표면에서 뿜어져 나오는 홍염(로키어는 채층이라 불렀다)의 커다란 불꽃에 관심을 가졌다. 홍염은 보통 일식 때, 태양의 광구가 달 뒤에 숨어 있을 때 달 가장자리에 붉은 빛으로 나타난다. 그런데 그는 1868년 태양의 광구의 가장자리에서 나오는 빛을 프리즘을 통해서 보았더니, 일식 때가 아닌데도 홍염의 스펙트럼을 관측할 수 있었다. 이 발견을 발표하던 날, 프랑스의 얀센도 똑같은 내용을 발표하였다. 10년 후 프랑스 정부는 두 사람의 초상을 새긴 커다란 메달을 주조하였는데, 로키어가 죽을 때까지 50년간 발행되었다. 그는 유명한 잡지 『자연』(Nature)을 창간하기도 하였다.

이 무렵 두 사람은 공동으로 더욱 훌륭한 발견을 하였다. 얀센은 일식 중의 태양광선 스펙트럼을 관측하던 중에 희귀한 휘선이 있는 것을 보고 이를 로키어에게 알렸다. 로키어는 이 휘선을 기존의 휘선과 비교한 결과, 지구상에 존재하지 않는 미지 원소의 스펙트럼이라는 결론을 내리고 헬륨(그리스어로 태양이라는 뜻)이라고 명명하였다. 그후 10년이 지나 지구상에서도 이 원소가 발견됨으로써 로키어가 옳았다는 사실이 입증되었다. 헬륨은 하늘과 지상에 동시에 존재하므로 아리스토텔레스의 위계사상은 역시 치명타를 입었다. 로키어는 태양흑점의 스펙트럼도 연구하였다. 또 그는 별이 처음에 낮은 온도에서 시작하여 점점 온도가 상승함에 따라 붉은색, 노란색, 흰색의 별로 되면서 가장 높은 온도에 도달하며, 그후 온도가 하강하여 다시 붉은색으로 되고 최후에는 암흑성으로 되어 보이지 않게 된다고 주장하였다.

---

73) Pierre Jules Céstar Janssen, 1824~1907
74) Sir Joseph Norman Lockyer, 1836~1920

스웨덴의 물리학자인 리드베리[75]는 스위스의 물리학자인 발머[76]가 제출한 가장 간단한 수소 스펙트럼 사이의 관계식인 "발머식"을 1890년 일반 원소에까지 확장한 "리드베리식"을 제출하고, 모든 물질의 스펙트럼에 공통되는 정수인 리드베리 상수를 도출하였다. 한편 미국의 천문학자인 피커링은 25년간 계속해서 "피커링 할렘"이라 불린 여성 연구원들과 함께 25만 장에 달하는 항성 스펙트럼의 사진관측을 하여 1918~24년 헨리 드레이퍼 별표로 마무리하였다. 또한 그는 30만 장의 사진을 바탕으로 1903년 전체 하늘의 사진성도를 처음으로 작성하였다.

---

75) Johannes Robert Rydberg, 1854~1919
76) Johann Jakob Balmer, 1825~98

4. 전기학과 전자기학

전기실험의 유행

전기현상은 고대 그리스 시대부터 알려져 있었다. 자연철학자 탈레스는 호박을 마찰하면 실오라기 같은 것을 잡아당긴다는 것을 관찰하였다. 그러나 전기현상은 고대와 중세를 통해서 그 이상의 새로운 지식으로 발전하지 못하고, 다만 신비에 싸여 전해져 왔을 뿐이다. 전기 충격이 생명에 대하여 활력을 준다는 괴상한 의학상의 주장이나, 전기의 힘과 자연 속에 존재하는 생명력을 동일하게 보는 생각도 있었다. 또 번개는 신의 노여움이요, 전기는 우주의 정신이라고 말하는 사람도 있었다.

맨처음 전기와 자기의 문제를 과학적으로 연구한 사람은 영국의 길버트이다. 그는 전기에 관한 당시의 전설을 모두 배제하고 오로지 실험적 방법을 통해서 전기와 자기의 현상을 연구하였다. 그는 호박뿐 아니라 유리, 황, 보석 등도 마찰할 때 종이조각이나 지푸라기 등을 끌어당긴다는 사실을 관찰하여 이 분야의 기초를 수립하였다. 또 독일의 물리학자 게리케는 마찰을 기계적으로 행할 수 있는 방법을 고안하여 전기를 일으키는 장치를 최초로 만들었고, 이 장치는 그후 1백 년간 전기기계의 모범이 되었다.

영국의 전기학자인 그레이[77]는 1729년 전기전도에 관한 기초적인 연구를 하였다. 그는 전기가 먼거리까지 전해진다는 사실을 중심으로, 전기를 전하는 물질(금속)과 전하지 않는 물질(모발, 견사, 유리 등)이 있음을 발견하였다. 그리고 전기는 양을 잴 수 없는 유체(流體)로 두 종류가 있다고 주장하였다. 또 프랑스의 과학자 듀페이[78]는 1733년에 유리를 마찰할 때와 호박을 마찰할 때, 각각 다른 두 종류의 전기가 발생한다는 것을 발견하였다. 즉 유리, 수정, 양모 등에서 일어나는 "유리전기"와 수지, 호박, 견사 등에서 일어나는 "수지전기"가 있는데, 다른 성질의 전기는 서로 당겨 합쳐지고, 같은 성질의 것은 서로 밀어낸다는 인력과 척력의 관계를 확인하였다. 한편 에피누스[79]는 그때까지 유리만을 절연체로 생각한 프랭클린의 이론을 배격하고, 공기도 절연성을 지닌다고 주장하였다. 그리고 전기적 인력, 척력에 관한 원격작용설을 주장하였다.

이상과 같은 전기에 관한 흥미있는 실험결과는 세계 각지에 넓게 퍼져 전기

---

77) Stephen Gray, 1666~1736
78) Charles François Cisternai Dufay, 1698~1739
79) Franz Ulrich Theodosius Aepinus, 1724~1802

프랭클린

실험이 유행처럼 되었다. 유행을 더욱 부추긴 것은 다름 아닌 "라이든 병"의 발명이다. 1744년 네덜란드의 라이든대학에서 라이든 병이라는 장치가 발명되어 다량의 정전기를 저장할 수 있게 되었다. 이 병은 축전지의 일종인데, 그 당시 이 병에 대해서 세계 여러 나라에서 많은 호기심과 관심을 불러일으켰고, 많은 과학자들이 신기한 이 병에 골몰하였다. 이 소식은 1750년 미국에까지 퍼졌다.

프랭클린은 미국 태생의 최초의 과학자인데, 그는 한평생 자유를 사랑하고, 과학을 존중하며 공리주의에 철저한 전형적인 미국 사람이었다. 과학사가 버널이 말한 것처럼, 그는 18세기의 베이컨으로 과학의 역사에서 매우 매력 있는 인물이다. 이것은 그의 관심이 여러 분야에 걸쳐 있었다는 점도 있지만, 과학상의 중대한 실험을 자신의 생명을 걸고 수행한 놀랄 만한 용기를 지니고 있었기 때문이다.

프랭클린은 라이든 병에 충전한 전기를 방전할 때, 스파크가 일어나는 것을 보고 번개도 일종의 전기가 아닐까 하는 의문을 가졌다. 그는 번개 치는 날 하늘에 연을 띄운 "연의 실험"에서 얻은 결론을 바탕으로, 전기란 어느 때나 우리 주변에 있다는 결론을 얻었다. 이 원리를 응용한 피뢰침은 전기에 관한 인류의 지식이 실제로 이용된 첫번째 일이다. 이것은 공평무사한 자연의 기능에 관한 연구가 인간에 의해서 유용한 실천적 발명으로 연결된다는, 프란시스 베이컨의 약속이 실현된 최초의 예였다. 번개가 곧 전기라는 그의 이론은 부분적으로 옳았고, 다음 단계의 전기의 역사에 있어서 중대한 지표가 되었다.

프랭클린은 양전기와 음전기를 구별하였고, 전하가 음전기에서 양전기로 이동한다는 것도 밝혔다. 200년 전의 그의 이런 생각은 지금도 그대로 쓰이고 있다. 그의 한 편지에서 "전기 불꽃은 모든 물체에 존재하는 공통 원소이다. 만일 한 개의 물체가 정상보다 전기를 많이 얻을 때 '양'이라 부르고, 정상보다 적을 때 '음'이라 부른다"라고 주장함으로써, 그는 두 종류 유체설에 반대하고 한 종류 유체설을 제시하였다.

프랭클린은 미국 독립선언서에 서명한 5인의 정치가 중 한 사람이다. 1776년에 그는 프랑스로 건너가 프랑스가 미국의 독립을 지지하도록 하는 데 성공하였다. 당연한 일이지만 당시 영국의 국왕 조지 3세는 이러한 행동을 하는 프랭클린을 미워하였다. 왕의 분노는 묘한 모습으로 폭발하였다. 화가 난 왕은 궁전과 영국정부가 달고 있던 끝이 뾰죽한 프랭클린식 피뢰침을 끝이 둔한 영국식으로 바꾸도록 명령하였고, 런던의 왕립학회에 명령하여 영국식 피뢰침이 보다 안전하다고 선언하도록 하였다. 그러나 왕립학회는 이 명령에 따르지 않았다.

한편 프랑스의 물리학자 쿨롱[80]은 1797년 한쪽의 전하체를 진동시키고 그 진동수가 거리에 따라서 어떻게 변화하는가를 측정하여 전기, 자기에 작용하는 인력과 척력은 모두 거리의 제곱에 반비례한다는 사실을 밝혔다. 이 법칙의 확립은 전기적 혹은 자기적 현상의 연구를 수리과학으로 발전시킨 출발점이 되었다. 물론 이 단계에서는 전기학과 자기학이 같은 기초법칙하에 놓여있었지만 서로 독립된 현상으로 취급되었고, 전기력과 자기력이 중력과 같은 성질을 가지고 공간을 초월하여 원격작용을 일으킨다고 생각하였다.

동물전기와 금속전기

프랭클린의 연구는 이탈리아의 해부학자 갈바니[81]의 연구에 자극을 주었다. 갈바니는 볼로냐대학의 해부학 교수였는데, 당시 해부학 교실에도 예외 없이 전기실험 기구가 갖추어져 있었다. 갈바니도 해부학과 생리학 분야에서 전기실험을 하였다. 어느날 그가 해부학 교실에서 철판 위에 개구리를 올려 놓고 실험하던 도중, 수술용 칼로 개구리의 다리를 건드렸을 때 개구리 다리에서 경련이 일어나는 것을 보았다. 그러나 나무판 위에 개구리를 놓았을 때는 아무렇지도 않았다. 따라서 개구리를 경련시킨 것은 두 금속 사이에서 생긴 다름 아닌 전기였다. 그런데도 그는 개구리 다리에서 전기가 발생한다고 생각한 나머지 이를 "동물전기"라 불렀다. 이를 계기로 전기에 관한 연구가 더욱 가열되었다.

이탈리아의 물리학자인 볼타[82]는 처음에는 문학에 취미를 가졌지만, 프리스틀리가 쓴 전기연구의 역사에 관한 책을 읽은 뒤부터 전기에 흥미를 가졌다. 그는 전류는 생명이나 조직과 관계가 없으며 동물전기는 존재하지 않는다고 결론을 내리고, 1799년 많은 양의 전기를 얻기 위한 장치를 연구하여 커다란 성과를 거두었다. 그는 소금물을 넣은 그릇을 두 개 준비하여 한쪽 끝은 구리, 다른 끝은 아연이나 주석으로 만든 구부러진 모양의 금속으로 두 용액을 연결시켰더니 전류가 계속 흘렀다. 이 장치는 역사상 최초의 "금속전기"로 전지의 시초이다. 또한 정전기가 아닌 전류로서 처음 있는 일이었다.

80) Charles-Augustin Coulomb, 1736~1806
81) Luigi Galvani, 1737~98
82) Alessandro Giuseppe Antonio Anastasio Volta, 1745~1827

볼타

이 발명으로 볼타의 명성은 정점에 이르렀다. 1801년에는 나폴레옹의 초청을 받아 파리를 방문하고 전지를 이용하여 물의 전기분해 실험을 하였다. 과학을 좋아하는 나폴레옹은 매우 기뻐하고 볼타에게 금메달과 훈장을 주었다. 그는 볼타의 발명을 기념하는 금메달을 만들고, 전지를 사용한 실험을 장려하기 위한 위원회를 만들었다. 당시 이탈리아를 지배하고 있던 나폴레옹은 1801년에 볼타에게 백작의 작위를 내리고 북이탈리아의 롬바르디아 왕국의 원로위원에 임명하였다. 그의 이름은 지금 "기전력"(전류를 흐르게 하는 힘)의 단위로서 쓰이고 있다.

볼타의 발명은 선풍을 일으켰다. 그것은 큰 양의 전류를 만들어내는 것이 처음으로 가능했기 때문이다. 우리가 지금 사용하고 있는 전기 기기와 장치의 발명에 이르렀다. 볼타의 비범함은 간편한 장치를 만드는 능력과 자신의 확신을 최후까지 포기하지 않는 집념이었다. 그는 이론가가 아니었기 때문에 자신의 발견을 설명하려고 하지 않았지만, 전기의 적절한 측정법을 확립할 필요성을 잘 이해하고 있었다.

볼타의 전지는 물리학과 화학에도 영향을 주었다. 금속전기는 화학작용에 의해서 발생하는 것으로 전기와 화학작용은 밀접한 관계를 지니고 있음을 보여주었다. 전기의 화학작용을 이용하여 영국의 데이비는 전기분해의 연구를 진행시켰다. 그는 전기화학의 기초를 수립한 셈이며 19세기의 분석화학에 강력한 수단을 제공하였다. 전기의 발생에 관해서 볼타는 접촉설을 주장한 데 반하여, 데이비는 전극과 용액의 화학작용에 의해서 전기가 생긴다는 화학설을 주장하였다. 그후 이것은 다시 절충되어 1807년에 본질적으로 전기의 발생 원인은 화학친화력이라는 학설이 대두되었다. 그리고 1812년에는 베르첼리우스에 의해서 화학결합에 대한 전기적 2원론이 전개되었다.

전기의 여러 법칙

독일의 물리학자 옴[83]은 A점과 B점의 전위차와 물질의 전기전도도에 의해

---

83) Georg Simon Ohm, 1789∼1854

서 전류의 크기가 변한다고 판단하였다. 굵기나 길이가 다른 전선을 이용하여 실험한 결과 전류의 세기는 전선의 길이에 반비례하고 단면적에 비례하는 것을 알았고, 전선의 저항을 결정하는 데 성공하였다. 즉 전류회로에서 전압, 전류, 저항의 삼자 사이의 정량적인 관계를 밝힘으로써 "옴의 법칙"을 수립하였다. 1볼트의 전위차를 가지고 1암페어의 전류가 흐를 때 그 물질의 저항은 1옴이다. 특히 전기전도도(저항의 역수)의 단위로는 옴의 이름을 붙여 모(mho)라 부른다. 옴의 법칙은 거의 같은 무렵, 앙페르가 발견한 전기력과 함께 전기의 이론 연구의 출발점이 되었다.

옴의 성과는 당연히 대학교수로 임명될 만한 가치가 있었지만, 그는 교수가 되지 못했을 뿐 아니라 고등학교의 교사직도 잃었다. 이것은 그가 이론적으로 법칙을 유도하였기 때문에 다른 학자들을 이해시키지 못하였고, 나아가 그의 실험 결과마저 불신을 받았기 때문이다. 빈곤과 절망 속에서 6년을 지낸 후, 독일이 아닌 외국에서 서서히 인정을 받음으로써 명성을 얻게 되었고, 결국 뮌헨대학의 교수가 되었다.

영국의 과학자 캐번디시가 전기의 본성에 관해서 1771년에 발표한 논문은, 그가 전기를 탄성유체라고 믿고 있었음을 보여준다. 당시 그는 그때 뉴튼의 『프린키피아』의 후편이 될 만큼 모든 전기현상을 설명하는 저서를 출판할 목적으로 10년간에 걸쳐서 연구하였지만 발표하지는 않았다. 그는 세밀한 점에 이르기까지 대단한 주의를 기울였고, 모든 관찰을 이해하고 통일하려 했기 때문에 그의 계획은 미완성으로 끝났다. 하지만 그는 전기력이 역제곱에 따른다는 것을 발견하고, 전도성에 관한 몇 가지 가치 있는 연구를 하였다.

열과 전기의 관계도 1822년 에스토니아 출신인 제베크[84]에 의해서 밝혀졌다. 두 가지의 다른 금속의 접합점에 열을 가하면 그 회로에 전류가 발생한다는 것을 발견했는데, 이것은 볼타전지와는 달리 열적인 전원으로 매우 안정한 전압을 나타냈다. 한편 영국의 물리학자 휘스톤[85]은 전기저항의 측정장치인 "휘스톤 브리지"로 잘 알려져 있지만, 그는 이 기기의 발명자가 아니고 보급자에 불과하다. 잘 알려져 있지 않지만 그의 독자적 업적으로는 입체시경(Stereoscope), 가변저항기의 발명, 도선을 통과하는 전기의 운동속도의 측정 등을 들 수 있다. 또한 그는 전신기술의 개척자의 한 사람이다. 그의 놀랄 만한 다채로운 재능이나 전신기술, 전기학, 광학, 음향학에 있어서 그가 달성한 독창적인 업적은 가치가 있다.

---

84) Thomas Johan Seebeck, 1771~1831
85) Charles Wheaston, 1802~75

패러데이와 전자기학

소년 제본사   영국의 화학자이자 물리학자인 패러데이[86]는 런던 근교의
대장장이의 아들로 태어났다. 10명이나 되는 형제들 때문에 생활이 어려워 제본
사의 견습공으로 일했다. 그는 제본일을 하는 틈틈이 책의 내용에 관심을 가졌
고, 특히 과학책을 무작정 읽었다. 제본소의 주인은 열성적인 패러데이에게 감동
한 나머지, 과학강의의 청강을 허락하였다. 패러데이는 왕립연구소의 화학자 데
이비의 강의를 듣고, 강의 노트를 정리하여 데이비에게 보내면서 연구소의 조수
가 되기를 간청하였다. 데이비는 패러데이의 열의와 재능을 인정하고, 그의 뜻을
받아주었다. 다행히 이렇게 해서 그는 왕립연구소의 실험조수가 되었다. 그가 21
세 때였다.

패러데이는 착실한 크리스챤이었다. 그는 허영을 싫어하여 많은 상과 학위
를 사양하였다. 그뿐 아니라 왕립학회의 회장 자리나 귀족의 작위도 거절하였다.
영국과 러시아의 크리미아 전쟁 당시, 영국 정부가 독가스 사용에 관하여 자문하
였을 때, "독가스의 생산은 가능하지만 나는 그 일에 손대고 싶지 않다"고 대답
하였다. 그는 매년 크리스마스 무렵이면 왕립연구소에서 젊은이를 위해서 연속
강의를 하였다. 어느날 그는 자석을 코일 안으로 넣었다 뺐다 하면서 코일에
연결된 전류계의 바늘이 움직이는 실험을 해보았다. 강의가 끝난 후 한 부인이
그에게 질문을 하였다. "그것이 무슨 쓸모가 있겠습니까?" 그때 패러데이는 정
중히 예의를 갖추면서 "부인, 그렇다면 갓난아기는 무슨 쓸모가 있습니까?"라고
하였다. 또 어느 정치가도 같은 질문을 하자, "20년이 지나면 당신은 전기에 세
금을 물리게 될 것입니다"라고 했다고 한다.

전류의 자기작용   전지의 발견은 결국 전류와 자기, 그리고 화학현상 사
이에 어떤 관련이 있는가를 찾도록 자극하였다. 1820년 덴마크의 물리학자 외르
스테드[87]는 모든 자연현상을 근원적인 한 가지 힘의 발현으로 보는 자연철학의
영향을 받아, 전류는 끊임없이 파괴와 회복을 반복하는 현상으로 보았다. 다시
말해서 전류에 연결한 도선 내에서는 끊임없이 양과 음의 전기가 분리되고 중화
되면서 전기를 운반해 간다고 생각하였다. 그는 이미 1807년부터 전기와 자기의
관계에 관심을 가지고 있었는데, 볼타 전지를 사용하여 1820년 전류의 자기 작
용을 실험하였다.

외르스테드는 도선을 자침과 평행으로 놓고 전류를 흐르게 하면 자침이 세
게 움직이고, 전류의 방향을 반대로 하면 반대로 움직이는 현상을 발견하였다.
즉 전류가 흐르고 있는 도선은 자침의 극을 회전시키는 힘이 있고, 반대로 자석

86) Michael Faraday, 1791~1867
87) Hans Christian Oersted, 1777~1851

은 전류가 흐르고 있는 도선을 회전시키려는 힘이 있다는 것을 밝혔다. 당시 알려져 있던 기본적인 힘이란 모두 중력, 전기력, 자기력 등 어느 것이든 인력과 척력이라는 성질만을 갖는 것이었으나, 외르스테드가 발견한 힘은 회전이라는 특수한 예를 발견한 것이다. 이로써 전자기학의 문을 열어 놓았다.

이 발견이 있은 지 한 주일 후, 프랑스의 물리학자이며 수학자인 암페어[88]는 전류가 흐르고 있는 도선은 서로 힘을 미친다고 보고하였다. 그는 전류가 자기적 작용을 갖는다면 두 개의 도선의 자기력끼리는 상호작용을 하지 않을까 생각하고, 이를 실험을 통해 확인하였다. 즉 평행한 두 도선에서 흐르는 전류가 같은 방향일 때는 척력이 생기고, 반대 방향일 때는 인력이 생긴다. 또 전류의 세기와 전류를 흐르게 하는 힘을 처음으로 구별하여, 주어진 점을 주어진 시간에 통과하는 전류의 양을 나타내는 명칭으로 "암페어"가 채용되었다.

패러데이

프랑스의 물리학자 아라고는 외르스테드가 발견한 전류의 자석에 미치는 효과에 관한 몇 가지 관찰결과를 보고하였다. 이 보고는 암페어를 촉발시켜 전자기학의 연구를 하도록 하였고, 그 자신도 많은 실험을 하였다. 예를 들면 전류가 쇳조각을 일시적으로 자기화시킨다는 1820년의 발견은 후에 전자석, 전기기계, 확성기의 발전에 있어서 결정적인 의미를 지닌다. 또 옹스트롱은 열전도율과 전기전도율의 측정법을 창안함로써, 열전도율과 전기전도율이 비례한다는 것을 보였다.

전자기유도 19세기의 20년대 초기에 이미 기술한 대로 전자기학이 활기를 띠고 연구되었지만, 전기와 자기의 상호작용의 이해가 완전하지는 못하였다. 외르스테드의 발견으로부터 10년이 지난 1831년에 패러데이는 전자기유도 현상을 발견하였다. 이 성과를 과학사가 버널은 "전자기유도의 발견은 외르스테드의 발견처럼 우연한 것은 아니다. 그것은 …… 잘 생각하고 계획한 실험의 결과이다. 1831년 40세에 …… 패러데이는 전기와 자기의 관계는 동적인 것이지 정적인 것은 아닐 것으로 생각하였다. 즉 전류를 일으키기 위해서는 도체 가까이에서

---

88) André-Marie Ampére, 1775~1836

자석을 움직여야 한다고 밝혔다. 그의 실험은 기계적 동작으로 전류가 발생한다는 것과, 반대로 전류로 기계를 움직일 수 있다는 것으로서 외르스테드의 실험보다 훨씬 큰 실용적 의의를 지니고 있다. 본질적으로는 전기공업 전체가 패러데이의 발견 속에 포함되었다"라고 평가하였다.

패러데이의 연구는 자연의 단순성과 통일성을 암시하고 근접작용설로 진전하였다. 이미 기술하였지만 전기는 자연의 여러 현상과 관계를 맺고 있는 것으로서 자연의 통일성을 보여준다. 이것이 패러데이가 전기와 자기의 상호변환에 의한 여러 현상의 통일을 주장한 토대이다. 그는 "빛과 전기 및 자기적인 힘 사이에는 참된 직접적인 관련이 있다는 것을 처음 확인하였다. 이것을 통하여 자연의 모든 힘이 서로 관련을 맺고 있으며 하나의 공통점을 가진다"라고 주장하였다. 하나의 힘을 다른 힘으로 전환시키는 방법은 많이 있다. 예를 들어 화학에너지를 전기에너지로, 열에너지를 전기에너지로, 전기 및 자기 에너지를 각각 다른 형태의 에너지로 변환시킬 수 있다.

패러데이는 갈릴레오나 뉴튼에 필적할 만한 존재라 말할 수 있다. 그의 전자기유도의 발견은 1824년부터 수년 사이에 걸친 실험의 누적에서 출발하였고, 1831년에 큰 성과를 이루었다. 이것은 신비한 전기의 힘을 인간의 동력에 충당하는 전기문명의 개시를 알리는 종소리였다.

헨리와 전자석

19세기 미국을 대표하는 물리학자인 헨리[89]는 16세 때 친척의 농장에서 휴가를 보내는 동안, 어느날 토끼를 쫓다가 어느 교회 건물의 마루밑으로 들어갔다. 토끼는 놓쳤지만 마루밑의 책상자 속에서『실험철학 강의』라는 책을 발견하여 읽기 시작하였다. 이 책 덕분에 지적 호기심을 갖게 되었고, 무엇인가 희망에 불탔다.

헨리는 당시 서유럽에서 유행하던 전자석의 실험에 관심을 가지고 철심에 도선을 감아서 전자석을 만들었다. 도선을 많이 감을수록 자력은 강해지지만 도선끼리 서로 접촉하여 합선되므로 도선을 절연시킬 필요가 있다. 그러나 당시는 전기의 연구가 겨우 시작된 단계였으므로 절연은 어려운 문제였다. 그의 부인은 과학을 위해서 비단치마가 찢겨지는 것을 좋아하지는 않았으나, 헨리는 매일 아내의 치마를 찢어서 절연체로 사용하였다. 이로써 강력한 전자석을 만들 수 있게 되어 1831년에는 338kg을 들어 올릴 수 있을 정도의 것을 만들었다.

전자석을 연구하는 과정에서 그는 전신법을 발명하였는데 특허를 내지 않았다. 과학의 발명은 전 인류의 이익이 되어야 한다고 생각하였기 때문이다. 그 결

---

89) Joseph Henry, 1797~1878

과 모스가 이를 최초로 실용화함으로써 전신 발명의 명예는 모스에게 돌아갔다. 그는 전자기유도 현상과 전동기에 관한 논문을 발표하기도 했다.

헨리는 1846년 신설된 스미소니언 연구소의 소장으로 선임되었다. 그는 최고의 과학행정관으로 능력을 발휘하였다. 그는 연구소를 과학지식의 교환장소로 삼아 과학정보의 세계적 교환을 추진하였고, 또 미국에서 새로운 과학분야를 개척하였다. 한 가지 예로서 전신기를 처음으로 과학연구에 응용하여 전국 각지로부터 기상상황을 보고 받아 일기예보를 하는 조직을 만들어냈다. 미국 기상대의 구성은 헨리가 쌓아 올린 기초 위에서 형성되었다. 그는 후기 산업혁명기와 미국 남북전쟁 때 국가적 과학력의 동원자로서의 역할을 하였다.

맥스웰과 전자기장의 이론

근접작용과 원격작용　　맥스웰[90]은 스코틀랜드의 명문에서 태어났다. 일찍부터 수학적 능력을 보였는데, 보통 사람의 눈에는 오히려 그가 바보스럽게 보였다. 소년시절 친구들은 그를 흔히 "바보"라고 불렀다. 15세 때 타원을 그리는 방법에 관해서 독창적인 연구를 에든버러 왕립학회에 제출하였지만 소년이 이런 논문을 어떻게 쓸 수 있을까 하고 믿지 않았다. 케임브리지대학을 거쳐 1856년 에버딘대학에 교수로서의 첫발을 디뎠다.

주목할 만한 공헌은 뉴튼적 자연상과 전자기 현상의 관계에 대한 연구이다. 뉴튼의 자연은 만유인력의 법칙에서 보는 것처럼 원격작용에 토대를 두고 있다. 쿨롱은 이 원격력의 개념을 정전기와 자기의 영역에 적용시켜 전기를 띤, 혹은 자기를 띤 두 물질 사이에 작용하는 힘이 거리의 제곱에 반비례하는 것을 발견하였다. 이것은 천체에 적용된 뉴튼의 원리가 전자기의 영역에도 적용되고 있음을 의미한다. 또 암페어도 두 전류 사이에 역제곱의 법칙이 적용되며 원격력이 작용하고 있다는 것을 알았다. 이리하여 뉴튼적인 견해가 전자기의 세계에도 확고하게 자리를 잡게 되었다.

그러나 이러한 이론들이 동요하기 시작하였다. 이것은 패러데이가 전자기의 여러 현상을 근접작용을 토대로 설명한 것에서 시작되었다. 그는 자신이 발견한 전기유도의 현상을 설명하는 데 천체역학의 모델을 사용하지 않았다. 원격작용을 배척한 것이다. 그는 두 개의 금속구 사이의 전기유도가 그 중간에 있는 물질에 따라 다르다는 실험을 토대로 원격작용의 이론을 배격하였다. 그 이론에 따르면 공간 중에는 에테르가 편재되어 있다. 거기에 반대의 전하 혹은 전하의 군(群)인 역관(力管)이 나타나고, 이 선이나 관이 반대의 전하 및 자극(磁極)을 맺어준다. 따라서 대전체나 자극 사이의 공간에는 역관이 충만하고, 이 역관은

---

90) James Clerk Maxwell, 1831~79

맥스웰

잡아당겨진 고무처럼 장력(張力)을 가진 상태로 있다. 이 장력이 자기력이나 전기력을 전달한다. 따라서 역관이나 역선(力線)이 존재하는 에테르가 곧 "장(場)"이 된다. 이것은 고전적인 원격작용설과는 모순되는 개념이다. 왜냐하면 전기유도는 그 중간의 물질에 따라서 좌우되고 또 감응이 곡선으로 이루어진다는 것은 원격작용하는 중심력이라는 개념과 완전히 모순된다. 따라서 이 현상에 주목한 패러데이가 뉴튼의 자연관에 도전한 것은 당연하다.

이러한 바탕 위에서 맥스웰은 전기력선과 자기력선의 개념을 사용하여 그때까지 알려져 있는 전기, 자기에 관한 4개의 법칙을 일련의 방정식으로 표기하는 데 성공하였다. 이것이 "맥스웰 방정식"이다. 그는 전자기장(電磁氣場)의 이론을 정밀하게 연역하여 수학적으로 증명하였다. 이 전자기장의 방정식의 특징은 대자성체 또는 도체 주위의 넓은 장에 수학적 형태를 부여하고 있는 점이다. 전기나 자기가 모두 에테르층에 파동의 형태로 전달된다고 생각하고, 이런 개념을 수학적으로 정식화한 것이다.

맥스웰은 전기장이나 자기장에 에너지가 존재한다는 점을 밝혔다. 따라서 장은 단지 자연을 묘사하는 수단이 아니고 물리적 실재라고 주장하였다. 그리고 전류의 자기작용이나 전기유도에서 나타나는 것처럼 전기 현상에는 일반적으로 자기작용이 동반되므로 전기장과 자기장을 통일한 전자기장을 연구하였다. 패러데이 효과가 나타낸 것처럼, 그는 전자기와 빛 사이에도 밀접한 관계가 있으므로 빛의 매질인 에테르가 바로 전자기장이 된다고 보았다.

전자기파의 예언 맥스웰은 자신의 장의 이론을 배경으로 빛이 전자기파(電磁氣波)의 일종임을 발견하였다. 이 발견은 19세기 과학사에 있어서 중요한 업적의 하나이다. 전자기파는 1864년 맥스웰의 전기장 및 자기장의 이론과 이들 상호관계로부터 예언되었다. 그는 이론으로 계산한 진공 중의 전자기파가 진공 중의 빛의 속도와 잘 일치한다는 점과, 전자기파와 빛이 모두 횡파라는 점에서, 빛이 전자기파의 일종이라고 추측하였다.

맥스웰이 전자기파를 예언한 후, 1888년 독일의 물리학자 헤르츠[91]는 이러한 전자기파가 존재하는 것을 실험적으로 증명하였다. 그는 전자기파를 발생시키는 장치(진동자)와 전자기파를 받는 장치(공진자)를 만들었다. 포물선 반사경을 사용하여 평행하게 진행하는 전자기파를 만들어 반사, 굴절, 회절, 간섭 등의 실험을 하여 전자기파와 빛이 같은 성질의 것임을 증명하였다. 이로써 맥스웰의 전자기파 방정식의 옳음이 증명되었다.

결국 자연인식의 역사상 하나의 전환점이 찾아왔다. 이것은 에너지 법칙과 함께 중대한 의의를 지니고 있다. 이것을 가리켜 아인슈타인은 뉴튼의 만유인력의 법칙 이후 물리학 분야에 있어서 최대의 사건이라 말하였다. 맥스웰 연구의 핵심은 그의 방정식인데, 그것은 질적인 측면과 양적인 측면을 함께 지니고 있었기 때문이다. 따라서 원격적인 중심력을 기초로 한 뉴튼적 자연관을 대신하여 전자기적 자연관이 과학사상 새로이 등장하게 되었다. 그의 전자기적인 자연관은 뉴튼의 역학보다 현대 세계에 한층 큰 영향을 주었다.

맥스웰은 5년에 걸쳐서 영국의 과학자인 캐번디시의 원고를 정리하여, 죽기 수주일 전 『헨리 캐번디시의 전기학 연구』[92]라는 제목으로 케임브리지대학 출판국에서 발행하였다. 이 책으로 캐번디시의 전기분야의 업적이 알려지게 되었다. 그는 48세라는 젊은 나이로 죽었지만, 그의 생애는 글자 그대로 과학발전에 기여한 충실한 일생이었다.

91) Heinrich Rudolf Hertz, 1857~94
92) *A Study on Henry Cavendish's Electricity*, 1878

5. 라부아지에와 화학혁명

플로지스톤설

17세기 후반과 18세기에는 화학자들의 관심이 연소의 본질과 화합물을 만드는 결합력에 관한 문제에 집중되어, 원소와 화합물에 관한 지식도 많이 축적되었다. 나아가서 정량적인 연구방법이 화학연구에 없어서는 안된다는 사실이 인식된 데다가, 기체화학이 형성됨으로써 화학혁명의 전야에 이르렀다. 더욱이 화학자들은 연소에 공기가 필요하지만 공기의 전부가 아니고, 그 일부일 것이라는 생각도 하였다.

이 시기에 연소에 대한 일반적인 이론은 플로지스톤(phlogiston)설로서, 그이론의 중심지는 독일이다. 플로지스톤이란 말은 그리스어로 "불타는 것"이라는 뜻이다. 이것은 파라셀수스의 황성분을 특별하게 발전시킨 것으로서, 독일의 화학자 베허[93]로부터 비롯되었다. 그는 고체를 세 종류로 나누고 그 중 한 가지를 "기름진 흙"(terra pinguis)이라 불렀다. 이것은 연금술에서 황처럼 물체의 가연성분으로, 연소할 때에 그 물체로부터 도망친다고 생각하였다. 이 생각이 바탕이되어 플로지스톤설이 수립되었다.

베허는 독일의 궁정의사로서 무역에 관한 뛰어난 의견을 지닌 경제학자이기도 하였다. 그는 오스트리아의 레오폴드 1세의 경제고문으로서 일했는데, 라인강과 다뉴브강의 상류를 연결하는 운하를 건설하여 네덜란드와 무역을 촉진하도록 건의하였다. 또한 원소의 전환을 믿고서 다뉴브강의 모래를 금으로 바꾸겠다고 하였는데, 이것이 실패하자 그를 둘러싼 분위기가 험악해져 신변의 위험을 느끼고 오스트리아를 떠나서 처음에는 네덜란드로, 다음에는 영국으로 건너갔다.

베허의 후계자인 독일 화학자 슈탈[94]은 기름진 흙을 1697년 "플로지스톤"이라 불렀다. 플로지스톤이란 매우 가벼운 물질로서 온도가 높아지면 물체로부터 뛰어나가는데, 이때 불꽃이 생기며, 기름이나 유황처럼 잘 타는 물질은 플로지스톤을 많이 함유하고 있다고 생각하였다. 그러므로 연소시에 재가 남지 않는 숯은 그 자체가 거의 플로지스톤으로 되어 있다고 생각하였다. 이 설을 바탕으로 슈탈은 연소, 금속의 산화, 호흡, 부패에 관해서 통일적인 해석을 하였다.

이 학설은 그후 1세기에 걸쳐서 화학계를 지배하였고 또한 큰 영향력을 미쳤다. 특히 여러 현상을 통일적으로 설명함으로써 독일 사람의 마음을 강하게 끌

---

93) Johann Joachim Becher, 1635~82
94) Georg Ernst Stahl, 1660~1734

었다. 철학자 칸트가 1세기 뒤에 출판한 『순수이성비판』에서 "슈탈의 플로지스톤설은 모든 자연과학자에게 한가닥 빛을 비춰 주었다 "라고 예찬하였다. 당시 당당한 화학자인 블랙, 캐번디시, 프리스틀리, 셸레 등도 모두 플로지스톤설에 기울어져 있었다.

플로지스톤설의 커다란 난점은 연소에 따른 무게의 변화를 설명할 수 없다는 점이다. 나무는 연소되면 재를 남기고 무게가 줄어들지만, 금속이 산화되면 무게가 늘어난다. 즉 플로지스톤이 달아날 때 경우에 따라서 무게가 늘기도 하고 줄기도 한다. 그런데 슈탈은 이에 대해서 당혹해 하지는 않았다. 왜냐하면, 그는 정성적인 설명만을 하는 연금술의 신봉자였기 때문이다. 물리학에서는 이미 1세기 이상 정량적인 측정의 중요성이 강조되었지만, 그 반면에 화학에는 침투되지 않았다. 화학자들은 뉴튼의 영향을 받았음에도 불구하고 질량의 변화를 무시하는 경향이 있었다. 오히려 무게의 반대개념으로서 "가벼움"을 도입하고, 플로지스톤이 금속으로부터 도망칠 때 금속에서 가벼움이 줄어들어 무겁게 된다고 하였다. 물론 이런 설명은 오래가지 못하였다.

기체화학의 형성

18세기 화학이론의 발전은 완만하고, 오류도 많았지만 실험실에서의 발견이 잇달았다. 그 까닭은 주로 정량적 방법의 중요함이 확실하게 인식됨으로써 주로 무기화학 분야에서 중요한 발견이 잇달았고, 스웨덴과 독일에서 광물의 정성적, 정량적 분석법이 발전한 탓으로 새로운 화합물이나 원소가 계속해서 발견되었기 때문이다.

특히 영국을 중심으로 기체화학이 발전하여 화학발전의 걸림돌인 플로지스톤설을 추방하는 계기를 마련하였다. 1766년에서 1785년까지 약 20년 간은 기체화학 연구의 전성기였다. 기체의 발견이 13건, 성분과 조성을 분석한 건수가 4건, 비활성기체를 예상한 것이 1건 등 그 연구가 다채로웠다. 그러므로 이 기간은 명실공히 기체화학의 형성기간이라 볼 수 있으며, 이와 같은 기체화학의 발전은 사실상 화학혁명의 토대가 되었다. 그 까닭은 기체화학의 발전으로 화학의 장애물이었던 전통적인 4원소설과 연금술, 그리고 플로지스톤설이 제거되었기 때문이다.

물론 기체의 연구가 이 시기에 시작된 것은 아니다. 그 기원은 고대까지 소급된다. 대기에 관한 기록을 보면, 바람이나 대기를 호흡과 결부시켜 초자연적인 것으로 보았다. 라틴어의 애니마(anima)는 영혼, 호흡, 바람으로 통용되었고, 그리스어의 프네우마는 대기, 바람, 인간정신을 뜻하였다. 또 호머의 『오딧세이』에서 아황산가스의 기록이 나온다. 로마 시대의 박물학자 플리니우스는 술창고나 우물에 등불을 넣어 불이 꺼질 경우에 그 술이나 물을 마시는 인간은 생명이 위험하다고 말하였다. 갈레노스는 공기에 불을 보존하는 성분과 억제하는 성분이 있다고 기술한 바 있다. 중세에는 기체의 연구가 거의 없었다. 그것은 화학의 목표가 금속의 변성, 즉 연금술에 있었기 때문이다. 그러나 근대에 접어들면서 연구방법이 크게 개혁되어 기체의 연구가 크게 진전하였다. 특히 실험방법이 영국의 화학자들에 의해서 개발됨으로써 기체화학의 연구가 본격화되었다.

기체연구의 선구자 반 헬몬트 화학자이자 의사인 반 헬몬트는 침체된 기체 연구의 탈출구를 마련하였다. 그는 대기 이외의 다른 기체의 존재에 관심을 가지고 있었다. 석탄이 연소할 때와 발효할 때 생기는 기체는 같은 종류의 것이지만 대기와 다르다고 하여 처음으로 공기와 기체를 구별지었으며, 그 기체는 온천에도 있고 석탄에 산을 가할 때도 발생한다고 덧붙였다. 그는 기체란 확실한 모양이나 부피가 없고, 무한히 팽창하는 무형의 물질이라고 정의하였다. 그의 노트에는 이산화탄소, 염소, 아황산가스, 산화질소 등이 기록되어 있다. 그는 기체의 성질과 그 종류를 과학적으로 처음 표현한 사람이므로 18세기 기체화학의 선구자로 볼 수 있다. 그후 기체의 연구에 빛을 비추어준 과학자는 헤일즈[95]이다. 그는 영국의 생리학자이자 목사인데 1727년 수상치환법을 창안하여 기체연구의 문을 크게 열어 놓았다.

블랙과 이산화탄소 영국의 화학자 블랙은 1754년 의학학위 논문을 발표하였는데 아주 우수한 화학논문이었다. 그는 이 논문에서 이산화탄소의 제법과 성질을 밝혔다. 즉 탄산마그네슘이나 탄산칼슘을 서서히 가열하면 이산화탄소가 발생하며, 이 기체는 수산화칼슘이나 수산화칼륨에 잘 흡수된다는 사실을 발견하였다. 이때 이산화탄소가 다른 물질과 결합해서 생긴 고체, 즉 탄산염 중에 항상 이산화탄소가 고정되어 있으므로 이를 "고정공기"라 불렀다.

블랙의 이산화탄소에 관한 연구는 그 의의가 매우 크다. 첫째, 실험적, 정량적 연구를 도입하여 근대화학의 길을 열어주었다. 둘째, 기체의 신비성을 제거함으로써 기체화학의 발전에 중요한 첫발을 내딛게 하였다. 기체는 액체나 고체에서 방출되는 것이 아니라 고체나 액체와 동등하게 반응하고 결합한다는 새로운 사실을 발견함으로써 기체의 연구를 하나의 독립 연구분야로 올려 놓았다. 셋째, 공기의 원소성을 부인하였다. 이산화탄소가 고정되어 탄산염을 형성하는 변화는 공기 속에도 소량의 이산화탄소가 포함되어 있다는 좋은 증거가 되었다. 넷째, 다른 기체의 발견을 예상하였다. 대기 속에 많은 종류의 공기가 어느 정도 포함되어 있다고 밝힘으로써 새로운 기체의 발견을 예상할 수 있게 하였다.

---

95) Stephen Hales, 1677~1761

이와 같은 블랙의 연구를 가리켜 과학사가 싱거는 "기체를 분리하고 연구하는 기술을 개발하고, 기체의 성질이나 결합법칙을 발견한 것은 18세기 초기의 화학적 노력의 중요한 성과이다."라고 평가하였다.

러더퍼드와 질소　블랙의 제자인 영국의 러더퍼드[96]는 질소를 발견하였다. 그는 질소를 "생명이 없는 것", 또는 "독기체"라 불렀다. 그는 쥐가 질식하여 죽은 밀폐된 용기 속에 촛불을 태우고, 더 이상 타지 않을 때까지 인을 태웠다(산소의 완전한 제거). 그리고 강한 알칼리가 들어 있는 용기 속에 이를 통과시켜(이산화탄소를 제거) 나머지 기체는 산소와 이산화탄소가 없는 공기인데도, 촛불도 타지 않고 쥐도 살 수 없었다. 나머지 이 기체가 바로 질소인데 플로지스톤으로 가득 찬 공기라는 뜻에서 이 기체를 "플로지스톤화 공기"라 불렀다.

캐번디시와 수소　금속을 산에 녹일 때 발생하는 기체는 보일 이전부터 알려져 있었다. 영국의 물리학자이자 화학자인 캐번

캐번디시

디시[97]는 이 기체를 철저히 연구한 결과, 이것은 매우 가볍고 잘 타는 기체인 수소라는 사실을 알아냈다. 이것은 물이나 알칼리에 잘 녹지 않고, 이 기체와의 혼합공기는 강력하게 폭발하며 더욱이 폭발시에 물이 생성되는 것을 관찰하여 물은 원소가 아니고 화합물이라 밝힘으로써 물의 원소성을 부인하였다. 또 질소에는 약 1/20 정도의 질소가 아닌 또 다른 기체가 있다고 밝힘으로써 비활성기체의 존재를 예상하였다. 이 비활성기체는 1백 년 후에 발견되었다. 캐번디시는 수질검사 기술의 창시자이기도 하다.

과학적 성과를 빼놓고는 일생 동안 욕심 없이 지낸 캐번디시는 부모와 백모에게서 유산을 받아 아주 부유하였다. 그는 잉글랜드은행의 최대 주주로서 과학자 중에서 가장 돈이 많았고, 돈 많은 사람 중에서 최고의 과학자였다. 그러나 돈에는 무관심했고 자유로이 과학연구만을 말 없이 즐겼다. 후에 케임브리지대

---

96) Daniel Rutherford, 1749~1819
97) Henry Cavendish, 1731~1810

학에서는 그를 기념하기 위하여 캐번디시 연구소를 설립하여 그의 영예를 빛내주고 있다.

프리스틀리와 산소   캐번디시와 달리 개방적이고 진보적인 영국의 목사이자 화학자인 프리스틀리[98]는 1774년 8월 1일 수은을 산화시켜 얻은 산화수은에 열을 가하여 산소를 얻었다. 그리고 산소 중에서 가연성 물질은 급격하게 연소하였다. 플로지스톤설을 믿고 있던 프리스틀리는 이 기체가 플로지스톤이 매우 부족하기 때문이라고 생각하였다. 러더퍼드가 질소를 플로지스톤화 공기라 부른 것과 관련하여 이를 "탈(脫)플로지스톤 공기"라 불렀다(수년 후 라부아지에는 이를 "산소"라 불렀다). 이 기체는 촛불을 잘 태우고 쥐의 호흡을 두 배로 유지시켜 준다는 사실을 밝혔다.

프리스틀리는 수은 위에서 기체를 포집하는 방법을 고안하여 수용성 기체인 암모니아, 염화수소, 아황산가스, 일산화탄소 등을 얻는 데 성공하였다. 프리스틀리처럼 정상적인 화학연구 방법을 수련받지 않은 사람이 이처럼 많은 선구적 업적을 남긴 일은 실로 드문 일이다.

불운한 화학자 셸레   학술정보의 교환 없이 단독으로 기체의 연구에 공이 큰 사람은 18세기 스웨덴의 화학자 셸레[99]이다. 그는 14세부터 8년 동안 약국에서 일을 한 불우한 천재로 그곳에서 형편없는 실험기구를 손수 만들어 여러 가지 실험을 하였다. 특히 1771년에 그가 산화제이수은이나 이산화망간을 가열하여 연소나 호흡을 촉진시키는 "불의 공기"(산소)를, 1772년에는 연소나 호흡을 도울 수 없는 "게으른 공기"(질소)를 얻는 데 성공하였다. 이 기체들은 분명히 셸레가 발견한 것으로 그 실험방법에 관해서도 상세히 기술하였다. 그러나 논문의 출판이 늦어져서 1777년에야 발표되었다. 이때는 이미 프리스틀리가 산소의 발견을 보고한 이후였으므로 그 명예가 프리스틀리에게 돌아갔다.

셸레는 32세에 왕립 스웨덴 학사원의 회원으로 추대되었다. 그의 훌륭한 점은 부자유스러운 환경 속에서 형편없는 실험기구로 많은 발견을 이룩했던 그의 성실성과 투지로 가득찬 연구태도이다. 그는 일생 동안 "우리들이 알려고 하는 것은 오직 진리뿐이다 "라는 생활신조를 간직하고 연구에 정진하였다. 그는 과학연구 이외에는 일체 사회적인 교제가 없었고, 결혼약속을 하고서 불행히도 세상을 떠났다. 그의 나이 겨우 43세였다. 그가 죽을 무렵에는 수은중독에 걸려 있었다고 한다.

이상 기술한 몇몇의 과학자들은 직업적인 과학자가 아닌 아마추어 과학자들이다. 그러나 그들의 연구는 4원소설과 플로지스톤설을 부정하는 기초를 수립하

---

98) Joseph Priestley, 1733~1804
99) Karl Wilhelm Scheele, 1742~86

2 (tables)

였고, 그 결과는 곧 라부아지에의 화학혁명으로 연결되었다. 특히 이러한 기체의 연구과정에서 실험적 방법의 우수성이 널리 인식되고 보급되었으며, 나아가서 공기의 공업화의 토대도 마련되었다. 이와 같은 여러 종류의 기체의 발견은 곧 물질세계의 확대로, 방법론적으로나 발전사적으로 중요한 의미를 지니고 있다.

라부아지에와 화학혁명

징세청부인　18세기 후반의 화학사상은 혼란이 극심하였다. 막대한 양의 화학적 지식이 알려지고, 그 양이 증가해감에 따라서 플로지스톤설은 이를 감당할 수 없었다. 대부분의 화학자들은 물질이 원자로 되어 있다고 믿고서 원자 고유의 성질을 확신하고 있었지만, 모두가 슈탈의 학설을 자기 나름대로 해석하여 화학반응을 설명하였다. 이 혼란을 해결하고 화학을 근대적인 기초 위에 쌓아올린 사람이 프랑스의 화학자 라부아지에[100]이다. 이 한걸음을 흔히 "화학혁명"이라고 한다.

라부아지에는 부유한 집안에서 태어나 충분한 교육을 받은 다복한 사람이었다. 그러나 자라면서 공명심이 강하게 싹텄고, 그 공명심이 그의 운명을 크게 바꾸어 놓았다. 그는 1768년 연구자금을 손에 넣기 위하여 징세청부회사에 50만 프랑을 투자하고 수익금의 일부를 화학연구를 위한 실험실을 운영하는 데 사용하였다. 하지만 라부아지에가 징세청부인인 것만은 사실로서 1년에 10만 프랑의 이익을 올렸다고 한다. 1771년 그 회사 경영주의 14세 된 미모의 딸과 결혼하였다. 부인은 젊고 아름답기도 하였지만, 머리가 좋아서 남편의 일을 헌신적으로 도왔다. 그녀는 실험기록을 정리하고 이를 영어로 번역하며 참고문헌의 목록도 작성하였다. 요즈음의 화학실험실 조수격이었다.

라부아지에는 풍부한 재력에 힘입어 훌륭한 실험실을 만들었다. 그는 반드시 정해진 시간을 과학연구로 보내고, 입수할 수 있는 한 가장 좋은 실험장치를 이용하였다. 그는 명석한 통찰력과 독자적인 방법으로 실험을 계획하고 실시함으로써 자연현상에 대해서 당시 사람들이 거의 생각하지 못한 수준을 넘어서 이해하고 있었다. 또한 몇몇 프랑스 최고의 과학자로부터 과학연구 훈련을 받았으므로 연구생활의 시작부터 정밀한 과학적 측정이 중요하다는 것을 이미 이해하고 있었다.

산화설과 플로지스톤설의 부정　라부아지에는 공기 속에서 금속을 가열하면, 반드시 금속의 질량이 증가한다는 사실을 정량적 실험을 통해서 증명하였다. 이 발견은 플로지스톤설을 부정하는 실마리가 되었다. 당시 플로지스톤설에 의

---

100) Antoine-Laurent Lavoisier, 1743~94

라부아지에

하면 연소시에는 플로지스톤이 달아나므로 연소한 물질은 반드시 질량이 감소되어야 하는데도 실제로는 무게가 반대로 증가하였다.

이러한 현상을 라부아지에는 어떻게 설명하였는가? 그는 금속의 무게가 증가하는 이유를 공기중의 산소와 금속의 결합으로 설명하였다. 어떤 물질이 연소되는 동안, 주위의 공기 무게에서 감소된 무게가 곧 연소한 물질의 증가한 무게와 같다는 사실을 실험을 통해서 확인하였다. 따라서 플로지스톤설의 신봉자들이 말하는 "금속재[金屬灰]"라고 하는 것은 다름 아닌 금속과 공기중의 산소가 결합한 금속산화물이라는 사실을 알게 되었다. 그러므로 연소현상은 물질로부터 플로지스톤이 달아나는 것이 아니라, 반대로 가연성 물질과 산소의 결합이라는 사실을 밝힘으로써 1백 년 동안 화학계를 지배해 오던 플로지스톤설은 무너지고, 대신 산화설이 등장하여 합리적인 화학발전의 기초가 수립되었다.[101]

라부아지에가 산화현상을 해명하고 플로지스톤설을 부정할 무렵인 1774년, 그는 파리를 방문한 프리스틀리와 만나 이야기할 기회가 있었다. 프리스틀리는 산소의 발견자임을 우리는 이미 알고 있다. 라부아지에는 프리스틀리와의 대화 속에서 연소에 있어서 산소의 중요성을 직감했을 것이다.

새로운 원소표   라부아지에는 당시까지 사람들이 믿고 있던 고대 4원소설을 반증하였다. 유리로 만든 플라스크에 물을 넣고 가열할 때 흙과 같은 침전물이 생겼다. 이 현상을 가리켜 당시 사람들은 물이 흙으로 변했다고 생각하였다. 라부아지에는 밀폐한 플라스크를 연속 가열하여 가열하기 이전의 플라스크의 무게보다 가열 후의 플라스크의 무게가 감소한 사실을 확인하였고 이어서 감소한 무게가 물에서 생긴 침전물(흙)의 무게와 같다는 사실을 확인함으로써 침전물은 물에서 전환된 것이 아니고, 플라스크의 한 성분임을 101일(1768년 10월 24일 ～1769년 2월 1일) 동안 실험으로 밝혀냈다. 또한 물이 수소와 산소의 화합물이라는 사실을 증명함으로써 고대 4원소설에 치명적인 타격을 가하였고, 동시에

---

101) 금속＝플로지스톤＋금속재 혹은 금속재＝금속－플로지스톤 관계 대신 금속산화물＝금속 ＋산소

아리스토텔레스의 원소전환 사상은 뿌리부터 흔들렸다.

라부아지에는 단체(單體)의 정의와 구체적인 이름을 밝히고, 또한 원소의 명확한 표현과 화학단위표를 작성하였다. 그의 원소의 정의는 보일의 정의(여러 물질을 궁극적으로 분해하여 도달하는 완전한 단일 물질)에 비하여 실험주의적이다. 그는 원소를 가리켜 현재까지의 어떤 수단으로도 분해할 수 없는 물질이라고 밝혔다. 라부아지에가 작성한 원소표에는 33종의 원소가 수록되어 있다. 그러나 약간의 산화물과 열소(熱素) 및 광입자가 원소로 규정되어 있다.

질량불변의 법칙 라부아지에는 반증실험의 한 방법으로 항상 화학변화 전후의 각 물질의 질량을 측정하여, 변화의 본성을 찾는 정량적 방법을 취하였다. 정량적 방법은 이미 블랙에 의해서 창안되었지만, 라부아지에는 본격적으로

TABLEAU DES SUBSTANCES SIMPLES.

	NOMS NOUVEAUX.	NOMS ANCIENS CORRESPONDANTS.
Substances simples qui appartiennent aux trois règnes, et qu'on peut regarder comme les élémens des corps.	Lumière.	Lumière.
	Calorique.	Chaleur. / Principe de la chaleur. / Fluide igné. / Feu. / Matière du feu et de la chaleur.
	Oxygène.	Air déphlogistiqué. / Air empiréal. / Air vital. / Base de l'air vital.
	Azote.	Gaz phlogistiqué. / Mofette. / Base de la mofette.
	Hydrogène.	Gaz inflammable. / Base du gaz inflammable.
Substances simples, non métalliques, oxydables et acidifiables.	Soufre.	Soufre.
	Phosphore.	Phosphore.
	Carbone.	Charbon pur.
	Radical muriatique.	Inconnu.
	Radical fluorique.	Inconnu.
	Radical boracique.	Inconnu.
Substances simples, métalliques, oxydables et acidifiables.	Antimoine.	Antimoine.
	Argent.	Argent.
	Arsenic.	Arsenic.
	Bismuth.	Bismuth.
	Cobalt.	Cobalt.
	Cuivre.	Cuivre.
	Étain.	Étain.
	Fer.	Fer.
	Manganèse.	Manganèse.
	Mercure.	Mercure.
	Molybdène.	Molybdène.
	Nickel.	Nickel.
	Or.	Or.
	Platine.	Platine.
	Plomb.	Plomb.
	Tungstène.	Tungstène.
	Zinc.	Zinc.
Substances simples, salifiables, terreuses.	Chaux.	Terre calcaire, chaux.
	Magnésie.	Magnésie, base de sel d'Epsom.
	Baryte.	Barote, terre pesante.
	Alumine.	Argile, terre de l'alun, base de l'alun.
	Silice.	Terre siliceuse, terre vitrifiable.

라부아지에의 원소표

그 방법을 구사하여 화학이론을 확립하였다. 라부아지에가 질량불변의 법칙을 발견한 토대는 바로 그의 정량적 연구에 있다. 그는 화학실험에서 천칭을 자주 사용하였다. 그를 "정량화학의 아버지"라고 부르는 것은 바로 이 때문이다.

라부아지에의 질량불변의 법칙과 관련하여 특기할 사상은 그 개념이 라부아지에의 독점물이 아니라는 사실이다. 이미 앞선 사람이 있었다. 그 사람은 러시아의 화학자 로마노소프[102]이다. 그는 1750년대에 플로지스톤설에 반대하고 질량보존의 법칙을 주장하였다. 또한 원자론적 견해도 가지고 있었지만 너무 혁명적이어서 발표를 보류하였다. 만일 그가 서유럽에서 태어났더라면 과학의 위대한 개척자로 널리 세상에 알려졌을 것으로 생각된다. 후에 소련은 그의 명예를 충분히 찾아주었다. 그의 출생지인 데니소프카는 1948년 "로마노소프"로 개명되었고, 1966년 소련의 인공위성이 달 뒷면을 촬영하였을 때, 그중 한 분화구를 "로마노소프"로 명명하였다.

---

102) Mikhail Vasielievich Lomonosov, 1711~65

『**화학원론**』　　당시 합리적인 화학의 건설을 위해서는 화학용어를 바꿀 필요가 있었다. 당시까지의 화학용어는 대개 플로지스톤설에 근거를 두고 있었으며, 지금과는 매우 다른 명명법을 사용하고 있었다. 라부아지에는 이 분야의 개혁 필요성과 원칙을 밝힌 논문을 과학아카데미에 제출하였다. 이 화학용어의 새로운 체계는 라부아지에의 산화 이론과 함께 근대화학의 기초가 되었다. 그는 1787년 공저 형식으로 『화학명명법』[103]을 출판하였다. 이 새로운 체계는 부분적으로는 개정되었지만 거의 2백 년이 지난 현재에도 이에 따르고 있다.

1789년에 라부아지에는 새로운 근대화학 이론을 바탕으로 『화학원론』[104]을 출판하였다. 이 저서는 모두 2권으로 되어 있는데, 대체적인 내용은 1) 기체의 조성과 분해, 단체의 연소와 산의 생성, 동식물성의 여러 물질의 조성, 발효, 알칼리, 염에 관한 고찰, 2) 여러 원소와 그 화합물, 3) 여러 화학실험 장치와 조작법 등으로 되어 있다. 그는 이 저서에서 연소의 개념, 새로운 원소관의 확립, 질량불변의 법칙 등 세 가지 점을 특히 강조하였다. 이 저서가 출판된 다음해에는 영어로 번역되고 계속해서 독일어, 네덜란드어, 이탈리아어로 번역되어 새로운 화학책으로서 널리 보급되었다. 한편 1789년에 새로운 화학분야의 잡지로서 『화학연보』(*Annales de Chimie*)가 창간되었다.

이로써 플로지스톤설의 신봉자들은 대부분 전향하였고, 플로지스톤설은 화학계로부터 완전히 사라졌다. 1791년 라부아지에가 몽펠리에대학의 화학교수인 샤프탈에게 보낸 편지를 보면, "…젊은 사람들은 모두 새로운 학설을 채용하고 있습니다"라고 쓰여 있다. 또 독일의 화학자 리비히는 "라부아지에의 불후의 업적은 과학 전반에 걸쳐 하나의 새로운 의의를 덧붙여준 점이다"라고 그의 업적을 극구 칭찬하였다. 1791년 라부아지에 자신은 "나의 새 이론이 혁명의 불길처럼 세계의 지식인 사회를 휩쓰는 것을 보니 기쁘기 한이 없다."고 말하였다. 분명히 그는 근대화학의 아버지격이 되었다.

라부아지에의 최후　　라부아지에의 저서가 출판된 1789년 프랑스혁명이 일어났다. 몇 년 후 공포정치 시대(1793년 5월~1794년 7월)로 접어들이 과격 혁명세력의 천하가 되자 징세청부인들의 처형이 시작되었다. 라부아지에는 연구실에서 쫓겨나고 그후 체포되었다. 체포 이유는 징세청부인이라는 점이다. 그보다 또 하나 중요한 이유는 프랑스 과학아카데미에 관계하고 있었다는 점이다. 그는 1768년 23세의 젊은 나이에 명예로운 학회의 회원으로 선출된 바 있었다.

한편 1780년 자신이 과학의 제일인자라고 자부한 신문기자인 마라가 이 학회의 회원으로 가입을 신청하였다. 그러나 라부아지에는 제출된 이 신문기자의

---

103) *Méthode de Nomenclature Chimique*, 1787
104) *Traité élémentaire de chimi*, 1789

논문이 가치가 없다고 판단하고 입회를 반대하였
다. 집념이 강한 마라는 혁명정부의 강력한 지도자
가 되었고, 라부아지에에 대해서 복수를 결심하였
다. 그는 계속 선동하였다. "파리 시민들이여, 본인
은 라부아지에를 여러분들 앞에 고발하노니, 그는
야바위꾼들의 왕초요, 전제군주의 친구이며, 불량배
들의 제자이고, 도둑놈들의 대장이다…… 수입이 4
만 루이라고 자랑하고 다니는 이 보잘것 없는 세금
쟁이가 파리의 행정관으로 선출되려고 귀신 같은
흉계를 꾸미고 있다는 사실은 믿기 어려운 일인 것
이다. 그를 행정관으로 뽑는 대신 우리 모두는 바
로 곁에 있는 가로등 기둥에 그를 목 매달아야 할 것이다"

물
산
산소
질소
질산
철
질산 중에서 철의 용해

라부아지에가 사용한 원소기호

    라부아지에를 죽음으로 몰아 넣은 또 한 사람은 그와 함께 화학을 연구한
푸르크로아[105]이다. 그는 비밀리에 아카데미를 박해하고 해산시키는 데 주역을
맡았다. 그는 갖가지 수단으로 라부아지에를 모략하고, 결국 단두대에까지 올려
놓았다. 그럼에도 불구하고 라부아지에가 사형을 당한 직후, 장례식장에 나타나
슬픔에 잠긴 조사를 읽었다고 한다.

    라부아지에는 "나는 정치에 관여한 사실이 없으며 징세청부인으로서 얻은
수입은 모두 화학실험에 사용하였다. 나는 과학자이다"라고 주장하였지만, 혁명
재판소로부터 "프랑스공화국은 과학자가 필요없다. 정의만이 필요하다"는 선고
가 내려졌다. 선고가 내려지기까지 배후에서 조종한 사람은 마라였다. 마라 자신
도 1793년에 암살되었는데, 그때는 이미 라부아지에의 형이 결정된 뒤였다. 라
부아지에는 사형선고를 받은 28명과 함께 1794년 5월 8일 기요틴으로 처형되었
다. 그는 부인에게 유서를 썼다. "여보 몸 조심하시오, 그리고 내가 할 일은 다
마쳤다는 걸 잊지 마시오. 이에 대해서 신에게 감사를……" 2개월 후에 과격파
는 실각되었다. 라부아지에야말로 혁명의 재난을 가장 혹독하게 받은 사람이다.

    수학자 라그랑주는 다음과 같이 탄식하였다. "그의 목을 자르는 것은 순식
간이지만, 그와 같은 두뇌가 출현하는 데는 1백 년 이상 걸린다" 그의 재능은
그에게 영광을 안겨 주었으나, 그의 부와 공명심은 그를 죽음으로 끌고 갔다. 라
부아지에의 죽음을 애석하게 생각한 프랑스 사람들은 그가 죽은 2년 후에 그의
흉상을 세우고 그의 위업을 기렸다.

---

105) A. N. Fourcroy, 1755~1809

6. 근대 물질이론의 형성

정량적 화학의 수립

연구는 오랜 동안 많은 화학자들이 주목해 온 연소문제를 라부아지에는 만족스러운 모습으로 해명하였을 뿐 아니라, 정량적 방법의 가치를 인식시킴으로써 화학이라는 학문을 순수한 과학의 모습으로 확립시켜 놓았다. 즉 화학이 조직화되었다. 이와 같은 그의 새로운 연구에 이끌려 화학자들은 이전부터 관심을 가지고 있었던 다른 과제에 도전하였다. 19세기 초기의 주된 연구과제는 순수한 화합물의 조성과 친화력의 본성을 알아내는 일이었는데 화학자들은 정력적으로 이러한 문제를 다루기 시작하였고 곧 눈부신 성과를 올렸다.

한편 이 무렵부터 정량적 방법의 중요성을 인식한 화학자들이 물리학에서 대성공을 거둔 바 있는 수학적 방법을 일찍이 응용하여 화학에 응용하기 시작하였다. 정량분석에 이용하는 수학은 초보적인 것으로 이 무렵의 이론상의 개념을 나타내는 데에는 고도의 수학적 지식이 필요하지 않았다. 화학자들이 화학반응에 관계되는 힘과 양을 확실하게 수치로 나타내는 것이 필요하다고 인식한 것은 화학발전에 있어서 중요한 한 걸음이었다.

18세기 말엽 독일의 화학자 리히터[106]는 라부아지에와는 독립적으로 화학발전에 중요하고 획기적인 기여를 했다. 그는 중성염 사이의 화학반응에 관한 광범위한 정량분석을 시도하여 당량을 측정한 예를 기술하였다. 그는 1803년에 30종의 염기와 18종의 산의 당량표를 만들었다. "화학량론"(Stoichiometry)이라는 말을 화학에 도입한 사람이 바로 리히터이다. 그는 캐번디시처럼 화학물질의 상호 관계의 비밀은 수와 무게에 의해서 밝혀진다고 믿었다.

이 시대에 정량적인 화학실험이 거듭되면서 몇 가지 경험적인 화학법칙인 일정성분비의 법칙과 배수비례의 법칙이 발견되었다. 이 법칙에서 주목할 점은 화학반응시 각 원소 사이의 화합비율이 소수비가 아니라 항상 정수비라는 것이었다. 그런데 정수비가 되기 위해서는 그 반응에 있어서 항상 기본적인 단위가 있어야만 하였다. 즉 위와 같은 법칙을 설명하기 위해서 원자를 가정한다면 화학반응을 합리적으로 무난히 설명할 수 있었다.

프랑스의 화학자 프루스트[107]는 일정성분비의 법칙을 주장하였다. 이 법칙은 모든 화합물은 같은 조성을 가진다는 것으로 흔히 프루스트의 법칙이라 부른다.

---

106) Jeremias Benjamin Richter, 1762~1807
107) Joseph Louis Proust, 1754~1826

이 법칙은 돌턴이 원자론을 생각해 내는 데 큰 영향을 주었다. 사실상 근대적인 정량적 화학의 수립 의의는 1세기 전에 천문학과 물리학이 정립된 것에 필적할 만하다.

원자론과 분자론

돌턴

영국의 화학자 돌턴[108]은 퀘이커 교도의 가정에서 태어났고 자신도 퀘이커교의 신자로 일생을 보냈다. 1778년부터 그는 퀘이커 학교를 운영하였는데 당시 나이가 12세였다. 그때부터 과학에 흥미를 가진 돌턴은 날씨와 기상관계를 매일 기록하였는데 죽기 전날까지 이를 계속하였다고 한다. 기온측정이 매우 규칙적이었으므로 그 부근의 부인들은 돌턴이 기온을 잴 때 시계를 맞추기까지 했다고 한다. 돌턴은 관찰일기를 빼놓은 적이 없었다. 그 횟수는 2만 번에 달하였다. 그는 다른 사람의 실험 결과를 믿지 않았기 때문이다. 그의 장례식 때 맨체스터 시청에서 그의 관이 공개되었는데, 4만 명 이상의 인파가 줄을 지어 조의를 표하였다고 한다.

1700년대 말기부터 1800년대 초기에는 화학에 있어서 경험 법칙이 많이 있었다. 라부아지에의 질량불변의 법칙, 프루스트의 일정성분비의 법칙, 돌턴의 배수비례의 법칙이다. 이 세 법칙으로부터 원자의 존재를 최초로 밝힌 사람이 돌턴이다. 그는 저서 『화학의 신체계』[109]에서 원자는 그 종류가 많고 원소에 따라 각각 일정한 특성이 있으며, 또 각 원자는 크기와 무게가 서로 다르며 단위부피 내에서는 원자의 수가 모두 다르다고 밝혔다. 또 종류가 다른 두 원소가 결합할 때는 반드시 한 원자씩 정수비로 결합한다고 주장하였다.

이 주장은 점차 화학자들의 관심을 불러일으켰다. 돌턴의 이론은 고대 데모크리토스가 생각한 이론과 비슷하였다. 그는 원소의 입자를 데모크리토스가 말한 대로 "원자"라 불렀다. 그러나 데모크리토스의 이론이 추리와 사색에 의한 것인 반면, 돌턴의 이론은 1세기 반의 화학실험의 성과 위에 세워진 것이다. 돌턴의 이론은 화학이론이지 철학이론이 아니었다. 돌턴의 원자론은 혁명적인 이

---

108) John Dalton, 1766~1844
109) *A New System of Chemical Philosophy*, 1808

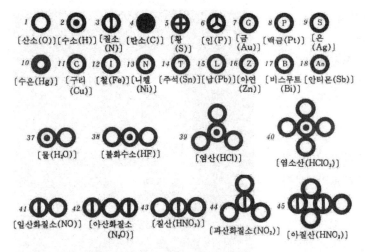

돌턴의 화학기호

론이었음에도 불구하고 매우 이해하기가 쉬웠으므로 큰 저항 없이 대부분의 화학자의 지지를 받았다. 영국의 화학자 울러스턴[110]은 즉시 원자론을 지지하였고, 데이비는 수년간 거부하다가 이를 인정하였다. 하지만 반대자가 없던 것은 아니다. 오스트발트는 20세기가 되어서도 원자론을 계속 반대하였다.

돌턴과 같은 시대의 프랑스 화학자 게이 뤼삭[111]은 기체반응의 법칙을 수립하였다. 예를 들면 수소와 산소가 화합하여 수증기가 생성될 때, 같은 압력하에서 수소와 산소, 그리고 수증기의 부피는 각각 2:1:2라는 간단한 비율로 결합한다는 것이다. 이로부터 그는 복합원자(분자)가 존재한다는 가정을 수립하였다. 그렇지 않고서는 위의 반응을 설명할 수 없다. 왜냐하면 당시의 이론에 의하면 수소와 산소에서 수증기가 생성될 경우 2부피의 수소와 1부피의 산소가 결합해서 생기는 수증기는 1부피가 되므로($2H+O \rightarrow H_2O$) 실험결과와 분명히 모순되었기 때문이다. 이 모순을 해결하는 열쇠가 복합원자, 즉 분자의 개념인데 이것은 곧 이탈리아의 물리학자 아보가드로[112]의 분자 개념을 도입하는 계기가 되었다.

게이 뤼삭의 이론과 실험의 모순을 해결한 사람이 이탈리아의 물리학자 아보가드로이다. 그는 1811년에 다음과 같은 결론에 도달하였다. 기체의 경우, 같은 부피 안에 포함되어 있는 같은 수의 입자는 원자가 아니고 원자의 결합체인 원자군(복합원자)이라는 것이다. 그는 이를 "분자"라고 불렀다. 그리고 같은 온도, 압력, 부피 안의 기체는 모두 같은 수의 분자를 포함한다는 "아보가드로의 법칙"을 수립하였다. 이 법칙에 의하면 수소와 산소는 2원자로 구성된 분자로서 존재하며, 따라서 수증기가 생기는 경우, 2부피의 수소와 1부피의 산소가 결합하여 2부피의 수증기가 된다는 사실이 완벽하게 설명되었다($2H_2+O_2 \rightarrow 2H_2O$).

아보가드로는 물리학과 화학의 경계를 없애고 대부분의 연구성과를 수학적인 방법으로 수립함으로써 물리화학 창시자의 명예를 안았다. 그는 훌륭한 교수

---

110) William Hyde Wollaston, 1766~1828
111) Joseph Louis Gay-Lussac, 1778~1850
112) Amedeo Avogadro, 1776~1856

였을 뿐 아니라 고향의 시민들에게도 존경받았다. 그의 고향인 트리노에는 "아보가드로 마을"이라고 부르는 곳이 있다.

이처럼 원자론과 분자론을 발판삼아 완전한 화학변화의 설명이 가능하게 되었다. 그러나 아보가드로 법칙은 반세기 동안에 걸쳐 학계로부터 환영을 받지 못하였다. 분자설이 화학변화를 설명하는 데 중요하다는 사실이 재현된 것은 1860년 제1회 세계화학자회의가 개최되었을 때부터이다. 유럽 화학자 140여 명이 한곳에 자리하여 조직된 이 회의에서, 이탈리아의 화학자 칸니차로[113]가 아보가드로의 분자설을 소개함으로써 비로소 분자 개념이 확립되었다. 화학사가들은 만일 칸니차로가 아보가드로 법칙을 소개하지 않았더라면, 19세기 전반의 화학을 19세기 후반에서 현대까지 연결해 주는 하나의 고리가 빠질 뻔했다고 말하곤 한다.

아보가드로

한편 칸니차로의 지지에도 불구하고 당시 대표적인 화학자들은, 아보가드로의 분자설의 타당성을 거의 받아들이지 않았다. 이런 상황에서 이를 단도직입적으로 해명한 사람이 19세에 박사학위를 취득한 독일의 유기화학자 마이어[114]였다. 그는 유명한 증기밀도측정법으로 분자량을 결정함으로써 분자의 실재를 완전히 증명하였다. 그는 왕성하게 활동할 나이에 신경통으로 고생하다가 청산가리를 먹고 자살하였다.

원자량과 원소기호

스웨덴의 화학자 베르첼리우스[115]는 근대화학 발전에 커다란 공적을 남겼다. 그는 여러 화합물의 조성을 결정하고, 많은 분석실험을 통해서 프루스트가 처음으로 주장한 일정성분비의 법칙이 성립하는 예를 많이 확보하였다. 이를 바탕으로 원자론의 기초를 더욱 굳혔고 나아가 원자량의 측정에 몰두하였다. 그는 이미 개발된 일반법칙의 도움을 빌려서 역사상 처음으로 가장 정확한 원자량표를 만

113) Stanislao Cannizzaro, 1826~1910
114) Viktor Meyer, 1848~97
115) Jöns Jacob Berzelius, 1779~1848

드는 데 성공하였다. 1828년에 발표된 이 원자량표에 수록된 원자량은 몇 개를 제외하고는 오늘날 인정받고 있는 것과 비교하여 결코 손색이 없는 정확한 값이었다. 하지만 불행하게도 그는 아보가드로의 분자설을 인정하지 않아, 분자와 원자의 구별을 하지 않았으므로 원자량표의 유효성이 얼마간 손상되었다. 하지만 원자량을 측정하는 과정에서 그는 화학을 정밀과학으로 승격시켰다.

베르첼리우스가 원자량 측정에 애쓰고 있는 동안, 원소의 이름을 나타낼 기호의 필요성을 통감하였다. 돌턴이 이미 원형으로 된 기호를 생각해 냈지만 쓰기 어렵고 매우 불편하였다. 베르첼리우스는 원소기호로서 원소의 라틴어명 첫글자(경우에 따라서 두번째 글자도 덧붙인다)를 사용할 것을 제안하였고, 또한 화합물의 조성이나 분자 내에 같은 원자가 두 개 이상 있을 경우에는 그 수를 적어서 나타냈다. 돌턴은 자신이 고안한 그림문자를 좋아해서 이를 거부하였지만, 지금 베르첼리우스의 표기법은 세계적으로 통용되고 있다.

베르첼리우스는 화학의 세계적인 권위자가 되었다. 1801년에 그의 『화학교과서』[116]의 초판이 나왔고, 그가 죽을 때까지 5판이 출판됨으로써 최고의 권위를 유지하였다. 그가 프랑스를 방문했을 때는 루이 필립왕을 알현하였고, 독일에서는 괴테와 점심을 같이 했는데, 괴테는 그후 이 일을 무척 자랑하였다고 한다. 베르첼리우스는 1821년부터 1849년 사이에 화학자들의 연구에 관해서 평가를 하는 『화학연보』를 발행하였다. 이 잡지에서 평가가 나쁜 실험이나 학설은 학계에서 거의 묵살되었다. 이런 독단은 좋은 결과를 얻지 못하였다. 만년에 이르러 그는 자신의 학설을 격렬하게 주장하고, 특히 자신의 학설이 반격받았을 때는 증오심까지 보였다. 그러므로 올바른 이론이 승리를 거두기 위해서는 이 "늙은 학문의 독재자"의 죽음을 기다릴 수밖에 없었다.

하지만 베르첼리우스는 광범위한 지식을 가지고 있었으므로 화학의 어느 부문에서나 그가 중심이 되어 연구가 진행되었다. 이와 같은 연구업적은 근면, 성실, 인내심으로 끝까지 희망을 잃지 않고 노력하는 성격에서 비롯되었다. 그는 난국에 처할 때마다 "굴하지 않고 감사와 인내로 버티는" 신앙가였다. "내 머리 위에 지붕이 있어서 비와 이슬을 피할 수 있고, 내 혀 위에 한 쪽의 빵이 놓여 배고픔을 면할 수 있으니, 이 얼마나 감사한 일이냐"고 하면서 연구를 계속하였다.

화학친화력과 이원론

친화력에 대한 이론은 플로지스톤설의 전성기에 발전하였다. 친화력에 관한 문제는 고대의 엠페도클레스가 "사랑과 미움"이라는 신비적인 힘으로 설명하였

116) *Textbook of Chemistry*, 1801

다. 연금술사 게베르의 저서에는 여러 약품에 대한 금속의 반응순서에 대한 정성적인 표가 기재되어 있다. 보일은 친화력을 한층 정량적인 방법으로 설명하였지만 아직 정성적인 단계를 벗어나지 못하였다. 그 까닭은 원자 사이의 실제적인 친화력에 관해서 근본적으로 설명이 불가능했기 때문이다.

한편 뉴튼의 물리학이 널리 인정받자 화학자들은 뉴튼의 사상에 의해서 친화력을 설명하려고 시도하였다. 기본적인 생각은 모든 물질입자는 각각 고유한 어떤 인력을 부여받고 있으므로 그것에 의해서 모든 화학적, 물리적 반응이 생긴다는 것이다. 그러나 뉴튼의 이론은 천문학과 물리학에 적용되어서는 훌륭한 성과를 거두었지만, 각각의 화학반응에 나타난 특수한 문제에 적용하기에는 대개의 경우 막연하였다. 하지만 화학자들은 뉴튼적인 생각을 화학현상에 널리 적용시키기 위해서 친화력표를 만들 필요가 있다고 느꼈다. 친화력표는 각각의 화합물 사이의 반응성의 정도를 비교한 표로서, 그 표에 실린 것과 비슷한 반응을 예측할 수 있다.

최초의 친화력표는 1718년 프랑스의 화학자 조프로어[117]에 의해 작성되었다. 동생도 화학자이기 때문에 그를 흔히 형 조프로어라 부른다. 이 『친화력표』[118]는 대단한 호평을 받았다. 스웨덴의 화학자 베리먼[119]의 정성스런 편집으로 널리 퍼지게 되었다. 그는 이 표에 실린 모든 물질의 상호관계를 결정하는 데 3만 번 이상의 실험이 필요하다고 추정하였다. 그후 친화력을 습식과 건식으로 나눈 『선택적 친화력에 관하여』[120]가 나왔고, 1783년에는 각각 59종과 43종으로 확대되면서 크게 호평을 받았다.

베르첼리우스는 전기적 용어를 사용하여 정밀한 화학친화력 이론을 완성하고자 노력하였다. 전기화학적 이론은 그의 권위에 의해서 화학의 전영역으로 확대되었다. 그는 모든 원자는 플러스와 마이너스 양쪽의 전하를 지니고 있다고 생각하였다. 바꾸어 말하면 극성화되어 있다는 것이다. 유일한 예외는 전기적으로 매우 음성인 산소였지만, 다른 모든 원자는 극성의 순서대로 한줄로 세울 수 있었다.

물리화학의 탄생

19세기에 발전한 물리화학의 주된 세 분야는 반응속도론, 열화학, 전기화학이었다. 이외에 콜로이드화학과 같은 분야도 발전하기 시작하였지만, 이 분야가 제대로 발전한 것은 다음 세기였다. 이 시대 대부분의 화학자는 물리학에 나타난

---

117) Étienne François Geoffroy, 1672~1731
118) *Table des differents rapports*, 1718
119) Torbern Olof Bergman, 1735~1784
120) *Disquisitio de attractionibus electivis*, 1775

새로운 발전에 별로 관심을 갖지 않았다. 물리학의 과제는 수학적 법칙의 발견과 그 응용인 데 반하여, 화학자는 유기화학의 비정량적 논리에 도취되어 이를 무시하였다. 물리학자들은 독자적인 길을 걸으면서 화학물질을 이용하여 연구하기도 하여 물질의 성질이나 법칙을 일반화하려고 하였으나 화학자들은 물리학자들이 얻어낸 결과에 거의 관심을 갖지 않았다.

정량적 화학은 언제나 물리학과 화학의 밀접한 공동작업을 필요로 한다. 그러나 때로는 오해를 불러일으켜 발전을 저해하는 일도 있었다. 물리학자로서 돌턴은 화학자 게이 뤼삭의 기체법칙을 부인하였고, 베르첼리우스의 원소기호를 배척하였다. 또한 아보가드로의 분자설을 배척함으로써 분자개념의 확립을 반세기나 늦게 하였다. 그러나 일부 화학자들은 물리학의 도움을 의식하고 있었다. 화학자 분젠이 "물리학자가 아닌 화학자는 의미가 없다"라고 한 말은 바로 이를 지적한 말이다.

실제로 화학의 기초이론은 때때로 물리학자의 창조물이다. 라부아지에의 경우만 보더라도 당시 화학자가 문제시하지 않았던 질량에 중점을 둠으로써 화학혁명을 진전시켰다. 그러므로 화학이론의 형성에 있어서 물리학자의 역할과 물리학적 연구가 필요하였다. 그 까닭은 화학적 변화 속에 숨겨져 있는 물리학적 법칙성을 발견하는 것이 바람직하기 때문이다. 그러므로 당시 이러한 방향으로 나아간 화학자가 적지 않았는데 19세기로 접어들면서 이러한 방향으로 나아간 화학자로 패러데이, 뒤마, 베르테로, 분젠 등의 이름을 거론할 수 있다. 이렇게 해서 물리화학은 점차 화학의 한 분과로 독립하였다.

물리화학이라는 화학의 새로운 영역이 탄생된 것은 오스트발트의 조직력에 의해서였다고 볼 수 있다. 그는 아레니우스의 논문을 읽은 뒤부터 이 영역에 깊은 관심을 가졌다. 당시 아레니우스의 이론은 보급되어 있지 않았지만 오스트발트는 그를 이해하고 우정을 다졌다. 또한 그는 미국의 기브스의 연구가 중요함을 인식하고, 이 논문을 독일어로 번역하여 유럽 사람들의 눈에 띄도록 하였다. 미국의 연구수준을 의식한 오스트발트는 1905년 그해 처음으로 시작된 독미 교환교수로서 1년간 하버드대학 교수로 활약하였다.

오스트발트는 현대물리화학의 창설자 중 한 사람이다. 1887년 라이프치히의 교수가 되기 전 1887년에 『물리화학시보』(*Zeitschrift für phyaikalische Chemie*)를 창간하였다. 편집자로서 반트 호프의 이름이 따라다녔지만 사실상 오스트발트 혼자서 편집한 것이다. 그는 물리화학 이외에 과학방법론, 과학의 조직과 과학사에도 관심을 가졌다.

화학반응의 정량적 연구   물리화학의 첫째 과제는 화학반응의 과정을 정량적으로 연구하는 일이었다. 오스트발트는 화학반응에 주의를 돌리고, 화학반응의 진행을 정량적으로 조사하기 위해서 반응물질의 물리적 성질을 이용하였다. 화학반응 속도론의 연구는 1884년 반트 호프가 화학반응에 열역학을 적용하여 성공함으로써 화학자의 관심을 끌기 시작했다. 그후 여러 나라의 화학자가 반응 속도론과 화학평형이론을 연구하기 시작하였다.

한편 스웨덴의 화학자 아레니우스[121]는 오스트발트와 접촉하면서 화학반응에 관심을 쏟았다. 그는 반응속도에 미치는 온도의 영향에 관해서 연구하였고, 화학 반응에 있어서 활성화에너지의 개념을 도입하였다. 독일의 화학자 보덴슈타인[122] 은 할로겐과 수소의 광화학적 반응의 연구과정에서 막대한 광양자의 흡수가 있 다는 사실을 발견하였고, 프랑스의 물리학자 르 샤틀리에[123]는 평형은 압력변화 에 거스르는 방향으로 이동한다고 주장하였다.

반응속도와 관련하여 촉매는 20세기에 들어오면서부터 화학공업에 있어서 매우 중요한 의의를 가지게 되었다. 이미 1597년에 독일의 과학자 리바비우스는 중세 연금술의 성과를 요약한 저서에서 "촉매"라는 표현을 사용하였다. 또 19세 기 초기 영국의 화학자 데이비는 빨갛게 달군 백금선이 산화를 촉진시킨다는 사 실을 발견하였다. 독일의 화학자 되버라이너[124]는 알코올이 산화되어 산으로 변 할 때, 어떤 촉매작용이 있음을 발견하였다. 그가 발명한 촉매는 1828년 독일과 영국에서 2만 개 정도 사용되었지만, 그는 이 발명으로부터 아무런 이익을 바라 지 않았다. 돈보다 과학적 진리의 발견에 만족한 것이다.

1833년 미세르리히[125]는 알코올에서 에테르가 만들어질 때, 소량의 황산의 영향을 "접촉에 의한 분해와 결합"이라 부르고, 그 자신은 변화하지 않으면서 소량으로도 변화를 촉진시키는 접촉물질의 계열을 촉매로 총칭하였다. 베르첼리 우스는 이러한 현상을 1835년경에 "접촉력"이라는 개념으로 부각시켰지만 이 개념은 같은 시대 사람에게는 아무런 공명을 일으키지 못하였다.

촉매에 관한 계획적인 연구는 오스트발트가 시작했다. 그는 1891년부터 10 년간에 걸쳐 낡은 촉매의 개념을 바꾸고 새로운 개념을 확립하였다. 그는 백금촉 매를 사용하여 암모니아를 산화시키는 데 성공함으로써 질산을 제조하는 방법인 오스트발트법을 처음 생각해 냈다. 그후 프랑스의 화학자 사바티에[126]는 니켈 및 기타 금속촉매에 대한 연구를 한층 활발하게 진행시켰고, 산화망간, 실리카, 알 루미나 등의 산화물 촉매도 연구하였다. 이때 같은 물질이라도 촉매가 다르면 다

121) Svante August Arrhenius, 1859~1927
122) M. Bodenstein, 1871~1942
123) Henri Louis Le Châtelier, 1850~1936
124) Johann Wolfgang Döberreiner, 1780~1849
125) Eihard Mischerlich, 1794~1863
126) Paul Sabatier, 1854~1941

른 생성물이 얻어졌다. 그의 연구는 러시아의 화학기술자 이파티에[127]에 의해서 접촉수소화법에 응용되었다. 이 방법으로 천연유지의 경화나 마가린 등 유지공업이 발전하였다.

미국의 랭뮤어[128]는 계면작용을 깊이 연구하였다. 그 결과, 예를 들면 지방산과 같은 극성화합물이 계면에서 흡착될 때, 분자가 직립하여 단분자막을 형성하는 것을 발견하였다. 이 발견은 대규모의 화학공업에 있어서 절실한 문제였던 촉매의 이해를 도왔다. 제2차 세계대전 중 그는 가장 적합한 크기의 연기입자를 이용하여 연막을 개량하는 연구를 하였다. 그는 이 지식을 바탕으로 고체의 산화탄소와 요오드화은을 이용하여 인공강우를 시험하였다.

용액이론과 전리설　프랑스의 물리학자 라울[129]은 반트 호프, 오스트발트, 아레니우스와 함께 물리화학을 건설한 사람으로서 특히 용액의 연구에 전념하였다. 그는 1884년 빙점 강하, 비점 상승, 증기압 내림에 관한 많은 측정을 바탕으로 하나의 경험법칙을 발견하였고, 이 경험법칙에 대해서 열역학적으로 삼투압의 이론을 전개하였다. 독일의 식물학자 페퍼[130]는 1887년에 반투막을 이용하여 자당($C_{12}H_{22}O_{11}$)용액의 삼투압을 측정하던 중 묽은 용액에서도 용질의 분자는 반투막에 의외로 높은 압력(삼투압)을 미치는 것을 발견하였다. 한편 반트 호프는 동료 식물학자 드 브리스로부터 산보 도중에 이 이야기를 듣고, 기체분자 운동론을 적용하여 삼투압 용액론을 제안하였다. 이로부터 기체법칙과 아보가드로 가설이 용액에도 적용된다는 사실을 알았다.

한편 스코틀랜드의 이론화학자 그레이엄[131]은 1831년 기체의 확산속도에 관한 연구를 했는데, 그 속도는 그 분자량의 제곱근에 비례한다고 주장하였다. 예를 들면 수소원자는 산소원자의 1/16의 무게이므로 수소는 산소보다 4배의 속도로 확산된다. 이 법칙은 현재 그레이엄의 법칙으로 불린다.

프랑스의 화학자 베르톨레[132]는 화학반응의 조건이 물질의 상호 친화력에 의한 것만은 아니라고 발표하였다. 그는 A물질은 B물질보다 강한 친화력을 지닌 C물질이 있어도, 만일 B물질 쪽이 다량 존재하면 B와 결합하는 것으로 질량작용의 법칙을 예견하였다. 그는 라부아지에와는 반대로 혁명에 잘 편승한 사람이다. 1798년 사업상 이집트에 갔다가 나폴레옹을 만난 것이 인연이 되어 상원의원을 거쳐 백작에까지 이르렀다. 그런가 하면 후에 나폴레옹 폐위의 찬반투표에

---

127) Vladimir Nikolaevich Ipatieff, 1867～1952
128) Irving Langmuir, 1881～1957
129) François Marie Raoult, 1830～1901
130) Wilhelm Pfeffer, 1845～1920
131) Thomas Graham, 1805～69
132) Claude Louis Berthollet, 1748～1822

서 찬성하였고 부르봉 왕조가 부활했을 때에는 귀족으로 임명되었다.

염류용액의 이상한 성질은 1887년 아레니우스에 의해서 설명되었다. 전해질 용액은 용액 안에서 스스로 해리하여 음과 양의 전기를 띤 이온으로 나뉘어진다. 이들 전해질의 전기전도도의 측정으로부터, 전리는 용액이 희석될 때 일어난다는 결론을 내렸다. 오스트발트 연구실 출신의 네른스트[133]는 50여 년간의 활동기에 157편의 논문을 발표하고 14권의 책을 썼다. 그 가운데 1893년의 『이론화학』[134]은 고전물리화학의 방향과 특징을 잘 소개한 교과서로, 30년 동안 재판되어 물리화학 발전에 공헌하였다. 특히 이 책을 통해서 그는 화학자나 물리학자에게 수학의 중요성을 일깨워 주었다.

콜로이드 화학 1861년 영국의 화학자 그레이엄은 용액에서의 분자 확산에 흥미를 가졌다. 물을 채운 그릇바닥에 황산구리의 결정을 놓으면 녹은 청색의 황산구리가 그릇 위쪽으로 퍼져가는데, 이때 퍼져나가는 속도가 물질마다 다르지 않을까 생각한 끝에 확산하는 물질의 움직임을 방해하는 장애물을 도중에 놓아 보았다. 그 장애물로 양피지를 사용하였는데 소금, 설탕, 황산구리처럼 확산속도가 큰 것은 양피지를 통과하여 넘어갔지만 아라비아 고무, 아교, 젤라틴처럼 확산속도가 느린 것은 통과되지 않는 것을 알았다.

여기서 그는 물질을 두 종류로 나누었다. 양피지를 통과하는 물질은 쉽게 결정을 형성하므로 "결정질"이라 불렀고, 이에 반해서 아교처럼 전형적인 비정질(非晶質)의 성질을 나타내는 것을 콜로이드라 불렀다. 이 두 물질의 성질을 이용하여 결정질을 혼합한 콜로이드 용액을 다공성 박막 주머니에 넣은 후 이 주머니를 흘러가는 물 속에 넣어두었더니 결정질은 씻겨나가고 순수한 콜로이드만 남는다는 사실을 밝혀냈다. 이처럼 결정질은 박막을 통과하여 씻겨나간 데 반하여 콜로이드는 남아 있었는데, 이 조작을 투석(透析)이라 한다.

콜로이드는 생화학에 있어서 특히 중요하다. 단백질이나 핵산 등 식물조직의 성분은 콜로이드에 상당하는 크기의 분자이므로 원형질의 연구는 우선 콜로이드화학의 연구로부터 시작한다. 그러나 콜로이드화학에 있어서 가장 곤란한 것은, 콜로이드 입자가 작아서 보통 현미경으로는 보이지 않는다는 점이다. 독일의 무기화학 교수인 지그몬디[135]는 콜로이드 용액에 빛을 비추고 광원에 직각으로 현미경을 놓아 입자의 수를 빛의 점으로 세었다. 이렇게 해서 각각의 입자의 크기, 때로는 그 모양까지 추측할 수 있게 되었다. 이 기기가 "한외현미경"(ultramicroscope)이다. 그는 공동으로 한외현미경의 제작에 나섰고, 1902년에 완성하였다. 1908년 괴팅겐대학의 교수가 된 그는 그곳에 콜로이드 연구소를 세우고

133) Walther Hermann Nernst, 1864~1941
134) *Theoretische Chemie*, 1893
135) Richard Adolf Zsigmondy, 1865~1929

카메링-온네스

연구를 계속하였다. 이 한외현미경은 지금도 콜로이드의 연구에서 위력을 발휘하고 있지만 전자현미경이 출현함으로써 빛을 잃어가고 있다.

기체의 액화 아일랜드의 물리화학자 앤드루스[136]는 기체의 액화를 연구하였다. 이미 패러데이는 기체에 압력을 가하여 이를 액화시키는 데 성공하였는데 산소, 수소, 질소 등은 압력을 가해도 액화되지 않았다. 앤드루스는 어떤 기체라도 어느 일정한 온도 이상에서는 아무리 압력을 높여도 액화되지 않는다고 생각하고, 이 온도를 임계점이라 불렀다. 이것은 중대한 발견으로 압력을 가하기 전에 그 온도를 임계점 이하로 내림으로써 기체를 액화할 수 있었다.

기체의 액화연구와 관련하여 저온에 대한 연구가 1895년 무렵부터 시작되었다. 이 연구는 독일의 과학기술자 린데[137]가 기체의 액화에 관한 원리를 응용하여 다량의 액체공기를 제조하는 장치를 발명한 후부터 본격화하였다. 더욱이 듀워[138]는 이 액체공기를 보존하는 진공병(Dewar flask)을 제작하였는데 이것은 극저온화학 발전의 토대가 되었다. 그는 1898년 수소가스의 액화에 성공하였다. 액화가 곤란한 기체는 헬륨인데 1908년 네덜란드의 카메링-온네스[139]가 헬륨의 액화에 성공하였다. 그는 절대온도에 가까운 극저온을 실현함으로써 극저온에서의 물성연구를 촉진하였고 금속의 초전도 현상을 발견하였다. 그의 연구를 기념하여 그가 죽은 후 1932년 그가 재직하던 연구소를 온네스연구소로 개명하였다.

한편 고온화학의 연구는 1892년 프랑스의 무아상[140]이 전기로를 발명한 이후부터 활발하게 진행되었다. 석회로의 내화성 상자 안에서 탄소전극에 강한 전류를 통해 주면 쉽게 섭씨 3000~3500도의 고온을 얻을 수 있다. 전기로의 이용은 실험화학계나 제조화학계에서 새로운 연구의 기원을 이룩하였다.

---

136) Thomas Andrews, 1813~85
137) Carl von Linde, 1842~1934
138) Sir James Dewar, 1842~1923
139) Heike Kamerlingh-Onnes, 1853~1926
140) Ferdinand Frédéric Henri Moissan, 1852~1907

7. 무기화학과 유기화학의 전개

새로운 원소의 발견

라부아지에가 『화학원론』에서 밝힌 원소의 수는 33종으로 열소와 광소를 제외하고 31종, 그리고 그 중 5종은 산화물로서 당시 형편으로는 이것들로부터 원소를 분리해 내는 것이 불가능하였다. 그러나 새로운 원소는 1789년부터 급격히 발견되기 시작하였다. 그것은 원소개념이 확립되고 동시에 무기 및 광물의 분석 기술이 급속하게 진보하였기 때문이다.

분석기술에 공헌한 독일 사람은 클라프로트[141]이다. 그는 집안 형편이 어려워 16세 때부터 약방에서 일을 시작하였다. 당시 약방은 화학연구에 적합한 곳이었다. 그는 1792년 결정적인 실험을 통하여 슈탈의 플로지스톤설을 부정하고 라부아지에의 새로운 이론을 지지하였다. 당시 새로운 "프랑스 화학"에 대하여 독일 사람으로서 이러한 태도를 보인 것은 매우 어려운 일이었다. 하지만 그의 더욱 큰 업적은 새로운 원소를 발견한 일이다. 그는 혼자서 우라늄, 지르코늄, 티타늄, 텔루르, 세륨 등 새로운 원소를 발견하였다. 이 이외에도 베릴륨, 크롬, 몰리브덴 등 새로운 원소를 확인하였다.

클라프로트는 명예를 탐내지 않았다. 당시 그를 흔히 "분석화학의 아버지"라 불렀다. 그렇지만 새로운 원소 발견의 경쟁에서 그는 많은 자리를 양보하였다. 그는 1810년 베를린대학 창립 당시에 67세였는데도 불구하고 화학교수로 임명받고 죽을 때까지 7년간 봉직하였다. 클라프로트 이전에 새로운 원소의 발견에 가장 공헌을 많이 한 사람은 발견의 천재 셸레인데, 그는 1771~81년의 10년 동안에 플루오르, 산소, 염소, 바륨, 몰리브덴, 텅스텐을 발견하였다.

새로운 원소는 새로운 방법에 힘입어 더욱 많이 발견되었다. 그것은 새로이 등장한 힘, 즉 전기를 이용하는 방법이었다. 획기적인 발견은 영국의 낭만적인 화학자 데이비에 의해서 이루어졌다. 그는 어려서 약종상의 심부름꾼으로 일하였다. 수학부터 철학까지 다방면에 걸쳐 관심을 가졌던 그는 시인으로서의 재능도 제법 뛰어나, 만년에는 워즈워드나 콜린즈와 같은 위대한 시인으로부터 존경을 받기도 하였다. 하지만 라부아지에의 화학교과서를 읽은 뒤부터 데이비는 화학에 온힘을 다하였다.

1801년 런던에 왕립연구소를 설립한 과학자 럼퍼드 백작은 시험적으로 데이비를 발탁하였다. 화학에 관한 데이비의 강의는 영국의 상류인사들, 특히 런던의

---

141) Martin Heinrich Klaproth, 1743~1817

데이비

귀부인들에게 인기가 있어서 왕립연구소는 성시를 이루었으며, 그의 강연내용은 길거리의 화제였다. 그는 1806년 유명한 공개강연에서 "수소, 알칼리성 물질, 금속, 산화금속 등은 양전기를 띠고 있는 금속면으로부터 제거되나 음전기를 띠고 있는 금속면에는 흡착된다. 또 산소와 산성물질은 이것과 정반대이다."라고 말하였다. 전기분해에 관한 기본원리를 쉽게 설명한 것이다. 그는 전기분해를 이용하여 나트륨, 칼륨, 바륨, 스트론튬 등을 분리하였다.

1806년에 데이비는 나폴레옹이 수여하는 상을 받았다. 당시 영국과 프랑스는 교전중에 있었으므로 데이비가 상을 받을 것인지, 포기할 것인지에 대해서 사람들의 관심이 쏠렸다. 그러나 그는 국가는 전쟁을 하고 있지만 과학자는 전쟁을 하고 있지 않다는 판단으로 상을 받았다. 당시 영국은 다른 유럽 여러 나라의 선두에 서서 나폴레옹의 실각을 시도하고 있었다. 데이비는 1807년과 1808년에 전기분해를 응용하여 몇 가지 새로운 원소를 발견함으로써 영국을 빛냈다.

한편 프랑스는 혁명에 이어서 국가주의가 드높았고, 정부는 국가의 위신을 높이기 위해서 과학을 이용하려고 하였다. 나폴레옹은 게이 뤼삭과 테나르[142]에게 자금을 지원하고, 강력한 전지를 만들어 새로운 원소를 발견하도록 명령하였다. 그러나 전지는 필요없었다. 게이 뤼삭과 그의 동료는 전류를 이용하지 않고, 데이비가 발견한 칼륨을 이용하여 산화붕소를 처리함으로써 처음으로 붕소를 단체로 분리하고, 1808년 6월 21일에 이를 발표하였다(데이비는 조금 늦은 6월 30일에 같은 사실을 발표하였다). 나폴레옹은 과학에 있어서 승리한 것이다.

데이비는 여러 원소의 발견 이외에 아산화질소(N_2O)를 발견하고 그 이상한 성질에 관하여 발표하였다. 이를 들어마시면 눈이 술취한 것처럼 모습을 하며, 억제력을 잃고 간단한 일에 자극을 받아 웃거나 눈물을 흘리거나 하였다. 그래서 이를 "웃음가스"라고 명명하였다. 한동안 일부에서는 이 기체를 들이마시고 즐기는 모임이 있었다. 이 화합물은 역사상 처음으로 마취제로 사용되었다.

데이비는 물질 탐구에만 공적을 남긴 것은 아니다. 데이비의 발견 중에서 패

---

142) Louis Jacques Thénard, 1777~1857

러데이의 발견이야말로 가장 커다란 수확이
었다. 그것은 패러데이가 그의 스승보다 위대
한 과학자가 되었기 때문이다. 데이비의 강연
을 듣고 자진하여 그의 조수가 된 젊은 패러
데이를 1813년 유럽여행에 동반하였다. 이때
데이비는 패러데이에게 이런 말로 훈계하였
다. "과학은 사나운 부인과 같은 것일세. 그
녀에게 봉사하려는 사람이 있을 때, 그녀는
오로지 그를 혹사시킬 뿐이야. 그녀가 지급하
는 금전적 보수는 보잘것이 없네. 또 과학자
의 도덕적 관념이 우월하다는 자네가 생각한
정당성은 앞으로 수년간 자신의 경험에 의해
판단하여야 할 것일세"

데이비는 셸레와 마찬가지로 약물중독으
로 몸이 매우 나빠졌다. 게다가 실험중 폭발
로 귀가 먹었다. 오래 살지 못한 것은 당연하
다. 그는 자신의 뜻을 받들어 중요한 발견을
한 화학자에게 주는 "데이비 상"을 제정하였

분젠

다. 하지만 데이비에게도 인간적인 약점이 있었다. 그는 패러데이가 뛰어난 업적
을 남길 것을 미리 알고 질투하였다. 1842년 패러데이가 왕립학회 회원으로 선
임되는 것을 데이비가 방해하였지만 다행히 회원으로 선출되었다. 패러데이는
은인인 데이비의 야비한 행위를 욕하지 않았다. 패러데이는 과학자일 뿐만 아니
라 인간으로서도 훌륭하였다.

전기의 화학작용에 관해서 데이비 이외에 베르첼리우스, 게이 뤼삭 등이 활
발히 연구하였지만, 1832년 패러데이가 유명한 "패러데이의 법칙"을 발견함으로
써 전기의 화학작용이 명료하게 정리되었다. 첫째, 전기분해에 의해서 전극에 석
출되는 물질의 질량은 용액을 흐르는 전기의 양에 비례한다. 둘째, 일정한 전기
량에 의해서 석출되는 물질의 양은 원소의 원자량에 비례하고, 그 원자가에 반비
례한다. 패러데이의 이 법칙으로 현대의 전기화학의 기초가 형성되었다. 이를 기
념하기 위해서 나트륨 23g, 은 108g, 구리 32g 등 물질 1몰을 유리시키는 데 필
요한 전기량을 "1패러데이"라고 명명하였다(쿨롱과 함께 측정의 단위로 사용한
다. 1패러데이는 96500쿨롱이다). 또한 패러데이는 전기화학 분야에서 많은 용
어를 제정하였다. 전극, 전해질, 음극, 양극, 이온 등의 술어를 그가 처음으로 사
용하였다.

독일 하이델베르크대학의 위대한 실험화학자 분젠은 1855년에 석탄가스를

사용하는 가열장치인 유명한 분젠버너를 발명하였다. 이 분젠버너는 섭씨 2000도의 열을 낼 수 있다. 그가 연구 중 폭발사고로 한쪽 눈을 다쳤다는 소문이 퍼지자 학생뿐 아니라 동네 사람들도 실험실 앞에 모였다. 진찰을 마친 의사가 "분젠 선생은 괜찮다"고 말하자 서로 부둥켜안고 기뻐하는 사람, 너무 기쁜 나머지 우는 사람, 만세를 부르는 사람이 있었고, 밤에는 축하행렬이 있었다고 한다. 그는 유기비소 화합물 연구의 위험성을 깨닫고 유기화학의 연구를 중단하고 무기화학 분야로 연구영역을 바꿨다.

분젠은 화학자이면서 위대한 교육자였다. 어느 학생은 분젠이 오랜 시간 끝에 만들어 준 유리기구를 두 번이나 깨뜨렸다. 그러나 분젠은 아무렇지도 않은 표정을 짓고 다시 세번째 것을 만들어 주었다. 오랜 실험으로 손이 굳은 그는 웬만한 열에는 잘 견디었다. 그는 학생 앞에서 자신의 손을 분젠버너의 불꽃 안에 넣고 각 부분의 온도를 설명하였다. 인디고 합성의 주인공인 바이어도 그중 한 학생이다. 또 그에게는 단네만[143]이라는 특별난 한 제자가 있었다. 분젠은 독신자였다.

분젠은 불꽃반응을 이용하여 원소를 분석한 키르히호프와 협력하여 분광분석법을 개발하여 새로운 원소를 발견하였다. 그들은 하이델베르크 근처의 호수에서 희귀한 원소를 검출하고, 그 특유한 파란 분광 때문에 "세슘"이라 이름을 붙였다(Celsius=청). 두 사람은 새로운 원소를 얻기 위해서 40톤 이상의 호숫물을 농축하였다. 또 세슘을 발견한 2~3개월 후 그들은 화학적 방법으로 쉽게 찾아낼 수 없는 희귀한 알칼리금속 원소인 루비듐(Ru)을 광석에서 발견하였다. 계속해서 이 분광분석법으로 탈륨(Ta)을 발견하였다.

이러한 방법으로 천체의 화학적 조성도 알게 되었다. 그는 태양광선에서 지상의 나트륨 분광과 똑같은 분광을 발견하였다. 이것은 태양 주변에 나트륨이 존재하고 있음을 의미한다. 따라서 이 분광분석법은 천체의 화학적 조성을 연구하고 나아가 천문학 발전에 크게 이바지하였다.

키르히호프의 후원자는 태양광선에서 원소를 발견하는 연구에 흥미가 전혀 없는 사람으로 "만일 태양에 금이 있는 것을 알아냈을지라도 지구에 가져올 수 없다면 쓸데없는 일이 아닌가"라고 물었다. 이때 키르히호프는 자신의 후원자에게 금화를 넘기면서 "태양에서 금을 가지고 왔다"고 말했다고 한다. 그는 이 연구성과로 영국 정부로부터 메달과 금화를 상으로 받았기 때문이다. 사실상 분광

---

143) Friedlich Dannenman, 1859~1936, 그는 독일의 과학사가이며 과학교육가로 직업학교에서 화학을 가르치면서 과학사 문헌을 수집하고, 교육지도서를 저술하는 한편, 여러 과학사의 저서를 발행하였다. 그 중에서 가장 뛰어난 것은 『대자연과학사』(*Die Naturwissenschaften in ihner Eutwicklung und in ihnem Zusammenhange*, 1910~13)이다. 후에 본대학의 철학과로부터 초청받아 자연과학사의 강좌를 담당하였다.

분석법의 성과는 셀 수 없을 정도로 많았다. 이 방법은 우주의 구조를 알아내는 데 있어서 뿐만 아니라, 원자 내부처럼 매우 작은 세계를 알아내는 데 이용되었다.

멘델레예프와 주기율표

대가족 중 막내둥이인 멘델레예프[144]는 아시아 인종의 피가 섞인 것으로 추측된다. 그의 어머니는 멘델레예프의 교육을 위해서 노고를 마다하지 않았지만, 멘델레예프는 모스크바대학 입학시험에 실패하고 부득이 피터스버그대학에 입학하였다. 30세의 젊은 나이로 피터스버그대학의 일반화학 교수가 된 그는 『화학의 기초』[145]라는 책을 썼다. 그는 이 책에서 당시 혼란에 빠져 있던 무기화학을 체계화하려고 하였다.

멘델레예프는 우선 당시에 알려진 63종의 원소를 원자량순으로 배열하여 보았다. 리튬, 베릴륨, 붕소, 탄소, 질소, 산소, 플루오르의 순으로 배열하고 원자가를 각각 1, 2, 3, 4, 3, 2, 1로 하였다. 그리고 이에 연결되는 일곱 개의 원소인 나트륨, 마그네슘, 알루미늄, 규소, 인, 황, 염소의 원자가를 각각 1, 2, 3, 4, 3, 2, 1로 하였다. 여기서 그는 원자량의 증가에 따라서 원자가가 주기적으로 증감한다는 사실을 발견하였다. 또한 같은 원자가를 가진 원소가 위아래로 배열될 경우, 같은 열에 들어가는 원소의 화학적 성질이 여러 점에서 비슷하다는 것도 발견하였다. 한편, 1860년 제1회 세계화학자회의에서 멘델레예프는 이탈리아의 화학자 칸니차로의 원자량에 관한 강연을 듣고, 매우 감격하였다. 그는 이 강연에서 원자량표의 중요성을 새삼 느꼈던 것이다.

1869년 멘델레예프는 러시아화학회 잡지에 최초로 주기율표를 발표하였다. 사실상 러시아 과학자의 논문은 러시아어로 씌어졌기 때문에 학문의 중심지인 서유럽 과학자의 손에 들어올 때까지는 수년 걸리는 것이 보통이었다. 그러나 멘델레예프의 경우는 그의 논문이 독일어로 번역되었기 때문에 학자들의 눈에 바로 띄게 되었다. 주기율표는 처음에는 의심을 받았지만 예언한 원소가 속속 발견됨으로써 점차로 인정받기 시작하였다. 나아가서 그의 주기율표의 원소의 배열순서를 바탕으로 반세기 후에는 원자의 내부구조까지 밝혀졌다.

멘델레예프는 온건한 자유주의자로 러시아 정부로부터 여러 차례 경고를 받았지만, 이를 두려워하지 않고 러시아 정부의 학생에 대한 탄압을 은근히 비난하였다. 그 때문에 그는 교수직에서 쫓겨났고 또한 러시아 과학아카데미 회원으로 선출되지 못하였다. 평민을 사랑하며 여행할 때는 항상 3등열차를 탔다고 한다.

---

144) Dmitri Ivanovich Mendeleev, 1834~1907
145) *Osnovy Khimii*, 1867

멘델레예프

하지만 1904년 러일전쟁 때는 나라를 사랑하는 마음에서 전쟁에 적극 협조하였다. 1893년 도량국 총재에 취임하고 러시아에 미터법을 도입하는 데 힘썼다. 그는 명성이 높아졌어도 항상 서민적 감각을 잃지 않았다.

멘델레예프의 장례식이 끝나고 엄숙한 행진이 있었는데, 선두에는 두 사람의 학생이 멘델레예프가 만든 원소 주기율표를 세워들고 묘지로 향하였다. 매우 애석한 일은 그가 한표 차이로 프랑스의 화학자 무아상에게 노벨상을 빼앗긴 점이다. 그러나 1955년 새로운 원소(101번)가 발견되었을 때, 그의 연구의 중요성를 늦게나마 인정하여 그 원소를 '멘델레븀'이라 이름지었다.

멘델레예프와는 별도로 독일의 화학자로 화학원소의 주기율을 주장한 사람은 마이어[146]이다. 그는 『근대 화학이론』[147]이라는 저서에서, 화학 분야의 현대적인 여러 원리를 명석하게 기술하였다. 여기서 그는 원자량에 바탕을 두고 모든 원소를 정리하여 원자량과 화학적 성질을 관계짓는 표를 만들었다. 마이어가 멘델레예프와 독립적으로 자신의 결론을 주장한 것은 사실이지만, 그는 멘델레예프와는 달리 이 표로부터 발견 가능한 원소의 조성이나 성질을 예언하지 않았다. 한편 영국의 화학자 뉴랜즈[148]도 원소표에 관심이 많았다. 그는 1864년에 원소를 원자량순으로 배열한 표를 만들었다. 이 표를 바탕으로 원소가 여덟번째마다 주기적으로 성질이 변한다고 생각한 나머지, 음계를 참고로 하여 "옥타브의 법칙"이라 하였다. 그는 멘델레예프보다도 빨리 원소성질의 주기성의 개념을 정식화하였다.

비활성기체의 발견

분광분석법을 이용하여 발견된 원소 중에는 비활성기체가 있었다. 19세기 말, 스코틀랜드의 화학자 램지[149]는 만능천재로서 음악과 어학, 수학과 과학, 그리고 운동에도 소질이 있었다. 또한 유리세공 역시 수준급이었다. 그는 마음만

---

146) Julius Lothar Mayer, 1830~95
147) *Modern Chemical Theory*, 1864
148) John Alexander Reina Newlands, 1837~98
149) Sir William Ramsay, 1852~1916

먹으면 무엇이든지 할 수 있는 재능을 지니
고 있었다. 1902년 기사 칭호를 받았고, 비활
성 기체의 연구로 1904년 노벨 화학상을 받
았다. 그는 비활성기체 5종류(크립톤, 네온,
크세논, 아르곤, 헬륨)를 4년 사이에 발견하였
다. 이것은 과학사상 정밀한 실험과 엄밀한 이
론의 중요성을 잘 표현해 준 흥미 깊은 발견이
었다.

이렇게 아르곤과 헬륨의 발견으로 원소
의 주기율표에 새로운 그룹인 영족이 첨가되
었다. 세계의 학자들은 미지의 기체를 예상하
여 1895~97년 사이에 많은 광석으로부터
나오는 기체를 조사하였지만, 모두 결과를 얻
지 못했다. 그러므로 과학자들은 새로운 기체
가 대기중에 존재할지도 모른다는 생각을 하
게 되었다. 마침 그 무렵, 액체공기를 만들
수 있는 장치가 발명되어 액체공기의 분리가
가능하였다. 액체공기를 만드는 장치로부터

램지

액체공기의 찌꺼기를 조금 얻어온 램지는 1898년 5월 30일에 액체공기의 찌꺼
기로부터 새로운 원소인 크립톤(Kr)을 발견하였다. 계속해서 액체공기로부터 산
소와 액체의 대부분을 증발시켜 버리고 남은 가스를 다시 액화시켜 분별증류하
였다. 같은 해 6월 12일 붉은색 선스펙트럼을 나타내는 새로운 원소 네온(Ne)
이 발견되었고, 7월 12일에는 크세논(Xe)이 발견되었다. 이처럼 겨우 4년 사이
에 5개의 원소가 발견되었다. 특히 최후의 3개의 원소를 짧은 기간에 발견한 것
은 과학의 발견사에 있어서 흥미있는 일이다.

영국의 젊은 물리학자 모즐리[150]는 20세기의 새로운 화학분석기술을 개발하
였다. 그는 1913년 여러 물질의 표적으로부터 X선이 발생될 때 서로 다른 파장
의 X선, 즉 서로 다른 X선의 스펙트럼이 생기는 것을 발견하였다. 72번 원소 하
프늄(Hf), 75번 원소 레늄(Re)은 X선에 의해서 발견된 원소이다. 이로써 멘델
레예프의 주기율표의 위치를 확정지었다.

이 무렵 제1차 세계대전이 발발하여 모즐리는 영국 공병대의 장교로 입대하
였다. 인류에게 과학자가 얼마나 중요한 역할을 하는지 국민들의 관심이 없었던
당시, 그는 다른 공병들과 함께 위험한 곳에 뛰어들어 1915년 전사하였다. 그의

---

150) Henry Gwyn Jeffreys Moseley, 1887~1915

죽음은 영국에도, 세계에도 아무런 보탬이 되지 못하였다. 그가 남긴 업적으로
볼 때(그가 죽었을 때는 27세의 젊은이였다) 그는 인류 전체에 있어서 가장 값
비싼 전쟁의 희생자였다. 만일 그가 살았다면 분명히 노벨상을 받았을 것이다.
사실 모즐리의 연구를 계승한 스웨덴의 물리학자 시그반[151]이 노벨상을 받았다.

희토류, 할로겐 원소

희토류(란탄족) 원소는 원자번호 57에서 71번까지의 원소로서 일반적으로
잘 알려져 있지 않지만, 이론적 흥미나 그 용도 때문에 점차 주목을 끌었다. 희
토류 원소는 지각의 1000분의 5를 점유하고 있다. 그 발견의 역사는 19세기를
통하여 100년 이상에 걸친 화학자들의 어려움과 노고의 역사였다. 그러나 한 사
람도 그 공로로 노벨상을 받은 사람이 없는 것을 보면 발견의 명예가 반드시 노
고와 관계되는 것은 아니고 운에 따르는 경우도 있다.

프랑스의 화학자 무아상은 플루오르(F)에 관해서 깊은 관심을 가졌다. 그는
플루오르에 대하여 강한 저항력을 가진 백금으로 실험장치를 만들었다. 그는 플
루오르의 활성을 약하게 하기 위하여 장치의 온도를 섭씨 영하 50도로 하였다.
셀 수 없을 정도로 많은 실험 끝에 플루오르화수소산에 녹인 플루오르화칼륨에
전류를 통하여 결국 플루오르의 단독 분리에 성공하였다. 모든 원소 중에서 가장
활성이 큰 원소를 얻은 것이다. 플루오르는 연한 황색의 기체로 백금 이외의 것
은 가까이 있으면 곧 부식당한다. 이 극적인 발견으로 1906년 노벨화학상을 받
았는데, 이 심사과정에서 멘델레예프에게 한표 차이로 이겼다는 것은 이미 기술
하였다. 역시 운도 따라야 한다.

무아상은 탄소를 아름다운 다이아몬드로 바꾸는 일에 관심을 가지고 있었
다. 그는 높은 압력에서 탄소로부터 다이아몬드를 만들 생각으로 실험을 오랫동
안 계속하였다. 오늘날 과학수준에 비추어 볼 때 무아상이 시도한 압력이나 온도
로 다이아몬드의 제조는 불가능하였다. 반세기가 지나도 목적이 달성되지 않았
고, 결국 더욱 높은 압력에 도달하는 장치가 나올 때까지 기다릴 수밖에 없었다.
그런데 1893년 무아상은 성공하였다고 주장하였다. 그는 작은 다이아몬드 몇 개
가 만들어졌다고 보고하고, 0.5mm 이상되는 무색의 작은 다이아몬드 조각을 전
시하였다. 그러나 이 성공은 실제로 다음과 같은 숨겨진 이야기가 아닌가 생각된
다. 무아상의 조수가 스승의 노고에 보답하려는 간절한 심정에서 원료 속에 다이
아몬드 몇 조각을 뒤섞어 놓았다는 것이다.

---

151) Karl Manne Georg Siegbahn, 1886~1978

산과 알칼리 공업

예부터 화학공업 중에서 중요한 분야는 야금술이었지만, 19세기 초기에 주류를 이룬 분야는 산과 알칼리 공업이다. 산, 알칼리, 염이 화학물질 중 주요한 그룹인 것은 말할 것 없지만, 이 삼자의 관계가 알려진 것은 17세기였고, 그 개념은 18세기에 이르러서야 확실해졌다.

황산　황산이 대규모로 제조된 것은 19세기 초기였다. 1838년까지 황의 공급지는 주로 시칠리아섬이었지만, 이 해에 시칠리아섬의 국왕이 이익을 노려 값을 톤당 5파운드에서 14파운드로 올렸다. 그러므로 황의 자원을 얻는 방법으로 업자들은 황철광을 이용하였다. 미국도 1890년까지 시칠리아섬의 황을 이용하였지만 1891년 루이지애나주의 지하 200미터 깊이에 매장되어 있는 황을 과열 수증기를 불어넣어 녹인 다음, 이를 뽑아 올리는 교묘한 방법을 실시함으로써, 미국은 곧 황 수출국으로 변신하였고, 황철광에서 얻은 황과 경쟁할 수 있었다.

1764년 처음으로 연실법에 의한 황산공장이 영국의 버밍엄에 설립되었다. 이 무렵부터 진한 황산의 수요가 갑자기 늘어나자, 영국은 1세기 반에 걸쳐서 세계최대의 황산 생산국이 되었다. 한편 연실엽에서 사용되는 값비싼 산화질소의 손실을 막기 위하여 1827년 게이 뤼삭은 흡수탑을 개발하여 황산을 만들었지만 1835년부터 사용된 이 탑은 글라우버탑이 도입됨으로써 점차 흡수탑은 사라졌다.

19세기 초기 황산은 소다, 표백분, 질산, 명반, 황산구리의 제조 등에 주로 사용되었다. 19세기 후반에 들어서면서 염료의 합성에서 발연황산을 필요로 하여 접촉법이 개발되었다. 이산화황의 산화가 백금에 의해서 촉진되는 것은 19세기 초에 알려졌지만, 이 방법으로 진한 황산을 만드는 과정은 여러 가지 어려운 점이 있었다. 1875년 무렵 독일에서는, 석면에 백금가루를 적셔 만든 촉매 위에 이산화황과 산소를 통과시켜 3산화황을 얻은 다음, 이를 물이나 황산에 흡수시켜 발연황산을 얻는 데 성공하였다. 그러나 황철광 중에는 접촉독인 비소가 들어 있고, 또 이산화황과 공기를 적당한 비율로 혼합하는 것이 필요하며, 삼산화황이 완전히 흡수되지 않는 등 여러 가지 어려운 문제가 있었다. 그러나 기체반응에 관한 이론을 응용하여 1897년 독일의 한 회사에서 이런 문제들을 해결하였다.

제1차 세계대전까지 수십 년간 접촉황산법은 거의 독일의 독점물이었다. 유기공업약품의 제조에 적합한 황산을 만들기 위해서 영국과 미국에서도 공장을 건설하였다. 독일에서는 1914년에 백금촉매 대신 오산화바나듐(V_2O_5)을 사용하였다. 이 촉매가 미국에서 사용된 것은 1926년이었고, 현재는 일반적으로 이용되고 있다.

질산   아라비아의 연금술사 게베르는 8세기 황산구리와 명반을 초석에 작용시켜 질산을 만드는 방법을 알고 있었다. 한편 질산의 조성은 프리스틀리와 라부아지에에 의해서 밝혀졌다. 독일의 화학자 글라우버는 레토르트 속에서 질산칼륨과 황산을 가열하여 증기를 그릇에 모으는 오늘날 실험실에서 행하는 질산의 제법을 알고 있었다.

1830년 남미의 칠레초석이 각국에 수입되어 이를 원료로 공업적인 질산의 제조가 성행하였다. 1838년 무렵, 프랑스에서는 암모니아를 백금해면 위에서 섭씨 300도로 가열하여 산화질소를 얻었지만 성공적이지 못하였다. 한편 오스트발트는 1900년 낡은 방법을 다시 검토하고 새로운 실험장치를 제시하였다. 그는 평형과 온도 관계이론의 도움을 빌어서 적절한 반응조건을 탐색하고, 백금관을 이용함으로써 처음으로 산화질소를 만족스럽게 생성시켰다. 그리고 1908년에는 공장생산의 단계까지 이르렀다.

염산   염산은 15세기 소금과 녹반($FeSO_4 \cdot 7H_2O$), 명반 $KAl(SO_4)_2 \cdot 12H_2O$ 을 건류시켜 처음으로 얻었다. 그러나 공업적으로는 르블랑법 소다공업에서 부산물로 나오는 염화수소를 처리하는 과정에서 1823년부터 생산되기 시작하였다. 그리고 1914년 독일에서는 소금물을 전기분해할 때, 수산화나트륨과 동시에 생성되는 염소와 수소로부터 순도가 높은 염산을 공업적으로 생산하는 데 성공하였다. 그후 각국에서 이 방법을 도입함으로써 염소공업과 염산공업이 밀접해졌다.

알칼리   알칼리 공업은 매우 오래된 공업 중의 하나이다. 기원전 7000년 무렵 중동에서 어떤 종류의 알칼리가 정제되었다고 한다. 로마 시대에 그리스나 로마인은 비누를 만들어 사용하였고, 폼페이의 유적에서는 비누제조 공장이 발견되었다. 이슬람 여러 나라가 예부터 이 분야의 기술을 가지고 있었다는 것은 '알칼리'라는 말이 아라비아어로부터 유래하였다는 데서 입증된다.

알칼리는 주로 비누, 유리 등의 원료로 쓰인다. 많이 사용된 알칼리성 물질은 탄산소다로서 이집트의 소다호수에서 얻었다. 또 해초를 태워서 얻은 재는 15~20%의 탄산나트륨을 함유하고 있으므로 단단한 비누를 만드는 데 사용되었다. 또한 연비누를 만드는 탄산칼륨의 자원은 1861년 독일에서 암염이 채굴되기 이전까지는 오로지 나무를 태운 재로부터 얻었다.

18세기 후반에 들어서면서부터 섬유공업이 발달하여 소다의 수요가 급격히 늘어나자 스페인산 해초의 재값이 부쩍 올랐다. 프랑스 학사원은 소금에서 소다를 만드는 방법에 대하여 12,000프랑의 현상모집을 하였다. 이에 당선된 사람은 오를레앙 공의 시의인 르블랑[152]이다. 그러나 실제로는 상금을 받지 못하였고 프

---

152) Nicolas Leblanc, 1742~1806

랑스 혁명 후 1793년에 기요틴형을 받았다(다른 설로는 사업에 실패하여 자살하였다고 한다).

르블랑은 이전부터 알려진 여러 가지 방법을 다양하게 개량하였다. 이 방법은 1세기 동안 존속되면서 관련 공업의 발전을 촉진시켜 화학공업의 기초를 수립하였다. 그 성쇠의 역사는 흥미로운 교훈으로 가득하다. 르블랑은 1791년 오를레앙 공의 경제적 원조를 받아 소다의 제조를 시작하였지만, 혁명 후 혼란 때문에 프랑스에서는 실현되지 못하였다. 이에 반하여 영국에서 발전하고 있던 섬유공업이 대량의 알칼리를 요구함으로써 1814년부터 영국에서 르블랑법이 채용되었다. 더욱이 1823년 소금에 대한 관세가 폐지되면서 큰 발전을 이루었다. 르블랑법은 1860~70년에 절정기를 맞이하였고, 100년간 영화를 지속하였다.

벨기에의 공업화학자 솔베이[153]는 암모니아 소다법을 개발하였다. 벨기에의 기술자인 그는 1861년 암모니아소다 공장을 설립하고 모든 기술적 어려움을 극복하는 데 10년이 걸렸다. 1887년부터는 르블랑법과 어깨를 나란히 하다가 점차 르블랑법을 밀어냈다. 암모니아 소다법이 르블랑법보다 훨씬 저렴하고 순수한 제품을 만들 수 있었기 때문이다.

솔베이는 돈을 많이 벌었다. 그는 만년에 자신처럼 학교교육을 받지 못한 사람들을 위하여 학교에 장학금을 기부하였다. 그는 제1차 대전 중에 벨기에에 남아서 식량의 비축과 분배를 위한 위원회를 조직하고 독일군에 대한 저항운동을 도왔다. 한편 전기분해 소다법도 여러 기술적 어려움을 극복하고 1890년에 독일에서 공업화에 성공하였다. 그리고 1910년 이후 가성소다는 주로 전기분해법으로 제조되었다.

공중질소 고정법

전기로(電氣爐)의 발명은 새로운 화학공업의 발전을 촉진시켰다. 석회와 탄소의 혼합물을 전기로에서 강하게 가열하면 칼슘카바이트(CaC_2)가 생기는데 카바이트는 석회질소($CaCN_2$)의 원료이다. 이것은 비료로서 효능이 있다. 석회질소를 뜨거운 물로 처리하면 암모니아가 생성되기 때문이다. 요소[$(NH_2)_2CO$]는 합성수지의 원료로 다량 생산되지만, 농도가 진한 암모니아 비료로도 사용된다. 요소는 제1차 대전 후 독일에서 합성이 시작되었다.

암모니아의 합성법을 창시한 독일의 물리학자는 하버[154]이다. 20세기 초에 과학자의 당면과제는 대기 중의 질소를 어떤 방법으로 대규모로 이용할 것인가 하는 것이었다. 질소화합물은 비료나 폭약의 원료로서 없어서는 안되는 것이기

---

153) Ernest Solvay, 1838~1922
154) Fritz Haber, 1868~1934

때문이다. 그러나 그 생산지는 단지 한 곳, 즉 세계 공업의 중심지로부터 멀리 떨어진 남미의 칠레에 질산염 광산이 있을 뿐이다. 하지만 대기의 4/5가 질소이고, 이 질소가스를 대량으로 값싸게 화합물로 바꿀 수만 있다면 질소자원은 무진장하다.

1900년대 초기, 높은 압력하에서 철을 촉매로 질소와 수소를 결합시켜 암모니아를 제조하는 방법이 연구되었다. 하버는 1907년 네른스트의 고압에서의 화학평형 연구를 바탕으로 질소, 수소, 암모니아 사이의 화학평형을 연구하였다. 또한 반트 호프의 화학평형에 관한 열역학적 이론에 바탕을 두고 계산한 결과, 고압에서 공업화의 가능성을 확인하였다. 이것이 실현된 것은 고전 물리화학의 승리라 말하지 않을 수 없다.

한편 IG회사의 연구진이 금속과 그 산화물 100종에 관해서 계통적으로 성능을 비교 연구한 결과, 철을 주축으로 알루미늄과 산화칼륨의 혼합물이 촉매로서 가장 우수하다는 것을 발견하였다. 하버의 질소고정법을 공업화한 사람은 독일의 BASF사의 보슈[155]이다. 이 새로운 공업은 그후 화학공업계를 크게 변화시켜 세계적으로 영향을 끼친 점에서 획기적인 의의가 있다. 보슈는 1913년에 이산화탄소와 암모니아로부터 요소의 공업적 합성에 성공하였다. 그는 1931년 노벨 화학상을 받았다. 그는 수상강연에서 2만 번 정도 촉매에 관한 실험을 하였다고 회고하였다. 그는 나치 정권에 저항하였고, 동료인 하버가 추방되어 죽은 뒤 그의 명예를 회복시키려 공공연히 노력하였다.

하버가 발견한 공중질소 고정법은 제1차 세계대전 중 독일에 커다란 힘이 되었다. 영국해군은 독일의 질산염 수입을 방해하였다. 만일 독일이 질산염을 수입에만 의존했다면 1916년에 독일의 화약류가 바닥나서 항복했을 것이지만, 그의 덕택으로 공기의 자원을 개발한 독일은 탄약의 부족 없이 2년 이상 버틸 수 있었다. 1918년 독일이 무너진 뒤 그는 그 연구의 가치를 인정받아 노벨 화학상을 받았다. 그는 독일을 위해서 과학자로서 최선을 다했다. 한편 독가스를 제조하여 실전에 사용케 하였으며, 효과적인 가스마스크를 개발하였다. 그리고 전쟁 배상금의 헌금에도 앞장섰다. 그는 열렬한 애국자였다.

그러나 1933년 히틀러가 정권을 잡으면서 하버는 생각지도 않았던 재난을 당했다. 유태인의 피가 섞여 있었기 때문이다. 더욱이 독가스를 생산하여 전쟁에 사용함으로써 전쟁을 더욱 극렬화시키고, 인류를 비극으로 몰아넣었다고 비난하는 사람들 때문에 그의 지위가 흔들렸다. 그는 영국으로 피했지만 그곳 생활에 익숙치 못하여 독일 근처의 스위스로 돌아왔다. 그러나 수개월 후 실의 속에서 세상을 떠났다.

---

155) Carl Bosch, 1874~1940

유기 정량분석법의 수립

17세기 후기 파리의 의사이자 약제사인 레므리[156]는 물질을 동물, 식물, 광물로 분류하였고, 18세기에 접어들자 화학자들은 동식물로부터 얻은 많은 화합물의 성질을 연구하였지만 조직적이지 않았다. 그런데 유기화합물의 연구를 진전시키기 위해서는 무엇보다도 분석법이 먼저 개발되지 않으면 안되었다. 최초로 유기물의 분석법을 창안한 사람은 라부아지에였다. 또 베르첼리우스도 세심한 주의를 기울여 유기물을 분석하였다. 그는 일곱 종류의 유기산을 21번 분석하는 데 18개월을 소비하였다. 또 유기화합물이 정비례의 법칙에 따르고 있다는 사실도 확인하였다. 그러나 당시 모든 화학자처럼 베르첼리우스까지도 어떤 특별한 "생명력"(vital force)이 유기화합물을 지배하고 특유한 성질을 부여한다고 생각하였다.

유기화합물의 분자구조는 무기화합물의 경우와 달리 일반적으로 훨씬 복잡하여 정량분석이 매우 힘들었다. 독일의 화학자 리비히[157]는 새로운 유기화학분야의 연구에 정열을 쏟았다. 이보다 먼저 테나르와 게이 뤼삭은 유기화합물을 연소시켜 생성된 물과 이산화탄소의 양을 측정하는 방법을 창안하였는데, 그는 이를 바탕으로 1831년 반응중에 생성된 양을 정확하게 측정할 수 있는 기술을 개발하였다. 개발된 기술로 그는 혈액, 담즙, 오줌 등을 분석하고, 인체의 활력이나 체온은 체내에 섭취된 음식물의 연소에 의해서 유지되고 있다고 주장하였다. 그리고 에너지원은 탄수화물과 지방이라고 하였다.

리비히는 농예화학 분야에서도 뛰어났다. 토양이 척박해지는 것은 흙 속에 함유된 광물질이 식물에 의해서 소비되기 때문이며, 특히 생명의 유지에 필요한 나트륨, 칼슘, 칼륨, 인 등을 포함한 화합물이 부족하기 때문이라는 올바른 학설을 내세웠다. 그는 퇴비와 같은 천연비료를 사용하는 대신 화학비료를 사용하여 작물을 키우는 실험을 하였다. 그후 화학비료의 사용으로 과학적 영농을 실현한 국가에서는 식량의 증산이 이루어졌을 뿐 아니라, 퇴비를 사용하지 않음으로써 전염병의 발생이 격감하였다. 한편 1833년 프랑스의 화학자 뒤마[158]는 유기화합물 중 질소의 정량분석법을 개발하여 유기분석의 정량화를 촉진하였다. 이로써 "리비히-뒤마"의 유기정량분석법은 새로운 미량분석법이 발견될 때까지 75년간 사용되었다.

뒤마는 나폴레옹 3세 때 정부 요인으로 상원위원, 조폐국장, 파리시장 등을 역임하였지만 나폴레옹의 실각으로 정치생명을 잃었다. 프랑스의 교육제도, 노동

156) Nicolas Lemery, 1645~1715
157) Justus von Liebig, 1803~73
158) Jean Baptist-André Dumas, 1800~84

리비히

문제, 토목위생사업, 도시계획, 화폐제도의 개선 등에 많은 업적을 남겼다. 이 밖에도 44년 동안 『물리 및 화학연보』(*Anales de chimie et de physique*)를 편집하였다. 리비히 가 독일 최초의 화학교육자라면 뒤마는 프랑스 최초의 화학교육자이다. 1832년 뒤마는 학생을 위하여 자비로 화학실험실을 개설하고 인재를 양성하였다.

유기물질의 형성이론

유기화합물의 본질을 밝히기 위한 첫걸음 은 기(基)의 개념의 전개였다. 라부아지에는 기의 개념(산의 기)을 채용하였고, 이것이 시 안화수소의 시안기(CN-)에 관한 게이 뤼삭 의 연구로 확대되었다. 그에 의하면 탄소와 질소의 결합체인 시안기는 염소나 요오드와 마찬가지로, 일련의 반응에서 변하지 않고 단 체처럼 행동하는 하나의 단위로서 반응하는 원자집단이다. 이 기의 개념은 유기화학의 발전에 있어서 기초가 되었다.

한편 1832년 독일의 화학자 리비히와 뵐러는 벤조일기(C_6H_5CO-)의 발견을 보고하는 논문의 머리말에서 "유기계의 어두운 영역에 한가닥 밝은 빛이 비쳤 다"라고 기술하였다. 이 연구는 겨우 4주 동안에 기센대학의 리비히연구실에서 진행되었다. 두 사람의 연구로 유기화학은 복잡한 기의 화학이라 정의되었고, 유 기화학의 지식을 증대시킬 수 있었다. 베르첼리우스는 두 젊은 화학자의 업적을 "매우 장래성 있는 지식", "세계의 새로운 여명" 등으로 칭찬하였다. 1833년에 는 리비히가 에틸기(C_2H_5-)를 발견하여 기의 학설은 절정에 달하였다.

1837년까지 많은 화학자들은 기의 이론이 유기화학의 신비를 해명하는 최종 적인 답이라 생각하였다. 그해 리비히와 뒤마가 자신에 넘치는 논문을 발표하였 다. "광물(무기)화학에서 기는 단순하다. 유기화학에서의 기는 복잡하다. 차이는 그뿐이다. 이를 제외하면 결합과 반응의 법칙이 두 분야에 있어서 동일하다"고 하였다. 1834년 뒤마는 알코올에 염소를 작용시키면 할로겐이 유기화합물 중의 수소와 치환하고, 그 분자로부터 같은 부피의 할로겐화수소를 유리시킨다는 사 실을 알아냈다. 따라서 그는 자신의 발견을 "치환의 법칙"이라 불렀다. 한편 뒤마의 연구실을 찾아온 프랑스의 화학자 로랑[159]은 탄화수소가 기본기이고, 치환에 의해서 여러 가지 "유도기"가 얻어진다고 강조하였다.

결국 로랑은 유기화합물에 있어서 베르첼리우스의 이론에 반대하였다. 로랑은 자신의 견해를 지지하는 증거를 계속 쌓아나갔다. 그는 당당하게 자신의 주장을 피력하였다. 로랑의 연구결과로 화학자들은 화학계의 독재자 베르첼리우스의 이원론과 대립하는 전일성(全一性)의 설을 점차 받아들였다. 후에 뒤마도 전일성의 설을 받아들이고 자신의 설을 "형(型)의 이론"이라 고쳐 불렀다.

로랑은 화학자로서 생애의 거의 절반을 지방대학에서 보냈고 파리에 나왔을 때도 그다지 만족스러운 직위를 얻지 못했다. 그는 환경이 나쁜 실험실에서 근무하지 않으면 안되었고, 결국 폐결핵으로 죽고 말았다. 이런 고통 속에서도 그는 유기화학 이론의 발전에 노력하였다. 그후 로랑의 이론은 화학교과서에 실렸으며 오늘날까지 존속되고 있다.

한편 전일성의 설은 프랑스의 화학자 게르하르트[160]에 의하여 발전하였다. 그는 로랑과 공동 연구를 하였는데, 뒤마나 과학아카데미의 강력한 보수세력의 미움을 샀다. 그 때문에 게르하르트도 적절한 실험실을 얻을 수 없었다. 그는 불과 40세에 질병으로 세상을 떠났는데, 그의 짧은 인생은 투쟁의 연속이었다. 어려서부터 아버지와 싸우고 가출하였고, 학계에서는 논문 때문에 싸워야 했다. 심지어 은사인 리비히와 싸웠고, 뒤마나 베르첼리우스와도 싸웠다. 다만 싸우지 않고 일생 동안 친분을 지킨 사람은 로랑뿐이었다. 게르하르트는 9살 연상의 로랑과 사귀었으며, 약 6년 간에 걸쳐 36편의 논문을 함께 발표하였다. 거기에는 32종의 새로운 화합물이 기재되어 있었다.

구조이론의 기초개념이 선보인 것은 1858년이었다. 이것은 두 젊은 화학자에 의해서 독립적으로 동시에 수립되었다. 구조의 신비의 막을 올리는 데는 두 개의 간단한 원리가 뒷받침하고 있었다. 첫째, 탄소원자가 4개의 원자와 결합한다는 것이다. 화학적으로 말하면 탄소원자는 4가이다. 둘째, 탄소원자가 서로 결합하여 긴 탄소사슬을 만들 수 있는데, 이것은 다른 원소에는 없는 탄소 특유한 성질이다.

스코틀랜드의 화학자 쿠퍼[161]는 고향 스코틀랜드의 대학에서 원래 고전과 철학을 공부하였지만, 유럽대륙으로 건너가 전공을 화학으로 바꿨다. 그는 1858년에 "탄소는 해당하는 원자가만큼 수소, 염소, 탄소, 황 원자와 화합하며, 가장 안정한 화합력은 4가이다"라고 주장하였다. 이것은 탄소가 4가라는 최초의 언급으로 믿어진다. 그는 27세 때 탄소의 4가설에 관한 논문을 학술원에 제출하려 하

159) Auguste Laurent, 1807~1853
160) Charles Gerhart, 1816~56
161) Archibald Scott Couper, 1831~92

였지만, 지도교수는 이 논문이 너무 대담한 사고를 내포하고 있으며 공상적이라는 이유로 제출하지 못하게 하였다. 그의 불만은 이만저만이 아니었고, 결국 지도교수의 연구실에서 쫓겨났다. 그는 아무런 영예도 안지 못한 채 고향으로 돌아오는 도중, 일사병에 걸려 폐인이 되어 학계에서 모습을 감추었다. 쿠퍼의 업적은 그후 반세기 동안 무시되었다. 쿠퍼는 불멸의 업적을 과학의 역사에 남겼는지를 알지 못한 채 쓸쓸히 세상을 떠났다.

그 사이에 독일의 화학자 케쿨레[162]의 논문이 발표되었다. 쿠퍼만큼 진보적이지는 않았지만 내용적으로는 분명히 쿠퍼와 같았다. 그는 처음에 건축가를 지망하여 기센대학에 입학하였다. 그러나 리비히의 강의에 매료되어 화학으로 전공을 바꾼 뒤 영국으로 건너가 유기화학자들과 친분을 맺었다. 그의 탄소의 4원자가설 및 구조론은 귀국 후 발표되었지만, 사실은 런던에서 그 이론이 성숙된 것으로 미루어 보아 분명히 그곳 친구들의 도움을 받은 것 같다.

이 발견과 관련하여 그는 1872년 두 개의 이성체 사이에 진동 혹은 공명이 성립한다는 생각을 도입하였다. 케쿨레는 본대학의 교수 및 학장을 지냈다. 또 카이저 빌헬름 2세에 봉사하여 과학사상 비할 데 없는 명성과 영예를 얻었다. 위 두 사람의 운명은 이렇게 달랐다.

이성질체의 발견과 입체화학

유기화학의 형성에서 이성체의 연구와 발견은 큰 발전이었다. 리비히는 1824년 폭약인 뇌산은($AgONC$)이라 불리는 화합물의 연구를 완성하였는데, 같은 해 독일의 화학자 뵐러[163]도 시안산염($AgOCN$)을 연구하였다. 잡지에 실린 두 사람의 논문을 읽은 게이 뤼삭은 두 화합물이 같은 화학식을 가지고 있다는 사실을 발견하였다. 이 소식을 들은 베르첼리우스도 별개의 화합물이 같은 화학식을 가진 것에 크게 놀랐다. 처음에는 이를 인정하지 않으려 했지만, 이런 현상이 다른 경우에서도 발견됨으로써 이러한 화합물을 이성질체(isomer, 그리스어로 "동일성분")라 불렀다. 그러므로 화합물의 분자를 단순한 원자의 집합체로 취급해서는 안되며, 원자배열에 따라서 성질이 다른 화합물이 생성된다는 사실을 알게 됨으로써 구조식의 개념이 싹텄다.

리비히와 뵐러는 연구대상이 같다는 사실을 알면서부터 우정이 깊어졌고, 나아가서 공동연구까지 하였다. 그리고 리비히와 뵐러의 우정은 역사상 그 유래를 찾아볼 수 없다고 할 정도로 대표적인 "우정"의 표본이 되었다. 독일에서는 과학자의 우정으로 뵐러와 리비히를, 문학가의 우정으로 괴테와 실러의 경우를

---

162) Auguste von Stradonitz Kekule, 1829~96
163) Friedrich Wöhler, 1800~84

흔히 예로 들고 있다.

한편 쿠퍼와 케쿨레의 이론에 의한 평면식으로는 광학활성체나 이성체의 구조를 나타낼 수 없었다. 그러나 기하학적 모형을 생각함으로써 이 문제는 간단히 해결되었다. 프랑스의 화학자 파스퇴르가 고기즙에서 얻은 락트산은 광학적으로 활성이지만, 실험실에서 알데히드로부터 합성한 것은 불활성이라는 사실을 알았다. 이것은 원자가 연결되어 있는 공간적 배열이 다르기 때문이다.

이러한 사실과 추리에서 힌트를 얻은 네덜란드의 젊은 유기화학자 반트 호프[164]는 학위를 받기 전에 간단한 이론을 대담하게 발표하였다. 이것은 오늘날 "탄소원자의 입체화학"이라는 것인데, 탄소원자 4개의 원자가는 정4면체의 정점의 방향으로 향하고 있다고 가정하였다. 그러므로 탄소원자에 4개의 다른 원자 혹은 원자단이 결합할 때, 어떤 종류의 화합물은 비대칭으로 광학활성을 지니게 된다. 그는 선광성(편광면을 회전시키는 힘)을 분자내의 비대칭탄소 원자로 설명하였고, 광학이성체는 같은 분자에서 왼손과 오른손의 경우와 같다고 말했다.

합성화학의 실마리

19세기 후반에 가장 눈에 띄는 발전의 특징은 유기합성화학으로 수천 개의 화합물이 합성된 점이다. 19세기 초기에는 화학약품의 생산이 프랑스와 영국에 비하여 독일은 매우 빈약하였다. 그러나 19세기 후반에 화학공업의 기초는 독일의 리비히나 뵐러와 같은 화학자에 의해서 쌓아 올려졌다. 더욱이 대학의 연구실에서 많은 학생을 훈련시킨 결과가 1870년 이후 독일 화학의 기초가 되었다.

당시 화학자들은 유기물질을 제조하는 데 있어서는 반드시 "생명력"이 필요하며, 생물조직의 힘을 빌리지 않고서는 무기물로부터 유기물의 합성이 불가능하다고 믿고 있었다. 그러나 한편으로 물질을 무기물과 유기물로 구분하는 것이 그렇게 엄밀한 것이 아니라는 이론도 있었다.

1828년부터 뵐러는 이 문제에 집착하였다. 그는 무엇인가 될 듯싶어서 시안산암모늄을 가열해 보았다.[165] 이때 놀랍게도 한 결정체가 나왔는데 이를 분석한 결과 요소임이 확인되었다. 요소는 포유류의 신체에서 배설되는 주요한 질소화합물로써 오줌 속에 존재하며, 분명히 유기물이다. 결국 뵐러는 무기화물로부터 유기물을 합성해 낸 것이다.

요소합성의 성공소식을 들은 다른 화학자들도 유기물을 합성하는 문제에 열중하였고, 뵐러가 요소를 합성한 25년 후 프랑스의 화학자 베르틀로[166]의 연구로

---

164) Jacobus Henricus Van't Hoff, 1852~1911
165) $NH_4CNO \rightarrow (NH_2)_2CO$
166) Pierre Eugene Marcellin Berthelot, 1827~1907

모든 의문이 풀리게 되었다. 그는 글리세린과 지방산의 합성에 성공함으로써 유기화합물의 합성에 위대한 첫발을 내디뎠다. 그는 유기화합물의 합성을 계통적으로 계획하여, 잘 알려진 주요한 물질인 메틸알콜, 에틸알콜, 메탄, 벤젠, 아세틸렌 등을 차례로 합성하였다. 이로써 유기화합물을 만드는 데 있어서 반드시 "생명력"이 있어야 한다는 생기론적 사상이 무너지고 말았다. 그후 케쿨레는 유기화학이란 "탄소화합물"을 취급하는 분야라고 정식 제안하였고, 생명체의 생성물을 취급하는 화학을 특히 "생화학"이라는 말로 대신하였다.

합성염료

유기합성화학의 수립으로 1856년부터 시작된 염료의 합성은 원래 의학적으로 중요한 알칼로이드의 인공제조를 겨냥한 것이었으나, 염료와 염색의 이론적인 연구로 그 연구방향이 전환되어 많은 염료가 인공적으로 합성되었고 새로운 화학공업으로 발돋움하였다.

호프만과 퍼킨　　19세기 독일의 호프만[167]은 리비히의 강의에 감동하여 법학과에서 화학과로 전과를 결심하였다. 1842년 리비히가 영국을 방문하였을 때 화학교육의 개선책을 역설한 바 있었다. 이때 영국은 이를 받아들여 1845년 런던에 왕립화학학교(Royal college of Chemistry)를 세우고, 기센대학 방식으로 화학교육을 실시하였다. 이때 학장으로 추천된 사람이 바로 호프만이었다. 이때 그의 나이는 27세였다. 그는 놀랄 만한 열성과 정성으로 그곳에서 수많은 화학자를 배출하였다. 화학계의 권위자인 아벨, 인조염료의 개척자인 퍼킨, 진공방전을 연구한 크룩스 등이 모두 이 학교 출신이다.

호프만은 염료공업의 아버지로 새로운 염료의 연구를 이끈 화학자였다. 그는 1864년 귀국 후, 새로운 방법으로 염료를 합성하였다. 그의 진보된 유기화학 연구를 기초로 독일은 영국이나 프랑스보다도 훨씬 발달한 거대한 염료공업을 건설하였다. 또한 독일에서는 우수한 여러 화학자가 배출되어서 반세기에 걸쳐서 유기화학계를 지배하였다. 특히 호프만은 이론화학자가 아닌 실험화학자였다. 그는 1867년 가을에 독일화학회를 발족시키고, 기관지인 『독일화학회지』(*Berichite der Deutchen Chemischen Gesellschaft*)를 발간하였다. 이 잡지는 오늘날까지도 이 분야의 권위있는 전문잡지의 하나이다.

호프만의 지도를 받은 영국의 퍼킨[168]은 건축가인 아버지의 뜻을 저버리고 화학의 길을 걷기로 결심하였다. 그것은 패러데이와 데이비의 강의에 감격했기 때문이었다. 호프만은 퍼킨의 화학에 대한 열의와 관심을 인정하여 1855년 자신

---

167) August Wihelm von Hofmann, 1818~92
168) William Henry Perkin, 1838~1907

의 연구실 조수로 채용하였다. 그때 그의 나이 17세였다. 그는 학교에서 하는 일 이외에 자기집 실험실에서도 실험을 계속하였다. 어느날, 호프만은 콜타르로부터 얻은 값싼 원료를 사용하여 키니네(말라리아에 치료에 필요한 비싼 약품)의 합성의 가능성을 퍼킨에게 암시하였다. 만일 그것이 가능하다면 유럽에서 멀리 떨어진 적도지방으로부터 키니네를 수입하지 않아도 되었다. 퍼킨은 흥분하여 그 실험을 하기 위해서 집으로 돌아왔다. 결과는 실패로 끝났다. 퍼킨은 1856년 부활절 휴가중에 이 문제의 해결에 다시 도전하였다. 그가 아닐린과 중크롬산칼륨의 혼합액을 비커에 부었더니 보라색을 내는 생성물이 그 용액 속에 생성되었다. 그리고 그 생성물에 알코올을 가했더니 녹으면서 아름다운 보라색이 되었다.

퍼킨은 이 새로운 합성물을 염료로 사용할 수 없을까 생각하였다. 그는 신념을 가지고 이 염료의 제조특허를 얻었다. 그때 나이가 18세였다. 그는 호프만의 반대를 무릅쓰고 조수직을 사퇴하였다. 처음에 화학의 길을 반대하던 퍼킨의 아버지도 저금한 돈 전부를 자본금으로 내놓았고, 형으로부터도 원조를 받았다. 그는 처음에 고전하였지만 6개월 안으로 "아닐린 퍼플"이라 이름붙인 제품을 출하하였다. 프랑스에서는 이를 "모브"(Mauve)라 불렀고, 이른바 모브의 시대가 열렸다. 1862년 수정궁에서 박람회가 열렸을 때 빅토리아 여왕은 모브로 염색한 옷을 입었다고 한다. 새로운 이 염료는 즉시 좋은 반응을 얻었다. 그는 일약 유명해졌고 돈방석에 앉게 되었다. 뿐만 아니라 23세 때 세계적인 염료계의 권위자가 되었다. 그의 발명은 유기 합성화학 공업 발전의 실마리가 되었다. 그후 그는 제조업계를 떠나 학문에 전념하였고 "퍼킨반응"이라 부르는 새로운 화학반응을 창안하였다.

바이어와 인디고   한편 염료계에 군림한 염료의 왕자는 합성인디고이다. 인디고에 대한 기초적인 연구를 한 사람은 장군의 아들인 독일의 바이어[169]이다. 그는 지도자로서의 선천적인 자질에 힘입어 19세기 후반 유기화학 전성 시대의 중심인물이 되었다. 한때 독일의 우수한 유기화학 교수는 모두 그의 제자였으며, 당시 유기화학계의 대부분의 지도자는 뮌헨의 바이어실험실 연구방법을 따랐다. 바이어는 30세 때 인디고의 화학적 연구에 착수하였다. 그는 자신이 창안한 실험방법으로 구조해명의 열쇠를 손에 쥐었다. 나아가서 몇 가지 교묘한 방법으로 인디고의 합성에 성공하였고, 이어서 인디고의 화학구조를 결정하였다. 하지만 바이어의 합성법은 모든 노력에도 불구하고 공업화에 실패했는데, 1890년에야 취리히 공과대학 교수 호이만[170]이 이를 공업화하였다.

이때부터 독일은 천연 인디고를 시장에서 몰아내고 합성인디고의 시장을 독

169) Johann Friedrich Wilhelm Adolf von Baeyer, 1835~1917
170) Otto Heumann, 1851~94

점하여 거대한 부를 축적하였다. 독일은 합성인디고의 제조기술을 완성하고, 1900년에 제품을 시장에 내보내기까지 10년간 1백만 파운드의 거액을 투자하였다. 실제로 바이어가 연구를 시작한 지 35년 만의 일이었다. 제1차 세계대전이 시작된 1914년경에는 독일의 값싼 합성염료의 물결 때문에 인도의 천연 인디고 산업은 큰 타격을 받았다. 이것은 독일 특유의 과학과 기술의 상호작용의 승리였다. 19세기 초기까지 관념론에 사로잡혀 있었고, 특히 현실적 태도를 경시한 독일이 19세기 후반에 이르러 유기화학공업계를 석권한 것은 참으로 신화 같은 이야기이다.

이때부터 염료화학 및 공업의 중심지는 유기화학의 조직적 연구에 앞선 독일로 옮겨졌다. 이에 반하여 영국은 인조염료의 발상지였지만 1864년 호프만이 귀국한 후, 유기화학자는 한 사람도 없었다. 또한 영국은 기초적 지식이 부족하여 염료공업에 필요한 미묘한 과정을 이해하지 못함으로써 점차 독일에 뒤지고 말았다. 더욱이 퍼킨이 순수화학의 연구로 전향하여 공업계에서 은퇴함으로써 독일의 합성염료는 제1차 세계대전 전에 세계시장을 독점하기에 이르렀다.

바이어의 교실에서 지도를 받은 사람 중 유기화학의 역사를 수놓은 화학자들이 많았다. 그중 가장 두드러진 사람으로 에밀 피셔[171]와 마이어[172]을 꼽을 수 있다. 두 사람은 유기합성과 분석 분야에서 크게 활약하였다. 이들의 발견은 연구와 교육뿐 아니라 독일의 화학공업의 발전에 크게 공헌하였다. 특히 마이어의 유기화학 교과서는 당시까지 출판된 유기화학책 중에서 가장 훌륭하였다.

레이온과 폭약

프랑스의 공업화학자 샤르돈네[173]는 파스퇴르의 조수로서 섬유에 관해서 관심이 많았다. 또한 그는 프랑스 정부를 위해서 면화약을 연구하였다. 이렇게 서로 다른 두 분야에 관심이 깊었던 그는 니트로셀룰로오스 용액을 작은 구멍으로부터 압출시키고, 용매를 증발시켜 섬유를 얻는 방법을 발명하고 1884년에 특허를 따냈다. 1891년 파리 세계박람회에 출품된 "샤르돈네의 섬유"는 대인기였다. 이 섬유는 광택이 강하며 광선을 내는 듯이 보인다는 뜻에서 "레이온(rayon)"이라 불렀다. 폭약을 평화목적에 사용한다는 구상은 결코 이상주의적인 공상은 아니었다. 샤르돈네의 면화약은 인조섬유와 플라스틱으로 변신하지 않았는가.

19세기 중엽까지 유일한 폭약은 흑색화약이었다. 그런데 1846년 쇤바인[174]이 면에 질산과 황산의 혼합물을 작용시켜 면화약을 만들었다. 또한 1847년 이

---

171) Emill Hermann Fischer, 1852~1919
172) Viktor Meyer, 1848~97
173) H. B. de Chardonnet, 1884~1968
174) Christian Friedlich Schönbein, 1799~1868

탈리아의 트리노 공과대학의 소브레로[175]가 글리세린과 질산으로부터 폭약의 역사에 새로운 기원을 이룬 니트로글리세린을 얻었다. 한편 스웨덴의 노벨[176]은 소브레로가 발견한 니트로글리세린에 관심을 가졌다. 그는 미국의 개척 시대에 그곳에서 활동하였는데, 니트로글리세린과 같은 분쇄폭약이 다량 사용되고 있었다. 그런데 니트로글리세린을 취급하는 올바른 방법이 지켜지지 않아 많은 사고가 발생하였다. 1864년에 자신의 공장도 폭발하면서 친형을 잃었다.

1866년 5월, 그는 통에서 흘러나온 니트로글리세린이 규조토에 흡수되면서 완전히 굳는 것을 우연히 발견하였다. 니트로글리세린을 흡수한 규조토는 뇌관을 붙이지 않으면 폭발하지 않았다. 이것은 실질적으로 안전하였고 폭발력은 변함이 없었다. 그는 이를 "다이너마이트"라 불렀다. 화약은 러시아 유전개발과 미국 서부개척에 큰 공을 세웠다.

그러나 전쟁에도 이용되었다. 제1차 세계대전 당시 영국은 다량의 화약이 필요하였다. 영국계의 이스라엘 화학자인 바이츠만[177]은 세균을 이용하여 아세톤을 합성하고 아세톤으로부터 무연화약의 제조원료를 확보하여 영국의 위기를 구하였다. 그는 열렬한 시오니스트(유태국가건설 운동자)였는데, 1917년 영국 정부가 팔레스티나에 유태국가건설을 인정하는 파르훠선언을 한 것은 그의 영향도 있었다. 그는 1917년 제1차 세계대전에 이어 평화회의에 유태인 수석대표로 참가하였고, 그후 세계 유태인국가 건설기구의 회장으로 유태인 단결에 적극 앞장섰다.

화학의 자립

라부아지에 시대부터 1820년까지 화학은 놀랄 만큼 발전하였다. 다른 과학 분야도 함께 발전하였지만, 화학은 특별한 환경의 영향을 받아 더욱 급속한 발전을 하였다. 중요한 첫째 원인은 이 무렵의 과학이 완전히 국제적 성격을 띠고 있었다는 점이다. 새로운 잡지가 많이 나와 과학자 사이에 광범위한 정보가 교환되었고, 선진 여러 나라 과학자 사이의 교류는 화학의 연구를 풍성하게 하였다. 이러한 교류는 아주 자유로웠다. 그 좋은 예는 영국과 프랑스가 전쟁중이던 1813년, 데이비가 초대손님으로 프랑스로 건너가서 그곳의 연구실을 방문할 수 있었다는 사실이다. 지금은 크게 달라졌지만 얼마 전까지만 해도 사회주의 몇몇 국가의 방문은 사실상 불가능하였다.

둘째 원인은 화학이 하나의 전문분야로서 충분히 인정받았다는 점이다. 화

---

175) Ascanio Sobrero, 1812~88
176) Alfred Bernhanrd Nobel, 1833~96
177) Chaim Weizmann, 1874~1952

학연구를 하기 위해서 화학자가 약제사나 의사의 훈련을 받는 일은 더 이상 없었다. 대학에 화학교수 자리가 생겨났고, 많은 우수한 화학자 특히 프랑스 화학자들은 자신의 실험실을 마련하고 그곳에서 화학교육을 실시하였다.

셋째 원인은 이론화학과 실제적인 화학 사이에 밀접한 관계가 맺어진 점이다. 그 이전이나 이후에도 이 이상으로 밀접한 관계를 맺은 일은 없었다. 화학자들은 "순수화학"과 "응용화학"을 구분하여 생각하지 않았다. 라부아지에의 주된 임무는 프랑스 정부에 질 좋은 화약을 공급하고, 기타 많은 기술적 문제를 프랑스 국민을 위해서 해결하는 것이었다. 베르톨레는 프랑스의 염색업과 표백업 분야에서 활약하였고, 게이 뤼삭은 황산제조업자들에게 게이 뤼삭 탑을 제공하였다. 데이비는 광부용 안전램프를 발명하였고, 나폴레옹 전쟁과 대륙봉쇄의 영향으로 르블랑식 소다 제조법이 발명되었다. 실제로 대규모 화학공업은 이 시기에 시작되었다고 할 수 있다.

이처럼 화학의 진보에 있어서 좋은 조건들이 많이 있었지만, 한편 방해 요인도 있었다. 이 시기 이전까지 화학과 물리학은 별도의 과학으로서 확실하게 구분되어 있지 않았다. 보일이나 라부아지에는 많은 점에서 물리학자를 닮았다. 그런데 화학이 정성적인 이론과 간단한 정량적 방법만으로 급속하게 진보하자 화학자들은 물리학자들을 멀리하였고, 물리학자들도 화학을 무시하였다. 화학자가 물리학자와 긴밀하게 협력하였다면 두 분야의 연구에 있어서 시간이 절약되었을지 모른다. 19세기 후반부터 물리화학이 서서히 성립됨에 따라서 두 분야는 다시 접근하기 시작하였다.

개인 연구에서 집단 연구로

19세기 초기까지 화학에 대한 의학이나 약학의 영향은 여전히 컸다. 전문화된 화학자의 수는 적었고 자신들을 같은 집단의 일원으로 생각하지 않았다. 그러나 19세기 말기에 화학자는 독자적으로 학교를 경영하고, 그 졸업생의 사회적 지위가 보장되는 독립된 전문분야로 화학을 성장시켰다. 그리고 화학연구실을 조직화하는 일과 화학지식의 보급에 힘을 쏟았다. 18세기 말엽에 프랑스는 화학 분야의 세계적 중심지였다. 이것은 라부아지에의 압도적인 명성 때문이기도 하지만, 라부아지에의 후계자들인 게이 뤼삭, 뒤마 등 뛰어난 화학자가 프랑스나 외국의 학생을 자신의 실험실에 불러왔기 때문이다.

그러나 시간이 지남에 따라서 프랑스의 당초의 우위성이 사라지고 점차 화학의 주도권을 독일에 빼앗겼다. 주도권의 이동은 부분적으로는 프랑스의 화학이 중앙 집권적으로 조직되었기 때문이기도 하다. 중요한 과학의 활동은 모두 과학아카데미에서 총괄하였고 정비된 실험실은 파리에만 있었다. 지방대학은 화학

연구를 위한 자금도 설비도 거의 없었다. 파리에 있는 몇몇 조직도 중요한 지위를 차지한 사람이 동시에 점유하고 있는 경우가 많았다. 때로는 유능한 인사가 지방으로 좌천되는 일도 있었는데, 그들은 그곳에서 좋은 연구조건을 부여받지 못하였고, 프랑스의 낡은 전통에 따라서 조건을 개선하려고도 하지 않았다. 또 그들은 파리로 되돌아오려고 일을 꾸미기도 하였다. 좋은 예로서 권력자인 뒤마의 미움을 샀기 때문에 로랑과 게르하르트는 결코 그들의 능력에 맞는 자리를 얻지 못했다. 그들의 훌륭한 업적은 매우 열악한 환경 속에서 달성되었다. 과학자들의 연구생활을 지배하는 권력의 집중은 프랑스 과학의 치명적인 약점이었다.

19세기 초기는 아직 위인들의 시대였다. 베르첼리우스는 1830년 무렵까지, 뒤마와 리비히는 19세기 중엽까지 활약하였다. 증가하는 문헌을 처리하기 위해서 새로운 몇 가지 잡지가 발간되었는데, 거기에는 보통 편집자의 개인 명의가 붙어 있었다. 그러나 위대한 개성의 시대는 지났다. 18세기에 독일은 정치적으로 분열되어 있었지만 작은 봉건국가에도 거의 대학이 있었다. 프랑스의 과학자들이 파리에 모인 데 반해서 독일의 과학자는 전국에 흩어져 있었다. 프랑스 과학은 소수의 훌륭한 과학자의 활약에는 적합할지 모르지만 화학이 한층 어려운 문제에 부딪치고 순수한 연구의 필요성이 대두되었는데도 불구하고, 이를 수행할 수 있는 화학자를 많이 양성해 내지 못하였다. 그 반면에 독일은 사정이 크게 달랐다. 유명한 기센대학의 리비히는 화학교육을 일대 쇄신하였다. 그는 세계에서 처음으로 효과적인 화학교육용 실험실을 설립하였다. 이로써 화학연구 활동의 중심지가 프랑스에서 독일로 옮겨졌다.

한편 영국에서는 주위의 상황과는 관계없이 자신의 기호에 따라 좋아하는 것만을 연구하는 아마추어 과학자의 전통이 있었다. 영국의 화학은 프랑스와는 달리 중앙집권적이 아니었다. 런던과 나란히 에든버러와 맨체스터도 화학연구의 중심지였다. 그러나 영국은 대륙의 화학자와는 달리 유기화학에 관심이 없었다. 영국의 왕립 화학학교의 초대교장은 독일의 유기화학자 호프만이었다.

19세기 후반 화학 연구의 주요 중심지는 독일, 영국, 프랑스였다. 스칸디나비아 여러 국가와 네덜란드도 이전부터 꾸준히 발전하였고 수준급의 화학자를 많이 배출하였다. 러시아도 19세기에 화학자를 많이 배출하였다. 광대한 러시아에서는 모든 분야의 과학자의 수가 상대적으로 적었기 때문에 과학아카데미가 외국인, 특히 독일 사람에 의해서 지배되었다. 그러나 19세기 초기에 키산대학을 비롯하여 지방대학이 연구의 중심지가 되고, 외국에서 귀국한 러시아 과학자가 조국의 학교에서 연구하였다. 그 결과 19세기 후반에 러시아 과학이 꽃 피고 멘델레예프와 같은 화학자가 탄생하였다.

서부개척에 힘을 기울인 미국에서는 19세기 중엽까지 화학적 연구 활동은 거의 없었다. 오래 전부터 생긴 대서양 연안의 대학에서 연구가 조금씩 진행되었

노벨

다. 예일대학의 기브스는 이 세기 미국 최고의 화학자였는데, 고립되어 연구생활을 한 탓으로 미국 화학에 거의 영향을 미치지 못했다. 미국에서 대학이 화학연구의 중심으로 된 것은 1876년에 존스 홉킨스대학이 개교한 이후부터이다. 이 학교는 독일의 대학을 의도적으로 모방한 것으로서 대학에 있어서 연구의 중요성이 처음으로 인식되었다.

노벨상의 창설

노벨은 920만 달러의 기금을 바탕으로 5부문에 걸쳐 노벨상을 창설하였다. 이 재단은 노벨의 사망일인 매년 12월 10일 스웨덴의 수도 스톡홀름에서 전년도에 인류에게 큰 공헌을 한 사람에게 노벨상을 수여한다. 제1회 수여식은 그가 죽은지 만 5년이 지난 1901년 12월 10일에 있었다. 그는 죽기 1년 전인 1895년 11월 27일 다음과 같은 유서를 남겼다. "나의 유산을 다음과 같이 처분하면 좋겠다. 유언집행인은 유산을 확실한 유가증권에 투자하고, 그것으로 기금을 만든다. 이것으로 생긴 이자를 5등분하여 매년 전년도에 인류에 가장 공헌한 사람들에게 상금을 준다.

1) 물리학 방면에서 가장 중요한 발명이나 발견을 한 사람.
2) 가장 중요한 화학상의 발견이나 개량을 한 사람.
3) 생리학 혹은 의학상 중요한 발견을 한 사람.
4) 이상주의적 문학에 관해서 현저히 기여를 한 사람.
5) 국가간의 우호관계를 촉진하고 평화회의의 설립이나 보급에 기여하고, 군비의 폐지나 축소에 크게 노력한 사람.

물리학 및 화학에 대한 수상은 스웨덴 왕립 과학아카데미에서, 생리학 및 의학에 대한 수상은 스톡홀름의 카로링스가 의학연구소 노벨회의에서, 문학상은 스웨덴 학사원에서, 평화상은 노르웨이 의회에서 뽑은 5명의 위원회에서 선정한다.

이 상금은 국적을 불문하고 수여하는 것으로 스칸디나비아 사람이든 외국인이든 가장 자격이 있는 사람에게 수여한다. 이것은 나의 단 하나의 유효한 유언서로서 내가 죽은 뒤, 이 이외의 어떤 유서가 있어도 그것은 모두 취소된다. 내가 죽으면 동맥을 절개하여 나의 죽음을 의사가 확인한 뒤에 시체를 화장하기 바란다. 이것은 나의 명백한 의지이며 명령이다 "

　이 유언으로 마련된 기금은 약 3천 3백만 크로네(920만 달러)로서 노벨상의 상금으로는 최근 1년에 약 180만 크로네이다. 이 상은 금메달, 상장 및 상금으로 되어 있고, 매년 노벨이 죽은 12월 10일 스톡홀름(평화상은 오슬로)에서 스웨덴 국왕의 참석하에 수여한다. 과학부문의 세 가지 상(물리, 화학, 의학 및 생리학)의 역사는 20세기 과학사에 있어서 매우 중요한 자료이다. 1901~80년 사이에 이 세 가지 상을 수상한 과학자의 총수는 331명이다. 1958년에 발견된 102번의 새로운 원소는 그를 기념하여 "노벨륨"으로 명명하였다.

8. 파스퇴르와 미생물학

생화학과 미생물학의 선구자

파스퇴르[178]는 프랑스 동부 스위스 접경에 있는 마을에서 태어났다. 그의 아버지는 피혁 공장을 운영하였다. 그는 학교공부에 그다지 취미가 없었고 낚시나 그림 그리기를 좋아하였다. 그러던 어느날 부모가 끼니 때문에 애를 쓰면서 밤늦게 일하고 있는 모습을 보면서부터 부지런히 공부하기 시작하였다. 그리고 고등사범학교에 입학하였다. 어린 시절 미술교수를 꿈꾸었던 파스퇴르는 화학자 뒤마의 강의를 듣고난 뒤부터 화학에 정열을 쏟았다. 교육의 역할이 얼마나 큰가를 새삼 말해 주고 있다. 뒤마도 뛰어난 과학자였으나 파스퇴르는 더욱 훌륭한 과학자가 되었다. 과학자로서의 뒤마의 업적 중, 파스퇴르의 앞길을 열어준 사실이야말로 높이 평가해야 한다. 파스퇴르는 뒤마를 존경하였고, 또한 뒤마도 파스퇴르의 재능을 인정하여 두 사람 사이는 오랜 동안 변함이 없었다.

파스퇴르는 라부아지에에 의해 시작된 프랑스의 근대화학의 전통을 이어받은 화학자로서 화학, 특히 생화학 분야에서 훌륭한 업적을 남겼을 뿐 아니라 생물학자로서 병원미생물학이라는 병리상의 새로운 분야를 처음 개척한 사람이다. 그는 화학과 생물학이라는 두 분야에서 독창적이고 획기적인 연구를 하고 그 성과가 오늘날까지 큰 영향을 준 점에서 매우 뛰어난 과학자이다.

파스퇴르의 일생을 보면, 그는 중요한 문제를 점진적으로 해결한 점을 알 수 있다. 그는 많은 문제에 관해서 반대자와 끊임없이 논쟁하였다. 그의 주장은 예리하고 공격적이었다. 또 그는 넘쳐흐를 정도로 인정스러운 면도 있다. 그는 사람이나 동물에게 주사하는 것을 차마 바로 쳐다보지 못하였고, 광견병의 예방접종을 받은 아이들이 가엾어서 잠을 이루지 못하기도 하였다. 예방접종으로 생명을 건진 소년소녀들에게는 부모님의 말씀을 잘 듣고 공부 잘하라고 편지를 써서 격려하였다. 그 자신도 항상 부모와 스승에 대한 존경심을 일생 동안 잊은 적이 없다고 한다.

발효와 미생물

파스퇴르는 1854년 30세의 나이로 리르대학의 과학부장이 되었고, 당시 프랑스의 중요 산업인 포도주 제조에 흥미를 가졌다. 포도주가 오래되면 시어지므

---

178) Louis Pasteur, 1822~95

로 수백만 프랑의 손해를 보았다. 1856년 리르의 실업가들은 파스퇴르에게 이를 해결해 달라고 의뢰하였다. 그는 현미경을 사용하여 적당한 ·저장년수가 지난 포도주와 맥주에는 구상의 효모세포가 들어 있다는 것을 발견하였다. 그리고 그 효모에는 알코올을 만드는 것과 락트산을 만드는 것 두 종류가 있다는 것도 밝혔다. 따라서 포도주 속의 락트산 효모를 남겨서는 안된다고 지적하고, 1860년에 처음으로 그 방지법을 개발하였다. 그는 주의를 기울여 실험한 결과, 섭씨 55도로 가열하고 병속에 들어 있는 공기를 모조리 빼내면 포도주의 향미가 변하지 않는다는 것을 발견하였다.

파스퇴르

포도주 상인들은 술을 끓인다는 말을 듣고 깜짝 놀랐다. 거기서 파스퇴르는 열을 가한 포도주와 그렇지 않은 술의 견본을 만들고, 수개월이 지난 뒤 그 결과를 포도주 상인에게 보였다. 열을 가한 것은 모두 그대로 있는데, 그렇지 않은 것은 대부분 시어져 버렸다. 가열함으로써 유해한 현미경적 유기물을 죽이는 이 방법이 파스퇴르법(저온살균법)이다. 이로부터 부분살균공정이 개발되어 세계에 널리 알려졌다. 이 방법은 음료나 음식물 제품에 곧 응용되었다.

파스퇴르는 값싸게 액체를 가열하는 공업적 설비를 설계하는 데에도 관심을 가져서 그림과 사진으로 공정과 조작법을 자세히 기술하여 설명하였다. 그는 "두 가지 과학이 있는 것이 아니다. 하나는 과학, 또 하나는 과학을 여러 가지로 응용하는 것이다. 이 두 가지는 항상 유대관계를 지니고 있으며, 한쪽은 다른쪽과 관련을 맺지 않고서는 발전할 수 없다"라고 그는 말하였다. 그는 항상 공업에서 이론적인 문제점의 단서를 찾아내고, 곧 새로운 지식을 공정의 개선에 적용시켰다.

자연발생설의 부정

1768년 이탈리아의 생물학자 스파란차니[179]는 미생물을 배양하는 용액을 보통의 경우보다 45분 정도로 데우고 곧 플라스크의 뚜껑을 닫았다. 플라스크는

---

179) Lazzaro Spallanzani, 1729~99

아무리 방치해도 미생물이 생기지 않았다. 그것은 미생물 중에는 단시간의 가열로 죽지 않는 것도 있지만 오랫동안 가열하면 용액 속, 플라스크 내벽, 공기중에 존재하는 모든 미생물은 모두 죽고 플라스크의 뚜껑을 닫았기 때문에 새로운 포자가 밖에서 들어오지 못하였기 때문에 플라스크 중에 미생물이 없으므로 생물이 발생하지 않은 것이다. 그러나 이것으로 논쟁이 끝난 것은 아니다. 반대론자를 완전히 물리친 것은 1세기 후의 일이다.

파스퇴르는 1860년 고깃국물을 가열하고, 백조의 목처럼 가늘고 구부러진 그릇(백조목 플라스크)에 고깃국물을 넣고 가열한 뒤 공기와 접촉을 제한하였다. 공기는 가열되지 않고 플라스크 안으로 자유로이 들어가지만, 공기 중의 먼지는 플라스크의 구부러진 부분에 걸려서 플라스크 안으로 들어가지 못하였다. 이를 관찰한 결과 고깃국물은 썩지 않고, 생물도 생기지 않았다. 그의 스승인 뒤마도 참여한 이 실험을 확인하기 위한 위원회가 조직되어 이 실험을 조사하여 의문의 여지가 없다는 것이 밝혀졌다. 이로써 아리스토텔레스 이래 19세기까지 지지를 받아온 자연발생설은 파스퇴르에 의해서 반증되었다.

파스퇴르는 1864년 소르본에서 개최된 "과학의 밤"이라는 모임에서 이 문제에 관한 논쟁의 역사적 배경, 자신의 실험의 기술적인 측면, 그 의의와 한계점 등을 설명하였다. 대기와 접촉하고 있으면서도 멸균상태를 유지하고 있는 백조목 플라스크를 청중에게 보이면서 그는 다음과 같이 간결하게 결론을 맺었다. "나는 이 액체 한 방울에 미생물의 성장에 필요한 충분한 영양을 공급하였습니다. 그리고 기다리고 관찰하였습니다. 새생명이 나타나는 장관이 출현하기를 바랐던 것입니다. 그러나 그것은 묵묵부답이었습니다……. 생명이 출현하지 않은 것은 사람들이 모르고 있는 단 하나의 그 무엇이 이 액체와 접하지 못하였기 때문입니다. 그 무엇은 공기중에 떠 있는 미생물, 즉 생명입니다. 자연발생설은 이 간단한 실험에서 받은 치명타로 결코 회복될 수 없을 것입니다" 파스퇴르는 자연발생설을 무너뜨린 것 외에도 새로운 분야인 세포학에 기술적 기반을 제공하였다.

질병세균론과 질병의 정복

1877년에 파스퇴르의 생애 및 의학사에 한 이정표가 세워졌다. 그해 4월에 그는 탄저병의 연구에 관한 첫 저서를 출판하였다. 1857년의 락트산 발효에 관한 논문이 발효의 세균설이라면, 이 논문은 질병의 세균설이라고 할 수 있다. 당시 "감자 말리는 병"이 유행하여 1백만 명의 목숨을 앗아갔다. 이 사건은 전염병의 원인을 연구하는 동기가 되었고, 특히 파스퇴르에게 큰 과제를 안겨 주었다. 그는 우선 미생물이 발병의 원인이라고 예측하면서, 다음과 같이 말하였다. "파리에서 과일 시장이 성업중인 7월에는 시가지의 공기 중에 효모들이 많이 떠 있을 것임에 틀림이 없다. 발효를 병이라 친다면 이는 발효의 전염병이라 말할 수 있다 "

파스퇴르가 미생물이 사람에게 병을 일으킨다고 확신하게 된 것은 순전히 지적인 과정이었으나, 실제로 질병에 부딪혀 일하게 된 것은 우연한 상황 때문이었다. 그의 첫 환자는 사람이 아니라 누에였다. 프랑스 남부의 양잠업은 원인 모를 질병으로 누에가 죽어가는 바람에 큰 타격을 받았다. 그는 1865년에 현미경을 손에 들고 그곳으로 향하였다. 그는 누에 병이 최소한 두 가지가 있음을 확인하였다. 하나는 미립자병이고, 다른 하나는 연화병이라는 영양실조의 질병이다. 따라서 그는 누에가 미립자 병원균에 오염되지 않게 하고 양잠의 위생조건을 개선하기 위한 아주 효율적이고 간단한 기술을 개발하였다. 그는 누에와 누에의 먹이인 뽕잎에 기생충이 붙어 있는 것을 발견하였다. 그 해결방법은 극적이고 또한 합리적이었다. 그는 기생충에 걸린 누에와 뽕잎을 전부 폐기시키고, 건강한 새로운 누에를 기르면 질병이 사라진다고 제안하였다. 이 방법으로 프랑스의 양잠업은 회생하였다.

1880년 광견병의 연구에 착수하였다. 그는 광견병의 백신을 만들어 1885년 처음으로 인간에 대한 접종을 실시하여 인류를 광견병으로부터 구출하였다. 또 질병이 현미경으로도 보이지 않고 여과해도 걸러지지 않는 작은 작용물에 의해서도 유발될 수 있음을 발견하였다. 이 작용물은 미생물학자들이 사용해온 보통 배양법으로는 배양되지 않는 여과성 바이러스였다. 이 새로운 발견은 공수병에서 비롯되었는데, 이 발견으로 공수병의 치료가 가능해졌다.

파스퇴르의 질병세균론은 고금을 통해서 대단한 의학적 발견이다. 그것은 전염병의 본질과 모습을 알아냄으로써 전염병의 발생을 예방할 수 있기 때문이다. 그는 예방용백신을 만드는 데 성공하였다. 또 그는 탄저병의 연구로부터 병원 미생물학의 기초를 세웠다. 탄저병은 양과 소 등 가축에 생기는데, 이 병으로 죽은 가축은 상처에서 검은 혈액이 나온다. 사람도 병든 가축과 접촉하면 상처로부터 감염되어 사망률이 높다.

이를 통해서 전염병은 작은 생물에 의해서 일어나고 개체에서 개체로 퍼지며, 전염의 경로는 신체의 접촉, 침과 같은 점액의 입자나 오염된 배설물 등이라는 것이 밝혀졌다. 파스퇴르의 연구는 모두 인류의 복지와 밀접한 관계를 가지고 있으며, 그의 여러 가지 발견은 현대과학의 이론적인 개념이나 응용과 깊은 관계를 맺고 있다. 이상과 같은 업적으로 파스퇴르는 프랑스에서 기적적인 인물이 되었다.

광학이성질체의 연구

쿠퍼와 케쿨레에 의해서 기초가 수립된 평면적인 구조식을 가지고서는 광학 활성체의 관계를 설명할 수 없다. 그러나 이 이성질체의 설명을 위하여 학문적 기초를 구축한 과학자가 파스퇴르이다. 그가 입체구조론을 연구하기 시작한 것은 쿠퍼나 케쿨레가 구조론을 연구하기 10년 전의 일이었다. 그는 활성과 결정 구조 사이에 밀접한 관계가 있다는 사실을 발견함으로써 수십 년 이래의 학계의 수수께끼를 한번에 해결하였다.

빛이 수정이나 어떤 종류의 유기화합물의 용액을 통과할 때 편광면을 돌린다는 것은 이미 발견되어 있었다. 또 어떤 종류의 것은 편광면을 시계방향으로 돌리고, 어떤 것은 시계반대 방향으로 돌린다는 것도 확인되었으나, 그 이유는 알지 못하였다. 1848년 파스퇴르는 선광성을 나타내는 현미경을 이용하여 주석산의 결정을 조사해 보았더니 결정의 모양이 일정하지 않다는 사실을 발견하였다. 두 가지 결정의 모양은 오른손과 왼손의 관계와 같은 대칭성을 가지고 있었다. 그가 조사한 결과 파라주석산이라는 두 물질은 그 분자식이 같은데도 불구하고 주석산염에는 선광성이 있고, 파라주석산염에는 없었다. 그는 우선 파라주석산염을 조사하고 이것에 두 종류가 있다는 것을 알았다. 그 한쪽은 우선성이고, 다른쪽은 좌선성이다. 그래서 두 종류가 동량이기 때문에 중화되어 전체로서 파라주석산염은 선광성이 없다.

이것은 혁명적인 발견으로 이를 발표하는 데는 용기가 필요하였다. 수년 전한 화학자는 그 결정의 모양이 모두 같다고 발표하였다. 이에 대하여 겨우 26세인 파스퇴르가 반론을 제기하기는 역부족이었지만 그는 화학계 원로 앞에서 발견 사실을 입증하였다. 이 공로로 왕립학회로부터 럼퍼드 메달을 받았다. 그는 편광면의 회전을 측정하여 유기물질의 구조를 결정하거나 화학반응을 추정하는 등 입체화학의 길을 열었다.

파스퇴르연구소의 설립

1886년 프랑스 과학아카데미는 광견병 예방접종법의 완성을 기념하고, 일생 동안 조국을 위해서 힘을 다 쏟은 파스퇴르에게 감사하는 마음으로 파스퇴르연구소를 건설할 것을 발의하였다. 프랑스 하원이 이에 20만 프랑의 기부를 결의하자 멀리는 러시아와 브라질, 그리고 터키의 황제로부터 기부금이 답지하였다. 그뿐 아니라 부자나 가난한 사람들도 앞을 다투어 기부를 하여 총액은 2백 50만 프랑을 넘었다. 그후 1백 50만 프랑이 연구소의 건설에 사용되고 나머지 1백만 프랑은 연구소의 기금으로 충당되었다.

파스퇴르의 화학실험실

1888년 11월 당시 대통령이 참석한 가운데 개소식이 있었다. 이 식전에 참가하기 위해서 세계 곳곳에서 사람들이 몰려왔다. 이 무렵에 파스퇴르의 몸은 이미 쇠약해져 있었다. 가벼운 뇌출혈이 때때로 일어나 모임에서는 파스퇴르가 쓴 연설문을 아들이 대신 읽을 정도였다. 이 연구소 외에도 실험동물을 위한 지소를 파리 교외에 설치하였고 리용과 리르에 지소를 두었다. 또 구식민지에 4곳, 루마니아 등의 동구 여러 나라를 포함하여 수십 곳에 파스퇴르연구소가 세워졌다.

이 연구소의 연구과제는 기초 및 응용 미생물의 전분야에 걸쳐 있고 현재로는 분자생물학, 방사선치료, 물리화학, 생화학 등의 부문 외에 의학자와 약학자의 양성기관과 병원도 있다. 미생물학과 최근 분자생물학 분야는 국제적으로 지도적인 연구소로서 국가로부터 후원을 받고 있으나 제2차 대전 이후로 재정적 어려움을 겪고 있다. 1895년 6월 13일에 파스퇴르연구소의 현관 계단을 내려온 것이 파스퇴르와 연구소의 마지막 이별이었다. 그해 9월 28일 72세의 파스퇴르는 조용히 숨을 거두었다.

애국자 파스퇴르와 과학입국론

파스퇴르는 애국자였다. 그는 프랑스 국민의 가슴에 참된 애국이 무엇인가를 심어줌으로써 프랑스 국민의 정신적 지주로서 추앙받았다. 1868년 그는 뇌졸중으로 매우 위험하였다. 그러나 프랑스가 프러시아와 전쟁을 하게 되자 당시 50세였던 파스퇴르는 마비된 몸을 이끌고 아들과 함께 징병검사소에 나타났다.

그는 당연히 불합격이었고 아들은 전선으로 나갔다.

파스퇴르는 독일군대의 광기를 경멸하는 자신의 뜻을 보여주기 위하여 본대학으로부터 받았던 명예 의학박사 학위를 반납하였다. 그는 본대학의 의학부장에게 다음과 같은 편지를 보냈다. "본인은 나의 양심에 따라 귀대학의 기록 보관 문서에서 본인의 이름을 삭제하고 이 학위증도 다시 받아주기를 요청합니다. 본인의 이러한 행동은 범죄적 오만심을 충족시키기 위하여 위대한 두 나라 국민을 대량 학살하고 있는 카이제르 빌헬름의 야만성과 위선에 대하여, 프랑스 과학자의 한 사람으로서 마음속에서 끓어오르는 분노를 표시하기 위한 것입니다"

보불전쟁에서의 프랑스의 패배는 자존심 강한 프랑스 과학자들에게 충격을 주었다. 당시 프랑스 과학계의 거성인 파스퇴르도 그중 한 사람이었다. 그는 1871년 『프랑스 과학에 있어서의 성찰』이라 제목을 붙인 책을 발간하여 프랑스 과학의 쇠퇴를 우려하고 경종을 울렸다. 이 책에 수록된 최초의 논문은 1868년 1월 집필한 것으로 처음에는 「과학의 예산」이라 이름을 붙였고, 후에는 「실험실」이라고 했다. 그는 이 논문에서 프랑스의 과학연구가 얼마나 빈약한 조건과 설비하에서 수행되고 있는가를 폭로하고, 상황의 개선을 호소함과 동시에 과학자들이 이러한 조건에서 때로는 건강을 해쳐 가면서도 뛰어난 연구성과를 올리고 있다고 칭찬하였다.

파스퇴르는 이 책을 집필하여 발표함으로써 프랑스 과학정책과 문교정책의 빈곤함에 대해서 일종의 내부고발을 한 셈이다. 이 배경에는 당시 최고 권력자인 나폴레옹 3세가 과학정책을 적극적으로 추진하기를 바라는 기대가 있었다. 사실 이 무렵에 나폴레옹 3세는 고등사범학교와 소르본의 실험실을 방문하고, 과학연구에 대한 지원을 표명하였다. 파스퇴르는 이러한 움직임에 기대를 걸었다.

나폴레옹 3세는 1868년 3월 파스퇴르를 포함한 몇 사람의 유력한 과학자를 불러 고등교육 정책에 관한 의견을 들었다. 이 회합에서 파스퇴르의 발언요지는 "자연과학 교육에 있어서 겸직의 금지"이다. 여기서 그는 19세기 프랑스 과학에 있어서 영광의 자리인 이공대학과 자연지박물관이 점차로 그 빛을 잃어가고 있다는 점, 그중에서도 양 기관에서 젊은 연구자를 육성하지 않고 있다는 사실을 지적하였다. 또 고등사범학교에는 연구진과 졸업생의 연구성과를 발표할 수 있는 학보가 없다는 사실도 지적하였다. 결국 이를 실현시킨 후 7년간 편집에 참여하였다.

특히 파스퇴르는 겸직의 금지를 호소하였다. 겸직이란 말할 것도 없이 한 사람이 몇 개의 자리를 차지하는 것인데 이것은 당시의 관습이었다. 그 결과 다른 많은 연구자, 특히 젊은 사람은 마땅한 자리를 구할 수 없었다. 실제로 젊은 연구자의 육성이야말로 파스퇴르가 가장 가슴 아파한 문제였다.

당시 프랑스 학제는 유니베르시테를 바탕으로 각지에 문학, 이학, 법학, 의

학교가 있었는데, 지방의 경우 파리의 교육기관에 비하여 그 연구 조건이 매우 나빴다. 그 때문에 연구자들은 파리를 떠나지 않는 경향이 있었다. 그는 이러한 상황은 지방문화의 진흥이라는 점에서는 물론, 프랑스 전체의 적정한 자원 분배적 측면이라는 점에서도 우려할 사태라고 주장하였고 교수로서의 경험을 살려서 지방 학교와 도시의 관계를 심화시킴으로써 상황를 개선할 수 있다고 하였다. 19세기를 통하여 프랑스 과학의 제도화에서 지방학교의 발전은 중요한 요건이었는 데, 이 점에서 파스퇴르의 경고는 높이 평가할 만하다.

　　이러한 현상을 우려하면서 사태의 개선에 희망을 걸고 있던 파스퇴르에게 불행이 닥쳤다. 한 가지는 개인적인 것으로 1868년 10월 돌연한 마비증세로 평생 반신불수가 되었다. 이것은 그와 같은 실험 연구자에게는 가혹한 시련이었지만 유능한 조수들의 도움으로 연구활동을 계속할 수 있었다. 또 하나의 불행은 조국 프랑스가 보불전쟁에서 패배한 것이다. 이로 인하여 과학진흥에 진력해 줄 것으로 크게 기대했던 나폴레옹 3세가 실각하고 말았다. 이런 불행의 와중에서도 파스퇴르는 『성찰』에 수록된 세번째 논문 「프랑스는 위기에 처해 있는데 어째서 위대한 인물이 나오지 않는가」를 집필하였다.

　　파스퇴르는 적국 프러시아의 승리의 원인이 우수한 과학기술 체제 특히 대학의 우수성에 있다고 강조하고, 프랑스의 패배 원인을 과학정책의 빈곤에 있다고 진단하였다. 그는 프랑스 혁명 당시 과학이 얼마나 조국에 공헌했는가를 상기시키고, 지난날의 영광을 재현하자고 프랑스 국민을 계몽하였으며, 지도적 지식인을 규합한 고등교육협회에 참여하여 교육의 발전에 집념을 불태웠다.

　　파스퇴르의 70회 생일은 국경일이었다. 그는 소르본 대학에서 열린 기념식에 참석하여 아들이 대신 읽은 답사를 통하여 다음과 같이 말하였다. "여러분들은 나에게 더할 나위 없는 행복을 가져다 주었습니다. 이것은 과학과 평화가 무지와 전쟁을 물리쳐 승리한다는 흔들리지 않는 신념을 가진 사람만이 누릴 수 있는 그러한 행복입니다……. 수많은 나라를 엄습한 좌절의 비참한 세월이 다시는 오지 않아야 할 것이며…… 장기적인 차원에서 파괴가 아닌 협동을 위하여 국가들은 연합해야 하며, 우리들의 앞날은 정복자의 것이 아니라 인류를 구원하는 사람들의 것이라는 신념을 버리지 마시기 바랍니다……." 이것이 파스퇴르의 마지막 메시지였다.

9. 실험생리학과 유전학

탄소동화작용

르네상스 시대부터 본격적으로 시작된 해부학연구는 인체의 구조와 기능을 동시에 관찰하려고 했기 때문에 항상 동적인 면에서 연구하였다. 그러나 19세기부터 인체의 연구는 해부학적인 성격을 벗어나 점차 생리학으로 옮겨갔다. 그것은 19세기 전반에 이미 세포학과 조직학, 물리학과 화학, 그리고 실험적 방법의 발달로 그 내용이 급속히 풍부해졌기 때문이다. 또한 산소의 발견과 합리적인 연소이론의 도움으로 호흡의 본질이 해명되었고, 에너지 보존의 법칙이 생명현상에도 적용되었고 생리현상에까지 기계론이 도입되었기 때문이다.

네덜란드의 과학자 소슈레[180]는 대부분의 식물은 공기중의 이산화탄소와 뿌리에서 흡수한 물은 잎에서 반응하고, 공기중의 질소를 뿌리를 통하여 염류로서 흡수한다는 사실을 밝힘으로써 엽록소를 가지고 있는 식물의 생장을 설명하였다. 또한 네덜란드의 식물생리학자인 인겐하우스[181]는 녹색식물이 낮에는 이산화탄소를 흡입하고 산소를 배출한다는 사실을 밝힘으로써, 녹색식물의 생장에서 햇빛의 역할을 처음으로 밝혔고 자연계에서 식물은 동물이 배출한 이산화탄소를 소비하고 호흡에 필요한 산소를 생산하는 상호작용으로 이산화탄소와 산소의 양이 과부족 없이 유지된다는 사실도 밝혔다.

독일의 식물학자 삭스[182]는 식물의 엽록소를 연구하였다. 그는 식물의 잎과 다른 부분은 모두 녹색으로 보이지만 엽록소는 식물체 전체에 고루 분포되어 있는 것이 아니라 세포내의 어떤 비연속적인 부분에 한정되어 있음을 입증하였다. 후에 이것을 "엽록체"라 불렀다. 그리고 엽록소는 엽록체 안에서 만들어지고, 잎에 햇빛이 닿으면 탄수화물이 생성되는 곳이라는 사실도 밝혔다. 그후 탄소동화작용의 생성물이 탄수화물이라는 사실이 밝혀짐으로써 이후 실험생리학 분야의 발전의 토대를 이룩하였다.

할러와 신경학

당시까지 비교적 발달하지 않았던 신경작용과 감각 기구에 관한 연구도 진

---

180) Nicolas-Théodore de Saussure, 1767~1845
181) Jan Ingen-Housz, 1730~99
182) Julius von Sachs, 1832~97

행되었다. 18세기의 대표적인 생리학자인 스위스의 할러[183]는 8세 때 논문을 쓰고 10세 때에는 그리스어 사전을 편찬했다는 신동이었다. 그는 의학이나 해부학에 병합되어 있던 생리학을 따로 독립시켜, 당시 흩어져 있던 생리학 지식을 집대성하였다. 특히 그는 근육과 신경에 관해서 집중적으로 연구하였다. 당시까지는 신경은 속이 비어 있는 것으로, 불가사의하고 실증할 수 없는 어떤 것을 유체처럼 운반한다고 생각하였으나 그는 눈에 보이지도 않고 처리할 수도 없는 영혼을 믿지 않고 실험관찰을 통해서 근육이 미소한 자극에도 예민하게 수축하는 사실을 발견하였다. 따라서 근육의 운동을 제어하는 것은 근육에 직접 가해진 자극이 아니라 신경에 주어진 자극이며, 자극을 느끼는 것은 조직 그 자체가 아니라고 밝혔다. 또 신경은 뇌와 척추에 집중되어 있으며 따라서 뇌와 척추가 감각과 식별, 반응작용의 중심이라고 주장하였다. 그는 8권의 순환, 영양, 분비, 호흡, 신경, 근육, 감각, 생식, 발생 등의 생리학지식을 체계적으로 정리하여 『생리학원론』[184]을 저술하였다. 할러는 현대 신경학의 선구자이다.

프랑스의 의사 비샤[185]는 많은 시체해부를 하는 사이에 인체의 생리학적 지식을 모았다. 그는 짧은 생애 동안 6백여 인체를 해부하였다. 그의 관찰은 현미경을 사용하지 않고 눈에 의지하였다. 그는 인체의 기관이 단순한 구성단위가 보다 복합적으로 구성되어 있다는 사실을 최초로 알렸고, 각각의 기관이 여러 조직으로 되어 있다는 것과 서로 다른 기관이 몇 가지 공통적인 조직을 가지고 있는 것을 발견하였다. 특히 21가지의 조직을 확인함으로써 그는 조직학의 창시자가 되었다.

듀 보아 레이몬드는 독일의 생리학자로서 19세기 후반의 생리학을 지도하고, 생리학의 수학화를 추진한 중심인물 중의 한 사람이다. 그는 동물전기에 관한 생리학적 연구를 하였는데, 근육 속을 흐르는 전류를 식별할 수 있는 새로운 기구를 개량하여, 신경내의 전기 상태가 변화하는 사실을 관찰하였다. 또 그는 과학사상에 관한 뛰어난 강연을 하였는데, 그 중에서도 『자연인식의 한계』[186]는 역학적 자연관의 "할 수 있는 것"의 한계를 그은 것으로, 당시 광범위한 논쟁을 야기시켰다.

독일의 생리학자 호그트[187]는 생리학자로서 인체의 화학변화, 특히 인체가 흡수한 영양분의 변화 과정을 연구하였다. 그는 실험을 통해서 음식물은 직접 산소와 결합하여 이산화탄소와 물로 변하는 것이 아니라 여러 과정을 거쳐서 많은

---

183) Albrecht von Haller, 1708~77
184) *Elementa physiologiae*, 1757~66
185) Marie François Xavier Bichat, 1771~1802
186) *Über die Grenzen des Naturerkentnis*, 1881
187) Carl Vogt, 1817~95

중간 생성물을 만든다는 사실을 발견하였다. 이때부터 생화학자들은 중간물질의 변화과정에 관심을 갖게 되었다. 또한 인체내의 산소 소비, 이산화탄소의 방출, 열의 발생 등을 실험적으로 상세히 측정하였다. 한편 1866년부터 1873년까지 갖가지 상황하에서 인체내의 물질대사 과정의 비율을 조사하는 데 성공하고 처음으로 기초대사율을 결정하였다.

독일의 생리학자 베버[188]는 생리현상에 고차원의 수학적 물리학을 도입하였다. 특히 유체역학을 혈액순환에 적용하였는데, 맥박은 심장의 활동으로 생기는 혈관내의 파동으로 뇌와 신경에 대한 전기자극이 심장을 활동시키는 요인이라 주장하였다. 이어서 영국의 해부학자인 벨[189]은 신경계를 기능에 따라 해명하는 데 해부학을 도입하였다. 그는 동물의 척추신경 및 두개신경을 절단하거나 자극을 가하여 그 변화를 관찰함으로써 신경계의 연구를 촉진시켰다.

베르나르와 호르몬학

프랑스의 생리학자 베르나르[190]는 근대 호르몬학의 기초를 세웠다. 그는 혈관운동, 즉 혈관의 확대와 수축운동을 조절하는 신경을 발견하고 그 기능을 연구하였다. 그는 혈액과 림프를 내부환경이라 부르고, 외부환경의 변화에 대하여 내부환경이 일정하게 유지되어 있는 것이 생명의 특징이라고 하였다. 그는 1851년에 어떤 신경은 혈관을 팽창시키고, 또 어떤 것은 수축시킨다는 사실을 발견 하였는데, 이 때문에 신체의 열을 효과적으로 방출할 수 있다고 주장하였다. 더운 날에 체내의 열이 많이 방출되면 피부의 혈관이 팽창하여 붉어지고, 추운 날에는 혈관이 수축하여 푸르게 변하는 것은 이 때문이라 하였다. 따라서 이것으로부터 신체는 외계의 환경에 의해서 내부의 상태를 항상 일정하게 유지하는 기구로 되어 있으므로 신체의 여러 기관은 긴밀하게 통합된 중앙제어가 필요하다고 하였다. 그는 신체내에서 유지되는 이 미묘한 균형이 물리적인 변화뿐 아니라, 화학적인 변화에도 반응한다는 사실을 증명하였다.

베르나르는 1856년 포유류의 간장에서 글리코겐을 발견하고, 보존된 탄수화물이 필요하면 당으로 분해되어 혈당이 된다는 것을 알았다. 이처럼 동물체는 단지 복잡한 화합물을 간단한 것으로 분해할 뿐만 아니라(분해작용), 식물체와 마찬가지로 당과 같은 단순한 화합물을 글리코겐처럼 복잡한 것으로 만드는 일도 (동화작용) 한다는 사실이 처음으로 알려졌다.

베르나르는 소화과정을 연구하였다. 그는 소화가 모두 위에서 일어난다는

---

188) Ernst Heinrich Weber, 1795~1878
189) Charles Bell, 1774~1842
190) Claude Bernard, 1813~78

당시의 생각이 틀렸다는 사실을 밝혔다. 분명히 위에서도 소화되지만 이것은 일부로서 음식물은 췌장에서 나온 소화액과 소장의 윗부분에서 섞여지고, 음식물의 소화가 소장의 전 부분에서 일어난다고 밝혔다. 또한 췌장의 분비액은 특히 지방을 분해하는 역할을 하는 소화액이라는 사실을 발견함으로써 내분비 개념을 확립하였다. 이런 연구에서 실험적 방법을 인체생리학에 적용하였다는 사실이 그의 방법론상의 특징이다. 그의 저서로는 『실험의학 서설』[191]이 있다.

뮐러와 생리학의 체계화

독일의 생리학자인 뮐러[192]는 생기론의 영향을 많이 받았지만, 실증과 관찰을 통해서도 생리학을 연구하였다. 그는 생명현상은 물리적, 화학적인 힘이며 그 힘이 생활현상의 원인이 된다고 주장하였다. 그러나 물리적, 화학적으로 설명되지 않는 여러 가지 문제들에 대해서는 대개 생명력으로 귀결지었다.

뮐러는 19세기 전반의 생리학 및 해부학 지식은 망라하였다. 그중 1840년에 발표한 감각기관의 특종 에너지설은 유명하다. 동일한 감각기관은 이에 가해진 자극이 어떤 것이라도 동일한 감각을 일으키고, 같은 성질의 자극이라 할지라도 다른 감각기관에는 각각 다른 감각을 일으킨다. 압력과 전기의 자극도 빛의 자극처럼 시신경에 같은 감각을 일으킨다.

뮐러는 19세기를 대표하는 생리학자이다. 그의 다방면에 걸친 연구는 제자들에 의해서 각각 한 분야를 이루었다. 그 중에서도 헬름홀츠, 듀 보아 레이몬드, 슈반, 비르효는 유명하다. 뮐러는 극도의 신경과민으로 신경증에 시달리다가 결국 자살하였다.

독일의 생리학자인 루드비히[193]는 생리학을 물리학과 화학의 법칙을 이용하여 설명하려고 시도하고, 또 그 교육에 진력하였다. 주저로는 당시의 생리학적 지식을 집대성한 『생리학 교본』[194]이 있고, 이것은 19세기 생리학 연구의 집대성이었다. 그는 평생 동안 생리학의 수량화, 물리학화를 추진하였다.

스위스의 생리학자 베르[195]는 기체의 압력과 호흡에 관하여 관심을 가진 최초의 사람이다. 당시 터널이나 교각 공사를 하던 중에 케이슨병에 걸려 졸도하거나 목숨을 잃는 사례가 종종 있었다. 여기서 압축공기가 인체에 미치는 영향을 조사하여, 고압이 되면 조직액 속으로 질소가 쉽게 녹아 들어가게 되는데, 이때 인부들이 물 위로 급히 올라오면 압력이 떨어져서 녹아 있던 질소가 혈액과 조

191) *Introduction à l'étude de la médicine expérimentale*, 1865
192) Johannes Peter Müller, 1801~58
193) Carl Friedrich Wilhelm Ludwig, 1816~95
194) *Lehrbuch der Physiologie*, 1권 1852, 2권 1856
195) Paul Bert, 1833~86

직 속으로 방울져 나온다는 사실을 발견하였다. 이것이 케이슨병의 원인으로 이
병을 예방하기 위해서는 압력을 서서히 감소시켜 주는 것만으로도 충분하다고
발표하였다. 이후부터 압축공기를 이용해야 하는 작업이 안전하게 실시되었으며
이것은 현대 항공의학에 연결되었다.

베어와 실험발생학

생명현상의 연구와 함께 발생학도 연구되기 시작하였다. 이 분야에 있어서
하비의 발생학상의 업적을 무시할 수 없다. 그 중에서도 닭의 배의 배반(胚盤)
의 발견은 그 후에 있어서 발생학 발전의 기초가 되었다. 또 그는 포유류의 태아
의 순환계가 모체의 순환계로부터 독립해 있다는 사실을 정확하게 지적한 최초
의 사람이다. 난자와 정자를 확인하지 못했던 시기에는 자손은 어버이의 모양을
한 축소판으로 그 어버이의 몸속에 간직되어 있는 것으로 생각하였다. 그리고 이
축소된 작은 생물이 모체로부터 영양분을 받아 점차 커진다고 19세기까지 믿어
져 왔다(前成說). 이와는 달리 처음에는 구체적인 것이 없다가 후에 특별한 과
정을 거쳐서 새로이 만들어진다는 생각도 나왔다(後成說).

전성설이나 후성설의 어느 편을 따르더라도 발생과정은 단순하게 설명할 수
없다. 1866년 독일의 생물학자 헤켈[196]은 발생은 그 종의 조상이 오늘날까지 거
쳐온 길을 요약하여 재연하는 데 지나지 않는다는 이른바 발생반복설을 발표하
였다. 인간의 태아도 발생과정에서 어느 시기에는 꼬리, 아가미, 구멍 같은 것이
보이는데, 이것은 인간의 조상이 한때 수중생활을 하였음을 보여주는 것이고 그
후 진화되어 꼬리가 없어지고 아가미가 허파로 바뀌게 된다는 것이다. 즉 진화과
정이 개체발생 과정에서 반복된다고 설명하였다.

독일계 러시아인 베어[197]는 1827년 포유류의 난자에 관한 연구를 하였다. 포
유류의 난소에는 난포라 부르는 조직이 있다는 것은 훨씬 이전에 이미 발견되었
는데, 그 이후부터 난포는 난이라고 생각해 왔다. 그는 개의 난포를 열고 그 속
에 들어 있는 황색의 작고 뾰죽한 것을 관찰하였다. 이것은 포유류의 난으로 현
미경 없이는 보이지 않을 정도로 작은 것이었다. 따라서 포유류의 발생도 다른
동물과 기본적으로는 차이가 없다는 사실이 밝혀졌다.

베어는 1828~37년에 사이에 2권의 발생학 교과서를 발행하였다. 난이 발육
할 때에 각각 분화되지는 않지만 거기에서 특정한 기관이 자라는 조직층이 형성
되며, 일정한 기관은 일정한 층에서 자란다는 사실을 발견하고 이 층을 배엽(胚
葉)이라 불렀다. 이 학설은 배의 후성설의 입장에 선 것으로, 완전히 승리를 거

---

196) Ernst Heinrich Haeckel, 1834~1919
197) Carl Ernst von Bear, 1792~1876

두었다.

베어의 배에 대한 연구는 생명의 진화를 믿고 있는 생물학자들에게 힘을 북돋워 주었다. 그에 의하면 척추동물의 발생 초기의 배의 상태는 최종적으로 아주 달라지는 생물들 사이에도 거의 차이가 없다. 서로 다른 동물의 배가 초기 상태에서는 확실히 구별되지 않으며, 여기서 날개, 팔 혹은 다리, 때로는 지느러미가 생겨나온다. 따라서 그는 동물 사이의 혈연관계를 알아내는 데는 성장한 동물보다 배를 비교하는 쪽이 정확하다고 하였다. 따라서 그는 비교발생학의 창시자이기도 하다.

쾨리커[198]는 독일의 해부, 생리학자인데 1861년에 발생학에 관한 뛰어난 연구를 하였다. 그는 처음으로 세포설에 의한 배의 발생을 설명하여 현대 발생학의 선구자의 한 사람이 되었다. 정자와 난자는 세포이며, 세포핵 중에 형질의 유전의 열쇠가 숨어 있다고 하였는데, 이런 점으로 보아 그는 반세기나 앞서 있었다.

독일 생리학자인 울프[199]는 생물은 이미 난자나 정자 속에 완성된 모양이 존재하고 있다는 전성설에 반대하고 후성설을 주장하였다. 당시 생물교과서까지 정자세포를 지닌 정자내주미인(精子內住未人)의 그림이 실려 있다. 이에 대해서 그는 처음에는 확실한 구조를 지니지 않다가 발생과정에서 특수한 생물기관이 보통 조직으로부터 서서히 분화되어 발생한다고 주장하였다. 그리고 그것들은 자연 속에 있는 형성력에 의해서 일어난다고 생각하였다. 이리하여 그는 현대 발생학의 선구자가 되었는데, 해부학에는 그의 이름이 붙은 7개의 용어가 남아 있다. 태생동물의 신장의 초기상태에 이름붙인 "울프체"는 유명하다.

독일의 생물학자 드리슈[200]는 1891년 루의 반배(半胚)의 실험에 추가하기 위해서 성게의 2세포기의 알을 둘로 나누었다. 그러나 반절의 배가 나타나지 않고, 작기는 하지만 완전한 유충이 생겼다. 이로부터 발생현상은 전체의 크기에 관계없이, 각 부분이 상대적인 위치에 걸맞는 분화를 하는 생명현상 독자의 작용인이 있다고 주장하였다. 한편 독일의 동물학자인 헤르트비그[201]는 성게의 수정, 발생과정에서 난자의 핵과 정자의 핵이 융합한다고 주장함으로써, 드리슈의 후성설에 가까운 입장을 취하였다.

세포학

19세기에 복합현미경이 완성되면서 세포가 깊이 있게 연구되기 시작하였다.

---

198) Rudolf Albert von Koelliker, 1817~1905
199) Kaspar Friedrich Wolff, 1733~94
200) Hans Adolf Eduard Driesch, 1867~1941
201) Oskar Hertwig, 1849~1922

파브르

이 분야를 철저히 연구한 학자는 독일의 생물학자 슐라이덴[202]과 슈반[203]이다. 슐라이덴은 세포설을 확립하고, 후에 슈반이 세포설을 체계화하는 데 큰 영향을 주었다. 두 사람은 세포는 세포질로 구성되어 있으며 각각의 세포에는 핵과 세포막이 있다고 하였다. 그들은 동물에도 같은 이론을 적용하였다. 따라서 두 사람은 세포설의 창시자이다.

한편 세포 내용물의 연구도 진행되었는데, 독일의 식물학자 몰[204]과 슐츠[205]는 원형질(原形質)학설을 주장하였다. 세포의 내용물은 균질하고 탄력이 있으며 수축성을 지닌 투명한 젤라틴 모양의 물질로서, 세포가 생성되기 위해서는 원형질이 반드시 존재하여야 한다고 주장하였다. 원형질이 생명현상을 일으키는 장소임이 알려진 후부터 원형질에 대한 관심이 깊어졌는데, 이처럼 세포설은 원형질설에 의해서 한층 충실해졌다. 독일의 해부학, 세포학자인 플레밍[206]은 세포분열과 세포물질, 핵을 연구하고, 특히 세포의 고정, 염색방법을 개척하였다.

심해생물과 곤충

스코틀랜드의 동물학자인 톰슨[207]은 심해의 생물에 관심을 가졌다. 당시에 생물이 바다의 상층부에만 서식하고, 어둡고 추우며 막대한 압력을 받고 있는 심해에는 살 수 없을 것으로 생각하였다. 그러나 1860년에 지중해 1.6km의 해저에 설치되어 있던 케이블을 끌어올렸을 때 여기에 생물이 붙어 있었다. 1868년과 1869년에 심해 준설작업을 실시한 결과, 상당한 깊이에 서식하고 있는 생물류를 발견하였다.

톰슨에게 본격적인 연구의 기회가 찾아온 것은 군함 챌린저호의 탐험항해였

202) Mathias Jacob Schleiden, 1804〜81
203) Theodor Ambrose Hubert Schwann, 1810〜82
204) Hugo von Mohl, 1805〜72
205) Max Schultz, 1825〜74
206) Walther Fleming, 1843〜1905
207) Sir Charles Wyville Thomson, 1830〜82

다. 이 탐험은 1872년에 전세계의 바다를 조
사하기 위해서 4년간에 걸쳐 실시되었는데,
톰슨은 6명의 박물학자의 책임자로 승선하여
심해의 생물표본을 채집하였다. 이 배의 주행
거리는 10만km에 달했고, 372개 지점의 바
다의 깊이를 측정하여 해양의 입체적 세계를
인류에게 소개하였다. 이로써 바다 생물은 해
면으로부터 바다밑에 이르기까지 살고 있을
것이 확실해졌다. 현재는 가장 깊은 바다밑에
도 생물이 살고 있는 것으로 알려졌다.

파브르[208]는 프랑스의 아마추어 박물학자,
곤충학자로 1879년부터 유명한 『곤충기』[209]
전10권을 30년에 걸친 집필 끝에 출판하였
다. "곤충의 시인" 파브르는 풍부한 감수성,
뛰어난 관찰력을 지니고서 벌레들이 자연의
무대에서 영위하는 드라마틱한 생존방법을
서술하였다. 다윈은 『종의 기원』에서 3번이
나 파브르의 이름을 인용하였지만 파브르 자
신은 반진화론자였다.

멘델

유전법칙과 돌연변이

어버이의 형질이 그대로 자손에게 전해지고 또한 그것이 자손의 발육과 함
께 나타나는 생물학적 현상을 유전이라 부른다. 화분을 교배하여 잡종을 만들 수
있다는 것을 실험적으로 처음 증명한 사람은 독일의 식물학자인 킴메리우스[210]이
다. 그후부터 교배에 의한 잡종형성이 주목되고 농업생산의 근대화와 품종개량
에 대한 요구로 교잡실험이 넓게 실시되었다.

1850년 초기에 오스트리아의 모라비아(지금의 체코슬로바키아의 중부) 지
방의 쁘르노수도원에 있던 멘델[211]은 이 수도원의 실험 농장에서 지역 산업진흥
을 위하여 재배연구를 하고 있었다. 그는 이 농장에서 예비실험 1년, 본실험 8년
에 걸쳐 완두콩의 교잡을 연구한 결과 완두콩의 형질이 잡종으로 나타나는 것을
조사하였다. 이 실험에서 얻은 자료를 바탕으로 유전의 문제를 설명하는 "멘델

208) Jean Henri Fabre, 1823~1915
209) *Souvenirs eutoniologiques*
210) Rudolph Jacob Cammerius, 1665~1721
211) Gregor Johann Mendel, 1822~84

드 브리스

의 법칙"을 수립하였다.

이 법칙은 형질 중 우성(優性)인 것만이 나타나는 "우열의 법칙", 대립형질은 생식세 포를 형성할 때 각각 다른 생식세포 속으로 분리되어 들어간다는 "분리의 법칙", 두 쌍 이상의 대립형질은 각각 독립적으로 유전된 다는 "독립의 법칙", 잡종인 다른 유전자가 하나가 되었다가 분리될 때 온전히 순수하게 보존되는 "순수의 법칙" 등으로 되어 있다.

멘델의 논문은 현대적인 눈으로 보면 매 우 명쾌하나 당시에는 너무 앞선 이론이었다. 멘델은 식물로부터 유도한 유전이론을 동물 계에서도 확인하려고 꿀벌을 대상으로 교잡 실험을 준비하였으나, 수도원장의 업무인 과 중한 세금에 항의하는 일에 앞서지 않으면 안되었기 때문에 이 연구를 계속할 수 없었 다. 유전학은 정밀한 실험적 방법을 구사한 예로서 재배식물과 가축 뿐만 아니라 인간의 유전에 관해서도 큰 의의를 가지고 있다. 그는 "유전자" 개념의 선구자이고, 그 런 의미에서 유전학의 시조이다.

한편 네덜란드의 드 브리스[212]는 어느날 교외의 들판으로 산책을 나갔다가 큰달맞이꽃(북미 원산으로 2년초)의 군락 속에 한 포기만 꽃과 잎의 모양이 다 른 것을 발견하였다. "이것이야말로 오랫동안 내가 찾던 돌연변이가 아닌가"라 고 생각하였다. 그는 그 식물의 군락 부근의 집 한 채를 세내어 식물을 기르고, 그후 10년간 53,509포기의 큰달맞이꽃을 재배하여 관찰하였다. 그중에 신종으로 보이는 것이 8종류 나타났다. 이 결과를 바탕으로 1901년에 돌연변이설을 발표 하였다.

이 이론에 의하면 종은 불변의 시기와 가변의 시기가 번갈아 나타나는데, 가 변의 시기에 들어서면 많은 새로운 형질이 출현한다. 그는 이것을 돌연변이라 하 였다. 그리고 이것은 정기적인 내적 요인으로서 외부환경과는 아무런 관계가 없 다고 하였다. 이로써 그는 멘델의 법칙을 재확인하고, 자신의 돌연변이설을 첨가 함으로써 다윈의 결점을 보강하여 이론구성을 완전하게 하였다. 또한 돌연변이 설은 바이즈먼의 설을 수정하지 않을 수 없도록 하여 생식세포도 결국 변한다는

---

212) Hugo Marie de Vries, 1848～1935

사실을 밝혀냈다.

드 브리스와 또 다른 두 사람의 식물학자는 독립적으로 각각 유전 법칙을 발견하였다. 그러나 세 사람 모두 명예를 손에 넣을 기회가 있었음에도 불구하고, 어느 누구도 자신이 이 법칙의 발견자라고 주장하지 않았다. 그들은 진실한 과학자답게 자신들의 연구가 단지 멘델의 연구의 재확인에 지나지 않는다고 사양하였다. 따라서 유전법칙은 지금도 "멘델의 법칙"이라고 불린다. 이런 미담은 과학사상 흔치 않은 일이다.

10. 세균학과 면역학

코흐와 폐결핵

독일의 의사이자 세균학자인 코흐[213]는 작은 동네의 의사였는데 당시 유럽의
농민을 괴롭히던 탄저병에 관심을 가지고 있었다. 이것은 양이나 소의 가축에 발
생하는 질병으로 이 병에 걸리면 아침까지 원기왕성하던 동물이, 저녁때는 풀을
먹지 못하고 머리를 떨구고 있다가 결국은 죽고 만다. 경우에 따라서는 사람도
폐렴과 같은 증상을 나타내다가 죽는다. 그는 이 질병에 걸린 가축의 비장에서
균을 발견하고 이것을 쥐에게 접종시켜 감염시켜 보았는데, 결국 쥐에서도 이 균
이 발견되었다.

코흐는 혈청을 이용하여 생물의 체외에서 병원균을 배양하는 방법을 생각하
고, 이 방법으로 탄저균의 생활주기를 추적하여 저항포자를 형성하는 순서를 상
세히 조사하였다. 그는 연구 장소를 베를린으로 옮긴 후 다시 두 가지 기술을 개
발하였다. 하나는, 세균을 식별하기 위하여 염색하는 방법이고, 또 한 가지는, 한
천이나 고기즙을 이용한 세균 배양액의 제조였다. 그는 5년간의 실험끝에 탄저
균과 그 포자를 발견하였다. 물론 선취권은 파스퇴르에게 빼앗겼지만 이 탄저균
의 발견은 세계적인 뉴스가 되었다. 코흐는 1881년 한 농장에서 대규모로 탄저
병 예방접종을 실험적으로 실시하였고, 이후 백신요법으로 탄저병을 예방할 수
있게 되었다.

코흐는 배양액 조제와 방법을 우연히 발견하였다. 그는 연구실 책상 위에 놓
아둔 감자의 잘린 면에서 붉고 노란 여러 색깔의 반점을 우연히 보았다. 이 반점
은 공기중에서 떨어진 종류가 다른 세균의 집합임에 틀림없다고 생각하고, 오랜
실험끝에 세균을 순수하게 배양하는 방법을 생각하였다. 지금 생각하면, 이것은
매우 간단한 방법으로 감자와 같은 고체배양액의 표면에 세균을 고정시키는 방
법이었다. 그는 감자 대신 굳힌 고기즙 젤라틴을 사용하였다. 고기즙은 세균의
영양소이고, 젤라틴은 세균을 고정시켰다. 이것은 이후 세균학 연구에 없어서는
안되는 방법이 되었다.

코흐는 당시 세계에서 가장 무서운 질병인 폐결핵균의 발견을 시도하였다.
당시 유럽에서 병들어 죽은 7사람 중 1사람이 결핵 환자일 정도였다. 우선 그는
결핵에 감염된 장기의 결절을 떼어내 현미경으로 가능한 한 확대하여 관찰하였
다. 그러나 병원균은 보이지 않았으므로 이를 염색하여 보았더니 푸른색으로 물

---

213) Heinrich Hermann Robert Koch, 1843~1910

든 가늘고 긴 막대 모양의 세균이 발견되었
다. 다음 단계로 그 병원균을 고기즙 젤라틴
속에서 순수배양하려고 하였지만 성공하지
못하였다. 따라서 결핵균은 기생생물이 분명
하며, 숙주에 가까운 것만이 그 영양물질이
될 것이라고 생각한 끝에, 혈청 젤라틴를 사
용하여 결핵균을 여기에 옮겼다. 그리고 15
일간 순수배양한 결핵균을 작은 동물(모르모
트, 토끼, 닭, 쥐, 원숭이 등)에 주사하거나
분무기로 뿌렸다. 결국 이 실험동물들이 결핵
에 감염된 것을 확인하였다. 한편 결핵에 절
대로 걸리지 않는 동물(거북, 개구리, 뱀장
어, 금붕어 등)에 결핵균을 주사해 보았지만
이것들은 결핵에 감염되지 않았다. 이 놀라운
사실은 1880년 3월 24일에 베를린에서 열린
생리학회에서 발표되었고, 나아가서 결핵진
단법인 "투베르쿨린 반응"을 창안해 냈다.

코흐

그의 가장 큰 업적의 하나는 1888년 결
핵균의 발견, 정확하게는 결핵의 병인론의 확정이다. 이 연구를 통하여 후에 "코
흐의 조건"[214]으로 정식화된 질병연구의 필요조건을 확정하였다.

1883년 인도에서 발생한 콜레라가 이집트를 거쳐 남유럽 항구를 강타하였
다. 코흐는 이집트의 알렉산드리아로 향하였고, 한편 그의 맞수인 파스퇴르도 그
의 제자를 파견하였다. 독일과 프랑스 두 나라 사이에 콜레라균 발견의 경쟁이
시작되었다. 불행하게도 파스퇴르의 제자가 콜레라에 감염되어 죽었다. 그의 장
례식에서 관 위에 조화를 바친 코흐는 "이 꽃은 보잘것없으나 용감한 사람을 장
식하는 데 어울리는 월계관이다"라고 말하였다.

코흐는 콜레라가 창궐하고 있는 인도로 파견되어 가기를 자청하여 인도의
캘커타로 갔다. 거기서 콜레라균을 발견하고, 고기즙 젤리를 사용하여 순수배양
에 성공하였다. 특히 콜레라는 그로 오염된 의복과 물에 의해서 전염된다고 전염
경로를 밝힘으로써 콜레라의 예방조치법을 강구하였다. 독일에 돌아온 그는 개

---

214) 세균학에서 코흐의 4원칙
　　1) 한 가지 전염병에는 그 원인이 되는 한 가지 생물체가 있다.
　　2) 그 생물체는 순수배양된다.
　　3) 순수배양된 생물체를 사용하면 실험동물에 그 전염병을 일으킬 수 있다.
　　4) 전염병에 걸린 실험동물에서 그 생물체가 다시 채취된다.
　　　이 4원칙하에서 코흐와 그의 제자들은 세계 속의 전염병을 추방하는 일에 앞장설 수 있었다.

선장군처럼 환영을 받았다. 새로운 학문인 세균학을 배우기 위하여 세계 곳곳에서 그의 연구소로 학자들이 모였다. 이 업적으로 그는 1905년 노벨 생리학상을 받았다.

독일의 세균학자 뢰플러[215]는 코흐의 방법으로 디프테리아균을 발견하였다. 그는 어떤 동물이 디프테리아에 면역되어 있는 것을 발견하고 항독소 제조법의 바탕을 마련하였다. 또한 구재병의 원인이 여과성 병원체임을 밝혔다.

제너와 우두접종

영국의 제너[216]는 목사의 아들로서 외과의의 제자로 첫발을 디뎠다. 당시 천연두는 매우 무서운 질병이었다. 대부분의 사람이 이 병에 걸리고, 병에 걸린 세 사람 중의 한 사람이 사망하였다. 18세기 유럽에서 1백 년 사이에 천연두로 6천만 명이 사망하였을 것으로 추정된다. 이것은 1년에 60만 명 정도이다. 1774년 프랑스의 루이 15세도 천연두로 사망하였다. 다행히 살아 남는다고 하더라도, 피부에 구멍 뚫린 상처가 남아 보기 흉하였다. 더욱이 이 흉터가 얼굴에 생기면 아주 곤란하여(루즈벨트 대통령도 이 때문에 일생 동안 부끄러워하였다) 여성의 경우 차라리 죽음을 택할 정도였다.

터키와 중국에서는 천연두의 예방을 위해 천연두를 가볍게 치른 환자로부터 병을 옮겨받는 방법이 시도되었다. 때로는 이 병에 걸린 사람의 물집에서 병균을 고의로 묻히려고 한 사람도 있었다. 이런 경우 이 병을 가볍게 치른다는 속설이 있었다. 18세기 초기 영국에서도 터키식 감염법이 전해졌는데, 제너는 곧 여기에 주목하였다. 한편 영국의 글로스타셔에는 예부터 우두(천연두와 비슷한 가벼운 소의 질병)에 걸린 사람은, 면역이 생겨 우두뿐 아니라 천연두에도 걸리지 않는다는 경험적 사례가 전해지고 있었다. 또 말의 발에 물집이 생기는 질병을 관찰한 결과 마굿간이나 그 주변에서 일하는 사람들은 천연두에 거의 걸리지 않는다는 사실에 주목하였다. 이를 실험으로 확인해 보려 하였지만 선뜻 나설 수가 없었다.

제너는 1776년 5월 14일 우두에 걸린 젖짜는 여자를 찾아내고, 그녀의 손등의 물집에서 채취한 액체를 어느 소년에 주사하여 이를 감염시킨 후, 2개월 후에 천연두를 접종시켰다. 만일 이때 그 소년이 죽거나 중증이 되면 제너는 죄인이 될 것이고, 그렇지 않을 경우 영웅이 될 것이다. 그 소년은 천연두에 감염되지 않았다. 2년 후인 1778년 다시 우두를 접종한 실험에 성공함으로써 이를 공표하였다.

---

215) Friedrich August Johannes Löffler, 1852～1915
216) Edward Jenner, 1749～1823

제너는 우두접종법으로 천연두의 예방을
실현시켜 영국정부로부터 1만 파운드의 상금
을 받았고, 종두보급을 위한 모임의 회장이
되었다. 겨우 18개월 사이에 천연두로 사망
한 사람이 1/3로 격감하였다. 그의 명성은
전시중 영국과 프랑스의 감정마저도 녹였다.
한 전투에서 포로가 된 영국인이 석방되었는
데, 그 이유는 탄원서에 제너의 이름이 들어
있었기 때문이다. 그러나 제너는 의학교수들
의 반대로 끝내 교수가 되지 못하였다.

제너

예방접종에 대한 반대 의견도 있었다. 유
명한 외과의사 인겐하우스는 우두와 천연두
가 틀린 질병으로 종두가 천연두를 충분히
예방한다는 것은, 아직 완전하게 증명되지 않
았다고 주장하였다. 또 소가 만든 것을 인간
에게 접종하는 것은 정상적인 자연의 진행에
간섭하는 것으로, 신의 섭리에 대한 불신이라
고 비판하는 사람도 있었다.

그러나 종두는 급속히 보급되었다. 영국의 왕가도 접종을 받았으며, 영국과
네덜란드의 목사는 설교중에 접종을 받으라고 권고하였다. 독일의 어떤 주에서
는 이를 의무화하였고, 제너의 생일과 소년이 최초로 접종을 받은 날을 휴일로
정한 국가도 있었다. 러시아에서는 처음 접종을 받은 소년의 이름을 "왁지노프"
라 불렀고, 이 소년에게 장학금을 지급하기도 하였다.

에를리히와 화학요법

독일의 세균학자 에를리히[217]는 혈청의 효과로부터 면역학을 수립하고, 특히
화합물의 구조와 약리작용과의 관계를 연구하였다. 디프테리아는 3세 전후의 어
린이에 걸리는 급성 열성 전염병으로, 목구멍에 하얀 막이 끼는 것이 그 특징이
다. 예부터 많은 어린이가 이 병으로 사망하였다. 이에 대한 초기의 예방 및 치
료에 쓰이는 혈청요법은 그다지 효과가 없었다. 그것은 강력한 혈청을 얻을 수
없었기 때문이었다. 이에 도움을 준 사람이 코흐의 제자인 에를리히이다. 한편
이 무렵 영국의 퍼킨은 아닐린 염료의 합성에 성공하고 합성염료 공업을 일으켰
는데, 에를리히는 이 염료에 흥미를 느꼈다. 어느 색소는 동물의 어느 조직이나

217) Paul Ehrlich, 1854~1915

에를리히

세포중의 어느 특정한 부분만을 물들인다는 것에 착안하였다.

화학을 좋아한 에를리히는 항원(혹은 색소)이나 항체(혹은 색소와 결합하는 세포의 특정부분)는, 유기화합물로서 곁사슬이 붙어 있다고 생각하였다. 사슬이나 고리구조를 한 유기화합물에 붙어 있는 가지에 해당하는 부분을 곁사슬이라 하는데, 항원의 곁사슬과 그에 대응한 항체의 곁사슬은 열쇠와 열쇠구멍의 관계이다. 따라서 항체는 그것에 대응하는 항원에만 결합한다. 이것이 면역에 대한 에를리히의 곁사슬설이다.

이 곁사슬설을 무기로 에를리히는 1892년 강력한 디프테리아 혈청을 만들어 냈다. 에를리히는 면역반응에 의지하지 않고 화학물질, 특히 염료를 사용하여 직접 병원균을 공격하는 방법을 생각한 끝에 화학요법의 길을 열어 놓았다. 그중 대표적인 것으로 비소화합물 606호(상품명 살바르산)를 매독환자에게 인체실험을 하였다. 결국 606호는 인간을 괴롭혀온 매독의 치료에 기적적인 효과를 보였다. 이 공로로 에를리히는 1908년 노벨 생리·의학상을 받았다.

베링[218]은 독일의 세균 혈청학자로서 마그데부르그대학의 위생학 교수였다. 그는 군의관 시절부터 감염의 치료에 요오드포름 등의 살균제를 사용하는 화학요법을 연구하였다. 1890년에 디프테리아균과 파상풍균에 면역된 토끼의 혈청이 병원균이 내놓는 독소를 특이적으로 파괴하는 물질인 "항독소"를 보유하고 있다는 사실을 발견하였다. 이로써 면역학에 새로운 방향을 제시하였고, 동시에 면역요법의 기초를 세웠다.

외과학과 리스터

파스퇴르의 영향을 크게 받은 영국의 외과의사인 리스터[219]는 마치 미생물이 발효나 부패를 유발하듯이 상처의 화농을 초래할 수 있을 것이라는 가정을 세웠다. 그러므로 의사의 손, 기구, 그리고 수술실의 공기까지도 어떻게 해서라도 미

---

218) Emil Adolf von Behring, 1854~1917
219) Joseph Lister, 1827~1912

생물이 닿지 않도록 해야 한다고 시사하였다. 이 목적을 이루기 위해 그는 수술하는 동안에 석탄산을 분무하는 방법을 사용하였다. 그는 파스퇴르에 보낸 편지에서 "외과수술이 얼마나 선생님의 혜택을 받고 있는지 제가 보여 드릴 수 있다면, 그보다 더 큰 영광이 없을 것이라고 되풀이 말씀드립니다."라고 하였다. 이로써 현대 외과의학의 시대가 시작되었다. 이 무렵 의학기술상의 한 가지 혁명적 업적인 마취제의 발명은, 고통으로부터 인류를 구하고 수술 기술의 진보를 몰고왔다.

외과 수술의 진보와 함께 드니[220]는 사람에게 최초로 수혈을 한 프랑스의 의사이다. 당시 의사들은 하비의 혈액순환설에 바탕하여 수혈의 가능성에 주목하였다. 1665년 영국에서는 개를 이용한 최초의 수혈실험이 보고되었다. 이에 자극을 받은 드니는 동물실험을 반복하여 1667년 6월 15일 열병에 걸린 한 청년에게 약 10온스의 혈액을 수혈하여 좋은 성과를 얻었다고 보고하였다. 그러나 수혈 후 사망하는 사례가 계속되어 1668년 4월 17일 재판에 오르게 되고, 그 결과 파리대학 의학부의 허가가 없는 한 인체에 대한 수혈이 금지되었다. 그후 수혈에 대한 관심은 급속히 줄어들었다.

영국의 외과의사이며 해부학자인 헌터[221]는 외과술에 생리학적인 기초를 부여하였고, 많은 자금을 투자하여 해부학적 자료와 표본을 수집하여 박물관을 건립하였다. 전자에 있어서는 동맥류결찰수술(헌터씨 수술)을 확인한 점이 중요하다. 그의 해부학 박물관에 소장된 약 1만 4천 점의 표본은 비교해부학 발달에 큰 역할을 하였다.

특수분야의 의학

노르웨이의 의학자 한센[222]은 나병을 연구하였다. 후에 한센이 근무하였던 병원은 나병 연구의 중심지가 되었다. 그는 1873년에 "한센균"이라 부르는 나병균을 발견하고, 처음으로 나병이 전염병이라고 생각한 끝에 세균의 배양을 시도하였지만 실패하였다. 나병은 지금도 아직 완전히 성공하지 못하고 있다. 한센은 예방을 위해서 나환자를 격리시키는 법령의 제정을 추진한 나머지 노르웨이에서 나환자수가 격감하였다. 그는 국제나병위원회의 명예의장을 지내는 등 공적인 활약을 하였다. 또한 그는 다윈의 진화론을 지지하고 노르웨이에 이를 전파하는 데 노력하였다.

독특한 분야인 근대 정신의학을 개척한 사람은 프랑스의 정신의학자 피넬[223]이다. 그는 공립 피세틀병원에 부임하자마자, 곧 병원에 수용된 40명의 정신병자

---

220) Jean-Baptiste Denis, 1640~1704
221) John Hunter, 1728~93
222) Gerhard Henrik Armauer Hansen, 1841~1912
223) Philippe Pinel, 1745~1826

가 차고 있던 족쇄를 풀어주었다. 그는 실천가로서 정신병자를 인간적으로 대우하려 노력했을 뿐 아니라 이론가로서 정신의학의 체계를 근대화하여 근대 정신의학의 아버지가 되었다.

독일의 병리학자인 비르효[224]는 강한 사회적 도의심의 소유자였다. 그는 질병의 침입을 받은 조직의 현미경적 구조를 관찰함으로써 여기에도 세포설이 적용된다는 사실을 증명하였다. 그는 질병 조직의 세포를 보통 조직의 정상적인 세포가 변한 것으로 보았다. 1876년 그는 세포설을 요약하여 "모든 세포는 세포로부터 발생한다"는 의미의 간결한 논제를 발표하였다. 이것은 슈반과 슐라이덴의 세포설을 최종적으로 결합시킨 것이다.

비르효는 파스퇴르의 질병세균설을 부정하였다. 그는 질병이란 세포 사이의 집안 싸움으로 조직을 받들고 있는 정연한 세포 사이에 발생한 무정부상태이며, 외계로부터 침입에 의한 것은 아니라고 생각하였다. 그에게 있어서 질병이란 세포의 물리화학적 기능장애였다. 단일 질병원인(예를 들면 박테리아)만으로는 질병이 생기지 않고, 질병은 사회적 조건으로부터 생기므로, 사회의 변화로 치유된다고 주장하였다.

비르효는 의학의 사회적 측면을 주시하고 사회의학, 공중위생학, 병리학, 인류학의 발전에 공헌하였다. 1848년에 실레지아에 유행한 티프스를 연구하던 도중에 사회를 비난하여 대학에서 쫓겨났고, 보수적인 프러시아 정부를 전복시키려 한 혁명가들에게 동조하였다. 그는 의학자로서 경험을 쌓으면서도 자유주의 사상을 키웠다. 극빈 지역을 조사하던 중 사회적인 낙후가 시민생활에 너무나 커다란 영향을 미치는 것에 놀랐다. 또한 그는 정치가로서 사회개혁운동에 참여하였다. 특히 공중위생에 대한 그의 견해는 매우 진보적이었다. 후에는 정치를 지망하여 독일연방 하원의원에 선출되어, 독일 자유당 당수가 되어 비스마르크에 도전하였고, 그의 재군비와 독일 통일에 반대하였다. 그러나 그는 사회주의자는 아니었다. 그는 독일 과학자·의학자 대회의 발전과 민속학박물관의 건립에 크게 기여하였다.

---

224) Rudolf Carl Virchow, 1821~1902

11. 다윈과 진화사상

진화사상의 배경

과학사상사에서 코페르니쿠스의 지동설을 제외하면, 다윈의 진화론만큼 사상분야에 강한 영향을 미친 것도 없다. 왜냐하면 진화론은 인간이 동물로부터 역사적 과정을 거쳐 진화하였다는 이론인데, 이것은 신이 인간을 특별히 만들었다는 그리스도교의 견해와 일치하지 않는 데다가, 인간을 동물과 구별하는 경계, 즉 위계사상을 부정하고, 나아가서 세계에 있어서 인간의 위치를 재고하게 만들었기 때문이다.

진화론은 생물학의 측면에서 볼 때, 지구상에서 발견된 여러 가지 생명체의 형태가 어떻게 발전하여 현재에 이르렀나를 설명하고 있는 것으로, 그 시작은 그리스의 자연철학에서 찾아볼 수 있다. 당시 아낙시만드로스와 아리스토텔레스는 생물들 사이의 상호 유사점을 강조하고, 모든 유기체를 가장 간단한 생물로부터 복잡한 생물에 이르기까지 순서 바르게 배열하였다. 그러나 아리스토텔레스는 자신의 위계사상을 바탕으로 각 단계 사이의 전환을 전혀 고려하지 않았으므로 진화론자는 아니다. 한편 신학이 모든 학문을 지배하고 있던 중세에는, 신이 창조한 생물은 절대불변이라는 사상이 우세하였던 관계로 진화사상의 개입은 상상조차 할 수 없었다.

근대에 들어와서 지리적 발견에 뒤이은 동식물학의 발달로 생물의 분류가 진보하면서 점차 종의 개념이 형성되고, 생물 상호간의 계통적 관계가 밝혀짐으로써 진화론 연구의 첫발을 디디게 되었다. 더욱이 비교해부학과 고생물학 등의 발달은 진화의 연구를 본궤도에 올려놓았다. 린네는 그의 저서 『자연의 체계』의 초판에서 생물의 종은 불변이라고 표명하였다. 그러나 그 자신도 종과 종 사이를 구별하기가 점차 곤란해지자, 변종의 존재와 새로운 종이 발생할 가능성이 있음을 최종판에서 인정하였다. 그는 신이 창조한 종은 몇 가지의 기본적인 것이 있는데, 그것이 퇴화하거나 상호 교잡함으로써 변종이 생기고, 계속해서 새로운 종의 형성에까지 이른다고 주장하였다.

한편 토목공사나 동굴의 탐험 등을 통하여 화석이 발견되었고, 또 대항해 시대를 통하여 알려진 새로운 땅에서는 신기한 생물종이 발견되었다. 또 농업과 원예, 목축업에서는 품종개량이 있었고, 박물학자들은 동물의 골격을 비교연구하기도 하였다. 이것들이 누적되고 계통화되면서 생물종의 다양성에 있어서 그의 유연관계와 시대적인 변화의 가능성이 나타났다. 그리고 생물이 긴 세월 동안에 변화하여 여러 가지 형태를 지닌다는 진화의 사상이 움텄다.

진화개념의 성립에는 프랑스 계몽사상의 역할을 빼놓을 수 없다. 유물론을 신봉하고 사회의 진보와 발전을 믿는 계몽주의 사상은 생물계에도 진보와 발전의 생각을 도입시켰다. 지구의 역사, 생물의 변화, 동물과 인간의 공통성 등 진화사상의 원천은 프랑스 계몽사상에서 잉태되었다. 『백과전서』에는 생물의 진화가 명쾌하게 설명되어 있지는 않았지만, 편집자의 한 사람인 디드로는 종이 오랜 역사를 지니고 서로 유연관계가 있다는 생각을 피력하였다. 혁명 후의 라마르크[225]도 이와 무관하지는 않다. 몽페르디는 유전현상에 관심을 가지고 가계의 조사를 하고, 가축과 품종의 개량으로부터 보다 오랫동안에 걸쳐 동물의 변화를 관찰하였다. 또 라메트리는 『인간기계론』에서 인간도 동물과 본질적으로 다르지 않다고 주장함으로써 진화사상을 시사하였다.

한편 독일의 자연철학자들도 일부 진화사상과 관련이 있다. 독일의 경우 칸트의 『판단력 비판』에 진화사상이 포함되어 있다는 견해도 있다. 하지만 그것은 다분히 관념적, 이념적이며, 또 형태학에 치우친 측면이 있었다. 원래 자연철학의 사상은 추상화된 세계정신의 자기운동을 생각하고, 그 운동의 궁극적 목적은 인간이라는 최고 존재의 실현이라고 보았다. 이것은 예정조화의 사상으로 그 실현의 각 단계로서 많은 생물종을 자리잡게 하였다고 보았다. 이러한 의미에서 자연철학은 진화사상과 관련되어 있다. 오켄과 괴테도 현상학으로서 형태학에 관심을 가졌다.

근대진화론의 선구자 뷔퐁

프랑스의 박물학자 뷔퐁[226]은 과학아카데미 회원이자 식물원의 관리자로서, 줄곧 박물학에 흥미를 가져왔다. 그는 50년간에 걸친 연구 끝에 『박물지』[227]를 출판하였다. 많은 공동집필자의 힘을 빌어 저술한 이 책은 모두 36권인데(마지막 8권은 그가 죽은 뒤에 출판되어 총 44권), 지나치게 피상적인 것이 흡사 로마 시대 플리니우스의 저서와 성격이 비슷하다. 기본적인 관점은 계몽주의 시기의 프랑스인답게 종교와 자연철학을 명확히 분리하고, 자연의 사상(事象)에 관한 일체의 원인을 자연 속에서 구하였다. 자연주의를 출발점으로 하는 이런 태도는 생물의 종의 특징이 환경에 적응하여 변화한다는 것을 지지하였다.

뷔퐁은 여러 동물의 종 사이에 존재하는 유사점을 조사한 결과, 현재 종류가 다른 종일지라도 그것은 모두 공통의 선조에서 유래하였다고 주장하였다. 그리

---

225) Jean Baptiste Pierre Antoine de Monde de Lamarck, 1744~1829
226) Georges-Louis Lecrerc Buffon, 1707~88
227) *Histoire Naturalle*, 1749~88

고 생물은 단순한 원시적 형태로부터 시간과 더불어 보다 복잡하고 완전한 동물로 진화하는 것이 아니고, 반대로 완전한 원형으로부터 퇴화한 형태의 것도 많이 있다고 주장하였다. 나귀는 말의 미완성이고 유인원은 인간의 미발달의 상태, 혹은 퇴화한 인간이라 생각하였다. 또 그는 1749년에 격변설을 부정하고 지구의 생성과 동식물의 종에 이르기까지 전 지구적 규모의 자연진화의 역사를 일관하여 자연적 원리 속에서 설명하려고 하였다.

한편 뷔퐁이 "서서히 변화한다"라고 기술한 것을 실증하기 위하여, 드반튼[228]은 1749년부터 1767년에 걸쳐서 183종의 포유동물을 해부하고, 모든 기관은 각 동물이 동일한 선조로부터 파생하였다고 주장한 뷔퐁의 생각을 지지하는 결론을 내렸다. 또 같은 동물일지라도 기후에 의해서 변화하는 예로서, 말도 기후와 영양을 바꾸면 당나귀로 된다고 하였다. 그러므로 외계의 조건의 영향으로 시간이 지남에 따라서 다른 종족의 동물이 된다고 결론을 내렸다.

뷔퐁의 영향으로 영국의 에라스무스 다윈[229]은 진화 사상을 체계적으로 연구하였다. 일찍이 진화사상을 거론한 에라스무스 다윈은 시인, 의사, 급진적인 자유사상가로서 찰스 다윈의 할아버지이다. 그의 많은 저서 가운데 마지막 저서인 『주노미아』[230]는 진화론의 역사적 의의가 있는 저서이다. 여기서 뷔퐁의 진화의 사상을 거론하면서, 생명체는 환경에 잘 적응하여 변화해 가는데, 보다 잘 적응한 개체가 많은 자손을 남김으로써 종의 개량이 일어난다고 기술하였다.

라마르크와 용불용설

18세기 프랑스 계몽정신의 영향을 받은 박물학자인 라마르크는 50세가 다되어서 파리박물관의 무척추동물학 교수가 되었다. 그는 종래의 종의 불변설을 부정하고 진화의 원인을 규명하려고 노력하였다. 이러한 노력의 결과는 그의 저서 『동물철학』[231]에 잘 나타나 있다. 그는 현존하는 하등동물과 화석을 비교연구하여 무척추동물이 그 구조나 체제에 있어서 점진적인 차이를 나타내고 있는 것에 주목하였다. 그는 이들 강(綱)을 일렬로 배열해 본 결과, 서로 인접한 종이 연속되어 있음을 밝혔고, 나아가서 생물 연속의 사상을 수립하여 이를 여러 동식물에 적용시켰다. 그는 어류, 파충류, 포유류의 4강을 연속시켜 동물계에도 등급이 있음을 주장하고, 이 등급이 나타내는 단계가 바로 생물이 간단한 단세포 생물에서 인간이 되기까지 경과한 진화의 계열을 나타내는 것이라 주장하였다.

라마르크는 이와 같은 사실을 기초로 생물은 신의 창조물이 아니고 자연의

228) Louis Jean Marie Daubenton, 1716~1800
229) Erasmus Darwin, 1731~1802
230) *Zoonomia*, 1794~96
231) *Philosophie Zoologique*, 1809

소산물임을 선언하였다. 지구상의 모든 유기체는 오랜 시간 동안에 스스로 서로 어울려 만들어진 자연의 참된 생성물이며, 또 생물에는 점진적 발달의 힘이 있는데, 그 힘은 자신의 기관을 발생케 하고, 획득형질의 유전으로 점차 복잡한 체제로 옮겨가게 하는 능력을 지니고 있다고 주장하였다. 즉 동물의 형태는 처음부터 고정되어 존재하는 것이 아니라, 환경의 상호 접촉에 의해서 규정된다고 주장하였다.

이처럼 동물종의 가변성을 정확히 파악한 라마르크는 유명한 용불용설(用不用說)을 주장하였다. 그의 이론은 만약 어떤 동물이 한 기관을 계속 사용하면 그 기관은 발달하고 자라나지만, 사용하지 않으면 점차 줄어들어 없어진다는 것이다. 몇 가지 실례로서, 물새는 발로 물을 뒤로 많이 차기 때문에 물갈퀴가 생겼고, 보금류(步禽類)의 새는 물밑에 있는 진흙 속으로 빠지지 않기 위해서 발이 길어졌는가 하면, 기린은 큰 나무의 잎을 많이 따먹기 때문에 목이 길어졌다고 하였다. 또한 그는 퇴화의 예로서 고래의 사지(四肢)가 짧아진 것, 두더지의 눈이 작아진 것, 길어진 뱀의 몸 따위를 들었다. 이 모두가 환경과 생활양식 때문에 일어난 변화로서 이 변화는 곧 유전물질에 새겨지고 다음 세대로 전달된다고 덧붙였다. 이것이 획득형질의 유전을 가정한 이론이다.

라마르크설의 경우 시간이라는 요인이 중요하다. 환경의 작용을 감지할 정도가 되기까지에는 상당한 세월이 흘러야 하듯이, 형태적으로나 생리적인 변화가 유전되는 데도 마찬가지로 오랜 시간이 소요된다. 또 보호색의 발달을 어떻게 설명하느냐도 문제였다. 그 까닭은 생물이 자신의 의지로 피부에 색깔을 붙일 수는 없다.

그의 사상은 불완전하였지만 진화사상에 큰 이정표가 되었다. 진화사상이 뚜렷이 체계화된 것은 그의 이론이 처음이었다. 그는 실제로 자신의 이론을 증명하려고 많은 실험을 시도하였으나 모두 허사였다. 그는 1818년 실명하였고, 그 후의 연구는 딸의 받아쓰기에 의존하였는데 결국 궁핍 속에서 사망하였다.

게다가 진화론에 반대하는 실력자 퀴비에[232]의 압력을 계속 받아왔다. 한편 독일의 생물학자 바이즈만[233]은 세포에는 체세포와 생식세포가 있는데, 전자는 유전에 관계없이 한 세대에서 죽어 없어지나, 후자는 어버이의 형질을 다음 세대에 유전시킨다고 전제하였다. 그런데 환경에 의해서 한 세대에서 얻어진 형질은 체세포에서 일어난 것으로서, 다음 세대에 유전된다는 근거가 전혀 없다고 함으로써 라마르크의 학설은 커다란 난관에 봉착하게 되었다.

---

232) George Lépold Chrétien Frédric Dagobert, Baron Cuvier, 1769~1832
233) August Weismann, 1834~1914

퀴비에와 격변설

퀴비에는 목사나 법률가가 되기를 희망하였으나 린네의 『자연의 체계』를 읽은 뒤 생물학자가 되기로 결심하였다. 그에게 있어서 이 책은 성서와도 같았다. 그는 노르망디에서 많은 바다생물을 분류한 결과, 이 지방의 화석이 바다생물과 닮아 있는 것을 발견하고 흥분하였다. 파리로 옮겨간 그는 파리 근교의 화석채집장의 지층 속에 흩어져 있는 화석을 연구하고 화석의 조각을 맞추어 동물의 전체 모습을 만들어 내는 것이 그의 특기였다. 여기에는 여러 기관의 상호관계를 다루는 일반해부학의 원리가 적용되었다. 이 원리를 적용하여 각 생물의 일부분의 모양에서 전체의 특질을 복원하였다. 그는 고생물을 복원하는 비교해부학의 개척자였다. 그는 "어째서 각 지층에 특징적인 동물의 화석이 포함되어 있는가"라고 자문하고, 옛날의 속과

퀴비에

종이 사멸하고 새로운 속과 종이 나타난다고 결론지었다. 그는 진화론에 반대한 셈이다. 퀴비에에게는 이 세계가 신에 의해서 창조되었다는 정신이 뿌리 박혀 있었다.

퀴비에는 생물의 진화론에 대항하여 천변지이설(天變地異說)-혹은 격변설-을 내세웠다. 예를 들면, 파리 분지에는 세 차례에 걸쳐서 바다의 침입과 후퇴가 있었는데, 이러한 현상은 서서히 일어난 것이 아니라 급격히 일어났다고 하였다. 그는 구약성서에 나타난 노아의 홍수 때문에 바다의 돌연한 침입이 있었고, 지반이 갑자기 융기되어 바다가 후퇴하였다고 하였다. 1700년 후반에 시베리아에서 발견된 얼어 붙은 맘모스의 예를 들었다. "사멸과 동시에 냉동되지 않았으면 유해가 부패했을 것이다. 그러나 죽기 전에 시베리아에 한파가 계속된 것은 아니다. 그러한 한파 속에서 맘모스가 살았을 리가 없다. 따라서 이러한 맘모스는 기온의 급변을 동반한 대변동이 시베리아에 있었음을 보여준다. 시베리아에서 일어난 일이 전세계에서 있었다. 그러므로 이것은 천변지이의 증거이다."그의 천변지이설은 과학과 그리스도교를 잘 조합시킨 것으로 그후에도 오랫동안 진화론에 대한 반론으로 크게 이용되었다. 당시의 사회조류는 그의 이론을 환영하였고 종교측에서도 이 학설을 적극 지지하였다.

다윈

퀴비에를 한번이라도 만나본 사람은 강한 인상을 받았다. 알아 듣기 쉽고 감명 깊은 강의, 놀랄 만한 기억력, 연구에 대한 독특한 방법, 특히 그의 얼굴 모습은 잊을 수 없었다고 한다. 그를 만난 화가나 조각가는 모두 그를 모델로 하고 싶어하였다. 그의 초상화를 보면 머리가 대단히 크다. 그가 죽은 뒤 그를 해부한 결과 뇌의 무게가 1,850g으로 평균치보다 500g 더 무거웠다. 그의 모자는 특대 사이즈로 지금도 프랑스 국립박물관에 보존되어 있다.

퀴비에는 놀랄 만큼 두뇌의 회전이 빨랐다. 어느날 퀴비에를 놀라게 할 목적으로 한 학생이 산양 가죽을 둘러쓰고 방으로 찾아가 큰 소리로, "퀴비에 너를 잡아먹겠다"고 하자, 퀴비에는 한쪽 눈을 슬그머니 뜨고서 "뿔과 발굽이 있는 동물은 초식동물이지, 너는 나를 잡아 먹을 수 없어"라고 응수하였다고 한다.

퀴비에 자신은 신교도였지만 구교 세력의 프랑스에서도, 또 복잡한 정치 상황하에서도 항상 명예와 출세를 즐겨하였다. 이것은 별로 놀랄 만한 일이 아니다. 그것은 그가 유럽에서 가장 훌륭한 과학자였기 때문이었다. 나폴레옹은 그를 문교부 감독관으로 임명하였고, 나폴레옹 몰락 후 부르봉 왕가가 부활했을 때도 불이익을 받지 않고 오히려 등용되었다. 그는 대학총장이 되었고 루이 18세의 내각에 입각하였다. 또 루이 필립 시대에는 남작의 작위를 받았고, 다음해 내무대신으로 임명될 예정이었으나 사망하였다.

다윈의 진화론

비글호의 항해와 갈라파고스 제도   다윈[234]과 아브라함 링컨은 같은 날(2월 12일) 링컨은 통나무 집에서, 다윈은 저택에서 태어났다. 다윈은 소년시절에는 별다른 재능이 없었으므로 의사나 목사가 되는 것을 포기하였다. 그는 홈볼트의 저서를 읽고 박물학에 흥미를 느꼈고, 케임브리지 재학중에 이에 대한 열정을 키웠다.

---

234) Charles Robert Darwin, 1809~82

다윈은 측량선인 235톤급 범선 비글호에 무보수 박물학자로 승선하여 1831년부터 1836년 사이에 남아메리카, 오스트레일리아, 남아프리카를 답사하였다. 이 항해 중 미지의 자연에 접하고, 정확한 눈으로 많은 사실을 관찰하였다. 남아메리카 해안을 따라 남하하면서, 그 부근의 여러 섬에 서식하는 생물이 환경이 달라짐으로써 다소 변화되어 있음를 기초로, 종은 점진적으로 변화하고 있다는 사실을 알았다.

모습이 다른 핀치새

더욱이 에쿠아도르부터 1,040km 떨어진 갈라파고스 제도에 1835년 9월에 도착하여 5주간 체류하면서 동물을 관찰하였다. 이 제도의 14개의 섬에는 큰 "거북"이 서식하고 있었다(갈라파고스는 스페인어로 거북이라는 뜻). 이 섬의 부지사가 다윈에게 "갈라파고스 제도에는 서로 닮은 거북이 많은데, 나는 어느 거북이 어느 섬의 것인지를 바로 알 수 있다"라고 한 말에 다윈은 큰 인상을 받았다.

다윈의 주의를 끈 것은 현재 "다윈 핀치"라 불리는 새였다. 핀치류는 여러 가지 점에서 매우 유사하지만, 최저 14종으로 분류되고 그것들은 가까운 대륙에도, 또 세계 어느 곳에서도 찾아볼 수 없는 새였다. 이 작은 섬들 중에서 14종의 새가, 더욱이 다른 곳에는 없던 새가 무엇인가 특별한 행위에 의해서 창조되었다고 생각하는 것은 무리이다. 그래서 그는 이 섬에 있는 것과 똑같은 종자를 먹는 핀치가, 가까운 대륙에서 옛날에 이주해 와서 오랜 세월 동안에 그 자손이 여러 종족으로 진화한 것이 아닌가 하고 생각하였다. 어느 핀치는 어느 종류의 종자를 먹고, 다른 핀치는 다른 종류의 종자를 먹든가 아니면 곤충을 잡아 먹게 된다.

이처럼 생존을 계속하는 동안에 각각 특수한 부리, 크기, 골격이 형성되었다. 갈라파고스 섬의 핀치는 처음에는 아무런 제한도 받지 않고 수가 늘어났으나, 그후 수가 늘어나서 먹이의 공급을 넘어서게 되자, 약한 새나 먹이를 찾는 데 서투른 새는 먼저 굶어 죽고, 몇몇 새는 먹기 어려운 큰 종자나 단단한 종자를 대용하기 시작하였다. 경우에 따라서는 종자 대신 곤충도 잡아 먹게 되었다. 변화하지 않은 새는 감소되고 새로운 식량을 구한 새는 그 수가 늘어났다.

이처럼 생물은 환경의 변화라는 제약을 받을 경우에, 여러 가지 방법으로 그것에 적응하는 것이 분명하였다. 때때로 특이한 환경에 잘 적응하여 변화가 일어난 경우에 그 생물군이 다른 군을 압도하여 그 뒤를 잇는다. 그리고 자연은 압도당한 생물의 군을 점차 도태시키고 자연선택으로 무수한 변종을 발생케 한다. 즉 각각의 환경 속에서 보다 적합한 것이 부적합한 것을 대신하게 된다. 그러나 똑같은 종자를 먹던 핀치가 어떻게 해서 돌연 다른 핀치가 먹을 수 없는 단단한 종자나 곤충을 먹을 수 있는가. 다윈은 이 문제에 관해서는 확실한 답을 얻지 못하였다. 얼핏보면 이런 결론은 라마르크의 진화사상에 영향을 받은 느낌을 주지만 그렇지 않다. 라마르크의 진화론이 철학적인 데 반하여 다윈은 사실적 자료를 가지고 진화론을 수립했기 때문이다.

다윈과 지질학자 라이엘   진화론 사상을 밑받침할 수 있는 중요한 증거는, 생물의 거주지인 지구의 역사를 과학적으로 해명함으로써 나타난다. 그러나 이 분야의 연구가 뒤져 있었다. 생물의 진화에 의해서 종이 형성되려면 오랜 세월을 요하는데, 지질학의 발달이 뒤져 있었기 때문에 대부분의 과학자들이 지구의 연령을 매우 짧게 보았다. 즉 당시 지구의 나이를 창세 이래 6천 년으로 보는 견해가 지배적이었다. 스코틀랜드의 지질학자 허튼[235]의 연구가 나오기 약 1세기 전인 17세기에 아일랜드의 대사교 엇셔는 구약 성서에 나오는 여러 사건의 경과 시간을 계산하여 지구가 만들어진 것은 기원전 4004년의 10월 26일 오전 9시라는 설을 내세웠다. 이후 이에 반대하는 이론은 모두 불경스러운 일로 매도당하였다.

허튼은 저서 『지구의 이론』[236]에서 지구의 지형을 조사하고, 지구 표면의 구조가 서서히 변화한다는 결론을 얻었다. 바위 중에는 침적물이 압력을 받아 형성된 것도 있고, 지구 내부에서 녹은 바위가 화산활동으로 지표면에 나온 것도 있으며, 바람과 비에 바위가 풍화되어 가는 것도 확실하다. 이러한 증거로부터 그는 이런 작용이 과거와 같은 속도로 현재에도 가해지고 있다고 주장하였다. 이것이 균일설(제일설)로서, 지구의 역사가 순간적으로 격렬한 변화에 의해서 일어난다는 설과 대립하였다. 그의 이 저서는 그의 친구인 영국의 지질학자 플레이페어[237]가 명쾌한 문장으로 보급하였다. 허튼의 저서는 단순한 해설서가 아니고 원천적인 견해와 관찰이 포함되어 있었다.

한편 영국의 지질학자 라이엘[238]은 『지질학 원리』[239]에서 일양변화설(一樣變化說)을 주장하였다. 지상에서 현재 일어나고 있는 자연현상은 같은 속도, 같은 양식으로 과거와 똑같이 진행되고 있으며, 오랜 시간 동안에 작은 작용이 누적되어 큰 결과를 나타낸다고 하였다. 이 학설로 지질학과 지구의 진화설이 비로소 본궤도에 오르고, 지구상의 변화를 설명하는 데 있어서도 천변지이나 신의 기적

235) James Hutton, 1726~97
236) *The Theory of the Earth*, 1795
237) John Playfair, 1748~1819
238) Sir Charles Lyell, 1797~1875
239) *Principles of Geology*, 1830~33

및 간섭 등을 배제할 수 있게 되었다. 그러나
이와 같은 과학적 이론은 쉽게 진출할 수 없
었다. 그의 이론은 창세기의 교리와 상치되었
던 까닭에 교회측의 비난을 받았다.

천변지이론자는 신이 우주의 창조주일
뿐 아니라, 능동적 지배자로서 우주의 변화에
직접 개입하는데, 천변지이는 그 하나의 실현
이라 보았다. 보수적인 학자들은 라이엘의 학
설이 진화이론에 도달가능한 사실임을 알고
서 처음에는 인정하지 않았다. 250년 전에
코페르니쿠스의 이론에 대해서 보수주의자들
이 그랬듯이, 라이엘의 학설도 위험한 이론이
었다. 그러나 다윈은 라이엘을 일찍부터 인정
하였다. 다윈은 항해도중 라이엘의 저서를 탐
독하였다고 한다. 그리고 이렇게 생각하였다.
"만일 지구의 나이가 그처럼 길다고 한다면,
미생물이 온혈동물로 발달한다는 것도 가능
하지 않을까" 요컨대 지구의 나이가 진화설
에 있어서 결정적인 의미를 가지고 있는 셈이다.

허튼

생존경쟁, 개체변이, 자연선택　　다윈은 맬서스[240]의 『인구론』[241]을 읽고 자
연선택설을 구상하였다는 사실을 그의 자서전에서 밝혔다. 영국인 월러스[242]도
인구론이 자신이 읽은 책 중에서 가장 중요하다고 말하였다. 맬서스의 이론대로
식량의 증가율은 인구의 증가율을 미처 따르지 못하므로 여기서 필연코 생존을
위한 치열한 경쟁이 일어날 것이라는 가설하에서, 다윈은 자신의 이론을 전개시
켰다. 다윈은 이렇게 생각하였다. "인간 이외의 생물에 관해서도 확실하다. 만일
그렇다면 동시에 탄생한 자손 중 누가 굶어 죽는가. 어느 자손이 죽게 되는가.
다른 자손과 비교해서 자신들이 살고 있는 환경에 잘 적응하지 못하는 것이 죽
을 것이다" 따라서 생물은 모두 같은 양친에서 나왔지만 조금씩 차이가 나는데,
그 근소한 변이의 근본 원인을 생존 경쟁 때문이라고 해석하였다.

따라서 다수의 개체 중에서 우수한 개체변이를 한 것만이 그 경쟁에서 이겨
생존하고 패배한 개체는 없어지는데, 이것이 세대를 이어 반복하는 사이에 그 특

240) Thomas Robert Malthus, 1766~1834
241) *An Essay on the Principle of Population*, 1798
242) Alfred Russel Wallace, 1823~1913

성이 점차 누적되고 언젠가는 눈에 띨 정도로 변이하여 새로운 품종이 생긴다는 것이다. 그는 이것을 개체변이라 불렀다. 이처럼 우수한 개체변이를 남기는 자연의 법칙을 다윈은 자연선택이라 불렀다.

다윈은 이러한 자연도태가 실재하는 증거를 인위선택에서 찾으려고 하였다. 그는 목축업자나 농부와 교제하면서 확실한 증거를 포착하였다. 당시 생산의욕이 왕성한 산업혁명기의 농민의 실제적인 일에서 생물진화의 법칙을 발견하려고 한 것이다. 그는 "사육자는 개체변이한 동물 중 그의 의도에 가장 적합한 것만을 남기고 나머지를 죽이는데, 여러 세대를 지나는 동안 언젠가는 그의 의도에 알맞는 품종을 얻을 수 있다"라고 인위도태를 설명하였다. 사실 농민들은 이미 이러한 방법, 즉 생물의 변이성을 이용하여 품종개량을 시도하고 있었다. 그의 자연선택설은 무엇보다도 생물적응의 설명에 적절하였는데, 적응을 신의 존재증명으로 보는 자연신학, 특히 페일리[243]의 신학이 이 진화학설로 다윈을 향하게 한 잠재적 요인이 되었을지도 모른다.

이상과 같은 내용을 중심으로 다윈은 1859년 11월 『종의 기원』[244]을 출판하였다. 초판 1,250부는 그날 안으로 매진되었고 1868년까지 5판을 인쇄하였다. 이러한 성공의 원인은 그의 학설이 구체적인 실례와 직접적인 관찰에서 얻은 성과에 토대를 두었기 때문이었다. 그는 생존경쟁과 자연도태, 변이, 사육 이외에 고생물학적 논증도 제시하였다.

다윈과 월러스   월러스는 1848년에 아마존 유역을 탐험한 견문기를 출판하여 학계에 이름이 알려졌다. 그는 말레이시아 반도와 동인도 제도를 탐방하고, 아시아와 오스트레일리아에서 동물의 종류가 매우 다르다는 데 감명을 받아, 같은 종류가 서식하고 있는 지역을 나누는 선을 설정하였다. 이 선은 지금도 "월러스 선"이라 불린다. 그는 오스트레일리아의 동물이 아시아의 것에 비해서 보다 원시적임을 알았고, 이들이 살아 남게 된 것은 오스트레일리아와 그 근방의 여러 섬이 아시아의 동물이 진화하기 이전에 아시아 대륙에서 떨어져 나갔기 때문이라고 생각하였다. 이처럼 그는 자연선에 의한 진화를 구상하기에 이르렀다. 그의 머리에 이런 생각이 떠오른 것은 다윈과 마찬가지로 맬서스의 저서를 읽은 때문이라고 한다.

월러스는 말라리아에 시달렸기 때문에 이를 뒷받침하는 많은 증거를 수집하지는 못하였지만, 말레이 군도 생활을 통해서 얻은 동물들의 생활형태를 바탕으로 이틀 동안에 완성한 논문을 1858년 6월에 말레이 군도에서 다윈에게 보냈다. 물론 다윈이 같은 내용의 연구를 하고 있는지 몰랐다. 라이엘의 배려로 두 사람

---

243) W. Paley, 1743~1805
244) *On the Orgin of Species*, 1859

의 논문을 같은 표제로 묶어서 7월 1일 린네학회에서 발표하였다. 이 때문에 다윈은 집필 중이던 저작을 중지하고 급히 『종의 기원』을 썼다. 그리고 『가축 및 재배식물의 변이』[245], 『인간의 유래와 성선택』[246]은 그의 진화론의 일부이다.

진화론의 찬반 논쟁　　다윈의 저서로 인하여 오랜 동안에 걸쳐 대논쟁이 일어났다. 더욱이 과학자 사이에도 격렬한 논쟁이 벌어졌다. 다윈 자신은 논쟁의 소용돌이 속에 말려들지 않으려 했다. 다행히 다윈의 친구인 헉슬리[247]와 라이엘이 앞장서서 그를 열렬히 지지하였다. 독일의 박물학자 헥켈은 다윈을 지지하여 비르효와 대립하였고, 유물론자인 포이어바흐[248]도 다윈을 지지하여 독일에서의 진화론의 추진자가 되었다. 미국에서는 그레이[249]가 다윈의 편에서 아가시[250]에게 대항하였다. 그레이는 다윈과 서신 교환을 하였고, 종교인들의 반대를 무릅쓰고 미국에서 진화론을 강의하였다.

다윈의 진화론에서 가장 취급하기 어려운 점은 그 이론을 인간에게 적용하는 일이었다. 30년 전 다윈에게 강한 영향을 준 라이엘은 이번에는 반대로 다윈으로부터 영향을 받게 되었다. 1863년에 발간된 한 저서에서 라이엘은 다윈의 진화론에 공명하고, 수천 년 이전에 인간 혹은 이에 유사한 생물이 지상에 존재하였다고 주장하고, 그 증거로 석기를 들었다. 월러스는 진화론을 인간에까지 적용하는 것에 의문을 가졌지만, 다윈은 그렇지 않았다. 그는 라이엘과 같은 설을 주장하고 『인간의 유래와 성선택』이라는 저서에서 인간이 인간과 가까운 생물로부터 진화한 증거를 들었다. 한 예로서 인간은 퇴화된 기관을 많이 가지고 있다. 외이(外耳)의 이륜에는 결절이 있으므로 이것으로 보아 어느 시기에는 귀가 뾰죽하게 위로 향하여 있었을 것이며, 귀를 움직이는 작은 근육의 흔적도 남아 있다고 하였다.

오웬은 다윈이 주장한 자연선택에 의한 진화의 개념에 격렬하게 반대하는 논문을 익명으로 발표하고, 진화론과 일치하지 않는 사실을 많이 예로 들고 반진화론에 열을 올렸다. 영국의 의사 오웬[251]에게서 배운 스위스의 식물학자 네겔리[252]는 다윈의 합리주의적인 진화론을 인정하였으나, 진화를 추진하는 힘으로써 자연선택이 아니라 진화로 인한 변화가 생물에게 이익을 동반하지 않더라도 크기나 모양에서 특정한 방향으로 가게 하는 내부적 요인이 있다고 주장하였다. 이

245) *The Variation of Animals and Plants under Domestication*, 1868
246) *The Descent of Man and Selection in Relation to Sex*, 1871
247) Thomas Henry Huxley, 1825~95
248) Ludwig Andreas Feuerbach, 1804~72
249) Asa Gray, 1810~88
250) Alexander Agassiz, 1835~1910
251) Sir Richard Owen, 1804~92
252) Karl Wilhelm von Nägeli, 1817~91

"정향진화"의 사상은 진화론에 혼란을 빚었다. 또한 그는 멘델이 보낸 논문을 정당하게 평가할 만한 능력이 없었으므로 멘델의 학설을 무시해 버렸다. 이 때문에 유전학의 발달이 30년간 지체되었다.

바이즈먼은 신다위니즘을 수립하여 자연선택 그 자체는 인정하나 변이의 유전성은 부인하였다. 그는 체세포와 생식세포를 구별하고, 후자가 유전을 담당하며 생물자신의 활동과 환경으로부터 얻은 체세포는 유전에 관계없다고 하였다. 한편 신라마르크 학파는 자연선택에 대하여 라마르크의 원리, 즉 획득형질의 유전을 생물진화의 지배적 요인으로 보았다. 이 학파의 의견은 세포보다 작은 생명단위를 부정하고, 세포 전체가 유전의 기능을 담당하는 것으로 보기 때문에 획득형질의 유전을 인정하였다. 그리고 전진적 발달에 있어서의 내재적 경향, 즉 생명력을 인정하고 나아가서 획득형질의 유전과 자연도태의 부분적인 타당성만 주장하였다. 다윈의 진화설은 1886년경부터 그 세력이 점차 쇠퇴해 갔다. 그 원인은 다윈이 1882년에 사망한 것과도 관계가 있지만 근본적인 원인을 들면, 1880년을 전후하여 서구 여러 나라에서 자유경쟁을 원칙으로 하는 산업형태가 독점자본주의의 산업형태로 전환되어, 다윈설의 중심인 자유경쟁의 원칙과 상반되었다. 그의 학설을 지지하는 학파가 있는가 하면, 그 학설 자체는 인정하나 진화의 원인에 의심을 품고 반대하는 의견도 나왔다.

러시아의 크로포트킨[253]은 오히려 상호부조설을 토대로 진화론을 전개하였다. 그는 무정부주의자였는데 러시아에서 이 운동을 펼치다가 체포되었으나 탈옥에 성공하였다. 그후 주로 영국에서 저술활동을 하다가 1917년 혁명 후 고국으로 돌아갔다. 그는 다윈의 진화론에 영향을 받았으나 동물사회나 인간사회의 관찰을 통하여 다윈의 생존경쟁에는 반대하였다. "정말 다행히도 경쟁은 동물계에 있어서나 인간계에 있어서나 원칙이 아니다. 그것은 동물계에 있어서 예외적인 것에만 국한되어 있으며, 보다 바람직한 상태는 상호부조와 상호지지에 의해 형성된다"라고 주장함으로써 다윈의 근본 사상인 "경쟁"을 부인하였다.

더욱이 드 브리스의 돌연변이설은 다윈의 진화론에 위협적이었다. 다윈 자신도 종의 불연속적인 변이에 관해서 그 사실을 인정하였으나 다만 이례적인 현상으로 보았으며, 자연은 비약하지 않는다는 견지에서 돌연변이를 부정하고 있었다. 그러나 네게리는 이를 비판하고 진화의 요인으로 생물의 내재적 요인을 주장하고, 그의 친구인 쾨리커도 생물의 발생과 진화는 점진적인 변화에 의해서가 아니라 돌발적인 변화로 새로운 종이 발생한다고 하였다.

진화의 요인 중에서 진화와 돌연변이 중 어느 것이 보다 중요한가에 대해서 영국의 수리통계학자인 피셔[254]와 드 브리스가 격렬한 논쟁을 벌였다. 물론 드

---

253) Peter Aleksevich Kropotkin, 1842~1921
254) Sir Ronald Alymer Fisher, 1890~1962

브리스는 돌연변이가 중요하다고 하였고, 피셔는 자연도태 쪽이라고 하였다. 구체적인 문제로 그들은 의태(擬態)의 일종인 보호색을 들었다. 드 브리스는 의태가 돌연변이에 의한 것이라고 하고, 피셔는 자연도태로 인하여 생겼다고 주장하였다. 피셔는 통계학을 사용하여 문제를 처리하여 의태와 같은 복잡한 현상은 돌연변이가 아니라 자연도태에 의한다고 설득력 있게 확인하였다. 영국의 생리유전학자 할데인[255]도 피셔에 동조함으로써 그들의 일파를 "신다위니즘파"라 부른다.

진화사상의 영향 다윈의 생존 중에 자연선택에 의한 진화론은 분명히 승리하여 진화론은 결국 과학계에서 인정받았다. 끝까지 반대한 사람은 과학자가 아니고 대부분 종교관계자였다. 영국의 사회학자 스펜서[256]는 자연선택의 이론을 사회에 적용시켰다. 그는 『종의 기원』이 발표되기 전부터 인간의 사회와 문화는 동질의 단순한 수준에서 시작한 것이 현재처럼 이질적으로서 복잡한 상태로 진화한 것이라 생각하고 사회와 문화의 발달에 진화론을 적용시켰다. "사회진화"나 "적자생존"이라는 말을 보급시킨 것도 스펜서이다.

스펜서는 인간이 사회 속에서 끊임없이 투쟁하고, 힘이 약한 자는 필연적으로 궁지에 몰리게 되는데, 이것이 적자생존이며, "좋은 것"이라 생각하였다. 이러한 사상은 과학 이외의 분야에 영향을 미쳤다. 이 이론을 노골적인 산업상의 경쟁을 지지하는 데 사용하고, 승자는 항상 자신을 적자라고 정당화하였다. 국제관계에 있어서도 잔인한 힘의 논리가 나타났고, 전쟁은 "부적자"를 제거하는 수단으로 미화되었다. 또 빅토리아기 중엽의 자유방임주의 정책을 예증하고 정당화하였다. 자유무역과 경제경쟁은 말하자면 자연선택의 사회적 형태였다. 이것에 간섭하는 것은 인류의 진보를 뒤흔드는 것이다. 그는 적자생존을 단순히 생물진화의 기구로만 보지 않고, 나아가서 인류 진보의 양식으로 보았다.

다윈의 진화론은 계속해서 큰 관심을 끌었다. 그것은 진화 사상이 사회사상과 밀접한 관계를 맺고 또 영향을 끼쳤기 때문이다. 당시는 산업혁명이라는 커다란 경제적 변혁이 일어난 시기로서, 산업 자본가들을 중심으로 한 시민계급이라는 사회적 세력이 지배권을 획득하고, 평등과 소유의 자유를 주장하는 시민적 자유주의 및 정치적 민주주의 사상이 팽창하던 시기였다. 이미 기술한 것처럼 다윈의 생존경쟁설의 이면에는 자유경쟁 사상이 숨어 있고, 이것이 사회적 신념과 일치하였다. 그의 진화사상은 19세기 자유방임주의의 산물인 식민지정책을 합리화하는 이론적 바탕이 되었다.

진화론이 가장 크게 영향을 미친 것은 종교계였다. 생물계에 있어서 변이에

255) John Burdon Saderson Haldane, 1892~1964
256) Hebert Spencer, 1820~1903

의한 새로운 종의 형성에 관한 이론은 신의 명령에 의하여 창조된 것이 아니므로 곧 목적론이 일소되고 기계론이 대신하였다. 따라서 신이 개입할 여지가 없어지고 신의 간섭이나 특수 창조는 그 모습을 감추게 되었다.

12. 지질학과 광물학

수성론과 화성론

16세기부터 유럽 대다수 국가의 과학자는 이미 지질학적인 문제, 즉 지구의 생성, 지각의 형태와 구조, 그 변화 과정, 암석, 태고의 생명형태 등을 연구하였다. 특히 라이프니츠는 지층의 성질과 생성을 비롯한 지층의 연구가 지질학 발전의 선결 문제라고 역설하였는데, 이 영향을 받은 당시 학자들은 지질학 분야에 관심을 집중시켜 연구하였다.

지질학자 모로[257]는 정확한 관찰을 토대로 원시암석(原始岩石)과 2차적인 성층암석을 구분하고, 대부분의 섬과 대륙, 그리고 산악 등이 화산의 융기로 인하여 생성되었다고 밝혔다. 이탈리아의 학자를 중심으로 한 대부분의 지질학자들도 모든 지각변동의 원인을 화산의 힘이라고 주장하였다. 화성론자인 라이엘은 화산 이외에 작용하는 또 다른 요인이 있음을 확신하고, 물이 땅과 해안을 침식하여 고착되지 않은 물질을 바다로 운반한다는 사실을 확인하였다. 그러나 대개의 암석에 화석이 포함되어 있는 사실로 미루어 지구가 한번은 용융상태에 있었다고 주장하면서, 지구 내부에는 지금도 고열의 상태가 지속되고 있다고 하였다. 반면에 독일의 지질학자들은 화강암과 현무암을 포함한 대부분의 땅껍질이 물속에서 생성되었다고 주장함으로써, 화성론(火成論)과 수성론(水成論)의 격렬한 대립이 시작되었다.

베르너와 광물학

18세기와 19세기 초기에 활약한 독일의 지질학자로 베르너[258]가 있다. 그는 지층의 형성은 창조된 것이 아니라 연속적으로 생성, 발전한 것이라고 주장하였다. 그는 지질의 역사란 화산활동과 열에 의한 압축작용으로 이루어졌다는 암석 화성론에 반대하고, 모든 지층은 물에 의한 침전작용으로 형성되었다는 암석 수성론을 주장하였다. 그리고 화산활동은 특별한 예외라고 믿었다. 그는 당시 독일 사람의 자신만만함과 자기 만족의 견본과 같은 사람이다. 연구여행을 한 적도 없고, 암석에 관해서는 작센 지방의 것만을 알고 있을 뿐이었으면서도 그곳에서 옳은 것은 전세계에서도 옳다고 믿었다. 그는 자신의 이론에 반대하는 어떤 증거도 받아들이지 않았다. 그는 성서의 홍수설을 생각해 내고 그것이 창세기와 일치하

---

257) Lazzaro Moro, 1687~1740
258) Abraham Gottlob Werner, 1749~1817

는 것으로 보았다.

스코틀랜드의 허튼은 의사인데도 개업을 하지 않고 공장을 경영하면서 지질학 연구에 몰두하였다. 그는 『지구의 이론』에서 부드러운 점토의 층은 물론이고, 단단한 화강암의 덩어리라 할지라도 이것이 바다 위에 나타난 순간부터 물이나 공기의 침식과 풍화를 받아 가루가 되고, 이렇게 만들어진 모래와 진흙, 조개껍질, 생물의 유해 등이 해저에 축적되어, 압력과 열의 작용으로 바위가 되었다고 주장하였다. 모래는 사암이 되고, 조개껍질이나 생물의 유해는 석회암이 되며, 이러한 퇴적암의 대부분은 수평층이 된다고 하였다.

또 지구 내부는 지금도 활동상태에 있고 그 지하로부터 녹은 물질이 상승, 냉각하여 암맥과 화성암이 되며, 지상의 압력과 열이 기존의 퇴적암과 화성암을 변성암으로 변화시킨다고 주장하였다. 이처럼 허튼은 베르너가 화강암도 수성암이라 한 데 반하여, 현무암과 화강암이 화성암이라는 것을 밝힘으로써 지구의 나이가 무한이라 하여도 무방하리만큼 길다는 사실을 최초로 밝혔다.

스코틀랜드의 지질학자이자 화학자인 홀[259]은 베르너와 그의 후계자들의 수성론에 대해서 실험상의 증거들을 가지고 반대하였다. 그는 유리공장에서 녹인 유리는 반드시 보통 유리가 되는 것이 아니라 천천히 냉각시키면 불투명한 결정상으로 되는 것을 발견하였다. 마찬가지로 보통 암석을 녹여서 급속히 냉각시키면 유리질이 되고, 서서히 냉각시키면 결정상 물질이 된다고 하였다. 석회석의 경우도 밀폐 용기 내에서 가열하면 분해하지 않고 녹으며, 냉각시키면 대리석으로 되는 것을 발견하였다. 그는 어느 실험에서나 베르너의 이론에 반대하고 허튼의 설을 지원하였다. 그러나 허튼 자신은 커다란 지구 내에서의 변화를 작은 실험실 안에서의 실험으로 알 수는 없다고 하면서 실험의 결과를 인정하지 않았다. 홀이 자신의 설을 발표한 것은 1787년 허튼이 죽은 뒤였다. 그후 화성론이 일반적으로 인정되었지만 이미 홀도 사망하였다. 홀은 실험지질학, 지질화학의 창시자라 할 수 있다.

한편 프랑스의 지질학자 구에타드[260]는 화산을 연구하였다. 그는 지질학의 연구에서 연대기적 방식으로 지구의 역사를 다루고 이를 실험적 기초 위에서 증명하려 하였다. 그는 오랜 기간 동안 크고 작은 변화가 누적되어 오늘날의 지구가 되었다는 사실을 확인함으로써, 지구가 창조주의 손으로 만들어진 모양 그대로가 아님을 밝혔다.

영국의 지질학자인 스미드[261]는 측량기사로서 운하회사에 근무하면서 굴착한 지층을 상세히 관찰할 기회를 가졌다. 그리고 각각의 지층에 특유한 화석이 포함

259) Sir James Hall, 1761~1832
260) Jeman Etienne Guettard, 1715~86
261) William Smith, 1769~1839

되어 있으므로 이를 바탕으로 최초의 영국 지질도(5마일 1인치 축적)를 출판하였다. 그를 흔히 층위학의 아버지라 부른다.

또 다른 영국의 지질학자 미첼[262]은 1760년 격렬한 리스본 지진이 일어난 지 5년 후, 지진으로 지층에 파동이 일어난다고 밝혔다. 그는 지진이 화산지대에서 많이 일어나는 것에 주목하고, 지진은 화산의 열에 의해서 가열된 수증기의 압력 때문에 일어난다고 주장하였다. 또 지진이 해저의 지층에서 일어날 가능성에 주의를 돌리고 리스본 지진이 그 예라고 하였다. 특히 지진이 느껴지는 시각을 측정함으로써 진원지를 추정할 수 있다고 지적하였다. 미첼은 지진학의 아버지라 불린다.

홈볼트

홈볼트와 지리학

지표면 현상의 과학적 연구의 기초는 탐험, 지도 제작법의 발달, 자연과학적 자료의 종합으로 이루어진다. 19세기의 지리학 연구는 세 가지 특징을 지니고 있다. 첫째는 이전의 탐험이 주로 연안에서 행하여졌음에 반하여, 18세기 중엽에 이르러서는 탐험가들이 대륙의 내부 깊숙이 들어가 새로운 사실을 발견하여 세계지도의 공백을 메우기 시작한 점, 둘째는 국가적으로 대규모의 지형측량이 실시된 점, 셋째는 각국의 대학에 지질학 강좌가 개설되고 또 적극적으로 연구한 결과 많은 학자가 배출된 점이다.

19세기 전반기의 지리학 부분에서 가장 큰 공적을 남긴 사람은 독일의 박물학자 홈볼트[263]이다. 언어학자이자 베를린대학의 설립자인 빌헬름 홈볼트는 그의 형이다. 그는 생애의 상당 부분을 탐험과 조사여행으로 보냈고, 지자기학과 식물지리학을 연구하였다. 그의 연구방법은 수학적 통계처리와 기술적 진보를 바탕으로 하였고, 실험관찰로부터 얻은 경험도 중요시했다. 그는 세계의 내부에 있어서 조화와 질서와 그리고 통일을 희구하는 이상주의자였다.

홈볼트는 1799년 당시 영국의 군함을 피하면서까지 5년간에 걸쳐 미국 대륙을 탐험하였다. 이 항해는 탐험이기도 하지만 많은 식물이나 지질의 표본을 채

---

262) John Michell, 1724~93
263) Friedrich Wilhelm Heinrich Alexander von Humboldt, 1769~1859

집하는 과학연구 여행이기도 했다. 남미의 서해안에서의 해류를 조사하였고(현재도 그의 명예를 기념하여 훔볼트 해류라 부르고 있다), 미국의 화산대를 연구하여 그 위치가 일직선으로 정렬되어 있으므로 지각 중에 흐름이 이어져 있는 것을 발견하였다. 그는 4개월간에 걸쳐 남미의 안데스 산맥을 넘어 단신으로 5천 9백m까지 등반하여 당시 인류가 정복한 가장 높은 해발 고도를 기록하였다.

한편 기상학 분야에서 새로운 연구도 시도하였다. 등온선, 연평균기온 등에 관해서 연구하고 세계적인 지자기(地磁氣)의 분포와 그 강도를 측정한 결과, 적도 부근에서는 지자기가 가장 약하다는 사실을 발견하였다. 그는 독일의 물리학자 베버[264], 독일의 수학자 가우스[265]와 함께 1833년 괴팅겐에 지자기 관측소를 세우고, 각국 정부에 호소하여 국제지자기연맹을 창설하였다. 그리고 전지구적 규모의 지자기 관측망을 만들어 1840년에는 지자기도를 만들었다. 그후 세계 각국에 지자기 관측망의 설치를 시도하였다. 또 그는 비교기후학을 수립하였다. 그는 기압계을 응용하여 고도를 측정하고 식물의 지리적 분포와 식물의 자연적 조건을 고찰하여 고산성(高山性), 고위도 지방의 식물을 연구하였다. 또한 그는 고도가 높아짐에 따라 온도가 낮아지는 것도 연구하였다.

훔볼트는 76세 때 일생 동안의 연구성과의 결정인 『우주』[266]를 저술하였다. 제 5권과 최종권은 그가 죽은 뒤에 나왔다. 그 내용은 지리학적, 지질학적, 광물학적인 사실과 재료를 기후와 식물, 그리고 동물의 연구와 연결시켜 자연의 형태를 묘사한 것이다. 훔볼트만큼 열심히 지구에 관해서 연구하고, 그만큼 자료를 모은 사람도 없다. 이 책은 지질학과 지리학의 백과사전이며, 이 책으로 그는 지구물리학의 창시자가 되었다. 훔볼트는 유럽에서 나폴레옹 다음으로 꼽히는 인물이었다. 괴테도 그를 가리켜 천재라고 격찬하였다.

광물학

독일의 베르너는 야금공장의 관리인이었던 아버지의 광물표본실에 자극을 받아 후라인베르크대학의 교수가 되어 광물학과 지질학을 강의하였다. 그는 암석의 조성과 색을 기초로 한 광물의 분류방법을 시도하였는데, 우선 암석을 간단한 것과 복잡한 것으로 크게 나누었다. 그의 강의는 독일 뿐만 아니라 유럽 각지 학생들의 인기를 독점하였고, 많은 지질학자들이 그의 밑으로 모여 들었다. 그의 문하생 중에서 훔볼트와 같은 유능한 지질학자가 배출되기도 하였다. 그러나 그의 문하생들은 그후 그의 견해에 동조하지 않고 이탈하였다.

---

264) Wilhelm Eduard Weber, 1804~91
265) Karl Friedrich Gauss, 1777~1855
266) *Kosmos : Entwurf einer physischen weltbeschreibung*, 5권, 1845~62

프랑스의 광물학자 아유이[267]는 1781년 우연한 일로 큰 행운을 잡았다. 방해석을 땅에 떨어뜨렸을 때 잘게 부서졌으나, 그 표면이 평편하여 일정한 각도를 유지하고 있는 것을 눈치채고, 다른 방해석의 경우도 처음의 모양이 어떻든 간에 부서진 것은 모두 경사진 정육면체임을 알았다. 여기서 각의 결정은 오늘날 '단위격자'라 부르는 것 몇 개가 모여서 간단한 일정 정수비로 된 측면을 가지며, 단순한 기하학적 형태를 나타내는 것이라는 가정을 하였다. 그리고 결정 형태의 상위는 화학조성의 상위에 의해서 일어난다고 기술하였다. 이것이 결정학 연구의 시작으로 그후 1세가 지나서야 물리학자 라우에와 브래그가 X선 기술을 이용하여 절정에 달하였다.

---

267) René Just Hauy, 1743~1822

13. 수리과학의 발전과 변혁

수리과학의 천재들

19세기에는 순수수학이 응용수학에 대치되는 모양으로 독립하기 시작하였다. 정수론, 방정식론, 함수론 등이 활기차게 연구되고, 기하학 및 해석학의 위력에 가려졌던 대수학이 군(群), 환(環), 체(體) 및 속(束)이라 불리는 새로운 추상적 개념에 의해서 다시 정리되는 등 추상화가 진전됨과 동시에 수학의 통일성을 추구하였다. 한편 논리적 엄밀성의 요구가 증가하였다. 그 결과 일체의 수학적 존재를 집합개념 위에서 구축하려는 경향이 나타났다. 이것은 그리스 수학의 기하학적 일원화를 수학적 일원화, 동시에 집합론적 일원화로 대신하는 대변혁이 일어났다. 이 최후의 단계에 앞선 수학을 흔히 일괄하여 고전수학이라 부르는데, 19세기에는 이른바 고전수학이 재편성되었다. 이 무렵에 많은 천재적인 수학자들이 나와 활동하였다.

네덜란드 출신의 스위스인 니콜라우스 베르누이[268]를 선조로 하는 일가족은, 18세기를 통해서 10명에 이르는 우수한 수학자를 배출한 저명한 집안이다. 니콜라우스에게는 세 아들이 있었는데 둘째는 화가이자 시참사원이 되었고, 큰 아들과 막내는 18세기를 대표하는 수학자가 되었다.

프랑스의 수학자 코시[269]는 7월혁명(1839년), 2월혁명(1848년)의 동란기에 왕당파의 입장을 고수하여 망명생활을 하였다. 그는 넓은 연구영역에 걸쳐 참신한 방법으로 방대한 연구성과를 남겨 19세기 이후의 수학에 큰 영향을 미쳤다. 또한 그는 매우 다산적인 수학자로 매주 월요일에 개최되는 학사원의 회합에 항상 1편 이상의 논문을 발표하였으므로, 학사원에서 학술보고지의 게재를 제한할 정도였다. 오늘날 그의 이름이 붙은 정리의 수는 상당수이다. 그가 이름을 후세에 남긴 대표적인 것은 함수표와 함께 미적분학 방법의 쇄신이었다. 그는 17세기 이후의 매우 잡다한 무한에 관한 이론을 엄밀하게 정식화하여 해석학 발전의 기초를 쌓았다. 그 외에 행렬식, 치환론, 미분방정식, 탄성론, 천체 역학에 관해서도 업적을 남겼다.

프랑스의 라그랑주[270]는 11형제 중 막내로 태어났으며 지도적인 수학자였다. 성인이 될 때까지 살아 남은 사람은 형제 중에서 라그랑주 혼자뿐이었다. 그는

---

268) Nikolaus Bernoulli, 1623~1708
269) Augustin Louis Baron Cauchy, 1789~1857
270) Joseph Louis Comte Lagrange, 1736~1813

오일러[271])가 연구하고 있던 "편미분법"에 관한 논문을 오일러에게 보냈는데, 그 내용이 너무 훌륭해서 오일러는 자신의 연구의 발표를 포기하고 라그랑주의 것을 먼저 발표토록 하였다. 그는 수학의 재능을 이용하여 역학의 체계화를 시도하고, 편미분법을 이용하여 역학의 모든 문제를 풀 수 있는 방정식을 도입하였다. 그는 프랑스혁명의 와중인 1793년 도량형 제정위원회의 위원장으로 선임되어 십진미터법 제정에 노력하였다.

18세기를 대표하는 스위스 태생의 프랑스 수학자 오일러는 다작가로서 수학의 거의 모든 분야에서 저서를 남겼다. 그는 갈릴레오와 뉴튼이 사용한 기하학적 증명법 대신 대수적인 방법을 사용하기 시작하였다. 그는 1775년에 창설된 러시아의 피터스버그 과학아카데미에 초청되어 회원으로 부임하였다. 18세기는 실로 "오일러의 세기"라고 부를 수 있다.

프랑스의 수학자 가로아[272])는 17세 때, 군(群)이라는 용어를 처음으로 사용하였고 오늘날의 정규 부분군이나 가해군(可解群)의 개념도 발견하였다. 그는 방정식의 군이라는 기본개념을 이용하여 어느 대수 방정식이 대수적으로 해결되기 위한 필요충분 조건은 그 방정식의 군이 가해군이라는 것을 보이면 된다는 사실을 입증했다. 이것이 곧 오늘까지 유명한 "가로아론"이다.

그는 이에 관한 논문을 파리 과학아카데미에 제출하였으나, 심사를 맡은 코시가 이를 분실하였다. 18세 때의 일이다. 다음해 아카데미에 제출한 논문도 유실되었고, 게다가 아버지의 자살로 충격을 받아서 반정부 정치운동에 가담하였다. 이 때문에 학교에서 쫓겨났고 체포되었다가 석방되었다. 1831년에 아카데미에 제출한 논문과 방정식의 대수적 해법에 관한 논문도 서술이 불충분하다고 거부당했다. 이 장래가 유망한 수학자는 연적과의 결투에서 아깝게도 젊은 나이에 숨지고 말았다. 그의 유서에는 여러 연구의 골자가 담겨져 있었다.

당시 수학자들의 관심은 5차 방정식의 일반적인 해법에 있었다. 그것은 3, 4차 방정식의 일반적 해법이 얻어진 이래 5차 방정식은 3백 년간 풀리지 않았기 때문이다. 1823년 이 문제를 해결한 사람이 노르웨이의 아벨[273])이다. 그는 일반적인 5차 방정식의 대수해(代數解)를 얻을 수 없다는 사실을 증명하고, 자신 있게 당시 수학의 대가들에게 이를 보냈다. 물론 가우스에게도 보냈다. 그러나 아무런 답장이 없었다. 그 까닭은 가우스가 "모든 대수방정식은 풀린다"는 것을 증명한 데 반해서, 아벨은 "일반적인 5차 방정식을 대수적으로 푸는 것이 불가능하다"고 주장하였기 때문이다. 이 경우 아벨이나 가우스 모두 옳다.

아벨은 박복한 천재였다. 그는 임시강사에 불과하였다. 그래도 빈곤과 싸워

---

271) Leonhard Euler, 1707~83
272) Valiste Galois, 1811~32
273) Niels Henrik Abel, 1802~29

가우스

가며 연구를 계속하였다. 그는 폐결핵에 걸려 26세에 약혼자의 품에 안겨 죽었다. 파리 학사원이 그에게 수학대상을 수여한 것은 그가 죽은 후였다. 더욱 애석하게 생각되는 것은 그가 죽은 이틀 후, 베를린대학 교수로 결정되었다는 편지가 왔다.

근대수학의 시조격인 가우스는 독일의 수학자로 대수학의 기본정리를 위시해서 정수론, 해석함수, 타원함수, 미분기하학, 비유클리드 기하학, 위상기하학 등의 새로운 분야를 열었다. 어머니의 극진한 애정 속에서 자란 가우스는 일생 동안 천재로 통하였다. 그가 "자신은 말하기 전에 한번 더 계산한다"고 말한 것처럼 그의 재능은 타고난 것이었다. 2살 때 아버지의 계산이 틀렸음을 지적할 정도였고, 10살 때 선생이 출제한 등차급수의 문제를 즉석에서 풀어서 선생을 놀라게 하였다. 고등학교 때는 최소제곱법을 발견하였다. 1801년 그는 정수론 연구를 출판하였다. 정수론은 가우스가 가장 높이 평가한 연구 분야로서 "수학은 모든 과학의 여왕이고, 정수표는 수학의 여왕이다"라고 말할 정도였다.

영국의 수학자인 배비지[274]는 은행가의 아들로 많은 재산을 상속받고 이를 자신의 연구에 사용하였다. 그는 허셸과 함께 해석학회를 설립하고, 뉴튼이 죽은 후 1세기 동안 침체해 있던 영국 수학계에 활기를 불어 넣었다. 그는 편지요금을 배달 거리에 따라 차등을 두는 것이 거리에 관계없이 일정한 요금을 부과하는 것보다 비경제적이라는 결론을 내렸다. 영국 정부는 그의 주장을 받아들이고 1840년에 지금 시행되고 있는 우편제도를 확립하였다. 그후 이 제도는 전세계로 보급되었다. 또한 그는 처음으로 신뢰할 만한 보험통계표를 작성하였다.

배비지는 구멍 뚫린 카드로 동작을 관리하고, 후에 똑같은 계산이 반복되지 않도록 일부의 답을 기억시켜 놓아 결과를 인쇄할 수 있게 하는 기계를 고안하였다. 이로써 현대의 계산기의 원리가 탄생한 것이다. 하지만 당시 계산기는 기계적 장치로 작동되었을 뿐이었다. 1세기 후 톱니바퀴로 작동하는 기계 대신에 전자기기를 사용하여 정교하고 응답 가능한, 그리고 신속하게 작동하는 전산기

---

274) Charles Babbage, 1792~1871

가 만들어졌다.

프랑스의 수학자 푸리에[275]는 수학적 재능이 대단한 사람으로, 현재 "푸리에 정리"라고 불리는 것을 창안하였다. 이 정리에 의하면 주기운동은 그것이 아무리 복잡하다 하더라도 단순한 규칙에 따른 파동운동으로 분해하고, 반대로 이러한 단순한 운동을 조합하면 복잡한 주기운동으로 된다는 것이다. 1807년 이 발표로 수학자로서 명성을 날렸고 남작의 작위를 얻었다. 그는 이 정리를 이용하여 열의 흐름에 관한 열의 해석적 이론이라는 책을 썼고, 이 책을 읽은 전기학자 옴은 전류에 대하여 같은 생각을 하는 실마리를 얻었다.

19세기 최대의 프랑스의 수학자 푸앵카레[276]는 현대수학의 대부분의 분야를 연구하였다. 미분방정식을 중심으로 하는 그의 수학적 사고는 19세기 후반의 진화론적 자연사상과도 관련이 있다. 그는 "후크함수"의 발견으로 유명해졌다. 또한 1880년부터 실평면 위의 대수적 미분방정식의 모든 해석을 분류, 기술하는 독창적인 분야를 열었다. 그는 1982년부터 오일러와 코시의 전집 편집을 맡았다.

한편 수학사의 연구와 강의도 있었다. 독일의 수학자 칸토어[277]는 1848년 하이델베르크대학에 입학하여, 한때(1845∼51) 괴팅겐대학에서 가우스에 관해서 연구한 후, 1851년 하이델베르크대학에서 학위를 받았다. 그의 수학사에 관한 편저작으로는 『수학사 강의』[278]가 있다.

몽주와 화법기하학

화법기하학과 확률론, 그리고 프랑스 혁명에 뒤이은 나폴레옹 전쟁은 유럽 국가의 과학 활동과 형태에 큰 영향을 주었다. 당시 프랑스의 순수수학은 유럽 최고봉이었는데, 그중 이채롭게 발달한 분야가 화법기하학이다. 18세기 중에 도형에 관한 연구가 활발하였고, 몽주[279]는 공간도형을 더욱 정확하게 표현할 수 있는 방법을 생각하였다. 그리스 기하학의 작도법(作圖法)이 추상적이고 관념적인 데 반하여 몽주의 방법은 구체적이고 현실적이었다. 더구나 그는 종래의 자연발생적이고 기술적으로 발전해 온 이 방법을 엄밀한 증명을 기초로 하는 오늘날의 화법기하학으로 정비하였다. 그 배경으로는 18세기 말부터 19세기 초기에 걸쳐 프랑스에서는 군사기술의 강화가 요구되었으므로, 몽주의 이러한 시도는 축성술 및 기타 부분에서 번거로운 계산을 피하고 기술적으로 도형을 취급하려는

---

275) Jean Baptiste Joseph Baron de Fourier, 1768∼1830
276) Jules Henri Poincaré, 1854∼1912
277) Moritz Benedikt Cantor, 1829∼1920
278) *Vorlesungen über Geschichte der Mathematik*, 4권 1880∼1908
279) Gaspard Monge, 1746∼1818

시대적 요구의 하나라 생각된다.

몽주의 저서 『화법기하학』[280]은 에콜 노르마에서의 강의에 바탕을 둔 것으로 유럽 여러 나라말로 번역되었다. 또 『해석의 기하학에 대한 응용』[281]은 에콜 폴리테크니크 초학년의 강의로 해석기하학을 체계화한 것이다. 그는 라그랑주와 함께 수학의 해석화, 그리고 "해석혁명"을 추진하였다.

몽주는 프랑스혁명이 일어나자 열렬한 지지자로서 새로운 도량형 제정위원이 되었다. 그는 혁명정부의 해군장관을 지냈다. 1794년 에콜 폴리테크니크의 설립에 노력하였고, 그 학교의 교수를 거쳐서 교장에 취임하였다. 또 1795년 국립학사원(Institut National)의 건립에도 중요한 역할을 하였다. 1798년에는 나폴레옹의 이집트원정에 참가하여 동행한 과학자와 함께 학술조사를 하였다. 나폴레옹 집권시에는 상원의원을 지냈고, 1815년 왕정복고시에는 공화주의자로서 신념을 버리지 않았으므로 학사원으로부터 추방당하였다. 그러나 만년에는 학생들로부터 "에콜 폴리테크니크의 아버지"로 추앙받았다.

프랑스 수학자 폰스레[282]는 포로생활 동안 기하학에 관해서 깊이 사색하고 1822년에 사영기하학에 관한 책을 출간하였다. 이 책은 옛 분야에 새로운 빛을 비춰주었다. 이것은 기하학적 도형의 투영된 그림자에 관한 연구로서 여러 기하학 문제를 간단히 풀 수 있었다. 이 책은 현대기하학의 기초로 여겨진다. 그는 나폴레옹의 러시아 총공격에 가담하였다가 퇴각시 행방불명으로 처리되었으나 포로가 되어 1년 반 후에 석방되었다. 그는 러시아에서 귀국할 때 아바쿠스(Abacus-주판)를 가지고 돌아왔다. 아바쿠스는 중세 서유럽에서 사용되었다가 완전히 사라져 버린 것이었기 때문에 당시에는 매우 진기한 것으로 여겨졌다.

비유클리드 기하학

18세기는 혁명의 시기임과 동시에 비판의 시기였다. 그러나 혁명이나 비판의 결과가 명확한 형태를 갖추기에는 오랜 시간이 필요했다. 프랑스 혁명이나 칸트의 비판철학은 사실상 18세기 말엽에 이르러서야 비로소 나타났다. 이런 환경속에서 그리스의 유클리드 기하학의 기본 성질에 관하여 비판과 회의의 눈이 집중되었다. 2천 년 동안 유클리드와 그의 기하학은 절대적으로 군림해 왔다. 학자들은 수학, 특히 기하학은 인간과는 관계없이 존재하는 기본적인 진리로부터 구성되는 것이라고 생각해 왔다.

그렇지만 유클리드에게도 결점이 있었으므로 수학자들은 당시까지 알려진

---

280) *Géométrie descriptive*, 1799
281) *Feuilles d'analyse appliquée à la géométrie*, 1801
282) Jean Victor Poncelet, 1788~1867

유클리드 기하학의 결점을 보충하고 개선하려고 무한한 노력을 기울였다. 유클리드의 제5의 공리(평행선의 공리)에는 여러 가지 표현법이 있는데, 좀더 간단한 표현방법이 문제로 남아 있었다. 따라서 수학자들은 그 문제를 해결하려고 노력을 기울였으나, 간단한 표현방법을 발견할 수 없었으므로 그들은 유클리드 기하학 자체에 회의를 품고 이를 비판하기 시작하였다. 이로써 비유클리드 기하학이 태동하기 시작하였다.

가우스는 유클리드 기하학이 단 하나의 "자연기하학"으로, 자연의 공간을 표현하는 유일한 학문이라고 생각했다. 그는 비유클리드 기하학을 개척하였지만 신성하다고 생각했던 유클리드 기하학에 반대할 용기가 없어서 발표하지 않았으므로, 그 명예는 러시아의 기하학자 로바체프스키[283]와 헝가리의 수학자 보야이[284]의 것이 되고 말았다. 보야이의 아버지는 유클리드의 평행선 공리의 증명에 실패하였지만, 보야이는 비유클리드 기하학에 대한 설명을 담은 26페이지의 부록을 아버지의 저서에 붙여서 발표하였다. 로바체프스키보다는 3년 늦었지만 그와는 독립적인 연구였다.

한편 로바체프스키는 지금까지의 공간 개념을 근본적으로 개혁하였을 뿐 아니라, 수학에 있어서 공리를 가설로 전환시키는 관점을 제공하였다. 그는 대담하게 제5공리의 증명가능성을 문제로 삼지 않고, 그것이 도대체 필요한지 어떤지, 그 공리가 없어도 기하학 다시 말해서 유클리드 기하학이 아닌 별도의 기하학이 성립하는지 어떤지를 생각하였다. 우선 주어진 직선상에 없는 점을 통해서 그 직선에 평행한 직선을 "적어도 두 개" 그을 수 있다는 공리를 설정하고, 거기다가 유클리드의 공리를 그대로 이용하면 새로운 비유클리드 기하학이 조성될 것이라고 주장하였다. 그의 비유클리드 기하학에서는 삼각형의 내각의 합은 180도보다 작지 않으면 안된다고 하였다. 기이한 기하학이지만 모순은 없는 것이었다. 그가 이 생각을 발표한 것은 1829년으로 최초였다. 보야이는 1832년에 발표하였다.

리만[295]은 "리만 다양체"에 관한 논문으로 가우스를 감격시켰다. 그는 로바체프스키나 보야이의 것과는 다른 비유클리드 기하학의 창설자이다. 이것을 발표한 것은 1854년이다. 리만의 기하학에서는 평행선에 대한 유클리드 기하학의 공리 대신에, 주어진 점을 통하여 주어진 직선에 평행하는 직선은 그을 수 없다는 공리가 세워졌다. 게다가 두 개의 점을 통하는 직선은 하나뿐이라는 유클리드의 공리도 버릴 필요가 있다고 주장하였다. 그의 기하학에서는 두 개의 점을 통하는 직선은 몇 개라도 그을 수 있었다. 리만 기하학에서는 무한의 길이를 지닌 직선은 존재하지 않으며 삼각형의 내각의 합은 180도보다 크다는 결론이 얻어

---

283) Nikolai Ivanovich Lobachevsky, 1793~1856
284) Janos Bolyai, 1802~60
285) George Friedrich Bernhard Riemann, 1826~66

진다. 실제로 이러한 설명은 유클리드 기하학에 길들여진 귀에는 이상하게 들릴
지 모르지만 이론적으로 완전히 옳았다. 리만 기하학을 이해하는 데는 구면을 생
각하고 작도를 구면 위에서 하는 것으로 제한하면 된다.

이처럼 초창기의 비유클리드 기하학은 직선 위에 놓이지 않은 한 점을 지나
면서 이 직선에 평행한 직선을 무한히 존재하게 하는 기하학으로서, 초기에는 논
리적으로 가능하다는 사실만이 증명된 것에 불과하였다. 이론이 모순을 내포하
고 있지 않다는 사실이 명백하여진 것은 19세기 말엽에서 20세기에 들어오면서
부터이다. 유클리드 공간에서 비유클리드 기하학의 모델과 미분기하학적인 모델
이 제시됨으로써 비유클리드 기하학은 실제로 존재하게 되었다.

확률론과 통계학

화법기하학 이외에 프랑스에서 발달한 수학의 한 분과가 확률론이다. 확률
론의 역사는 르네상스의 카르다노에까지 소급된다. 초기 확률론은 도박사인 카
르다노가 두 개, 혹은 세 개의 주사위를 던질 경우에 나타나는 주사위의 눈의 조
합을 연구한 데서 시작되었다. 그후 확률론이 진지하게 연구되고 응용된 것은 연
금계산 등을 해결하려는 의도에서 비롯하였다. 한편 도박장에서는 가진 돈의 액
수가 자신보다 훨씬 많은 상대에게는 이길 수 없다는 이야기가 팽배해짐에 따라
서 이때부터 확률론은 유희가 아니라 실제 문제를 연구대상으로 하는 수학의 한
분과로 등장하였다.

확률론의 발달과 함께 통계학이 연구되기 시작하였다. 이 두 분야는 물리학
분야에서 기체의 운동이론과 통계역학, 그리고 양자론에 이르기까지 넓게 응용
되었고, 한편 사회과학에까지 응용의 영역을 넓혀 갔다. 결국 19세기 이후의 수
학은 발전을 거듭하면서 여러 새로운 형태의 분과를 탄생시켰다. 더욱이 수학의
본질을 철학적으로 깊이 검토함으로써 수학이 추상적, 논리적인 선험적 과학이
아니라는 것이 점차 밝혀져 수학과 자연과학의 관계가 다시 숙고되었다.

수학사의 연구

사형기하학과 관련하여 프랑스의 기하학자 샬[286]은 수학사의 저작으로도 유
명하다. 그는 에콜 폴리테크니크에서 공부하고, 사형기하학에 관한 연구를 하였
다. 그는 브뤼셀 왕립협회가 출제한 문제에 답하는 논문에서 역사적 서술의 부분
을 발표하여 명성을 얻었다. 1841년 이후 에콜 폴리테크니크에서 강의하고,
1846년 소르본에 신설된 고등기하학의 강좌를 담당하였다. 또한 교육장관의 요

---

286) Michel Charles, 1793~1880

청에 따라 쓴 기하학의 진보에 관한 보고서는 19세기 전반의 기하학의 전개를 이해하는 데 귀중한 자료이다.

한편 기하학자 몽주와 데자르그의 연구를 뒤이은 프랑스의 대표적인 수학사가는 타통이다. 그는 종래 비교적 경시되었던 18세기 과학사를 중심으로 연구하였다. 그의 학풍은 학자의 생애와 업적을 조사하고 특히 사료원전의 엄밀한 교정 위에 서서 연구하는 수학사가 탄느리 이후의 전통에 따르고 있다.

14. 기술문명의 개화

새로운 동력기관과 교통·수송의 혁명

전기동력 19세기 중엽 대부분의 큰 공장에는 대규모 동력발생장치인 증기기관이 설치되었다. 이를 가동하기 위해서는 석탄을 다량으로 운반해야 하는 것이 단점이었다. 따라서 규모가 작은 공장에서는 증기기관으로부터 동력을 얻는 것이 불편하였으므로 전기를 이용한 소형 동력발생장치를 제작하려는 기운이 싹텄다. 왜냐하면 공장 경영자들이 생각할 때 전기동력은 소형 동력장치로서 안성맞춤이었기 때문이다. 공업상의 요구에 알맞는 수단임을 인식하였다.

그러나 전기동력 시설은 공업분야 외에 또 다른 다량의 전기 소비를 전제해야만 실현성이 있었다. 그리고 전기의 수요를 증대시키려면 가정용 배전망이 필요하였고, 이에 앞서 조명용 전등의 발명이 우선되어야만 하였다. 이러한 발명의 요구가 차례로 해결되었다. 발전기, 원거리 송전에 필요한 교류전기의 발생, 조명용 전구, 금속 필라멘트 등이 잇달아 발명됨으로써 전기의 동력화가 점차 현실화되었다.

이 분야에서 큰 업적을 남긴 사람은 발명왕 에디슨[287]이다. 전기 조명은 전류가 발생하는 열을 응용한 것인데 이 문제를 기술적으로 연구한 사람은 데이비였다. 그후 실용적인 아크 램프가 사용되었으나 탄소의 소모가 너무 커서 비경제적이고 불편하였다. 이어서 백열전구가 등장하였다. 처음에는 탄소선으로, 후에는 텅스텐으로 만든 필라멘트 전구였다. 동시에 발전소가 건설되었다. 직류발전은 거리에 따라 전압의 강하현상이 일어나기 쉬우므로 교류발전으로 대치되었고, 또 교류용을 위한 변압기도 고안되어 일반 가정용 조명 문제가 해결되었다.

증기기관차와 증기선 19세기 초 증기동력이 차와 결합되어 증기기관차가 발명되었다. 1825년 영국의 발명가 스티븐슨[288]이 만든 증기기관차가 승객을 싣고 객차를 끌어 역사상 처음으로 객차철도가 개통되었다. 38대의 객차를 연결한 기차가 시속 20~26km의 속도로 달려 역사상 처음으로 마차보다도 빠른 속도의 육상수송이 실현되었다. 1830년에 리버풀에서 맨체스터까지 8대의 기관차를 수용할 철도가 건설되었다. 이를 계기로 철도의 전성기가 열렸고, 마차와 운하의 시대는 막을 내렸다. 이로써 대륙의 내부까지 바다처럼 자유로이 여행할 수 있게

---

287) Thomas Alva Edison, 1847~1931
288) George Stephenson, 1781~48

되었다. 증기기관차의 출현과 철도공사는 토
목공사상의 기술을 개선하였고, 지질(地質)
에 대하여 새롭게 관심을 갖게 되어, 이 분야
의 지식을 증대시켰다. 반대로 지질학의 지식
은 그후 다시 공학기술에 영향을 끼쳤다. 한
편 미국의 발명가 풀턴[289]은 1807년 최초의
증기선인 클러몬트호를 건조하여 32시간의
항해에 성공하였다. 이로써 바람이나 노를 젓
는 수고로부터 인간을 해방시키고 수송혁명
을 몰고 왔다.

내연기관과 디젤기관   한편 공학자들
은 증기기관 이외의 동력의 개발에 주목하였
는데 사실상 이 문제의 해결이 공학상의 오
랜 과제였다. 즉 각종 용도에 적합한 형, 연
료, 단가, 마력 등을 고려한 소형동력기계를
제작하는 일이었다. 독일의 기술자 오토[290]는
압축기관을 개발하여 각국에서 특허를 얻고,
1867년 파리 박람회에서 금상을 받았다. 그

에디슨

는 독일 가스발동기 제작소를 설립하였는데, 여기서 제작한 "오토기관"이라 부
르는 가스기관은 최초의 성공적인 내연기관이었다. 또 독일의 발명가 다이믈러[291]
는 4행정 내연기관의 발명자인 오토의 조수였는데 그는 오토의 기관보다 가볍고
효율이 좋은 고속엔진의 제작에 성공하고, 이 엔진을 자동차에 실었다.

미국의 포드[292]는 1893년 처음으로 2기통의 엔진을 탑재한 자동차를 조립하
고, 그후 1899년 자신이 설계한 자동차 공장을 설립하였다. 그는 컨베이어벨트
를 사용하여 사람이 있는 곳으로 부품이 흘러오도록 하는 방법을 창안하였다. 이
일관작업은 부품에서 시작하여 완제품으로 끝맺었다. 따라서 기능공은 각각 작
업대에 조용히 서서 같은 작업을 반복하는 것으로 충분하였다. 그 덕분에 자동차
가 일반대중의 손까지 들어오게 돼 미국 사람의 생활방식을 변화시켰을 뿐 아니
라, 새로운 산업혁명의 원동력이 되었다. 포드식 대량생산은 각종 산업과 각국에
모범이 되었고, 자본주의를 적으로 돌린 당시 소련에서까지도 이 자본주의적 양
산체제의 기술을 환영하였다.

289) Robert Fulton, 1765~1815
290) Nikolaus August Otto, 1832~91
291) Gottlieb Daimler, 1834~1900
292) Henry Ford, 1863~1947

한편 독일의 기술자 디젤[293]은 1897년 디젤기관을 완성하였다. 디젤기관은 오토의 가솔린기관과 같은 원리로 작동하지만, 공기와 연료의 혼합물을 점화하는 데 전기불꽃은 사용하지 않았다. 이것은 연료와 공기의 혼합기체를 압축할 때 발생하는 열로 점화시키는 것으로, 압축력의 에너지가 열에너지로 변화하여 혼합기체의 온도를 상승시켜 점화된다. 이 기관은 중량이 커서 자동차나 비행기 엔진으로는 적합하지 않았다. 그러나 세계 제1, 2차 대전 동안 선박이나 기관차와 같은 중량이 큰 수송에 디젤기관이 이용되기 시작함으로써, 연료가 석탄에서 석유로 바뀌기 시작하였다. 디젤은 자살했다고 하지만 동기가 확실치 않다.

라이트 형제

비행기와 라이트 형제　　하늘을 날으려는 소원은 옛날부터 있었다. 레오나르도 다 빈치 이래 많은 사람들이 인공의 날개를 생각하였다. 그러나 보다 진보된 새로운 비행기를 발명하기 위해서는 과학기술의 바탕이 있어야만 했다. 18세기 말 수소를 제조할 수 있게 되자, 수소를 채운 기구가 하늘에 떴다. 1852년 프랑스에서는 5마력의 증기엔진을 실은 기구를 띄웠는데, 이것이 바로 시속 100km로 날았던 비행선이다. 그후 비행선은 점차 진보하였으나 선체가 커서 불안정하고 또 위험하므로 1870년경부터는 글라이더에 의한 비행기의 연구가 활발하게 되었다. 그러나 글라이더가 비행기로 진전되려면 우선 부피가 작고 마력이 큰 엔진의 등장이 선결문제였다. 1876년 오토는 내연기관을, 그후 1883년 독일의 다이믈러는 내연기관의 일종인 가솔린 엔진을 발명함으로써 항공기의 등장은 시간문제였다.

드디어 비행기가 미국의 라이트 형제[294]에 의해서 발명되었다. 형 윌버의 기계설계에 관한 천재성과 동생의 협력으로 체계적인 개발이 이룩된 것이다. 그들의 발명 중 뛰어난 것은 보조날개이다. 그들은 글라이더에 1.2마력의 엔진을 장착하고 프로펠러의 시험을 거쳐서 비행기를 제작하여, 1903년 말에 비행거리 2백 85m, 59초의 비행에 성공하였다. 1904년에는 5분, 1905년에는 33분의 비행

---

293) Rudolf Diesel, 1858~1913
294) Wright 형제, 동생 Orville(1871~1948), 형 Wilber(1867~1912)

시간을 기록하였다. 한편 1909년 프랑스에서
는 25마력의 가솔린 엔진을 탑재한 단엽 비
행기를 제작하여 40km의 도버해협을 횡단하
는 데 성공하였다.

이처럼 새로운 소형동력기관은 자동차와
비행기에 이용되었고, 특히 증기터빈은 거대
한 선박과 발전에 사용되어 중요한 운송수단
과 동력을 제공하였다. 이런 결과는 유례없이
교통분야에 변혁을 일으켰고 나아가 사회변
혁에도 영향을 끼쳤다. 한편 이러한 동력기관
의 수요의 증가는 기계 제조산업에 큰 이윤
을 가져와 이 분야의 산업이 활기를 띠었다.
이때 기계를 만드는 기계, 즉 공작기계를 제
작하고 사용함으로써, 종래의 기능공의 역할
에 변혁을 가져왔다.

벨

전화 · 전신과 통신혁명

증기기관차와 증기선의 출현은 빠른 통
신수단을 요구하였다. 이전부터 통신문을 수마일 떨어진 곳에 전달하는 데 전기
가 사용된 일이 있었으나, 정전기의 사용은 신뢰하기 어려웠다. 그러나 전류의
자석에 대한 작용이 확실히 연구되면서 통신기구 발명이 촉진되었다. 이 시대에
발명을 촉진시킨 실제적인 자극은 사회적인 통신의 필요성에서라기보다는 상품
가격과 주가에 영향을 미칠 만한 사건과 뉴스를 신속히 전달함으로써 얻어질 수
있는 금전적 이익 때문이었다. 뉴스는 곧 돈이며, 전신은 뉴스를 신속히 전달해
주는 수단이었다.

전자기학의 직접적인 응용으로 단거리 전신에는 초보적으로 알파벳에 의한
부호가 사용되었으나, 좀더 멀리 그리고 신속히 전달하기 위해서는 정교한 장치
의 고안과 더불어 이론적 연구가 필요하였다. 미국의 발명가이자 화가인 모스[295]
는 전기에 대한 지식이 없었지만 친구인 헨리의 조언을 받아서 전신기를 만들었
다. 이어서 전신을 설립할 협력자를 힘들게 찾아냈고, 완강한 의회를 설득하여
볼티모어와 워싱턴 사이의 64km에 걸친 전신장치를 설립해도 좋다는 허가를 얻
었다. 그리고 1844년 통신에 성공하였다. 그러나 모스는 자신을 도와준 사람들
을 모두 배반하였다.

---

295) Samuel Finley Breese Morse, 1791~1872

마르코니

전화를 발명한 스코틀랜드계 미국의 발명가 벨[296]은, 만일 음파의 진동을 전류의 변동으로 바꿀 수 있다면, 전류 회로의 다른 끝에서 처음 소리를 재생할 수 있을 것으로 생각하였다. 어느날 소리를 전하는 기계를 실험하던 중, 전지액이 바지에 떨어지자 벨은 반사적으로 조수에게 "왓슨, 빨리 오게"라고 소리쳤다. 2층에서 마침 회로의 말단에 앉아 있던 왓슨은, 기계로부터 음성이 나오는 것을 듣고, 기뻐서 아래층으로 내려 왔다. 이것이 최초의 전화통신이었다. 1876년에 전화기의 특허를 따내고 미국 독립 100주년 기념축제 때 전화기를 선보였다. 모두 감탄하였다. 특히 브라질의 황제 페드로 2세는 감동한 나머지 "이 기계는 말을 한다"라고 하여 신문에 대서 특필되었다.

1층에서 2층으로의 통화를 발단으로 태평양에서 대서양으로 통화가 가능하게 되었다. 전화기는 순식간에 미국 전국에 보급되었고 벨은 30세에 거부가 되었다. 이를 바탕으로 그는 여러 공공사업을 벌였는데, 1880년에 『과학』(Science)이라는 잡지를 창간하고 상금과 특허료로 농아연구소를 설립하였다. 이것이 인연이 되어 16세의 농아 미소녀와 결혼하였다. 그는 벨 전화회사를 설립했는데 지금은 세계 최대의 연구소가 되었다. 그가 가장 행복을 느낀 것은 어린 농아를 양팔로 안아올렸을 때라고 한다. 한편 1866년 톰슨에 의해서 완성된 대서양의 해저전선은 이 분야의 커다란 진보이다.

전신기술은 숙련된 전기기술자를 필요로 하였으므로 공업전문학교가 설립되었고, 대학에서의 물리학 연구의 필요성도 증대시켰다. 이와 같은 운송과 통신의 발달은 직접 간접으로 사회발전과 그 개발에 공헌하여 지구를 시간적으로 좁혀갔다.

1888년 독일의 물리학자 헤르츠는 방전으로 전파를 발생시키고 조금 떨어진 곳에서 실험기구로 전파의 영향을 관찰하였다. 그 결과 전파의 발생장치와 수신장치만 제작하면 무선통신의 가능성이 있다는 사실을 발견하였다. 1890년대에 많은 과학자들이 이 문제를 연구하였는데, 이탈리아의 전기기사인 마르코니[297]는

---

296) Alexander Graham Bell, 1847~1922
297) Guglielmo Marchese Marconi, 1874~1937

재능과 환경의 덕택으로 그 연구에 성공하였다. 그는 1896년에 4.8km, 또 1897년에는 120km, 그리고 1901년에는 대서양을 건너 영국과 미국 사이의 3천 2백 km의 무선통신에 성공하였다. 이로써 전파시대의 문이 열렸다.

처음에는 지구가 둥글기 때문에 전파의 대서양 횡단이 어려울 것으로 생각되었으나, 지구 위에 전파를 반사하는 전리층이 존재하고 있었기 때문에 성공하였다. 그후 전리층의 연구가 시작되었고 이것이 다시 새로운 과학기술을 발전시키는 동기가 되었다. 마르코니는 1909년 노벨 물리학상을 받았고, 이탈리아 정부로부터 후작의 작위를 받았다. 후에 파시스트 평의회의 의원에 임명되었고, 이탈리아 과학아카데미의 총재가 되었다.

마르코니는 무선통신에의 돌파구를 열어 놓았으나, 이것이 실용화된 것은 2극진공관과 3극진공관의 등장 이후였다. 1904년 영국의 플레밍[298]이 2극진공관을 발명했는데, 곧 전파신호를 받을 수 있는 전파검진기에 응용되었다. 계속해서 1906년에 미국의 전기기술자인 드 포레스트[299]가 3극진공관을 발명함으로써 무선통신이 실용적인 단계로 옮겨갔다. 3극진공관은 증폭작용을 하므로 약한 전파를 보내는 발진과 소리를 전파에 싣는 변조의 역할도 하였다. 3극진공관은 무선통신의 중추역할을 함으로써 무선기술 발전의 원동력이 되었다. 그러나 1901년 무렵의 진공관은 조잡할 뿐 아니라 회로의 조립도 까다로웠으므로 무선통신의 완전한 보급은 1920년 무렵부터 가능하였다.

러시아의 물리학자이자 공학자인 포포프[300]는 헤르츠의 전자기파 발견에 흥미를 갖고 전자기파의 수신 장치를 개량하여 1896년 무선통신에 성공하였다. 따라서 마르코니의 무선통신과 특허상의 문제가 생겼는데, 1908년 러시아의 물리학회는 포포프를 무선전신의 발명자로서 인정하였다.

베세머와 강철혁명

군사상의 요구는 별도로 하더라도 새로운 기계류, 특히 탄광, 철도, 선박, 건축 등에 사용되는 금속자재의 수요가 증가함에 따라서 공학자들은 양적으로는 물론, 질적인 향상을 위해서 연구해야만 했다. 이러한 요구는 양질의 철강재를 생산할 수 있는 기술에 커다란 변혁을 가져왔다. 철강의 야금은 적어도 3천 년 동안 오직 직인의 경험적인 기술로 전해 왔지만 중세 때는 동서양을 막론하고 그 개량을 서두르지 않았다. 왜냐하면 당시의 수요를 충분히 충족시킬 수 있었기 때문이다. 그러나 16세기에 들어서 전쟁용 대포의 등장으로 철과 강철의 수요가

---

298) Sir John Ambrose Fleming, 1849~1945
299) Lee de Forest, 1873~1961
300) Alexander Stepanovich Popov, 1859~1906

새롭게 증가하자, 재래식 방법으로는 그 수요에 충당할 수 없었으므로 불가피하게 야금기술의 개량을 서두르게 되었다.

그러나 당시의 제철법은 역시 한계가 있었다. 제철용 광석은 품질이 좋은 광석에 한하였다. 풍부하지만 질이 떨어지는 침전광석(沈澱鑛石)을 사용하려면 종래의 방법을 개선할 필요가 있었다. 그러기 위해서는 유해한 인을 흡수하는 염기성 내장(內張)의 도입이 필요하였다. 이 방법이 이른바 토마스법이다. 이 방법의 창시자인 토마스[301]는 제련소의 서기였는데, 야금이론에 정통하였기 때문에 3년간의 실험 끝에 좋은 철의 생산에 성공하였다. 이 방법은 질이 좋은 철을 얻을 수 있다는 결과 뿐만 아니라, 매우 과학적이었다는 데에 그 의의가 있다.

한편 영국의 야금학자 베세머[302]는 1850년대 크리미아 전쟁에 자극받아 대포용의 양질의 강철을 얻으려 하였다. 그는 여러 차례의 시행착오 끝에 전로법(轉爐法)을 발명하였다. 전로의 용융선철에 공기를 밑으로부터 불어 넣으면, 규소나 탄소가 산화되어 강철로 변화하였다. 더욱이 이 산화열은 예를 들면 최초의 용융온도 1350℃를 철의 용융점보다 높은 1550℃로 상승시켜 용융강을 얻을 수 있도록 하였다. 이렇게 해서 선철뿐 아니라 강철도 용융상태로 대량 생산되어, 철 생산의 역사에 큰 변혁을 몰고 왔다.

이후 공학 분야에서 구조재료는 강철이 목재를 완전히 대신하였고, 또한 레일이나 선박, 그리고 대포 제작용의 재료를 강철이 대신하였다. 값싼 강철은 19세기 후기의 제국주의의 대양무역과 철도, 그리고 항구의 개발과 함께 열대 식민지의 개발에 큰 도움을 주었다.

---

301) Sidney Gilchrist Thomas, 1850~85
302) Sir Henry Bessemer, 1813~98

15. 과학의 제도화

과학의 전문직업화

18·19세기는 과학이 크게 변혁된 시기로 새로운 세기가 형성된 기간이다. 인류는 자유로이 해방되어 번영과 진보의 길을 걸었고, 과학은 새로운 물질 문명에 있어서 불가결한 요소로 등장하였다. 더욱이 이 기간에 영국의 산업혁명과 프랑스 정치혁명, 그리고 계몽운동이 사회전반에 걸쳐 커다란 변혁을 몰고와 과학발전의 촉진제 구실을 하였다.

이러한 사회적 배경 속에서 과학, 정확히 말하면 자연철학은 점차로 현재와 같은 과학의 성격을 띠기 시작했고, 전문적으로나 직업적으로 과학연구에 종사하는 사람들이 등장하기 시작하였다. 이것은 새로운 상황이었다. 물론 19세기 이전에도 역사적으로 이름을 남긴 유명한 과학자가 많이 활동하였지만, 19세기 이전과 이후를 비교할 때, 과학자의 사회적 위치가 근본적으로 변화하였다. 19세기 이전에는 자연과학을 다른 지식의 영역과 뚜렷하게 구별할 수 없었으므로, 자연과학을 표현할 때 철학의 한 분야로 생각하여 일반적으로 "자연철학"이라 부르고 과학자를 "자연철학자"라 불렀다.

그러나 18세기를 지나면서 자연과학은 점차로 전문화되어 갔다. 따라서 과학연구는 성직자나 의사처럼 아마추어적 연구로부터 떨어져 나오고, 19세기에는 과학으로 생계를 유지하려는 "직업인"으로서의 과학자가 등장하기에 이르렀다. 이런 상황이 곧 과학의 전문직업화이고 과학의 제도화이다.

과학의 전문직업화는 혁명 후의 프랑스 교육구조 속에서 가능하였다. 프랑스혁명은 바로 과학을 직업으로서 확립시키는 데 있어서 결정적인 역할을 했다. 근대과학은 이미 17세기 후반부터 본격적으로 사회에 영향을 미치기 시작하였다. 과학잡지의 발간과 학회 설립은 이 시기의 산물이다. 하지만 과학을 담당한 사람은 아마추어든가, 아니면 예외적인 과학아카데미 회원으로 한정되었다. 소수의 몇몇 사람만이 대학에서 수학이나 역학을 강의하였다. 그러나 그 강의는 직업으로서 근대과학의 훈련을 받으려는 학생에게 시행된 것은 아니었다. 당시 전문직업이라면 성직자, 법관, 의사 등 중세적인 것이 압도적이었다. 18세기 이전에 대학 등 고등교육기관은 과학 연구의 중심이 아니었다. 결국 과학이 전문직업으로 된 것은 프랑스혁명 이후였다.

일반적으로 전문직업화(professionalization)는 다음과 같은 조건을 만족시켜야 한다. 첫째, 노동시간의 대부분을 그의 직업을 위하여 소비하고 그 대가로 보수를 받아야 하고, 둘째, 그 직업을 위해서 전문가에게 특수훈련을 받아야 하고, 객관적으로 판정되는 시험에 의해서 훈련의 성과가 인정되어야 하고, 셋째, 그 직업이 사회에서 전문적인 것으로 평가되기 위해서 직업내용의 높은 수준이 경쟁적으로 유지되어야 한다.

프랑스에 있어서 위와 같은 과학의 전문직업화가 가능했던 것은, 대개 1795년 이후, 정치체제가 확립된 이후의 일이었다. 이 시기에는 혁명의 성과의 일부분을 계승하려 했던 부르주아적 진보주의 사상이 지배적이었으므로, 혁명은 급진파를 배제하는 쪽으로 나아갔다. 그리고 이 시대의 공화국 건설의 이념은 반혁명적인 여러 외국에 저항하기 위하여 강력한 산업국가를 만들어내는 데 있었다. 주요 경쟁국은 산업혁명을 치렀던 영국이었다.

과학자의 사회진출

한편 과학자가 행정부의 중심부에 자리를 잡기 시작했다. 화학자인 샤프탈[303]은 산업추진의 지표를 밝힌 정부고관이다. 혁명정부는 과학자인 몽주나 카르노와 같은 열렬한 공화주의자로 하여금 국가의 과학정책을 수립케 하고 그 운영에 직접 참여토록 하였다. 그들은 과학분야에서 매우 과감한 정책을 실시하였다. 혁명정부의 과학 기술정책 중 한 가지 예로서 도량형 제도의 수립을 들 수 있다. 이러한 예는, 공화국에서 근대과학의 지위가 현저하게 향상된 본보기가 되었다. 이것은 과학을 직업화하는 데 불가결한 요인이었다. 각급 학교에서는 상당수의 교수와 학자가 필요하였으므로, 학사원이 과학자에게 충분한 보수로 보답한 것은 말할 나위가 없다. 과학의 전문직업화의 조건들이 이렇게 해서 프랑스 혁명 후에 해결되었다.

1830년대에는 박사학위가 과학을 전공하는 학생들의 목표가 되었다. 전문직업화를 위한 요인은 과학자에게 사회적으로 명예가 있는 지위를 부여하는 일이다. 유명한 대학의 교수 지위를 얻는 것만으로도 과학자에게 사회적으로 명예스러운 것이었다. 과학분야의 교수가 사회에 진출한 현상은 프랑스의 산업과 군사에 있어서 과학이 매우 중요하다는 실용주의적 입장 때문이었다. 한편 구체제는 위계적 사회로서 재산과 출신성분이 거의 모든 것을 결정하였지만 자코뱅주의는 강한 평등주의의 이념을 바탕으로 출신계층이나 재산에 관계없이 능력이 모든 것을 결정지었다. 그리고 테르미도르 후의 부르주아적 안정을 열망한 사람들도 어느 한쪽으로만 치우치지 않고 능력본위에다 엘리트 계층제를 선택하였다.

프랑스혁명 중 과학자는 사회체제 안에서 주체적인 역할을 해냈다. 더욱이 과학이 국가적 이념이라고 말할 정도의 기능을 갖게 된 것은 나폴레옹이 권력을

---

303) Jean Antoine Chaptal, 1756~1832

장악한 이후이다. 사실상 나폴레옹 최초의 승리는 학사원 안에서 일어났다. 나폴레옹 자신이 과학자들에 의해서 피선되어 학사원 제1분야의 회원이 되었다(이때 유효투표수 40표 중 26표를 얻었다). 1799년의 쿠데타로 체제를 무너뜨린 나폴레옹은 과학을 자신의 체제의 이념적 활성화의 도구로 이용하려고 하였다. 의원의 대다수가 원하지 않았는 데도 불구하고, 1807년에 창설한 레종 도뇌르(Légion d'honneur)를 무공을 세운 군인 뿐만 아니라, 산업진흥에 힘을 쓴 사람이나 과학자에게도 수여할 계획을 세웠다. 라플라스는 훈장을 받은 사람 중의 하나이다. 여하튼 나폴레옹에 의해서 과학자는 사회적으로도 인정을 받았다. 나폴레옹에 의하면 과학은 가장 존경할 가치가 있는 것으로서 문학 위에 있다고까지 말하였다.

한편 나폴레옹의 등장으로 프랑스혁명은 그 성격이 크게 바뀌었다. 그는 군사적 천재임과 동시에 행정의 문제에도 폭넓은 관심을 가졌다. 이공대학에도 많은 관심을 표명하고 간섭하였다. 이 때문에 학교는 창립 당시의 민주적 성격을 잃었고, 학생에게서 수업료를 받았다. 물론 우수하고 가난한 학생에게는 장학금이 지급되었다. 그는 1808년 대담한 교육개혁을 단행하였다. 프랑스 각지의 이학, 문학, 의학, 법학의 각 고등교육기관과 중등교육기관이 "유니베르시떼"라는 단일 조직으로 일원화되어 관리되었다.

이처럼 프랑스에 있어서 과학의 제도화의 진전은 프랑스혁명으로부터 보불전쟁에 이르기까지 혁명이나 전쟁과 같은 사회적, 정치적 격동을 계기로 진행되었다. 이것은 과학과 기술이 근대국가의 형성과 발전에 있어서 불가결의 요소임을 잘 말해 주고 있다. 획기적인 것은, 구체제인 과학아카데미의 회원이었던 과학자들이 교단에 서서 강의했다는 사실이다. 20세기 미국의 과학사가인 길리스피는 "과학자는 교수가 되었다"라고 말했는데, 이 말의 의미는 의외로 무겁고 깊다. 수학자 몽주나 라그랑주는 과학자이자, 또 한편으로 교수였다. 제도화된 근대과학의 최초의 일이었다.

영국의 과학연구소

왕립연구소와 과학진흥협회 영국에서는 18세기 동안 비국교파의 아카데미가 과학자를 양성하는 중요한 일을 했지만, 결국 신학 교육기관의 한계를 벗어나지 못하였다. 19세기 전반기에도 과학자를 양성하기 위한 기관은 역시 부족한 형편이었다. 미국 태생의 과학자인 럼퍼드는 프랑스 공업교육의 제도를 모방할 만하다고 판단하고, 공업을 진흥시키고 빈민의 복지를 향상시키기 위한 **협회**를 만들었다. 1777년 그는 이 협회의 이사회에서 유용한 기계의 발명과 개량에 관한 지식 보급 및 그에 대한 일반적인 소개를 하면서, 인생의 공동 목표에 과학을 응용하도록 교육하기 위하여, 흥미있는 과학 강의와 실험을 할 수 있는 시민교육기관의 설립을 제안하였다.

이를 바탕으로 1801년 런던에 왕립연구소(Royal Institute)가 설립되었다. 초대 소장인 화학자 데이비는 개인의 기금으로 운영되는 재정적 문제를 해결하기 위하여 부유한 후원자의 마음에 들 수 있도록 강의 준비를 하였고, 그의 강의는 성공하였다. 그러나 처음에 의도했던 공업 교육기관의 성격을 벗어나 오히려 대중 강연을 행하는 장소로 되어 버렸다. 어떻든 왕립연구소는 영국의 과학연구 공동체로서 활동하여 과학지식의 보급과 과학인구의 저변확대에 공헌하였다.

영국의 찰스 배비지는 1830년 『영국에 있어서 과학의 쇠퇴와 그 원인에 관한 고찰』[304]이라는 저서를 통해서, 당시 영국과학의 후퇴를 신랄하게 비판하였다. 이 책은 과학계와 사회에 큰 충격을 줌으로써, 그후 국내 과학자를 규합하여 영국 과학을 진흥시키기 위한 연구기관의 설립 운동이 일어나기 시작하였다. 1831년 9월에 규모가 가장 큰 요크주의 과학학회가 주동이 되어 전국의 과학애호가가 소집되었다. 이를 계기로 영국과학진흥협회(British Association for the Advancement of Science)가 창립되었다.

이 협회의 목적은 1) 과학연구에 보다 강력한 자극을 주고 보다 깊은 국가적 관심을 불러일으키며, 그 진보를 가로막는 여러 가지 장애를 배제하는 일, 2) 국내 또는 국외의 과학연구자 상호간의 교류를 촉진하는 일이었다. 영국 과학진흥협회의 회합은 영국의 주요 도시 혹은 자치령에서 매년 열렸고 평균 2천 명의 인원이 참석하였다. 이러한 집회를 통해서 과학의 전문기관과 지방의 과학학회 회원들 사이에 접촉이 이루어졌다. 이렇게 하여 과학연구 그 자체의 내부적 발전이나 과학교육의 연장 및 과학연구의 재정문제, 그리고 그밖의 외부적 문제에 관해서 광범위한 의견을 수렴하였다. 이 협회는 19세기를 통하여 영국의 대표적인 과학 연구기관이 되었다.

캐번디시연구소와 국립물리학연구소 영국의 전형적인 연구소는 1871년에 설립된 캐번디시연구소이다. 1869년 케임브리지대학의 이사회는 실험물리학 강좌를 개설하고 교수 지도하에 실험을 실시하기로 결정하였지만 실험실이 없었다. 당시 이 학교의 총장이었던 캐번디시가 1871년 6천 3백 파운드의 기금을 기부하였다. 이를 계기로 1871년 물리학자 맥스웰을 교수로 영입하여 실험실 창설의 준비를 시작하고, 케임브리지대학 졸업생 중 우수한 학생을 선발하여 연구원으로 임명하였다. 맥스웰에 이어서 레일리[305]가 이끄는 연구팀은 전기단위를 정밀하게 측정하여 이 분야에서 큰 업적을 남겼다. 그 뒤를 이은 사람은 톰슨[306]으

---

304) *Reflections on the Decline of Science in England and its Cause*, 1830
305) Rayleight, 1842~1919
306) Joseph John Thomson, 1856~1940

로 당시 28세였다. 그는 기체의 전기전도의 연구에 착수하고 음극선의 연구로 전자의 정체를 밝혀냈다. 또한 톰슨의 지도를 받은 러더퍼드[307]는 원자핵 충돌실험에 의하여 원자구조를 연구함으로써 원자 핵물리학의 기초를 수립하였다. 그의 문하생 채드윅[308]은 후에 중성자를 발견함으로써 이 연구소는 명실상부한 핵물리학 연구의 본거지가 되었다. 이 연구소에서는 27인의 노벨상 수상자를 배출하였고, 19세기 말부터 지금까지 과학의 역사에 남을 만한 성과를 올리고 있다.

한편 19세기 말엽 과학연구의 새로운 흐름이 영국에서 시작되었다. 1887년에 독일에 국립물리공학연구소가 설립된 것에 자극받아, 영국에서도 국립물리학연구소가 설립되었다. 이 연구소의 설립 목적은 "과학의 힘을 국가를 위하여 이용하자"로서, 주로 길이와 질량 등의 표준의 확인과 비교, 물리학 연구에 필요한 기기의 실험, 기준 원기의 보존, 그리고 물리상수 및 과학적으로나 공업적으로 필요한 데이터의 체계적 결정에 있었다.

프랑스와 과학교육

이공대학　프랑스는 혁명을 통해서 과학기술의 위상을 크게 올려 놓았고, 과학기술의 국가적 중요성을 깊이 인식하여 새로운 과학기술 교육체제를 강화시켰다. 프랑스혁명을 반대하는 유럽 국가와의 끊임없는 전쟁 때문에 혁명정부는 기술자와 포병장교 그리고 공병장교의 부족을 통감하였다. 그것은 혁명 이전의 기술장교의 대부분이 망명해 버렸기 때문이다. 따라서 자코뱅파나 대부르주아 모두에게 있어서 전문 기술자의 양성은 긴급한 과제였다. 1793년에 기술을 위한 기초교육기관의 창설이 제안되었고, 공화국 3년인 1794년 9월 28일 국민공회에서 만장일치로 공공사업중앙학교(École Centrale des Travaux Publics)의 설치가 결의되었다.

같은 해 11월 26일의 결의로 수학자 몽주가 교과과정을 정하고 30일에 개교하였다. 처음에는 브르몽궁을 학교로 하고, 25개 도시에서 경쟁시험을 통하여 4백 명을 선발하였다. 선발된 전 학생에게는 장학금이 지급되고 수업기간은 3년이었다. 초대 교장은 수학자 라그랑주였다. 교수로는 라그랑주 외에 천문학자 라플라스, 수학자 푸리에, 몽주, 화학자 베르톨레, 샤프탈, 푸르크로아가 영입되었다. 그후 1795년 9월 19일 이 학교는 에콜 폴리테크니크(École Polytechnique)로 개칭되었다. 이 학교를 흔히 "이공대학"이라 한다.

과학의 역사에 있어서 이공대학 설립의 의의를 논하기에 앞서, 강의 내용에 관해서 관심을 가진 당시 외국인의 기록이 있다. 이 외국인은 덴마크의 천문학자

307) Ernst Rutherford, 1871~1937
308) Sir James Chadwick, 1891~1974

뷔케이다. 그는 1798년부터 1799년에 걸쳐 6개월 동안, 파리에 머무르면서 혁명 시대의 파리의 과학교육의 상황을 살펴보았다. 이 기간은 매우 적절한 시기였다. 그것은 이공대학이 개교 이래 여러해가 지나 일정한 궤도에 올라 있었고, 나폴레 옹이 학교의 군사화를 강화하기 바로 전이기 때문이다.

뷔케에 의하면 1학년에서는 대수학, 해석기하학, 화법기하학을 강의하였고, 화학과 역학을 포함한 일반물리학도 강의하였다. 2학년에서는 도로교량 기술, 건 축학, 유체역학, 수역학, 역학, 유기화학의 강좌, 3학년에서는 축성법, 해석역학 이 개설되었다. 또 뷔케의 기록을 바탕으로 제도적 측면을 살펴보면, 개교 당시 의 학생은 16세부터 20세까지 386명이었다. 이들은 프랑스 국내의 22개 시험장 에서 시험을 치렀다. 시험과목은 대수, 삼각법, 물리학으로 물론 엄격한 경쟁시 험이었다. 나폴레옹이 정권을 장악하기 이전까지는 학생들이 학업을 계속할 수 있을 만큼의 장학금도 지급되었다. 그리고 출신계급에 구애받지 않고 능력본위 로 선발한다는 점에서 분명히 혁명적 분위기를 반영하고 있다.

이공대학의 교과과정의 편성에 있어서 가장 공헌이 큰 사람은 수학자 몽주 이다. 몽주는 화법기하학을 최초로 수립한 사람이다. 오늘날 공학부 학생들이 필 수과목으로 배우는 도학은 여기에서 유래한다. 뷔케의 기록에 의하면 몽주는 이 과목을 1학년 학생에게 강의하였다. 몽주의 이 기하학이 없었다면 19세기에 있 어서 기계의 대량생산은 불가능했을 것이라고 말해도 좋을 만큼, 이 과목은 근대 공학의 확립에 커다란 의미를 지니고 있다. 기술은 그때까지 중세적인 직인적 전 통 속에서 숙련에 의해서 도달하는 직업이었지만, 이제는 그것과는 다른 이질적 인 기술의 패러다임이 나타났다.

고등사범학교   한편 프랑스에서 고등사범학교(École Normale)의 역할 또 한 매우 컸다. 이공대학의 졸업생이 행정부나 산업계에서 영광의 길을 걸었다면, 연구자 양성이라는 점에서 고등사범학교의 역할은 매우 컸다. 고등사범학교는 1795년 1월 21일에 수업을 시작하였다. 입학자에 대한 신분적 차별을 일체 폐지 하고, 능력본위로 선발하여 이들을 교육시킨 후, 그들이 과학교육 혁신의 선두에 나서도록 하였다. 이 학교에서 천문학자 라플라스와 수학자 라그랑주 등을 교사 로 초빙한 사실은 과학사상 특기할 만한 가치가 있다.

이 학교의 발전을 상징적으로 보이고 있는 것이 파스퇴르의 경력이다. 파리 에 온 청년 파스퇴르가 선택한 학교는 이공대학이 아니고 고등사범학교였다. 이 런 사실로서도 이 학교를 높이 평가할 수 있다. 재학시절부터 뛰어난 과학적 재 능을 인정받아 왔던 파스퇴르는 졸업 후 중등교육기관(Lysee)의 교사가 되지 않 고 실험조수로 모교에 남아 연구를 계속하였다. 그리고 학위 취득 후 슈트라스부 르의 과학고등교육 기관의 교수가 되었고, 화학교수 겸 책임자로서 연구, 교육,

관리라는 중책을 맡았다.

1857년 파스퇴르는 모교인 고등사범학교 이학과 학과장으로 파리에 다시 돌아왔다. 그러나 1871년의 보불전쟁은 그에게 커다란 충격을 주었다. 전쟁이 시작된 지 얼마 안되어 파리는 강력한 프러시아군에게 포위되고 말았다. 제2제정의 붕괴, 정권을 장악한 파리의 가정부는 프랑스혁명 당시의 경험을 살려서 포위를 돌파하려고 과학자와 기술자 뿐만 아니라, 시민 일반으로부터 아이디어를 모집했지만, 이렇다할 성과 없이 프랑스는 1872년 프러시아군에게 항복하고 말았다. 프랑스의 패배를 눈으로 지켜본 파스퇴르는 패배의 원인을 50년 이래의 프랑스 과학정책의 빈곤에 있다고 결론을 내렸다. 실제로 보불전쟁 후 발족한 프랑스 제3공화국에서는 학자와 지식인이 반성과 자기비판을 통하여 대학교를 재정비하는 등 과학의 제도화를 추진하였다.

독일의 과학기술교육의 변혁과 연구소

리비히와 기센대학   19세기 초까지 독일은 2백여의 크고 작은 봉건국가로 나뉘어 있었다. 그 중에는 강력한 프러시아가 있었다. 1806년 프러시아군이 나폴레옹군에게 굴욕적인 패배를 당하자 독일 민족의 내셔널리즘이 대두하였다. 독일의 여러 봉건국가에서는 독일어를 매개로 문화적 일체성을 지니고 있었고 특히 문학이나 철학에서는 빛나는 전통이 있었다. 따라서 독일의 지도적인 지식인들은 광범위한 문화운동을 통하여 패전의 상처를 씻고 독일민족을 각성시키려고 노력하였다. 그후 보불전쟁에서 전격적인 승리를 거둔 프러시아를 주축으로 1872년 독일제국이 탄생함으로써 세계 열강 속에 재빨리 끼게 되었다.

우선 독일은 교육에 큰 관심을 가졌다. 프러시아의 수도 베를린에 대학을 창설하였다. 이 대학 창설의 주인공은 프러시아의 문교장관, 언어학자, 철학자인 훔볼트와 자연철학자인 셸링[309] 등이었다. 이들은 독일 관념론 철학의 견지에서 학문론을 폈다. 그들에 의하면 종래의 대학은 통일적인 이념이 부족하고 각 대학은 신학, 법학, 의학 등 각기 성직자와 관료, 그리고 의사의 양성에 그치고 말았다고 지적하면서, 진리의 전당인 대학은 모든 분야에 걸친 "학문" 추구의 도장이어야 하고 동시에 "인격 도야"의 장이 되어야 한다고 주장하였다.

19세기 대학교육의 새로운 선구이면서 대성공을 거둔 곳은 기센대학의 리비히 화학교실이었다. 소년시절 약국에 취직한 리비히는 자기 방에서 폭발약을 실험하다가 사고를 내 약국에서 쫓겨났다. 고향에 돌아와서 놀고 있던 중, 대공인 루돌프 1세의 장학금을 받아 파리에 유학하였다. 그의 지도교수는 프랑스의 화학자 게이 뤼삭이었다. 또 지도교수와 친분이 두터웠던 독일의 훔볼트의 배려로

---

309) Friedrich Wilhelm Joseph Schelling, 1775~1854

기센대학의 리비히 화학실험실

지도교수의 특별조수가 되었다. 그는 스승의 실험실에서 실험하도록 허락받고 유기화학의 분석법을 몸에 익혔다. 한편 언어학자이자 베를린대학의 창설에 힘썼던 홈볼트의 동생인 박물학자 홈볼트(1769~1859)가 오랜 동안 파리에 머물고 있었는데, 리비히가 파리에서 활약하고 있다는 사실을 알고, 독일의 화학발전을 위하여 리비히를 1824년에 기센대학으로 보냈다. 처음에는 원외교수였으나 1825년에 정교수로 승진하고 화학연구와 교육에 정열을 쏟았다.

리비히는 기센대학에서 명망 있는 교수로서의 재질을 발휘하였다. 그는 정열과 실력으로 학생들을 사로잡았다. 일반학생을 위한 실험실을 세워 학생들과 과학자를 교육하였고, 25년간 기센대학을 세계 화학연구의 중심지로 만들었다. 수많은 그의 제자 중에서 법학과 학생인 호프만과 건축과 학생인 케쿨레는 대화학자가 되었다. 1829년부터 1850년 사이에 세계각국으로부터 이 대학에 유학온 학생은 총 169명으로, 국가별 유학생수는 다음 표와 같다.

기센대학 화학·약학 교실의 유학생(1829~50)

등록자총수	영국	프랑스	스위스	미국	오스트리아	러시아	기타
169	59	22	36	13	10	12	17

리비히는 1824년 남작의 작위를 받았고, 1852년에는 뮌헨대학의 교수가 되어 일생 동안 그곳에서 연구를 계속하였다. 그는 유명한 『리비히 연보』(*Liebig's Annalen Chemie*)를 편집하였다. 이것은 1832년에 창간되어 지금도 세계각국의 화학연구실에 없어서는 안될 문헌이다.

리비히의 성격은 대단하여 사나울 정도였지만, 불쌍한 사람에게는 마음으로 부터 동정심을 보였다. 호프만과 함께 티롤산을 여행하던 어느날, 두 사람은 한 노병을 만났다. 그는 패잔병으로 헐떡이며 길을 걷고 있었다. 동정심이 우러난 그들은 얼마간의 돈을 주었다. 앞서간 두 사람이 음식점에서 점심을 먹고 있을 때, 마침 그 노병이 들어왔다. 세 사람은 점심을 같이 하였다. 호프만이 잠시 낮잠을 자는 사이에 리비히는 근처 동네에 나가서 키니네를 사다가 노병에게 주었다. 이런 인정스런 일면도 있었다.

1871년 보불전쟁이 프러시아의 승리로 끝났을 때 리비히의 태도는 매우 훌륭하였다. "반세기 전에 우리들은 프랑스로부터 참지 못할 만큼 쓴 잔을 들었다. 지금 그들이 쓴 잔을 들고 있다. 그러나 이러한 싸움을 반복해서는 안된다. 더욱이 독일의 과학은 프랑스로부터 큰 영향을 받았다. 나 자신도 게이 뤼삭 선생님께 받은 은혜를 잊지 못한다. 지금 독일의 과학은 프랑스의 과학과 나란히 걷고 있다. 우리 과학자가 앞장 서서 프랑스에 대한 화해의 손을 내밀어야 하지 않겠는가 "라고 설득하였다.

기술교육   독일에서 나폴레옹 전쟁의 패배로 드러났던 독일의 낙후성을 벗어나려는 노력은 대학인 뿐만이 아니었다. 당시 프러시아의 보이드와 같은 진보적인 관료들은 공업을 육성하여 독일의 근대화를 실현하려고 시도하였고, 그 기반으로서 기술교육의 정비에 적극 노력하였다. 나폴레옹 전쟁 후, 영국을 방문한 보이드는 산업혁명의 와중에 있던 영국의 근대적인 공장이나 산업기계에 감탄하고, 이들 설비나 기계를 독일에 도입해야 한다는 필요성을 느끼는 한편, 이들 기계를 사용하고 독일의 공업화를 담당할 기술자 양성의 필요성을 통감하였다.

독일에는 18세기 말엽, 이미 후라이부르크나 베를린에 광산학교가 세워져 광산기술자를 양성하고 있었다. 그러나 전문분야나 규모가 한정되어 있었으므로, 보이드는 1821년 종래의 기술학교를 재편하여 베를린에 새로운 기술학교를 설립하였다. 이와 때를 같이하여 파리의 이공대학에 유학경험이 있는 기술관료들을 이용하여 1825년 카루스로에는 이공대학을, 뮌헨에는 1827년 중앙공과학교를 설립하였다.

이와 같은 일련의 기술학교 설립 과정에서 독일은 프랑스의 이공대학을 모델로 삼았다. 그러나 전술한 바와 같이 이공대학이 프랑스의 최고 과학기술교육 기관이었던 것에 반하여, 독일의 기술학교는 대학보다 하급의 교육기관으로 출발하였다. 그 결과 독일에서는 고도로 이론적인 과학연구와 교육은 학문이념을 표방하는 대학에서 실시하는 한편, 실제 교육은 기술학교에서 실시하는 일종의 분업체제가 확립되었다.

　19세기 중엽 이후부터 기술학교가 서서히 정비되면서, 그 규모도 커지고 입학생의 연령과 자격도 높아져 실질적으로 대학과 나란히 고등교육기관으로서의 면모를 갖추기에 이르렀다. 기술학교 발전의 배후에는 독일의 공업화 진전에 따라서 일정한 사회적 세력을 장악하게 된 기술계층의 지위향상이 있었다. 그후 기술학교에 점차로 "공과대학"이라는 명칭이 붙게 되었다. 19세기 말기의 한 통계에 따르면, 독일의 9개 공과대학에서 모두 1만여 명의 학생이 교육을 받고 있었다.

　국립물리공학연구소와 카이저·빌헬름 연구소　독일은 보불전쟁에서 승리함으로써 근대국가로 발돋움하였다. 그 시기에 국가의 경제적 지위를 높이기 위하여 생산력의 증강을 시도한 것은 당연하였고, 또 가능하였다. 국립물리공학연구소(Physikalisch-Technische Reichsanstaet)는 실제로 독일의 국가적, 정치적 요구에 따라 설립되었다. 정밀과학과 정밀기술을 진흥시키기 위한 국립연구소의 설립이 급선무라는 의견은 1870년대에 이미 제출되었지만 프러시아 과학아카데미의 반대가 있어서 한때 지연되었다. 1882년 기술자 지멘스[310]는 연구소 설립을 추진하면서, "과학교육이 아니라, 과학적 업적이 한 국민에게 문화민족이라는 명예를 부여한다"고 강조하였다. 그는 연구소의 부지와 50만 달러의 자금을 제공하였다. 1887년 10월 제1부 물리학부, 제2부 공학부로 나뉘어 활동을 시작하였다. 초대소장은 헬름홀츠였다. 이 연구소의 제1부에서는 이론적으로나 기술적으로 중요하지만 개인이나 교육기관에서 감당할 수 없는 문제를 전담하여 연구하였고, 제2부에서는 정밀기계 등 독일의 기술을 진흥하는 데 필요한 물리적, 공학적 연구를 하였다.

　한편 카이저·빌헬름 연구소(Die Kaiser Wilhelm-Institut)는 자연과학 분야 28개, 정신과학 분야 4개로 구성된 종합연구소이다. 베를린대학 창립 1백주년을 기념하여 1911년 설립되었다. 여기에 소속된 주요한 연구소로는 물리화학 및 전기화학연구소, 화학연구소, 인류학-인류유전학 및 우생학 연구소 등이 있다. 그러나 설립되자마자 제1차 세계대전이 일어났고 대전 후의 극심한 인플레이션, 나치정권의 지배에 뒤이은 제2차 세계대전으로 파괴라는 연속된 불행과 고난을 겪었다.

미국의 학회와 연구소

　서유럽과 정치적 사회적 풍토가 다른 미국은 역사적으로 볼 때, 과학과 정치와 사회의 패턴이 독특하게 형성되었다. 당시 필라델피아에서 헌법을 제정할 무렵, 과학은 교양 있는 지식인 사이에 널리 이해되고 또한 연구되었고, 특히 프랭

---

310) Werner von Siemens, 1816~92

클린은 과학이 국가의 복지에 공헌한다는 사실을 인식하고 있었다.

미국 문화가 시작된 시기는 프랭클린의 등장과 때를 같이하였다. 그는 과학 기술 분야에서 공공사업을 많이 벌였는데 그 중에서도 쟌토(Junto)라는 작은 문화 서클의 조직을 발판으로 도서관을 운영하였다. 그의 과학사상은 유럽의 영향을 받았지만 그 뿌리는 자신이 살고 있던 지역사회에 두었다. 이 활동을 발판으로 그는 중앙무대에 나아가 독립과 통일에 힘을 기울였고, 과학분야에서도 사실상 최초의 과학학회인 미국철학회(American Philosophical Society)를 필라델피아에 설립하였다.

1785년 당시 학문과 문화의 중심지였던 필라델피아에 프랭클린과 워싱턴이 주축이 되어 농업진흥회(The Philadelphia Society for Promoting Agriculture)를 설립하였다. 당시 미국 연방정부의 산업정책은 농업진흥에 있었으므로 이러한 학회활동에 정부도 적극 지원하였다. 하원은 1797년에 워싱턴의 의견을 반영하여 합중국 각 지방의 (농업)학회들을 연결시켜주는 전국적 규모의 학회를 만들 필요가 있다고 보고하였다. 그러나 이 전국적 농업학회는 제퍼슨의 반대로 실현되지 못하였다. 그는 원칙적인 면에서는 학회의 필요성을 인정하였지만, 정부의 지도나 법률의 힘으로 그러한 학회를 만드는 것은 적당치 않다고 주장하였다. 결국 전국적 학회는 19세기에 들어와 각기 민간단체로서 설립되었는데, 이는 유럽의 학회가 국왕이나 중앙정부에 의해서 설립된 예와 비교하여 대조적이었다.

미국은 산업화가 일어나기 이전 단계에서 정부가 과학을 계획적으로 정책에 반영시키는 일이 거의 없었다. 그러나 남북전쟁 후 과학분야에 큰 변화가 일어났다. 과학이 매우 전문화되어 갔고 과학자는 정치가나 행정가와 분명히 다른 직종이 되었고 각 주정부가 과학적 권고를 널리 받아들이기 시작함으로써 장차 과학이 널리 응용되도록 그 기초가 수립되었다. 한편 연방의회는 국립과학아카데미(NAS)를 설립하였다. 이 아카데미는 정부의 요청에 따라서 여러 과학 분야의 연구를 수행하는 과학자들의 자치기관으로서 창립되었다. 더욱이 북군의 승리는 국가가 운영하는 과학에 더욱 큰 자극을 주었다.

당시 미국의 진보된 연구소는 유명한 스미소니언연구소(Smithonian Institute)이다. 이것은 미국 연구소 중에서 가장 역사가 깊은 연구소인데, 1846년 국민간의 지식을 증진하고 확대하기 위하여 워싱턴에 설립되었다. 이 연구소는 영국의 화학자이며 광물학자인 스미소니언이 기부한 자금을 기반으로 설립되었다. 설립목적은 독창적 연구의 수행, 연구 가치가 있는 문제에 관한 연구와 출판이었다. 그리고 여기에는 중요한 과학적 사업의 원안을 기획하기 위하여 많은 기관이 설치되어 있었다. 기상국, 민속국, 천체물리학관측소, 국립동물원 등이 있다. 또 15만 권의 장서와 모든 과학잡지를 갖추고 있는 대도서관이 부속되어 연구자들의 편의를 최대한 도모하고 있다.

제 V 부
과학과 정치

"이 놀라운 응용과학은 노동을 절감하고, 생활을
보다 편리하게 해주면서도, 어째서 우리에게
진정한 행복을 안겨주지 못하는가? 해답은
간단하다. 우리가 그것을 의미있게 이용할 수
있도록 되어 있지 않기 때문이다."
— 아인슈타인 —

1. 새로운 세기

경제체제의 변혁과 사회주의 국가의 출현

20세기 초기부터 자유경쟁을 원칙으로 하는 구자본주의 체제가 독점을 선호하는 신자본주의 체제로 전환되기 시작하였다. 1860년부터 1870년까지는 자유경쟁이 그 절정에 달하였던 시기로서, 독점형태는 다만 예외적인 현상에 불과하였다. 독점형태가 두드러지게 나타난 것은, 19세기 말 호경기 때와 20세기 초의 공황기 때였다. 그런데 독점형태의 기업이 가능하려면 그만큼 방대한 자본의 축적이 필요하고, 이를 위해서는 또한 은행의 집중이 선결 문제였다. 은행은 대기업체에 거액의 자본을 투자하면서 각 공장과 기업체의 경영상태를 상세히 조사하고 은행의 중역과 간부들로 하여금 경영내용에 간섭케 하여 기업체를 자기들에게 종속시키려 하였다. 그리고 자유경쟁과 상품의 수출이 보편적이었던 구자본주의 시대와는 달리, 새로운 자본주의 시대에는 후진국에 자본을 투자하고 또 이와 함께 식민지의 새로운 약탈과 분할이 동반되었다.

여기에다 자본주의 사회에 있어서 가장 무서운 적인 공황이 1921년에 다시 닥쳐 자본주의 국가의 위기를 초래하였다. 따라서 각국의 지배계층은 생산질서를 바로잡고 노동계급의 세력을 무마하기 위해서, 결국 정책의 대폭적인 전환을 가져와야만 하였다. 자본가들은 이윤을 추구하는 동시에, 노동자의 실질적인 임금을 보장하기 위해서는 생산구조를 개선하지 않으면 안되었다. 다시 말해서 산업의 합리화를 위해서 생산의 기술적 과정을 보다 자동화하여 대량생산방식의 산업구조를 선택하였다. 따라서 당시 사회는 과학기술의 발전을 어느 시기보다도 절실히 요구하던 때였다.

한편 세계 여러 자본주의 국가의 생산양식과 경영방식의 급격한 변화로 대규모의 공장이 여러 국가의 곳곳에 건설되었다. 이러한 대규모의 공장에서는 수만 명의 노동자들이 조직적인 노동조합을 결성하고, 이를 통해서 자신들의 이익을 보호하고자 시도하였으며, 이들 노동조합 중 일부는, 자신들의 권리를 대표하는 정당으로까지 발전하는 데 성공하였다. 이런 현상은 결국 자본가와 노동자의 대립을 낳은 데다가, 소련이라는 사회주의 국가가 출현함으로써 자본주의 여러 국가는 위기에 직면하였다. 러시아혁명의 영향은 자본주의 국가 내부에 노동운동의 선풍을 일으켰고, 아시아에까지 널리 침투되었다.

경제공황과 국제정세의 변화

1929년 미국에서 시작된 세계적인 경제공황으로 산업은 크게 위축되었다. 이 때문에 상승세을 계속하던 자본주의 여러 국가의 생산성이 떨어지기 시작하였다. 공업생산고는 프랑스가 1911년, 미국은 1887년의 수준으로 후퇴하였다. 그중 미국은 가장 큰 피해를 입었다. 이에 대처하기 위해서 루즈벨트 대통령은 1933년 3월 4일부터 새로운 경제정책을 실시하였다. 그는 자유경쟁과 무계획적인 경제를 통제경제로 바꾸었고, 공공사업을 일으켜 실업자를 구출하며, 농민 보호정책을 강력하게 추진하였다. 이러한 정책으로 국내의 구매력을 높이는 한편, 노동공세에 대해서도 대폭적인 양보를 하였다. 이 정책의 하나인 대규모의 공공사업은 유명한데, 과학과 기술이 조직적으로 자연에 도전한 최초의 예이다. 테네시강 댐 공사(TVA)는 그 대표적인 예이다. 이 사업은 홍수 방지, 전력 생산 및 농촌 전기화, 유역산업의 개발 등 다목적인 것으로서, 그 결과 수많은 실업자와 농민이 구제되었을 뿐만 아니라, 그곳에서 생산되는 값싼 전력을 이용하여 제2차 대전 동안 알루미늄, 화약, 항공기 등을 대량 생산하였다.

한편 자본주의 국가가 경제공황으로 시달리는 동안, 소련은 1933년 제2차 5개년 계획을 수립하였다. 그 기본적 과제의 하나는 국민경제의 기술적 개선에 따르는 농업의 기계화에 있었다. 소련은 혁명 후 약 10년 사이에, 유럽 최대의 공업국으로 성장하고 미국 다음가는 위치를 차지하였다.

이처럼 각국에서 자급자족의 경제를 정돈하고 있는 사이에 독일은 전쟁 준비에 광분하였다. 1933년 나치가 정권을 획득한 이후, 세계정세는 1935년 이탈리아의 이디오피아 침공, 1936년 스페인의 내란에 대한 독일과 이탈리아의 간섭, 1937년 중일전쟁 등이 일어나 세계대전 발발의 가능성이 점차 짙어갔다. 이에 따라 미국을 위시한 여러 국가도 군비확장을 서둘렀다.

한편 식민지 및 반식민지에서의 독립운동이 더욱 강렬하게 전개되었다. 1935년 인도의 국민의회파가 반영 항쟁선언을 하였고, 간디의 무저항주의는 영국을 당황케 하였다. 중국에서 성장한 중국공산당은 장개석이 영도하는 국민당과 공동전선을 펴 일본에 대항하였다.

과학연구의 군사화와 거대화

제1, 2차 세계대전으로 기술의 진보가 현저해졌다. 특히 제2차 세계대전은 처음부터 과학전으로 전개되었다. 독일과 영국의 전투기가 격렬하게 공중전을 전개하는가 하면, 태평양전쟁에서 일본은 미국의 레이더 앞에 굴복하였다. 레이더는 전후에 텔리비전과 통신 기술을 향상시키고, 다른 분야의 여러 기술의 진보를 자극하였다. 제트기는 교통혁명을 유발시켰고, 1944년 독일에서 개발한 로켓

기술은 전후 우주로의 진출을 가능케 하였다. 의학 분야에서는 페니실린을 비롯한 항생물질이 연구 개발되었고, 폴리에틸렌과 폴리스티렌은 레이더 장치의 절연제로 사용되었다. 원자력은 전후 원자동력으로 전환되었다. 또한 대량 생산과 생산관리의 기술은 자동제어나 정보이론과 함께 산업과 사회를 크게 변혁시켰고, 특히 전자계산기의 출현은 사회의 변혁을 크게 가속화하였다.

이처럼 전쟁 당시 기술이 크게 변혁된 것은 전쟁으로 거액의 연구비가 출자되어 연구가 거대화된 까닭이다. 전쟁 당시 미국의 국방비는 150억 달러에서 500억 달러로 뛰었고, 국방성으로부터의 연구비의 지출이 압도적으로 증대하였다. 따라서 대부분의 미국 과학자는 군부로부터 연구비를 받았으므로 연구가 자연히 군사화되었다. 한편 소련은 국민의 생활을 희생하면서까지 군사개발에 예산을 집중적으로 투자하였다. 그 때문에 소련의 과학, 기술에도 점차 군사적인 색채가 짙게 나타났다. 과학연구의 군사화로 과학자의 사회적 책임 또한 문제가 되었다. 연구성과가 사회에 미치는 영향이 증대되자 몇몇 과학자는 과학의 사회적 책임에 관심을 표명하였다. 저명한 과학자들이 원,수폭 제조금지 운동과 평화운동, 반전운동 등에 적극 참여한 것은 바로 그 한 예이다.

이전에는 소규모의 연구실 안에서 소수의 인원이 연구한 데 불과하였으나, 30년대부터 실험실은 대규모 설비를 갖추고 산업과 연계됨으로써 순수과학과 응용과학의 거리도 전에 비해서 훨씬 단축되었다. 더욱이 미국의 대기업체는 회사 내의 과학연구소에 많은 자본을 투자하였다. 사회체제가 다른 소련은 국가 자신이 과학연구를 장악하고 많은 예산을 투입하여 연구소를 운영하였으며, 기술의 발전을 위해서 질적으로나 양적으로 교육이 크게 개선되었다.

과학연구의 거대화는 연구조직면에서도 직접 나타났다. 이를 촉진하고 있는 직접적인 요인은 실험장치 등의 실험수단이 대형화하고, 연구의 계획으로부터 준비, 실시, 성과의 발표에 이르는 연구의 전과정이 조직적이며 공동적으로 추진되었기 때문이다. 실험수단이 대형화한 대표적인 분야는 가속기를 이용하는 고에너지 물리학이나 전파천문학 등이었다. 고에너지 물리학이란 높은 에너지를 지닌 입자를 충돌시켜 소립자의 구조를 연구하는 것으로, 1930년에 최초의 사이클로트론이 발명된 이래 5~6년 주기로 가속 속도가 10배씩 늘어나는 등 차츰 대형화되고 있다.

이러한 규모의 실험수단은 설계로부터 제작, 유지에 이르기까지 민간기업의 참여 없이는 이룩될 수 없다. 과학연구의 거대화는 과학연구의 조직이나 과학을 지지하고 있는 사회제도 자체의 확대에 머무르지 않고 산업과의 의존관계라는 새로운 사회적 관계를 필요로 하였다. 예를 들어서 과학연구에 쓰이는 실험기구와 실험재료를 공급하는 기업이 출현하였다. 특히 출판, 정보망 등을 포함한 과학 연구는 산업수요를 창출하는 존재로서 "과학은 하나의 산업이다"라는 의미를 지니기 시작하였다.

근대과학의 성립과 함께 물리학, 화학, 생물학 등이 각각 체계적인 발전을 이루었고, 19세기 후반부터 20세기 초기 열역학, 양자역학, 전자공학, 분자생물학 등 새로운 연구분야가 출현하였다. 이와 함께 여러 과학이 상호 연관되어 서로 의존하면서 과학의 발전 속도는 지수함수적으로 성장하는 경향을 보였다. 과학의 지수함수적 성장은 이미 3세기에 걸쳐서 계속되었고, 과학자나 발표된 논문수는 10년~15년마다 두 배로 증가하고 있었다. 이와 같은 과학의 양적 확대나 대규모화는 정보교환이나 상호협력을 위한 학회조직, 연구기관, 교육기관 등 제도의 발달에 의존했다.

과학연구의 국제화와 과학자의 평화운동

영국의 과학사가 버널이 지적한 바와 같이, 과학의 국제성은 모든 시대, 모든 지역에 있어서 관철되고 있다. 바빌로니아-그리스-아랍-서유럽이라는 과학의 계승이 이를 단적으로 보여준다. 이것은 자연과학이 자연을 대상으로 하고, 그 인식이 보편성을 가지기 때문이다. 지금도 과학의 국제화, 조직화는 과학발전의 커다란 힘으로 작용하고 있다. 남극의 영년관측, 기상의 광역관측, 깊은 해저의 공동탐사, 우주전파의 연대관측 등이 그 좋은 예이다. 유럽 각국의 공동기구인 CERN에는 지름 2킬로미터의 대규모 가속기가 있으며, 여기에는 약 2천 명의 직원이 근무하고 있다.

이처럼 과학의 국제화의 반면에, 제2차 세계대전 전부터 독일에서는 편협한 민족주의에 바탕한 "아리안 과학"이라는 것이 유행하고 있었다. 1920년대를 통해서 독일에는 국수주의, 반유태주의가 득세했는데 일부 과학자가 합세하여 반아인슈타인, 반상대성 이론 운동을 벌였다. 그리고 이것이 나치의 인종주의적 과학정책인 "독일과학"의 주장으로 직행하였다. 이 운동의 지도자들은 많은 현존하는 과학이론이 현실 유희적, 추상적, 비아리안적, 유태적 과학이라 공격하고, 독일 사람은 구체적, 직관적인 독일과학을 추구하여야 한다고 주장하였다. 나치는 정권획득 1개월 남짓 1933년 4월 7일 대학직원의 임명에 관한 법령을 발표하고, 유태인 교수를 모두 추방해 버림으로써 독일의 대학은 많은 인재를 잃었다. 결과적으로 무수한 과학자가 영국이나 미국으로 망명하고 제2차 세계대전을 맞이하였다.

한편 세계과학자가 모여 핵군축문제를 포함한 전쟁과 평화의 여러 문제를 토의하는 퍼그워시회의(Pugwash Conference)도 창설되었다. 첫 회의가 1957년 7월 캐나다의 퍼그워시에서 개최된 이후 세계 각지에서 열리고 있다. 이 회의가 탄생한 동기는 1955년 7월에 발표된 러셀-아인슈타인 선언이다. 11명의 유명한 과

학자의 서명을 받아 발표된 이 선언은, 인류를 멸망으로 이끌고 있는 핵전쟁의
위협을 지적한 것으로 동서의 과학자가 이데올로기를 넘어서 전쟁과 평화의 문
제를 토의해야 한다고 주장하였다. 퍼그워시회의는 성명을 발표하여 일반인에게
핵군축 등의 필요성을 호소하거나 각국 정부에 많은 기록을 제출하여 정책 결정
에 도움을 준다는 두 가지 목적을 지니고 있다. 또 세계 과학노동자 연맹(World
Federation of Scientific Workers)은 1948년에 과학자 헌장을 채택하였다.

2. 상대성 이론과 거시적 세계

고전물리학에서 현대물리학으로

19세기에 물리학은 고전적인 모습으로 완성되었다. 물리학의 각 분과 중에서 역학은 이미 18세기에 그 기초가 거의 완성되었고, 19세기에는 광학, 전자기학, 열역학 세 분야의 이론체계가 완성되었다. 나아가서 맥스웰은 광학 현상까지도 근본적으로 전자기적으로 보았다. 따라서 역학, 열역학, 전자기학만 있으면, 자연을 이해하는 데 충분하다고 19세기 말 사람들은 확신하였다.

그러나 이 확신이 19세기 최후의 수년부터 20세기 초반에 들어서면서 흔들리기 시작하였다. 1904년 9월 프랑스의 수학자 푸앵카레는 "수리물리학의 현상과 장래"라는 강연에서 물리학의 가장 기본적인 모든 원리가 위협을 받고 있다고 지적하면서, 에너지의 보존, 질량의 보존, 작용·반작용, 열역학 등의 법칙이 모두 의심을 받고 있으며, 이러한 원리 중에서 몇 가지는 근본적으로 뜯어고쳐야 한다고 결론을 맺었다.

이러한 결론에 도달해야만 했던 원인 중 중요한 한 가지가 빛의 전달형식에서 에테르의 실재성의 문제였다. 광학자 영과 프레넬의 파동설 때문에 과학자들은 이미 비물질 공간에 어떤 역학적 성질을 부여하는 것이 필요하다는 것을 실감하였다. 이때 데카르트도 물체의 단순한 거리상의 분리는 그 물체들 사이에 매개물이 존재하기 때문이라고 주장하였다. 다시 말해서 공간 자체도 역학적 성질을 지닌 어떤 종류의 물질이라고 가정하는 것이 필요하였다.

18, 19세기의 물리학자들도 빛이 파동으로 되어 있다면 물이 파도를 전파하고 공기가 소리를 매개하듯이 공간에는 반드시 어떤 매개물이 존재하여야 한다고 생각하였다. 이로써 과학자들은 "에테르"라는 가상물질을 도입하고 이것이 모든 공간에 충만되어 있다고 단정하였다. 이 에테르의 존재에 관한 문제 해결이야말로 고전물리학에서 현대물리학으로 넘어가는 분수령이었고, 이는 세기의 천재 아인슈타인을 필요로 하는 상황으로 학계를 끌고 갔다.

신동이 아닌 아인슈타인

유태계 독일 사람인 아인슈타인[1]은 1873년 3월 14일 남부 독일의 울름에서 태어났으나 곧 아버지의 사업이 부진하여 가족과 함께 뮌헨으로 이사하였다. 학

---

1) Albert Einstein, 1879~1955

아인슈타인

교에 다닐 무렵에는 그의 천재성이 보이지 않았고 수학에서도 조금 뒤진 감마저 있을 정도였다. 그러나 12살에 유클리드의 『원론』을 읽고 논리의 명쾌함에 감명을 받았고, 16세 무렵에는 미적분을 충분히 이해하였다. 그는 과학 보급서를 읽고 자연과학의 오묘함을 알았고 자연에 대한 경이로움을 생각하고 그것을 이해하려는 호기심을 가지고 있었지만 기계적인 암기는 뒤졌다. 그는 취리히에 있는 스위스 연방공과대학의 입학에 한번 실패하였다. 가까스로 17살에 그 대학에 입학했지만 두각을 나타내지 못하였으므로 수학교수인 민코프스키는 후년 아인슈타인이 자신이 가르친 학생이라는 것조차도 믿지 못할 정도였다.

1900년에 졸업한 뒤 2년 가까이 고등학교 보조교사 등의 불안정한 직업을 가진 후 스위스 연방특허국에 기사로 취직하였다. 1901년 스위스 시민권을 얻고, 1903년에 동급생인 밀레바 마램츠와 결혼하였으나 1919년에 이혼하였다. 그는 특허국에서의 여가를 틈타서 이론물리학을 연구하고, 결국 물리학에 혁명을 가져올 착상을 하였다.

1905년 브라운 운동, 광전효과, 특수상대성 이론 등 유명한 논문을 발표한 후 그의 이름은 과학자들 사이에 널리 알려지기 시작하였다. 1909년 취리히대학 원외교수, 1911년 프라하대학 교수, 1912년 스위스 연방공과대학 교수, 1914년 독일의 카이저 빌헬름 연구소의 물리학 연구소장을 역임하였다. 1915년 일반상대성 원리를 발표하고, 광선이 중력에 의해서 구부러짐을 예언하였다. 이 예언은 1919년 영국의 에딩턴의 일식관측으로 확증되고, 그는 세계적으로 유명해졌다. 같은 해 재혼하고 자신의 발견에 대한 강연을 위해서 세계여행에 나섰다. 1933년 히틀러가 정권을 잡은 뒤, 그는 독일에 돌아가지 않고, 프린스턴고등연구소에 자리를 잡고 나머지 생애를 보냈다.

1939년 독일이 원자폭탄을 개발할 가능성이 생기자 아인슈타인은 자신의 명성을 이용하여 루스벨트 대통령에게 이를 알렸다. 이로써 미국은 원폭제조를 서두르게 되었으나, 그는 이에 관여하지 않았다. 그후 독일이 원자폭탄을 만들 능력이 없다는 것을 알고서 루스벨트에게 한 진언을 후회하였다. 1952년 이스라엘 정부가 대통령 취임을 타진해 왔으나 자신은 그런 일에 어울리는 인간이 아니라는 이유로 사퇴하였다. 그러나 유태인을 절망감에서 구하기 위하여 유태주의인 시오니즘을 지지하였다. 제2차 세계대전 후에는 핵무기 철폐운동에 활발하게 관여하였다. 1955년 4월 18일 프린스턴에서 세상을 떠났다.

아인슈타인의 생활은 매우 간소하고 서민적이었다. 취미는 바이올린 연주와 요트 조종이었으며, 그가 생각하는 신은 스피노자가 말하는 전지전능의 신이었다. 재미있는 일화로 그는 일생 동안 물리학 교육이나 연구로 보수를 받는 것을 탐탁치 않게 생각하였다고 한다. 물리학자는 등대지기나 배관공처럼 단순하고 실질적인 노동으로 살아가며 그 여가에 학문을 하는 것이 옳다고 생각하였다. 그의 이런 생각을 알고서 배관조합에서는 기뻐하며 명예조합원의 자격을 주었다고 한다. 당시 유럽의 최고 물리학자였던 막스 플랑크 등 뛰어난 과학자들도 아인슈타인은 모든 시대를 통해서 최고의 과학자라고 높이 평가하였다.

에테르 문제

당시까지 모든 사람들이 무조건 인정해 왔던 에테르는 미국의 두 물리학자 마이컬슨[2]과 몰리[3]가 고안한 간섭계의 실험으로 그 존재가 의심받기 시작하였다. 그들은 만일 전 공간이 에테르의 바다이고 참으로 빛이 에테르를 통하여 전파된다면, 지구운동으로 생기는 에테르의 흐름 때문에 빛의 속도가 변화를 받을 것이 분명한데, 빛의 속도는 방향 여하를 불문하고 전혀 변화가 없다는 사실을 실험적으로 증명하였다.

그러므로 에테르 공간 대신에 새로운 물리적 공간을 생각하지 않으면 안된다는 점을 지적하였다. 따라서 당시까지 빛에 대해서 많은 사실을 설명해 준 에테르설을 포기할 수밖에 없었다. 그렇지 않고 만약 에테르설을 그대로 계속 주장한다면, 지구가 운동하고 있다는 코페르니쿠스의 지동설을 포기할 수밖에 없다. 하지만 지구가 정지하고 있다는 것보다 오히려 빛의 파동이 매개물이 없어도 전파될 수 있다고 믿는 것이 더욱 간편하고 합리적이기 때문에, 에테르의 존재를 포기할 수밖에 없었다.

이것은 심각한 문제가 되어 그후 과학사상을 분열시켜 놓았다. 왜냐하면 에테르가 부정된다면 당시까지 건설된 물리학은 한낱 허공에 뜬 존재가 되어 버릴 수밖에 없었던 까닭이었다. 이러한 혼란을 막기 위하여 1892년 네덜란드의 이론 물리학자인 로렌츠[4]는 에테르가 존재한다는 가정하에서, 마이컬슨과 몰리의 실험을 논리적으로 설명하기 위하여 에테르에 대하여 운동하고 있는 물체는 운동 방향의 길이가 수축된다는 새로운 학설을 내놓았다. 그러나 그는 절대공간, 절대

2) Albert Abraham Michelson, 1852~1931
3) Edward Williams Morley, 1838~1923
4) Hendrik Antoon Lorentz, 1853~1928

시간이란 관념하에서 단축설(로렌츠-피츠제럴드 수축설)을 내놓았던 것에 불과하다. 그의 이론은 저서 『전자론』[5]에 잘 정리되어 있다.

이렇게 사상적 딜레마 속에서 과학자들이 방황하고 있을 때, 돌연 상대성 원리를 앞세우고 나온 사람이 있었다. 그가 곧 고전물리학을 동요시키고 사상적 변혁을 일으킨 아인슈타인이다. 한 가지 덧붙일 것은 아인슈타인의 상대성 원리는 모두 마하적인 생각 위에 바탕을 두고 있다는 사실이다. 아인슈타인은 상대성 원리를 수립하는 데 있어서 흄과 마하의 저서의 영향이 컸다고 술회하였다. 상대성 이론은 마하의 정신과 궁극적인 세계법칙을 믿는 아인슈타인의 정신의 결합의 산물이다. 따라서 유물론자의 입장에서 그는 마하적 관념론자로 취급되지만, 사실은 전형적인 실재론의 입장을 취하고 있다.

절대와 상대의 개념

아인슈타인의 이론을 말하기 전에 우리는 절대개념과 상대개념에 대한 정확한 인식이 필요하다. 우선 절대개념은 고대나 중세에 압도적이었던 세계관이었다. 그것은 우주 속에서 하나의 특정한 위치를 생각하고, 그 위치에서 특별한 힘을 가진 관측자가 우주를 감시하고 또한 지배하고 있다는 생각이다. 그리스와 중세 사람은 지구를 중심으로 하는 유한 우주 속에서 모든 물체는 각기 고유한 장소를 지니고 있으며, 공간이란 물체의 존재 양식이라고 생각하였다. 16, 17세기의 과학자들도 우주에는 한 개의 특별한 관측점과 지배점이 있다는 생각을 그대로 믿고 있었다. 코페르니쿠스는 태양은 태양계의 물리학적 절대군주이고, 모든 하늘을 지배하고 있다고 믿었다. 또한 케플러도 그와 비슷한 세계관을 가지고서 태양을 우주에 있어서 최고의 거주자라고 보았다. 뉴튼도 이 사상을 이어받아 절대시간과 함께 절대공간을 관성운동이 행하여지는 공간으로 보고 이를 역학적으로 정의하였다. 그러므로 뉴튼의 세계관에서도 신은 역시 우주의 유일한 특권을 지닌 관찰자이며 지배자였다.

그러나 공간에 있어서 절대정지로 생각되는 기준과 좌표계의 실재를 인정할 수 없다는 것이 아인슈타인의 상대개념이다. 관측의 근본적인 조건이 되는 시간, 공간의 구조 및 성질은 관측자의 운동에 의존한다는 것이다. 물론 관측자의 주관에 의존한다는 말은 아니고, 일반적으로 어떤 좌표계의 시간적, 공간적 구조가 항상 임의의 다른 좌표계에 대한 운동에 의해서 결정된다는 의미에서 상대적이라는 것이다. 그러므로 절대 공간에 대한 물체의 운동은 물리학적으로 무의미하며, 물체의 운동은 항상 다른 물체의 운동과의 상대적인 의미에서만 인식되어져야 한다는 것이다.

---

5) *The Theory of Electron*, 1906

특수상대성 원리

1905년, 아인슈타인은 첫번 논문에서 두 개의 기본원리를 기초로 뉴튼 역학에 일대 변혁을 가져왔다. 그 기본원리는 1) 서로 등속운동을 하고 있는 좌표계에 대하여 물리법칙은 불변이다(특수상대성 원리), 2) 모든 좌표계에 있어서 빛은 진공중을 어떤 방향으로나 일정한 속도로 전파되어 간다(광속도 불변의 원리)이다. 여기서 "서로 일정한 속도로 운동하고 있는" 두 물체에 대한 운동방정식은 같다고 할 수 있는데, 고전물리학에서 가정한 공간과 시간에 대한 통념하에서, 만약 뉴튼의 법칙들이 어떤 기준틀에서 유효하면, 이 기준틀에 대해서 일정한 속도로 움직이는 어느 다른 틀에서도 유효하다. 이를 갈릴레오의 상대성 원리라 한다. 그런데 아인슈타인은 이 갈릴레오의 상대성 원리를 확장하여, 주어진 어느 관성 기준틀에 대해 일정한 속도로 운동하는 모든 기준틀(이들도 역시 관성 기준틀)에서 역학법칙 뿐만 아니라 모든 물리법칙이 유효하다고 가정하였다. 즉 모든 관성기준틀에서 물리법칙들은 불변이다라고 하는 것이 아인슈타인의 특수상대성 원리이다.

이 두 원리에 기초를 둘 경우 종래 우리가 생각하고 있었던 시간과 공간의 개념을 바꾸지 않으면 안된다는 중대한 문제가 생긴다. 역학에서 등속직선운동과 정지상태는 전혀 차이가 없다. 달리고 있는 열차 속이나 정지하고 있는 열차 속에서 바람의 방향이 없다면 물건을 떨어뜨릴 경우 모두 똑같이 떨어지는 것을 알 수 있다. 그렇다면 등속도란 무엇이며 정지하고 있는 것은 무엇인가라는 의문이 생길 것이다. 왜냐하면 우리들의 머리 속에는 움직이지 않는 대지가 좌표의 기준으로 되어 있지만, 사실상 그 대지가 태양의 주위를 회전하고 있기 때문이다.

또 한 가지 우리들을 어리둥절하게 하는 것은 관성계라는 개념이다. 우리들은 지상에서 운동을 논할 때, 지상의 한 점을 원점으로 하여 뉴튼의 제1법칙을 설명하고 있다. 이때 지상의 한 점을 원점으로 한 좌표계를 관성계라 한다. 그러나 인공위성이 지구를 돌고 있는 경우처럼 가속도 운동을 하고 있을 때, 이 좌표는 복잡하고 불편해서 사용할 수 없다. 이 경우에는 다른 좌표에서 원점을 찾는 것이 좋다. 이때 관성계는 지구의 중심을 원점으로 한 것이 좋다.

이처럼 경우에 따라서 관성계가 달라질 수 있다. 따라서 모든 관성계들은 상호간에 상대적으로 등속직선운동(일정한 속도)의 상태에 있으므로 특별한 의의가 있는 좌표계를 생각할 필요가 없다. 그러므로 운동상태를 기술할 경우, 서로 한결같은 속도를 가지는 좌표계는 어느 것을 취해도 동일한 결과에 도달한다고 생각했던 아인슈타인은 절대공간의 존재를 부인하였다. 따라서 우리들이 상식적으로 생각한 고전역학의 세계와는 아주 다른 세계를 제시한 것이다. 이것이 곧 아인슈타인의 특수상대성 원리의 요점이다.

이상과 같은 상대성 원리에 바탕을 두고 뉴튼의 세 가지 운동 법칙을 검토해 보면, 종래의 개념이 크게 달라진다. 제2법칙인 가속도 법칙에서 가속도는 질량에 비례하는 것을 나타내고 있지만 질량이 속도에 따라 변하므로 불합리하게 된다. 왜냐하면 속도가 증가하면 증가할수록 질량도 증가한다는 사실은 입자가 속기가 증명하고 있기 때문이다. 또 제3법칙인 작용·반작용의 법칙은 작용과 반작용의 크기가 서로 같다는 것을 나타내고 있지만, 전자들 사이에 이러한 법칙을 그대로 적용시킬 수 없다. 왜냐하면 작용이나 반작용도 유한한 속도를 가진 전자기파의 매개에 의하여 행하여지므로 반작용은 반드시 원작용보다 약간 늦어지지 않으면 안되기 때문이다. 그러므로 작용, 반작용은 동시에 일어날 수 없다.

일반상대성 원리

아인슈타인은 서로 등속운동을 하는 관성계에서만 성립되는 특수상대성 원리를 가속도계의 좌표에까지 확장하여, 모든 운동을 일반화하는 일반상대성 원리를 수립하였다. 다시 말해서 "서로 일정한 속도로 운동하고 있는 어떤 관측자로 부터 보아도"라는 제한을 풀고 "어떤 운동을 하고 있는 관측자로부터 보아도"라는 조건을 바탕으로 하였다.

아인슈타인은 다음과 같은 세 가지의 가정하에서 출발하였다. 1) 자연법칙은 임의의 좌표에 대하여 항상 같은 모양으로 나타난다, 2) 관성적 질량과 중력적 질량은 동일하다, 3) 장에 있어서 공간의 성질은 여러 물체의 질량에 의해서 결정된다. 따라서 일반상대성 이론은 뉴튼의 만유인력의 이론보다 한층 근본적이고 보다 완전한 관계를 이끌어냈다. 사실상 이 원리는 새로운 세계관을 제시하고 있으므로, 아인슈타인 자신도 일반상대성 이론은 철학에 가깝다고 말하였다.

일반상대성 이론의 검증으로써, 아인슈타인은 중력장 속을 통과하는 빛이 굴곡된다는 것을 들고 있는데, 이것은 이 이론의 최초의 검증으로 유명하다. 그의 이론을 확증하기 위해서 영국 왕립학회는 관측자를 브라질과 서아프리카로 파견하여 관측에 성공하였다. 태양과 같은 큰 인력이 미치는 곳에서는 빛이 직진하지 않고 구부러져 나간다는 것이다. 이 사실은 고전물리학에 대하여 너무 충격적이었다. 아인슈타인은 또 일반상대성 이론의 옳음을 검증하는 방법으로 수성의 궤도운동의 이상, 거대한 별의 스펙트럼의 색이동을 들었다.

아인슈타인은 1929년 상대성 이론을 더욱 확장하여 만유인력 및 모든 전자기력을 포함한 통일장의 이론을 발표하였다. 그는 인간지식의 외부경계인 광대한 우주, 시간, 중력을 다루는 것이 상대성 원리라면, 인간지식의 내부경계인 원자, 에너지의 기본단위 등을 취급하는 것이 양자론이라고 생각하였다. 그리고 이 사이의 교량적 역할을 하는 것이 통일장의 이론이라 하였다. 그는 자연의 조화와 일양성을 믿고 외계 공간의 현상과 내부 공간의 현상을 모두 포괄하는 단일한 물리법칙을 전개하려 하였다. 따라서 그는 특수상대성 이론을 일반상대성 이론으로 발전시키고, 다시 통일장 이론으로 확대함으로써 모든 자연현상을 단일한 이론체계로서 설명하려고 노력하였다. 이처럼 아인슈타인이 거시적 세계와 미시적 세계를 통일시키려 한 것은 큰 발전이라 할 수 있지만, 이는 아직 미완성이다.

상대성 원리와 사상의 변혁

아인슈타인은 사상면에 다음과 같이 커다란 영향을 끼쳤다. 첫째, 칸트 등이 의미한 시간, 공간의 개념과 아인슈타인이 상대성 이론에서 암시한 시간, 공간에 대한 개념에는 큰 차이가 있다. 뉴튼의 역학에서는 관측계와 두 점 사이의 공간적 거리가 동일한 값을 갖는다면, 동시각의 두 현상은 모든 관측계에 대해서도 동시각으로 인정되어 시간적 간격이 일반적으로 객관적 의미를 갖는다. 그런데 특수상대성 원리에서는 빛의 속도가 일정 불변한 값을 가지므로, 어떤 관측계 A에서 동시각에 일어난 현상도 A에 대해서 등속운동을 하는 다른 관측계 B에서 관측하면 동시각의 현상으로 나타나지 않는다. 따라서 시간적 간격도 관측계에 따라서 상이한 값을 갖게 된다.

둘째, 아인슈타인은 시간과 공간의 독립성을 부인하고 양쪽이 불가분의 개념이라고 주장하였다. 그는 민코프스키의 협력을 얻어 3차원 공간에서 한 차원의 시간을 가하여 4차원의 공간을 기하학적으로 표현하였다. 이것이 그의 시공연속체의 개념이다. 특히 민코프스키[6]는 시간과 공간이 분리되어서는 어떤 것이나 물리적인 것으로 존재할 수 없고, 또 생각될 수 없다고 주장하였다. 즉 대상이 공간뿐 아니라 시간상의 지속까지도 가지고 있어야 하며, 이 결과 한 대상에 대한 위치의 완전한 기술은 네 개의 요인으로서만 결정될 수 있다고 강조하였다. 이것이 4차원의 시공연속체의 개념으로 시간과 공간의 개념에 일대 변혁을 일으켰다.

셋째, 뉴튼의 만유인력은 힘의 원격작용에 의한 것으로 전자기학에 있어서의 장의 이론과는 반대 입장에 서 있었다. 그러나 아인슈타인의 일반상대성 이론은 만유인력 또한 근접작용의 입장에서 논하고, 형식적이 아닌 실질적인 장의 개념이 만유인력에도 적용된다고 주장하였다.

아인슈타인은 고전이론의 토대로 되어 있던 시간, 공간 등의 여러 개념을 변혁하면서 고전역학이나 고전 전자기학의 법칙에 한계가 있음을 밝혔다. 그러나 물

---

6) Hermann Minkowsky, 1864~1909

체의 속도가 진공 중의 빛의 속도에 비해서 무시될 수 있는 범위내에서는 고전 이론이 그대로 적용되어도 무방하였다. 그가 창조한 상대성 원리의 세계는 우리들이 상식적으로 생각하는 고전역학의 세계와는 매우 다르다.

아인슈타인은 자연현상을 포괄하는 통일법칙이 존재한다는 확신과 간결하고 투철한 논리가 지배하는 세계가 존재한다는 신념을 가지고 있었다. 분명히 일반 상대성 이론은 이 생각을 입증하는 위대한 사상이다. 물리학상의 유용성은 별도로 치더라도 이것이 철학적인 면에 크게 영향을 준 것은 당연하다. 영국의 톰슨은 아인슈타인의 상대성 원리를 가리켜 인류사상 최대 공적의 하나이며, 뉴튼이 처음 그의 원리를 선언한 이후 중력과 관계되는 가장 위대한 발견이라고 말하였다.

3. 양자론과 미시적 세계

열의 복사 문제

물질은 분자로, 분자는 원자로, 또 원자는 원자핵과 전자로 구성되어 있다. 이와 같은 미시적 세계를 지배하고 있는 법칙을 다루는 분야를 양자론이라 부른다. 19세기 말기 물리학은 역학, 열역학, 전자기학을 주축으로 자연현상을 설명하는 데 아무런 지장이 없는 것처럼 보였다. 즉 고전물리학은 완전한 것처럼 보였다. 그런데 20세기 초기에 등장한 미시적 세계에서 고전물리학은 버티기가 매우 힘들었다. 물론 고전물리학에서도 소량(素量)의 문제를 다루었다. 원자도 사실은 불가분의 것으로서 어떤 의미에서 본다면 소량이라고 볼 수 있지만, 고전물리학에서는 그 작용을 항상 연속적으로 보아 왔다. 그러나 양자론에서는 에너지에도 소량이 있음을 인정하고 그 작용을 불연속적으로 취급하였다. 그리고 에너지 양자(量子)는 극히 미소량이므로 보통 역학에서는 거의 인정되어 있지 않고, 단지 열, 빛, 원자 등이 미시적인 현상으로 인정되었다.

한편 19세기 말기 독일은 프랑스와의 전쟁에서 승리하여 국위가 날로 높아갔고, 군사상의 필요에서 과학과 기술의 진보와 향상에 대한 열의가 대단하였다. 특히 물리학과 기술이 결합한 야금학을 통하여 열의 복사 문제를 연구 추진하였다. 흑색의 복사체를 가열하면 처음에는 그 색이 빨갛게 되지만 온도가 상승함에 따라서 점차 복사체의 색이 주황색으로 변하고, 다시 황색과 백색으로, 그리고 최후에는 청백색으로 변한다.

이 과장분포에 관한 실험적 결과는 당시 맥스웰의 전자기학의 이론과 빛의 파동설로 설명할 수 없었다. 독일의 물리학자인 빈[7]의 열의 복사에 관한 연구는 직접 양자론으로 연결되었고, 모든 현상을 고전물리학으로 설명하려는 시도를 중단시켰다. 특히 독일의 물리학자 플랑크[8]는 빈에 의해서 자극을 받아 고전이론을 넘어선 새로운 생각인 양자가설을 발전시켜 나갔다.

양자가설

플랑크는 양자가설이라는 혁명적인 이론을 발표하였다. 그는 에너지를 한없이 작게 분할할 수 없고 빛의 경우에도 진동수에 따라서 각기 최저 단위의 에너지가 있다고 주장하였다. 왜냐하면 에너지 양자가 물체에 흡수되거나 물체로부

7) Wilhelm Carl Werner Otto Fritz Franz Wien, 1864~1928
8) Max Karl Ernst Ludwig Planck, 1858~1947

막스 플랑크

터 방출되기 위해서는 hν(h : 플랑크 상수 ν : 진동수)의 에너지를 가진 입자가 공간을 운동하고 있기 때문이다. 따라서 양자란 에너지의 미소한 알갱이로서 원자나 분자는 빛의 에너지를 양자의 형태로 흡수하거나 방출하므로 양자는 에너지의 단위체라 말할 수 있다고 하였다.

그러므로 양자론은 고전물리학 이론의 중심인 에너지의 연속성을 부정하고 에너지에도 불연속적인 기본 단위량이 있다는 이론이다. 에너지는 흘러나오는 것이 아니라 분명히 아주 작은 입자의 형태로 방출되고 있다는 것이다. 이 소량을 가리켜 양자에너지(E =hν)라 부른다. 즉 양자에너지(E)는 진동수(ν)에 비례하고 복사에너지는 hν이하의 양자로 분할되지 않는다. 따라서 자연은 비약하지 않는다라는 말, 다시 말해서 자연에 있어서의 모든 것은 궁극적으로 연속적이며 그 변화 또한 점진적이라는 생각은 양자론에서는 모순을 드러내게 된다. 왜냐하면 양자론에서와 같이 에너지에 일정한 단위가 있다고 한다면 자연은 비약한다고 말할 수도 있기 때문이다. 따라서 고전물리학은 양자론에 대한 근사이론의 위치로 떨어지고, 원자물리학은 양자론적 성격을 띤 학문으로 전환하였다.

플랑크의 양자가설은 처음에 학계에서 주목받지 못하였지만 1905년 아인슈타인이 광양자설을 발표함으로써 점차 학계에 수용되기 시작하였다. 아인슈타인은 빛의 에너지는 진동수에 비례하는 불연속적인 광양자로 되어 있다고 주장하고, 빛이 금속표면에 닿았을 때 전자가 튀어나오는 현상인 광전효과를 광양자의 이론으로 무난히 설명하였다. 그 이후 플랑크의 이론은 물리학의 모든 영역에 점차로 적용되었다. 예를 들면 독일 출신의 미국 물리학자 후랑크[9]는 플랑크의 양자론에 대한 실험적 증거를 들었다.

한편 인도의 물리학자인 라만[10]은 1921년 지중해를 항해하는 동안 그 바다 색깔의 푸르름에 감탄하고 그때부터 빛의 산란이론의 연구를 시작하였다. 그는 빛의 입자성이 산란현상에 의해서 밝혀질 것으로 예상하고 여러 실험을 한 끝에 라만효과를 발견했는데, 광양자론의 실험적 증거의 하나로 유명하다.

9) James Frank, 1882~1964
10) Sir Chandrasekhara Venkata Raman, 1888~1970

양자가설의 중요성은 1911년 솔베이 회의를 계기로 넓게 인식되기 시작하였다. 솔베이 회의란 벨기에의 화학기술자 솔베이가 자금을 제공하고, 각국의 물리학자를 초청하여 물리학의 중심문제를 종합적으로 검토하기 위한 모임으로 1911년에 첫번째 모임을 가졌다. 이 회의 동안 에너지의 불연속성을 인정하는 양자가설을 도입하는 것이 물리학에 있어서 피할 수 없다는 결론이 나왔다. 그러나 이 무렵까지도 양자가설은 주로 빛에 관한 현상을 설명하는 데 적용되었을 뿐이었다. 그러나 이후 양자가설은 사실상 원자구조를 해명하는 데 중요한 열쇠와 같은 구실을 하였다.

플랑크는 히틀러의 시달림 속에서도 조국을 떠나지 않았다. 나치는 그의 명성과 위신을 이용하였다. 그는 유태인 동료를 위해서 개인적으로 히틀러에게 접근하였지만 실패하고, 그 때문에 막스 플랑크 협회장직에서 해임당하였다. 그는 하버의 사건을 직접 히틀러에게 항의하기도 했다. 그와 하이젠베르크는 애국심과 자유주의의 빛나는 상징적 존재이다. 그는 가정적으로 불행하였다. 장남은 1차 대전 때 전사했고, 차남은 히틀러 암살 계획의 가담자로 체포되어 1년 후 사형을 당했다. 그리고 두 딸은 출산시 모두 죽었다.

원자구조의 해명

이 무렵 원자구조 이론으로서 가장 포괄적이고 교묘했던 것은 영국의 물리학자인 톰슨[11]의 이론이었다. 그는 원소의 방사성 변환설이 확립된 직후부터 원자의 내부구조에 관한 이론을 수립하려고 노력한 나머지 이를 1904년에 완성하였다. 그는 원자의 내부에 전자가 몇 겹으로 배열하여 원운동을 하고 있다고 가정하였다. 이러한 구조가 안정하게 존재하는 것을 증명하고, 특히 이 구조를 바탕으로 화학결합과 원소의 주기율을 설명하는 가능성을 보이는 데 성공하였다. 따라서 1910년까지 톰슨의 이론은 가장 신뢰받는 원자구조의 이론이었다.

톰슨는 14세 때 대학에 입학하여 겨우 27세의 나이로 케임브리지대학의 실험물리학 교수가 되었고, 그후 캐번디시연구소장이 되었다. 그의 지도력과 교육열로 20세기 초기 30년간 원자물리학 분야에서 많은 상과 기사 칭호를 받았다. 그와 함께 연구조교로서 활동한 사람 중 일곱 명 정도가 노벨상을 받았다.

한편 1911년 러더퍼드는 알파선이 물질 등을 투과할 때 원자에 부딪쳐 산란되는 현상을 조사하여, 원자의 한가운데 양의 성질을 가진 중심이 존재하며 이 중심은 원자 전체에 비해서 매우 작은 것으로 지름이 10^{-13}cm라는 것을 발견했다. 원자에는 핵이 있다는 사실을 처음으로 밝혔다.

---

11) Sir Joseph John Thomson, 1856~1940

보어

덴마크의 물리학자 보어[12]는 영국의 캐번디시연구소의 톰슨 밑에서, 그리고 맨체스터의 러더퍼드 밑에서 연구하였다. 보어는 두 사람의 원자모형과 플랑크의 양자가설을 기초로 원자구조의 설명을 시도하였지만 곧 난관에 부딪쳤다. 왜냐하면 보어의 이론은 실험결과와 큰 차이를 나타냈기 때문이었다. 이 차이는 이론의 수정에 의해서도 도저히 설명할 수 없었으므로 그의 이론은 진전도 후퇴도 없이 궁지에 몰렸다. 그는 이 난관을 타개하기 위해서 다시 고전물리학으로 되돌아갔다. 고전역학을 전자의 운동으로 설명할 경우 전자의 에너지가 감소함에 따라서 점차 원자핵 가까이 가게 되며, 따라서 전자운동의 주기가 짧아져서 그때 나오는 빛은 진동수가 증가하게 된다. 이때 원자에서 나오는 스펙트럼이 넓은 폭을 갖는다면 고전이론과 일치되지만, 실제로 각 원소에서 나오는 빛은 선스펙트럼

이기 때문에 고전이론과 모순된다. 그러나 파장이 긴 곳, 즉 에너지의 차이가 적은 곳에서는 고전물리학의 결과와 일치하였다.

이 사실은 원자현상에 관해서만 한정되는 것으로서, 고전역학이나 전자기학이 모두 무능하지 않다는 사실을 보여주고 있다. 고전물리학의 경우 전자의 운동은 연속이며, 따라서 그의 에너지의 변화도 연속적이다. 그러나 실제로는 보어의 이론이 나타낸 것처럼 전자는 어떤 궤도로부터 다른 궤도로 순간적으로 비약하므로 에너지는 불연속적인 값을 지니게 된다. 그러나 전자의 원운동의 반지름이 큰 곳에서는 전자 이동에 의한 발광이 고전적인 계산과 일치하였다.

이처럼 양자 이론은 모순을 포함하면서 그 내부에 있어서는 고전이론과 관련되어 있는 것이 분명해졌다. 이런 모순을 해결하기 위하여 보어는 양자개념에 기초를 두고 원자의 구조를 다루었다.

1940년대 초기 독일군에 의해서 덴마크가 점령된 후, 보어는 레지스탕스 운동을 적극 지원하였다. 1943년 그는 가족과 함께 배를 이용하여 스웨덴으로 탈출했는데 이는 매우 위험한 행위였다. 그후 영국과 미국에서 원자폭탄 개발계획을 도와 1945년까지 로스 앨러모스 원폭계획에 참여하였다. 그러나 전후에는 핵

---

12) Niels Henrik David Bohr, 1885~1962

무기를 국제적으로 관리할 것을 주장하여 이성적으로 평화적인 해결을 정치가들에게 호소하였다. 또한 사람마다 자유스러운 사상의 교류가 되도록 "열려진 세계"를 희망하는 유명한 공개서한을 1950년에 유엔에 제출하였다. 1952년 그는 제네바에 있는 유럽연합 원자핵연구기관의 창립과 북구 이론원자물리학연구소의 창립을 도왔다. 그는 1955년 제네바에서 최초로 원자력 평화이용회의를 조직하였고 1957년 최초로 원자력 평화이용상을 받았다. 그의 물리학 논문집 전 4권[13]이 있다.

한편 독일의 물리학자 좀머펠트[14]도 양자론의 발전에 크게 기여하였다. 그는 양자론을 자연의 기본법칙으로 받아들였다. 1913년 보어가 원궤도를 그리는 전자에 양자조건을 준 원자모델을 발표하자 좀머펠트는 보어의 이론을 체계화하였다. 전자는 원자핵 주위를 원이 아니라 타원을 그리며 운동하고 있다고 생각하였다. 보어의 양자조건은 수소원자의 경우에만 적용되었는데, 이를 보어-좀머펠트의 양자조건으로 일반화하였다.

원자는 전자와 양성자만으로 구성되어 있다는 비교적 단순한 원자론은 1930년대 전반부터 모습을 감추고, 그 대신 중성자 등의 입자를 포함한 복잡한 원자모델이 나타났다. 그후 중간자가 발견됨으로써 이 분야는 다시 혼란상태에 빠졌다. 이를 정돈하기 위하여 1964년 겔만[15]은 복잡한 원자내의 구조를 설명하기 위하여 새로운 모델을 내놓았다. 즉 양성자와 같은 입자는 그 자체가 기본적이 아니며, 사실은 쿼크라는 것으로 구성되어 있다는 것이다. 쿼크는 업(u), 다운(d), 스트렌지(s), 참(c), 보텀(b), 톱(t) 등 6종류가 있는데 그의 존재가 간접적으로 증명되었다.

겔만의 업적의 특징은 독창성과 대담한 종합화라는 점에서 잘 나타나 있다. 그가 생각한 모델은 이론적인 예언의 측면에서 유용할 뿐 아니라 다른 연구자들의 의욕을 고취시킨 점에서도 유용한 것이었다.

양자역학의 수립

보어는 고전이론과 양자이론 사이에는 형식적인 상사관계가 있다고 주장하면서, 이것을 대응원리라 불렀다. 이 원리는 물리적 현상을 설명하기 위한 이론이 아니라 이론과 이론 사이의 관계를 설명하고 있다는 점에서 주목할 가치가 있다. 이 원리는 1923년 보어에 의해서 제시되었지만, 그 내용이 일반화되고 체계화된 것은 하이젠베르크[16]에 의해서였다. 좀머펠트의 "태양계 모형"에 감동한

13) *Collected Works*, 1972~77, 제2권 미간
14) Arnold Sommerfeld, 1868~1951
15) Murray Gell-Mann, 1929~
16) Werner Karl Heisenberg, 1901~76

하이젠베르크

하이젠베르크는 보어의 양자론을 근본부터 다시 고찰하였다.

하이젠베르크는 고전물리학에서 당연히 존재하고 또 측정 가능하다고 생각되었던 전자궤도나 속도의 개념을 실험적으로 확인할 수 없다는 이유로 포기해 버렸다. 대신 빛의 진폭이나 진동수를 새로운 이론 속에 넣어 새로운 양자역학을 건설하였다. 그의 이론은 보어의 이론 이래 12년간에 걸친 고투의 결과였다. 요컨대 그의 이론은 관측 불가능한 양의 개념과 관측 가능한 양 사이의 관계를 나타낸 것이다.

나치 치하에서도 하이젠베르크는 외국으로 망명하지 않았다. 하지만 그는 당시 히틀러의 과학에 대한 편견에 반대하였다. "중요한 것은 진리를 발견하는 일이다. 이 세상에 독일과학이나 영국과학이나 덴마크과학 등은 존재하지 않는다. 맞든가 틀렸든가 하는 것은 그것을 탄생시킨 사람의 국적에 의해서가 아니라, 그것이 얼마만큼 과학적 가치를 가지는가에 의해서 결정되는 것이다." 그는 이미 원자로와 원자폭탄의 기본적인 원리를 이해하고 원자폭탄을 만들 수 있다는 결론에 도달하였다. 그러나 그는 히틀러에게 원자폭탄 제조에 관한 진언을 할 어리석은 사람은 아니었다. 전후 그는 조국의 과학부흥에 전력하였다. 1941년 베를린 대학 교수가 된 그는 1948년 카이저 빌헬름 연구소를 해체하고 막스 플랑크 연구소를 세워 그 소장이 되었다.

한편 1924년 프랑스의 이론물리학자 드 브로이[17]는 전자가 파동의 성질을 가지고 있다는 사실을 발표하였다. 그는 "지금 우리들이 파동이냐 입자냐 양자택일을 해야 하는 개념은 벌써 그 의의가 없어지고 말았다. 파동설을 택하느냐, 입자설을 택하느냐의 문제가 아니라 파동인 동시에 입자라는 개념이 더욱 중요한 성격을 가지고 있다"고 주장하였다. 다시 말해서 전자 등 물질입자는 모두 입자임과 동시에 파동이 될 수 있다는 원리를 처음으로 발표하였다. 이 입자-파동의 이중성의 발견은 물질과 에너지가 상호변환한다는 아인슈타인의 생각을 확신시켰다. 물질파에 의해서 원자의 본질이 보다 깊이 이해되기 시작되었고, 한편

---

17) Prince Louis Victor de Broglie, 1892~

그의 이론은 전자현미경에 응용되었다. 드 브로이는 생애를 통해서 물리학의 철학적 문제에 관심을 지니고, 이에 관한 많은 책을 썼다.

드 브로이가 물질파의 개념을 제시한 다음해에 오스트리아의 이론물리학자 슈뢰딩거[18]는 어느 한 점에서 입자가 관측될 확률을 나타내는 방정식, 즉 파동방정식을 제시하여 수소원자의 구조를 해명함으로써 보어의 현상론적인 이론이 본질적인 단계로 발전하였다.

1933년 독일에서 유태인 과학자의 추방이 시작되자 슈뢰딩거는 유태인이 아니었지만 나치 정권에 항의하여 영국으로 건너갔다가 다시 조국인 오스트리아로 갔다. 오스트리아가 독일에 합병되자 다시 이탈리아를 거쳐 벨기에로 갔다가 아일랜드 수상의 도움으로 더블린고등연구소에 안착하였다. 그는 철학과 예술을 사랑하는 고고한 물리학자로서 집에서 연구소까지의 5km의 거리를 자전거로 통근하였다.

또 한편으로 미국의 물리학자 데이비슨[19]이 전자의 파동성을 실증함으로써 원자구조의 전자기파에 의한 이론적 설명이 확립되었다. 이 해석으로 화학결합의 본질에 대한 탐구와 특히 전자현미경의 고배율 달성의 길이 트였다. 또 독일 물리학자 보른[20]은 양자역학, 특히 원자내의 전자의 운동을 수학적으로 설명하였을 뿐 아니라 양자역학의 파동함수의 통계적 해석을 주장하였다. 그는 보어에게 고무되어, 원자내의 운동에 양자론을 적용하여 엄밀한 수학적 이론을 쌓았다. 그리고 이것을 1924년부터 "양자역학"(Quantum Mechanics)이라고 부르기 시작하였다. 그 이듬해 하이젠베르크가 전자의 위치와 운동량을 관계하는 규칙을 발견하자, 보른은 하이젠베르크와 공동으로 행렬형식에 의한 양자역학(행렬역학)의 체계를 세웠다. 파동역학과 행렬역학이 본질적으로 동일하다는 것은 1927년 영국의 디랙[21]에 의해 밝혀졌고, 곧이어 이를 하나의 체계로 통일하는 데 성공하였다. 그는 반입자의 존재를 최초로 예언하였고, 그가 1930년에 발간한 『양자역학의 원리』[22]는 양자역학의 교과서의 하나이다.

불확정성 원리와 상보성 원리

전자가 입자임과 동시에 파동이라는 양자역학적 해석은 우리들의 일상개념, 즉 고전물리학적 개념과 매우 모순된다. 이것은 원자와 같은 미시적 세계에서는 종래와는 다른 개념과 새로운 법칙을 필요로 하고 있다는 점을 보여주고 있다.

---

18) Erwin Schrödinger, 1887~1961
19) Clinton Joseph Davission, 1881~1958
20) Max Born, 1882~1970
21) Paul Adrien Maurice Dirac, 1902~
22) *The Principles of Quantum Mechanics*, 1930

슈뢰딩거

더욱이 고전역학에 있어서는 최초의 어떤 체계의 위치와 운동상태가 주어지면 운동방정식을 풀어냄으로써 장래에 있어서의 상태를 예측할 수 있다. 그러나 미시적 세계에 있어서는, 예컨대 전자의 위치와 그 속도를 동시에 정확히 결정하는 것이 불가능하다. 운동량과 위치의 오차에 관한 식에서 Δq를 최소화(위치를 정확히)하면서 동시에 Δp(운동량의 주고 받음)를 최소화한다는 것은 모순된다. 그러므로 만약 위치의 측정이 정확하면 속도의 측정이 부정확하며, 이와 반대로 속도의 측정이 정확하면 위치의 측정이 부정확하게 된다. 따라서 위치와 속도를 동시에 결정한다든지, 전자가 바로 "이 곳, 이 점"에 있으며 "이런 속도"로 운동하고 있다는 것을 자신있게 말하는 것은 불가능하다. 이런 현상을 양자론에서는 불확정성 원리라 부른다.

하이젠베르크는 어떤 관측에 있어서도 이 원리가 제한하는 정도 이상의 정확한 측정치는 얻을 수 없음을 밝혔다. 어느 한 개의 전자의 상태는 그 위치와 운동량으로 정해진다. 다시 말해서 위치와 운동이 상보하여 전자의 상태를 규정한다. 이런 의미에서 보어는 1927년 양자론을 상대성 원리와 대비시켜 상보성 원리라 불렀다. 그러나 상보성 원리에는 여러 뜻이 있다.

첫째, 위치와 운동량, 시간과 에너지 등의 물리량은 불확정성 관계에 있어서, 그 값을 동시에 정확하게 구할 수 없으나 상보에 의해서 양자역학적으로 기술이 가능하다. 둘째, 입자와 파동은 배타적이지만, 양자역학적 대상은 이들 두 개의 모델을 사용하여 표현된다. 셋째, 시공적 기술과 인과적 기술은 양자역학에서는 동시에 수행할 수 없으며, 서로 상보에 의해서만 가능하다. 이처럼 양자역학에 있어서는 고전물리학에서와 같이 입자의 위치와 속도를 동시에 기술하거나 또 장래의 경로를 예측하는 것이 불가능하다. 그러므로 당시까지 지배하고 있던 기계적 자연관을 불가불 버릴 수밖에 없었다. 이것은 상대성 이론처럼 상식을 초월한 결론이었다.

오스트리아계 스위스 물리학자 파울리[23]는 배타원리(排他原理)에 의해서 양

---

23) Wolfgang Pauli, 1900~58

자론에 중대한 공헌을 하였다. 보어의 원자모델은 많은 과학자들에 의해서 정확성을 부여받았으나 많은 벽에 부딪쳤다. 이 벽을 넘기 위해서 파울리는 고전적으로 기술 불가능한 "이중성"을 들고 나왔다. 그때까지 전자를 취급할 때 세 종류의 양자수(量子數)를 이용하고 있었으나 파울리의 생각으로는 네 종류가 필요하였다. 그리고 1925년 1월, 원자내에서 동시에 두 개의 전자가 똑같은 네 종류의 양자수를 가질 수 없다는 내용의 규칙을 주장하였다. 이것이 파울리의 '배타원리'이다. 이 원리에 의하면 원자내의 각 전자의 에너지 준위는 네 종류의 양자수에 의해서 결정된다. 이로부터 전자의 스핀 개념이 나왔다.

확률과 인과법칙

양자물리학에서는 단지 요소적인 것의 집단만을 취급하고 그 사이의 통계적인 법칙만을 구한다. 따라서 양자물리학에서는 모든 요소적인 것에 관해서 고전물리학에서처럼 인과율을 적용시킬 수 없다. 즉 전상태로부터 후상태가 미분방정식에 의해서 일률적으로 결정되는 것이 불가능하다. 그러나 어떤 학자들은 요소의 집단에 있어서 전상태의 확률과 후상태의 확률 사이에는 여전히 인과율이 성립하므로, 양자물리학에서의 비결정론은 반드시 타당하지 않다고 보고 있다. 이러한 생각은 과학이 인과율을 떠나서는 성립할 수 없다는 데 근거를 두고 있다.

하지만 버넷[24]이 "이 불확정성은 인간이 이루어 놓은 과학이 미숙한 까닭에 나타난 증상이 아니라, 인간의 능력으로는 극복 불가능한 자연의 궁극적인 장벽이 가로놓여 있음으로써 생긴 증상이다"라고 주장했듯이, 양자물리학이 주장하는 불확정성은 이미 대세가 되었다. 다시 말해서 양자물리학은 통계학과 확률론을 기초로 하고 있기 때문에 냉혹한 인과적 연쇄를 표시한다는 옛 관념을 추방시켜 버렸다.

양자론은 일반사상에도 큰 영향을 미쳤다. 예를 들어 사회과학에까지 그 영향을 미쳐서 사회과학 연구에 있어서 상대개념과 수학의 필요성을 인식시켰고, 나아가서 조사와 실험의 중요성을 강조하였다. 양자역학은 자연을 이해하는 새로운 방법을 제시하여 주었을 뿐 아니라 원자의 세계에 관한 비밀을 밝혀주는 방법으로 등장하였다.

---

24) Licoln Barnett, 1921~

4. 핵물리학의 발전과 그 응용

방전실험

19세기 물리학 중에서 자기 만족의 탈을 최초로 벗어버린 분야 중 하나가 방전(放電)의 연구이다. 방전이나 아크 현상에 관한 연구는 처음에는 흥미 본위로 시작되었다. 새로운 기술의 발달과 함께 19세기 말에는 이 분야에 비상한 관심이 모아졌다. 그런데 이 현상은 고전물리학의 입장에서는 도저히 설명할 수 없는 것이었다. 이를 돌파하기 위해서는 우선 물질의 수수께끼, 즉 원자의 구조를 연구하지 않으면 안되었다.

패러데이는 1830년대 전기와 자기가 서로 영향을 주는 전자기유도에 관한 연구를 통해서 고전압을 만들 수 있음을 알았다. 또 1851년 독일의 루홈콜프[25]는 수천 볼트의 전압을 만드는 데 성공하였고, 독일의 유리세공 숙련공인 가이슬러[26]와 그의 친구인 독일의 폴류커[27]는 양극과 음극을 삽입하고 봉해 버린 유리 진공관의 양극에 높은 전압의 전기를 통해 보았더니 그 순간 음극 쪽에서 양극 쪽으로 40cm 정도의 밝은 빛이 흘러가는 것을 발견하고 이를 음극선이라 불렀다. 이 음극선의 정체는 1897년 영국의 물리학자인 톰슨에 의해서 전자의 흐름이라는 사실로 밝혀짐으로써 물리학 연구에 유력한 돌파구가 생겼었다.

한편 1876년 독일의 물리학자 골드슈타인[28]은 음극선에 대한 세심한 연구 끝에 1890년 드디어 이 선이 원자보다 아주 가벼운 전자로 되었음을 밝혔다. 그리고 미국의 물리학자인 밀리컨[29]은 전자의 전하측정에 성공하였다. 이어 러더퍼드가 양전기를 띤 원자핵을 1920년에 발견하였다. 그러나 양전기를 띤 원자핵, 음전기를 띤 전자가 어떻게 해서 중성의 원자를 구성하는가 하는 문제는 여전히 풀리지 않은 채 남아 있었다.

신기한 빛

1895년부터 수년 사이에 획기적인 발견이 연달아 일어나 물리학계에 큰 변혁을 가져다 주었다. 1895년 독일의 물리학자 뢴트겐[30]은 음극선 연구를 하던

---

25) Heinrich Daniel Ruhumkorff, 1803~77
26) Heinrich Geissler, 1814~79
27) Julius Plüker, 1801~68
28) Eugen Goldstein, 1850~1931
29) Robert Andrews Millikan, 1868~1953
30) Wilhelm Konrad Röntgen, 1845~1923

중에 물질을 투과하는 불가사의한 빛, 즉 X
선을 발견하였다. 1896년 1월 23일, 그는 이
발견에 관한 최초의 강연을 하였다. 강연이
끝난 뒤 뢴트겐은 실험대에 설 사람은 없느
냐고 묻자, 곧 80세의 주름잡힌 손이 X선 기
계 위에 올려졌다. 그 사람은 스위스의 해부
학자이자 생리학자인 쾨리커였다. 그의 손이
X선 사진으로 찍히고 그의 손뼈가 화면 위에
선명히 보였다. 박수갈채가 터져나왔다. 이로
써 뢴트겐은 1901년 최초로 노벨 물리학상을
받았다. 이 과학적인 발견 소식은 온 세계를
흥분의 도가니로 만들었고 과학연구에 큰 자
극을 주었다.

　　이에 자극을 받은 프랑스 물리학자 베크
렐[31]은 광물질 중에 X선처럼 방사하는 물질
이 있는가를 조사하였다. 우연한 기회에 그는
우라늄과 칼륨의 황산복염을 두꺼운 검은 종
이로 싼 다음, 사진건판 위에 올려 놓은 수시

퀴리 부인

간 뒤에 사진건판이 감광된 것을 확인하였다. 즉 태양광선을 쬐지 않았는데도 사
진건판이 감광됨으로써 새로운 복사선이 존재한다는 사실이 확인되었다. 특히
그 원인이 우라늄원소에 있다는 사실을 밝혔다. 이것은 자연방사능의 첫 발견으
로 이 새로운 복사선을 "베크렐선"이라 명명하였다.

　　한편 이와는 독립적으로 퀴리 부인[32]은 1898년 우라늄 광석인 피치블렌드
폐기물 8톤 속에서 보다 강력한 방사능을 지닌 두 종류의 원소를 발견하였다.
그것은 비스무트와 유사한 폴로늄(퀴리 부인의 조국인 폴란드를 기념한 이름)과
매우 미량 존재하는 라듐이었다. 이 두 원소도 방사선을 내고 있음을 확인하였다.

　　퀴리 부인은 방사능 연구에 적절한 실험실을 건립하는 것이 오랜 동안의 바
람이었는데, 1914년 파리에 라듐연구소가 세워지고 그녀가 소장으로 취임하였
다. 그해에 제1차 세계대전이 일어났다. 그녀는 X선 촬영장치를 자동차에 싣고
딸 이렌과 함께 전선으로 나가서 부상자들에게 X선사진으로 탄환이 박힌 곳을
찾아내어 적절한 수술을 받도록 하였다. 100만 명 이상의 부상자가 이 혜택을
받았다. 한편 그녀는 당시 부족했던 X선 기사를 조직적으로 양성하였다. 1921년
퀴리 부인이 미국에 초청되어 갔을 때, 뉴욕에서 폴란드의 유명한 피아니스트 파

---

31) Antoine Henri Becquerel 1852~1908
32) Marie Sklodowska Curie, 1867~1934

데레프스키와 재회하였다. 파데레프스키는, 마리가 처량한 학생 시절 파리에서 자신의 연주를 들었던 사람이라고 회상하였다.

퀴리 부인의 생애의 대부분은 가난하였다. 그들 부부는 자신들의 발견에 대하여 특허를 따내지 않았고, 누구나 그 발견의 혜택을 고루 받기를 바랐다. 그리고 노벨상이나 기타 상금은 연구를 위해서만 사용하였다. 그들의 연구 중 뛰어난 응용은 방사선에 의한 암 치료이다. 그녀는 오랜 동안 방사선에 노출된 탓으로, 고통을 받으면서 죽는 날까지 견뎠다. 결국 방사선 장해로 사망하였다. 그녀는 파리 근교의 부군의 묘 옆에 안치되었고, 그 무덤에는 그녀의 여동생들이 폴란드에서 가져온 한 줌의 흙이 뿌려졌다.

퀴리 부인의 연구는 제자이기도 했던 장녀 이렌 퀴리[33]와 프랑스의 물리학자인 사위 졸리오 퀴리[34]에게 인계되었다. 두 사람은 인공방사능을 만들어내는 데 성공하여 1935년 노벨 화학상을 수상함으로써 퀴리 집안에 세 개의 노벨상을 받는 영광이 안겨졌다. 이렌 졸리오 퀴리는 1936년 인민전선 내각의 국무상, 라듐연구소 소장, 원자력위원회 회원을 지냈다. 이들은 제2차 세계대전이 발발하자 우라늄의 핵분열에 의한 연쇄반응을 일으키는 연구를 시작하였다. 1940년 프랑스가 독일에 항복하자 졸리오 퀴리 부처는 원폭연구에 필요한 중수소를 독일군의 손에 들어가지 않도록 비밀리에 외국으로 빼돌렸고, 두 사람은 프랑스에 남아 지하운동에 가담하였다. 그녀 역시 어머니처럼 방사선 장해로 세상을 떠났다.

독일의 물리학자 가이거[35]는 방사선을 검출하는 간단하고 확실한 방법을 고안하여 핵물리학에서의 여러 발견을 가능하게 하였다. 이로써 방사성 광물의 검출과 방사능의 강도를 순간적으로 확인할 수 있도록 만들었다.

원자핵 인공 변환

영국의 물리학자 러더퍼드는 원자핵물리학에 근본적으로 중요한 두 가지 사실을 발견을 하였다. 한 가지는 원자가 작은 중심핵과 그 주위를 도는 전자로 되어 있다는 원자의 기본적 구조를 밝힌 점이고, 또 한 가지는 원소의 인공변환을 최초로 실험한 점이다. 그는 이 분야에 관련된 많은 물리학자에게 격려와 지도를 아끼지 않았다. 그의 지도를 받은 사람 중에서 4명이 노벨상을 받았다. 뿐만 아니라 제1차 세계대전 중에는 연구위원회의 위원장으로서 잠수함 발견용 청음기를 발명하였다. 그후 왕립연구소장, 왕립학회장을 지냈다. 그는 핵물리학의 아버지이다.

1919년 러더퍼드는 천연의 방사선인 α선을 이용하여 원자핵 반응을 연구하

---

33) Irene Joliot Curie, 1897~1966
34) Jean Frédélic Joliot-Curie, 1900~58
35) Hans Geiger, 1882~1945

였다. 원자핵의 존재를 확인한 그는 α선을 질소에 충돌시켜 질소원자가 수소와 산소의 동위원소로 전환한 것을 확인하였다.[36] 이것은 인류가 원자를 인공적으로 변환시킨 역사적인 실험으로서, 중세 연금술사의 꿈이 실현되었다고 볼 수 있다. 이를 인공 원자핵 변환이라 한다.

러더퍼드는 1933년 이후 독일의 나치주의에 격렬히 반대하고, 독일에서 추방당한 유태인 과학자의 구제에 전념하였다. 그렇지만 하버에 대해서는 냉담한 태도를 보였다. 그것은 하버가 독가스를 개발한 것에 불만을 가졌기 때문이었다. 그는 원자력 개발에 대해서는 부정적이었다. 이 점에 대해서는 매우 보수적이었다.

한편 이런 방사성 원소가 α입자를 방출하여 핵 변환을 일으킬 때는 원자번호는 2, 질량은 4가 감소한 새로운 원소로 변환하며,

러더퍼드

β선을 방출하는 경우에는 원자번호만 1이 증가하고 질량은 변하지 않는 새로운 원소가 생긴다는 사실이 밝혀졌다. 그리고 γ선을 방출하는 경우에는 원자번호나 질량에 아무런 변화가 없음이 밝혀졌다. 이를 방사성원소의 변이법칙이라 부른다. 이와 같은 연구결과로부터 모든 원소는 단순하고 균일한 것이 아니라 경우에 따라 화학적으로는 그 성질이 같으나, 물리적으로는 성질이 다른 원자를 포함하고 있다는 사실도 알았다. 이것은 동위원소 발견의 시초가 되었다.

그후 동위원소의 연구는 미국의 화학자 유리[37]가 1932년 처음으로 중수(重水)를 분리하고 수소의 동위체인 중수소(^2_1H)를 발견한 것을 시초로 질소, 산소, 탄소의 동위체를 분리하였다. 이러한 일련의 동위체 분리기술은 트레이서법 등에 활용되어 생물학 연구에 강력한 수단을 제공하였다. 그는 제2차 대전 후 수소폭탄 연구에 공헌했지만 핵무기로 인류가 위기에 직면하는 것을 가장 걱정하고 과학자의 사회적 책임을 통감하였다.

1932년 영국의 핵물리학자 채드윅[38]은 α선을 베릴륨 등 가벼운 원자핵에 충돌시키는 실험을 반복한 결과 생기는 입자는 양성자와 거의 같은 질량을 가지고

36) $^{14}_7N + ^4_2He(\alpha선) \rightarrow ^{17}_8O + ^1_1H$
37) Harold Clayton Urey, 1893~1981
38) Sir James Chadwick, 1891~1974

있지만 전기적으로 중성인 입자, 즉 중성자라는 사실을 해명함으로써 원자핵물
리학에 새로운 시대를 열었다.

한편 1934년 이렌-졸리오 퀴리 부처가 알루미늄에 α입자를 충돌시켜 핵반
응을 일으켜 보았더니, 천연에 존재하는 것과 꼭 같은 방사성원소가 생긴다는 사
실을 발표하였다. 즉 알루미늄의 원자핵과 입자가 반응하여 새로운 인공방사성
인이 생겼다(반감기 3.2분).[39] 인공방사성원소는 불안정하므로 자연적으로 붕괴
되면서 방사선을 방출하였다. 그리고 이 원소의 화학적 성질을 조사해 본 결과
그것은 인과 조금도 다름이 없음을 확인하였다.

또한 이러한 방사성 원소의 연구를 위해서 중요한 실험기구들이 발명, 개량
되었다. 그중에서도 영국의 물리학자 윌슨[40]이 창안한 안개상자는 유명하다. 이
장치와 그의 후속장치는 원자핵구조의 연구에 불가결한 도구가 되었다. 그리고
이러한 실험기구들은 계속 개량을 거듭하여 1932년 양성자와 중성자를 발견하는
데 큰 역할을 하였다.

페르미와 핵분열 반응

오스트리아 출신의 여성 물리학자 마이트너[41]는 방사성 붕괴와 그 과정에서
나오는 방사선을 연구한 최초의 과학자이다. 그녀는 중성자 충격에 의한 우라늄
의 핵분열을 사촌인 한[42]과 공동으로 연구하였다. 그리고 제2차 대전 중에는 나
치의 위협을 피해서 오랫동안 몸담고 있던 베를린의 연구소를 떠나 스웨덴으로
망명하였다. 그는 페르미상을 수상한 최초의 여성 과학자이다.

핵분열과 관련된 또 한 사람인 한은 독일의 방사화학자로서 핵분열 현상을
연구하였다. 그러나 그는 발표할 것을 꺼려하였다. 때마침 코펜하겐에 망명해 있
던 마이트너는 한으로부터 핵분열반응에 대한 설명을 들었다. 그리고 그녀는 미
국방문을 계획하고 있던 보어에게 발견의 중요성을 전하였고, 이 사실은 아인슈
타인에게 전해졌다.

한은 실제로는 독일을 위해서 핵에너지 연구에는 종사하지 않았다. 그는 인
류에 있어서 매우 중대한 발견을 하였다. 그것은 분명히 새롭고 막대한 에너지원
으로서, 놀랄 만한 파괴능력을 지닌 것이었다. 다행스럽게도 나치정권은 핵분열
에너지의 강력함에 귀를 기울이지 않음으로써 원폭 계획이 적극적으로 진전되지
않았다. 히틀러의 직관도 핵에너지의 가치를 인정하지 못했다. 한은 원폭이 투하
되자 그 책임을 느끼고 한때 자살하려고 하였다. 그는 제2차 세계대전 후 독일

---

39) $_{13}^{27}Al + _2^4He \rightarrow _{15}^{30}P + _0^1n$, $_{15}^{30}P \rightarrow _{16}^{30}Si + _{-1}^0e$
40) Charles Thomson Rees Wilson, 1869~1959
41) Lise Meitner, 1878~1968
42) Otto Hahn, 1879~1968

원폭계획에 연루되어 취조를 받기 위해서 다른 물리학자와 함께 8개월간 영국에 억류되었다가, 독일에 돌아와 1946년 카이저 빌헬름 연구소의 총재로 취임하였고, 그해 막스 프랑크 연구소가 탄생되면서 초대소장으로 임명되었다. 그는 1957년 서독이 원폭제조에 참가하는 것을 반대하였다.

핵무기 개발의 주인공인 이탈리아의 페르미[43]는 1935년 초우라늄 원소(92번 원소 이상)를 만들 생각에서 중성자를 우라늄에 충돌시키는 실험을 하는 도중에 불가사의한 사실을 발견하였다. 이 현상은 너무 신기하였으므로 많은 과학자들이 이에 관심을 두고 연구를 거듭하였다. 그 결과 1938년부터 1939년 사이에 우라늄핵이 분열할 때 동시에 2~3개의 중성자가 방출되면서 연쇄반응을 일으키며, 그때 막대한 에너지가 방출될 것이라는 사실이 이론적으로 확인되었다.[44]

페르미(왼쪽)와 보어(오른쪽)

핵분열과 연쇄반응이 일어날 때, 방출되는 이 막대한 에너지는 전쟁에 이용될 경우에 놀랄 만한 파괴력을, 또 평화적으로 이용될 경우에 인류에게 무한한 희망을 안겨 줄 수 있다. 따라서 나치정권이 먼저 이 에너지를 악용할 경우 큰 일이라고 생각한 아인슈타인은 1939년 8월 2일 원자폭탄 제조의 가능성을 시사한 한 통의 편지를 루스벨트 대통령에게 보냈다. 사실상 독일도 원자폭탄의 연구를 비밀리에 진행하고 있었으나, 1943년 이후 동부와 서부 전선으로부터 맹렬한 공격을 받았기 때문에 연구의 진척이 매우 부진했었다. 한편 1939년 10월, 미국에서 원자력자문위원회가 발족되자 원자폭탄의 개발계획을 수립하고, 1941년 말경부터 원자폭탄 제조를 강력하게 추진하였다. 이 계획이 유명한 맨하탄 계획 (Manhattan project)이다.

원자폭탄 제조의 첫 과제는, 우선 천연 우라늄 속에 겨우 0.7% 가량 함유된 우라늄(U-235)의 분리와 플루토늄(Pu-239) 제조였다. 우라늄-235는 속도가 늦은 중성자를 잘 흡수하여 쉽게 연쇄반응을 일으키므로 원자폭탄 개발에 매우 안성맞춤이었기 때문이다. 그리고 자연에 많이 존재하는 원자량 238인 우라늄은 연쇄반응이 어려우므로, 이를 플루토늄-239로 변환시켜 원자폭탄 제조에 이용하

43) Enrico Fermi, 1901~54

44) $^{235}_{92}U + ^1_0n \rightarrow ^{236}_{92}U \rightarrow ^{90}_{38}Sr + ^{144}_{54}Xe + 2^1_0n + E$

려고 하였다.[45]

이 계획에는 5만 이상의 과학자와 기술자, 그리고 수만 명의 노동자가 동원되었고, 20억 달러의 개발비가 투자되었다. 1942년 12월 2일, 오후 3시 45분 시카고대학 운동장에 설치된 원자로(atomic pile)에서 핵분열반응이 확인되었다. 콤프턴은 관계자에게 비밀전보로 "이탈리아의 항해자가 신세계로 들어갔다"고 국무성에 타전하였다. 이로써 "원자력" 시대의 막이 올랐고, 인류는 "제2의 불", 즉 원자력을 자유로이 조절할 수 있게 되었다.

원자폭탄과 그 위력

핵분열 실험이 성공한 뒤 맨하탄 계획은 1943년 말부터 물리학자 오펜하이머와 공병부대의 그로브스 대령의 지휘로 급속도로 진행되어, 1945년 7월 16일 오전 5시 30분, 뉴멕시코주 아라모고드의 실험장에서 최초의 폭발실험이 성공리에 끝났다. 원폭의 방아쇠는 아라모고드 사막에서 폭발한 순간부터 과학자의 손을 떠나 정치가와 군인의 손으로 옮겨갔다. 그리고 미국 정부는 이를 일본에 사용할 것을 결정하였다. 원폭개발에 참여한 64명의 과학자들은 탄원서를 내어 원자폭탄 사용에 반대하였지만 결국 묵살되었다. 헝가리계 미국 물리학자 질라드[46]는 원폭을 주민이 없는 곳에 투하할 것을 강력하게 주장하였지만, 군부 및 콤프턴과 같은 몇몇 과학자의 반대와 트루먼 대통령의 결단으로 결국 1945년 8월 6일, 세계 최초로 원자폭탄(원료는 90~95%의 농축 우라늄-235, 사용량은 15~25kg, 별명은 Little Boy)이 일본 히로시마에 투하되었다. 이어서 8월 9일에는 또 한 발의 폭탄(원료는 플루토늄 239, 사용량은 4~8kg, 별명은 Fat Man)이 나가사키에 투하되었다.

그 위력은 어떠했는가. 히로시마에 투하된 원자폭탄을 재래식 고성능 폭탄(TNT)으로 환산하면 약 2만 톤 정도의 위력이다. 제2차 세계대전 당시 사용된 TNT폭탄 한 개의 최대 위력이 10톤에 지나지 않았던 것을 고려하면 대단한 위력이었다. 원자폭탄이 재래식 폭탄에 비해서 매우 특징적인 것으로는 첫째, 파괴효과(폭풍효과)로서 폭심으로부터 반지름 1.5km 이내의 건물이 완전히 파괴되었고, 4km 이내는 통신과 교통이 두절되었다. 그리고 가스 파이프, 상하수도 시설, 창문유리 등이 파괴되었다. 둘째, 화상효과(열효과)로서 원자폭탄에 의한 피해자 중 4분의 3 이상이 화상을 입었고, 그중 반 이상이 죽었다. 셋째, 방사능효과인데 이것은 재래식 폭탄에는 없는 기능으로서 조혈기능의 저하 등 원자병을 일으키는 원인이 된다. 더욱이 그 피해는 유전 등 2차적 문제를 유발시킨다.

---

45) $^{238}_{92}U + ^{1}_{0}n \rightarrow ^{239}_{92}U \xrightarrow{-\beta} ^{239}_{93}Np \xrightarrow{-\beta} ^{239}_{94}Pu$

46) Leo Szilard, 1898~1964

리틀보이와 패트맨

　미국의 한 원자폭탄 피해 조사위원회의 발표에 의하면 사망자와 행방불명자 총수는 히로시마에서 9만 명, 나가사키에서 3만 명이었다. 또 1950년 히로시마 시당국이 발표한 바에 의하면 방사선 때문에 생긴 부상자의 상처는 현대 의학의 지식으로는 어찌할 수 없었고, 특히 자손에게도 영향이 있었다고 발표하였다. 어느 일본인 교수에 의하면 나가사키의 경우 사산아가 887명이었는데, 그중 142명이 기형아였다고 한다. 원자폭탄은 방사능을 가지고 있다는 점과 그 방사능에 의한 피해에 대해서 지금의 의학 지식으로는 유효한 대책이 없다는 점에서 생화학무기와 그 차원이 같다. 특히 방사선에 의한 기형유전은 커다란 사회 문제로서 전쟁이 낳은 비극의 일면이라 할 수 있다. 한편 원폭이 투하된 1주일만인 1945년 8월 15일 일본이 무조건 항복함으로써 제2차 세계대전은 끝났다.

핵무기 개발경쟁

　1945년 미국은 지구상에서 원자폭탄을 소유한 유일한 국가였다. 그러나 1946년부터 소련의 과학자들은 미국의 핵무기 독점에 대항하기 위해서 원자폭탄의 개발을 서둘렀고 1946년 말경에 원자로를 완성하였다. 1949년 9월 12일 마침내 소련도 원자폭탄 실험에 성공하였다. 소련의 원자폭탄 개발의 주인공은 1956년에 이르러서 정식으로 발표되었는데, 그는 물리학자 쿠루챠토프[47]였다. 소련의 원자폭탄 실험의 성공은 미국에 커다란 충격을 주었다. 원자폭탄의 독점이 깨진 것이다.

　한편 미국에서는 1949년 1월부터 수소폭탄 제조를 둘러싼 정치적 논쟁이 벌어졌다. 정부 당국이 수소폭탄의 개발을 주장한 데 반하여, 원자폭탄 개발의

---

47) Igor Vasilievich Kurchatov, 1903~60

최초의 수소폭탄 실험

주역이었던 오펜하이머[48]를 중심으로 많은 과학자들이 이를 반대하였다. 이 무렵은 매카시 상원의원의 영향이 최고조에 달하던 시기로 이러한 극우파의 영향 때문에 오펜하이머는 "위험한 인물"로 지목되어 청문회에 회부되었다. 그는 이 청문회에서 졌다. 1950년 1월 31일 트루먼 대통령은 수소폭탄 제조를 명령하고, 총책임자로 이론물리학자인 텔러[49]를 임명하였다.

수소폭탄은 핵융합반응이 진행될 때 방출되는 에너지를 이용한 폭탄이다.[50] 원자폭탄은 원자량이 큰 원소가 핵분열할 때 나오는 에너지를 이용한 것이지만, 수소폭탄은 수소, 중수소, 삼중수소, 리튬 같은 원소가 섭씨 100만 도 정도의 매우 높은 온도에 의해서 융합될 때 발생하는 열핵융합 에너지를 이용한 것이다. 미국 원자력위원회는 뒤퐁사와 계약을 체결하고 10억 달러의 예산으로 남캐롤라이나주에 수소폭탄 제조공장을 건설하였다.

미국은 1952년 11월 1일 에니웨톡 환초에서 원자폭탄을 기폭제로 예비 실험을 함으로써 인류 역사상 최초로 수소폭탄의 실험에 성공하였다. 이 수소폭탄의 위력은 고성능 화약 12메가톤에 상당하고, 원폭의 약 600배에 이르렀다. 이 폭발로 길이 1.6km, 깊이 50m의 커다란 구멍이 생겼고, 원자구름의 높이는 40km, 폭은 16km에 이르렀다. 흥미로운 사실은 미국의 수소폭탄이 액체인 삼중수소와 중수소를 사용한 습식폭탄인 데 반하여, 소련의 수소폭탄은 리튬에 중수

---

48) John Robert Oppenheimer, 1904~67
49) Edward Teller, 1908~
50) $^2_1H + ^2_1H \rightarrow ^4_2He + E$
$^2_1H + ^3_1H \rightarrow ^4_2He + ^1_0n + E$

소를 흡수시킨 건식폭탄으로[51] 항공기로 운반하기에 보다 편리하다는 점이다. 이에 자극을 받은 미국도 1954년 3월 1일에 태평양의 비키니 섬에서 건식 수소폭탄의 실험에 성공하였다. 그리고 1956년 5월에 수폭의 항공기 투하 실험에도 성공하였다.

비키니 섬에서 폭발된 수소폭탄은 15메가톤급으로서 히로시마형의 750배에 달하며, 폭탄의 외측이 우라늄 238로 둘러싸여 있기 때문에 폭발과 동시에 중성자를 흡수하고, 다시 핵분열하여 "죽음의 재"를 살포하였다. 죽음의 재는 폭발지점에서 200km 떨어진 일본 어선에 낙하되어 승무원 23명이 방사선 피해를 받았고, 그중 한 선원이 같은 해 9월에 급성 방사능증으로 사망함으로써 수폭 최초의 희생자가 되었다. 그리고 그곳에서 잡은 고기를 먹은 시민이 원자병에 걸렸다. 이 폭탄을 초우라늄 폭탄(3F폭탄)이라 부른다. 한편 미국의 수폭개발의 뒤를 쫓던 소련도 1953년 8월에 시베리아에서 수폭실험에 성공하였다. 소련이 1961년 10월에 북극에서 실험한 폭탄은 그 위력이 사상 최대의 것으로서 58메가톤에 이르렀다.

개발의 주인공인 탐[52]과 사하로프[53]는 1948년부터 수폭개발에 착수하였다. 탐은 에든버러대학에서 공부하고 고국에 돌아와 1917년의 혁명에 가담하였지만 공산당에는 가입하지 않았다. 그는 1958년 노벨 물리학상을 받았다. 사하로프는 1921년 5월 21일에 모스크바에서 태어나 아버지를 따라서 물리학을 지망하였다. 그는 비범한 과학적 재능을 보였고, 기체물리학자로서 연구생활을 시작하였다. 32세가 되던 1953년 소비에트 과학아카데미의 역사상 최연소의 정회원이 되었다. 그후 그가 소련에서 받은 영예는 사회주의 노동자영웅상, 레닌상, 소련영예상이 있고, 외국에서 받은 영예는 노벨 평화상이 있다.

그러나 1960년이 지나면서 사하로프의 활동상황이 달라졌다. 1968년에 발표한 유명한 논문「진보, 평화공존 및 지적자유」[54]는 소련에 있어서 핵무장의 소멸, 국제협력의 증강 및 시민의 자유의 확립을 요구한 내용이었다. 계속해서 1970년 그를 중심으로 소련 물리학자집단은 인권위원회를 구성하고, 세계인권선언에 표명된 원칙을 촉진하자는 성명을 발표하였다. 이로써 사하로프는 노르웨이 오슬로의 노벨 평화상 수상식에 참석할 수 없었고(부인이 대리참석), 1980년에는 고르기에 유형되고 말았다. 몇 년 후 구소련의 정치개혁으로 다시 모스크바로 돌아왔다. 억압에 저항하고 과학의 평화적 이용을 추구하는 그의 용기는 대단하였다.

---

51) $^6_3Li + {}^2_1H \rightarrow 2^4_2He + E$
52) Igor Yevgenyevich Tamm, 1895~1971
53) Andrei Dimitriyevich Sakharov, 1921~89
54) *Progress, Peaceful Coexistance and Intellectual Freedom*, 1968

핵실험에 대한 항의

이와 같은 미소의 핵무기 독점에 대항하고 국제 사회에서 강대국 대열에 끼어 들기 위해서 영국은 1952년에 원폭을, 1957년에 수폭 소유국으로 등록하였고, 이어서 프랑스가 1960년에 원폭을, 1963년에 수폭을 보유하게 되었다. 그러나 가장 놀라운 사실은 과학기술의 후진국 대열에 속해 있던 중국이 핵보유 국가가 된 사실이다. 중국은 1950년 12월, 과학원 소속의 원자력연구실을 발족시킨 뒤에 1958년 8월 연구용 원자로의 가동을 거쳐, 1964년 10월 최초로 고성능 화약 2만 톤급 원자폭탄을 실험함으로써 아시아 최초의 핵보유국이 되었다. 이어서 1965년 5월, 다시 7만 톤급 원자폭탄을 폭발시킴으로써 조만간 수소폭탄 실험에 착수하리라고 관계전문가들이 예측하였다. 예측은 적중했다. 1966년 5월에 초보적 성능의 첫 수소폭탄이 공중투하되었다. 이로써 중국은 네번째 수소폭탄 보유 국가로 등장하게 되었다. 이어서 인도가 1974년 5월 18일 6번째 원자폭탄 보유국으로 등장했다.

1963년 소련 공산당의 한 연설문은 프랑스의 핵무기가 전세계 보유량의 5%에 불과하지만, 외교면에서는 20~30%의 효과를 가진다고 지적하였고, 이어서 1965년 당시 중공이 직접적인 정치적, 군사적 영향력이 없다 하더라도 멀지 않아 아시아의 군사정세와 세계정세에 심각한 영향을 미칠 것이라고 하였다. 결국 핵보유 국가가 출현할 때마다 국제 정세가 다양하고 미묘하게 펼쳐져 과학기술의 힘을 실감나게 하였다.

핵무기의 소형화

이처럼 핵무기 보유국들이 세계적으로 늘어나면서, 초강대국들은 종래의 핵탄두를 끊임없이 개량하여 전술 전략적 가치를 한층 높이기 시작했다. 여기에서도 과학기술의 치열한 경쟁과 그 영향이 두드러지게 나타났다. 중성자탄의 실제 명칭은 "방사능 강화 핵탄두"로서 흔히 초미니 수소폭탄이라 부르기도 한다. 미국 군부가 이 폭탄을 구상한 의도는 오염을 최소한도로 줄이면서 보다 사용하기 쉽게 하기 위해서라는 표면적인 이유보다는, 바르샤바 조약군의 막강한 전차군단을 의식했기 때문이다.

이 핵폭탄이 전투지구의 상공에서 폭발할 경우, 많은 전투원을 살상할 수 있지만, 비군사적인 시설이나 그 지역의 비전투원에게 주는 손해는 최소화할 수 있고, 한정된 핵전쟁을 할 수 있을 것으로 군사 전문가들은 전망하고 있다. 이 계획은 카터 대통령이 1979년도 국방예산 중에 이를 책정함으로써 현실화되었다. 이 결정은 당시 세계적인 여론을 불러일으켰고, 국내적으로는 정치문제로 비화되었다. 이미 1950~60년대에 미국의 로렌스 리바모어 연구소에서 몇몇 과학자가 주동이 되어 이런 종류의 무기의 개발 가능성을 검토한 바 있었고, 그 후에도 연구활동이 계속되었다.

중성자탄은 핵분열반응과 핵융합반응의 양자를 혼합한 것으로, 랜스미사일과 8인치 유탄포의 포탄용으로 개발되었다. 이 폭탄을 폭발시키면 일차적으로 핵분열 반응이 일어나고, 이어서 핵융합반응이 촉진되면서 고속의 중성자가 방출된다. 이 폭탄이 "중성자탄"이라 흔히 불리는 이유가 바로 여기에 있다. 따라서 중성자탄이 라는 명칭은 같은 부류의 다른 무기보다 많은 중성자를 방출한다는 의미로 보아도 좋다재래식 핵무기의 방사능 비율은 15%, 중성자탄의 방사능은 비율 35%). 탱크의 경우 중성자탄은 탱크 그 자체를 파괴하는 것이 아니라 전차 승무원만을 살상시킬 수 있다.

이 같은 성능을 지닌 중성자탄이 전술면에서 얼마만큼 그 효과를 나타낼지는 예상하기가 어렵다. 그러나 이 폭탄이 소형이기 때문에 국지전이나 제한전쟁을 위해서 사용될 경우, 어떤 재래식 무기보다 큰 효과를 가져올 것이다. 특히 탱크는 이 무기 앞에 무능력하게 된다. 다시 말해서 탱크 그 자체는 파괴되지 않지만 그 안에 타고 있던 승무원이 많은 방사선을 받고 무력하게 될 때 그곳에서의 전투 양상이나 전황은 크게 달라질 것이다. 만약 대형폭탄이 사용될 경우 곧 상대방에 의한 보복 사용 가능성이 높아짐으로 경우에 따라서는 세계대전 발발의 가능성이 높고, 인류의 운명은 구제받기 어렵게 된다. 그러나 중성자탄은 이런 가능성을 극소화하는 면도 있다.

점차 핵폭탄의 소형화가 진전되어 가고 있다. 최근에 발표된 미국의 핵배낭이 그 좋은 예이다. 이 폭탄은 약 30kg 정도이지만 그 파괴력은 고성능 폭약 10톤 정도이다. 따라서 적군 후방의 비행장이나 사령부, 그리고 군수기지에 깊숙이 침투하여 이를 장치한 후에 원격조정으로 폭파시켜 적군 후방을 교란하는 등 단기 소규모전에는 안성맞춤이다.

대체 에너지로서의 원자력

현재 선진국이든 중진국이든 모든 국가의 정책은 경제발전에 초점을 맞추고 있다. 그런데 이 경제발전의 토대는 충분히 이용할 수 있는 모든 에너지 자원을 확보하는 데 있다. 왜냐하면 풍부한 에너지 자원은 국가의 번영을 위해서 매우 중요한 요소일 뿐만 아니라, 높은 생산수준을 유지하는 기초이기 때문이다. 그러 므로 현재는 물론 미래의 경제상황을 예상할 경우, 에너지 자원이 경제발전의 중요 인자라는 사실이 더욱 명확해지고 있다.

원래 인류에게는 "활동 에너지"라는 것이 있다. 이 에너지는 인류가 생명을 유지하기 위해서 소비하는 식량 에너지를 제외하고, 일상용품 등을 생산한다든 가 소비하는 데 소요되는 에너지를 말한다. 그런데 활동 에너지의 증가율은 1890년부터 1970년까지 매년 약 7%씩 대개 10년에 두 배로 증가하였다. 더욱이 최근에는 인구의 급속한 증가, 중진국의 공업화 정책에 따른 산업의 확대, 산업형태의 전환, 전기제품의 수요증가, 수송의 간편화 등으로 에너지 소비가 더욱 가속되어 가고 있다. 또한 국민 소득과 에너지 소비량과의 관계를 보면, 국민소 득이 신장하는 만큼 에너지 소비량도 증대되고 있고, 대체적으로 경제성장 속도 와 같은 수준으로 에너지 수요가 증가하고 있다. 이와 같은 현상은 세계 각국의 에너지 수급계획에 커다란 문제를 안겨주고 있다.

이처럼 에너지 수요가 증가해 간다는 사실은, 많은 나라에 공통되는 역사적 경험이다. 따라서 세계 모든 국가의 에너지 자급률은 날로 심각성을 드러내고 있 다. 우리나라의 경우 자급률은 1992년 현재 8.1%, 최대 발전량은 2천 1백 85만 kW, 예비 전력은 52만kW로서 2.5%에 불과하다(적정비율은 15%). 더욱이 89 년부터 3년간 우리나라의 석유 소비증가율은 19%로서 세계 제1위이다. 일본도 13.6%로서 심각성을 드러내고 있다.

화석 에너지의 매장량과 소비율을 감안한다면, 하루 빨리 화석 에너지 이외 의 새로운 에너지 자원을 연구, 개발해야 한다. 현재까지 재래식 동력원인 화석 원료나 수력과 경쟁할 수 있는 새로운 대체 에너지로는, 여러 에너지 중에서 원자 에너지가 가장 유력시되어 왔다. 따라서 어떤 국가를 막론하고 에너지 자원의 수요를 충족시키기 위해서 원자 에너지를 개발하고 있는데, 화석 에너지의 절약 이라는 이유 이외에 또 다른 이유가 있다. 그 까닭은 포장수력과 화석연료의 부족, 그리고 군사상의 필요 때문이다.

제2차 세계대전이 끝난 후, 세계 각국 정부와 과학자들은 원자 에너지의 평화적 이용, 즉 동력으로서의 원자 에너지에 커다란 관심을 모았다. 그중 전기 에너지를 발생시키기 위한 발전용 원자로에 대한 연구가 한층 열기를 띠었다. 그 까닭은 종래의 발전시설 이상으로 대규모화가 가능하여 경제성이 향상된다고 인식 하였기 때문이다.

소련은 1953년 원자력 발전소의 건설에 착수하여 1954년 6월에 완성하고 가동을 시작하였다. 이 발전소는 열출력 5만kW, 전기출력 3천kW로서, 열효율 17%였다. 이때 원자력 발전용 핵연료로서는 5%의 농축우라늄 55kg이 사용되었다. 한편 영국도 1956년 10월에 발전용 원자로 제1호기의 운전을 개시하였다. 그의 전기 출력은 10만kW로서 사용된 연료는 천연우라늄이었다. 이로써 영국은 상업용 원자력 발전의 선구자가 되었다. 영국과 소련의 원자력 개발에 자극을 받은 미국은 1955년 항공모함용 원자로를 발전용으로 개조하고, 그 건설에 착수하여 1957년에 완성하였다. 열출력은 25만kW, 전기출력은 6만kW였다. 특히 미국은 경제적으로 원자력 산업의 잠재 시장을 선취하기 위하여 여러 국가와 핵연료 공급에 관한 협정을 맺었는데 우리나라도 그중 하나이다.

체르노빌 원자력발전소의 사고

1986년 4월 26일 인구 4만 5천인 소련의 체르노빌시에 위치한 원자력 발전소에서 사고가 발생하였다. 소련이 국제원자력기관(IAEA)에 이 사고에 관한 보고서를 제출한 것은 1986년 8월 14일이다. 보고서에 따르면, 사고는 체르노빌 원자력 발전소 제4호 원자로에서 일어났다. 사고 원인은 외부전원이 상실될 경우에 터빈의 타력 회전으로 전원을 얻는 실험을 실시하는 도중, 운전원의 실수로 핵분열을 제어하지 못한 상태에서 일어났다고 한다. 사고가 일어난 것은 4월 26일 새벽 1시 3분 44초로서 평상출력의 100배에 이르는 출력이 급상승하고, 그 결과 연료봉이 순식간에 녹으면서 냉각수와 접촉하여 수증기 폭발이 일어난 것으로 추측하고 있다. 계속해서 2~3초 후에 다시 폭발이 일어났다.

이 두 번의 폭발로 1500m 상공까지 대량의 흑연(감속제)이 타면서 날아갔고, 연료인 우라늄도 함께 날아갔다. 타면서 날아간 흑연에 의해서 약 30곳에 동시에 불이 붙었고, 주로 4호기의 터빈 건물의 지붕과 인접한 3호기의 지붕으로 불이 옮겨 붙었다고 한다. 결사적인 소방대의 진화작업으로 불은 오전 5시경 꺼졌지만, 노심으로부터 대량의 방사능이 방출되었다. 노심의 온도를 내리고 방사능의 방출을 줄이기 위하여 군사용 헬리콥터가 붕소, 모래, 점토, 납 등 모두 5천 톤의 진화용 물질을 원자로에 투하하였다. 5월 6일이 되어서야 방사능의 방출이 격감되었다. 이 사고로 입원한 2백 3명 중 29명이 죽었다. 이 외에 사고당일 현장에서 중상으로 1명, 원자로와 함께 묻혀 버린 1명을 포함하여 모두 31명이 죽었다(6천~8천 명으로 추측하는 사람도 있다). 모두가 초기 소화작업에 참가한 소방대원이었다. 더욱이 입원환자 전원이 급성방사선증에 걸려 있었다.

이 사고로 원자로 내에 축적되어 있었던 방사능의 약 3.5%가 외부로 방출되고, 그중 3%가 반지름 30km의 지대에 침착하였다. 그리고 나머지 0.5%의 방사능이 유럽 각국 및 동부 아시아까지 확산된 것으로 추정되고 있다. 물론 장소에 따라서 농도의 차이가 있겠지만, 발전소 주변 전체는 1억 퀴리 가깝게 방사능에 오염되었고, 발전소로부터 반지름 약 30km 안에 살고 있던 주민 13만 5천

명이 피난길에 올랐다. 이들 주민은 평균 45렘의 방사선을 맞았으므로 이후 장기간에 걸친 감시가 필요하다고 한다. 어떤 사람은 히로시마형 원폭의 10배로 추측하고 있다.

그러나 사고 후 3년이 지나서 소련, 백러시아 공화국 정부는 체르노빌 사고로 오염된 20여 부락주민을 새로이 소개시킬 방침을 세웠다고 한다. 체르노빌로부터 50km 떨어진 우크라이나 공화국의 한 동네에서 형상이 달라진 가축이 탄생하였고, 갑상선 이상의 아이들이 증가했다고 전해지고 있다. 한 논문에 의하면 방사능 오염 등 환경문제를 일으키고 있는 지역은 20만km²로서(우리나라의 총면적은 22만km²) 이 지역에 살고 있는 주민의 대다수는 평균 5.3렘의 방사능을 맞았다고 한다. 역사상 최악의 원자력 발전소 사고였다. 지금 체르노빌 4호는 70m의 거대한 콘크리트 무덤으로 모습이 바뀌었고, 나머지도 콘크리트로 처리할 계획이라 한다.

입자가속기

핵물리학의 발전과 함께 우주선(宇宙線)에 관한 연구도 시작되었다. 그 까닭은 우주선에 의해서 새로운 입자가 생기고, 그 입자를 연구함으로써 원자의 기본입자, 즉 소립자를 연구할 수 있기 때문이다. 그러나 우주선에 의해서 생기는 입자의 빈도가 너무 적어서 기본입자의 상세한 연구가 곤란하였다. 따라서 연구를 더욱 효과적으로 하기 위해서는 대형가속기의 연구가 선결 문제였다. 따라서 1930년대에는 여러 종류의 가속장치가 출현하였다.

미국의 물리학자인 반 데 그라프[55]는 정전고압 기전기를 창안하여 제작하였다. 실용모델은 1929년에 만들어져 처음에는 8만 볼트로 작동되었지만 곧 2백만 볼트로 높여졌고 다시 5백만 볼트로 높아졌다. 또 그는 동료들과 협력하여 이 기전기를 X선의 발생에 사용하도록 개량하여, 최초로 1MeV의 X선발생기가 1937년 보스톤의 병원에 설치되었다. 이 기계는 체내의 종양의 방사선 치료에 이용하였다. 또한 제2차 세계대전 중에는 미국 해군으로부터 군수품의 X선시험을 위해서 2MeV의 기전기 5대의 생산을 위탁받았다. 이 경험으로 기전기의 상품생산을 위한 HVEC(High Voltage Engineering Corporation)이 설립되었다. 이 회사는 반 데 그라프 기전기를 과학적, 의학적, 공학적 연구 등의 다양한 목적을 위해서 발전시켜 나아갔다. 이것은 지금도 사용되고 있다.

콕크로프[56]는 영국 물리학자로서 월튼[57]과 공동으로 71MeV의 입자가속기를

55) Robert Jemison Van de Graff, 1901~67
56) Sir John Douglas Cockcroft, 1897~1967
57) Ernest Thomas Sinton Walton, 1903~

만들어 양성자를 가속시켜 리튬에 충돌시켜 알파입자, 즉 헬륨 원자핵을 발생시 킴으로써 1932년 인공 핵변환에 성공하였다. 콕크로프의 전압 증폭장치는 여러 입자가속장치 중에서 최초의 것이었다. 이것은 자연 환경에서 만들 수 없는 원자 구성입자의 연구를 가능케 하였다. 또한 이 장치는 방사성동위원소를 만드는 데 있어서도 매우 유용하다는 사실이 입증되었다.

높은 에너지로 입자를 가속하는 데 적합한 것으로는 사이클로트론이 있다. 이 전에 고안된 선형 가속장치는 그 모양이 너무 길어서 불편하므로 1930년대부터 전자석의 자기장 속에서 입자를 빙빙 돌려 가속시키는 방법을 고안하였다. 이것 이 사이클로트론이다. 이를 고안한 사람은 캘리포니아대학의 로렌스[58]이다. 그는 이것으로 양자를 40MeV까지 가속시킬 수 있었으나 그 이상은 불가능하였다. 또 한 방사선 물질이 방사하는 β선을 가속하는 베타트론도 설계되었다. 1941년 도 날드[59]가 처음 제작한 것은 23MeV의 것이었고, 1945년 GE회사가 만든 것은 100MeV였다.

1945년 미국에서 강력한 가속기인 싱크로사이클로트론이 발명되었다. 이것 은 가속용 고주파의 주파수를 조정함으로써 양성자를 1천 4백MeV까기 가속시 킬 수 있다. 이 정도면 중간자를 만들어 낼 수 있다. 그런데 높은 에너지의 입자 를 만들려면 보다 큰 원형 전자석을 만들지 않으면 안된다. 8백MeV 정도로 가 속하려면 1백 톤의 전자석이 필요했으므로 경제적으로 어려운 점이 많았다. 1955년 캘리포니아대학에서 5.64GeV의 양성자를 만들어내는 베바트론을 건설하 고 이것을 이용하여 양성자의 반입자인 반양성자를 발견하였다.

또한 1957년 미국 캘리포니아 대학에서 싱크로트론을 건설하였다. 이것은 사이클로트론과 베타트론의 가속방식을 병용한 것으로 양성자의 에너지를 2천 5 백MeV까지 높일 수 있다. 이 가속장치를 코스모트론이라고 부른다. 이어서 1961년 30GeV의 양성자를 만드는 싱크로트론을 건설하였다. 이 장치의 지름은 170m나 되었다. 한편 소련은 1959년 10GeV의 싱크로트론을 완성하였다. 그 지 름은 60m, 전자석의 철의 무게는 3만 6천 톤이었다. 그리고 1966년에 지름 5백 m, 50~70GeV의 양성자를 만드는 세계 최대의 가속장치를 완성하였다. 이 분야 에서도 미소 두 나라는 치열한 경쟁을 벌여왔다.

이와 같은 가속기의 대형화와 더불어 그 제작 비용이 너무 비싸므로 1953년 미국의 리빙스톤은 원운동을 하는 하전입자의 흐름을 가능하게 하여 전자석을 절약하는 방법을 착안하였다. 이 방법을 이용하여 서유럽 여러 나라가 협력하여 1960년 제네바에 30GeV의 양성자 싱크로트론을 완성하여 유럽 각국이 공동관 리하면서, 이용하고 있다.

58) Ernest Orlando Lawrence, 1901~1958
59) W. Kerst Donald, 1892~

한편 가속기를 이용한 원자핵반응의 연구는 부수적으로 생성되는 방사성 동위원소를 이용하는 새로운 분야를 열었다. 버클리에는 사이클로트론을 중심으로 원자핵물리학자, 화학자, 생물학자, 의학자 등 여러 분야의 과학자로 모임이 구성되었다. 1936년에는 연간 2만 8천 달러의 예산으로 캘리포니아대학 방사선연구소가 설립되었는데, 1940년 무렵 이 연구소로부터 발표된 논문수는 163편에 달했고, 76명의 연구자가 활동하였다.

우주선

1912년 오스트리아의 헤스[60]는 우주선이 지구에 내려 쏟아진다는 사실을 처음으로 확인하였다. 그러나 우주선의 연구가 활발하게 시작된 것은 1930년 이후의 일이었고, 우주선의 연구가 우주물리학과 연결된 것은 1945년 무렵이었다. 우주선은 은하계 안에서 어떤 입자가 서서히 가속되어 발생하는데, 특히 에너지가 높은 우주선은 초신성의 폭발로 방사된 입자가 은하계의 자기장 안에서 가속되는 것으로 추측되었다. 또 태양이 폭발한 뒤에 지구상에 우주선이 증가한다는 사실로부터 낮은 에너지의 우주선이 태양에서 발생한다는 사실도 밝혀졌다.

제2차 대전 후 우주선의 관측기계가 더욱 개량되고 그 수가 증가함으로써 우주선 관측의 규모가 더욱 커졌고 기본입자의 연구에 귀중한 자료를 제공했다. 영국의 파웰[61]은 특수한 원자핵 건판을 발명하고, 이에 찍힌 입자의 자국을 현미경으로 조사하는 방법을 이용하여 양자에 의한 중성자산란을 연구하였다. 그는 1947년부터 국제적인 연구그룹을 조직하고 고공의 기구나 높은 산에서 얻은 우주선 입자를 이용하여 인공가속기로서는 불가능한 고에너지 핵반응을 연구하여 1947년 일본의 물리학자 유카와 히데키[62]가 예언한 π중간자의 실재를 확인하였다.

1932년 원자핵 연구로부터 중성자와 중성미자, 그리고 양전자가 발견되면서 기본입자 연구가 더욱 활발하게 되었다. 그 예로서 일본의 유카와 히데키는 중간자론을 발표하였다. 그는 중성자와 양성자를 총칭하여 핵자라 불렀고, 핵자와 핵자 사이에 강한 인력이 작용하는 것은 중간자 때문이라고 지적하였다. 처음에 이 사실은 학계의 주목을 끌지 못하였으나, 1937년 우주선 속에서 중간자가 발견됨으로써 그의 이론이 각광받았다. 지금 발견된 중간자의 수는 수십 종류나 되지만 그중 π중간자가 가장 가볍다. 이것은 기본입자의 연구를 더욱 자극하여, 기본입자의 이론인 소립자이론이 물리학의 한 분과로 발전하였다.

미국의 물리학자 앤더슨[63]은 1932년 우주선 속에서 기본입자인 양전자를 발

---

60) Victor Franics Hess, 1883~1964
61) Cecil Frank Powell, 1903~69
62) 湯川秀樹(Yukawa Hideki), 1907~81
63) Carl David Anderson, 1905~

견하였다. 양전자의 발견이 늦은 것은 그 수명이 매우 짧은 까닭이다. 양전자가 음전자와 충돌하면 전기적으로는 중성이고 정지질량을 소유하지 않는 두 개의 광자로 α선으로 변환하고(쌍소멸), 또 광자가 원자핵 근방의 강한 장의 작용에 의해서 음, 양 두 개의 전자가 쌍으로 생기는 현상도 발견되었다(쌍생성).

앤더슨은 이론적으로 예언된 양전자와 μ중간자(당시에는 중간자로 착각하고 이렇게 불렀으나 지금은 뮤온이라고 부름)를 1937년에 발견하였다. 뮤온이라는 기본입자는 안개상자에서 날아간 자국을 조사하는 과정에서 추리된 것으로, 그 질량은 전자와 양성자의 중간에 위치한다. 유카와 히데키는 처음에 이 새로운 입자를 핵자 사이의 강한 핵력을 매개하는 입자라 착각하고 이 새로운 입자를 메소트론이라 불렀다(후에 이를 줄여 메손이라 불렀다). 이 입자는 핵자와 강한 상호작용이 없다는 사실이 후에 밝혀지고, 유카와가 예언한 입자가 아니라는 사실이 판명되었다. 1947년 파웰이 핵자와 강한 상호작용을 하는 진정한 메손을 발견했는데, 이것이 유카와가 예언한 입자라는 사실이 밝혀졌다. 지금 뮤온은 중간자에서 제외되고 있으며 그 존재 이유는 분명하지 않다.

1930년대 초기에 물리학자들은 우주선에 관해서 논쟁을 벌였다. 미국의 물리학자 밀리컨은 유적실험을 통해서 우주선은 전자기파의 일종으로서 외계공간으로부터 지구의 자기장을 통과하는 과정에서 영향을 받지 않고, 곧바로 지상으로 향하여 온다고 주장한 반면, 독일의 물리학자 보데[64]는 "선"은 하전입자의 흐름으로서, 지구의 자기장에 의해서 구부러진다고 가정하였다. 또 콤프턴[65]은 여러 위도에서 우주선을 측정한 결과 분명히 지구의 자기장의 영향을 받고 있다고 주장하고, 그 속에 하전입자가 포함되어 있는 사실을 증명하였다. 이처럼 우주선은 새로운 기본입자를 발견하는 온상으로 혹은 기본입자의 성질을 연구하는 재료로 주목됨으로써 우주선에 관한 연구가 시작되었다. 그러나 본질적이고 또 본격적인 연구는 1930년대 이후의 일이었다.

1950년대의 후반에는 $10^{12}eV$의 우주선에 의한 입자 상호작용의 연구가 시작되었다. 다시 말해서 초고에너지의 양성자를 원자핵에 충돌시켜 π중간자나 새로운 입자를 많이 만드는 다중발생의 현상을 연구함으로써 원자의 구조나 기본입자의 성질을 밝힐 수 있는 문이 열렸다. 우주선에는 사실상 $10^{20}eV$까지의 초고에너지를 가진 입자가 존재하고 있다.

소립자 이론과 대통일 이론

자연계에 존재한다고 여겨지는 가장 기본적인 입자는 20세기 초기에 알고

---

64) Walther Wilhelm Georg Bothe, 1891~1957
65) Arthur Holly Compton, 1892~1962

있었던 광자, 전자 외에 원자핵을 구성하는 양성자나 중성자, 이를 결합시키는 핵력을 매개하는 파이중간자 등 여러 종류였다. 제2차 세계대전 후 우주선을 사용한 실험으로 그후 람다 입자라 불려진 당시까지 알려진 입자와는 분명히 다른 성질의 입자가 존재한다는 사실이 발견되었고, 그후 가속기를 사용한 실험에서 특히 핵력과 같은 강한 상호작용을 하는 하드론(강입자)이라 총칭하는 입자가 간간이 발견됨으로써, 수명이 짧은 입자까지를 포함한다면, 입자의 수는 백 수십 종 이상이 된다.

이러한 다수의 입자의 존재는 마치 원자핵이 그러했던 것처럼, 그것이 보다 기본적인 입자로 되어 있지 않나 하는 것을 예상케 하였다. 그러한 생각에 근거하여 기본입자의 복합모형의 연구가 크게 진전하였다. 하드론(양성자, 중성자, 람다 입자)의 복합모형은 쿼크모형으로 발전하였다. 쿼크모형의 제안 이후에 쿼크의 조사가 계속되었으나 쉽사리 그 증거가 얻어지지 않았다. 이러한 상황 속에서 쿼크의 실재성을 의심스러워 하는 분위기가 널리 퍼졌다. 따라서 쿼크의 실재성을 둘러싼 논쟁은 1960년대 후반부터 70년대 초기에 걸쳐서 철학적인 논쟁으로까지 발전하고, 한때는 19세기 말기의 원자의 실재성을 둘러싼 볼츠만의 원자론과 오스트발트의 에너지 일원론 사이의 논쟁과 같은 양상이 빚어졌다.

그러나 1974년 4번째의 참 쿼크의 발견으로 쿼크 모형에 대한 신뢰가 급속히 높아졌다. 그후에 새로이 발견된 보텀 쿼크에, 또 하나의 톱 쿼크를 포함하여 합계 6개의 쿼크가 존재할 것으로 예상되었다. 하드론 이외에 전자나 원자핵의 베타 붕괴시에 방출되는 뉴트리노처럼 강한 상호작용을 일으키지 않은 레프톤이라 불리는 입자도 쿼크와 같은 수로 존재한다고 예상되었다. 그러한 사실로부터 레프톤과 쿼크는 같은 수준의 물질이 아닌가 하는 대통일 이론의 연구가 진전되었다. 대통일 이론이 옳다면 하드론은 쿼크로 된 분자와 같은 것으로, 이때 원자에 대응하는 것이 레프톤과 쿼크가 되는 셈이다.

또 하나의 중요한 발견은 전자기 상호작용과 약한 상호작용의 통일이었다. 약한 상호작용이란 원자핵의 베타 붕괴와 같은 현상을 일으키는 힘으로, 그 강하기는 전자기력에 비해서 10^{-3} 정도로 적고, 또한 힘이 미치는 거리도 약 10^{-16} cm 정도로 매우 짧다. 미국의 와인버그[66]는 전자기력과 약한 상호작용이 통일될 것으로 예언하였는데, 1973년의 실험으로 어느 정도 증명되었다. 한편 1980년에는 처음으로 그들이 예언한 약한 상호작용을 매개하는 양자의 100배 정도의 무게를 지닌 입자가 발견되었다.

---

66) Steven Weinberg, 1933~

5. 현대천문학과 우주개발

현대천문학 발전의 배경

오늘날 천문학은 태양계 밖의 우주에서 일어나는 여러 현상을 연구대상으로 하는 천문학과, 인간이 직접 탐색기를 보내어 측정을 할 수 있는 태양계 내의 우주공간을 연구대상으로 하는 우주공간과학의 두 영역으로 크게 나눌 수 있다. 이러한 분류법이 확립된 것은 우주 개발경쟁으로 고성능 인공비행체가 출현한 20세기 후반의 일이었다. 20세기에 들어와서 천문학의 발전은 매우 눈부셨다. 1960년에 퀘이사, 펄스, 성간물질의 발견, X선천문학의 탄생, 새로운 우주론의 등장 등 여러 중요한 사건이 천문학계에서 일어났고, 또한 우리들의 우주관도 크게 변모하였다.

현대천문학계에서 폭넓은 우주의 인식이 가능한 배경으로, 관측수단의 눈부신 발전과, 관측결과를 해석하기 위한 물리학이론의 커다란 진보, 그리고 20세기 물리학과 기술의 발전을 꼽을 수 있다. 그러므로 현대천문학은 20세기 과학기술의 총체적인 성과를 토대로 구축되었다고 해도 과언이 아니다. 더욱이 20세기에 들어와서 발전한 상대성 이론, 양자론, 원자핵물리학, 플라스마 물리학 등 최첨단 물리학의 도움을 받아서 성립되었다. 이런 의미에서 볼 때 현대천문학은 '우주물리학'의 성격이 강하다.

한편 천문학에 있어서 새로운 관측수단의 비중이 커졌다. 거대한 반사망원경, 전파망원경, 인공비행체 등이 바로 그것이다. 그리고 이를 건설하고 연구하기 위해서는 거액의 건설비와 유지비가 필요하였으므로 현대천문학은 오늘날 가장 대표적인 거대과학의 하나이다. 따라서 현대천문학의 발전은 후원자의 상황에 크게 좌우되며, 사회정세가 천문학의 발전에 직접 영향을 주었다.

거대망원경과 은하우주

20세기 초기의 천문학은 망원경의 개량과 상대성 이론의 영향으로 비약을 거듭 하였다. 1864년의 항성분광의 분석기술이 근대천문학을 탄생시킨 사실은 이미 기술한 바 있다. 1850년 당시 최대의 천체망원경의 지름은 15인치가 고작이었다. 그러던 것이 1897년에는 40인치, 1908년에는 60인치, 1918년에는 윌슨산 천문대에 100인치의 천체망원경이 설치됨으로써 별의 분포를 연구하는 데 큰 도움을 주었다.

제2차 대전 후 우주의 관측수단은 더욱 발달하였다. 미국의 팔로마산 천문

팔로마산의 200인치 망원경

대의 200인치 천체망원경과 기타 지역의 전파망원경은 천문학 연구를 한층 발전시킨 원동력이었다. 이러한 거대한 망원경의 도움으로 지름이 태양의 수십 배 이상이나 되는 거성과 태양보다 아주 작은 왜성이 발견되었다.

1913년 미국의 천체물리학자 러셀[67]과 덴마크의 헤르츠스프룽[68]은 수많은 별의 분포와 그 진화의 과정을 연구하여 유명한 HR도를 작성하였다. 또 천문학 연구 과제의 하나는 별까지의 거리를 측정하는 문제이다. 1912년 미국의 여성 천문학자 레빗[69]은 빛이 주기적으로 변하는 세페우스형 변광성에 주목하고 연구를 계속하였고, 1918년 변광성 주기를 이용하여 미국의 샤프리[70] 등이 많은 별과 여러 구상성단까지의 거리와 그것들의 분포상태를 관측하였다.

샤프리의 은하계에 대한 연구에 의해, 은하계는 은하면의 둘레에 조직적으로 분포되고 있는 많은 항성 및 성운 등의 집단으로, 우리들의 눈에 보이는 거의 대부분의 천체가 이에 포함됨이 밝혀졌다. 은하계는 평평한 볼록렌즈 모양과 비슷한 항성계로서, 지름은 약 10만 광년, 중심의 두께는 약 2만 광년으로 추산되었다. 그리고 그 중심부에 대부분의 질량이 집중되어 있다. 그의 은하계의 연구로 코페르니쿠스가 지구가 우주의 중심이 아니라고 선언한 것처럼, 태양이 은하계의 중심에 있지 않다는 사실이 밝혀졌다.

1949년 이후 은하계 안에서 다수의 라디오 별이 발견되었다. 라디오 별인 가니 성운은 9백 년 전에 폭발한 항성이 사방으로 퍼지고 있음을 암시해 주고 있다. 그리고 그 전파의 수신을 분석하여 두 개의 성운이 지금 충돌하고 있는 현상도 관측되었다. 은하계 안에는 약 1천억 개의 별이 있는데 은하계와 같은 성운이 몇 개 또 모여서 초은하계를 형성하고 있으며, 그 지름은 약 5천만 광년 정도로 판명되었다.

67) Henry Norris Russell, 1877~1957
68) Ejnar Hertzsprung, 1873~1967
69) Henrietta Swan Leavitt, 1868~1921
70) Harlow Shapley, 1885~1972

미국의 천문학자 아담스[71]는 별의 운동과 빛의 속도에 특히 흥미를 가졌다. 그는 캘리포니아의 패서디나 윌슨산에 천문대를 설립함으로써, 윌슨산은 점차 천문학 연구의 중심지로 유명해졌다. 그는 윌슨산과 팔로마산의 100인치와 200인치의 망원경의 설계와 건축 책임자로서, 학자로서나 관리자로서도 유능하여 천문학 발전에 중요한 역할을 하였다.

미국의 천문학자 헤일[72]은 천문학 연구과정에서 설비가 더욱 뛰어난 천문대와 커다란 망원경의 설치를 희망하였다. 1892년 미국의 고집쟁이 자본가인 찰스 야키스를 설득하여 자금을 끌어내고 위스콘신주의 윌리엄 페이에 규모가 큰 천문대를 세우는 데 성공하였다. 이 천문대에 세계 최대의 1백cm 굴절망원경을 설치하였다. 출자한 보람이 있어서 이 천문대를 야키스천문대, 망원경을 야키스망원경이라 부른다.

헤일은 이에 만족하지 않고, 캘리포니아 패서디나 근처의 윌슨산에 더욱 큰 망원경을 설치할 계획을 세우고, 1908년에는 지름 1백 50센티미터, 1917년에는 지름 2백 50cm의 망원경을 설치하였다. 이것은 그후 30년간 세계 최대의 굴절 망원경으로서 그 위용을 자랑하였다. 헤일은 그 망원경의 완성을 보지 못한 채 타계했지만 15년간의 고난 끝에 1948년에 지름 5백cm의 망원경이 설치되었다. 이것을 헤일망원경이라 부른다. 지금 이것은 세계 최대의 것이다. 그후 소련에서는 지름 6백cm의 망원경의 제작계획이 있었다.

1964년에 놀랄 만한 사실이 발견되었다. 그것은 항성이나 성운이 아닌 괴물이 발견된 사실이다. 그것은 넓이가 수광년인 물질군으로 은하계 전체의 1백 배 이상의 에너지를 방출하고 있다. 그리고 그 질량은 은하계의 질량의 1백분의 1 이하로써 그의 위치는 50여 억 광년이라 한다. 이것을 준성이라 부른다.

전파천문학의 탄생

20세기에 들어와 천문학 분야에서 가장 발전한 분야는 전파천문학이다. 하늘에서 쉴 새 없이 전파가 날아온다는 사실을 처음으로 발견한 사람은, 미국의 벨전화연구소의 기사 얀스키[73]이다. 그는 1931년 지상 전파의 혼신을 연구하는 도중 그와 같은 현상을 발견하였지만, 1937년 이르러 비로소 발표하였다. 그 까닭은 그가 천문학에 무관심하였기 때문이다. 처음에는 천문학계에서도 이 대발견에 별다른 반응이 없었으나, 그후 점차 이 문제에 대해서 흥미를 가지고 안테나를 설치하여 천체의 전파 연구에 착수하였다.

71) Walter Sydney Adams, 1876~1956
72) George Ellery Hale, 1868~1938
73) Karl Jansky, 1905~50

세계 최초의 전파망원경은 지름 9.5m의 파라볼라 안테나이다. 이를 사용하여 은하계 전파의 분포를 연구하기 시작함으로써, 한 별자리에 전파를 발생하는 "라디오 별"이 존재한다는 사실을 발견하였다. 이것은 천문학 발달에 있어서 커다란 수확이었다. 이를 계기로 전파천문학에 대하여 지대한 관심이 모아지기 시작하였다. 제2차 세계대전 중 영국은 레이더를 사용하여 나치군의 공습에 대비하였는데, 태양으로부터의 강한 전자기파 때문에 일어나는 혼신을 나치 공군의 기습으로 오인하여 소동이 일어난 일도 있다. 이런 사건을 계기로 천체전파의 연구가 더욱 주목을 끌었다. 그후 전파를 수신하는 안테나도 현저히 개량되고 그 형태도 다양하게 개량되었다. 그러나 전파천문학이 본격적으로 발전한 것은 대전 후의 일이었다.

영국의 천문학자 스미스[74]는 전파천문학의 초기의 지도자중 한 사람이다. 그는 왕립 그리니치 천문대장으로서, 천문대의 운영과 북반구 천문대의 창설에 큰 공헌을 하였다. 그는 적극적으로 새 천문대의 건설과 그것을 운영할 단체를 조직하고, 그곳에 새로운 일련의 망원경을 설치할 계획을 세웠다. 이 천문대는 참된 국제협력의 결과로서 광학과 전파학 양쪽에 이용되었다.

스미스는 이 천문대에서 전파에 의한 우주연구의 새로운 장을 열었다. 전파원으로 알려져 있는 카시오페이아자리 A는 은하계내에서의 II형 초신성의 폭발에 의한 것이며, 백조자리 A는 2중전파 은하라는 사실이 밝혀졌다. 이 발견은 전파천문학 발전에 새로운 활력소가 되었다. 1950년부터 스미스는 전파원의 계통적 탐사에 착수하였다. 이 계획은 1959년에 3C카탈로그가 발표됨으로써 절정에 이르렀다. 이 카탈로그는 지금까지도 이 분야 명명법의 기본시스템이다.

1960년대 전반 스미스는 인공위성에서 실시된 과학실험에 적극 참가하였다. 1962년 그는 미국과 영국의 공동위성의 하나인 에이리엘II에 전파수신기를 설치하여 전리층보다 위의 전파잡음을 처음으로 조사하였다. 전파천문학에 대한 그의 공헌은 이 분야의 실험, 이론, 행정의 각 방면에 걸쳐 있다. 그는 당시 거의 인식되어 있지 않았던 분야를 현대천문학에 있어서 불가결한 부분으로 성장시켰다.

현재 온 하늘에는 전파의 발송원으로 생각되는 천체가 약 2천 개 가량 있다. 그런데 이런 별은 빛을 내지 않으므로 광학망원경으로 관측할 수 없으나, 전파를 이용해서 그들의 위치를 정확하게 알아 낼 수 있다. 그런데 이 전파는 왜 생기는가? 이 전파의 근원은 대개 멀리 있는 성운이나 또는 성운 끼리의 충돌에서 나온다고 생각하고 있다. 1949년 소련의 천문학자들은 성운 안에 고속도의 자유전자가 자기장에 의해서 전파로 발사된다는 학설을 발표하여 라디오 별이

---

74) Francis Graham Smith, 1923~

전파를 방사하는 과정을 처음으로 밝혔다. 전파천문학은 장래 천문학의 발전을 비약시킬 것으로 예상된다.

항성의 진화

우주가 어떤 경로를 거쳐 진화해 왔는가, 또 장래 어떻게 진화할것인가를 설명하는 천문학의 한 분과가 우주진화론이다. 우주의 진화는 우선 헬름홀츠의 수축설에 의해서 설명되었다. 그에 의하면 처음에 모든 항성은 적색거성으로 나타나 점차 수축함에 따라서 온도가 상승하여 백색거성으로 되며, 다시 온도가 내려가서 점차 적색왜성으로 변한다고 설명하였다. 그러나 헬름홀츠의 견해에 모순이 있다는 사실이 그후 밝혀졌고, 러셀과 헤르츠스프룽의 도시방법(HR)에 의한 별의 진화연구가 중요시되었다.

찬드라세카르[75]는 인도태생의 미국 천문학자로 백색왜성의 구조를 규명하였다. 1915년 아담스가 발견한 이 별은 태양보다 훨씬 작고, 지구 정도의 크기지만, 매우 고밀도로서 지구보다 훨씬 질량이 크다. 찬드라세카르는 한계질량 이상의 질량을 지닌 별은 초신성이 되고, 그 과잉질량은 장대한 폭발을 일으켜 우주로 품어지며, 나머지의 질량은 만일 질량과 압력의 상태가 적당하면 백색왜성을 형성할지도 모른다고 주장하였다.

별의 진화를 연구하는 데 있어서 시급한 것은 우선 별의 내부구조가 어떠하며, 별이 어떻게 해서 에너지를 방출하는가에 대한 연구였다. 그러나 20세기에 들어와서도 이 분야의 지식은 사실상 유치하였다. 에딩턴[76]은 1924년 별의 내부에 관한 이론을 발표하였다. 그는 별의 내부는 고온, 고압하에서 역학적인 평형이 보존된다고 가정하고, 내부의 온도와 압력을 계산하여 질량과 광도 사이에 밀접한 관계가 있다는 사실을 증명하였다. 그 연구는 그 후의 연구자들에게 항성의 진화와 에너지에 관한 이론을 수립하는 데 좋은 지침을 제공하였다.

별의 에너지원에 관해서 종래는 헬름홀츠와 켈빈의 수축설이 독무대였으나, 아인슈타인의 에너지 질량 등가원리, 즉 질량이 에너지로 전환된다는 새로운 이론에 의해서 수축설은 부정되었다. 그렇지만 질량이 어떤 과정을 거쳐서 에너지로 전환되느냐에 관해서는 구체적인 이론이 없었다. 1937년 독일의 물리학자 바이츠제커[77]와 베테[78]는 당시 발전하고 있던 원자물리학의 이론을 응용하여, 수소 원자핵이 융합하여 헬륨 원자핵으로 변하는 열핵융합반응을 검토한 결과, 그 반응에서 생긴 열이 곧 항성의 에너지원임을 밝혔다.

75) Subrahmayan Chandrasekhar, 1910~
76) Sir Arthur Stanley Eddington, 1882~1944
77) Carl Friedrich von Weizsäcker, 1912~
78) Hans Albert Bethe, 1906~

가모

한편 러시아에서 미국으로 건너간 물리학자 가모[79]는, 이 열핵융합반응의 이론으로 별의 진화에 관한 새로운 견해를 발표하였다. 그의 이론의 골자는, 별이 열핵융합반응의 진행에 따라 가속도적으로 에너지를 발생하여 백색거성이 되고, 그후 열핵융합반응이 쇠퇴하여 종말기가 되면 급격히 수축, 붕괴하여 폭발적으로 에너지를 방출, 신성 혹은 초신성으로 된다고 밝혔다. 그후 별은 점차로 에너지를 잃고 광도가 떨어져 최후에는 백색왜성이 된다고 밝혔다. 그는 러셀이 주장한 것처럼 태양은 온도가 점차로 내려가고 광도 역시 감소한다는 이론에 반대하고, 태양은 이후 점차로 온도가 상승하여 광도가 증가하는 결과가 올 것이라고 예측했다. 그러나 이를 뒷받침할 정확한 자료가 아직 불충분하였다. 그는 천체물리학 이외에도 양자역학, 분자생물학 분야에서 업적을 남겼고, 과학지식을 일반에게 알기 쉽게 해설한 과학 계몽서(『불가사의한 나라의 톰킨스』)의 작가로서 널리 알려져 있다. 그는 20세기가 낳은 위대한 과학적 시인이라 할 만하다.

1942년 무렵부터 슈바르츠실트[80]는 별의 내부구조를 고려해서 새로운 별의 진화론을 발표하였다. 그의 이론에 의하면 처음에 별이 생성하여 진화하는 도중에 길을 이탈하여 적색거성으로 폭발하며, 그후 가모가 생각한 신성 혹은 초신성을 거쳐서 백색왜성으로 변한다고 하였다. 이렇게 본다면 산개성단(散開星團)의 별은 대부분 생성 후 얼마되지 않은 젊은 별이며, 이에 반하여 구상성단의 별은 대부분 오래된 별로서 진화과정을 이탈하여 거성계열로 들어간 것이라는 주장이다. 그러나 이 문제는 아직 해결해야 할 점이 적지 않으므로 이후의 연구가 기대되고 있다.

우주진화 이론의 또 하나는 빅뱅(Big Bang)에 의해서 우주가 창조되었다는 이론이다. 이 이론을 제창한 사람은 르 메트르였다. 그는 알파입자와 함께 중성자를 포획하는 열핵융합반응의 연속으로서 무거운 원소가 만들어지는 가능성을 연구하였다. 1948년 그는 $\alpha-\beta-\gamma$ 가설로 알려진 유명한 논문을 발표하고, "뜨거운 빅뱅"에 관해서 논의하였다. 그는 물질의 원시상태는 중성자와 그것이 붕괴하여

79) George Gamow, 1904~68
80) Karl Schwarzschild, 1873~1916

생긴 것으로부터 만들어진다고 주장하였다. 중성자, 양성자, 전자복사의 이 혼합물은 상상할 수 없을 정도로 뜨거운 물질로서, 이 물질이 뜨거운 빅뱅 후에 팽창하고, 수소원자가 융합하여 헬륨원자가 형성될 정도로 냉각된다고 하였다.

그린스타인[81]은 미국의 천문학자로서 태양과 같은 평균적인 별 스펙트럼과 특이한 별의 스펙트럼을 비교 분석하는 방법을 개발하였다. 그의 분광 연구계획은 천체물리학의 새로운 생각과 밀접하게 관련되어 있고, 현재 받아들여지고 있는 별의 진화이론과 연결되어 있다. 그는 제2차 세계대전 후 미국의 전파천문학의 폭발적인 발전을 지도한 한 사람으로 1964년의 퀘이사의 발견에 있어서 중요한 역할을 하였다. 그는 1970년대에는 항공우주국(NASA)과 전미 과학아카데미를 지도하였다.

팽창하는 우주

1940년대 처음으로 항성이 제1종속과 제2종속으로 분류되고, 그후 50년대에는 별의 분류가 더 상세히 연구되었다. 그 까닭은 별을 관측하는 기구가 개량된 때문이었다. 별의 관측 기구로는 전파망원경이 있는데, 이것이 다시 개량되고 그 규모가 더욱 커지면서 1962년에는 지름 91m의 가동식 전파망원경이 미국에서 완성되었다. 이것은 그보다 수년 전 영국에서 만든 76m의 전파망원경을 앞질렀다. 이어서 1964년 미국에서 지름 3백m의 고정식 전파망원경이 완성되었다.

이 같은 관측수단을 통해서 발견된 전파별은 2천 개 정도로서 그중 몇 개는 은하계 안에, 또 몇 개는 은하계 밖에 있다. 이것은 대부분 성운의 충돌 때문에 생긴 것들이며, 사실상 성운의 충돌이 다수 발견되고 있다. 1963년에는 어떤 성운이 폭발한 것이 관측되었는데 이 성운을 H-82라고 부른다. 그런데 이 성운은 초속 1천km의 속도로 팽창하고 있으며, 그 폭발은 적어도 1백 50만 년 전에 일어난 것으로 추정되었다.

현재 흥미롭게 관측되고 있는 것으로 와상성운이 있는데, 이것은 우리 은하로부터 맹렬한 속도로 후퇴하고 있다. 그중 큰곰자리 제2성운단은 약 2만 5천 광년의 거리에서 초속 약 4만 2천 1백km의 속도로 후퇴하고 있다. 이 사실은 우리들로부터 멀어져가는 성운으로부터 방사되어 오는 광파의 파장이 조금 길어져 보이는 현상, 즉 "도플러 효과"로 확인 할 수 있다. 다시 말해서 적색이동의 현상이 일어나고 있다. 미국의 천문학자 허블[82]은 와상성운이 우리들로부터 먼 것일수록 그 거리에 비례하는 큰 속도로 멀어져 간다는 사실을 관측하였다. 그는 이 사실로부터 대우주가 계속해서 팽창하는 것이 아닌가 하고 생각했다. 또한

---

81) Jesse Leonard Greenstein, 1909~
82) Edwin Powell Hubble, 1889~1953

10억 년 전의 지구는 한 점에 불과한 것으로 생각된다. 물론 이 우주팽창설은 아직 가설에 불과하다. 그러나 이 발견은 20세기 천문학의 최대의 발견이다.

우주는 얼마나 팽창하며, 끝은 있는가? 이에 대해서 지금으로서는 추측할 수밖에 없다. 왜냐하면 200인치의 파로마산 천문대는 겨우 10억 광년 정도의 거리밖에 볼 수 없기 때문이다. 아인슈타인의 상대성 이론에 의하면, 우주는 그 넓이에 한정이 있으나 어디까지 나아가도 막히는 일이 없다는 것이다. 이것은 구(球)라는 3차원의 공간 내의 구부러진 표면을 2차원의 면으로 생각하기 때문이다. 그런데 이렇게 팽창하는 은하계는 그 기원이 지극히 오래인 것으로 추측되었다. 1961년 NCC-198이라는 산개성단의 분석으로부터 그 기원은 최소한 1백 40억 년, 아니면 1백 50～2백억 년으로 추측되고 있다. 은하계에 가까운 안드로메다성운과 은하계 사이는 최근 2백 20만 광년으로 개정되었다. 그리고 항성이 모여서 성운을 만드는 것처럼 수만 개의 성운이 모여서 은하계를 만드는 것이 점차로 밝혀진 것을 전제로 한다면 초은하계의 지름은 수천만 광년으로 추측된다.

미국의 천문학자인 슬라이퍼[83]는 와권성운에 관해서 중요한 공헌을 하였다. 그의 연구는 은하의 운동에 관한 이해와 우주팽창을 설명하는 우주론의 출발점이 되었다. 성간공간에서의 속도와 거리의 관계를 공식화한 것은 허블이지만, 그의 연구는 슬라이퍼가 와권성운을 연구해서 얻은 결과를 기초로 한 것이다. 1912년 슬라이퍼는 안드로메다 와권성운이 초속 3백km의 속도로 태양에 접근하고 있음을 보여주는 일련의 분광사진을 얻었다.

로켓의 개발과 그 경쟁

1897년부터 수년간, 과학자들은 우주여행을 위해서 액체연료 로켓이 필요하다고 발표하였다. 하지만 액체연료 로켓이 만들어진 것은 그로부터 20년 후의 일이었다. 미국의 고다드[84]는 1926년 5.5kg의 액체연료 로켓(높이 1.2m, 지름 15cm)을 처음으로 제작하고, 다음해 야외에서 68m 정도 쏘아 올렸다. 같은 무렵, 루마니아의 오베르즈[85]는 우주비행에 관한 계몽을 시작하고, 1927년 그를 중심으로 세계 최초의 우주여행협회가 독일에서 발족하였다. 그 회원들은 로켓의 실험을 순조로히 진행시켜 연료의 문제, 엔진의 냉각법 등에 관한 연구에 기여하였다. 그러나 1933년 정권을 장악한 히틀러는 로켓연구협회를 독일 육군의 지휘 하에 둘 것을 명령하고, 우주여행의 꿈을 침략의 도구로 바꿔 놓았다.

이런 환경 속에서 1936년 6백 80kg의 로켓이 완성되었다. 이에 용기를 얻

---

83) Vesto Melvin Slipher, 1875～1969
84) Robert Hutchings Goddard, 1882～1945
85) Oberth, 1894～

은 독일 로켓연구소는 같은 해 폰 브라운[86] 등으로 하여금 영국 본토를 공격할 수 있는 로켓의 제작을 명령하였다. 이 로켓은 1942년 10월 3일 오후 4시에 비행실험에 성공하였다. 이것이 유명한 독일 육군의 A-4(일명 V-2호)이다. V-2호는 길이 14m, 연료는 산소와 에틸알코올, 지름 1.17m, 폭탄 적재 부분이 1.8m인 로켓이다. 그리고 그 전체의 무게는 12톤, 추진력은 30톤, 속도는 음속의 5배, 항속거리는 2백 40km, 그리고 1톤의 화약을 적재하였다. V-2호는 약 3천 발이 발사되어, 그중 1천 2백 30발이 런던에 떨어져 2천 5백 11명이 사망하고, 5천 8백 69명이 중상을 입었다. V-2호는 런던을 문자 그대로 공포의 도가니로 몰아넣었다. 만일 히틀러가 폰 브라운을 의심하고 방해하지 않았더라면 더 큰 불행이 닥쳤을 것이다.

폰 브라운

　로켓 개발을 위해서는 무엇보다도 재료와 연료, 그리고 제어 등 새로운 기술이 필요하였다. 액체 산소의 비점은 183℃이므로 그 능률을 높이기 위해서 산소 탱크의 벽을 두껍게 해야 하며, 연소실의 재료는 1백 기압 이상의 고압과 4천℃ 이상의 고온에 견디지 않으면 안된다. 또 제어면에서 제트기의 경우보다 더욱 복잡하였다. 로켓의 경우에 전체 비용의 75%가 전자장치인데 제트기보다 복잡하므로 고도의 기술적 문제의 해결이 전제되어야 했다.

　대전 후 미, 소의 로켓 개발은 독일 로켓 과학의 유산의 계승에서 시작하였다. 그런데 독일의 로켓 과학은 어떻게 해서 미, 소 두 나라로 옮겨졌는가? 독일의 항복이 눈앞에 다가선 1945년 4월 상순, 폰 브라운 박사를 위시해서 독일 로켓 과학의 수뇌부는 미국에 투항하였고, 곧 그들은 미국으로 건너갔다. 뿐만 아니라 미국은 독일로부터 1백 발 분량의 V-2호 부분품을 본국으로 운반하였다. 한편 소련도 독일 로켓 연구소를 점령하고 남아 있는 소수의 로켓과학자와 다수의 기술자를 포로로 강제 납치하였다.

　그러나 대전 후 미국은 오랫동안 로켓의 개발을 방치하였다. 원자력의 경우는 정부가 그 중요성을 인정하여 종전 후 곧 원자력위원회를 조직하고 대기업과

---

86) Wernher Magnus Maximilian von Braun, 1912~77

계약을 체결하여 연구비, 조사비, 건설비 등이 국가로부터 지출되었다. 그러나 로켓의 경우는 그와 정반대였다. 국가 예산의 보조가 없었으므로 미국의 대기업은 로켓 분야의 연구에 적극적이 아니었고, 미국의 로켓 개발은 그 이상 발전하지 못했다. 이 무렵 폰 브라운 박사는 대형 로켓의 개발을 요청하였지만 번번히 거절당했다. 다만 미국 해군이 V-2호를 개량하여 그보다 약간 작은 바이킹이라 부르는 로켓을 제작한 데 불과하였다.

그런데 다수의 V-2호를 조립한 이면에는 대기권 밖의 연구를 위해서(과학자의 입장), 로켓 그 자체를 연구하기 위해서(육군의 입장), 그리고 이윤을 위해서(GE회사의 입장)라는 세 가지 목적이 있었다. 미국이 본격적으로 로켓을 개발하기 시작한 것은 1950년부터이다. 이것이 미국 육군과 GE의 계약에 의해서 만들어낸 레드스톤으로서, 그 제작자는 폰 브라운 박사이다. 이 로켓은 독일이 2차 대전 중에 설계한 것, 이것은 중량이 25톤, 사정거리 8백km에 불과한 것으로 1952년 완성되었다.

한편 소련은 과학의 연구가 주로 과학자의 책임과 국가의 재원에 의해서 이루어졌다. 그러므로 소련의 로켓 개발은 미국보다 빠른 속도로 진전하였다. 1949년에 V-2호를 능가하는 로켓이 개발되고, 1950년에 사정거리 3천km의 로켓의 개발에 착수하여 1954년 6월에 완성되었다.

인공위성의 발사계획과 그 실현

1955년 여름 미, 소 양국은 인공위성의 계획을 발표하였다. 원래 1957년 7월부터 1958년 말까지 1년 반은 국제지구관측년으로서, 이 기간에 선진국의 과학자들은 상호 협력하여 대기권 외부를 조사하기로 하였다. 미국은 이 기간에 맞추어 인공위성을 발사할 계획이었다. 1955년 9월 아이젠하워 대통령은 "1957년부터 1958년에 걸친 국제지구관측년 사이에 미국은 소형의 인공위성을 여러 개 쏘아 올릴 것이다 "고 발표한 바 있었다.

한편 소련은 1954년부터 대륙간 탄도탄(ICBM)을 개발하였다. 1955년 8월 코펜하겐에서 열린 제6회 국제우주비행협회에서, 소련 대표는 2년 이내에 인공위성을 쏘아 올릴 것이라고 발표했지만 그것이 가능하리라 믿는 사람은 하나도 없었다. 소련은 1957년 6월 하순, 최초의 ICBM의 실험에 성공하고, 이어서 8월에 두 번째 실험에 성공하였다. 미국은 이 발표에 당황하였다. 그럼에도 불구하고 미국의 정치가와 군부에서는 그 실험의 성공은 분명하지만 실전용으로는 아직 요원하다고 생각하는 사람이 많았다.

1957년 여름 소련이 ICBM의 발사에 성공한 사실은 수백kg 이상의 인공위성의 발사 가능성을 뒷받침해 주었고, 그 실현은 시간문제였다. 그해 9월 소련은 약 한 달 후에 인공위성을 발사할 것이라고 발표하고, 10월 4일 최초의 인공위성 "스푸트니크 1호"를 발사하였다.

이것은 지름 58cm의 구형으로 무게는 83.6kg, 2m쯤 되어 보이는 안테나 4개가 달려 있었다. 이의 최고 고도는 9백km, 주기는 1시간 35분이었다. 그리고 그 내부에는 강력한 전지와 무선통신기가 들어 있었다. 이로써 인공 천체가 생기고 우주시대의 막이 우리앞에 열렸다.

이 성공의 뒤에는 소련의 쓰이올코프스키[87]가 있었다. 가르가시에 있는 쓰이올코프스키 공원에 세워진 그의 묘비에는 다음과 같이 씌어 있다. "인류는 언제까지나 지구에 눌러 있을 필요가 없다. 빛과 공간을 찾아서 대기 밖으로 겁을 먹고 얼굴을 내민 뒤에, 드디어 인류는 태양 주위의 모

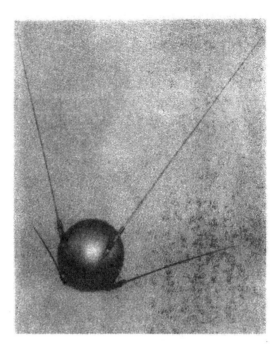

스푸트니크 제1호(인공위성)

든 공간을 우리들 것으로 할 것이다." 쓰이올코프스키를 격려한 사람은 그의 어머니였다. 그녀는 항상 "귀에 들리지 않더라도 책을 읽으면 밝은 미래가 열린다."고 하였다.

쓰이올코프스키가 연구한 분야는, 무중력 속을 비행하는 우주선, 다단계 로켓의 원리, 로켓의 운동에 관한 "쓰이올코프스키 공식", 우주공학에 있어서 획기적인 저서인 『반동장치에 의한 우주공간의 탐구』, 『지구와 우주에 관한 환상』, 『액체로켓의 구상』 등이다. 그는 1931년 로켓연구관으로 초빙되었고, 쓰이올코프스키의 생각을 실현하는 위원회가 만들어졌다. 이어서 민간 로켓연구그룹이 국가에 통합되어 제트추진연구소가 만들어졌다. 이렇게 해서 1957년 세계최초의 인공위성이 쏘아 올려졌다. 그가 죽은 후 소련정부는 5권으로 된 쓰이올코프스키 전집을 출판하였는데, 러시아혁명 전과 후에 쓴 약 5백 80편의 학술논문이 정리되어 있다.

인공위성의 발사는 의외로 큰 반응을 일으켰다. 미국은 뱅가드위성의 발사를 급히 서둘렀다. 폰 브라운 박사는 육군의 ICBM인 주피터를 사용하여 인공위성을 쏘아 올리도록 연구하였고 한번의 실패를 거쳐 1958년 1월 31일 미국 최초의 인공위성을 쏘아올렸다. 인공위성의 무게는 14kg이고, 많은 관측장치가 들

87) Konstantin Eduardovich Tsiolkovsky, 1857~1935

쓰이올코프스키

어 있었다.

실용위성의 개발

한편 실용위성의 개발도 점차 진행되었다. 미국은 1960년 4월 1일 실험용 실용위성을 발사하였다. 반면 소련은 1964년 가을까지 한 개의 실용위성도 쏘아 올리지 못하였다. 이런 현상은 미국이 소련보다 경제적으로 풍부하고, 소련이 중점적인 개발을 시도한 데 반하여 미국은 다각적으로 연구를 진행시킨 데 그 원인이 있다. 실용위성의 종류는 많지만 그 중에서 통신위성이 가장 눈에 띄게 진보하였다. 1960년 8월 12일 미국은 반사용 통신위성인 에코위성을, 같은 해 10월 4일에는 전파를 중계하는 능동위성 쿠리에 1호를 쏘아 올렸다. 이것들은 최초의 시험용 중계위성이었다.

본격적인 시험용 통신위성은 1962년 7월 10일에 쏘아 올려졌다. 이것이 텔스타 1호로서 이 인공위성에 의하여 미국과 서유럽 사이의 TV 중계에 성공하였다. 그후 텔스타 1호와 비슷한 통신위성 레리 1호가 1962년 말에 발사되었고, 이것을 이용하여 1963년 11월 23일 일본과 미국 사이에 처음으로 TV통신이 시험되고 이어서 성공하였다. 이것을 바탕으로 유럽, 미국, 일본의 2단 뛰기의 중계가 성공하였다. 통신위성은 대개 고도가 수천km 이하로서 장기간의 통신에는 사용할 수 없는데 고도 3만 6천km의 장시간 신콤 통신위성이 1963년에 궤도에 올랐다. 그후 1964년 8월 24일 쏘아 올려진 신콤 3호가 10월의 도쿄올림픽 중계에 사용되었다. 그외 기상위성과 첩보위성도 꾸준히 개발되고 있다.

지구 주위와 태양계의 탐색

밴 앨런대   높이 60km부터 몇 개의 전리층이 존재하고 있다는 사실은 이미 라디오 통신과 대전 직후의 연구에 의해서 밝혀졌다. 그러나 전리층에 대한 엄밀한 연구는 인공위성의 발사 이후에 이루어졌다. 전리층은 D(60∼80km), E(85∼140km), F(200∼1000km)로 구분되어 있는데, 전리층의 외측을 조사해 보면 밴 앨런대라 부르는 방사능대가 존재하고 있다. 이것은 네 개의 띠로 나눌 수 있는데, 크게 안쪽 띠와 바깥 띠로 크게 나눌 수 있다. 안쪽 띠는 높이 0.5R (R=3.678km)을 중심으로 퍼져 있으며 1백~1천MeV의 양성자와 전자로 충만 되어 있다. 그리고 바깥 띠는 높이 2.5R~3R를 중심으로 넓게 퍼져 있으며, 이 띠의 넓이나 입자의 에너지는 안쪽 띠만큼 크지 않다.

"밴 앨런대"라는 이름은 미국의 물리학자 밴 앨런[88]에서 유래한다. 그는 지 자기와 우주선에 특히 관심을 가졌고 미국의 초기 우주개발계획과 밀접하게 관 계하고 있었다. 그는 제2차 세계대전 후 우주선의 연구에 전념하였다. 그는 독일 제 V-2와 미국의 에어로 로켓을 사용하여 대기권 밖으로 장치를 보내고, 그곳의 우주선의 양을 측정하였다. 또한 1949년 그는 로켓기구를 설계하였다. 이 기구 에 의해서 성층권까지 작은 로켓을 일단 올려보내고 높은 상공에 이르러서 로켓 을 점화하도록 했다. 이 기술로 다른 방법으로는 올라갈 수 없는 고도까지 로켓 이 올라갔다.

1955년 밴 앨런은 미국 초기 인공위성 제작의 책임자가 되었다. 그는 인공 위성의 발사를 국제지구관측년과 태양 활동의 정점이 일치되도록 계획하였다. 익스프롤러 1호는 1958년 1월 31일 발사되었다. 그 안에는 우주선의 강도를 측 정할 목적으로 탑재한 가이거 계수기가 실렸다. 놀랍게도 고도 8백km에서 계수 기가 방사레벨 0을 기록하였다. 이것은 생각치 못했던 결과로 처음에는 장치가 고장난 줄로 알았다. 그러나 반복된 실험으로 지구를 둘러싸고 있는 우주공간의 어느 영역에는 그때까지 생각하고 있었던 것보다도 훨씬 높은 방사능대가 있다 는 사실이 밝혀졌다. 밴 앨런은 로켓, 인공위성, 우주탐사기에 의한 고공 연구의 개척자이다.

소련은 고도 2천km 이하의 공간을 조사하기 위해서, 세 개의 스푸트니크 인공위성을 발사하고 우주여행에 있어서 동물의 생리적 문제를 조사하였다. 한 편 미국도 막연히 지구 주변을 조사하기 위해서 1958년 전반에 작은 위성을 여 러 개 쏘아 올렸다. 미국은 공군의 ICBM인 아틀라스를 이용하여 달과 지구 사 이의 공간을 조사하는 탐색체 파이어니어를 쏘아올렸다. 이것은 지구로부터 10 만km 정도의 원거리까지 날아 갔다가 다시 되돌아왔다. 이때 고도 약 2만km를 중심으로 또 한 개의 방사능대가 존재한다는 사실을 발견하였는데, 이것이 "외 측의 밴 앨런대"이다.

태양계의 탐색　1959년 1월 2일 소련은 처음으로 달 로켓을 쏘아 올렸다. 무게가 360kg인 이 탐색체는 달로부터 7천km의 지점을 통과하여 태양을 도는 최초의 인공행성이 되었다. 이것이 루닉크 1호로서, 소련은 계속해서 루닉크 2호 를 발사하여 지구에서 본 달의 중심 부근에 도착하였다. 인공 물체가 달에 도착

---

88) James Alfred Van Allen, 1914~

한 것으로는 이것이 최초로 기념할 만한 역사적 사건이었다. 이때 루닉크 2호에 장치된 계기에 의해서 달 주변에 자기장이 있기는 하나 극히 미약한 것으로 밝혀졌다. 1959년 10월 4일에 소련은 루닉크 3호를 보냈다. 이것은 달의 뒷면을 돌면서 촬영하여 지구까지 전송하는 데 성공하였다. 이때 촬영과 전송에 있어서, 자동제어의 기술과 미약한 전파를 수신하여 사진을 재현하는 기술은 실로 놀라운 성과였다.

미국은 달을 향하여 레인저 7호 위성을 쏘아 올려 1964년 7월 31일 그 촬영에 성공하였다. 이때 고도 3백km부터 달 표면의 촬영을 개시하고, 충돌 직전까지 촬영과 전송을 계속하였다. 관측 결과에 의하면 달의 바다(평원)에는 지름 수십cm의 구멍이 무수히 있지만 달의 표면에 두꺼운 모래층은 없었다. 이를 계기로 1965년 이후에 달의 조사가 더욱 진전하였다.

인공위성과 달 로켓이 성공을 거둔 뒤 우주개발의 다음 목표는 금성과 화성 주변에 탐색체를 보내는 일이었다. 금성과 화성은 달보다 1백 배 이상 원거리에 있으므로 탐색체는 장시간의 원거리 통신에 견디는 전력이 필요하였다. 미국 최초의 행성탐색 계획은 "마리너 계획"이라 부르는 것으로, 1962년 1월 26일 발사된 마리너 2호는 62년 12월 14일 금성 부근을 통과하고 금성에 관한 관측자료를 지구로 전송하는 데 성공하였다. 이 탐색체의 무게는 2백kg으로서 지구로부터의 조작으로 그 궤도를 수정하고, 1백여 일 동안 지구와의 통신을 계속하면서 금성에 3만 3천km까지 접근하였다. 이것은 미국의 원거리 통신의 기술이 고도로 발달되었음을 입증하였다. 한편 소련은 1961년 2월 11일 금성을 향해서, 또 1962년 11월 1일에는 화성으로 각각 탐색체를 보냈다.

20세기 초기까지만 해도 지구의 남북극 탐험이 고작이던 인간은, 1976년 7월 20일 바이킹 1호(5억 달러가 소요)를 화성에 연착시켜서 태양계 탐험의 신기원을 열었다. 화성의 생명체 탐사를 임무로 한 바이킹 1호는 11개월만에(3억 4천 80만km) 화성에 도착하였다. 바이킹 1호는 쌍안경 카메라로 표면을 촬영하고, 지구로 송신하기 시작하였다. 이어 기후 측정기와 생명체 탐험장치를 가동시켜 화성의 생명체 유무에 관한 인류의 오랜 의문을 풀기 시작하였다.

무인 우주선 보이저 1호는 79년 3월 3∼5일, 보이저 2호는 81년 7월 9일 오후 4시 20분에 각기 목성을 통과하였다. 당시 발견한 목성의 위성 이오의 표면에서 화산이 폭발하고 있는 장면을 포착하였다. 계속해서 보이저 2호는 81년 8월 23일 토성을 통과하면서 많은 자료를 전송해 왔다. 신비에 싸인 토성 고리가 종래의 추정보다 훨씬 많고 작은 고리와 토성의 위성들의 사진을 보내왔다.

이 사진은 토성 고리가 수천 개의 얼음 파편의 목걸이처럼 생겼음을 밝혀 주었다. 그리고 인간이 일찍이 들어보지 못한 "천국의 종소리"를 들을 수 있었다. 그곳의 온도는 영하 163℃였다. 보이저 1, 2호는 86년 1월 24일 천왕성을

통과하고, 1989년 8월 24일 해왕성(태양과의 거리 44억km)에 4천 8백km 떨어
진 지점을 스쳐간 후, 먼 우주 공간으로 날아가고 있다.

유인위성

소련의 달 로켓의 성공보다 조금 빨리 1959년 2월부터 미국은 지구의 촬영
과 위성의 회수를 위해서 디스커버러호를 쏘아 올렸다. 평균 한 달에 한 개씩 위
성을 쏘아 올려 1960년 8월 13일까지 3호의 회수에 성공하였다. 위성의 회수는
자세의 조절과 정확한 역분사와 같은 고난도의 기술이 필요하였다. 한편 소련도
60년 5월 15일 위성선 제1호를 쏘아 올렸으나 역분사가 나빠서 실패했고, 3개월
후에 위성선 제2호는 성공하였다. 2호에는 두 마리의 개, 그리고 많은 작은 동물
이 실려 있었다. 두 마리의 개를 태운 제3호는 그 회수에 실패하였으나, 그후 원
인을 검토하여 4, 6호의 회수에 성공함으로써 우주여행의 막을 올렸다. 1964년
에는 두 개의 주목할 만한 우주 개발의 성과가 있었다. 하나는 달에 대한 조사의
진전이고, 또 하나는 우주선의 발전이었다. 이 두 계획은 그후 수년간의 우주 개
발의 주류를 이루었다.

1961년 소련은 유인위성의 시험을 마치고 4월 12일 최초의 유인위성 보스
토크 1호를 쏘아 올렸다. 비행사는 가가린[89]이었다. 위성의 속도는 마하 25였고,
비행중 인공위성 내부에 원심력과 지구의 인력이 균형을 이루어 무중력상태가
되었으나, 무중력은 인체에 해가 없으며 그 속에서도 일은 할 수 있음을 알았다.
특히 뇌에 해가 없다는 것을 알았으므로 우주 여행의 가능성이 판명되었다. 이것
은 지구를 한 바퀴 돈 후에 회수되어 세계의 주목을 끌었다. 수개월 후에 소련은
보스토크 2호를 쏘아 올렸는데 이것은 지구를 17번 회전한 뒤에 무사히 회수되
었다. 이때 처음으로 인간이 인공위성 속에서 하룻밤을 지냈다. 잘 때 눈을 감지
못할 줄 알았는데 그럴 염려는 없었으므로 우주 여행의 전도가 더욱 밝아졌다.

1964년 10월 12일 소련은 유인위성인 우오스보드 1호를 쏘아 올렸다. 그
이전의 우주선에는 한 사람이 타고 있었으나 이 우주선에는 세 사람이 한 팀을
이루고 있었다. 이 경우 한 사람은 조종사, 또 한 사람은 과학자, 또 다른 한 사
람은 별의 방향으로부터 우주선의 위치를 측정하였는데, 이것은 장차 달 여행과
화성의 여행에 대한 시험이었다.

한편 미국은 1962년 2월 20일 유인위성 계획인 머큐리 계획의 하나로 미국
최초의 유인위성의 발사에 성공하였다. 우주비행사는 글렌[90]이었다. 이것은 ICBM
인 아틀라스에 의해서 쏘아 올려졌고, 지구를 3번 돈 뒤에 회수되었다. 이것은

---

89) Yuri Alekseyevich Gagarin, 1934~
90) John Herschel Jr. Gleen, 1921~

국가의 명예를 건 중대한 시험이었다. 1회전 때 온도조절 장치가 고장을 일으켰고, 두번째 돌 때는 자동제어 장치가 고장을 일으켜 손으로 조정하였으며, 세 번 돌고 회수될 때 내열장치에 고장이 일어났다. 그 동안 글렌은 3kg의 체중이 줄었으나 다행히 성공하여 미국은 국가의 명예를 유지할 수 있었다.

계속해서 소련은 1962년 8월 11일과 12일 사이에 보스토크 3,4호를 쏘아 올렸다. 두 우주선은 근접한 궤도를 나란히 비행하는 아베크 비행을 하였다. 8월 15일 두 위성선이 회수되었는데 3호는 그 동안 64번이나 지구를 돌았다. 그로부터 10개월 후 소련은 또 다시 보스토크 5,6호를 쏘아 올렸다. 6호에는 최초의 여성 우주비행사가 탔다. 이것 역시 아베크 비행으로서 6월 11일 회수되었다. 5호는 그때까지 지구를 81번(119시간) 돌았다. 한편 미국의 유인위성은 1962년 한 해에 3번 비행에서 6번 비행으로 진전하고, 1963년 5월에는 22번 지구 주위를 도는 데 성공하였다. 이로써 유인위성은 제1단계 실험이 끝나고, 다음으로 우주선의 조종으로부터 랑데부에 이르는 유인위성의 2단계시험을 거쳐 달정복의 단계에 돌입하였다.

인간의 달 착륙

1961년 5월 25일, 미국 케네디 대통령의 의회 연설에서 아폴로 계획 및 달 착륙 계획이 발표되었다. "1960년대 안으로 달 세계에 유인 우주선을 발사할 예정이다. 미국은 이미 그 준비를 시작했다. 달 세계에 가는 것은 비행사만이 아니고, 미국의 전 국민이 가는 것이다."

미국 NASA는 1960년 7월 29일에 1인 탑승의 유인위성선 머큐리의 비행이 성공리에 끝났기 때문에, 다음 계획은 인간이 달 세계에 착륙하는 데 있다고 처음으로 달 탐험의 구상을 비쳤다. 우선 2인승 우주선인 제미니 계획은 1인승인 머큐리 계획과 3인승의 아폴로 계획을 연결하는 가교로서 1962년 12월 7일에 정식으로 채택되었다. 아폴로 계획에 사용할 추진용 로켓은 최대 지름이 10m, 높이 85m인 새턴 5호 로켓이 결정되었는데, 여기에 높이 25m의 아폴로 우주선을 선적하면 전체 길이는 1백 10m나 된다. 아폴로 우주선은 사령선·기계선·달 착륙선의 세 부분으로 설계 제작되었고, 그 위에 긴급 탈출용 로켓이 부착되어 있다.

아폴로 8호의 발사로 인간 달 착륙의 준비 비행이 본격적으로 시작되었다. 아폴로 8호는 지구궤도를 이탈하여 지구 중력권을 벗어나 역사적인 달 여행의 장도에 올라 시속 5만 1백 58km의 속도로 달로 향했다. 지상 22만 3천 1백 97km의 우주 공간에서 텔레비전 생방송을 보내와 지구의 모습을 최초로 보여주었다. 또 111km의 고도를 유지하면서 달에 접근하여 달을 10회 회전하면서 달

표면을 관찰하고, 텔레비전 카메라로 촬영한 뒤, 달 궤도를 이탈하여 지구로 귀환하였다.

계속해서 1969년 5월 18일, 마지막 예행 연습으로 미국의 3인승 달 탐색 우주선 아폴로 10호가 케이프 케네디에서 발사되었다. 달 궤도에 진입한 우주선은 우선 모선에서 달 착륙선이 분리된 뒤 랑데부, 도킹, 옮겨타기 등 연습을 마치고 귀환하였다. 이로써 예행 연습은 모두 마쳤다. 아폴로 11호는 1969년 7월 21

아폴로 15호가 싣고 온 고대 월석

일 오전 11시 56분 달에 착륙하였다. 아폴로 12호가 두번째로 달에 착륙(1969년 11월 17일)하고 아폴로 15호가 세번째 달에 착륙함으로써 1972년 12월에 인류의 달 탐험은 일단락되었다.

첫 우주 나들이

우주를 여러 차례 비행할 수 있는 미국의 우주연락선(스페이스 셔틀) "컬럼비아호"가 1981년 4월 11일 첫 우주 나들이를 떠났다. 이 연락선이 처녀 비행에서 성공을 거둠으로써 오래 전부터 인류의 꿈이었던 우주 여행, 우주 식민지, 우주 산업 시대의 문이 열렸다. 지난 71년에 착수, 9년 동안 88억 달러를 투입하여, 개발된 컬럼비아호에는 정교한 컴퓨터를 비롯한 최신 장비가 동원되었고, 대기권에 돌입할 때 화씨 2천 7백 도의 마찰열에 견딜 수 있도록 실리콘 타일로 표면을 덮었다. 컬럼비아호의 탑승 인원은 2명의 우주비행사와 4명의 과학자 등 6명이었다. 컬럼비아호는 6만 5천 파운드의 장비를 나를 수 있는 연락선 겸 화물선이었다.

과학자들은 이 우주선의 발사 목적을 우주 산업 기지의 건설, 천체 및 기상 정보의 수집, 군사 목적으로서의 활동 등이라고 지적하고 있다. 현재 과학계는 초고압, 초저압(진공), 초고온, 초저온을 통한 극한 기술의 개발과 독특한 재료의 개발에 도전하고 있다. 특히 무중력 상태에서의 재료 개발은 효과적이기 때문에 이 같은 우주 실험에서의 신재료 개발에 대한 기대가 매우 크다. 무중력 상태에서는 급속한 합금, 정밀도가 높은 결정체의 제조, 전자 산업, 의약품 제조가 가능하므로 "우주 공장"이나 "우주촌 시대"로의 개막이 예고되고 있다.

1981년 11월 3일 컬럼비아호의 2차 비행이 있었다. 이 왕복선의 임무는 로봇팔의 작동, 해바라기 배양 및 성장 조사, 지구 탐사 등 61가지로서 기자재만

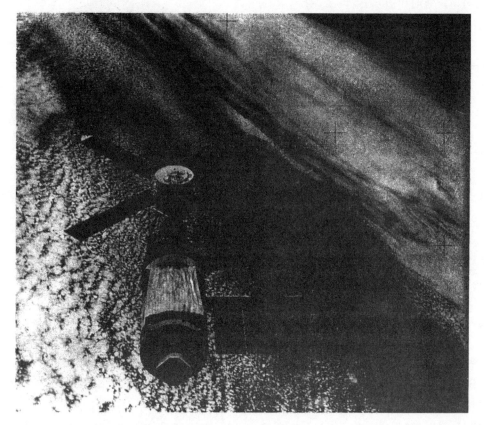

스카이랩

1.4톤이었다. 이어서 1982년 3월 22일 제3차 비행에 나섰다. 이번 임무는 우주선 측정, 꿀벌과 나방 등 곤충 실험, 생체 세포의 분리, 의약품 가공 실험, 정밀 과학의 탐사를 위한 장비가 실렸다. 이어서 1983년 6월 19일 "챌린저"호가 발사되었다. 이 우주선은 위성의 설치 및 회수, 그리고 수리 재사용, 무중력에서 "개미의 사회성"의 실험을 하였다.

특히 1984년 2월 7일, 사상 처음으로 한 승무원이 구명줄 없이 우주선 밖에서 약 50미터, 90분간 우주 유영을 하였다. 미국의 3번째 유인우주선 "디스커버리호" 가 1984년 8월 30일 발사되었다. 이 여행에서는 전기장 내에서 생물학적 물질의 분리, 암치료제 등의 실험이 있었다. 이어서 1986년 1월 28일에 발사된 챌린저호가 발사대를 떠난 후 75초만에 폭발하여 7명(그중 여성은 2명)이 전원 사망하였다.

베게너와 대륙이동설

이제 우주로부터 인간이 살고 있는 지구로 눈을 돌려본다. 1912년 1월, 독일 지질학회에서 오스트리아의 기상학자 베게너[91]는 대륙이동설을 처음으로 발표하였다. 대륙이동설이란 한 개의 초대륙이 분열하여 오랜 동안 이동을 계속한 결과, 지금과 같은 대륙이 생겼다고 하는 이론이다. 그는 이 이론을 증명하는 증거를 내놓았지만 많은 지질학자들은 그를 비판하였다. 그러나 그는 독일의 잡지에 논문을 실었다. 대륙이동설은 큰 파문을 불러일으켰지만 그 대부분은 반대의견이었다.

베게너의 대륙이동설은 대서양을 사이에 끼고 양측에 있는 북남미 대륙과 유럽·아프리카 대륙의 해안선의 출입이 너무나 닮은 데서부터 출발하고 있다. 그는 측지학, 지구물리학, 지질학, 고생물학, 동물지리학, 식물지리학, 고기후학 등 넓은 분야로부터 대륙의 이동을 증명하는 자료를 발견하고 이를 바탕으로 이론을 형성하였다.

베게너가 대륙이동설의 근거로 내놓은 많은 증거는 오늘날 과학에서 보더라도 그 대부분이 옳았다. 그럼에도 불구하고 당시 사람들에게 대륙이동설이 수용되지 못한 근본적인 원인은 대륙을 이동시키는 원동력을 알지 못했기 때문이었다. 그는 지구의 자전으로 발생하는 원심력에 의해서 지구상의 물체는 극에서 적도방향으로, 또한 동쪽에서 서쪽으로 힘이 작용함으로써 대륙이 움직일 것이라고 추측하였다. 그런데 이러한 힘은 분명히 존재하는 것이지만, 대륙을 이동시킬 정도로 큰 것은 아니라는 것이 통설이었다. 이 극에서 적도방향으로의 힘은 지각균형설의 이론으로부터 설명된다. 이 이론에 따르면 중력과 부력이 균형을 잃었을 때, 지각의 상하운동이 일어난다. 당시 지질학자는 대륙을 포함한 지각이 상하방향으로 이동한 것은 인정하였지만 베게너가 주장한 수천km에 미치는 지각의 수평이동까지는 인정하지 않았다.

오늘날 대륙의 이동은 플레이트 텍트닉스라 부르는 이론에 의해서 설명된다. 지구의 표면은 약 10매의 판으로 크게 나눠져 있다. 플레이트는 지각을 포함한 지구표면의 두께 100km의 부분으로서, 대륙뿐 아니라 해저까지도 이 위에 있으며 이러한 플레이트는 맨틀대류에 편승하여 끊임없이 이동을 계속하고 있다. 그 때문에 대륙이나 해저도 함께 운반된다.

대륙이나 극의 이동은 1950년대에 이르러 생긴 새로운 학문에 의해서 증명되었다. 그 하나가 고지자기학이다. 옛날 암석에 남아 있는 자기를 조사해 보면 그 암석이 만들어졌을 때에 그것이 당시의 자극으로부터 어느 정도 떨어진 장소에 있었는가를 결정할 수 있다. 이 분야의 연구로부터 베게너가 말한 것처럼 대륙이 이동하고 있는 사실이 밝혀졌다. 베게너는 50년 앞서서 지구과학의 기초를 쌓았다. 그는 1930년 11월 1일 50세 생일날에 기지를 떠난 후 소식이 끊겼다.

---

91) Alfred Wegener, 1880~1930

베게너

심장마비로 목숨을 잃은 것이다. 그는 그린란드 전문가로서 북극의 섬을 4번 탐험했고, 4번째 탐험 때 죽었다. 대륙이동설이 새로운 학문에 의해서 증명되기 전의 일이었다.

미국의 지질학자 유잉[92]은 제2차 세계대전 이후 초음파 측정, 중력측정, 해저로부터 진흙을 끌어올리는 방법 등으로 새로운 해양연구를 진행하였다. 이러한 측정으로 대양의 바닥은 육지와 똑같은 여러 가지 모양을 하고 있으며 산맥, 평평한 정상, 작은 돌멩이가 흩어져 있다는 실로 흥미진진한 사실을 밝혀냈다. 특히 대륙 위의 산맥처럼 큰 융기가 있는 것이 발견되었다. 그중에서도 잘 알려진 중부 대서양 산맥은 대서양의 중심을 지나고, 이 돌출 부분이 아프리카를 돌아서 인도양에 다다르며, 다시 남극 대륙에 가까워져 태평양에 이르는 띠 모양으로 세계를 둘러싸고 있다고 밝혔다. 그후 그는 대서양 산맥 가운데 갈라진 부분이 있는 것을 발견하고, 지구가 팽창하고 있을지도 모른다고 추측하였다.

유잉은 해저 협곡은 해면이 훨씬 낮았을 때 그곳을 흐르는 강물에 의해서 만들어진 것이 아니고, 진흙이나 침전물이 격렬하게 흐름으로써 만들어졌다고 설명하였다. 1950년대에 그의 연구진은 주기적인 빙하 시대는 추운 기간이 주기적이었기 때문에 생긴다는 새로운 학설의 증거를 모았다. 즉 간빙기에는 북극해의 얼음이 녹아서 수증기를 발생시킴으로써, 시베리아나 캐나다의 해안에 눈을 내리게 하고, 이 눈이 쌓여서 온도가 내려가, 빙하가 남하하여 북극해가 얼음으로 덮였다고 주장하였다. 만일 북극해의 얼음이 녹을 정도로 따뜻해지면, 북극은 수증기의 원천지가 되고 다시 전과 똑같은 일이 반복된다고 하였다.

---

92) William Maurice Ewing, 1906~

6. 고체물리학과 전자공학

전자공학 혁명의 배경

이론적 배경　1950년대에 탄생한 전자공학은 여러 분야의 과학과 산업에 침투하면서 현대과학의 총아로 등장하였다. 텔레비전, 트랜지스터 라디오, 전자계산기 등의 보급은 전자공학을 현대문명의 핵심으로 만들었고, 무기와 우주개발 분야에서 전자공학의 중요성이 크게 부각되고 있다.

제2차 세계대전 후 전자공학의 발달과 밀접한 관계가 있었던 것은 사이버네틱스(cybernetics)였다. 사이버네틱스의 기초가 되는 통신과 제어는 반드시 기계에 의해서만 일어나는 것은 아니다. 인간과 동물은 감각에 의해서 받은 정보를 신경계통을 통해 뇌에 전달하고, 뇌는 그 정보에 따라서 명령을 내린다. 그리고 그 명령은 신경계통을 통하여 실현된다. 미국의 위너[93]는 이처럼 인간이나 동물에도 통신과 제어가 일어나는 데서 암시를 얻어 동물의 통신과 제어를 기계의 통신과 제어와 연관시켜 연구할 것을 구상하였다.

위너는 신동이었다. 19세 때 하버드대학에서 박사학위를 얻었다. 그는 제2차 세계대전 때에는 방공연구에 종사하였다. 비행기를 떨어뜨리기 위해서는 비행기가 날아가는 방향과 속도, 바람의 영향과 속도, 비행기를 노리는 탄환의 속도 등을 알아내어 대공포로 신속하게 조준해 발사해야 한다. 따라서 그는 정보전달에 관한 수학적 조건과 그러한 전달에 있어서 기계의 제어에 관한 수학이론의 연구에 관심을 갖고, 1948년 사이버네틱스(인공 두뇌학)라는 제목으로 논문을 제출하였다. 그의 기초이론은 인간의 신경체계로서 계산기에도 같이 적용되었다. 그는 생물과 무생물, 인간과 기계 사이에 전연 차별을 두지 않았다.

한편 헝가리 출신의 수학자 노이만[94]은 12세 때 함수론에 통달한 천재였다. 그의 놀랄 만한 기억력은 악마의 두뇌를 가졌다고 평할 정도였고, 탁월한 수학적 재능을 발휘하여 광범위한 영역에서 선구적인 업적을 남겼다. 특히 제2차 세계대전 중에 고속 계산기의 시험제작에 종사하였다. 그가 이때 제안한 프로그램 기억방식은 지금까지 전자계산기를 밑받침하는 기본원리가 되었다. 또 그는 계산기의 연구와 나란히 인간의 뇌와 계산기의 비교나 자기증식 제어의 연구도 하였다. 이어서 그는 자신의 수학능력을 이용하여 거대한 계산기를 만드는 데 지도적인 역할을 함으로써, 수소폭탄 제조에 필요한 빠른 속도의 계산을 가능하게 하였

93) Nobert Wiener, 1894~1964
94) John Ludwig Neumann, 1903~57

노이만

다. 매카시 상원위원에 의해서 미국 사상이 통제되고 수소폭탄의 개발에 반대한 오펜하이머가 청문회에 회부되었을 때, 노이만은 오펜하이머의 충성심과 결백을 증언하였다.

한편 미국 물리학자 바딘[95]은 반도체와 초전도의 완전한 이론적 설명으로 역사상 처음으로 두 번에 걸쳐 노벨물리학상을 받은 유일한 사람이 되었다. 그의 두 업적은 모두 컴퓨터 분야에서 중요한 결과를 가져 왔다. 그의 트랜지스터의 발명은 곧 IC나 마이크로칩의 발전을 몰고 왔고, 마이크로칩은 컴퓨터를 매우 실용적으로 만들었다. 또한 그의 초전도에 대한 연구는 컴퓨터의 기본 산술계산이나 논리계산의 고속화를 가능케 하고, 인공지능의 발전을 가져 올 것이다.

하지만 사이버네틱스라는 학문은 몇 사람의 연구로 이루어진 것은 아니다. 전쟁 전 미국의 매사추세츠 공과대학의 연구진과 벨전화연구소의 과학자들이 자동제어와 통신을 연구했는데, 이것이 사이버네틱스의 모체가 되었다. 그곳에서는 전쟁 중이나 전쟁 후에도 수학, 물리학, 통신, 전기, 생물학, 심리학 등 여러 분야의 전문가가 비슷한 목적을 가지고 연구를 계속하여 왔다. 연구내용은 통신의 정보를 수학적으로 취급하는 정보이론, 전자계산기의 이론, 자동제어의 이론, 확률론, 통계함수론, 논리학 등과 연결되었다. 그중에서도 정보이론은 가장 중요한 분야였다.

기술적 배경　전자공학의 핵심인 트랜지스터는 고체물리학의 빛나는 성과로서 전자공학 역사상 획기적인 변혁을 몰고 왔다. 모든 사람의 관심사였던 트랜지스터는 1948년에 벨전화연구소의 연구진에 의해서 개발되었다. 우리는 2극 진공관이 나오기 전에 라디오파의 검파에 광석이 사용된 것을 잘 알고 있다. 그러나 센티미터파의 경우, 진공관은 완전한 기능을 하지 못하므로 레이더의 검파에 반도체인 게르마늄(Ge) 광석이 대신 이용되었다. 이 연구과정에서 영국계 미국 물리학자 쇼클리[96]는 반도체인 게르마늄에 불순물을 조금 섞으면 두 개의 양극과 한 개의 음극을 구비한 기능을 한다는 사실을 밝혀냈다. 이것이 트랜지스터이

---

95) John Bardeen, 1908~

96) William Bradford Shockley, 1910~

다. 처음에 트랜지스터는 저주파에만 사용되었으나 1950년대 후반부터 라디오 전파에도 사용되어 트랜지스터 라디오가 만들어지고 "트랜지스터 시대"를 출현시켰다.

전자공학 발전의 획기적인 또 하나의 동기는 1958년에 집적회로(IC)의 개발이다. 집적회로는 한 면의 길이가 2~3mm의 정사각형으로 그 두께는 0.1mm 정도의 얇은 조각이다. 그리고 이 판 위에 트랜지스터를 비롯한 갖가지 부품 50~70개 정도를 수용하는데, 이들 부품이 모두 배선되어 전자회로를 이루고 있다. 따라서 집적회로를 사용할 경우에 종래의 전자기기의 부피보다 수백분의 1로 소형화된다. 나아가서 대단위 집적회로(LSI)는 1천 개 정도의 트랜지스터를 수용할 수 있으며 계속해서 집적회로의 수를 늘려서 기능을 증대시키고 있다. 이 반도체는 새끼손톱만한 크기에 15만 개의 트랜지스터를 수용할 수 있다. LSI는 IC에 비해서 2배의 기능을 가지고 있으면서도 저렴하며 대형 계산기의 두뇌인 중앙제어 부분에 사용되고 있다. LSI에 이어서 최대단위 집적회로(VLSI 혹은 SLSI)는 새끼손톱만한 크기에 60만 개의 트랜지스터를 수용할 수 있는 반도체이다. 끝으로 5세대 집적회로로서 조셉슨 소자가 있다.

이처럼 계속적인 고체물리학의 발달은 또 다른 새로운 반도체의 개발을 자극하고 있다. 이 획기적인 신형 반도체는 빛, 열, 자기, 압력을 전기 에너지로 즉시 바꾸어 놓을 수 있다. 지금까지 반도체라고 하면 단순히 증폭과 정류의 기능을 지닌 데 불과하였다. 그러나 현재는 반도체 자체의 기능이 바뀌어 전기로부터 빛, 빛으로부터 전기를 얻어낼 수 있고, 압력과 열로부터 전기를 마음대로 얻어낼 수 있는 반도체인 변환소자가 개발되고 있다. 반도체는 제2의 석유이다. 석유가 세계 경제를 좌우하고 있듯이, 장차 반도체 산업 역시 세계 경제의 판도를 크게 바꿔 놓을 것으로 전망된다. 이 때문에 각국의 과학계는 반도체 개발에 총력을 기울이고 있다.

컴퓨터의 출현과 자동화

제2차 세계대전 당시 레이더, 제트기, 로켓은 전쟁무기의 총아였다. 하지만 이에 못지 않게 중요했던 것으로 작전연구와 자동제어가 있었다. 전쟁이 발발하자 영국의 물리학자인 블래킷[97]과 버널 등은 작전의 과학화를 연구하였다. 다시 말해서 기술원 및 전투원의 효과적인 훈련과 최소의 노력으로 최대의 성과를 얻는 방법을 위해서 자동제어가 연구되었다. 이것이 "작전연구"(operational research) 시스템이다. 이 시스템은 미국에서도 연구되어 태평양전쟁을 유리하게 전개하는 데 응용되었다. 더욱이 이 시스템은 대전 후 생산의 합리화, 기업의 근대

---

97) Patrik Magnard Stuart Blackett, 1897~1974

컴퓨터 발달사

세대	제1세대 (1946~57년)	제2세대 (1958~63년)	제3세대 (1964~70년)	제3.5세대 (1970~78년)	제4세대 (1979~90년)	제5세대 (1990년대)
사용소자	진공관	트랜지스터	IC	LSI	VLSI	갈륨비소 조셉슨소자 등
특징	기본적 기술 확립	본격적 실용화	부피 적고 신속, 신뢰성 가격 저렴, 대용량	집중 처리서 분산 처리 온라인 처리의 고도화	복수 시스템 간의 대량 데이터 교환, 대량 데이터의 집중관리	지식 정보처리, 추리처리, 지식 베이스 처리

화, 마케팅 이론을 형성하는 데 큰 역할을 하였다.

위너는 레이더를 장비한 고사포를 사용하여 고속의 적기를 격추하는 방법을 연구하였다. 고속의 적기를 떨어뜨리려면 짧은 시간내에 적기의 위치와 속도를 알아내고, 또 어느 쪽을 향해서 발사해야 하는가를 알아내야 한다. 이를 위해서는 매우 신속한 속도의 계산이 필요하다. 이러한 연구가 자동제어의 진보를 가속화하고 전자계산기의 탄생을 촉진시켰다.

이처럼 레이더나 고사포의 사용이 전자계산기의 탄생을 촉진시킨데다가, 제2차 세계대전 중 미국에서 다수의 과학자가 자동제어 및 각종 계산기의 연구를 진행하고 있었다. 이 분야에서 헝가리의 노이만과 미국의 위너, 그리고 매사추세츠 공과대학의 공헌은 매우 컸다. 이 계산기는 가감승제의 조작을 할 뿐만 아니라 기본 수치나 계산 도중에 나타나는 수치를 기억장치 속에 저장하고, 특정한 수치를 필요로 하는 경우 즉시 재생하여 사용할 수 있었다. 또 계산의 순서를 미리 적당한 부호로 표시한 테이프를 만들고, 이것을 기계에 넣으면 자동적으로 순서에 따라서 연산이 행하여져서 필요한 결과만 인쇄할 수 있었다. 이런 장치를 전자(자동)계산기라 부른다.

제2차 세계대전이 끝난 1945년, 펜실베이니아대학을 중심으로 세계 최초의 전자계산기(컴퓨터)인 ENIAC 1호가 탄생하였다. 이 계산기에는 자동제어를 위해서 3극 진공관이 사용되었는데 그 무게는 30톤, 차지한 넓이는 50평, 소비전력은 1백kW, 진공관의 수는 1만 8천 8백 개였다. 이 전자계산기는 π를 소수점 이하 7백 7자리까지 40초 이내에 정확히 계산하였다. 영국의 한 수학자는 7백 7자리까지 한평생 걸려 계산했으나 5백 27자리 이하부터 계산이 틀렸다. 지금 컴퓨터의 성능은 하루가 다르게 개량되고 발전하고 있다. 토플러가 예언했던 "제3의 물결"이 다가올 날이 멀지 않았다.

오토메이션

컴퓨터는 계산속도가 빠르다는 점 이외에도 기억용량이 크다는 점, 자동으로 일을 진행시킬 수 있다는 특징이 있다. 이를 이용하여 일찍이 소련의 산업 분야에서는 자동화 공정을 꾸준히 연구하여 1950년에 모스크바에 자동화된 자동차용 피스톤 제작 공장을 건설하였다. 이것은 세계 최초의 완전한 오토메이션 공장(FA)이었다. 한편 일본 오야마시의 후지츠 공장은 "꿈의 공장"이다. 이 공장에서는 광통신 부품을 생산하고 있는데, 부품창고로부터 무인수송, 조립생산의 오차는 거의 없다. 그리고 인력은 80%가 줄고, 생산액은 6배로 신장하였다.

사무기기 자동화(OA)도 진행되었다. 사무분야에 일대 변혁을 몰고 왔다. 그 예로서 메모리 타자기가 있다. 이 기계는 타자내용을 기억하고, 그 내용을 1초당 30자의 빠르기로 찍어낸다. 또 모사 전송기(FAX)가 있다. 이 기계는 복사기술과 통신기술이 결합된 것으로 정보서류를 고속으로 전달할 수 있는 일종의 원격복사기이다. 그 외에 은행에서의 자동지불기, 문서작성 편집기, 외무사원의 단말기, 유성 타이프라이터, 동시통역 텔레비전, 교환대에서의 자동응답장치, PC노트 등이 개발되었다.

가정 자동화(HA)도 진행되고 있다. 부엌의 각종 주방기구, 조명시설, 도난방지시설, 온냉방시설을 원격조정할 수 있으므로 가정주부의 집안일도 자동으로 처리할 수 있다. 가정에서의 데이터 통신 시스템도 개발되고 있다. 우선 데이터 뱅크와 가정이 연결되어 시장, 유행, 여가, 취미에 대한 각종 정보를 안방에서 얻을 수 있고 장보기에 대한 정보도 쉽게 얻게 된다. 또 학교와 연결되어 각종 학습정보를 얻을 수 있어 손쉽게 개인학습에 임할 수 있다. 오토메이션은 육체노동의 절약, 두뇌노동의 보조, 그리고 능률의 향상이라는 점에서 중요하다.

로봇과 제3차 산업혁명

인간과 똑같은 기능이나 형태를 구비한 인조인간에 관해서는 그리스 신화에서 그 기원을 찾을 수 있다. 그리스 신화에 나오는 타로스는 청동으로 만든 자신의 몸뚱이를 불에 달구어 크레타 섬에 침입해 온 적군을 껴안아 태워 죽이거나 커다란 돌을 던져 적을 물리쳤다고 한다. 하지만 인간을 닮은 기계에 로봇이라는 이름이 붙여진 것은 20세기 초반이었다. 체코의 작가 칼 차페크[98]가 1920년에 발표한 희곡 『롯삼 만능 로봇(R.U.R)』에서 인간이 만든 기계 노동자들에게 노예적인 노동을 시키는 내용이 있다. 그의 희곡이 걸작이라는 데에 힘을 입어 로봇이라는 말이 순식간에 세계로 퍼졌다. 다시 말해서 일할 능력은 있지만 생각할

---

98) Karl Capek, 1890~1938

수 없는 인간과 비슷한 기계인 로봇에 관한 차페크의 기본적인 해석이 점차 일반화되었다.

지금의 로봇은 도대체 무엇인가? 해석에 따라서 얼마간 다르지만, 로봇 연구의 선구자격인 미국의 스탠퍼드연구팀은 로봇에 관해서 이렇게 말하고 있다. "로봇의 기본은 인공 두뇌이다. 즉, 대형의 고성능 컴퓨터가 주요 부분을 이루고 있다. 그 컴퓨터에 대한 입력을 사람의 손을 빌리지 않고 자동적으로 수행하려면 시각, 촉각, 청각 등 센서가 필요하다. 또 컴퓨터로 계산·판단한 결과를 인간의 도움 없이 자동적으로 수행하려면 손과 발, 입 등 실행수단이 필요하다. 이러한 출력과 입력의 단말기를 모두 갖추면 그것이 바로 로봇이 된다."

이러한 개념하에서 만든 로봇은 지금 사회 각 분야에서 예상 이상으로 다양하게 실용화되고 있다. 응용영역을 크게 나누어 보면, 제1차 산업용 로봇(농업용, 임업용, 어업용, 축산용, 광업용), 건설용 로봇, 제조용 로봇(용접용, 도장용, 조립작업용, 절단작업용, 검사작업용, 절삭가공용, 프레스가공용, 열처리용), 비산업용 로봇(우주개발용, 해양개발용, 방재용, 복지용, 가정용, 레크리에이션용, 교육용) 등으로 분류하고 있다. 최근 생산 공장에서 작업 로봇의 기능이 점차 안정됨으로써 생산조직에 커다란 변화를 몰고 왔다. 이것은 전자공학과 기계공학이 발달하고 양자가 결합됨으로써 이루어진 것이다.

이런 추세라면 멀지 않아 인간 수준의 로봇, 즉 제3세대 로봇이 제작될 것으로 전망된다. 제1세대 로봇은 정해진 대로 움직이며, 제2세대 로봇은 사전에 예상했던 범위 안에서만 동작의 수정이 가능하다. 이에 반하여 제3세대 로봇이란 지능로봇으로 "알아서 일하는 로봇"으로 추리와 판단 능력을 겸비하고 있다. 1984년 도쿄에서의 5세대 컴퓨터 국제회의는 이를 잘 뒷받침해 주고 있다. 왜냐하면 5세대 컴퓨터는 인간의 언어를 알아듣고, 사람의 두뇌처럼 추리도 할 수 있기 때문이다. 미래학자들의 예측에 의하면, 로봇을 위시해서 마이크로 일렉트로닉스의 기술보급으로 곧 제3차 산업혁명이 일어날 것이라 한다. 제3차 산업혁명의 커다란 특징은 기계가 인간의 육체적 노동 뿐만 아니라 생각하는 일의 분야까지 개입된 점이다. 장차 컴퓨터나 지능 로봇은 인간의 사고까지 대행하여 줄 것이다.

현대수리과학과 그 특징

19세기 동안 수학자들이 유클리드의 공리체계를 세밀하게 점검한 결과, 유클리드 기하학은 자명한 개념만을 기초로 하는 것이 아니라 실제로 명확한 설명도 없고 많은 가정이 붙어 있다는 것이 서서히 밝혀졌다. 따라서 기본적인 정의와 정체불명의 술어를 최소화하고, 이것을 바탕으로 완전한 수학체계를 구성하려는 시도가 있었다.

현대수학의 특징은 무한집합의 처리법인 집합론을 그 기초로 하고 있다. 원래 무한은 비경험적·이념적인 개념으로 그리스에서는 약분불능량(約分不能量) 등에 잠정적으로 나타날 뿐으로, 이론의 표면에는 나오지 않았다. 집합론은 무수의 원소를 일괄하여 한 개의 존재로 보는 이론으로서 존재적 무한의 수학화라 할 수 있다. 이러한 "존재"를 기본적 대상으로 하는 데 현대수학의 역사적 특수성이 있으며, 또한 그 힘의 크기의 원천도 있다. 무한 집합을 기초로 하면 여러 종류의 수가 거기로부터 정의되는 것을 위시해서, 어떤 추상적 개념도 존재할 수 있다.

현대수학의 또 한 가지 특징은 공리적 방법이다. 『원론』의 공리는 "자명의 진리"로 보았지만, 현대에서의 공리는 한 가지 이론의 가설적 혹은 규약적인 전제로 보고, 그것에 나타나는 기본용어로 공리의 문구의 허용범위에서 자유롭게 해석하는 여지가 인정되어 있다.

현대수학은 물리학 등으로부터 많은 자극을 받고, 또한 그것에 새로운 무기를 제공하고 있다. 물리학에서 강하게 도입된 디랙의 δ함수가 초함수론을 낳고, 힐베르트의 공간론이 양자역학의 이론적 표현으로 유효했던 것은 그 좋은 예이다. 현대수학의 응용은 그것만으로 그치지 않는다. 공리적 방법은 확률론 등과 맞물려 수학의 응용분야를 비약적으로 확대시키고 있다. 즉 고전수학으로 취급하기 곤란했던 생물학이나 사회과학, 인문과학의 영역, 그리고 정치, 경제의 실제에 있어서도, 만일 이론의 전제를 만족시켜 해석되는 현실적 상황이 있다면, 그것은 그 이론의 응용영역이 되고, 별도로 그것들의 분야로부터 추상하여 형식적 이론을 만드는 것도 가능하다.

이것은 구체적 현실의 수학모델화, 즉 시뮬레이션법이지만 여기서 만일 인력을 초월하는 계산이 필요하더라도 전자계산기의 진보가 이를 보충해 준다. 그렇다고 보면 물리적 세계를 수학화한 17~18세기에 이어서, 보다 많은 분야의 수학화가 시작됐을지도 모른다. 전자계산기의 진보 그 자체가 수학에 질적변화를 가져오는 열쇠가 될 것이다.

20세기 수학의 출발점은 독일 괴팅겐대학의 수학교수인 힐베르트[99]가 1899년에 출판한 『기하학 기초론』[100]이다. 그것은 공리주의를 기초로 수학의 구조를 밝힌 것으로서 현대수학에 큰 영향을 미쳤다. 그는 정의가 주어져 있지 않은 개념으로서 점, 선, 면을 그 출발점으로 하였다. 유클리드는 이것에 충분한 정의를 주려고 했지만 실제로는 그렇지 않았다. 그가 정의하려고 한 것에 대해서 독자가 직관적인 지식을 지니고 있었기 때문에 그 정의가 충분하게 보였던 것이다.

---

99) David Hilbert, 1862~1943
100) *Grundlagen der Geometrie*, 1903

힐베르트는 1900년에 열린 제2회 국제수학자회의에서 20세기 수학의 목표로서 23가지 문제를 들었다. 이 사실만 보더라도 20세기의 수학이 얼마만큼 극단적으로 전문화하고 세분화되었는지 짐작할 수 있고, 사실 오늘날의 수학자는 자신도 전문분야 이외에 관해서는 취급이 곤란할 정도로 세분화되었다.

20세기에 들어와서 새로이 부흥한 순수수학 분야는 수학기초론, 위상기하학, 추상대수학 등이 있고, 응용수학 분야로 정보이론 등이 있다. 추계학(推計學)은 확률론에서 수립된 근대통계학이 집단현상의 기술적 분석의 방법으로 확장된 것인데, 현재는 새로운 추측 통계학으로서 발전하고 있다. 더욱이 통계적 품질관리, 사회조사의 이론으로부터 사회과학의 방법에까지 각 방면에 응용되어 큰 영향을 미치고 있다.

정보이론은 처음에는 전신과 전화 등에 의한 정보를 어떻게 정확히 보내며, 보내는 양은 얼마 만한 한계가 있는가 하는 문제에서 출발하였다. 하지만 이 이론은 전기 통신에만 한하지 않고 곧 물리적 측정의 문제에까지 넓게 활용되어 시청각 연구 등 다방면의 연구와도 관계를 맺고 있다. 나아가 수학, 물리학, 화학, 천문학, 기계, 전기, 선박, 항공기, 건축, 토목 등 모든 방면에 응용되어 그 발전 여부가 주목되고 있다.

오스트리아계의 미국 수학자인 괴델[101]은 "괴델정리"라 불리는 것을 개발하였다. 그는 기호논리학의 기호를 체계적인 수로 나타내고, 다른 수로는 도달되지 않는 수를 만드는 것이 항상 가능하다는 사실을 밝혔다. 바꾸어 말하면 만일 몇 개의 공리를 출발점으로 한다면, 항상 그 공리에 지배된 체계 안에서 그 공리를 바탕으로 하여 증명되는 것도, 반증되는 것도 아닌 명제가 존재하게 된다. 만일 명제가 증명되거나 아니면 반증되도록 공리를 수정한다면, 증명도 반증도 되지 않는 다른 명제를 구성할 수 있으며, 결국 끝이 없다. 다른 말로 표현하면 수학의 전 영역이 어떤 공리체계를 갖고 완전히 체계화되는 일은 없다고 말할 수 있다.

---

101) Kurt Gödel, 1906~78

7. 합성화학과 고분자물질

합성화학의 실마리

19세기 초기에 화학 부문에서 이룬 가장 큰 성과는, 유기물을 인공적으로 합성할 수 있다는 사실을 실험으로 증명한 일이다. 당시 대부분의 화학자들은 무기물은 "생명력"(vital force)이 없어도 생성될 수 있으나, 유기물은 반드시 생명력이 있어야만 생성될 수 있다는 생기론적인 견해를 지니고 있었다. 다시 말해서 유기물과 무기물을 구분하는 기준을 생명력에 두고 있었다. 그러므로 생명력의 개입 없이 유기물질을 인공적으로 합성할 수 있으리라고는 생각하지 못했다.

1828년 독일의 화학자 뵐러[102]는 생명력의 도움 없이 플라스크 안에서 무기물인 시안산 암모늄으로부터 유기물인 요소를 인공적으로 합성하는 데 성공함으로써[103], 당시 화학계는 물론 일반 사상계에 커다란 충격을 주었다. 따라서 유기물과 무기물을 구별하던 생명력의 개념이 화학계에서 사라졌고, 합성화학을 발전시킬 돌파구가 형성되었다. 프랑스의 화학자 베르틀로[104]는 "우리들의 목적은 생명력의 개념을 추방하는 데 있다. 유기화학은 자연계에 존재하지 않는 물질도 합성할 수 있다. 따라서 합성화학의 창조력은 자연계에서 실현되는 창조력의 영역보다 훨씬 넓다."고 하였다.

한편 양자역학의 출현은 화학계에 커다란 영향을 미쳤다. 양자역학의 도입으로 여러 종류의 물질의 구조, 원소의 본질과 성질, 원소주기율의 수수께끼, 화학결합의 본질 등이 근본적으로 해명됨으로써 화학자들은 고분자의 구조와 성질의 연구에 도전할 수 있게 되었다.

1927년은 화학의 역사에 있어서 커다란 전환점으로서 고분자화학과 합성화학이 새로운 단계로 들어선 해였다. 독일의 유기화학자 슈타우딩거[105]는 거대분자, "폴리머"라는 개념을 확장하여 고분자화학이라는 새로운 영역을 개척하였다. 이때부터 플라스틱, 합성섬유, 합성고무 등 고분자 화합물의 합성이 주목을 끌었고, 이 분야의 발전속도가 매우 빨라졌다. 물론 셀룰로이드, 레이온, 펄프 등은 이미 19세기 말부터 인공적으로 합성되었지만, 이것은 천연의 섬유를 이용한 제품이므로 순수한 합성품이라 할 수 없다.

102) Friedrich Wöhler, 1800~82
103) $NH_4CNO \rightarrow (NH_2)_2CO$
104) Piere Eugéne Marcelin Berthelot, 1827~1907
105) Hermann Staudinger, 1881~1965

새로운 합성물질

캐러더스

플라스틱 고분자 화합물 중 대표적인 합성품은 플라스틱이다. 지금 우리 주변을 둘러보면 일용품에서 공업용품에 이르기까지 여러 분야에 걸쳐 수많은 종류의 플라스틱 제품이 쏟아져 나와 널리 사용되고 있다. 플라스틱은 가볍고 강하며 광택이 풍부하고 착색이 용이하며, 부식성이 없고 대량 생산이 가능하다는 점에서 우리들 생활에 없어서는 안되는 것으로서 우리의 일상생활에 커다란 변화를 주고 있다.

플라스틱은 그 종류가 많고 성질도 다양하다. 예를 들어서 폴리에틸렌은 가늘지만 매우 강해서 포장용 끈이나 봉투, 비닐하우스용 재료로 쓰이고 있다. 또 폴리프로필렌은 투명감이 월등하므로 병, 그릇, 일용품 등 다양하게 쓰이고 있다. 특히 이것은 현재 개발된 플라스틱 중에서 가장 비중이 작고 내열 온도가 섭씨 120∼160도이므로 사용 범위가 넓어지고 있다. 그러나 염색성이 나쁘고, 빛에 다소 약한 결점이 있다.

합성고무 제1차 세계대전 당시, 고무 수입의 길이 막힌 독일은 합성고무의 연구에 착수하였다. 1909년 고무를 인공적으로 만드는 데 실험적으로 성공하였지만 이를 공업화하는 데는 어려움이 많았다. 그후 이 방법을 개선하여 메틸고무라 부르는 최초의 합성고무를 만들었지만, 품질이 천연고무에 훨씬 미치지 못했고, 또한 가격도 높았기 때문에 제1차 세계대전 후에는 제조가 중단되었다.

1921년 영국이 천연고무의 수출을 통제하자 고무의 가격이 폭등하여 합성고무에 대한 관심이 세계적으로 다시 높아졌다. 미국의 뒤퐁과 독일의 IG염료회사는 합성고무의 연구에 거액의 자금을 투자하였다. 미국은 1941년에 캐러더스[106]와 뉴랜즈[107]의 노력으로 네오프렌이라 부르는 합성고무를 공업화하는 데 성공하였다. 제2차 세계대전이 시작되자 천연고무의 수입이 어려워져 미국은 이어서 그 이듬해인 1942년에 고무조사위원회를 설립하고, 막대한 자금을 투자하여 연간 83만 톤의 합성고무를 생산해 냈다. 이 고무가 GR-S이다. 당시 미국의 경제가

106) Wallace Hume Carothers, 1896∼1937
107) Julius Arthur Newlands, 1878∼1936

정상을 되찾은 요인 중 한 가지는 이 합성고무의 수출 덕분이었다.

독일은 Buna-S라 부르는 합성고무의 제조에 성공함으로써 1939년부터 양산체제로 들어갔다. 1935년 히틀러는 뉘른베르크에서 가졌던 나치전당대회 석상에서 독일은 석탄과 석회로부터 고무를 만드는 데 성공함으로써 온대 지방임에도 고무를 가진 국가가 되었다고 자랑하였다. 한편 1933년 소련도 합성고무를 생산함으로써 명실공히 합성고무 시대가 열렸다.

최근 개발된 합성고무 중 미국에서 개발한 SBR은 내노화성, 내마모성, 내유성 등이 천연고무보다 우수하지만 탄력성은 약간 떨어진다. 이 고무는 신발창, 각종 가정용 기구의 고무부품, 자동차 타이어에 사용되고 있다. 또 부타디엔고무(BR)는 공업계의 관심을 모으고 있다. 이 고무는 압출 성형성과 열가소성, 내마모성이 좋고 탄력성도 대단히 크다. 그리고 내한성과 내노화성도 좋다. 특히 내부발열이 적어 자동차 타이어로 많이 쓰이고, 눈이나 얼음 위에서의 견인력이 커서 스노우 타이어용으로 적합하다. 이 합성고무의 특색은 천연고무와 화학구조가 동일한 점이다. 이것이 처음 합성된 것은 1954년으로, 합성고무로서는 비교적 새로운 것이다.

합성섬유   1930년 미국 뒤퐁사의 신진연구원 캐러더스는 합성섬유의 연구에 착수한 지 5년 후 "폴리머 66"이라 부르는 최초의 합성섬유를 개발하는 데 성공하였다. 이 합성섬유의 공업생산을 실현하기 위하여 뒤퐁사는 3백만 달러의 연구비를 투자하고 2백 30명의 화학기술자를 동원하여 3년간의 연구끝에 1938년 공업생산에 성공하였다. 당시 뒤퐁사는 "이 섬유는 공기, 석탄, 물로부터 만들어진 것으로 거미줄보다 가늘지만 강철보다 강하다"라고 선전하였다. 이 합성섬유가 나일론이다.

이를 계기로 세계 각국에서는 앞을 다투어 합성섬유의 공업화와 그 개량을 서둘렀다. 그 대표적인 예로서 텔리렌(영국), 데이크론(미국), 테트론(일본)은 폴리에스테르 섬유 계통이다. 이것들은 강하고 구김이 가지 않아 면직, 마직, 모직 등과 혼방하여 옷감으로 널리 사용되고 있다. 또 아크릴 섬유는 가볍고 보온이 잘 되어 양모 대용으로 스웨터 등에 많이 사용된다.

항생물질

1932년부터 독일의 세균학자인 도마그[108]는 인체를 해치지 않으면서 연쇄구균을 죽이는 화합물(적색 프론토실)이 발견되었는데, 이것은 포도상구균에 감염된 흰쥐에 투여했을 때 뛰어난 실험 효과가 있었다. 적색 프론토실을 깊이 연구한 결과, 이 화합물이 세균에 효과가 있는 것은 그 안에 함유되어 있는 설파민에

---

108) Gerhard Domagk, 1880~1950

플레밍

의한 것임이 발견되어 그후 여러 세균에 잘 듣는 설파제가 약 3천 종이나 만들어져 화농 치료에 큰 도움을 주었다. 이 설파제는 기적의 약으로서 폐렴이나 패혈증에 의한 사망률을 감소시키고, 제2차 세계대전 당시 많은 인명을 구했다. 그러나 다른 균에는 효과가 적었고, 전쟁 당시 많은 부상자를 치료하는 데는 어려움이 따랐다.

항생물질은 20세기를 대표하는 의약으로, 최초의 항생물질인 페니실린을 발견한 사람은 영국의 플레밍[109]이다. 1928년 실험도중 포도상구균 배양액에 어떤 종류의 곰팡이가 우연히 들어갔다. 그리고 그 곰팡이 주변의 포도상구균은 그 이상 번식하지 못한 채로 있는 사실을 발견하였다. 다시 말해서 이 사실은 어떤 곰팡이 속에 세균을 죽이는 특수한 물질이 존재하고 있다는 것을 의미한다. 결국 플레밍은 곰팡이의 분비물인 페니실린이 폐렴구균 등 여러 종류의 세균을 억제하는 사실을 발견하고, 이에 관한 몇 편의 논문을 발표하였지만 학계의 관심을 끌지 못하였다.

항생물질에 대해서 주목을 끌게 된 것은 제2차 세계대전이 시작된 1939년 이후였다. 더욱이 만능약이라 생각되었던 설파제가 부상병 치료에 미력했기 때문에 새로운 치료제를 구하는 일이 절실하였다. 이에 자극을 받은 오스트리아계 영국의 병리학자 플로리[110]는 페니실린에 주목하고 실험을 계속하였다. 그는 1941년까지 1백 87종의 치료의 예를 모으고 미국에 건너가 페니실린의 대량생산을 권고하였다. 다수의 화학자, 세균학자, 의학자, 기술자가 협력하여 1943년 5월에 페니실린의 대량생산 체제가 확립되었다. 이렇게 해서 항생물질의 시대가 열렸다. 페니실린은 1943년 튀니지와 시칠리아에서 부상병의 치료에 처음으로 사용되었다. 페니실린은 폐렴균, 임균, 화농성질환에 매우 잘 듣고 포도상구균, 연쇄상구균, 매독에도 유효하며, 게다가 인체에는 해가 없었다. 플레밍은 "사람들은 페니실린을 하나의 기적이라 부른다. 나도 일생에 단 한번 기적이라는 말에 찬성했다. 그것은 많은 인명을 구한 기적이다"

한편 같은 해인 1943년 9월에 미국의 왁스먼[111]은 방선균의 한 분비물인 스

---

109) Sir Alexander Fleming, 1881~1955
110) Sir Howard Walter Florey, 1898~1968
111) Selman Abraham Waksman, 1888~1973

트렙토마이신을 추출해냈다. 이것이 결핵 등에 효과가 크다는 사실이 실증되면서 제2의 항생물질로 발돋움하였다. 그런데 시판된 페니실린과 스트렙토마이신이 모든 세균에 잘 듣는 만능약은 아니었다. 제2차 세계대전이 끝난 뒤, 모든 세균에 잘 듣는 보다 우수한 항생물질을 광범위하게 찾기 시작하였다. 미국에서는 클로로마이신, 오레오마이신, 테라마이신을 생산하였다.

제2차 세계대전 후 항생물질 이외에 여러 가지 새로운 의약이 만들어졌다. 그중 중요한 것으로는 소아마비 백신과 결핵 분야의 의약들이었다. 미국의 미생물학자 소크[112]의 실험으로 소아마비에 대한 예방(소크백신)이 가능해졌다. 이것은 제너가 천연두를 예방한 이래 의학계의 큰 성과였다. 그후 사빈[113]의 예방요법(사빈백신)으로 소아마비의 발생이 크게 떨어졌다. 또 1946년 스웨덴에서는 결핵약 PAS를, 1951년 미국에서는 하이드라지드를 각각 개발하여 결핵환자를 대폭 줄였다. 또 미국의 의사 윌킨즈[114]는 1952년에 새로운 진정작용, 정신안정작용을 지닌 약재인 레세르핀을 개발하였다. 이것은 정신병치료에 없어서는 안 되는 약이다. 이외에 합성 호르몬제, 비타민제, 신경안정제 등도 많이 쏟아져 나왔다.

끝으로 항암제의 연구를 들 수 있다. 정상적인 핵산은 증식과 제어를 하는 기능을 지니고 있다. 그러나 비정상적인 핵산은 제어가 나빠서 증식을 중지시키지 못한다. 한없이 증식하면 체내의 어느 부분에 종양이 일어나 암이 된다. 암의 진행이 성하면 암이 체내의 일부분으로부터 다른 부분으로 옮겨 생명을 위협한다. 암에 걸리는 확률은 1천 명 중 3명 정도로서 40세 이상의 경우가 많다. 그런데 암세포는 왜 생기며, 보통 세포와 어떻게 다른가? 현재 이 문제에 대해서 꾸준한 연구가 진행되고 있으나 아직 확실한 결과를 내놓지 못하고 있다.

대개 경험적 사실에서 검토된 결과로서는 발암물질이 다수 섭취된 경우, 다량의 방사선을 쬔 경우, 핵산에 특수 바이러스가 침입한 경우, 저항력을 잃은 경우 등이 있다. 특히 미국에서 최근에 발표된 통계에 의하면 암의 발생은 인간이 살고 있는 주위의 환경과 밀접한 관계가 있다고 한다. 현재 항암물질을 연구하고 있는데, 지금까지의 결과는 인체에 해를 끼치지 않고 암의 증식을 중지시키는 약이 일부 개발되고 있다. 인터페론은 그 좋은 예이다.

지금 합성화학은 헤아릴 수 없을 정도로 광범위하게, 또한 빠른 속도로 발전하고 있다. 더욱이 분자생물학의 발전으로 새로운 합성물질을 다량 생산할 수 있는 체제가 들어서고, 인류는 필요로 하는 성질의 새로운 물질을 천연자원에만 의존하지 않고 마음대로 창조할 수 있게 되었다. 미래의 합성화학은 우리가 상상할

---

112) Jonas Edward Salk, 1914~
113) Albert Bruce Sabin, 1906~
114) Robert Wallace Wilkins, 1906~

수 없을 정도로 발전하여, 우리 생활에 커다란 변화를 가져다 줄 것이다.

화학연구의 모범

제2차 세계대전 후, 유기화학 분야에서 노벨 화학상 수상자의 수가 압도적으로 많았다. 그중 영국의 유기화학자 로빈슨[115]이 있다. 그는 그의 긴 생애를 유기화학 발전에 헌신하였다. 그의 발표논문은 1천 편에 달한다. 초기의 반응기구에 관한 전자기론 같은 이론적인 것에서부터 의학에 이르기까지 다양하다. 그는 케쿨레와 쿠퍼에서 비롯된 유기화합물의 구조연구를 합성에 의해서 이룩함으로써 식물의 복잡한 분자나 색소, 특히 알칼로이드의 합성에 빛을 던져주었다. 알칼로이드는 소량으로도 동물체에 강한 독으로 작용하지만, 적당한 양은 흥분제나 진정제로 이용되며, 그 이외에도 이용가치가 많다. 니코틴, 키니네, 코카인은 모두 알칼로이드이다. 로빈슨은 이것들을 연구하여 1939년 기사칭호를 받았다.

로빈슨은 간단한 물질을 축합하여 복잡한 물질을 합성하는 것이 특기였다. 코카인과 밀접한 관계가 있는 트로피논의 합성은 유명하다. 당시 몰그히네에 대한 구조식이 20종 제출되어 있었는데, 로빈슨은 그 수수께끼를 모두 풀었다. 항말라리아제의 합성, 페니실린의 구조 연구 등 그의 공적은 다양하다.

20세기의 유기합성 분야에 새로운 연구방법을 도입한 사람은 우드워드[116]이다. 그는 보스턴에서 태어나서 16세 때 MIT공대에 입학하여 19세에 졸업하고, 다음해 20세에 박사학위를 취득한 이례적인 과학자로서, 1950년 하버드대학의 정교수가 되었다. 이미 20대 때부터 복잡한 천연물질의 구조결정과 합성에 관한 탁월한 업적을 세웠다. 그의 독창성의 한 가지 예로 클로로필의 합성을 꼽을 수 있다.

우드워드는 1956년 그 합성에 착수하기 전에 충분한 계획을 세웠다. 고리모형 구조의 원자결합각과 결합길이를 면밀히 검토하고, 각 부분의 안정성과 반응관계에 관하여 생각하였다. 이를 위해서 근대적인 모든 이론과 분석수단을 최대한 도입하였다. 그 결과 55과정을 거쳐 클로로필의 합성에 성공하였다. 더욱이 이 계획의 전과정에서 한두 개의 예상밖의 반응을 제외하고는 거의 예상대로 완전히 실행되었다. 이러한 상세한 계획과 이론의 적용이라는 점에서 그의 연구방법은 매우 독창적이고 화학연구의 모범이 되었다.

더욱이 우드워드는 유기합성에서 이론화학자가 매우 중요한 역할을 한다는 사실을 실증하였다. 특히 우드워드의 합성과 구조결정의 속도는 옛날에 비할 바가 아니었다. 그 까닭은 화학이론이 깊이 이해되고 실험방법이 진보한 데다가,

---

115) Robert Robinson, 1886~1975
116) Robert Burns Woodward, 1917~79

연구에 있어서 보조수단이 많이 도입됨으로써 연구시간이 많이 단축되었기 때문이다. 예를 들면 인도의 간디가 사용하였다고 전해지는 진정제의 유효성분인 세레핀이 스위스의 시바회사에서 순수하게 얻어진 것은 1952년, 구조결정은 1955년, 그 다음해에 우드워드가 이를 합성하였다. 그의 발표논문은 다른 사람에 비하여 그다지 많다고는 할 수 없지만 이미 알려져 있는 방법을 교묘히 조합시켜 새로운 반응을 개발하고, 이를 이용함으로써 전세계의 유기화학자를 놀라게 하였다.

석유화학공업

고분자 합성물질인 합성수지, 합성고무, 합성섬유의 제품생산은 석유산업을 자극하였다. 석유와 천연가스는 고분자합성에서 주요한 원료로 자리를 잡았다. 석유는 예부터 알려져 있었다. 러시아의 바쿠석유는 기원전 500년부터 영원한 불로서 신앙의 표적이 되었다. 근대 석유산업이 탄생한 것은 1859년 펜실베이니아주에서 유정의 개발이 시작된 때부터였다. 같은 해, 8월 27일은 석유탄생의 날로서 그 기념비는 지금까지 남아 있다. 록펠러는 석유산업에 손을 댄 지 20년만인 1882년 스탠더드석유회사를 뉴저지주에 설립, 전체 미국석유의 90%를 장악하였다.

석유산업의 형태가 크게 바뀐 것은 20세기에 들어와 자동차가 등장했기 때문이다. 이때부터 낮은 온도에서 분류되어 나오는 가솔린이 주요 산물로 부상하자 중유가 남아 돌았다. 따라서 중유를 열분해하여 경유로 전환시키는 조작이 연구되었다. 이 열분해법은 스탠더드사에서 1912년에 개발하여 1926~36년 사이에 본격적인 작업에 들어갔다. 고온, 고압하에서 중유를 증류하여 50~60%의 수율로 자동차용의 가솔린을 얻어냄으로써, 1936년 미국에서는 증류제품보다 분해증류에 의한 가솔린 생산이 앞섰다.

엔진에서 가솔린의 연비를 최고로 하기 위해서는 연료를 일정하게 연소시킬 필요가 있다. 연소가 너무 빠르면 엔진이 손상되며, 가솔린을 낭비하는 "노킹"이라는 현상이 일어난다. 러시아계 미국의 화학자 이바치에프는 질이 나쁜 가솔린을 고옥탄가의 가솔린으로 바꾸는 방법을 개발하였다. 그는 금속 촉매 위에 증기를 통과시켜 중유를 고옥탄가의 가솔린으로 전환시켰다. 즉 접촉크래킹(접촉분해법)을 개발하였다. 이 방법은 제2차 세계대전 중 비행기용 연료의 제조에 이용되었고 지금도 쓰이고 있다.

이바치에프는 제1차 세계대전 중에 러시아의 중요 관직에 있었지만, 혁명 후에는 소비에트를 위해서 연구를 계속하였다. 그는 전쟁과 내란의 황폐로부터 조국의 부흥을 위하여 노력을 아끼지 않았다. 그러나 공산주의에 동조하지 않았던 그는 신변에 위협을 느끼고 1930년 베를린의 화학회에 참석하였다가 미국으로 망명하였다. 그는 곧 소련당국으로부터 반역자의 낙인이 찍혔고 소련 과학아카데미로부터 추방당하였다. 그가 죽은 후, 1965년 소련 과학아카데미 회원의 지위가 복권되었다. 한편 미국의 화학자 미드그레이[117]는 노킹방지제를 연구하여 1921년 4에틸납을 만들어 냈다. 이 물질은 최상의 노킹방지제로 사용되었으나 최근 공해문제로 점차 대체되고 있다.

한편 천연석유의 혜택을 보지 못한 독일에서는 인조석유의 연구가 시작되었다. 1913년 독일의 베르기우스[118]는 갈탄을 이용하여 수소첨가에 성공하였고 또 1923년에 일산화탄소와 수소의 기체혼합물에 코발트를 주성분으로 한 촉매를 사용하여 액체상의 탄화수소를 얻는 방법을 개발하였다.

천연가스와 석유는 유기화학제품의 주된 자원이다. 미국은 유기제품의 약 절반을 석유로부터 얻고 있다. 석유나 천연가스는 많은 유기화합물을 포함하고 있으므로 중요성에 있어서 콜타르에 필적하는 자원이다. 처음에는 오로지 석탄과 석유에서 내연기관용 가솔린을 생산하는 데 주력하였지만, 이 과정에서 화학공업을 위하여 가치가 높은 부산물이 생산되었다. 그 예로서 석유를 압력을 가한 상태에서 증류할 때 증기가 생긴다. 이 증기를 촉매 위에 통과시키면서 고온 고압의 수증기나 수소와 혼합시키면, 가솔린 이외에 비점이 낮은 탄화수소가 생성된다. 이때 생성된 에틸렌, 프로필렌, 부틸렌 등은 가치가 있는 부산물로서 이들은 모두 고분자 합성제품의 원료이다.

자동차 산업과 관련하여 영국의 화학자 키핑[119]은 규소의 유기유도체 화학의 개척자이다. 그는 현재 규소고분자의 일반적인 물질인 실리콘을 개발하였다. 질소와 기타 원자에 입체이성체가 존재한다는 것을 실증한 그는 한두 개의 규소원자를 포함한 유기화합물을 많이 합성하였다. 그는 이 문제에 관해서 모두 51편의 논문을 발표하였다. 특히 제2차 세계대전부터 유기규소물질은 윤활유, 수압기용액, 합성고무, 방수제로 많이 이용되고 있다.

117) Thomas Midgley Jr, 1889~1944
118) Friedlich Karl Rudolf Bergius, 1884~1949
119) Frederic Stanley Kipping, 1863~1949

8. 생물과학의 발전과 그 특징

20세기 생물과학 연구의 특징

20세기에 들어오면서 생명과학의 지적 및 사회적인 중요성이 증대해 가고 있다. 진화론의 발전, 특효약의 개발, 새로운 농약의 합성, 인간 행동의 생물학적 연구로, 인간의 생활이나 자연계에서의 인간 위치 등에 관한 전통적인 개념이 크게 변하였다. 생물과학의 발전과 그 응용으로 의학이나 농업을 놀랄 만큼 발전시켰고, 특히 생물공학까지 탄생시켰다.

20세기의 생물과학 연구의 중심지는 야외로부터 실험실로 옮겨졌다. 또한 생물학은 개인연구 중심의 왜소과학으로부터 거대과학으로 변모하기 시작하였다. 원래 생물학에는 전통적으로 동물학이나 식물학에서 대표되는 관찰중심의 연구와 의학에서 유래하는 기능연구라는 두 분야가 있었는데, 20세기에 들어와 생물학은 통일적인 실험생물학으로 통합되었다. 생물과학이라든가 "생명과학"은 1920년대부터 40년대에 확립된 명실상부한 실험연구를 중심으로 한 새로운 생물학을 가리킨다. 이 새로운 생물학은 기본개념을 공유하면서 발생학, 유전학, 세균학, 생화학, 세포생리학 등으로 세분화되고 있다. 더욱이 20세기 후반에는 실험생물학의 유용성과 중요성이 확립되어 생물과학이 거대과학으로 변신하고, 그 변신이 한층 가속화되고 있다.

생물과학은 물리과학에 비하여 다른 특성을 지니고 있다. 물론 생물과학도 물리과학처럼 실험적 방법에 의존하고 있기는 하지만 복잡한 생물의 구조나 기능을 연구대상으로 하고 있기 때문에 실험 방법에도 그 한계가 있다. 물리학에 있어서의 실험의 성과는 명확하고 의심할 여지가 없으나, 생물과학에 있어서 실험의 성과는 반드시 그렇지 않다. 또 물리학에서는 기존 법칙을 수식으로 표현하는 것이 가능하지만, 생물학에서는 수식으로 표현되는 범위가 매우 한정되어 있다. 그리고 반드시 어떤 수식적 표현을 하는 것만이 그 목적이 아니다. 가령 진화론은 다분히 역사과학의 성격을 지니고 있으므로 오히려 역사적 방법이 중요시되고 있는 형편이다.

더욱이 생물과학은 실증적인 방법으로 넓게 여러 세대에 걸쳐 실험해야 하고, 자료의 수집을 가능한 한 넓게 해야 한다. 그러므로 생물학자 사이에 서로 대립하는 학설이 많이 생기며, 또한 한 개의 학설에 많은 요소가 불가피 혼합된다. 그러므로 어떤 학설을 옹호하는 데는 그의 부분적 결함만을 의식하고, 또 그것을 비판하는 경우에도 학설의 부분적 결함만을 지적하는 데 그쳐야 한다. 그리

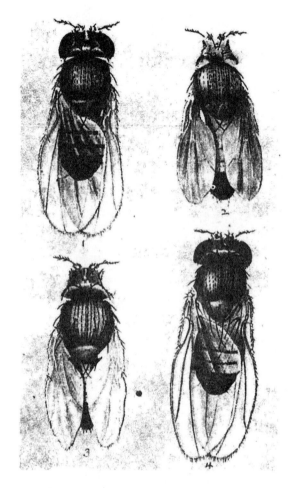

모건의 초파리 실험

고 그 학설을 전체적으로나 종합적으로, 또 역사적으로 검토하지 않을 경우 비판하는 쪽이 보다 큰 오류를 범하게 된다. 더구나 사상적, 방법론적 대립도 물리학에서는 기껏해야 관념론과 유물론뿐인 데 반하여, 생물과학에 있어서는 관념론과 유물론의 대립 이외에 기계론과 생기론, 실험적 방법과 역사적 방법 등의 대립이 생기고, 또 그것들이 종합되어 더욱 복잡한 이론의 대립을 낳게 된다.

이처럼 독자적인 성격을 지닌 생물과학은 20세기에 들어와 눈부신 발전을 거듭하였다. 영국의 과학사가 버널은 현대의 과학혁명 중에서 가장 의의가 큰 것은 원자력과 오토메이션, 그리고 생물학 및 생화학적 여러 지식의 응용으로서 생활환경을 의식적으로 제거하거나 개선하고 있는 점을 들고 있다.

유전이론의 대립

20세기 초기 세계의 이념분쟁은 과학분야에까지 확대되었다. 그중 유전문제를 둘러싼 동서 양진영의 대립은 자못 심각하였다. 그 동안 유전학 연구는 멘델의 실험적 연구로부터 활발히 진행되어왔다. 멘델 이후 유전자의 연구는 미국의 유전학자 모건[120]에 의해서 조직적으로 진행되었다. 그는 여러 형질은 사실상 결합상태에 있으며, 유전자군이 같은 염색체 위에서 유전하는 사실을 밝혔다. 그러나 연쇄된 형질은 완전히 연쇄되어 있는 것이 아니라, 때때로 분리하여 유전되는 일도 있고, 염색체 사이에 부분교환이 일어나므로 개개의 염색체의 본래의 모습은 절대적이 아니라는 사실도 밝혔다.

이 연구로 염색체가 유전의 담당자임이 확정되고, 유전자의 개념도 강한 지지를 얻었다. 염색체상의 두 개의 유전자의 거리가 클수록 그 사이에서 두 개의 유전자를 분리시키는 교환이 유리하다는 사실도 밝혀졌고, 두 개의 어떤 특정한 형질의 조합을 이루는 빈도를 조사함으로써 유전자 사이의 거리를 결정할 수 있

120) Thomas Hunt Morgan, 1866~1945

었다. 이어서 1911년에 처음으로 체체파리 (나비파리)의 염색체 지도가 작성되었다.

1926년 유전자설을 발표한 모건은 육안과 현미경으로 관찰하여 멘델의 이론을 확정하고, 완성하였다. 이어서 그는 집단유전학, 분자유전학을 형성하고 전개하였다. 그후 모건의 연구를 넘어서는 연구는 25년 후, 영국의 화학자 크릭[121]과 미국의 생화학자 윗슨[122]에 의해서 분자생물학이 확립된 후에야 나왔다.

한편 미국의 생물학자 뮐러[123]는 X선의 조사로 돌연변이가 일어나는 비율이 증가하는 것을 관찰하였다. 이 성공으로 몇 가지 문제가 해결되었다. 첫째, 많은 돌연변이의 예를 연구할 수 있는 가능성을 알았고, 둘째 돌연변이는 신비한 것이 아니라 인공적으로 일으킬 수 있다는 사실이다. 1930년대 초기 그는 소련에서 연구에 종사하였지만 1937년 루

루이센코

이센코[124]의 이론에 반대하고 소련을 떠났다. 그는 제2차 세계대전 이후, 특히 핵실험으로 방사능을 받고 돌연변이가 증가할 위험성을 경고하였다.

한편 소련에서는 루이센코의 학설이 융성함에 따라서 모건의 학설이 곤욕을 치렀다. 루이센코 일파는 모건의 유전자설은 물론, 유전자 그 자체의 존재까지도 부정하였다. 1942년까지만 하여도 민주진영의 유전학과 소련의 유전학은 별로 큰 차이가 없었으나, 소련의 농학자이자 유전학자인 루이센코가 소련의 정치적 세력을 교묘히 이용하여 국내의 유전학계를 억압한 다음부터 커다란 차이가 생기기 시작하였다. 루이센코는 소련의 과수육종가인 미추린[125]과 라마르크가 주장한 학설, 다시 말해서 획득형질이 유전한다는 생각을 되살려 생물과 생활 조건과의 상호 작용을 바르게 파악만 하면 생활 조건을 적당히 변화시킴으로써 우리가 바라는 방향으로 생물을 변화시켜 나갈 수 있다고 주장하였다. 이 이론이 루이센코의 발육단계설이다.

121) Francis Harry Compton Crick, 1916~
122) James Dewey Watson, 1928~
123) Hermann Joseph Müller, 1890~
124) Trofim Denisovich Lysenko, 1898~1976
125) Ivan Vladimirovich Michurin, 1855~1935

이 이론의 요점은, 식물의 성장 기간에는 그 유전성과 생활 조건이 상호 밀접한 관계를 맺고 있으며, 식물의 성장은 다른 생활 조건을 필요로 하는 몇 개의 단계로 되어 있다. 식물의 유전형질은 불안정하여 각 단계에서 변할 수 있는 가능성이 짙어진다. 이 성장 단계에서는 환경에서 유도되는 여러 변화를 받으며, 이렇게 변화한 식물이나 그의 종자 혹은 자손은 새로운 여러 조건에 적응한다. 이 사상을 잘 표현한 것이 루이센코의 춘화처리로서, 가을갈이와 봄갈이 보리를 유전적으로 변화시켰다.

루이센코는 식물의 유전형질은 유전자나 염색체와 같은 특이한 유전기관 속에 들어 있는 것이 아니라, 생체의 전체제에 걸쳐 그 형질이 분포하고 있다고 하였다. 1953년 스탈린이 사망한 뒤부터 루이센코의 이론은 점차 희미해졌지만, 소련의 생물학은 루이센코 때문에 큰 타격을 입었고, 소련과학은 평가절하되었다. 이 타격을 메운 성과가 극저온물리학 연구와 스푸트니크의 발사였다.

멘델주의자와 루이센코 일파 사이에 벌어진 유전학상의 논쟁은, 정치적 배경과 학문적 전통이 서로 엉켜 생물학에 커다란 문제를 던졌다. 그러나 학설의 근본적인 차이는 학자적 전통과 생산자의 전통 사이의 대립이었다. 미추린 학파는 모두 실천적인 식물 육종가들이 중심을 이루고 있었다. 그 때문에 이 학파의 사람들은 농업의 응용적 연구와 밀접한 관계를 맺고 있다. 이에 반하여 멘델 유전학은 생물학 이론 속에서 성장하였기 때문에 아카데믹한 점이 특징이었다. 이러한 연구 방법의 차이에서 몇 나라의 식물 및 가축의 육종가와 소련 동맹의 미추린 일파가 멘델 유전학의 이론에 불만을 표명하였다. 그 이유로서 그들은 멘델 유전학이 자기들의 실제적 경험과 일치하지 않았을 뿐 아니라, 실제 응용면에서 유용하지 않았던 점을 들었다.

더욱이 미추린주의는 그의 배경에 있어서나 내용에 있어서 라마르크주의와 어느 정도 비슷한 점이 있었다. 양자 모두 혁명 전의 사회적 산물이고, 획득형질이 유전한다는 견해를 가지고 있었다. 따라서 환경조건을 개선하면 인간도 생물처럼 일반적 진보가 얻어진다는 확신을 생물학 범위에서 표현한 것이다. 한편 루이센코의 사상은 소련의 정치노선과 일치하여 계속 보호와 옹호를 받고 있었기 때문에 그 세력이 더욱 커졌다. 이 때문에 소련의 유전학자인 바비로프[126]는 루이센코의 등장과 동시에 1940년에 체포되어 사라토프형무소에 감금되었다. 그는 1942년 옥중에서 왕립학회 외국인 회원으로 선출되었으나, 다음해 급성폐렴으로 옥사하였다.

어떻든 미추린주의는 실천적이고 농업적인 배경이 있다. 그것은 재배식물을 개선하려는 열망이기도 했다. 그들은 사과, 배, 자두, 포도 등을 비롯하여 기타 3

---

126) Nikolai Ivanovich Vavilov, 1887~1943

백 종 이상의 우량품종을 육성하였다. 미추린은 "우리들은 자연의 혜택을 앉아서만 기다릴 수 없다. 투쟁을 해야한다 "고 하였다. 그리고 소련정부가 계획하고 있는 농업정책에 부응하려는 의도 역시 보인다. 그러므로 근본적으로는 학자적 전통과 실천적 전통의 대립이요, 표면적으로는 이데올로기의 대립으로 보였다. 따라서 당시 소련 동맹의 유전학과 민주진영의 유전학은 정반대편에서 연구되었다.

생명의 수수께끼

19세기 독일의 생리학자인 듀보아 레이먼의 강연집 『우주의 일곱 개의 수수께끼』[127]에서, 자연인식의 한계를 다루는 것 중 생명에 관한 문제가 나온다. "생명이란 무엇인가"라는 문제에 관해서 인간은 여러 각도에서 오래 전부터 꾸준히 연구하여 왔다. 어느 때는 신화적으로, 어느 때는 종교적으로, 또 철학적으로 연구되어 그 동안 수많은 학설이 나오고 또한 서로 대립되어 왔다. 그러나 어떤 결론에도 도달하지 못하고 그저 신비스러운 것으로만 여겨져 왔다.

그러나 20세기 초기에 물리적, 화학적인 방법으로 생물의 여러 현상이 어느 정도 연구되면서 생물이나 인간이 지닌 생명현상의 본질을 과학적 방법으로 연구하려는 기운이 싹트기 시작하였다. 그러나 종교측에서는 그 문제가 철학이나 종교의 문제라고 주장하여 생명현상의 과학적 연구를 가로막았으므로 생명이 무엇인가에 관한 연구는 철학자나 종교가의 주장이 지배적이었다.

생명을 가진 것, 즉 생물이 어떻게 하여 지구상에 나타나게 되었는가에 관해서는 오랜 옛날부터 여러 학설이 있었다. 창세기에 신이 만물과 함께 처음으로 생물을 창조하였다는 종교적인 해석이 있는가 하면, 일찍이 그리스의 자연철학자들은 자연발생설이나 우연발생설을 모두 지지하였다. 그러나 근대에 접어들면서 이탈리아의 생물학자인 레디가 구더기의 발생에 관해서 정밀한 실험을 하여 자연발생의 학설에 대해서 처음으로 반증을 시도했는가 하면 식물학자 레벤후크는 자신이 만든 현미경을 가지고 미생물의 존재를 밝히고, 또 육안으로 보이지 않는 미생물은 도랑이나 썩은 물, 썩은 곡식과 고기 등에서 자연적으로 발생한다고 주장하였다.

이 문제를 둘러싸고 오랜 동안 논쟁이 벌어졌지만, 결국 프랑스의 파스퇴르의 실험으로 부정되었다. 즉 미생물은 자연적으로 발생되지 않는다는 것이 밝혀졌다. 그가 생명의 자연발생을 부정한 것은 어느 의미로는 지구의 역사의 어느 시기에, 또 어느 조건에서는 무기물로부터 생명이 발생할 수 있다는 가능성을 남겨 놓았다.

---

127) *Die Sieben Weltratsel*, 1880

한편, 헬름홀츠는 물질이 영원한 옛날부터 물질인 것처럼 생명도 영원한 예부터 생명이라는 영구생명론을 주장하였다. 그는 생명의 종이 전 우주에 흩어져 있고 생명이 존재 가능한 세계의 총수는 상당히 많다고 생각하였다. 따라서 우주의 어디에선가 생명이 지구 위에 왔다는 우주배종론이 힘을 얻었다. 그중 운석에 의한다는 학설과 광압에 의한다는 학설이 있으나, 생명의 배종설에 있어서 우주의 대여행에는 저온, 건조, 무산소 이외에 강렬한 전자복사선과 자외선의 작용을 받지 않으면 안된다. 만약 그러한 조건에 잘 견딘다고 하더라도 이 학설은 지구상에서의 생명의 기원의 문제를 다른 천체나 우주 공간으로 전가시킨 것으로, 생명의 기원 문제에 대한 참된 해답이라고는 볼 수 없다.

19세기 후반 자연의 연구자는 생명의 본질에 대하여 기계론적인 사상이 강렬하게 작용하였다. 이들의 견해는 생물과 무생물의 사이에 근본적인 차이가 없으며, 생물은 복잡하게 구성된 물질입자의 결합체로서, 말하자면 생명현상을 고전역학적으로 해석하려고 하였다. 또 19세기 말엽부터 20세기 초기에 걸쳐서 생명과 그 일체의 특성을 원형질 전체에 결합시키지 않고, 가상적인 개개의 살아 있는 분자나 원자단, 나아가서는 분자 복합체라는 입장에서 넓은 연구가 진행되었다.

오파린의 생명발생 이론

19세기 70년대에 엥겔스는 물질의 진화 발전만이 생명의 기원을 추구하는 유일하고 가능한 길이라고 지적한 바 있다. 이런 자연변증법의 입장을 발판으로 지구상의 유기물질의 발생과 진화의 과정을 추구하여 생명의 기원에 관해서 연구한 사람은 소련의 생화학자 오파린[128]이다. 그는 1936년, 그때까지의 연구를 종합하여 생명의 기원에 관한 이론을 발표하였다. 그는 우선 생명에 관한 낡은 관념과 학설 등을 상세히 분석, 검토하고 비판을 가하였고, 자연발생설과 천체도래설은 물론 지구 역사의 일정한 단계에서 무기물로부터 생명이 생성되었다는 학설 자체에도 불리한 점이 많이 있음을 지적하였다.

오파린은 생화학의 입장에서 최초로 지구상에 탄수화물이 있었음을 지적하였다. 그의 저서 『생명의 기원』[129]에서, "생명은 우연히 발생하는 것도 아니며 영원히 존재하는 것도 아니다. 생명은 긴 진화의 결과 발생한 것이고, 그 출현은 물질의 역사적 발전의 단계에 있어서 가능하다."라고 하였다. 그는 생명의 발생에 이르는 물질의 발전과정을 다음의 세 단계로 나누어 설명하였다.

첫째, 지구의 생성과 존재에 관한 것으로서 일차적 물질인 탄화수소와 그의

---

128) Aleksandr Ivanovich Oparin, 1894~1980
129) *The Origin of Life*, 1936

가장 간단한 유도체가 생성되는 단계이다. 우주 공간에서 탄소는 동시에 존재하는 수소와 결합하여 탄화수소로 만들어질 가능성이 많다는 점을 강조하였다. 그리고 그 실례로서 탄소가 고온 증기와 반응하여 탄화수소를 만들 수 있다는 점을 들고 있다.

둘째, 복잡한 유기물인 아미노산이나 단백질이 생성되는 단계이다. 엥겔스는 생명이란 단백질의 존재양식이고, 따라서 생명 있는 곳에는 반드시 단백질이 있으며, 또한 역으로 단백질이 있는 곳에 생명이 있다고 주장하였다. 그리고 단백질은 가수분해에 의하여 여러 아미노산으로 변하는데, 그는 이런 아미노산이 자연계에서 생성되는 가능성을 여러 실험 성과로부터 추정하였다.

셋째, 물질대사를 하는 단백체의 형성단계, 다시 말해서 단백질이 대사 작용을 획득하는 단계이다. 그가 전제로 하고 있는 것은 단백질을 만들고 있는 콜로이드 입자가 다른 콜로이드나 단백질과 충돌하여 더욱 크게 되며, 주위의 용액으로부터 독립한 코아세르베이트의 상태로 된다. 이것이 점차 짙은 용액이 되어 현미경적인 작은 방울 혹은 육안적인 상(相)으로 분리된다는 이론인데 이 현상을 코아세르베이트화라고 하였다. 코아세르베이트는 여러 종류의 유기물을 흡착하고 새로운 화학반응에 의해서 새로운 물질을 만들거나, 또한 금속을 흡수함으로써 능률이 좋은 금속촉매가 코아세르베이트 안에서 생성되어 화학반응을 촉진한다고 생각하였다.

이 경우 코아세르베이트의 내부에서는 합성과 분해의 두 과정이 일어난다. 합성에 비해서 분해의 속도가 큰 곳에서는 코아세르베이트가 소멸되나, 합성과 분해가 균형을 이룰 때 코아세르베이트가 남게 된다. 여기서 대사를 시작하고 (자기보존), 생물의 특성인 증식하는 물질이 생긴다. 그 다음부터는 생물 상호간 자연선택에 의한 생물 진화의 시대로 들어간다.

오파린은 그의 저서에서, "생명 진화의 여러 단계에 대한 연구는 독자도 알고 있는 바와 같이 중대한 문제이다. 우리들은 이 문제의 해결을 위하여 단백질의 속성을 연구하고, 또한 아교질, 유기체, 효소, 원형질의 구조 등을 더욱 연구하여야만 한다. 그러나 연구의 앞길은 멀고도 험난하다. 하지만 생명의 본질에 관한 궁극적 지식이 멀지 않아 우리들의 것이 되리라는 것은 의심할 여지가 없다. 생체의 인공적인 건축과 합성은 아직 요원한 문제이다. 그러나 그렇다고 도달할 수 없는 목표는 아니다 "라고 기술하였다. 오파린의 이론의 정당성은 앞으로 전개되는 연구 여하에 따라 규명될 것이지만, 역사적으로 주목할 만한 이론임이 분명하다.

오파린의 학설 이외에 주목할 만한 학설로는 영국의 과학자 버널의 학설이다. 그의 학설은 두 가지 점에서 오파린의 학설과 다르다. 오파린이 이산화탄소는 초기의 지구 주위에 존재하지 않고 생물의 출현 후에 나왔다고 주장한 데 반

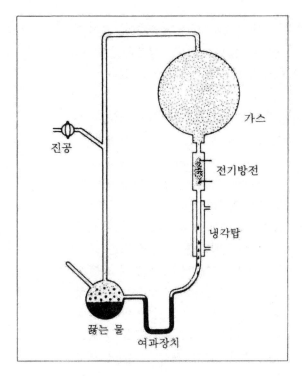

가스

진공

전기방전

냉각탑

끓는 물

여과장치

밀러의 실험

하여, 버널은 처음부터 대기 속에 탄산가스가 존재하였고 유기물은 바다 속에서 암모니아와 이산화탄소의 축합에 의해서 생겼으며, 그 반응의 에너지원은 자외선이라고 주장하였다. 특히 점토에 의한 유기물의 흡착은 거대분자의 형성을 가능케 하고, 이어서 단백질이나 효소가 생성된다고 주장함으로써 버널도 코아세르베이트 형성의 가능성을 인정하였다. 그러나 그것은 점토 표면에서 일어나는 광화학적 반응 후의 일이라고 주장하였다.

1957년 모스크바에서 "지구의 생명의 기원에 관한 심포지엄"이라는 제목으로 국제생화학연합회가 열렸고, 다음과 같은 과제에 관해서 논하였다. 1) 지상에 있어서 가장 간단한 유기물의 1차적 생성, 2) 지구의 암석권, 수권, 대기권에 있어서 일차적 유기물의 변화, 3) 단백질, 효소, 핵단백질 발생, 4) 구조와 물질대사 발생, 5) 물질대사의 진화 등이었다. 결국 여러 학설을 통해서 보더라도 단백질의 생성과 그에 관련된 핵산의 연구만이 생명의 기원에 관한 문제를 해결하는 열쇠로 보았다.

미국의 화학자 유리는 원시상 지구의 대기는 오늘날 목성 대기와 비슷하였으며 주로 수소, 암모니아, 메탄의 혼합물로 구성되었다고 생각하였다. 암모니아는 원시상태의 바닷물에 쉽게 녹으므로 바닷물 중에는 소량의 메탄과 암모니아가 녹아 있었다. 그리고 수소와 물과 메탄과 암모니아의 상호작용으로 더욱 복잡한 화합물이 되기 위해서는 에너지가 필요한데, 태양으로부터의 자외선이 에너지원이 되었을 것이라고 주장하였다.

미국의 화학자 밀러[130]는 원시상태를 소규모로 재생해 보았다. 그는 순수한 증류수에 수소, 암모니아, 메탄으로 이루어진 대기를 가하고 여기에 전기불꽃을 통하여 태양으로부터의 자외선과 같은 효과를 주었다. 그는 이 장치를 1주일 작동시킨 후 수용액의 성분을 분리하였는데, 이 속에서 몇몇 유기화합물과 단순한 아미노산을 발견하였다. 이로써 그는 원시시대의 바다와 대기에서 여러 가지 유

---

130) Stanley Lloyd Miller, 1930~

기화합물이 생성되었다는 가설을 입증하였
다.

외과기술과 인공장기

심장이나 폐에까지 수술용 칼이 들어간
것은 1930년대 말부터지만, 이것이 본격화된
시기는 1950년대에 들어와서이다. 놀랄 만한
진보라 할 수 있다. 이처럼 외과수술이 발달
한 데에는 항생물질의 진보가 큰 역할을 하
였다. 한편 심장의 수술에는 인공심장과 인공
폐가 사용되는데, 이때 인공심장은 펌프와 산
화 기능을 하는 대용품으로, 수술중에 환자의
혈액의 색과 흐름을 조사할 수 있다. 또 이전
의 혈관집합들은 혈관을 가느다란 실로 한
바늘씩 꿰매었으나, 소련의 외과의는 절단된
혈관을 봉합침으로 붙이는 방법을 발명하였
다. 이 방법은 실로 꿰매는 것보다 빠르고 자
극을 주지 않으므로 치료 후 결과가 양호하

골프형 인공심장

였다. 그리고 혈관 그 자체도 1955년경부터 인공적으로 만들어져 사용되고 있
다.

현재 의료계는 혈액의 이식인 수혈이나 뼈나 각막의 이식 등을 쉽게 할 수
있을 뿐 아니라 신장이식(1954년), 간장이식(1963년), 심장이식(1967년), 그리
고 인공심장이식(1982년) 수술까지 성공리에 마쳤다. 특히 인공신장기의 사용으
로 많은 환자가 신장 공여자가 있을 때까지 인체내의 노폐물을 제거하고, 인공호
흡기에 의한 호흡보조 등으로 장기적 해결책이 나올 때까지 생명을 연장하고 있
다. 현재로서는 뇌와 내분비기관, 그리고 위장을 제외하고는 거의 모든 장기의
인공화가 연구되고 있다. 그렇지만 뇌는 개체의 상징으로서 남아 있을 것으로 예
상된다. 이처럼 각 분야에서 의학의 다양한 진보 때문에 환자는 희망과 기대를
안고 살고 있다. 하지만 의학 지식의 임상을 통한 실제적 응용은 인간의 가치관
뿐만 아니라 윤리나 종교, 법률이나 경제 등 여러 사회문제에 대해서도 영향을
줄 가능성이 있다.

최근 생물의 기능을 본떠서 여러 장치를 만들려는 움직임이 활발히 진행되
고 있다. 이 분야가 곧 바이오닉스이다. 1948년 위너가 제창한 사이버네틱스의
기계적 개념을 이용하여 생체의 기능을 이해하려는 경향이 있었지만, 바이오닉

스는 생체가 지니고 있는 기능을 공학에서 실현하려는 새로운 흐름이다.

한편 생체와 인공장기, 다시 말해서 인간과 기계의 공존 문제는 최근 인체공학에서 큰 문제로 등장하고 있다. 그것은 생체내에 결합된 여러 인공장기의 상호관계에 있어서 작은 고장이나 이상이 있을 때 인간과 기계의 공존시스템에 나쁜 영향을 미쳐서, 원인도 알지 못한 채 죽음을 초래하기 때문이다. 이 경우 도대체 누가 그 죽음에 대한 책임을 질 것인가. 인공장기를 이식한 의사인가, 아니면 인공장기의 제작자인가. 더욱이 후자의 경우, 어느 부분의 인공장기의 제작자인가. 아니면 본인 자신의 관리 소홀인가. 따라서 인공장기의 사용에 관한 법률문제가 제기될 것이다. 다시 말해서 인체에 기계가 점유하는 비중이 커짐으로써 의료행위 책임의 귀속, 책임의 공동관계, 상하관계가 매우 복잡하게 된다. 나아가 이것은 인공장기의 완전한 안전대책이나 인공장치의 규격화, 환자 및 가족의 교육 등의 문제와 연결된다.

종교적인 측면에서 생명, 죽음, 육체(장기)를 기계로 교환하는 데에 대한 신앙과의 대립 문제가 있다. 미국의 신학자들은 인공장기는 죽음에 이른 환자를 구하기 위한 최후의 수단으로 도덕적으로도 적절하다는 점에서 의견이 일치하고 있다. 인공신장이나 인공간장은 대사를 조절하고 생체의 지속성을 유지한다. 인공폐가 작동하고 인공심장이 움직이고 있는 한 인공혈액은 신체 구석구석까지 산소와 영양분을 보낸다. 따라서 인간은 죽어도 죽지 않는다. 이렇게 될 때, 도대체 인간은 어떻게 되는 것일까. 지금까지 문학이나 예술에서 "인간은 죽는다"라는 원리를 영원한 진리로 신봉해 왔다. 만일 인간이 죽지 않는다면 사회나 음악이나 회화에서 인생을 보는 관점을 근본적으로 바꾸어 놓아야 되지 않겠는가. 이런 의미에서도 인공장기의 개발과 그 응용이 인간사회에 주는 영향은 더욱 커질 것이다.

최근 의료기술과 주변 과학의 발달로 새로운 문제들이 줄지어 일어나고 있다. 장기이식, 인공장기, 인체실험, 컴퓨터에 의한 의료정보 시스템, 유전공학에 의한 유전자의 제어, 정신에 영향을 주는 생화학, 새로운 의료기구들의 등장이다. 이 밖에도 태아의 염색체 진단의 가부, 시험관 아기의 인권, 인류개조를 의도하는 유전공학의 응용 등이 있다.

9. 생물학과 화학의 결합

동식물의 화학적 연구

19세기까지 생물과학은 다른 분야와 관계없이 연구되어 왔으나, 점차 다른 과학과 협력이 시작되었다. 예를 들어 과학자들은 단백질의 본질 문제를 해결하기 위하여 새로운 기법을 이용하거나, 대사과정을 상세히 탐색하기 위해서 동위원소 추적자를 이용하였다. 이를 통해서 생물학자들은 다른 전문가와의 공동연구의 가치를 알게 되었다. 이로써 20세기에는 혼혈과학의 하나인 생화학이 화학의 한 분과로서 지위가 향상되었다. 1901년부터 1965년까지 노벨 화학상을 받은 71명 가운데, 유기화학자가 22명, 유기생물화학자가 14명으로 과반수를 점유하고 있다는 사실이 이 분야의 성과를 대변해 주고 있다.

근육의 생화학 독일계 미국의 생화학자 마이어호프[131]는 근육의 생화학에 몰두하였다. 근육 안에는 글리코겐이 함유되어 있고, 운동하는 근육중에 젖산이 축적된다는 사실은 이미 밝혀져 있었다. 그는 이에 관한 정밀한 실험을 거듭하여 소실된 글리코겐과 생성된 젖산 사이에는 양적인 관계가 있고, 그 변화과정에서 산소가 소비되지 않는다는 사실을 발견하였다. 또 그는 노동 후 근육을 쉬게 하면 약간의 젖산이 산화된다는 사실을 밝혔는데, 이 과정에서 생긴 에너지에 의해서 젖산의 대부분이 글리코겐으로 변화하는 것이 가능하다고 밝혔다.

코리 부처[132]는 미국의 생화학자로서 간장과 근육에 축적되는 글리코겐의 합성과 분해과정을 해명하였다. 글리코겐의 기본 구조는 수백 개의 포도당이 글리코시드 결합으로 중합한 매우 복잡한 다당류이다. 동물이 섭취한 과잉의 음식물은 글리코겐이나 지방으로 축적되고, 부족할 때에 이 축적된 것을 분해시켜 이용한다. 또 근육이 수축할 때, 근육중에서 글리코겐은 젖산으로 분해된다. 근육이 휴식할 때는 다시 글리코겐으로 재합성되는데, 코리 부처는 이 변화의 본질을 규명하였다.

식물색소 독일의 화학자 빌슈테터[133]의 연구는 식물색소에 관한 것이었다. 식물색소는 두 가지 이유에서 홍미 있었다. 첫째, 엽록소는 태양 에너지를 양분으로 바꾸는 힘을 가졌고, 둘째, 색소의 구성이 매우 복잡하고 그의 분리가

131) Otto Fritz Meyerhof, 1884~1951
132) Carl Ferdinand Cori, 1896~1984, G. T. Cori, 1876~1957
133) Richard Willstätter, 1872~1942

매력적이라는 사실이다. 그는 식물색소에 관한 연구와 엽록소 분자중의 마그네
슘의 존재상태를 밝혀냈고, 헤모글로빈 분자의 색소부분에 철이 같은 상태로 존
재한다는 사실을 규명하였다.

　　빌슈테터는 제1차 세계대전 중에 친구인 하버의 부탁을 받고 가스마스크를
설계하였다. 그러나 유태인이었던 그는 1925년 반유태주의에 항의하다가 뮌헨
대학에서 쫓겨났고, 1933년 히틀러 정권이 수립되자 독일에 머물러 있는 것이
죽음을 의미함을 알아채고 1939년 제2차 세계대전의 발발과 동시에 스위스로
망명하였다. 그는 대학에서의 연구의 일부를 전화통화로 지도하였다.

　　독일의 유기화학자 피셔[134]는 1921년부터 산소 운반기능을 지닌 혈액중의
헤모글로빈을 연구하기 시작했다. 그는 헤모글로빈이 지니고 있는 철단백질 성
분인 헴의 연구에 집중하였다. 그는 1929년까지 완전한 그 구조를 해명하여 헴
을 합성했다. 그후 그의 연구는 클로로필로 향하였다. 1945년 전쟁이 끝날 무렵
뮌헨이 폭격당했을 때 실험실이 파괴되자 발작적 절망증으로 스승 에밀 피셔처
럼, 전쟁이 끝나기 바로 전에 자살하였다.

　　콜레스테롤　　독일 태생의 미국의 생화학자 블로흐[135]는 지질(脂質), 특히
콜레스테롤의 대사생화학을 연구하여 콜레스테롤과 그의 합성에 관한 이해에 결
정적인 공헌을 하였다. 콜레스테롤은 동물조직에 풍부하게 포함되어 있는 것으
로서 1812년에 발견된 이후, 인체에 포함된 스테로이드 화합물로 지금은 잘 알
려져 있다. 이것은 뇌, 신경조직, 부신에 많이 함유되어 있는 반면에 간장, 신장,
피부에는 적게 함유되어 있다. 초산이 콜레스테롤로 완전히 전환되는 데는 36번
의 화학변화가 필요하다. 반응은 여러 조직에서 일어나지만 주된 반응은 간장에
서 일어난다. 그는 1958년까지 콜레스테롤 합성의 전 과정을 해명하였다. 이 성
과는 의학에 대한 응용으로 매우 중요하다. 그 까닭은 혈액 중의 콜레스테롤의
양이 높은 수준에 이르면, 이것이 동맥의 내벽에 축적될 가능성이 크며(동맥경
화증), 그 결과 혈관을 좁혀 혈전을 일으키기 쉽기 때문이다.

　　시토크롬　　독일의 생화학자 워부르그[136]는 조직의 호흡문제, 즉 세포내에
서의 산소의 기능을 연구하였다. 그는 1923년에 실험을 통해서 시토크롬이라는
효소가 세포내에서의 산소 소비반응과 관계가 있지 않을까 하는 생각을 가졌다.
그는 시토크롬에 일산화탄소의 분자가 결합함으로써 철의 원자를 함유하는 것으
로 생각하고, 사실상 헤모글로빈 중에 헴기를 함유하고 있는 것이 판명됨으로써
헴기가 산소를 포획한다고 밝혔다. 또 그는 암조직의 산소흡수력이 적다는 사실

134) Hans Fischer, 1881~1945
135) Konrad Emil Bloch, 1912~
136) Otto Heinrich Warburg, 1883~1970

을 발견하고 이를 암의 치료에 이용하였다.

아미노산 독일계 영국의 생화학자 크렙스[137]는 단백질을 구성하는 아미노산의 분해에 관심을 가졌다. 아미노산은 단백질을 만드는 데 사용되지만, 많은 경우에 분해되어 에너지원으로 사용되기도 한다. 아미노산의 분해의 첫 단계는 함유하고 있는 질소분을 취하고 제거하는 것으로 이 과정을 처음으로 관찰한 사람이 크렙스이다. 또한 그는 탄수화물의 신진대사 연구에 참여하였다. 즉 재생화학변화의 연속상태를 발견하였다. 그 회로는 생명체에 있어서 에너지 생성의 주요한 방법이라는 사실이 판명되었다. 지방으로부터의 에너지 생성의 최종관계를 잘 보여주고 있다. 그는 나치 정권이 수립되자 독일을 떠나 영국 케임브리지대학에서 공부하고, 후에 옥스퍼드대학의 교수가 되었다.

미국의 화학자 캘빈[138]은 녹색식물들이 태양 에너지를 이용하여 물과 이산화탄소를 탄수화물과 산소로 바꾸는 광합성에 관한 생합성의 경로를 해명하였다. 이때 탄소-14를 추적자로서 이용하였다.

비타민과 호르몬

항해하는 선원들이 오랫동안 항해를 할 경우 괴혈병에 걸린다. 이때 레몬이나 오렌지 등을 먹으면 병이 완쾌된다는 사실은 18세기부터 잘 알려져 있었다. 또 오랫동안 항해를 할 경우, 쌀만 먹는 사람은 각기병에 걸린다는 것도 알려져 있었다. 이런 증상은 곧 동물시험에서도 관찰되었다. 1890~97년 무렵 네덜란드의 의사 아이크만[139]은 닭을 백미만 먹여 길러 보았더니 각기병과 비슷한 증상이 일어나는 사실을 관찰하였고, 또 1906년 영국의 홉킨스[140]는 단백질, 지방, 탄수화물, 무기염류만으로 동물을 사육해 보았더니 성장이 매우 느리다는 사실을 알아냈다. 이로써 비타민 개념이 생겨났다.

폴란드 태생의 미국 생화학자 훈크[141]는 1911년 쌀겨로부터 각기병에 유효한 성분을 결정으로 얻어냈다. 그리고 이와 같은 유효한 물질이 맥주 효모 속에 많이 함유되어 있다는 사실을 발견하였다. 이 유효성분은 질소를 포함한 염기성이었으므로 아민의 일종이라고 생각한 나머지, "생명에 필요한 아민"이라는 뜻에서, 1912년 이 물질을 비타민[Vitamine=vit(life)+amine]이라 명명하였다. 이처럼 동물의 완전성장, 번식, 건강보존에 미량이지만 없어서는 안되는 인자가

137) Sir Hans Adolf Krebs, 1900~81
138) Melvin Calvin, 1911~
139) Chritian Eykman, 1858~1930
140) Frederick Gowland Hopkins, 1861~1947
141) Casimir Funk, 1884~1967

계속 발견되었다. 그러나 이들 전부가 아민이 아니므로 오늘날에는 비타민 "Vita-min"으로 표기하고 있다. Vitamine의 끝자 "e"를 떼어 버리기로 제안한 훈크는 1914년 최초로 비타민에 관한 책을 저술하였고, 이에 자극되어 비타민에 관한 관심이 세계적으로 확대되어 비타민 연구에 있어서 하나의 전환기를 맞이하였다.

훈크는 1923년 록펠러재단의 후원으로 조국으로 돌아가 국립 위생학연구소의 생화학부장으로 활동하였다. 그러나 모국의 불안한 정치상황 때문에 1927년 파리로 옮기고 개인 연구기관인 카이저 비오케미(Kaiser Biochemie)를 설립하였다. 제2차 세계대전 당시 독일군이 프랑스에 침공하자, 그는 미국으로 다시 건너가 훈크의학연구소 재단의 회장이 되었다. 그는 이곳에서 동물 호르몬, 암, 당뇨병 등을 연구하였고, 몇 가지 새로운 상품을 개발하였다.

독일의 유기화학자 쿤[142]은 비타민 A와 B를 합성하여 1938년 비타민 B를 순수한 형태로 얻었다. 그는 1939년 38세의 나이로 노벨 화학상을 받았으나 나치수용소에 수용되어 있는 사람에게 노벨상을 수여하기로 결정된 것을 보고 못마땅하게 생각한 히틀러는 쿤으로 하여금 수상을 거부하도록 강요하였다. 그가 정식으로 노벨상을 받은 것은 제2차 세계대전 후인 1945년이었다. 1948년에는 잡지 『화학연보』(Annalen der Chenmie)의 편집장이 되었다.

스위스의 유기화학자로서 비타민과 식물성염료를 연구한 사람은 카러[143]이다. 그는 많은 비타민의 구조식을 결정하고 또한 합성하였다. 그는 초기에 비타민 A와 카로틴에 관해서 연구하였다. 비타민 A는 고구마, 달걀노른자, 인삼, 토마토 등 음식물과 새우의 껍질, 사람의 피부 등에 황색, 등색, 적색을 띠게하는 물질인 카로티노이드와 관계가 있다는 사실을 밝혔다. 그는 불임증의 치료약과 구조가 매우 비슷한 한무리의 물질인 비타민 E(토코페롤)도 연구하고, 1938년에 고래의 정자로부터 얻은 활성이 매우 강한 α-토코페롤의 구조를 밝혔다. 1930년에 카러는 유기화학 교과서를 간행하였다. 이 책은 오랜 동안 표준적 교과서였고 40~50년대에 각국어로 번역되었다.

20세기를 대표하는 영국의 화학자 토드[144]가 있다. 그는 1936년 탄수화물의 대사에 불가결한 비타민 B_1(티아민)의 합성을 위시해서 지용성 비타민 E의 구조를 연구하였다. 이것이 부족하면 수정능력이나 근육의 활동에 영향을 준다고 밝혔고, 또한 1955년 공동으로 비타민 B_{12}(시아노코발라민)의 구조를 결정하였다. 이것이 부족하면 악성빈혈을 일으킨다고 밝히고 나아가서 생체내에서 에너지를 발생하는 생화학 과정의 핵심물질인 ATP(아데노신 3인산), ADP(아데노

---

142) Richard Kuhn, 1900~67
143) Paul Karrer, 1889~1971
144) Sir Alexander Todd, 1907~

신 2인산)를 합성하였다. 헝가리계 미국의 생화학자 센트제르지[145]는 비타민 C 를 아스코르빈산이라 명명했다. 또 모세관의 침투성을 바꾸는 작용을 하는 것을 추출하고, 이를 비타민 D라고 명명하였다.

덴마크의 생화학자 댐[146]은 1935년 닭이 콜레스테롤을 합성하는 과정을 연구하였다. 그는 이 실험에서 닭에 합성사료를 주었더니 피하조직이나 근육 속에서 출혈이 일어나는 사실을 발견하고, 출혈이 괴혈병에 의해서 생기는 것으로 생각하여 사료 등에 레몬즙을 가해 보았지만 효과가 없었다. 그러므로 그는 계속해서 사료에 이미 알려진 여러 필수 비타민을 가해 보았으나 역시 별다른 효과가 없었으므로 그는 미발견의 비타민과 관계되어 있을 것이라는 결론을 내렸다. 미발견 물질이 혈액을 응고시키는 작용이 있었으므로 "응고"(Koagulation)라는 뜻에서 비타민 K라 명명하였다. 그후 많은 생화학자들이 비타민 K를 분리하고 그 구조를 해명하여, 혈액을 응고시키는 데 이용함으로써 비타민 K는 외과수술에 이용되었다.

한편 어떤 종류의 병, 예컨대 에디슨병이나 크레틴병 등이 각각 내분비 기관인 부신이나 갑상선의 기능감퇴 때문에 일어난다는 사실은 이미 19세기 초기부터 알려져 있었다. 1891년 이런 환자에게 내분비기관의 추출물을 투여했더니 증상이 곧 회복되는 사실을 알아냈다. 이것은 내분비기관으로부터 어떤 물질이 혈관으로 분비되어 신체의 건강보존과 성장에 영향을 미치고 있음을 의미하고 있다. 이런 물질을 호르몬(Hormone)이라 불렀다. 이것은 "자극한다"는 뜻에서 나온 말이다.

효소와 발효

발효는 생화학 문제 중에서 가장 오래고도 가장 새로운 것으로서, 과일을 발효시켜 초를 만들었던 선사 시대 이래 긴 역사를 지니고 있다. 독일의 화학자 부흐너[147]는 세균학자인 형의 영향으로 발효에 흥미를 가졌다. 그는 알코올 발효가 생명현상과 불가분의 관계가 있는지 없는지를 실험해 보려고 하였다. 그는 효모에 모래를 섞어 마찰시킨 뒤, 수크로오스로부터 알코올이 만들어지는 반응이 일어나는지, 일어나지 않는지를 조사하였다. 선배들은 이 실험에 반대하여 중지할 것을 권고했는데도, 그는 굽히지 않고 이를 실행하였다.

부흐너는 모두 죽었을 것이라 생각했던 세포로부터 분리시킨 효모액을 여과한 다음, 세균에 오염되지 않도록 보존한 뒤에, 효모액을 짙은 설탕물에 섞었다.

---

145) Albert Sent-Gyorgi, 1893~
146) Carl Peter Hendrick Dam, 1895~
147) Eduard Buchner, 1860~1917

이때 설탕물을 가하자마자 이산화탄소 방울이 나오기 시작하였다. 완전히 죽었다고 생각했던 효모액이 살아 있는 효모액과 마찬가지로 설탕물을 발효시켜 알코올과 이산화탄소를 생성시킨 것이다. 이로부터 세포내의 발효와 생명은 별개의 현상이었음을 알았다. 그는 제1차 세계대전 중 독일 육군 소령으로 전선에서 근무하다 참호 안에서 전사하였다. 독일군측이 잃은 과학자로서는 연합군측의 모즐리에 필적하는 유명한 사람이었다.

영국의 생화학자 하딘[148]은 흥미 있는 사실을 발견하였다. 20세기 초까지 과학자들은 효모추출물이 처음에는 급속히 포도당을 분해하여 이산화탄소를 발생시키지만, 시간이 경과함에 따라서 활성을 잃으므로 효소가 분해되어 버린 것으로 생각하였다. 그러나 이 추측이 틀렸다는 사실이 1905년 그에 의해서 밝혀졌다. 그는 활성을 잃은 용액에 무기인산염을 가했더니 효소가 곧 그 활성을 되찾았다. 즉 인산염은 당을 발효시키는 원인도 아니며, 이산화탄소나 알코올을 생성시키는 원인도 아니었다. 그리고 효소에는 인도 포함되어 있지 않았기 때문에 이 현상은 정말 신기한 것이었다. 그는 당의 분자에 두 개의 인산염이 결합되어 있다는 사실을 발견하였다. 이 인산염은 발효 도중에 생성되며 많은 반응을 되풀이한 뒤에 다시 인산염을 유리시킨다. 이로써 생체 안에서 일어나는 화학반응 도중 무수히 생성되는 '중간생성물'에 관한 연구가 첫발을 내디뎠다. 그는 그후 『생화학 잡지』(Biochemical Journal)를 창간하고 정열을 쏟으면서 오랜 기간 편집장으로 일하였다.

독일계 미국의 화학자인 리프먼[149]은 나치의 압박을 피하여 미국으로 건너갔다. 그는 탄수화물의 신진대사에 있어서 인산에스테르의 역할을 이론적으로 설명하였다. 그는 인산에스테르에는 분해되어 인산기를 잃을 때 비교적 적은 에너지를 생성하는 것(저에너지 인산염)과, 많은 에너지를 생성하는 것(고에너지 인산염)이 있는 것을 발견하고, 각각 특유한 구조를 식별하는 데 성공하였다. 그중에서도 가장 자유자재로 변화하는 고에너지 분자배열의 것이 아데노신3인산으로서 보통 ATP라 부른다. 이 화합물은 에너지를 필요로 하는 거의 모든 체내의 화학변화에 가장 깊이 관여한다는 사실이 밝혀졌다.

분석기술의 개발

크로마토그래피   생화학 분야가 이처럼 커다란 승리를 거둔 배경으로서는 여러 요인이 있었지만, 그중 한 가지는 새로운 분석기술의 개발이었다. 흡착은 유기화학이나 기타 연구분야에 이미 정제기술로 이용되어 왔다. 독일의 화학자

148) Sir Arther Harden, 1865~1940
149) Fritz Albert Lipmann, 1899~

빌슈테터는 1921년 점토의 흡착작용을 효소의 분리에 이용하였고, 러시아 식물학자 쓰베트[150]는 식물색소의 연구과정에서 크로마토그래피 기술을 개발하였지만, 이 사실이 러시아어로 발표되었기 때문에 주목을 끌지 못하였다. 이 기술을 보급시킨 사람은 빌슈테터로서, 이 분리기술은 매우 중요한 역할을 하였다.

1937년, 한 노벨상 수상자는 수상강연의 첫마디에서, "현대 생화학에서 절대로 빼놓을 수 없다고 생각하는 분석방법은 빌슈테터의 흡착분별법, 스베드베리[151]의 초원심분리법, 쓰베트의 크로마토그래피인데, 이 방법으로 이전에 거의 불가능했던 혼합물에서 순수한 물질의 분리가 가능해졌다"라고 말했다. 특히 크로마토그래피는 백색광을 스펙트럼으로 나눌 수 있는 프리즘에 비교할 수 있는데, 쓰베트의 방법을 응용하여 노벨화학상을 받은 화학자가 무려 5명이나 된다.

영국의 화학자 마틴[152]은 페이퍼 마이크로크로마토그래피의 분석기술을 개발하여 여러 혼합물을 분리하는 데 이용하였다. 단백질 분자는 아미노산이 사슬모양으로 결합되어 있다는 사실은 이미 밝혀진 사실이다. 그러나 단백질의 분자를 분해하여 아미노산을 종류별로 정확하게 그 개수를 구하고 그 단백질의 특징을 결정하는 것은 실제로 곤란하다. 생화학자들은 30년간 이 문제의 해결에 매달렸지만 모두 실패하였다. 아미노산은 서로 매우 비슷하므로 보통의 화학적 방법으로는 분리가 곤란하였다. 그런데 그가 개발한 종이를 이용한 미세한 분석기술, 즉 페이퍼 마이크로크로마토그래피에 의해서 단백질에 함유된 아미노산의 종류별 개수를 알아냈다.

1940년대 초기에는 단백질을 분리하는 데 간단한 크로마토그래피적 기술을 이용하였지만, 이것은 개개의 아미노산을 분리하는 데 있어서 우수한 방법은 아니었다. 영국의 생화학자 싱[153]은 크로마토그래피에 다공질의 여과지를 사용하는 기술을 개발하였다. 이 기술은 단백질 및 관련 물질을 분리 분석하는 방법으로써 다른 사람들의 연구에 큰 도움이 되었다. 이 이후에 발전한 크로마토그래피 기술에는 가스, 박층, 이온교환, 겔, 여과 등의 방법이 있고, 최근에 발전한 것으로는 고압액체 크로마토그래피가 있다.

원심분리법   스웨덴의 화학자 스베드베리는 일찍부터 콜로이드에 깊은 관심을 가지고 있었다. 콜로이드 입자는 매우 작아서 물분자와 끊임없이 충돌하여도 침전되지 않지만, 만일 중력이 더욱 커지면 물분자와 충돌하여 가장 큰 것부터 먼저 침전한다. 그는 원심력을 이용하여 중력과 같은 효과를 냈으므로 원심분리기는 이미 우유로부터 지방을 분리하거나, 혈장으로부터 적혈구를 분리하는

---

150) Mikhail Semenovich Tsvet(Tswett), 1872~1919
151) Theodor Svedberg, 1884~1971
152) Archer John Porter Martin, 1910~
153) Richard Laurence Millington Synge, 1914~

데 사용되어 왔다. 세포나 지방의 입자는 상당히 크므로 그보다 더욱 작은 콜로이드 입자를 분리시키는 데는 강한 원심력이 필요하였다. 이 목적으로 그는 1923년 초원심분리기를 개발하였다.

이 초원심분리기를 급속히 회전시키면 중력의 몇 천 배의 힘을 얻을 수 있다. 그리고 침전하는 속도로부터 입자의 크기나 모양까지 추정할 수 있으며, 두 종류의 혼합입자를 분리할 수도 있다. 이로써 스베드베리는 단백질의 연구에 크게 공헌하였다. 제자인 스웨덴의 물리화학자 티셀리우스[154]는 콜로이드 연구로부터 출발, 전기영동법을 개발하여 혈액단백질 연구에 큰 성과를 올렸다.

전자현미경과 X선 결정법   광학현미경은 광파를 이용하지만 전자현미경은 전자기파를 이용한다. 1932년 독일의 루스카[155]는 광학현미경보다 한층 진보한 전자현미경을 발명하였다. 하지만 발명 당시는 아직 불완전하였지만 1937년에 개량을 거듭하여 다음해인 1938년에 비로소 실용화되었다. 당시 전자현미경의 배율은 광학현미경의 1백 50배 이상이었다. 현재는 천 배 이상으로 10^{-7}cm의 크기까지 상세히 볼 수 있으므로 바이러스의 구조와 세포의 내부를 상세히 조사할 수 있게 되었다.

영국의 여성과학자 호지킨[156]은 X선 결정해석을 사용하여 많은 유기화합물의 복잡한 분자구조를 결정하였다. 그때까지 X선 결정해석의 방법은 유기화학적 방법에 의한 예측과 마찬가지로 정확한 구조식을 확정하는 데는 한계가 있었다. 그런데 그녀는 X선연구의 기법을 유용한 분석방법으로 발전시켜 콜레스테롤을 정확하게 분석하였다. 이것은 X선 결정학에 의해서 복잡한 유기화합물의 분자구조를 완전히 결정한 최초의 일이었다. 또한 그녀는 공동으로 페니실린의 구조를 결정했는데 이것은 당시 항생물질의 연구와 발전에도 영속적인 영향을 끼쳤다. 그녀는 1948년 B12의 연구도 하였다. 이 물질은 생체의 적혈구의 생육에 필수적인 화합물로써, 만일 식사로 충분한 양을 섭취하지 못할 때는 악성빈혈을 일으키게 된다. 1964년에 그녀에게 노벨상이 수상되고, 다음해에는 메리트 훈장이 주어졌는데, 이 훈장은 나이팅게일에 이어서 여성으로는 두번째였다.

영국의 X선 결정학자로서 최초로 유기물분자의 구조를 결정한 사람은 여성과학자 론스데일[157]이다. 그녀는 우체국장의 열 형제중 막내로 태어났다. 아버지는 술꾼이었고 생활이 너무 어려워 형제 가운데 4명은 어릴 때 죽었다. 그녀는 X선 회절을 이용하여 숙신산의 결정을 찍어냈고, 방광결석과 신장결석의 조성도 연구하였다. 그녀는 영국 최초로 왕립학회 여성회원, 과학진흥협회의 여성회장이

---

154) Arne Wilhelm Kaurin Tiselius, 1902~71
155) Ernst Ruska, 1906~
156) Dorothy Mary Crowfood Hodgkin, 1910~
157) Kathleen Lonasdale, 1903~71

되었다. 그녀는 퀘이커교도의 영향을 받아 1939년 제2차 세계대전이 발발하자 모든 전쟁을 악으로 규정하고, 고용등록을 하지 않았다. 이 때문에 2만 파운드의 벌금이 과해졌는데, 이를 거부함으로써 1개월간 형무소에 갇혔다. 이때부터 평화주의자와 관계를 맺게 되었고 형무소 문제에까지 관심을 가졌다.

　　동위원소　　한편 생화학자들은 자신의 연구과정에서 방사성 동위원소를 사용하기 시작하였다. 헝가리계 덴마크 화학자 헤베시[158]는 방사성 동위원소를 이용하여 생물체의 조직을 연구하였다. 만일 생물체 조직에 함유되어 있는 보통 원소 대신으로 방사성원소가 발견될 경우, 그 방사성원소를 추적하여 유기체내의 원소의 생리학적, 화학적 경로를 밝힐 수 있다. 그는 만년까지 생체내의 방사성 동위원소의 이론을 계속 연구하였지만 그 중요성은 20년 후에야 인식되었다.

　　헤베시에 이어서 독일계 미국의 생화학자 숀하이머[159]도, 1935년 생화학연구에 동위원소를 추적자(Tracer)로 사용하는 방법을 도입하였다. 그는 수소원자 대신에 중수소원자를 함유하는 지방의 분자를 실험동물의 음식물에 섞었다. 그리고 동물지방의 중수소 양을 측정하여 그때까지 알려져 있지 않았던 사실을 발견하는 놀라운 연구방법을 개발하였다. 그러나 그의 연구가 절정에 달했던 1941년에 자살하였다. 또 미국의 화학자 리비[160]는 탄소-14를 이용한 연대 식별법을 발표하여 고고학 연구에 큰 도움을 주었다. 그는 핵물리학자 텔러와 함께 핵전쟁에 대비하여 자가용의 작은 원자방공호를 만들 것을 주장하고, 이를 신문에 발표하였다.

---

158) Georg von Hevesy, 1885~1966
159) Rudolf Schoenheimer, 1898~1941
160) Willard Frank Libby, 1908~

10. 분자생물학과 유전공학

단백질

1870년대에 단백질이 아미노산으로 되었다는 사실이 이미 확실시되고, 또 펩티드 이론도 발표되었지만 그후 단백질의 연구나 단백질로 된 세포의 연구가 진전되지 않았다. 그 까닭은 오랫동안 단백질 분자를 연구하는 본질적인 방법이 없었기 때문이었다. 그러나 1920년대 말엽에 단백질세포의 연구가 진전을 보였다. 그것은 1926년 스웨덴의 스베드베리가 원심분석기를 사용하여 단백질의 분자량을 측정하는 데 성공했기 때문이다. 그의 측정에 의하면 최소의 단백질 분자는 그 분자량이 대략 1만 3천 정도, 큰 것은 수천 만에 달하였다. 또 1929년에는 X선회절에 의한 고분자의 분석에 성공하여 단백질의 분자 구조가 더욱 밝혀지게 됨으로써 그후 단백질 연구의 기초가 세워졌다.

19세기 말 독일의 유기화학자 에밀 피셔[161]는 사업을 그만두고 본대학에 입학하여 케쿨레의 지도를 받은 후, 스트라스부르그대학에서 베이어의 강의를 들었다. 그는 당류의 화학, 단백질과 아미노산의 화학, 탄닌과 효소의 화학 등을 오늘날처럼 질서정연하게 수립해 놓았다. 얼마나 광범위하게, 또 얼마나 깊게 파헤쳐 놓았는지, 후세에 이 방면에 연구할 여지를 남겨 놓지 않을 정도였다. 이 공적으로 1902년 노벨 화학상을 받았다.

피셔는 단백질의 복잡한 구조에 손을 뻗쳤다. 그는 단백질 분자에서 아미노산이 어떻게 결합하고 있는가를 밝혔고, 특히 천연 단백질처럼 아미노산끼리 결합하는 방법을 찾아냈다. 1907년에는 매우 단순하기는 하지만 18개의 아미노산으로 형성된 단백질 분자를 합성하였고, 이것이 소화효소에 의해서 천연단백질처럼 분해된다는 사실을 증명하였다. 그는 제1차 세계대전의 피해를 입었다. 전쟁중에 세 명의 아들 중에서 두 명을 잃었다. 하지만 장남은 유명한 유기화학자가 되었다.

영국의 생화학자 생거[162]는 특정 단백질 분자 중에 있는 아미노산의 수를 조사한 다음, 단백질 분자중의 아미노산의 위치를 정확히 알아냄으로써 단백질 화학의 길을 열어놓았다. 즉 그의 연구를 참고로 다른 화학자들이 복잡한 화합물의 구조를 해명할 수 있었기 때문이다. 그는 크로마토그래피와 용매 분배를 겸한 분배 크로마토그래피라는 간단하고 유용한 방법을 창안하였다.

---

161) Emil Hermann Fisher, 1852~1919
162) Frederick Sanger, 1918~

1953년 무렵 생명의 원천인 단백질 구조의 연구가 본격적으로 시작되었다. 단백질 분자는 약 20종류의 아미노산이 결합하여 생성된다. 단백질 구조의 해명을 위해서는 우선 이러한 아미노산이 결합하고 있는 상태, 즉 펩티드 사슬의 입체적 구조를 해명해야 한다. 펩티드의 연구가 1950년부터 미국과 영국에서 활발히 진행되어 1954년 가장 단순한 단백질인 인슐린의 구조를 결정하였다.

바이러스와 핵산

세균의 발견과 예방, 이것은 인간의 자연에 대한 빛나는 승리였다. 그러나 이것으로 완전한 승리를 얻은 것은 아니었다. 1878년 독일의 뢰플러 등은 구제병의 병원체가 세균 여과기를 통과한다는 사실을 발견하여 학계에 보고하고, 이러한 병원체를 가리켜 여과성 병원체라 불렀다. 뇌염, 광견병, 천연두 등이 여과성 병원체인 바이러스이다. 보통 세균은 300mμ인데 이것의 크기는 광견병의 경우 100~150mμ이고 역사상 유명한 황열의 병원체는 17~25mμ 정도의 바이러스였다.

바이러스에 관한 본격적인 연구는 전자현미경 기술의 진보와 바이러스 배양법의 발달을 전제로 하고 있다. 미국에서는 인간의 태아의 피부와 근육조직의 세포를 시험관 안에서 배양하고, 또 그 속에서 소아마비 바이러스를 배양하는 데 성공하였다. 이 방법으로 인간에게만 감수성이 있는 바이러스의 연구가 시작됨으로써, 앞으로의 바이러스 연구를 위한 커다란 바탕이 세워졌다. 더욱이 바이러스는 보통 30분에 수백 개씩 증식하므로, 이때 발견되는 많은 돌연변이는 유전 연구에도 많은 도움을 주고 있다. 보통 100만 개의 바이러스 중에서 한 개가 돌연변이를 일으킨다.

미국의 생화학자 스탠리[163]는 담배를 재배하면서 모자이크병에 걸리게 하여, 많은 모자이크병 바이러스를 준비하였다. 이미 그는 바이러스가 단백질분자라고 얼마간 믿고 있었고, 1935년 가느다란 바늘모양의 결정을 추출해 냈다. 이를 1935년 과학주간지 『자연』에 발표하였다. 「바이러스는 단백질의 한 종류」라는 논문이었다. 그는 이 바이러스는 세균여과기를 통과하며 현미경으로도 보이지 않고, 순수배양이 되지 않으며, 생체중에서 성장하여 전염병의 원인이 된다고 밝혔다. 하지만 많은 사람들은 이를 인정하지 않았다.

그러나 그가 얻은 결정은 순수한 단백질이 아니라 단백질의 결정 이외에 핵산의 결정이 포함되어 있었고 바이러스는 2종류의 분자의 복합체라는 사실이 밝혀졌다. 1937년 그는 담배 모자이크병의 바이러스를 분석한 결과 25%가 단백질, 5%가 핵산으로 되어 있다는 사실을 밝혀냈다. 이 사실은 바이러스를 생물이

---

163) Wendell Meredith Stanley, 1904~71

스탠리

라 판단하는 커다란 증거이자, 가장 중요한 근거였다. 이처럼 생명으로서 판단되는 기준을 지닌 바이러스를 결정화하는 것은 격렬한 토의의 대상이었다. 결국 바이러스 문제는 유전자(핵단백질)의 문제와 결부되고, 크릭과 윗슨의 연구가 시작됨으로써 효소와 바이러스와 핵산의 문제는 동일한 것으로 취급되었다.

스페인계 미국의 생화학자 오초아[164]는 핵산을 연구하였다. 윗슨과 크릭의 연구를 시작으로 1950년대의 화학자는 10년 전에 효소, 20년 전에 비타민이 그러했듯이 핵산의 연구에 관심을 집중시켰다. 핵산은 인산을 함유한 뉴클레오티드가 긴 사슬로 결합된 분자이다. 체내의 뉴클레오티드로부터 핵산이 만들어지는데 이때 효소가 필요하다. 1955년 그는 세균에서 이 효소를 분리하고, 그 효소 안에서 뉴클레오티드를 배양하였더니 점성이 놀랄 만큼 증가하였다. 용액은 짙어져 젤리처럼 되고, 길고 가느다란 리보핵산 분자가 생성되었다.

다른 연구자들의 연구에 의해서도 중요하고 많은 결과가 얻어졌다. 예를 들면 미국의 생화학자 콘버그[165]는 1957년 종류가 다른 뉴클레오티드를 결합시켜 천연의 핵산(DNA)과 매우 흡사한 핵산을 형성하는 효소를 분리하고, 최초로 DNA를 합성하였다. 이 성과로 유전적 결함을 치료하고 바이러스 감염이나 암을 제어하는 길이 열렸다.

영국의 화학자 토드는 핵세포의 유전물질인 DNA 등 핵산의 화학구조를 상세히 연구함으로써 생체세포내의 유전과 단백질합성의 길을 열어주었고, 이어서 핵산의 합성방법을 개발함으로써 1950년대 크릭과 윗슨의 연구에 도움을 주었다. 영국의 크릭과 미국의 윗슨은 생화학자라기보다는 분자생물학으로 전향한 물리학자로서, 두 사람은 1953년에 DNA분자의 이중나선 구조를 발표함으로써 이 분야의 연구의 길을 열어놓았다.

1960년대 후반, 많은 유기화학자는 핵산이 단백질을 생성하는 역할에 대해서 연구하였다. 미국의 생화학자 호그랜드[166]는 DNA가 항상 세포 안에 존재하

---

164) Severo Ochoa, 1905~
165) Arthur Kornberg, 1918~
166) Mahlon Bush Hogland, 1921~

고 세포질에서 단백질이 만들어지며, 반드시 중간생성물이 존재해야 하는데, 이 론적으로 보아서 그 중간생성물이 일종의 RNA라 생각하였다. 왜냐하면 이것이 세포핵 안에나 세포질에도 항상 존재하기 때문이다. 이를 기초로 1955년에는 담 배 모자이크 바이러스의 RNA와 단백질을 합쳐서 바이러스를 만드는 데 성공하 였다.

분자유전학

제2차 세계대전 후 생물학은 크게 전환하였다. 당시까지 주로 세포 레벨까 지 연구하던 생물학이 분자, 특히 핵산이나 단백질 등 고분자의 레벨에서 생명현 상을 취급하는 것으로 전환함으로써 분자생물학이 탄생하였다. 또한 유전현상을 분자 레벨에서 해명하려는 분자유전학의 발달도 눈부셨다. 분자유전학의 성립에 관해서는 세 가닥의 흐름이 있다는 것이 일반적인 견해이다. 즉 1) 생체분자의 구성을 취급하는 구조학파, 2) 유전현상을 생화학적으로 연구하는 생화학파, 3) 유전정보가 어떻게 세대 사이로 전하는가를 연구하는 정보학파이다.

우선 구조학파의 경우 X선회절에 의해서 DNA의 구조가 본격적으로 연구되 었다. 그들은 DNA가 나선구조인 것, DNA의 골격인 당과 인산의 사슬이 외측 에 있는 것 등 상세한 부분까지 알아냈다. 여기에다 DNA모델을 주장한 웟슨과 크릭이 가세하였다.

다음으로 생화학파는 유전현상을 생화학적으로 연구하는 선구적 집단이다. 이 부류의 연구는 유전자나 효소의 관련을 연구하는 것으로 1930년대부터 시작 되었다. 이 학파는 체체파리의 눈의 색에 관한 유전생화학적 연구부터 시작하였 다. 그 결과 눈의 색소를 만들어 내는 중간물질이 약간 있으며, 각각의 반응과정 이 특정의 유전자에 의해서 지배된다는 사실이 밝혀졌다. 그들은 한 개의 유전자 가 한 개의 효소를 지배한다고 생각함으로써 그후 분자유전학을 탄생시키는 중 요한 계기가 되었다.

끝으로 정보학파의 흐름이다. 독일 태생의 미국의 물리학자이며 분자생물학 자인 델브뤽[167]은 처음에는 핵물리학을 전공하려 했으나 1932년 보어의 강연 "빛 과 생명"에 감명받고 비결정론적 입장에서 생명현상을 연구하기 시작하였다. 그 는 유전자 혹은 그의 집합체인 염색체의 섬유 전체가 비결정성 고체라는 놀랄 만한 논문을 발표하였다. 이 결정성 고체는 기본적인 원자의 입체구조를 반복함 으로써 만들어진 주기적인 구조를 가지고 있다. 원자의 집단 중에서 이와 같은 주기적 반복이 없는 고체를 델브뤽의 비결정성고체라 한다. 그리고 방사선에 의 한 유전자의 돌연변이를 연구하여 유전자 분자의 물리학적 모델을 제출하였다.

---

167) Max Delbrück, 1906~81

델브뤽

미국으로 건너간 델브뤽은 엘리스[168]와 함께 박테리오파지를 실험재료로 하여 그의 증식과정과 유전현상을 연구하고 1938년에는 일단 증식실험법을 확립하였다. 그는 다른 학자들과 함께 "파지 그룹"을 결성하였다. 박테리오파지란 박테리아에 침입하여, 자기복제를 하여 증식하는 바이러스의 동아리이다. 파지 그룹은 유전자는 DNA라는 결론을 얻고, 이를 실증하는 데 성공하였다. 파지는 DNA와 단백질로부터 구성된 단순한 것으로 박테리아에 부착하면 단백질 부분은 밖에 남고, DNA의 본질이 박테리아의 안으로 들어간다. 박테리아 안으로 들어간 DNA는 거기서 자기복제를 하고 많은 퍼지를 만들어내며 드디어 숙주인 박테리아를 파괴한다. 이것은 유전과정의 생화학적 연구의 길을 열어 분자생물학 발전의 강력한 추진력이 되었다.

이상과 같은 세 부류의 연구결과가 통합되어 오늘의 분자유전학을 형성하였다. 1950년대 이 분야의 주역을 맡은 사람이 웟슨과 크릭이었다. 그들이 발표한 짧은 논문 「데옥시리보 핵산의 구조」에 나타난 이중나선 모델은 지금도 널리 알려졌다. 이리하여 "DNA → RNA → 단백질"이라는 유명한 논제가 확립되고, 1960년대에는 이를 중심으로 분자 레벨의 유전연구가 전개되었다. 특히 RNA로부터 어떻게 해서 단백질이 합성되는가에 대한 연구가 진전되고 유전 암호의 해명이 이룩되었다. 오늘날 유전물질 DNA의 연구는 크게 전진하여 유전자의 인공합성, 유전자의 교환 등의 기술이 개발됨으로써 이제는 유전자란 무엇인가라는 과학활동을 넘어서 생명현상을 인간이 조종하는 데까지 이르고 있다.

유전공학

1960년대에 들어와 DNA의 분자구조와 유전자에 관한 연구가 집중되었고, 그 연장으로 DNA분자를 절단하거나 붙이는 기술이 개발되었다. 처음에는 바이러스를 이용하였으나 후에 대장균 등의 박테리아가 사용되었다. 대장균에는 플라스미드라 부르는 고리모양의 DNA가 있고, 그의 일부를 떼어내어 거기에 다른

---

168) E. L. Ellis, 1906~

DNA를 삽입하는 방법이 개발되었다. 구체적인 예로서 인슐린을 만들어내는 사람의 DNA를 대장균에 삽입하여 인슐린을 만든다.

이러한 유전자의 조작기술의 출현에 대해서 일부 연구자들로부터 위험을 경고하는 목소리가 커지고 있다. 만약 이러한 기술을 무제한으로 진전시킬 때, 예기치 않은 위험한 생물이 나올 가능성이 있다는 주장으로서, 연구의 일시 중지를 호소하였다. 1975년 캘리포니아에서 국제회의가 열리면서, 연구에 일정한 제한이 가해졌다. 그러나 그후 각국에서 모두 제한이 완화되고, 단순한 연구 뿐만 아니라 기업화까지 진전되었다.

세포융합에 관한 연구도 1960년에 그 실마리가 잡혔다. 두 종류의 쥐의 세포를 혼합배양하여 그것들을 융합하여 잡종세포를 만드는 방법을 개발하였다. 이처럼 다른 종 사이의 잡종화는 종래의 기술로는 매우 어려웠다. 그러나 만들어진 세포는 배양이 계속되는 동안 그중에 포함되어 있는 염색체가 서서히 한 종류의 쥐로 되어버린다는 것을 발견하였다.

식물에서는 단백질 등을 이용하여 배양세포를 분화시키고, 거기로부터 한개체의 식물을 만들어내는 데 성공하였다. 이 기술이 유전자교환이나 세포융합의 기술과 결합되어 최근에는 감자와 토마토의 잡종이 만들어졌다. 식물의 경우에는 세포의 주위에 세포막이 있어 쉽게 융합되지 않으므로 효소로 그 벽을 녹여버린다.

11. 통신과 교통의 혁명

레이더

레이더가 최초로 등장한 것은 1935년이었으나 그 기원은 1925년 펄스전파에서 시작된다. 1925년 산울림의 원리를 이용하여 전파로 전리층의 두께와 높이를 측정했을때, "포포"하고 소리를 내면서 되돌아오는 불연속의 펄스전파의 시간을 측정하여 전리층의 높이를 측정였다. 그후 영국에서 이와 같은 실험을 거듭하고 있을 때 마침 비행기가 그 상공을 통과하였다. 이때 전파가 교란되는 것을 발견하고 펄스전파로 비행기의 위치를 조사하는 기구가 만들어졌다. 이 기구가 곧 레이더이다.

이어서 1935년부터 영국에서 레이더의 연구가 본격적으로 진전되었다. 그 까닭은 군사상의 필요에서였다. 영국은 전쟁이 가까워졌던 1939년 처음으로 영국 본토의 동부 해안 일대에 레이더망을 구축했는데 그후 대전 동안 중요한 역할을 하였다. 그러나 비행기를 정확하게 포착하기 위해서는 짧은 전파가 더욱 효과적이었으므로 1939년 가을부터 영국에서는 센티파 발진의 연구가 시작되었다.

1939년 9월 7일부터 독일 공군은 영국을 공습하기 시작하였다. 그러나 영국의 레이더망은 항상 사전에 이를 포착하고 전투기가 곧 출격, 이를 격퇴하여 본토 공격을 방어하였다. 이에 힘을 얻은 영국의 물리학자들은 센티미터파의 발진 연구에 착수하여 1940년 7월에 성공하였다. 미국에서도 물리학자 라비를 중심으로 한 과학자들이 레이더의 중요성을 인식하고 많은 연구비로 조직적인 연구를 개시하여 1942년 7월 전자관을 사용한 레이더 장치를 완성하였고 그후 보다 성능이 좋은 레이더를 제작하였다. 미드웨이 해전은 바로 이 레이더의 효력을 과시한 실례가 되었다.

텔레비전

TV가 실용화된 것은 나일론이나 폴리에틸렌이 등장하기 시작한 1938년 무렵이었다. 이것은 1초 사이에 30장의 사진을 전송해야 하는데, 전송하는 한 장의 그림을 몇 만 개의 작은 부분으로 세분하고, 이것을 각기 전류로 바꾼 다음, 전파로 바꾸어 보내는 원리이다. 이때 점광선을 빨리 달리게 하는 기술이 필요한데, 이것은 러시아 태생의 미국의 쓰워리킨[169]이 발명한 아이코노스코프로 해결하였다. 그후 브라운관의 발명으로 화면을 나타낼 수 있게 되자 바로 최초의 TV가 만들

---

169) Vladimir Kosma Zworykin, 1889~

어져 1926년에 공개되었다. TV가 처음으로 정기방송에 사용된 것은 1936년이었다. TV는 과학기술의 승리이며 동시에 통신분야의 거대한 진보로서 대표적인 문명의 이기이다.

레이저, 홀로그래피, 무선통신기술

타운스[170]는 미국의 물리학자로서 메이저의 가능성을 이론적으로 제시하였고 후에 이를 구체화하였다. 1950년 무렵 그는 강력한 마이크로파 발생장치를 만들 수 있을지에 관심을 기울이기 시작했고, 1951년에는 분자가 고에너지 위치(준위)에서 저에너지 준위로 옮길 때 방사를 한다는 원리를 기초로, 필요한 장치를 꾸밀 수 있을 것으로 판단하였다. 그에 의하면 고준위에 있는 어느 한 분자에 특정한 주파수의 광자 1개를 흡수할 수 있게 만든다면, 그 분자는 저준위로 옮기는 사이에 동일 주파수의 광자 두 개를 방출하고 단일 주파수의 코히런트 방사의 빔을 내게 된다. 이를 메이저(MASER)라고 한다. 이것이 출현한 이후에 여러 가지 응용의 길이 트였다. 예를 들면 원자시계나 전파망원경의 수신부를 들 수 있다. 1950년대 후반에는 고체메이저가 만들어져 통신위성 에코1호의 발신신호나 레이더파의 금성으로부터의 반사를 증폭하는 데 이용되었다.

1958년 타운스는 마이크로파 빔에는 없는 가시광의 빔으로, 단일 주파수의 코히런트 방사를 발생하기 위한 광학메이저의 이론적 가능성을 논문에서 입증하였다. 그러나 최초의 광학메이저, 즉 레이저(LASER)를 작동시킨 것은 1960년 미국의 물리학자 메이먼[171]이었다. 그는 초기 단계부터 많은 개량을 했고, 합성루비 이외의 물질, 예로서 기체를 이용한 각종 레이저에 의해서 거의 임의의 주파수의 레이저광을 얻는 것이 가능해졌다. 지금 레이저는 폭넓게 이용되고 있다. 그 실례로서 해부용 광메스, 천문학용, 분광학용, 화학용, 물리용, 통신용 등 다채롭다.

헝가리 태생의 가보르[172]는 영국 물리학자로서 홀로그래피(Holography), 즉 레이저광을 이용한 3차원 광학영상 발생법을 고안하였다. 그가 홀로그래피를 착상한 것은 1947년이었는데 이것은 레이저의 발명보다는 훨씬 이전이다. 레이저가 발명된 이래, 홀로그래피의 응용은 계속해서 확장되고, 정보축적 등에 영향을 미쳤다. 그리고 오늘날 3차원의 텔레비전이나 영화시스템을 개발하기 위해서 홀로그래피를 이용하고 있다.

영국의 물리학자인 애플톤[173]은 전파를 반사하는 전리층(아펠톤층)을 발견

---

170) Charles Hard Townes, 1915~
171) Theordore Harold Maiman, 1927~
172) Denis Gabor, 1900~79
173) Sir Edward Victor Appelton, 1892~1965

하여 무선통신의 발전에 크게 기여하였다. 1920년대 초기 그의 관심은 전시중 통신장교로서 주목한 전파신호의 감퇴현상에 모아졌다. 최초로 대서양횡단 무선 통신은 1901년 마르코니에 의해서 달성되었다. 애플톤은 전파는 직진할 뿐만 아니라, 지구면에 따라서 구부러져 원격무선통신이 가능한가를 설명하기 위해서 전파를 반사하는 하전입자로 된 대기층의 존재를 가정하였다. 그리고 그는 당시로서는 최상인 BBC방송의 수신기를 이용하여 그 존재를 확인하고 신호 강도가 야간에는 규칙적으로 증감하지만 낮에는 이 증감효과가 쇠퇴하는 것을 발견하였다. 애플톤의 대기에 관한 연구는 방송이나 무선통신의 발전에 매우 큰 업적이다.

제트기

현재 교통수단의 총아인 제트기도 1930년대 말엽부터 나타났다. 이전의 항공기가 프로펠러와 가솔린 엔진을 사용한 데 반하여, 제트기는 가스터빈을 사용하였다. 항공기용 가스터빈은 외부로부터 들어온 공기를 압축하여 이것을 연소실에서 섭씨 8백도의 고온으로 가열한 다음 가열된 가스로 터빈의 날개를 회전시켜 압축기를 움직이게 한 다음, 가스를 분사시켜 항공기를 추진시키는 원리를 이용한다. 가스터빈의 착상은 증기터빈이 실용화되던 1900년대부터였다. 그러나 기술적으로 보아 그 실현을 위해서는 고성능의 압축기와, 고열하에서 고속회전에 견디는 재료가 필요하였다. 이러한 기술적 문제가 30년대에 이르러 비로소 해결되었다. 이 가스 터빈은 기술 혁신을 대표하는 새로운 동력기관이었다.

영국의 보이토돌[174]은 오랜 고심 끝에 최초로 가스 터빈 엔진을 완성했고 1928년 최초의 제트기가 하늘을 날면서 제트 시대의 막을 올리게 되었다. 여객용 제트기는 1954년 비로소 날게 되었지만 그것은 일시적인 것이었고, 안전한 정기 여객기가 날게 된 것은 1957년이었다. 그후 제트기는 더욱 연구 발전되어 지금은 놀랄 정도의 교통수단으로 각광을 받고 있다.

그중 소리보다 빠른 마하 1 이상의 속도로 비행하는 수송기를 초음속 수송기(SST)라고 한다. 현재 일반적으로 사용되고 있는 제트 수송기의 속도는 마하 0.75~0.85로서, 소리보다 약간 느리다. 한편 전세계에서 개발되고 있는 제3세대 SST는 미국의 보잉 SST가 마하 2.7, 프랑스와 영국이 공동으로 제작하고 있는 콩코드와 소련의 Tu-144가 대개 마하 2.2이다. 속도와 함께 제트기의 크기가 대형화되어 가고 있다. 현재 미국의 보잉 747점보 제트기는 356~490명의 승객을 태우고 6천 6백~9천km를 마하 0.9로 날 수 있다.

가스 터빈은 8백℃에서 견디면서 매분 1만 번 정도의 회전을 하게 되므로

174) Boitoahdol, 1907~

터빈에는 강력한 재료가 필요하고 또 음속 이상으로 날게 되므로 동체 표면을 연구하지 않으면 안된다. 그러므로 종래보다 강한 재료와 정밀한 가공의 기술이 필요하다. 더구나 제트기는 자동제어를 포함한 전자기계를 필요로 하므로 항공 산업은 다른 많은 관련 산업의 발전에 커다란 자극을 주고 있다.

종합 정보 통신망

오늘날의 세계를 전자계산조직(EDPS) 시대라 부른다. EDPS가 전자계산기와 구별되는 것은 수많은 종류의 작업을 연결해서 종합적인 연관작업을 할 수 있다는 점이다. 그러므로 한 대의 EDPS는 요원의 능력에 따라서 수많은 컴퓨터가 해내는 일을 동시에 처리할 수 있다. 1960년대에 우리나라 동해안에서 피납되었던 푸에블로호는 바로 이 EDPS를 갖춘 배였다. 우리나라의 EDPS시대는 1967년 5월 15일 한국 전자계산소에 FACOM 222형 EDPS가 도입됨으로써 문이 열렸다. 이것은 복잡한 계산뿐 아니라 분석, 예측, 계획의 수립까지 빠르고 정확하게 처리하는 능력을 지니고 있다.

EDPS에 대해서 A. 토인비는 "인간은 무지의 함정 속에 빠지고 있다. 그것은 우리의 조상보다 두뇌가 저하되어 그런 것이 아니라, 오늘날 우리가 알아야 할 일이 너무 많기 때문이다. 따라서 문제를 해결하려는 인간의 욕구와 그 필연성에 의해서 나타난 것이 EDPS이다 "라고 지적한 바 있다.

한편 2000년대의 정보문화사회를 이끌어 갈 종합정보통신망(ISDN)은 다양한 통신망을 이용하여 정보를 제공하는 것을 말한다. 전화, 데이터, 텔렉스, 팩시밀리 등 여러 가지 서비스를 이용하기 위해서는 현재 해당 가입 선로를 따로 설치해야 하는데, ISDN은 한가닥의 디지털 통신회선을 통해서 음성, 문자, 데이터, 화상 등 각종 정보를 종합적으로 주고받을 수 있는 첨단 종합정보통신망이라 할 수 있다.

ISDN은 시민 생활을 크게 변혁시킬 것으로 전망된다. 우선 회사원은 회사에 출근하지 않고서도 가정이나 그가 편리한 곳에서 컴퓨터를 통해서, 회사로부터 업무지시를 받고, 그 결과를 보고하며, 또한 먼 곳까지 출장을 가지 않고서도 화상을 보면서, 회의를 진행하고 필요한 자료를 주고 받을 수 있다. 학생들은 도서관에 가지 않고서도 필요한 각종 정보를 찾아 활용할 수 있고, 정부기관의 민원서류도 자동으로 즉시 받을 수 있다. 시골에서도 대도시와 마찬가지로 같은 시간에 같은 정보 문화를 누릴 수 있기 때문에, 인구의 도시화 현상도 막을 수 있다. 즉 "동시성의 문화 생활"을 할 수 있다.

전자공학의 발달로, 최근 인터넷(Internet)이 출현하여 이용되고 있다. 이것은 과학자, 연구자를 연결하는 네트워크로서, 연구자에게는 지금 당면한 환경이다. 연구회의 통지나 논문투고 등을 책상의 워크스테이션으로부터 간단하게 보내고 받을 수 있다. 이로써 세계의 연구자들이 지리적 차이를 그다지 의식하지 않는 통신이다. 이것은 전파나 FAX보다도 확실한 의사전달 수단으로 되어가고 있다.

12. 20세기 과학정책과 연구조직

영국

　19세기 말부터 국가가 과학기술연구에 개입하는 경향은 더욱 짙어졌다. 그 것은 과학기술이 평화시에는 자본주의 여러 나라의 치열한 수출경쟁에서 그 기 능을 다하였고, 전시에는 군사 동원체제로 재편성되면서, 음으로나 양으로 국가 목적 달성에 동원되는 경우가 많았기 때문이었다.

　19세기 말부터 20세기 초기에 걸쳐 과학기술 연구체제에 대한 과학자와 노 동자의 개혁운동에도 불구하고, 영국은 국가적인 과학기술 연구체제의 확립에 있어서 매우 뒤져 있었다. 그 이유를 한마디로 말하면, 식민지 무역으로 거대한 이윤을 흡수한 영국의 지배계층은, 과학기술의 발달을 그다지 중요한 문제로 생 각하지 않았고, 과학 기술 분야에서도 국가의 개입을 꺼림으로써 사실상 과학교 육과 연구에 있어서 국가적인 원조가 필요했던 시대에 오히려 역행하고 있었기 때문이다. 그 결과 영국은 당시 선진국 대열에 끼어 있었지만 과학기술의 연구체 제면에서는 후진국의 영역을 벗어나지 못했고, 언제나 프랑스나 독일의 뒤를 밟 는 데 급급하였다.

　당시 영국이 외국의 과학기술체제를 모방하고 추종했다는 사실은, 바로 영 국 스스로가 이 분야에서 자립이 불가능했기 때문이다. 그러나 제1차 세계대전 당시, 나치 독일이 과학기술의 신속한 동원과 과학기술이 앞선 근본원인이 과학 기술체제의 우수성에 있었다는 사실을 확인한 영국은, 비로소 과학기술에 대한 국가 통제의 필요성과 그 사회적 중요성을 인식하고, 과학기술의 체제화에 정부 가 앞장섰다.

　영국의 과학기술 행정기구 중 대표적인 것으로 과학기술연구청(DSIR)을 들 수 있다. 이 기관은 1916년에 추밀원 과학기술 연구위원회를 모체로 발족하였 다. 이 기관은 15개의 국립연구소를 산하에 두고서 산업계와 대학 등의 연구를 조정하는 최대 행정기관이었다. 그 기능은 1) 대학, 기술 전문학교, 기타 여러 기관의 연구를 조성하고, 2) 산업의 발전과 관련이 있는 발명과 연구를 위한 여 러 기관을 설립하고, 3) 과학 기술을 실용화하기 위한 연구를 조성하고, 4) 과학 기술의 대학원 교육을 장려하고 조성하는 일이다.

　1976년에 설립된 응용연구개발 자문위원회(ACARD)는 관계각료, 산업계의 대표, 과학자로 구성되어 있고 모든 응용개발의 진흥과 국제협력에 관하여 자문 하는 기관이다. 또 영국 연구개발공사(NRDC)는 대학이나 연구소 등에서 연구되고 있는 발명과 발견을 생산이나 생산과정의 기술에 접목하는 것을 목표로 하고 있는데, 그것들이 산업화에 적절하다고 판단될 경우에 융자제도에 따라 필요한 자금을 융자해 준다.

그러나 무엇보다도 영국에 있어서 과학연구의 주체는 연구회의(RC)이다. 이는 영국 연구시스템의 특징이기도 하다. 영국정부는 각 분야에 있어서 과학연구를 추진하고 대학졸업 후의 교육이나 대학과 기술학교의 연구의 수준을 유지하기 위해서 교육과학부(DES) 밑에 5개의 연구회의를 두고 있다(농업, 의학, 자연환경, 과학, 사회학 연구회의). 이 연구회의는 교육과학부에 소속되어 있지만 독립적인 성격이 강한 학술진흥기관이다. 각 연구회의가 배당받는 과학연구의 예산은 교육과학부로부터 지원받는 과학예산과 다른 행정기관으로부터 지원받는 위탁연구비가 있다.

대학에 대한 지원은 대학보조금협회(UGC)와 5개의 연구회의로부터 온다(2중 지원제도). 이것은 대학에 대한 영국 정부의 매우 특색 있는 제도로서, 전자는 대학의 연구시설에 대한 운영비를 교부하고, 후자는 연구자와 개인의 소규모 과제에 대해 보조금을 지급하고 있다. 특히 영국은 대학의 기초연구 분야에 대부분의 연구비를 할당하고 있으나 보조금 증가율이 너무 적기 때문에, 이와 같은 2중 지원제도는 별로 효과를 거두지 못하고 수정할 단계에 와 있다.

1951년에 과학공학연구회의(SERC)가 1951년에 설립되었다. 이 회의안에는 자연과학(수학, 물리, 화학 등), 공학(물질공학, 생물공학, 로보트공학 등), 천문우주, 핵물리학 등 네 분과가 있다. 이 기관은 연구비의 예산 분배, 대학원생에 대한 장학기금의 지급 외에 싱크로트론 방사시설, 천문대 등을 관리운영하고 또한 유럽 연구기관에 대한 지원도 한다.

한편 영국의 대표적인 연구소로서 더즈베리연구소가 1962년에 설립되었다. 주요 연구부문은 고에너지 물리, 싱크로트론 방사에 의한 물리 및 화학으로 30MeV 판 데 그라프 가속기를 갖추고 있다. 또 러더퍼드-애플톤 연구소가 1981년에 설립되었다. 이곳에서는 소립자물리, 플라스마물리, 계산기 시스템, 마이크로 일렉트로닉스, 로봇공학, 에너지공학 등을 연구하고 있는데, 영국에 있어서 소립자, 고에너지 물리학의 연구 추진 센터이다.

프랑스

프랑스의 과학기술체제에서 국가의 역할은 독일은 물론, 영국이나 미국에 비하여 매우 다르다. 이미 19세기에 나타났던 공과대학이나 고등사범학교에서 본 것처럼, 프랑스는 독일이나 영국의 모범이 되었다. 그러나 19세기 중엽부터 프랑스의 과학기술체제는 관료화되었고, 과학기술의 효용에 대해서도 무관심해졌다. 그러나 1차 세계대전을 통해서 프랑스 정부는 전쟁에서의 패배의 원인이, 프랑스의 과학기술체제의 빈곤성에 있다는 사실을 깊이 인식하게 되었다. 당시 육군 장관이었던 폴 팽루웨는 전쟁중인 1915년에 중앙정부의 한 기구로 발명국을 설치하여 응용과학 연구의 중심지로 만들었고 종전 후에 이 기구는 국립공업연구발명국으로 개편되어 국제경쟁을 위한 체제로 발돋움하였다. 그 결과 기술분야에서는 어느 정도 발전을 가져왔다.

프랑스의 연구소 중 가장 대표적인 것은 국립과학연구센터(CNRS)이다. 이 센터는 국가과학기금에 바탕을 두고 1939년에 설립된 프랑스의 인문, 자연과학 기초연구기관이다. 이 기관은 1974년 이전에는 교육부에, 1974년 이후에는 대학부에 소속되었다. 이 센터는 본부 및 138개의 부속연구소 외에 두 개의 독립된 연구소(국립천문학·지구물리학연구소, 국립핵물리·입자물리학연구소)를 두고 있다.

이 연구소의 특색은 전 영역에 걸쳐 기초과학의 연구를 촉진하고 지도, 조정하는 것이다. 또한 대학 등의 연구비 배분의 책임을 지고 있으며, 동시에 전반적인 과학의 상황에 대하여 끊임없이 분석하고 있다. 그리고 그 결과를 정부에 보고하는 것을 임무로 하고 있다. 이곳에는 1978년 현재 21,600명(연구자 7,900명, 기술자 및 관리자 13,700명)의 직원을 거느리고 있으며, 예산은 프랑스의 연구개발비 전액의 4분의 1에 해당한다. 이곳에서는 대학이 연구할 수 없는, 또는 다액의 자금을 필요로 하는 분야의 연구를 맡고 있다.

1958년에 프랑스 고등과학연구소(IHES)가 설립되었다. 중요한 연구 분야는 수학과 수리물리학이다. 이 기관은 유럽 여러 기업의 후원으로 설립되었는데, 1963년에 건물을 완성하고, 이 해부터 프랑스 정부의 후원을 받았다. 그리고 1971년부터는 유럽 여러 국가와 일본으로부터 기부금을 받고 있다. 또 사그레 원자핵연구센터(CENS)는 1949년에 설립되었다. 연구 분야는 원자로공학, 핵화학, 핵물리, 생물학, 방사능 측정, 전자공학 등이며, 2개의 고속 실험로, 6개의 입자가속기를 갖추고 있다. 또 라우에[175]-랑주반[176]연구소(ILL)는 기초 원자핵물리, 고체물리, 재료과학, 화학, 생물 등을 연구하고 있다.

프랑스의 연구체제는 미국, 영국, 서독에 비하여 중앙집권적이다. 이 기본적인 성격은 프랑스의 행정기구 및 사회구조에 따른 것으로, 과학자와 관료의 전통성이나 관습에 의해서 강화되었다. 하지만 실제로 중앙행정은 강제적이라기보다는 시사적인 것으로서 국가의 주된 연구개발기구는 실제로 각기 독립적으로 활동하고 있다. 그리고 파리로의 집중을 완화하기 위하여 지방분산화가 중요한 정책목표로 부상되어 있다. 또한 프랑스의 연구체제는 국가적 목표와 공식적으로

---

175) Max Theodor Felix Laue, 1879~1960
176) Paul Langevin, 1872~1946

밀접하게 결합된 것이 특징이다. 예전에는 국가적 위신을 선양하는 데 있었으나 요즈음은 경제 경쟁력의 강화에 그 목표를 두고 있다. 따라서 프랑스 연구시스템은 국가의 우선 과제와 밀접하게 결합되어 있으며, 프랑스 과학의 최대의 대변자는 정부의 직원이므로 정부와 학계 사이에 부분적인 마찰을 일으키고 있다. 결국 학계는 연구체제가 정치에 의해서 지배되고 있다.

독일

19세기 초기, 독일은 크고 작은 여러 봉건국가로 분할되어 있었다. 그러던 독일이 반세기가 지난 후 영국과 프랑스를 따라잡고, 과학기술 분야에서 선두자리를 차지하여 선진국가인 영국을 압도하였다. 여기에는 과학기술 교육기관의 확립과 그 밑에 흐르고 있던 학문의 자유와 독립적인 연구정신이 있었다. 독일은 가장 빨리 과학기술의 국가적 규모의 조직화에 첫발을 내디딘 나라였다. 더욱이 제1차 세계대전 동안 과학기술의 군사동원체제의 미비점을 절실히 느끼고, 전후 과학기술에 대한 국가의 적극적인 관심이 한층 깊어졌다.

1920년 독일은 독점자본의 위기를 구하기 위해 독일학술긴급회의를 설립하고 과학기술에 대한 통제를 한층 강화하였다. 1926년에는 군사물리과학 연구소를 설립하고, 전국 대학과 전문학교에서 비밀리에 연구하던 군사기술을 이곳을 중심으로 통합하였다. 더욱이 1933년 나치가 권력을 장악하자 히틀러는 군사물리과학연구소를 시찰하고, 국가기관을 통해서 각 대학의 연구를 적극 추진할 것을 명령하였다. 2년 후 나치가 베르사이유 조약을 파기하면서 이 연구소를 육군기술부로 정식 승격시켰다. 또한 나치정권은 1937년 국가의 모든 과학기술의 연구를 통제하고 이를 군사목적에 동원하기 위해서 국립연구지도자회의를 설치하였다. 이 기관에서는 대학연구실을 포함한 전국 1,500개의 연구기관을 그 밑에 두고 연구를 통제하였다. 나아가서 나치의 한 조직으로까지 확대되었다.

20세기 초기 독일 과학기술연구의 조직으로서 대표적인 것은 카이저 빌헬름 연구소(KWG)이다. 이 연구소는 물리학 및 전기화학연구소, 화학연구소, 석탄연구소, 인류학, 인류유전학 및 우생학연구소 등 자연과학 분과로 구성된 대종합연구소로서, 1911년 베를린대학 창립 100주년을 맞이하여 설립되었다. 이 연구소는 제2차 세계대전까지는 독일 공업의 활력의 원천이었다. 그러나 제2차 세계대전으로 독일은 과학기술체제에 큰 상처를 받았다. 나치정권은 스스로 많은 우수한 과학자를 국외로 추방하였고 과학기술자 중 전사자도 많았을 뿐 아니라 국토마저 양단되었다.

전후 서독의 독특한 연구체제의 하나는 막스 플랑크 협회(MPG)이다. 이 협회는 카이저 빌헬름 협회를 직접 계승한 것으로, 1948년 물리학자 막스 플랑크를 기념하기 위하여 재건되었다. 이 협회는 그 산하에 약 52개의 연구소와 10,000명의 직원(그중 4,000명은 외국인 과학자)을 거느리고 있다. 이 협회에서는 기초연구에 중점을 두면서 대학이나 교육기관에서 할 수 없는 영역이나 경제 영역, 그리고 대형설비를 요하는 연구영역을 담당하였다.

52개의 연구소는 독립적으로, 독일의 대학도시에 위치하고 있으며 로마에도 있다. 법적으로는 괴팅겐에 본부가 있는데, 실질적으로는 뮌헨이 중심지이다. 총재와 함께 학자, 전문가, 관리자 그리고 연방 대표로 구성되는 평의회의가 있다. 1911년 이후 독일의 노벨상 수상자(자연과학계)의 3분의 1이 KWG와 MPG에서 연구한 사람들이었다. 1964년부터는 인문, 사회과학 관계의 연구소를 산하에 둠으로써 명실상부한 학문진흥재단이 되었다. 이 협회는 연방과 주정부, 각종 재단으로부터 80% 이상의 보조금을 받고 있다. 이 협회의 부속연구소인 프리츠 하버 연구소의 연구 영역은 고체표면 및 전자현미경에 관한 연구이다.

독일 역시 미국이나 영국처럼 대학이 주로 기초연구를 맡고 있지만 응용연구에도 일부 참여하고 있다. 기초와 응용 연구에 참여하여 연구하고 있는 과학자는 약 78,000명이다. 기초연구와 응용연구를 실시하고 있는 대학 이외의 연구소는 46곳의 연방 및 주 합동연구소이다. 이들 연구소는 1400명의 과학기술자를 거느리고 있다.

또 1959년에 독일 전자싱크로트론연구소(DESY)가 설립되었다. 연구 분야는 소립자, 고에너지물리, 궤도방사광에 의한 생물학 등이다. 막스 플랑크 물리·천문물리학 연구소(MPI)는 1971년에 설립되었다. 소립자, 고에너지 물리, 천문물리, 우주과학 등을 연구하고 있다.

미국

정부의 종합과학 정책의 수립 국립과학아카데미(NAS, 1863년 남북전쟁 후에 과학기술에 관한 연구, 조사 등을 목적으로 설립)는 1863년에 설립되었다. 연구 영역으로는 수학, 천문, 물리, 화학, 지질, 지구물리, 생화학 외에 생물, 의학, 공학 부문 등 모두 23부문이다. 그 목적은 과학의 진흥을 통하여 사회에 공헌을 하기 위해서 설립되었다. 과학기술에 관한 정부의 자문에 응하여 독자적인 입장에서 조언을 하였다.

제1차 세계대전이 발발하자 미국 연방정부는 과학을 대대적으로 활용하기 시작하였다. 이로써 과학자는 법률가와 마찬가지로 행정부 내에서 필요한 존재로서 인정받게 되었고, 과학자의 수요가 증가함으로써 과학이 행정기구의 제도 안에 점차 뿌리를 내리게 되었다. 더욱이 전쟁 때문에 군사기술에 대한 과학의 응용 가능성이 크게 인식되었으므로 국립과학아카데미는 과학이 국가에 필요하다는 사실을 선언하였다. 윌슨 대통령은 1916년 국립연구회의를 국립과학아카데미의 일부로 구성하고, 정부내외에 있는 과학자들에게 임무를 할당하였다. 이 기구의 연구영역은 과학과 공학 전반에 걸쳐 있다.

그런데 평화시에 접어들면서, 연구 시설은 제1차 세계대전 전 이하의 수준으로 떨어졌으나, 대공황의 발발과 루스벨트 대통령의 취임으로 새롭게 활기를 띠기 시작하였다. 1933년에 설립된 대통령의 과학자문회의는 과학의 활용을 조사하도록 지시하고, 실직한 과학자들 문제를 분석하여 1937년 야심적인 연구과제를 수립하였다. 이 위원회가 연구작성한 「연구, 국가자원」(Research, National Resource)이라는 보고서는 2부로 되어 있는데, 정부뿐 아니라 산업이나 대학까지 세밀하게 과학연구의 현황을 조사하였다. 최초로 체계적인 과학기술정책을 내놓은 셈이다.

제2차 세계대전 당시 나치의 전격전은 과학과 새로운 기술, 특히 무기개량의 유효성을 입증하였으므로 미국 정부도 과학으로부터 전쟁에 대한 도움을 구하려 하였다. 따라서 1940년에 국방연구위원회가 구성되고, 무기 연구에 대한 원조와 장려가 추진되었다. 이 위원회는 군부가 제시한 문제를 연구할 뿐만 아니라, 자체적으로 선정한 연구 프로젝트를 연구하였다. 이어서 루스벨트 대통령은 1941년 과학연구개발국(OSRD)을 대통령령으로 구성하고 이를 행정부 산하에 두었다. 이 기구는 유망한 연구개발이라면 무엇이든 손을 댔고, 과학적 인재의 동원센터 역할도 하였다. 유명한 예는 원자탄 개발을 위한 맨해튼 계획을 성공리에 끝마친 사실이다.

전시 과학연구의 노력이 진행되면서 조직상 중대한 여러 문제가 생겼다. 과학이 행정부를 통하여 중앙 행정부에 이례적으로 접근함으로써 과학자가 대규모 과학개발에 참여하는 새로운 시대로 접어들었다. 또한 시민도 전시중에 수행된 과학적 진보에 놀랄 정도로 충격을 받아 시민의 과학에 대한 관심도 절정에 달하였다.

한편 과학연구개발국 초대국장인 부시는 과학자가 생각하고 있는 내용을 담은 보고서 「과학, 끝없는 프런티어」(Science, the Endless Frontier)를 대통령에게 전달하였다. 이 보고서에서 부시는 "기초과학은 자본이다"라는 인식하에서 기초연구를 촉진하기 위한 국가기관의 창설을 권고하였다. 또 2년 후 스틸먼을 의장으로 하는 대통령 과학연구심의회의 보고서 「과학과 공공정책」(Science and Public Policy)이 제출되었다. 여기에서도 기초과학 연구의 중요성이 강조되었다. 이 스틸먼 보고 가운데서 과학기술 정책상 주목할 만한 것은 정부의 종합과학 정책의 수립, 정부의 여러 과학적 활동 사이의 조정기능이었다.

이들 원서를 기초로 1950년 드디어 국립과학재단(NSF)이 탄생하였다. 연구영역은 수학, 물리계 과학, 화학, 천문, 기상, 지학, 해양과학, 생화학, 행동과학,

사회과학, 공학, 이공학 교육 등이고, 과학 진흥을 목적으로 설립된 행정기관이다. 이곳에서는 대학이나 연구소 등에 대한 정부예산의 지원 및 국제 협력이나 이공학 교육의 진흥을 주요기능으로 하고 있다.

스푸트니크 충격   1957년 10월 4일에 소련이 쏘아올린 인류 최초의 인공위성 스푸트니크의 출현은, 미국을 위시해서 서방측 여러 나라의 과학 정책에 커다란 영향을 미쳤다. 특히 과학기술의 우위를 믿고 있었던 미국 국민에게 더욱 충격과 실망을 안겨 주었다. 흔히 말하는 "스푸트니크 충격"이다. 이것은 인공위성을 쏘아올리는 데 소련 미사일의 우위성이 나타난 것으로, 미국 국민이 미사일 격차를 인식했던 것이다. 또 과학기술 면에서 세계를 리드하고 있던 미국의 위상이 흔들리고 있다는 사실도 드러난 것이다. 여기서 미국의 위신을 회복하기 위해 과학기술진흥에 최대의 노력이 경주되었다.

같은 해 11월에 아이젠하워 대통령은 대통령 직속으로 과학기술 특별보좌관을 임명하고, 동시에 1951년에 설치된 과학자문위원회(PSAC)를 대통령 직속의 대통령 과학자문위원회로 격상시켰다. 특별보좌관은 과학에 대한 모든 정책에 관하여 대통령의 개인적인 자문의 역할을 하였다. 그리고 다음해에는 과학기술 특별 보좌관으로 구성된 연방과학기술회의가 설립되어 기업체, 행정부, 대학 사이의 의견을 조정하고, 중요한 문제를 토의하는 장으로 활용되었다. 1958년 우주개발의 주된 책임을 한 개의 기관으로 통괄하자는 의견이 나왔으나 그것을 민간기관으로 할 것인지, 아니면 군부에 소속시킬 것인가에 대해서 결정하지 못하다가 오랜 진통을 거쳐 1958년 NASA가 탄생되었다.

NASA는 7개의 연구센터가 있다. 인류 최초의 월면 착륙과 보행을 시행하였고, 파이어니어와 보이저 등 행성탐색기를 보내며, 우주 왕복선을 쏘아올렸다. 특히 스푸트니크 충격으로 땅에 떨어졌던 미국의 국가적 위신을 회복시키기 위해서, 케네디 대통령이 "1960년대가 끝나기 전에 인간을 달 위에 착륙시키고 무사히 귀환시킨다"고 선언함으로써, 1962년부터 아폴로 계획이 시작되었다. 연인원 30만 명의 기술자와 200억 달러 이상의 거액을 투자하여 전개한 아폴로 계획은 1968년 아폴로 11호가 달에 무사히 착륙함으로써 일단락되었다. 이에 대한 미국 국민의 감정은 마치 축제 뒤의 허전함과 같았다. 이른바 과학기술에 대한 "문제 제기의 시대"(age of questioning)가 시작되었다.

문제제기의 시대   1972년 닉슨 대통령은 과학기술에 관한 특별 메시지를 의회에 보냈다. 그는 이 메시지 중에서 "새로운 목적의식"(new sense of purpose)과 "새로운 연대의식"(new sense of partnership)을 강조하였다. 새로운 목적의식이란 국제무역의 경쟁에 견디고, 건전한 국내경제와 해외의 주도적 경제력을 확보하며 에너지 부족, 공해 등 생활능력을 확대하는 일이었다. 또 새로운 연대의식이란 모든 진흥을 연방 과학기술의 연구를 통해 추진하려 한 것이다.

한편 1966년 기술평가법안이 의회에 제출되어 몇 차례의 수정을 거쳐서 드디어 1972년에 성안되었다. 이것 역시 기술의 사회 전반에 대한 충격을 사전에 평가하려는 데 그 목적이 있었다. 이에 따라서 의회의 하부 기구로서 기술평가국 (OTA)을 설치했는데, 기술평가국은 기술적용에서 생기는 이익과 손해의 영향을 조기에 지적하고, 기술이 미치는 영향에 관한 공정한 정보를 의회에 제공하는 데 그 목적이 있었다.

1981년에 탄생된 레이건 행정부는 '작은 정부'와 민간의 활력의 회복을 주축으로 하는 정책을 세웠다. 그 주요내용은 정부의 역할을 최소한 줄여, 민간 주도형으로 전환하고, 정부는 기초연구와 군사연구에 깊이 관여하여 대형 프로젝트를 수정하는 것으로 되어 있다.

미국의 연구소들　　미국의 대표적인 과학연구조직인 프린스턴 고급연구소는 1930년대에 나치 정권에 의해서 추방되어 미국으로 건너간 많은 독일 과학자들을 수용하였다. 아인슈타인을 위시하여 많은 과학자가 프린스턴 고급연구소에 영입되었다. 그 때문에 생각지도 않게 이 연구소는 "국제적"인 연구소가 되었다. 1930년대 독일이 가지고 있었던 세계적인 수학연구의 지도적 지위는 미국 특히 프린스턴 고급연구소로 옮겨졌다. 이 연구소는 1933년 독지가의 노력으로 개설되었다. 이는 대학원 이상 정도의 대학이다. 고정연구원 이외에 국내 및 국외에서 1~2년 동안 소속되어 연구하는 임시연구원이 있다. 1940~50년 이 연구소의 기구는 수학부와 역사학부으로 구성되었다.

또 아르곤 국립연구소는 1946년에 설립되어 물리, 화학, 생물의학, 환경과학을 연구 영역으로 삼고 있다. 원자로의 개발 이외에도 고에너지 물리학을 위시해서 에너지에 관련된 문제 등 광범위한 기초 및 응용 연구를 추진하고 있다. 또 페르미 국립 가속기연구소는 1968년에 설립되었다. 연구 영역으로는 소립자, 고에너지 물리학으로 미국 최대의 고에너지 실험시설의 하나이다. 또 50개 대학이 가맹한 연구연합이 운영하는 브루크헤븐 국립연구소는 1946년에 설립되어 에너지, 입자가속기, 물리, 화학, 생물, 의학, 응용과학, 수학, 환경 등을 연구하였다. 이는 미국 원자력위원회(AEC)와 함께 설치되었으나 1979년 이후에 미국 에너지국의 산하로 들어가서 에너지 전반을 연구대상으로 하고 있다.

국립표준국은 1901년 국회조령에 의해서 워싱턴에 창립되었다. 그것은 국립 물리학 연구소의 기능을 하며, 물리학·화학의 이론 및 실제에 걸친 넓은 분야에 있어서 측정 및 연구를 한다. 표준원기의 보존, 표준기와 표준원기의 비교, 기준적 측정기의 시험, 표준화에 관련하는 여러 문제의 해결, 물리적 상수의 결정 등이 임무이다.

미국 연구소는 성격상 크게 세 종류로 나눌 수 있다. 1) 대재단의 단독 출자로 대조직의 연구소를 건설하고, 출자자가 거기로부터 직접적인 이익을 바라지 않는 것으로 카네기와 록펠러 재단 등이 세운 연구소이다. 2) 대회사가 자기 회사의 직접적인 기술적 개선을 위하여 경영하는 것으로 G.E.연구소 등이다. 3) 연구소가 회사의 설립과 경영에 부속되었다기보다도 오히려 회사의 일부를 구성하는 것으로 뒤퐁연구소가 대표적이다.

구 소련

사회주의 혁명   1917년 10월의 볼셰비키 혁명 후, 신소비에트 체제의 수립과 함께 과학의 역할과 과학자의 사회적 지위 문제가 논쟁의 대상이 되었다. 혁명 전 러시아 과학계는 대부분 국가조직의 테두리 안에서 엘리트층으로 구성되어 있었다. 자연과학, 공학, 종합대학, 연구소, 위원회 등 모든 종류의 연구단체는 국가의 지원을 받았으며 최고의 특권적 지위를 누리면서, 러시아제국 과학아카데미를 정점으로 하는 피라미드를 형성하고 있었다. 이 피라미드 안에서 과학연구소 연구원, 대학교수, 석사 정도의 학위를 가진 과학자는 모두 사회구조 내에서 매우 높은 지위를 차지하고 있었다. 혁명 전 러시아 과학자들 대부분은 당시의 전제 군주제에 강력하게 반대하고 있었지만, 혁명적 사회주의 정당에 소속되어 그 목적에 동조하는 사람은 매우 드물었다.

임시정부는 단기간의 조치였지만 과학계를 지원하고 강화하는 태도를 취하였다. 몇몇의 연구기관이 신설되었는데 그 대부분은, 러시아 광물자원의 연구와 군사과학, 그리고 기술의 발전을 목적으로 한 것들이었다. 신정부와 볼셰비키당 지도부는 "부르주아" 과학자와 전문가들에게 의혹의 눈을 돌려 적의를 지녔고, 지식인 과학자의 대다수인 엘리트를 환영하지 않았다. 따라서 신정부가 경제와 정치상의 재편성 계획을 시작하자, 특권적인 엘리트 과학자와 충돌을 피할 수가 없게 되었다. 더욱이 전면적인 내전과 함께 과학계는 심각하게 분열하였고, 학계 원로들의 대부분이 반볼셰비키 세력을 지지하였으며, 교수들이나 아카데미 회원들도 거의가 소비에트 권력에 저항하였다.

레닌의 과학정책   이처럼 장기적인 내전과 과학자의 해외이주로 생긴 두뇌유출의 위기는 현실로 나타났다. 그러므로 군사·과학 전문가에 대한 방침이 1919년 초기, 특히 제8차 볼셰비키당 대회를 계기로 급부상하였다. 레닌은 기술자와 과학자들에 대하여 이념적 문제를 다루지 않도록 권고하는 방안을 내놓았고, 이를 당의 공식 방침으로 수립하는 한편 부르주아 과학자, 기술자, 지식인을 대신하는 새로운 "혁명세대"의 과학자, 기술전문가의 교육과 양성을 계획하였다.

혁명 후 소비에트 정권은 기존 및 신설의 교육 및 과학시설에 고용된 전문가에게 식량의 특별배급과 재정적 원조를 하였다. 이것은 전문가들의 출국을 포기시키는 효과가 있었을 뿐 아니라, 그들이 안심하고 생활하면서 근무에 충실하도록 하기 위하여 소비에트 정권이 불가피하게 취한 커다란 양보였다. 그 까닭은 새로운 정권이 과학기술이야말로 전후의 재건과 전환의 요인이라고 생각했기 때문이었다. 따라서 신정권과 협력의 길을 택한 과학자들의 환경은 매우 호전되었다. 빈곤한 국가의 재정력을 생각해 볼 때 과학자들은 막대한 지원을 받았다.

1922~28년까지의 과학, 기술 발전의 속도를 혁명 이전의 같은 기간의 속도와 비교할 경우, 연구와 교육은 놀랄 만한 속도로 발전하였다. 역사가 중에는 이 기간을 "과학문화 혁명시대"라 부르는 사람도 있다. 1920년 이후, 과학아카데미는 처음으로 모든 연구센터가 외국의 여러 연구센터와 직접 관계를 맺도록 조치를 취하였다. 국제협력은 처음부터 신중하게 다루어졌다. 1920~28년 사이에는 이전처럼 외국여행시에 두터운 정치적 방해를 받지 않게 되었다.

정부차원에서 당시 과학은 과학국의 지휘하에 있었다. 과학국은 과학자의 외국여행이나 국제교류에 대해서 책임을 지고 있었다. 1924년에는 전 소비에트 대외문화연락협회(VOKS)가 설립되고 외국학자의 초빙을 담당하였다. 전 소비에트 국민경제회의는 과학기술부(NTO)를 설립하여 최신의 과학기술설비와 기술서적의 수입을 맡았다. 과학기술부는 베를린에 외국과학기술부(BINT)로 알려진 상설사무소를 설립하고 레닌이 수시로 직접 지령을 내렸다. 이 사무소를 통해서 도서관과 연구소는 80종류의 외국과학잡지나 최신의 과학장비를 수입하였다. 소련과학의 생산성의 향상은 과학잡지, 신문, 과학서의 급증에서 잘 나타났다.

스탈린과 과학자의 숙청   1928년 3월 "탄광사건"에 관한 자료가 발표되자 50명 이상의 전문가가 체포되고, 재판을 거쳐 10명에 총살형, 나머지 사람에게 갖가지 형기의 징역형이 선고되었다. 이 재판은 부르주아 과학자와 기술자에 대한 경계 강화운동으로서 과학과 기술의 모든 분야에서, 공산당 전문가의 수를 증가시키기 위한 새로운 조치의 구실로 이용되었다. 조직적인 탄압은 기술분야와 모든 아카데미, 그리고 학계로 급속하게 퍼져 나갔다. 1929년 여름 과학아카데미는 이미 숙청의 주요 목표 중의 하나가 되었다. 레닌그라드 당위원회는 과학아카데미를 소비에트 권력에 대한 반혁명활동의 근거지로 단정하였다.

1936년 숙청이 재개되어 1937~38년 사이에 정점을 이루었다. 이 숙청은 세계 역사나 러시아 역사상 유례가 없던 것으로, 수백만 명이 투옥되고 50만 명 이상이 처형되었다. 체포된 과학자나 기술전문가는 수천 명에 이르렀다. 그 까닭은 한번의 체포는 연쇄반응을 일으켰기 때문이었다. 어느 학과의 지도자나 설계국의 책임자의 체포는 때로는 전국적인 체포로 연결되었다. 이처럼 스탈린의 대숙청 작업이 진행된 1941년 6월 당시, 소련은 수적으로 전차와 항공기에서 우위를 자랑하고 있었지만 1941년의 독일 기술 수준에 미치지 못하고 있었다. 이에 비하여 독일군 무기는 질적으로 우세하였다. 그러나 2년 사이에 상황은 크게 달라졌다. 1943~44년까지 소련의 군사기술은 새로운 힘을 얻었는데 이러한 사태의 진전은 소련의 특유한 상황이었다.

한편 소련은 동맹국인 영국과 미국의 기술, 군사 원조와 수용소 내의 소련 기술 전문가들의 지식과 경험을 최대한 활용하였다. 특히 앞에서 본 것처럼, 외국인 초빙 과학기술자를 특별수용소 내의 연구소에서 연구하도록 하였다. 수용소 내의 설계국과 기술국, 연구소, 과학시설은 전쟁 직전에 생겼다. 수용소내 연구센터의 규칙은 매우 특이하였다. 죄수인 주임기사는 죄수 아닌 전문가를 포함한 커다란 팀을 지휘하였다. 오랜 작업일이 지나면 연구원은 자유스럽게 가족이 기다리는 집으로 돌아가지만, 주임기사들은 감방으로 되돌아갔다. 전시 중 많은 죄수들이 프로젝트가 성공할 경우, 석방될 것이라는 약속을 믿고 그 일에 필사적으로 매달렸다. 그러나 규칙을 위반하거나 계획에 차질이 생길 경우, 특권적인 수용소에서 보통 수용소로, 때로는 교정노동수용소로 되돌아가기도 했다. 일부 죄수는 극심한 노동과 영양부족으로 굶어죽기 직전에 구출되었다. 대륙간 미사일, 세계 최초의 인공위성 스푸트니크 설계자로 알려진 유명한 코로리요프는 무서운 북극의 수용소에서 구출되었다. 그는 광산에서 일을 하고 있었다.

이 수용소의 내부 연구망은 매우 효율적임이 증명되었다. 1943년 이후에 소련군이 실전에 이용한 군사용 설계(신형 전차 T시리즈, 신형 비행기, 신형 대포, 신형 기관차 등)가 수용소 내의 과학자들의 손으로 개발되었다. 코로리요프를 포함한 일부는 전후 연구성과의 대가로 석방되었다. 한편 전후에는 독일, 헝가리, 루마니아의 과학자들을 연행하여 수용소 내의 연구센터에서 근무하도록 하였다.

소련 과학아카데미는 1934년 레닌그라드에서 모스크바로 옮겨 정부에 소속되었다. 당시 가장 중요했던 과학집단인 과학아카데미의 정치성을 강화하기 위해서, 1936년 2월 7일, 과학아카데미와 모스크바 공산주의 아카데미를 합병하는 결정이 당 중앙위원회와 정부에 의해서 이루어졌다. 현재까지도 경제, 역사, 철학, 법과 국가, 세계정책연구소 등이 과학아카데미에 편입되어 있다.

레닌의 가설의 빗나감   전쟁 후반에 이르러 독일군에 대한 소련군의 우위가 분명해졌다. 그러나 군사장비 면에서 미국의 기술에 비하면 소련은 역시 뒤떨어진다는 사실도 밝혀졌다. 특히 세계 최초의 원자폭탄의 개발은 미국의 군사기술상의 우위를 잘 증명해 주었다. 이것이 스탈린을 당황케 하였다. 그 까닭은 원래 공산주의 이데올로기의 주요 원칙의 하나는, 자본주의의 과학기술은 발전이 정지할 것이라는 레닌의 가설을 믿고 있었기 때문이었다. 그러나 그 가설은 빗나갔다. 사회주의만이 과학기술의 모든 잠재능력을 개발할 수 있다는 생각은 미국의 원자폭탄 개발이라는 현실 때문에 붕괴되었다.

이런 상황에서 스탈린은 미소간의 과학기술의 격차를 인식하고, 1945년에 유명한 강령을 발표했다. "만일 우리 당이 국가의 과학자들을 후원한다면, 과학자들은 외국의 과학적 성과를 뒤따르고 추월할 수 있다." 이 강령은 실천에 옮겨졌다. 우선 소련 당국은 1946년부터 국가 정책으로 군사과학과 기술의 거의 전 분야에 우선권을 부여하였다. 그리고 과학아카데미는 새로운 권한을 획득함으로써 연구소의 수가 세 배까지 늘어났다. 또 식료품이나 소비물자가 배급제였던 당시에 과학자들은 매우 특권적인 그룹의 일원이 되었다.

이처럼 과학이 누리는 특권적 지위와 다른 계층에 비해 과학자들의 높은 생활수준은 혜택을 받지 못하는 젊은 사람들에 의해서 과학에 매력을 느끼게 하는 결과를 가져왔다. 과학계의 지도자가 지닌 특권을 손에 넣기 위해서 야심적인 과학자들은 당시까지 알려지지 않았던 새로운 이론을 적극 개발하였다. 이러한 정책 덕분에 1949년 9월 소련이 원폭 실험에서 성공하는 결과를 가져왔다. 계속해서 1953년 8월 미국과 다른 방법으로 수폭 실험에 성공하였다. 또한 소규모 원자로에 의한 세계 최초의 원자력 발전소가 1952년에 건설되면서 1954년에 전력 생산을 개시하였다.

흐루시초프의 개혁　흐루시초프 시대에 일어났던 중대한 변화는 스탈린의 숙청에 대한 대담한 비판이 표면화되고, 정치적 탄압으로 희생되었던 수백만의 명예가 회복된 점이다. 1930년대 전후에 체포된 수천 명의 과학자들이 수용소 군도에서 풀려나왔다. 일부 과학자는 병들었지만 대다수는 건강했고, 특히 자신의 연구를 계속하려는 정신을 지니고 있었다. 그러나 기술적으로 혹은 군사적으로 이용가치가 없는 분야에 속한 많은 사람들은 5년에서 20년에 걸쳐 교정수용소에서 중노동에 시달렸으므로, 석방된 후 과학계에 신선한 바람을 불어넣지 못하였다. 하지만 그들의 일부는 명예를 회복하고, 중요한 연구를 하였다.

흐루시초프의 과학정책은 미국, 서유럽 여러 나라의 근대적인 공업과 농업을 도입하고, 이를 모방하여 과학과 기술을 창조적으로 발전시키는 것이었다. 따라서 기술담당관, 농업담당관의 자리가 외국의 소련대사관에 마련되었고, 소련의 과학대표단은 공업과 과학의 특정부문을 연구하기 위해서 외국여행을 시작하였다. 소련과학자가 국제회의에 참가한 것은 제한적이나마 일부 가능하였고, 외국 과학문헌의 대부분이 자유롭게 이용되었다.

과학기술 부문에서 흐루시초프의 새로운 정책 중 중요하면서도 최초로 실현된 한 가지 예는, 1955년 제네바에서 개최된 유엔 주최의 제1회 원자력 평화이용에 대한 국제회의에 대규모의 대표단을 파견한 일이었다. 놀랍게도 많은 연구의 기밀을 공개하여 소련 원자력의 참된 모습을 보여주도록 흐루시초프는 승인하였다. 기밀의 강박관념에 사로잡혔던 스탈린 시대에는 상상조차 할 수 없던 발전이었다.

흐루시초프는 포괄적인 과학정보 시스템을 창설하였다. 과학아카데미의 특별과학정보연구소는 전 소련 과학기술정보 연구소로 바뀌었다. 이 연구소는 세계의 과학기술잡지의 초록을 출판하고, 특히 중요하다고 인정한 긴급한 정보를 번역하였다. 그리고 과학자들의 요구에 따라서 내외잡지의 복사판을 제공할 수 있도록 기술적인 설비도 갖추었다.

흐루시초프의 또 하나의 주요한 과학개혁은 비중앙집권화 계획이다. 미국, 영국, 프랑스 등을 방문했던 흐루시초프는 대공업도시 근교에 있는 소규모 연구센터에서 깊은 인상을 받았다. 그리고 연구자들이 한적하고 매력적인 장소로 이주할 경우 순수과학이 한층 발전할 것이라 판단하였다. 모스크바, 기타 대도시의 연구소 집중은 스탈린 시대에 매우 높은 수준에 달하였다. 생물학 분야에서는 70~80% 이상의 중요한 연구가 모스크바에서 이루어졌고, 전 과학 분야의 90%의 연구잡지가 모스크바에서 출판되었다.

과학자들의 반발   흐루시초프와 과학계의 분쟁은 1964년 그가 실각하는 하나의 원인이 되었다. 흐루시초프는 영향력이 있는 두 분야의 과학자 그룹과 대립하였다. 이 두 그룹은 원자물리학자들과 우주 로켓 기술자들로서 최고 엘리트였다. 그들은 흐루시초프 이상으로 국가를 위해서는 꼭 있어야 할 중요한 존재였다. 1961년 흐루시초프는 정치적 이유에서 100메가톤급 원폭 두 개의 실험을 대기권에서 실시한다고 발표했다. 이에 대해서 원자물리학자들이 강하게 반발하였다. 물리학자들은 이제 단순히 순종하는 전문가의 그룹이 아니었다. 정부의 정책에 대한 물리학자들의 강력한 반대의견은 지상의 핵폭발 전면 금지협상의 성립에 크게 공헌하였다. 그러나 1958년 11월, 흐루시초프가 지상과 대기권에서 실험을 재개함으로써 원자물리학의 엘리트들을 크게 실망시켰다. 소련의 수폭개발자인 사하로프는 앞장 서서 새로운 실험계획에 강한 반대의 뜻을 표명하였다.

또, 과학의 정치적 이용에 대한 사하로프의 저항은 1960년대 후 우주분야에서도 나타났다. 이 분야는 군사 로켓 기술과 밀접한 관계가 있으면서 또한 정치적 위신과 관련되어 있다. 흐루시초프는 분명히 한계를 넘어서 과학을 과잉 사용하였다. 한편 소련에서 국가정책에 반대하는 경우 과학자들은 혹독하게 탄압받았다. 1966~67년 사이, 엘리트 과학자가 정부에 반대하는 정치적 견해를 발표하고 확고한 정치적 행동을 하기 시작한 것은 소련 정부나 지도자에 있어서 청천벽력과 같았다. 이로써 소련 국내의 반체제파에 대한 적극적인 대책을 강구하려는 결정이 내려졌고, 과학연구는 큰 피해를 받았다. 소련 과학에 있어서 탄압의 대가는 측정할 수 없을 만큼 컸다. 1968~69년에는 많은 상급연구원이 해고 당했고, 반체제 인사들은 학원도시로 옮겨졌다. 사하로프는 그 대표적인 과학자 이다.

긴장완화와 협업노선 소련의 역사 속에서 정치 노선의 변경은 당대회와 관련되어 일어나는 일이 많았다. 1971년 24차 당대회는 국제정치에 있어서 긴장 완화를 확립했고, 보다 급격한 노선 전환을 결정하였다. 이 새로운 데탕트 정책 은 과학의 지위와 과학자에게 심각한 영향을 미쳤다. 1971년에는 과학기술에 있 어서 모방노선이 협업노선으로 바뀌었다. 이것은 과학에 있어서 극적인 전환을 의미한다. 그러나 새로운 노선은 우연한 소산이 아니었다. 1965~71년 사이의 여러 사건으로 소련이 서방측과의 전면적인 과학기술 경쟁에서 패배했다는 명백 한 사실에 의해서 준비된 것이다. 미국의 달 탐험의 성공은 그 좋은 예이다. 달 위를 걷는 미국 우주비행사와 그들이 무사히 지구에 귀환한 모습을 텔레비전으 로 중계한 것은 소련의 과학정책에 지대한 영향을 주었다.

흐루시초프의 해임을 결정한 1964년 10월 12일에서 13일에 걸쳐 열린 당중 앙위원회 총회에서는 과학 및 과학자에 대한 흐루시초프의 과오를 비판하였다. 당과 정부의 지도부는 과학을 중요한 문제로 생각하지 않은 데다가, 대약진을 하 기 위해서 서구의 기술을 신속하게 모방해야 한다는 흐루시초프의 생각은 많은 착오를 드러냈기 때문이었다.

그러나 과학기술연구의 세계적인 조류는 소련의 과학계에 계속 영향을 미치 고 있다. 중공의 경제정책의 급변화와 함께 선진 서방국가의 과학기술의 과감한 도입, 그리고 문호개방으로 소련의 과학기술정책에 많은 수정이 가해졌다. 군사 우위의 과학연구를 강조하는 불균형한 기초과학의 연구, 경제와 관련된 기술개 발의 후진성, 이데올로기를 배경으로 한 과학의 이념 투쟁은 소련 과학의 약점으 로 드러났다. 핵무기 경쟁에서 미국을 능가하고 있지만 우주무기의 분야에서 열 세를 보이고 있으며, 더욱이 반체제 과학자의 출현은 과학정책의 수정을 더욱 불 가피하게 만들었다.

아카뎀고로도크와 극동과학센터 소련의 시베리아 극동에 대한 개발 열의 는 대단하다. 그 투자도 분명히 증가하고 있다. 예를 들면, 노보시비리스크시의 교외에 설치한 과학아카데미 시베리아 지부(아카뎀고도로크)는, 현재 연구소 50 개, 과학자 2만 명(소련 전체는 93만 명)을 총괄하는 과학센터로 성장하고 있 다. 그리고 핵물리학, 사이버네틱스, 사회학 등의 새로운 메카가 된 것 이외에 시베리아 개발에 직접 관계가 있는 공업이나 농업에도 크게 공헌하고 있다. 또한 모스크바로부터 멀리 떨어져 있기 때문에 당의 통제가 느슨해서, 자유주의 과학 자의 새로운 거점으로 부상하였다.

　　이어서 1970년 10월 블라디보스토크에 과학아카데미 간부회의에 직속하고, 극동의 전 연구기관을 지도하는 극동과학센터가 발족하였다. 그 책임자는 유명한 소련의 물리학자 카피차[177]로, 남극탐험에서 발휘한 지도력을 높이 샀기 때문이다. 이와 동시에 이전의 시베리아 지부 개발의 경우와 마찬가지로 이 센터는 아카데미회원 4명, 동료대원 14명의 정원이 할당되어 있다. 이것은 시베리아보다도 중앙으로부터 떨어진 극동에 우수한 과학자를 정착시키기 위함이었다.

　　이 센터의 중심은 현존하는 9개의 연구소(생물학 관계 4, 지구물리학 및 지질학 관계 5)로서 거기서 활동하는 연구자는 4000명이다. 특히 지리학, 경제학, 오토메이션, 역사, 고고학, 민족학, 해양학 등의 연구소가 신설되고 연구자의 수도 5년 사이에 두 배로 증가시킬 계획이었다. 이 과학센터가 총괄하는 극동은 하바로스크, 연해의 두 지방과 아므르, 마가단, 캄차카, 사할린의 각 주로서 1) 자연과학과 사회과학의 기초연구의 발전, 2) 극동의 개발에 직접 관계하는 문제의 연구, 3) 젊은 과학자의 양성, 4) 다른 관청에 속하는 연구기관과의 연구활동의 조정이 그 주요임무이다.

　　극동과학센터 설립의 최대 목표가 대륙붕 자원의 개발에 있는 것은 분명하다. 소련은 이미 대륙붕 자원의 점유를 선언하였다. 이것은 주변 국가에 앞서 기득권을 획득해 놓자는 속셈이다. 예를 들면, 최근의 조사에 의하면 사할린 곳의 대륙붕에 석유광상이 존재한다는 것은 거의 확실시되어 있다. 그 외에 금, 주석, 텅스텐의 개발도 유망시되고 있다. 또 대륙붕에 해저목장, 해저농장을 건설하는 것도 극동센터의 중요한 과제이다. 이미 사할린 곳에서는 해저농장의 실험이 실시되었다.

　　그 때문에 우수한 설비를 갖춘 태평양 해양학연구소가 설립될 예정으로, 이것이 완성되면 소련은 블라디보스토크에 있는 태평양 어업 해양학연구소와 함께 두 개의 해양학 연구센터를 극동에 두는 셈이다. 신설된 연구소를 위해서 이미 3척의 해양관측선이 발주되어, 그중 1000톤과 2000톤급의 두 척은 사할린, 캄차카 전용선이 되고, 또 다른 한 척은 특히 대형이 될 예정이다. 동시에 동해와 오츠크해 연안에는 다수의 관측망이 신설되었다. 특히 블라디보스토크와 하바로스크(신설)의 지질학연구소가 환태평양 광상대에 속하는 극동의 지하자원의 탐사 외에, 대륙으로부터 해양으로 이행대가 있는 극동수역의 해저지질의 연구도 맞물려 있다.

　　이밖에도 구 소련을 대표하는 연구기관으로 란다우 이론물리학연구소는 1965년에 설립되었다. 주요 연구영역은 고체물리학, 소립자물리, 저온물리, 플라스마물리, 레이저물리 등으로, 란다우 학과의 거점으로서 과학아카데미 소속이

---

177) Peter Leonidovich Kapitza, 1894～

다. 또 고에너지물리학연구소가 1963년에 설립되었고, 레베데프물리학연구소는 1934년에 설립되었다. 연구 영역은 고에너지물리, 핵물리, 우주선, 전파천문학, 플라스마물리, 고체물리, 전자공학 등 물리 전반에 걸쳐 있으며 모두 과학아카데미에 소속되어 있다.

최근 러시아 과학계의 재편성

1991년 8월19일부터 21일에 걸쳐서 페레스트로이카 이전의 질서와 공산주의 독재를 부활시키려는 쿠데타가 일어났다. 민주주의 세력은 단호히 이에 반격을 가하여 쿠데타는 실패로 끝났다. 70년 이상 걸쳐서 존재한 전체주의 체제는 붕괴하였다. 이로써 1991년 12월 말 소련연방은 소멸하고, 러시아(러시아 연방 포함)을 포함한 15개의 독립국가가 형성되면서 고르바초프는 물러났다.

기초과학재단 러시아를 뒤덮고 있는 심각한 경제상황하에서, 소비에트 시대처럼 정부는 과학연구에 풍부하게 자금을 제공할 수 없다. 따라서 정부는 기초연구를 심사하여 선택된 연구 프로젝트에 한정된 연구비를 내놓을 수밖에 없다. 이 때문에 1992년 말 러시아 기초과학재단(RFFR)이 설립되고, 최초의 심사가 있었다. 이 재단의 연구조성금은 소수의 연구자 그룹(10명 이하)이나 또는 개개의 과학자로부터 제출된 독창적인 연구 프로젝트에 우선적으로 할당하고 있다. 소비에트 시대에는 큰 연구소의 소장들에 의해서 연구비의 배분이 결정되었다. 그러나 이 재단의 이러한 방식은 러시아에서 전례가 없는 새로운 방법이다. 지금은 과학자들 누구나 이 재단에 대해서 연구조성금을 신청할 수 있으며, 그것이 수용될지 어떨지는 재단의 전문위원의 협의로 결정된다.

독창적인 연구 프로젝트의 심사와는 별도로, 이 재단은 다음과 같은 4개의 테마에 관해서 매년 심사를 하고 조성금을 부여한다. 1) 소수의 연구자 그룹(10명 이하) 혹은 개개의 과학자의 연구성과의 출판, 2) 정부시스템 및 데이터베이스의 신설, 3) 기술적 연구 기반의 정비, 4) 러시아 국내 및 해외에서의 학술적 행사(회의 등)의 조직 혹은 행사에 대한 참가 등이다. 그러나 이 재단이 운용하고 있는 자금은 매우 어려운 상황이다. 그러나 경제 상황이 개선되면 러시아 기초과학의 발전에 있어서 이 재단은 중요한 역할을 할 것이다.

학술서의 출판 이 재단의 출판 조성금으로 과학자의 연구성과를 출판하는 것은 매우 어렵다. 소련 시대에는 과학아카데미의 각 연구소의 저작은 아카데미 소속의 과학출판소에서 대부분 자동적으로 출판되었다. 출판이 대체적으로 늦어졌지만, 최종적으로 책이 출판되었다. 페레스트로이카 시대가 되자 과학출판소는 경제적으로 독립하고, 출판비의 지불을 연구소에 요구하였다. 그러나 연구소에서는 그러한 자금이 없는 것이 보통이었다. 그 결과 발행부수가 적은 책이나 제작에 손이 많이 가는 책의 출판은 격감하였다.

많은 학자는 원고가 완성되더라도 출판을 단념하거나, 아니면 자비로 출판하거나(이런 경우는 거의 없다), 그렇지 않으면 출판을 원조할 사람을 찾아야 했다. 이런 경우 대개는 개인 경영의 작은 출판사에서 발행되는 일이 많다. 이러한 작은 출판사는 수개월 못가서 도산하여 형체조차 없어지지만, 경비는 과학출판소보다 훨씬 저렴하다. 한편 책의 유통기구도 혼란을 겪고 있다. 자비(혹은 후원자 부담)로 책을 출판한 저자는 인쇄부수를 전부 인수받아 자신이 판매하여 자금을 회수해야 한다. 이 때문에 저자는 열의가 없어져 버린다. 그리고 출판물은 사명을 다하지 못한다.

새로운 교육기관의 설립 러시아 과학의 자금 면에 관한 또 하나의 새로운 현상으로 과학아카데미 소속의 각 연구소와 대학에 배분되는 연구예산의 비율이 변하였다. 소비에트 시대와는 달리 현재는 국립대학 쪽이 연구소보다 자금 면에서 훨씬 유리하다. 이에 대응해서 대학교수의 평균 급여도 연구소의 같은 지위의 연구자에 비해서 훨씬 높아졌다. 따라서 과학아카데미의 연구자는 소속된 연구소에서 연구를 계속하면서, 교육활동에도 많은 시간을 할애하고 있다. 이것은 대학과 연구소의 사이에 있는 틈을 메우고, 과학에 있어서 정상적인 세대교체에 보탬을 주고 있다.

국가의 교육기관의 재편성도 추진되고 있다. 가장 성공한 예는 소비에트 시대부터 있었던 소규모의 역사문서연구소를 개편한 모스크바의 러시아 인문과학대학이다. 이 대학은 인문과학의 교육 수준에서 모스크바대학과 거의 어깨를 나란히 하고 어느 면에서는 오히려 앞서고 있다. 또 국립대학이나 다른 고등교육기관 이외에, 개인 혹은 사회단체(종교단체 포함)에 의해서 설립된 대학이나 고등전문학교가 나타났다. 확실히 오늘날 교육의 질이라는 면에서 이러한 새로운 교육기관은, 모스크바대학이나 피터스버그대학과 같은 전통 있는 명문 국립대학, 혹은 모스크바 물리공학 고등전문학교와 같은 일류의 단과대학에 비교하면 일반적으로 물론 열세하다.

국립이 아닌 새로운 교육기관 중에서 특히 뛰어난 것은 모스크바 자주대학의 수학과이다. 이 학과의 창설에 즈음하여 두 개의 전통이 훌륭하게 통합되었다. 그 하나는 수학의 재능이 뛰어난 중학생을 대상으로 오랫동안 시행해 온 수학교육의 전통이고, 또 하나는 모스크바 수학계의 전통이다. 수학교육의 질이라는 점에서 이 모스크바 자주대학의 수학과는 러시아 유수의 국립대학 수준을 훨씬 넘는다. 그러나 모스크바 자주대학은 수학 이외의 과목 전반은 교육이 준비가 되어 있지 않아서, 학생들은 다른 국립대학에서 수강하고 있다. 모스크바 자주대학 수학과에는 입학시험이 없다. 학생은 수학 올림피아드의 입상자에서 선발한다. 수학 올림피아드에는 참가하지 않았지만, 수학을 꼭 배우고 싶은 사람은 청강생으로서 등록하고, 엄격한 연습과 정기적으로 실시하는 시험에 통과하면 도중에 정식 학생이 된다.

교수들은 모두 수학계의 거두인 아르노르드의 제자이며, 교육 커리큘럼도 아르노르드의 의견이 반영되어 있다. 한 교수에 두 사람 정도의 학생이 수강하며, 최초의 입학생은 지금 5학년이다. 국립대학의 엄격한 조직 속에서는 자신의 교육방침이 실현되지 않는다고 생각하는 재능이 풍부한 수학자들이 모스크바 자주대학 수학과에서 스스로의 구상에 따라서 교육하고 있다. 1994년 가을에 아르노르드가 파리대학에서 6개월간의 휴가를 이용하여 편미분방정식의 강의를 하였다. 이것은 이례적인 것으로 매우 큰 관심을 불러일으켰고, 모스크바의 수학 관계자라면 누구나 이 강의를 들으려고 파리에 갈 정도였다.

연구소의 재편성   과학아카데미 소속의 연구소에서는 연구비 면에서의 변화 이외에 조직상의 변화, 특히 연구소의 분할이 추진되고 있다. 레베데프물리학연구소(LPI)의 예를 들어 보자. 이 연구소는 1988년에 전 연구소의 인원이 약 3천 명, 그중 연구자가 약 9백 명인 대종합연구소였는데, 지금은 자치권을 가진 6개의 비교적 좁은 전문분야의 부분 연구소로 분할되었다. 이러한 부분 연구소의 연합체가 현재의 LPI를 구성하고 있다. 한 개의 부분 연구소가 각각 3백 명에서 7백 명의 연구원과 특정한 연구테마를 가지고 활동하고 있다. 각 부분 연구소가 지니고 있는 특정한 연구테마의 테두리에 매이지 않고 새로운 연구 프로젝트를 실현하기 위해서, 1992년 레베데프물리학연구센터(LRCP)라는 이름의 새로운 연구조직을 설립하였다.

이 물리학연구센터의 운영에 있어서 최고기관은 각 연구 프로젝트의 지도자로 구성되는 학술협의회이다. 이 센터는 과학아카데미에 소속되지 않고 운영, 연구를 위한 자금도 국가 예산에서 얻고 있지 않다. 이 센터의 활동자금은 프로젝트의 지도자가 얻어오는 조성금에 의존한다.

현재 이 센터에서는 8개의 연구 그룹이 활동하고 있다. 각 그룹의 연구 프로젝트는 갖가지로 양자역학이나 블랙홀의 붕괴에 관한 연구로부터 핵물리학, 통계역학, 생물물리학에 이르기까지 물리학의 전 영역에 걸쳐 있다. 이러한 프로젝트의 절반은 국제적인 것으로 미국, 캐나다. 스위스, 이탈리아, 영국, 스웨덴, 독일, 그리스, 중국, 일본 과학자가 참여하고 있다.

러시아 과학이 이후 어떻게 될 것인가는 러시아 국민이 어떤 길을 선택하는가에 달려 있다. 만일 국민이 자유 사회의 건설을 겨냥하여 개혁의 어려운 길을 추진할 용기를 지니고 있다면, 고난으로 가득 찬 회복기가 어느 정도 오랫동안

지속된다 할지라도, 20세기 초기의 과학과 예술의 개화기처럼 눈부신 발흥기가
러시아에 찾아올 것이다.

참고문헌

여기에 실린 참고문헌들은 가장 기본적이고, 손쉽게 접할 수 있는 것들이다.
1) 사전류, 2) 과학사 일반, 3) 시대별, 4) 국내 문헌들을 정리하였다.

1) 사전류

Abbott, D., ed., *The Biographical Dictionary of Scientists*, 5vols., London, 1985.

Asimov, I., *Biographical Encyclopedia of Science and Technology*, Doubleday Company, 1964.

Borell, M., *Album of Science*, Macmillan Publishing Co, 1989.

Bynum, W. F., Browne, E. J. and Porter, R., *Dictionary of the History of Science*, London, 1981.

Gillispie, C. C., eds., *The Dictionary of Scientific Biography*, 15vols.+index vol., New York, 1970~80.

Sarton, G., *A Guide to the History of Science*, Waltham, 1952.

Whitrow, M., ed., *The Isis Cumulative Bibliography*, 1913~65, 5vols., London, 1971~76.

_____, *The Isis Cumulative Biblioography*, 1966~75, vol. 2, 1980.

Wiener, P., ed., *The Dictionary of the History of Ideas*, 4vols.+index vol., New York, 1973~74.

2) 과학사 일반

Bernal, J. D., *Science in History*, 4vols., London, 1954.(김상민 옮김, 『과학의 역사』, 1·2·3, 한울, 1995.)

Clagett, M., ed., *Critical Problems in the History of Science*, Madison, 1959.

Crombie, A. C., ed., *Scientific Change*, New York, 1963.

Crosland, M. G., ed., *The Emergence of Science in Western Europe*, London. 1975.

Dampier, W. P., *A History of Science and Its Relation with Philosophy and Religion*, Cambridge Univ. Pr., 1948.

Danneman, F., *Die Naturwissenschaften in ihrer Entwicklung und in ihrem Zusammenhange*, 4Bde., 2A 1920~23, Leipzig.

Duhem, P., *Le Systeme du Monde: Histoire des Doctrines Cosmologiques de Platon a Copernic*, 10 tomes, Paris, 1913~17.

Gillispie, C. C., *The Edge of Objectivity*, Princeton, 1960.

Lindsay, J., ed., *The History of Science*, London, 1951.

Mason, S. F., *A History of the Sciences : Main Currents of Scientific Thought*, New York, 1962.(박성래 옮김, 『과학의 역사』, 1·2, 까치출판사, 1987.)

Mckenzie, A. E., *The Major Achievement of Science*, Cambridge Univ. Pr., 1960.

Sarton, G., *An Introduction to the History of Science*, 3vols., Baltimore, 1927~1948.

_____, *The Study of the History of Science*, Cambridge, 1936.

Singer, C., *A Short History of Scientific Ideas to* 1900, Oxford, 1959.

Störig, H. J., *Kleine weltgeschite der wissenschaft*, Stuttart, 1954.

Taton, R., ed., *Histoire generale des sciences*, 3 tomes, Paris, 1957~64.

Thorndike, L., *A History of Magic and Experimental Sience*, 8vols., New York, 1923~58.

Whewell, W., *History of the Inductive Sciences*, 3vols., London, 1837.

Wightman, W. P. D., *The Growth of Scientific Ideas*, Edinburgh Univ. Pr., 1951.

3) 시대별

· 고대

Aaboe, A., *Episodes from the Early History of Mathematics*, New York, 1964.

Clagett, M., *Greek Science in Antiquity*, New York, 1956.

Cohen, M. R. and Drabkin, I. E., eds., *A Source Book in Greek Science*, New York, 1948.

Diels, H., *Antike Technik*, Leipzig, 1924.

Farrington, B., *Greek Science*, 2vols., London, 1944~49.

Heath, T. L., *A Manual of Greek Mathematics*, Oxford, 1931.

Heiberg, J. L., *Naturwissenschaften*, Mathematik und Medizin in Klassischen Altertum, 1920.

Lloyd, G, E., *Early Greek Science : Thales to Aristotle*, London, 1970.

Neugebauer, O., *The Exact Sciences in Antiquity*, Providence, 1957.

_____, *A History of Ancient Mathematical Astronomy*, 3vols., Berlin, 1975.

Pedersen, O. and Pihl, M., *Early Physics and Astronomy*, London, 1974.

Rutten, M., *La Science des Chaldens*, 1960.

참고문헌 537

Sarton, G., *Ancient Science and Modern Civilization*, Nebraska, 1954.
Stahl, W. H., *Roman Science*, Madison, 1962.
Szabo, A., *Anfange der grichschen Mathematik*, Munchen, Wien, 1969.
Vogel, K., *Vorgriechische Mathematik*, 2 Bde, Hannover, 1958~59.
Waerden, B. L. van der, *Erwachende Wissenschaft*, Stuttgart, 1956.

· 중세

Boehner, P., *Medieval Logic, An Outline of Its Development from* 1250 *to* 1400, Manchester, 1952.
Clagett, M., *The Science of Mechanics in the Middle Ages*, Madison, 1959.
_____, *Archimedes in the Middle Ages*, 4vols., Madison, 1964~80.
Crombie, A. C., *From Augustine to Galileo*, London, 1952.
_____, *Robert Grosseteste and the Origins of Experimental Science*, 1100~1700, Oxford, 1953.
Gimpel, J., *La revolution industrielle du Moyen Age*, Paris, 1975.
Grant, E., *Physical Science in the Middle Age*, Oxford, 1971.
Grant, E., ed., *A Source Book in Medieval Science*, Cambridge, 1974.
Haskins, C. H., *Studies in the History of Mediaeval Science*, Cambridge, 1927.
_____, *The Renaissance of the Twelfth Century*, Cambridge, 1927.
Lindberg, D. C., *Theories of Vision from al-Kindi to Kepler*, Chicago, 1976.
_____, ed., *Science in the Middle Ages*, Chicago, 1978.
_____, *Zwei Grundprobleme der scholastischen Naturphilosophie*, Rome, 1951.
Maier, A., *An der Grenze von Scholastik und Naturwissenchaft*, Rome, 1952.
_____, *Metaphysische Hintergrunde der spatschotastischen Naturphilosophie*, Rome, 1955.
_____, *Zwischen Philosophie und Mechanik*, Rome, 1958.
_____, *Die Vorlaufer Galileis im* 14. *Jahehundert*, Rome, 1966.
Moody, E. A., *Studies in Medieval Philosophy, Science and Logic* : *Collected Papers*, 1933~69, Berkeley, 1975.
_____ and Clagett, M., *The Medievel Science of Weights*, Madison, 1952.
Murdoch, J. E. and Sylla, E. E., eds., *The Cultural Context of Medieval Learning*, Boston Studies in the Philosophy of Science, vol. 26, Dordrecht, 1975.
Siraisi, N. G., *Arts and Sciences at Padua* : *The Studium at Padua before* 1350, Toronto, 1973.
Wallace, W. A., *Causality and Scientific Explanation* vol. 1 : Medieval and Early

Classical Science, Ann Arbor, 1972.

Weisheipl, J. A. and O. P., *The Development of Physical Theory in the Middle Ages*, New York, 1959.

White, L. Jr., *Medieval Technology and Social Change*, Oxford, 1962.

· 16~17세기

Boas, M., *The Establishment of the Mechanical Philosophy*, Osiris, 10(1952), 412~541.

———, *The Scientific Renaissance 1450~1630*, New York, 1962.

Burtt, E. A., *The Metaphysical Foundations of Modern Physical Science*, rev. ed., London, 1932.

Butterfield, H., *The Origins of Modern Science*, London, 1949.(차하순 옮김, 『근대과학의 기원』, 탐구당, 1986.)

Cohen, I. B., *The Birth of a New Physics*, New York, 1960.(이철주 옮김, 『근대물리학의 탄생』, 전파과학사, 1974.)

Crombie, A. C., ed., *Scientific Change*, New York, 1963.

Debus, A. G., *Man and Nature in the Renaissance*, Cambridge, 1978.

Dijksterhuis, E. J., tr. by Dikshoorn, C., *The Mechanization of the World Picture*, Oxford, 1961.

Dugas, R., tr. by Jacquot, F., *Mechanics in the Seventeenth Century*, Neuchatel, 1958.

Garin, E., *Scienza e vita civile nel Rinaissance italiano*, Bari, 1965.

Gillbert, N. W., *Renaissance Concepts of Method*, New York, 1960.

Gille, B., *Les ingenieurs de la Renaissance*, Paris, 1964.

Hall, A. R., *The Scientific Revolution 1500~1800 : The Formation of the Modern Attitude*, London, 1954.

Hill, C., *Intellectural Origins of the English Revolution*, Oxford, 1965.

Jacob, M. C., *The Newtonians and the English Revolution, 1689~1720*, New York, 1976.

Kearney, H., *Science and Change 1500~1700*, London, 1971.

Koyre, A., *Etudes galileennes*, Paris, 1939.

———, *From the Closed World to the Infinite Universe*, Baltimore, 1957.

Kristeller, P. O., *Renaissance Thought : The Classic, Scholastic, and Humanist Strains*, New York, 1961.

Kuhn, T., *The Copernican Revolution : Planetary Astronomy in the Development of*

Western Thought, Cambridge, Mass., 1957.

Merton, R. K., Science, *Technology and Society in Seventeenth Century England*, New York, 1970.

Olschki, L., *Geschichte der Neusprachlichen Wissenschaftlichen Literatur*, 3Bde, Heidelberg, Liepzig, Halle, 1919~27.

Righini Bonelli, M. L. and Shea, W. R., eds., Reason, *Experiment and Mysticism in the Scientific Revolution*, New York, 1975.

Rossi, P., Francesco Bacone, *dalla magia alla scienza*, Bari, 1957.

_____, tr. by Attanasio S., Philosophy, *Technology and the Arts in the Modern Era*, New York, 1970.

Sabra, A. I., *Theories of Light from Descartes to Newton*, London, 1967.

Sarton, G., *Six Wings : Men of Science in the Renaissnace*, Bloomington, 1957.

Schmitt, C. B., *Studies in Renaissance Philosophy and Science*, London, 1981.

Strong, E. W., *Procedures and Metaphysics : A Study in the Philosophy of Mathematical-Physical Science in the Sixteenth and Seventeenth Centuries*, Berkeley, 1936.

Vedrine, H., *Les philosophies de la renaissance*, Paris, 1971.

Webster, C., ed., *The Intellectual Revolution of the Seventeenth Century*, London, 1974.

Westfall, R. S., *Force in Newton's Physics : The Science of Dynamics in the Seventeenth Century*, London, 1971.

_____, *The Construction of Modern Science : Mechanisms and Mechanics*, New York, 1971.

Willey, B., *The Seventeenth-Century Background : Studies in the Thought of the Age in Relation to Poetry and Religion*, London, 1953.

Wiener, P. and Noland A. eds., *Roots of Scientific Thought*, New York, 1957.

Wolf, A., *A History of Science, Technology and Philosophy in the Sixteenth and Seventeenth Centuries*, 2vols., London, 1950.

· 18~20세기

Allen, G. E., *Life Science in Twentieth Century*, New York, 1975.

Barnes, B. and Shapin, S., eds., *Natural Order : Historical Studies of Scientific Culture*, Hills, 1979.

Bellone, E., *A World on Paper : Studies on the Second Scientific Revolution*, Cambridge, Mass., 1980.

Bernal, J. D., *Science and Industry in the Nineteenth Century*, London, 1953.

Brush, S. G., *The Kind of Motion we call Heat : A History of the Kinetic Theory of Gases in the 19th Century*, 2vols., Amsterdam, 1976.

_____, *The Temperature of History : Phases of Science and Culture in the Nineteenth Century*, New York, 1978.

Cannon, S. F., *Science in Culture : The Early Victorian Period*, New York, 1978.

Cantor, G. N. and Hodge, M. J. S., eds., *Conceptions of Ether : Studies in the History of Ether Theories* 1740~1900, London, 1981.

Cardwell, D. S. L., *The Organization of Science in England*, London, 1957.

Cassirer, E., *Die Philosophie der Aufklarung*, Tubingen, 1937.

_____, *Zur Modernen Physik*, Darmstadt, 1977.

_____, *Substanzbegriff und Funktionsbegriff*, Darmstadt, 1910.

Coleman, W., *Biology in Nineteenth Century : Problems of Form, Function, and Transformation*, Cambridge, 1978.

Crosland, M., ed., *The Emergence of Science in Western Europe*, London, 1975.

Crowther, J. G., *British Science of the Ninetheenth Century*, London, 1935.

Elkana, Y., *The Discovery of the Conservation of Energy*, Cambridge, Mass., 1974.

Farley J., *The Spontaneous Generation Controversy from Descartes to Oparin*, Baltimore, 1977.

Foucault, M., *Naissance de la clinique*, Paris, 1963.

Fox, R., *The Caloric Theory of Gases from Lavoisier to Regnault*, Oxford, 1971.

Giere, R. and Westfall, R. S., eds., *Foundations of Scientific Method : The Nineteenth Century*, Bloomington, 1973.

Gilliispie, C. C., *Genesis and Geology : A Study in the Relations of Scientific Thought. Natural Theology, and Social Opinion in Great Britain*, 1790~1850, Cambridge, Mass., 1951.

Glass, B., et al. ed., *Forerunners of Darwin*, Baltimore, 1959.

Goodfield, G. J., *The Growth of Scientific Physiology*, London, 1960.

Green, J. C., *Science, Ideology, and World View*, Berkeley, 1981.

Hessen, M. B., *Forces and Fields : The Concept of Action at a Distance in the History of Physics*, London, 1961.

Hiebert, E. N., *Historical Roots of the Principle of Conservation of Energy*, Madison, 1962.

Kargon, R. H., *Atomism in England from Hariot to Newton*, Oxford, 1966.

_____, *Science in Victorian Manchester : Enterprise and Expertise*, Baltimore,

1977.

Knight, D. M., *Natural Science Books in English*, 1600~1900, London, 1972.

Laudan, L., *Science and Hypothesis*, Dordrecht, 1981.

McMullin, E., ed., *The Concept of Matter in Modern Philosophy*, Notre Dame, 1963.

Merz, J. T., *A History of European Scientific Thought in the Nineteenth Century*, 4vols, Gloucester, Mass, 1976.

Olson, R., *Scottish Philosophy and British Physics* 1750~1880 : *a Study in the Foundations of the Victorian Scientific Style*, Princeton, 1975.

Oppenheimer, J. M., *Essays in the History of Embryology and Biology*, Gloucester, Mass., 1967.

Porter, R., *The Making of Geology* : *Earth Science in Britanin* 1660 ~1815, Cambridge, 1977.

Rousseau, G. S. and Porter, R., eds., *The Ferment of Knowledge* : *Studies in the Historiography of Eighteeth-Century Science*, Cambridge, 1980.

Ruse, M., *The Darwinian Revolution*, Chicago, 1979.

Schofield, R. E., *The Lunar Society of Birmingham* : *A Social History of Provincial Science and Industry in Eighteenth-Century England*, Oxford, 1963.

Scott, W. E., *The Conflict between Atomism and Conservation Theory* 1644~1860, London, 1970.

Shirley, A. R., *Matter Life and Generation*, Cambridge, 1981.

Toulmin, S. and Goodfield, J., *The Architecture of Matter* : *The Physics, Chemistry, and Physiology of Matter, Both Animate and Inanimate, As It Has Evolved since the Beginings of Science*, Chicago, 1962.

White, J. H., *The History of the Phlogiston Theory*, London, 1932.

Whitehead, A. N., *Science and the Modern World*, New York, 1925(오영환 옮김, 『과학과 근대세계』, 서광사, 1989).

Willey, B., *The Eighteenth Century Background*, London, 1940.

Wolf, A., *A History of Science, Technology, & Philosophy in the 18th Century*, 2vols., Gloucester, Mass., 1968.

Woolf, H., ed., *The Analytic Spirit* : *Essays in the History of Science*, Ithaca, 1981.

Young, R. M., *Mind, Brain, and Adaptation in the Nineteenth Century*, Oxford, 1970.

4) 국내

김영식, 『역사 속의 과학』, 창작과 비평사, 1982.

_____, 『과학사 개론』, 다산출판사, 1983.

_____, 『과학 혁명』, 민음사, 1984.

_____, 『근대 사회와 과학』, 창작과 비평사, 1989.

박성래, 『과학사 서설』, 외대출판부, 1979.

박익수, 『신과학사 개론』, 신광사, 1957.

_____, 『과학기술의 사회사』, 진한도서, 1994.

송상용, 『교양과학』, 우성문화사, 1984.

송상용·김영식·박성래, 『과학사』, 전파과학사, 1992.

오진곤, 『과학사』, 대흥출판사, 1972.

_____, 『서양과학사』, 전파과학사, 1977.

_____, 『과학사개설』, 우성문화사, 1985.

전상운, 『과학의 역사』, 산학사, 1983.

찾아보기

〈ㄴ〉